CÁLCULO EN VARIAS VARIABLES

CÁLCULO

EN VARIAS VARIABLES

Isaías Uña Juárez
Universidad Politécnica de Madrid

Jesús San Martín Moreno
Universidad Politécnica de Madrid

Venancio Tomeo Perucha
Universidad Complutense de Madrid

grupo editorial

CÁLCULO EN VARIAS VARIABLES

Isaías Uña Juárez
Jesús San Martín Moreno
Venancio Tomeo Perucha

ISBN: 978-84-9281-237-0
IBERGARCETA PUBLICACIONES, S.L., Madrid, 2011

Edición: 1ª
Impresión: 1ª
Nº de páginas: 406
Formato: 20×26
Materia CDU: 51 Matemáticas.

CÁLCULO EN VARIAS VARIABLES
ISBN: 978-84-9281-237-0

© Isaías Uña Juárez, Jesús San Martín Moreno, Venancio Tomeo Perucha

COPYRIGHT © 2011 IBERGARCETA PUBLICACIONES, S.L.
info@garceta.es

1ª Edición, 1ª Impresión
Depósito legal: M-

Impresión:
Imprenta Valle del Tiétar, S.L.
OI: 0039/2026

IMPRESO EN ESPAÑA-PRINTED IN SPAIN

*Las matemáticas son una disciplina intemporal
preocupada por la verdad abstracta
y tratan de la simetría, la necesidad y lo sublime.*

John Allen Paulos

Índice general

Prólogo

El intento filosófico de comprender el mundo recibe desde las matemáticas un gran impulso fundamentado en la adopción del cálculo como herramienta. En este proceso histórico las matemáticas elaboran un cuerpo de doctrina tan extenso como original, exigente de esfuerzos, escaso en cada momento, casi siempre tardío, desbordante por sus contenidos y con permanente incertidumbre en cuanto al logro de los fines propuestos.

Cuando tratamos de interpretar las realidades más próximas comprobamos que los recursos aportados por las funciones reales de una variable real son insuficientes para conocer adecuadamente, por ejemplo, los movimientos en el mundo físico tridimiensional así como para estudiar con rigor los campos gravitatorio, eléctrico o magnético. En este mismo sentido las ecuaciones diferenciales en derivadas parciales resuelven problemas de gran complejidad ante los cuales las ecuaciones diferenciales ordinarias se muestran inoperantes.

Las funciones de varias variables reales generalizan, en forma adecuada, los contenidos del cálculo de una variable en el doble ámbito de la diferenciación y de la integración. Como consecuencia se obtienen resultados fundamentales, unos en el campo de la propia matemática y otros como solicitudes de las ciencias afines, que precisan herramientas y técnicas en el entorno amplio del cálculo vectorial. Es oportuno resaltar que el cálculo vectorial agiliza los procesos al simplificar la descripción de los problemas y sus desarrollos operativos. Además, los métodos vectoriales aportan una componente estética considerable y acorde con lo que nos recuerda Bertrand Russell en su conocida afirmación: *La matemática es a la vez ciencia y arte.*

Con este libro pretendemos estimular el aprendizaje autónomo del estudiante universitario en el ámbito del cálculo pluridimensional. En él se presenta un trabajo muy concreto que consiste en establecer y desarrollar los contenidos básicos, tanto conceptuales como operativos, del cálculo en varias variables. En cada uno de sus capítulos se aportan, de forma sistemática, todos los fundamentos teóricos. Los resultados no se demuestran, pero se ilustran con ejemplos muy precisos y abundantes para así facilitar su comprensión.

La forma expositiva y las necesarias observaciones siguen fielmente el modelo de nuestra clase presencial. Esta concreción del método didáctico es la adoptada en las dos colecciones de problemas que aporta el texto. Una de ellas es de problemas resueltos con todo detalle. En cada paso se resalta la justificación teórica pertinente. Estos problemas resueltos se desarrollan, en cada capítulo, después de la teoría. La otra colección es de problemas propuestos. Cada uno de ellos está en paralelo con el resuelto correspondiente. Los problemas propuestos aparecen enunciados, en cada capítulo, después de los problemas resueltos.

Desde la comprensión de cada problema resuelto esperamos que el lector resuelva el propuesto del mismo número. Se dispone así de un método de autoevaluación. Si el problema se resiste se realizará un nuevo intento y, si no hay éxito, se acudirá a la solución asimismo desarrollada al final del libro.

Estamos seguros de que todos los estudiantes con conocimientos básicos de Álgebra lineal y Cálculo de una variable asimilarán, de forma cómoda y eficiente, los contenidos fundamentales y las aplicaciones cercanas del cálculo en varias variables haciendo un seguimiento comprometido de nuestro texto.

Como advertirá el lector en el desarrollo de la obra se persigue la adecuación al rigor. La búsqueda del rigor ha sido esforzada tarea de los matemáticos durante más de dos mil años. Poincaré describió el sentimiento gozoso de su época al afirmar, como nos recuerda M. Kline: "Hoy se puede decir que ha sido logrado el rigor absoluto."

Consideramos que urge, en este momento, una vuelta al adecuado rigor perdido en la actuación matemática. Sin este recurso el aprendizaje en matemáticas será, con seguridad, menos eficiente. Ajenos al rigor resultará difícil para nuestros estudiantes culminar con éxito cualquier proyecto futuro de docencia e investigación.

Por todo ello pensamos que la obra puede ser de interés como texto en una asignatura semestral de Cálculo o de Ampliación de matemáticas.

Estaremos atentos a enmendar las posibles deficiencias surgidas de la ilusión de escribir que siempre adormece la crítica.

Deseamos, finalmente, que nuestros alumnos encuentren esta obra de utilidad y estaremos muy satisfechos por la ayuda que aporte a todos sus lectores.

Madrid, septiembre de 2010

1

Funciones de varias variables

1.1 Normas y distancias en $\mathbb{R}^n$

Consideremos el espacio vectorial $\mathbb{R}^n$ sobre el cuerpo de los números reales, que es de dimensión n, finita. Sea $B = \{\bar{e}_1, \bar{e}_2, \bar{e}_3, ..., \bar{e}_n\}$ la base canónica de este espacio vectorial, entonces cada vector $\bar{x}$ puede expresarse de modo único como combinación lineal de los elementos de la base, en la forma

$$\bar{x} = x_1\bar{e}_1 + x_2\bar{e}_2 + ... + x_n\bar{e}_n,$$

donde los números reales $x_1, x_2, ..., x_n$, son las coordenadas del vector en esa base, que habitualmente expresamos en la forma $\bar{x} = (x_1, x_2, ..., x_n)$, como es bien conocido por los cursos de Álgebra lineal.

El producto escalar clásico, en $\mathbb{R}^n$, para vectores

$$\bar{x} = (x_1, x_2, ..., x_n), \qquad \bar{y} = (y_1, y_2, ..., y_n)$$

en la base canónica se define como

$$\bar{x} \cdot \bar{y} = x_1y_1 + x_2y_2 + ... + x_ny_n$$

y la norma asociada está dada por

$$\|\bar{x}\| = +\sqrt{x_1^2 + x_2^2 + ... + x_n^2}.$$

Norma en un espacio vectorial

Sea $(E, +, \cdot, \mathbb{R})$ un espacio vectorial real, diremos que una aplicación

$$\|.\| : E \to \mathbb{R}^+$$

es una *norma*, cuando $\forall\, \bar{x}, \bar{y} \in E$, $\forall\, \lambda \in \mathbb{R}$, cumple que:

a) $\|\bar{x}\| = 0 \Leftrightarrow \bar{x} = 0$

b) $\|\lambda\bar{x}\| = |\lambda| \cdot \|\bar{x}\|$

c) $\|\bar{x} + \bar{y}\| \leq \|\bar{x}\| + \|\bar{y}\|$ *(Desigualdad triangular o de Minkowski)*

Si $\|.\|$ es una norma, al par $(E, \|.\|)$ se le llama un *espacio normado*.

Desigualdad de Cauchy-Schwarz

Para todo par de vectores $\bar{x} = (x_1, x_2, ..., x_n)$ e $\bar{y} = (y_1, y_2, ..., y_n)$ de $\mathbb{R}^n$ se cumple que

$$\left| \sum_{i=1}^{n} x_iy_i \right| \leq \|\bar{x}\| \cdot \|\bar{y}\|$$

y la igualdad se verifica si y sólo si los vectores son linealmente dependientes.

Distancia en un espacio vectorial

Sea $(E, +, \cdot, \mathbb{R})$ un espacio vectorial real de dimensión finita, una aplicación

$$d : E \times E \to \mathbb{R}^+$$

se dice que es una *distancia*, o una *métrica*, cuando para cada tres elementos $\bar{x}, \bar{y}, \bar{z}$ de E, se cumple que:

a) $d(\overline{x}, \overline{y}) = 0 \Leftrightarrow \overline{x} = \overline{y}$

b) $d(\overline{x}, \overline{y}) = d(\overline{y}, \overline{x})$

c) $d(\overline{x}, \overline{y}) \leq d(\overline{x}, \overline{z}) + d(\overline{z}, \overline{y})$

Si d es una distancia definida en E, al par (E, d) se le llama un *espacio métrico*. Obsérvese que todo espacio normado es también métrico con la distancia inducida por la norma, pues basta definir la distancia como $d(\overline{x}, \overline{y}) = \|\overline{x} - \overline{y}\|$.

La norma euclídea dada por $\|\overline{x}\| = +\sqrt{x_1^2 + x_2^2 + ... + x_n^2}$ es una norma en $\mathbb{R}^n$ y la distancia euclídea, dada por $d(\overline{x}, \overline{y}) = \|\overline{x} - \overline{y}\|$, es una distancia en $\mathbb{R}^n$; véase el Problema propuesto 1.1.

1.2 CONCEPTOS TOPOLÓGICOS DE $\mathbb{R}^n$

Puntos interiores, exteriores y frontera

Sean $\overline{a} \in \mathbb{R}^n$ y δ un número real positivo; llamamos, respectivamente, *bola abierta* y *bola cerrada* de centro $\overline{a}$ y radio δ, a los siguientes conjuntos, designados por $B(\overline{a}, \delta)$ y $\overline{B}(\overline{a}, \delta)$,

$$B(\overline{a}, \delta) = \{\overline{x} \in \mathbb{R}^n : d(\overline{a}, \overline{x}) < \delta\}, \qquad \overline{B}(\overline{a}, \delta) = \{\overline{x} \in \mathbb{R}^n : d(\overline{a}, \overline{x}) \leq \delta\}.$$

Observamos que, con la distancia euclídea, las bolas son intervalos en $\mathbb{R}$, círculos en $\mathbb{R}^2$ y esferas en $\mathbb{R}^3$, de ahí el nombre de "bolas". Una bola abierta de radio δ sin su centro $\overline{a}$ se llama una *bola reducida* y se representa por $B^*(\overline{a}, \delta)$, es decir

$$B^*(\overline{a}, \delta) = B(\overline{a}, \delta) - \{\overline{a}\}.$$

Sea $A \subset \mathbb{R}^n$, $\overline{a} \in \mathbb{R}^n$, se dice que el punto $\overline{a}$ es *interior* al conjunto A cuando existe una bola abierta de centro el punto $\overline{a}$ contenida en A. El conjunto de todos los puntos interiores a A se llama *interior* de A y se representa por $int(A)$ o por $\mathring{A}$.

El punto $\overline{a} \in \mathbb{R}^n$ es *exterior* al conjunto $A \subset \mathbb{R}^n$ cuando existe una bola abierta de centro el punto $\overline{a}$ contenida en el complementario de A. El conjunto de todos los puntos exteriores a A se llama *exterior* de A y se representa por $ext(A)$.

El punto $\overline{a} \in \mathbb{R}^n$ es un *punto frontera* del conjunto $A \subset \mathbb{R}^n$ cuando toda bola abierta de centro el punto $\overline{a}$ contiene puntos de A y puntos de $\mathbb{R}^n - A$. El conjunto de todos los puntos frontera de A se llama *frontera* de A y se representa por $fr(A)$.

Con estas definiciones, un conjunto $A \subset \mathbb{R}^n$ clasifica los puntos del espacio $\mathbb{R}^n$ en tres clases: los puntos interiores a A, los exteriores a A y los puntos frontera de A, es decir, se verifica que

$$\mathbb{R}^n = int(A) \cup ext(A) \cup fr(A),$$

siendo $int(A)$, $ext(A)$, $fr(A)$, conjuntos disjuntos, es decir, sin puntos comunes.

■ **Ejemplo 1.1** El subconjunto de $\mathbb{R}^2$, $A = [1; 2] \times (1; 2)$ es un cuadrado, dos de cuyos lados pertenecen al conjunto A. Su interior es $int(A) = (1; 2) \times (1; 2)$, su exterior es $\mathbb{R}^2 - [1; 2] \times [1; 2]$ y su frontera está formada por los cuatro lados del cuadrado.

Puntos adherentes y puntos de acumulación

Un punto $\overline{a} \in \mathbb{R}^n$ diremos que es *adherente*, o *infinitamente próximo*, a un conjunto $A \subset \mathbb{R}^n$ cuando toda bola abierta de centro el punto $\overline{a}$ contiene puntos de A. El conjunto de todos los puntos adherentes a un conjunto A se llama *adherencia*, *cierre* o *clausura*, de A y se designa por $adh(A)$ o por $\overline{A}$. Todo punto de A es adherente a A.

Un punto $\overline{a} \in \mathbb{R}^n$ se dice que es un *punto de acumulación* de un conjunto $A \subset \mathbb{R}^n$ cuando toda bola abierta de centro ese punto $\overline{a}$ contiene puntos de A distintos de $\overline{a}$. El conjunto de todos los puntos de acumulación de A se llama *conjunto derivado* de A y se designa por $ac(A)$ o por A'. Un punto de acumulación de A no tiene por qué pertenecer al conjunto A. En el conjunto A pueden existir puntos que no sean de acumulación.

Una sencilla reflexión sobre la definición de punto de acumulación nos lleva a asegurar que si $\overline{a} \in \mathbb{R}^n$ es punto de acumulación de A entonces en cada bola de centro $\overline{a}$ existen infinitos puntos de A. En consecuencia, un conjunto finito, A, no puede tener puntos de acumulación, mientras que los conjuntos infinitos pueden tenerlos o no.

Para cada conjunto $A \subset \mathbb{R}^n$ se verifica que

$$adh(A) = A \cup ac(A),$$

(véase el Problema propuesto 1.3) por lo que todo punto de acumulación de A es punto adherente de A; pero existen puntos adherentes que no son de acumulación, para ello basta que exista una bola $B(\overline{a}, \delta)$ cuyo único punto en común con A sea el propio punto $\overline{a}$. Estos puntos que son adherentes a un conjunto A pero no son de acumulación de A se llaman *puntos aislados* de A. Un punto $\overline{a} \in A$ es punto aislado en A si existe una bola reducida $B^*(\overline{a}, \delta)$ tal que $B^*(\overline{a}, \delta) \cap A = \emptyset$.

■ **Ejemplo 1.2** El conjunto $A = (1; 5) \cup \{6, 7, 8\}$ es tal que $adh(A) = [1; 5] \cup \{6, 7, 8\}$ y $ac(A) = [1; 5]$. Los puntos $6, 7, 8$ son aislados.

Un importante teorema relativo a conjuntos infinitos en el espacio $\mathbb{R}^n$ es el siguiente:

■ **Teorema (de Bolzano-Weierstrass).** *Todo conjunto acotado $A \subset \mathbb{R}^n$ con infinitos puntos posee al menos un punto de acumulación.*

■ **Ejemplo 1.3** El subconjunto de $\mathbb{R}^2$, $A = (1; 2) \times (1; 2) \cup \{(3, 3)\}$, tiene por adherencia y por conjunto derivado, respectivamente:

$$adh(A) = [1; 2] \times [1; 2] \cup \{(3, 3)\}, \qquad A' = [1; 2] \times [1; 2],$$

siendo $(3, 3)$ un punto aislado del conjunto.

Conjuntos abiertos y cerrados

Un conjunto $A \subset \mathbb{R}^n$ diremos que es *abierto* cuando todos sus puntos son interiores, es decir, cuando para cada $\overline{a} \in A$, existe una bola abierta $B(\overline{a}, \delta)$ contenida en A.

Es evidente que las bolas abiertas son conjuntos abiertos, ya que si $\overline{b}$ es un punto cualquiera de la bola $B(\overline{a}, \delta)$ y es $d(\overline{a}, \overline{b}) = \rho$, la bola abierta $B(\overline{b}, \delta - \rho)$ está contenida en $B(\overline{a}, \delta)$, pues si $\overline{x}$ es un punto de $B(\overline{b}, \delta - \rho)$, es decir, $d(\overline{b}, \overline{x}) < \delta - \rho$, entonces

$$d(\overline{a}, \overline{x}) \leq d(\overline{a}, \overline{b}) + d(\overline{b}, \overline{x}) < \rho + (\delta - \rho) = \delta.$$

Los conjuntos abiertos verifican las siguientes propiedades:

a) $\emptyset$ y $\mathbb{R}^n$ son conjuntos abiertos.

b) La unión de cualquier colección de conjuntos abiertos es un conjunto abierto.

c) La intersección de cualquier colección finita de conjuntos abiertos es un conjunto abierto.

Obsérvese que al ser

$$\bigcap_{n\in\mathbb{N}} \left(1 - \tfrac{1}{n}; 3 + \tfrac{1}{n}\right) = [1; 3].$$

la intersección de una colección infinita de abiertos no tiene por qué ser un conjunto abierto.

Un conjunto $A \subset \mathbb{R}^n$ diremos que es *cerrado* cuando su complementario $\mathbb{R}^n - A$ es abierto. Los conjuntos cerrados verifican las siguientes propiedades:

a) $\emptyset$ y $\mathbb{R}^n$ son conjuntos cerrados.

b) La intersección de cualquier colección de conjuntos cerrados es un conjunto cerrado.

c) La unión de cualquier colección finita de conjuntos cerrados es un conjunto cerrado.

Obsérvese que

$$\bigcup_{n\in\mathbb{N}} \left[1 + \tfrac{1}{n}; 5 - \tfrac{1}{n}\right] = (1; 5),$$

en consecuencia la unión infinita de conjuntos cerrados no tiene por qué ser un conjunto cerrado.

■ **Ejemplo 1.4** De los siguientes conjuntos de $\mathbb{R}^2$:

$$A_1 = \{(x, y) : 1 < x < 2;\, 1 < y < 2\}$$
$$A_2 = \{(x, y) : 3 \le x \le 4;\, 1 \le y \le 2\}$$
$$A_3 = \{(x, y) : 5 < x < 6;\, 1 \le y \le 2\}$$

el primero es abierto, el segundo cerrado y el tercero ni abierto ni cerrado, siendo un cuadrado la frontera de todos ellos.

_____

■ **Ejemplo 1.5** Dados los siguientes conjuntos de $\mathbb{R}^3$:

$$B_1 = \left\{(x, y, z) : z > x^2 + y^2\right\}$$
$$B_2 = \left\{(x, y, z) : z \ge x^2 + y^2\right\}$$
$$B_3 = \left\{(x, y, z) : 1 \ge \frac{x^2 + y^2}{z}\right\}$$

el primero es abierto, el segundo cerrado y el tercero ni abierto ni cerrado. Éste no es abierto porque su complementario no es cerrado y no es cerrado por no contener al punto $(0, 0, 0)$, que es de su frontera, siendo la frontera de todos ellos el paraboloide de ecuación $z = x^2 + y^2$.

_____

También se verifican las siguientes propiedades:

a) Para cada $A \subset \mathbb{R}^n$, los conjuntos $int(A)$ y $ext(A)$ son abiertos y el conjunto $fr(A)$ es cerrado.

b) Para cada conjunto $A \subset \mathbb{R}^n$, el conjunto $adh(A)$ es el menor cerrado que contiene a A.

c) Un conjunto $A \subset \mathbb{R}^n$ es cerrado si y sólo si coincide con su adherencia, es decir, $A = adh(A)$.

d) Un conjunto $A \subset \mathbb{R}^n$ es cerrado si y sólo si contiene todos sus puntos de acumulación.

■ **Ejemplo 1.6** El conjunto $A = \left\{\left(\tfrac{1}{n}, \tfrac{1}{n}\right),\, n \in \mathbb{N}\right\} \subset \mathbb{R}^2$, no tiene puntos interiores, todos sus puntos son frontera. El punto $(0, 0) \in \mathbb{R}^2$ es punto de acumulación de A. Todos los puntos de A son aislados. Se tiene que $adh(A) = A \cup \{(0, 0)\} \ne A$, por lo que A no es cerrado, pero tampoco es abierto, ya que sus puntos no son interiores.

_____

1.3 FUNCIONES DE $\mathbb{R}^n$ EN $\mathbb{R}^m$

Sea $A \subset \mathbb{R}^n$, a la función $\overline{f} : A \to \mathbb{R}^m$ se le llamará (si $n \neq 1$ y $m \neq 1$), *función vectorial* de m componentes y n variables.

Una aplicación $\overline{f}$ de $\mathbb{R}^n$ en $\mathbb{R}^m$ tal que

$$(x_1, x_2, .., x_n) \to \overline{f}(x_1, x_2, ..., x_n) = (y_1, y_2, ..., y_m)$$

puede ser descompuesta, de modo natural, en m funciones $f_i : \mathbb{R}^n \to \mathbb{R}$, $f_i(\overline{x}) = y_i$, con $i = 1, 2, ..., m$, llamadas *funciones componentes* de $\overline{f}$. Suele escribirse $\overline{f} = (f_1, f_2, ..., f_m)$ para indicar que $f_1, f_2, ..., f_m$ son las funciones componentes. Para $n = 1$ y $m \neq 1$, $\overline{f}$ es función vectorial de variable real. Si $n \neq 1$ y $m = 1$, $\overline{f}$ es función real de variable vectorial y si $n = m = 1$, $\overline{f}$ es función real de variable real.

Para algunos autores las funciones de $\mathbb{R}^n$ en $\mathbb{R}^m$ se llaman *campos vectoriales* y las funciones de $\mathbb{R}^n$ en $\mathbb{R}$ se llaman *campos escalares*; según lo visto anteriormente, un campo vectorial puede descomponerse en m campos escalares que son sus funciones componentes.

■ **Ejemplo 1.7** Sea $\overline{f} : \mathbb{R}^2 \to \mathbb{R}^3$ tal que $\overline{f}(x, y) = (y - x^2, \text{arctg } x, \cos(xy))$. Se trata de una función vectorial de dos variables reales cuyas funciones componentes son

$$f_1(x, y) = y - x^2, \qquad f_2(x, y) = \text{arctg } x, \qquad f_3(x, y) = \cos(xy).$$

Si no está expresamente determinado el *dominio de una función* con m componentes y n variables, hay que entender que el dominio es el máximo subconjunto de $\mathbb{R}^n$ en el que la función definida tenga sentido. Éste se obtiene como intersección de los dominios de las funciones componentes.

■ **Ejemplo 1.8** El dominio de la función $\overline{f}(x, y, z) = \left(\frac{1+x}{y}, \sqrt{z} \right)$ es

$$\{(x, y, z) \in \mathbb{R}^3 : y \neq 0, \ z \geq 0\} = \mathbb{R} \times (\mathbb{R} - \{0\}) \times [0; +\infty),$$

pues y no puede ser nula estando en el denominador y los valores de z tienen que ser no negativos para que exista la raíz cuadrada.

■ **Ejemplo 1.9** El dominio de la función $f(x, y, z) = \frac{\sqrt{1-z^2}}{1 + \sqrt{1 - x^2 - y^2}}$ es el subconjunto de $\mathbb{R}^3$ que verifique $x^2 + y^2 \leq 1$ y $z^2 \leq 1$, es decir, debe ser $z \in [-1; 1]$ y además $x^2 + y^2 \leq 1$, luego se trata de todos los puntos interiores o de la frontera del cilindro que tiene radio de la base igual a 1 y altura igual a 2, centrado en el origen, pues $z \in [-1; 1]$, tal como se observa en la Figura 1.1, y el recorrido es el intervalo $[0; 1]$.

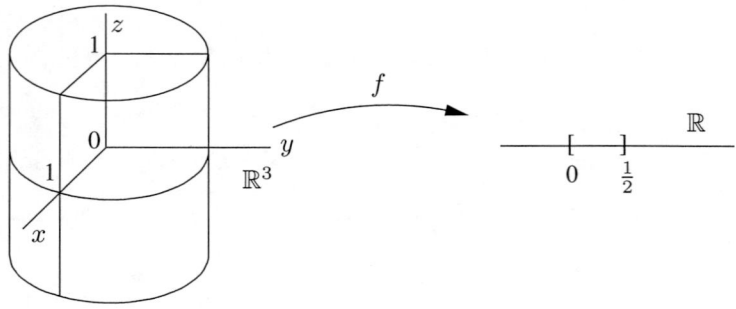

Figura 1.1 La función $f(x, y, z)$ del Ejemplo 1.9

1.4 LÍMITES Y CONTINUIDAD

Vamos a extender los conceptos de límite y continuidad de una función en un punto, estudiados en su momento para funciones reales de una variable real, a las funciones de $\mathbb{R}^n$ en $\mathbb{R}^m$, sin más que sustituir el valor absoluto por la norma euclídea.

Definición de límite de una función en un punto

Sean $A \subset \mathbb{R}^n$, $\overline{f} : A \to \mathbb{R}^m$ y $\overline{a}$ un punto de acumulación de A, decimos que el límite de $\overline{f}(\overline{x})$, al tender $\overline{x}$ hacia $\overline{a}$, es $\overline{b} \in \mathbb{R}^m$, y escribimos

$$\lim_{\overline{x} \to \overline{a}} \overline{f}(\overline{x}) = \overline{b}$$

cuando se tiene que

$$\lim_{\|\overline{x} - \overline{a}\| \to 0} \left\| \overline{f}(\overline{x}) - \overline{b} \right\| = 0,$$

es decir, cuando

$$\forall\, \varepsilon > 0, \exists \delta > 0 \text{ tal que si } \overline{x} \in A \text{ y } 0 < \|\overline{x} - \overline{a}\| < \delta, \text{ entonces es } \left\| \overline{f}(\overline{x}) - \overline{b} \right\| < \varepsilon.$$

Si llamamos $\overline{h} = \overline{x} - \overline{a}$, podemos también escribir

$$\lim_{\overline{x} \to \overline{a}} \overline{f}(\overline{x}) = \overline{b} \Leftrightarrow \lim_{\|\overline{h}\| \to 0} \left\| \overline{f}(\overline{a} + \overline{h}) - \overline{b} \right\| = 0.$$

En la definición de límite no se necesita que $\overline{f}$ esté definida en el punto $\overline{a}$. Hemos de exigir, sin embargo, que $\overline{a}$ sea punto de acumulación del A; en otro caso no podremos garantizar que existan puntos $\overline{x} \in A$ tan próximos al $\overline{a}$ como sea necesario. Para evitar complicaciones, suele convenirse que si $\overline{a}$ es un punto aislado de A, sea $\lim\limits_{\overline{x} \to \overline{a}} \overline{f}(\overline{x}) = \overline{f}(\overline{a})$.

En particular, para las funciones de $\mathbb{R}^2$ en $\mathbb{R}$, la definición anterior se concreta en la forma

$$\lim_{(x,y) \to (a_1, a_2)} f(x,y) = b \quad \Leftrightarrow$$

$$\Leftrightarrow \quad \forall\, \varepsilon > 0, \exists \delta > 0 : 0 < \|(x,y) - (a_1, a_2)\| < \delta \Rightarrow |f(x,y) - b| < \varepsilon.$$

■ **Proposición 1 (Unicidad del límite).** *Si existe $\lim\limits_{\overline{x} \to \overline{a}} \overline{f}(\overline{x})$, éste es único.*

■ **Proposición 2 (Condición necesaria y suficiente de existencia del límite).** *Sean*
$A \subset \mathbb{R}^n$, $\overline{f} : A \to \mathbb{R}^m$, $\overline{a}$ punto de acumulación de A, $\overline{b} = (b_1, b_2, ..., b_m) \in \mathbb{R}^m$. En estas condiciones

$$\lim_{\overline{x} \to \overline{a}} \overline{f}(\overline{x}) = \overline{b} \quad \Leftrightarrow \quad \lim_{\overline{x} \to \overline{a}} f_i(\overline{x}) = b_i, \quad \forall\, i = 1, ..., m.$$

Propiedades de los límites

Sean $A \subset \mathbb{R}^n$, $\overline{f}, \overline{g} : A \to \mathbb{R}^m$, $\overline{a}$ punto de acumulación de A, y sean

$$\lim_{\overline{x} \to \overline{a}} \overline{f}(\overline{x}) = \overline{b} \quad \text{y} \quad \lim_{\overline{x} \to \overline{a}} \overline{g}(\overline{x}) = \overline{b}'$$

entonces se verifican las siguientes propiedades:

a) $\lim\limits_{\overline{x} \to \overline{a}} \left[\overline{f}(\overline{x}) + \overline{g}(\overline{x}) \right] = \overline{b} + \overline{b}'$

b) $\lim_{\overline{x} \to \overline{a}} \left[\lambda \overline{f}(\overline{x}) \right] = \lambda \overline{b}$, siendo $\lambda \in \mathbb{R}$

c) Si $m = 1$, entonces $\lim_{\overline{x} \to \overline{a}} \left[\overline{f}(\overline{x}) \overline{g}(\overline{x}) \right] = bb'$

d) Si $m = 1$ y $b' \neq 0$, entonces $\lim_{\overline{x} \to \overline{a}} \dfrac{\overline{f}(\overline{x})}{\overline{g}(\overline{x})} = \dfrac{b}{b'}$

Límites reiterados

Aparte del límite de una función $f : A \subset \mathbb{R}^n \to \mathbb{R}$ en un punto $\overline{a} \in ac(A)$, se pueden estudiar los llamados *límites reiterados* o iterativos. Para ello se analiza la tendencia de la función cuando varían sucesivamente cada una de las variables $(x_1, x_2, ..., x_n)$, que definen el punto $\overline{x}$, hacia cada una de las coordenadas respectivas del punto $\overline{a} = (a_1, a_2, ..., a_n)$. En cada paso las restantes variables se mantienen constantes.

Uno de estos posibles límites se expresa como

$$\lim_{x_1 \to a_1} \lim_{x_2 \to a_2} \cdots \lim_{x_n \to a_n} f(x_1, x_2, ..., x_n)$$

y cambiando el orden de cálculo para cada una de las variables se tienen $n!$ posibles límites reiterados para la función en el punto $\overline{a}$.

Desde el punto de vista geométrico calcular un límite reiterado de la función f en el punto $\overline{a}$ es determinar el límite de la misma en ese punto siguiendo un camino formado por segmentos paralelos a los ejes coordenados.

De este modo, si una función f tiene límite $L \in \mathbb{R}$ en el punto $\overline{a}$, y existen todos los límites reiterados de f en $\overline{a}$, entonces todos los límites reiterados tienen por valor L, en virtud de la definición de límite. Y si f es tal que dos de sus límites reiterados en el punto $\overline{a}$ existen y tienen distinto valor, entonces la función f carece de límite en el punto $\overline{a}$.

■ **Ejemplo 1.10** Dada la función

$$f(x,y) = \begin{cases} \dfrac{x^2 - 2y^2}{2x^2 + y^2}, & \text{si } (x,y) \neq (0,0), \\[2mm] 0, & \text{si } (x,y) = (0,0), \end{cases}$$

analizando sus límites reiterados se tiene que uno de ellos es

$$\lim_{x \to 0} \lim_{y \to 0} f(x,y) = \lim_{x \to 0} \lim_{y \to 0} \dfrac{x^2 - 2y^2}{2x^2 + y^2} = \lim_{x \to 0} \dfrac{x^2}{2x^2} = \dfrac{1}{2}$$

y el otro es

$$\lim_{y \to 0} \lim_{x \to 0} f(x,y) = \lim_{y \to 0} \lim_{x \to 0} \dfrac{x^2 - 2y^2}{2x^2 + y^2} = \lim_{y \to 0} \dfrac{-2y^2}{y^2} = -2$$

y que al ser distintos, no existe $\lim_{(x,y) \to (0,0)} f(x,y)$.

Es preciso observar que del hecho de que existan todos los límites reiterados de una función f en un punto y tengan el mismo valor no se garantiza que la función tenga límite en ese punto, como muestra el siguiente ejemplo.

■ **Ejemplo 1.11** La función

$$f(x,y) = \begin{cases} \dfrac{xy}{x^2 + y^2}, & \text{si } (x,y) \neq (0,0), \\[2mm] 0, & \text{si } (x,y) = (0,0), \end{cases}$$

es tal que sus límites reiterados en el punto $(0,0)$ tienen ambos el mismo valor ya que son

$$\lim_{x \to 0} \lim_{y \to 0} f(x,y) = \lim_{x \to 0} \lim_{y \to 0} \frac{xy}{x^2 + y^2} = \lim_{x \to 0} \frac{0}{x^2} = 0,$$

$$\lim_{y \to 0} \lim_{x \to 0} f(x,y) = \lim_{y \to 0} \lim_{x \to 0} \frac{xy}{x^2 + y^2} = \lim_{y \to 0} \frac{0}{y^2} = 0.$$

Sin embargo no existe $\lim\limits_{(x,y) \to (0,0)} f(x,y)$ ya que el límite en $(0,0)$ a lo largo del eje de abscisas es

$$\lim_{\substack{(x,y) \to (0,0) \\ y=0}} f(x,y) = \lim_{x \to 0} \frac{x \cdot 0}{x^2} = 0,$$

mientras que el límite en $(0,0)$ a lo largo de la recta $y = x$ es

$$\lim_{\substack{(x,y) \to (0,0) \\ y=x}} f(x,y) = \lim_{x \to 0} \frac{x \cdot x}{x^2 + x^2} = \lim_{x \to 0} \frac{x^2}{2x^2} = \frac{1}{2}$$

y los valores no coinciden.

_____

Además puede ocurrir que una función en un punto tenga límite y alguno de los límites reiterados, o incluso todos ellos no existan como se ve en los siguientes ejemplos.

■ **Ejemplo 1.12** La función

$$f(x,y) = \left\{ \begin{array}{ll} x^2 \operatorname{sen} \frac{1}{y}, & \text{si } y \neq 0, \\ 0, & \text{si } y = 0, \end{array} \right.$$

es tal que $\lim_{(x,y) \to (0,0)} f(x,y) = 0$, como es inmediato comprobar aplicando la definición de límite. Mientras que analizando los límites reiterados se tiene

$$\lim_{x \to 0} \lim_{y \to 0} f(x,y) = \lim_{x \to 0} \lim_{y \to 0} x^2 \operatorname{sen} \frac{1}{y} \qquad \text{no existe,}$$

$$\lim_{y \to 0} \lim_{x \to 0} f(x,y) = \lim_{y \to 0} \lim_{x \to 0} x^2 \operatorname{sen} \frac{1}{y} = 0.$$

_____

■ **Ejemplo 1.13** La función

$$f(x,y) = \left\{ \begin{array}{ll} y^2 \operatorname{sen} \frac{1}{x}, & \text{si } x \neq 0, \\ 0, & \text{si } x = 0, \end{array} \right.$$

es tal que $\lim_{(x,y) \to (0,0)} f(x,y) = 0$ y en cuanto a los límites reiterados tenemos que

$$\lim_{x \to 0} \lim_{y \to 0} f(x,y) = \lim_{x \to 0} \lim_{y \to 0} y^2 \operatorname{sen} \frac{1}{x} = 0, \qquad \text{y}$$

$$\lim_{y \to 0} \lim_{x \to 0} f(x,y) = \lim_{y \to 0} \lim_{x \to 0} y^2 \operatorname{sen} \frac{1}{x} \qquad \text{no existe.}$$

_____

■ **Ejemplo 1.14** La función

$$f(x,y) = \left\{ \begin{array}{ll} x^2 \operatorname{sen} \frac{1}{y} + y^2 \operatorname{sen} \frac{1}{x}, & \text{si } (x,y) \neq (0,0), \\ 0, & \text{si } (x,y) = (0,0), \end{array} \right.$$

carece de límites reiterados ya que

$$\lim_{x \to 0} \lim_{y \to 0} \left(x^2 \operatorname{sen} \frac{1}{y} + y^2 \operatorname{sen} \frac{1}{x} \right) \qquad \text{y} \qquad \lim_{y \to 0} \lim_{x \to 0} \left(x^2 \operatorname{sen} \frac{1}{y} + y^2 \operatorname{sen} \frac{1}{x} \right)$$

no existen, mientras que es $\lim_{(x,y) \to (0,0)} f(x,y) = 0$.

Métodos operativos para el cálculo de límites

En principio el estudio de la existencia y el cálculo del límite en varias variables es análogo al de funciones de una variable. Se sustituyen las variables por las coordenadas del punto y esto nos conduce al valor del límite o bien a una expresión indeterminada. Los límites respetan las operaciones del álgebra ordinaria de los números reales en el sentido de que el límite de la suma coincide con la suma de los límites, el límite del producto es producto de límites, etc. Esto nos proporciona de forma directa el valor del límite de muchas funciones. Cuando el límite se presenta en forma indeterminada, puede no existir límite o existir, en cuyo caso está oculto su valor. Es necesario hacer un estudio específico que nos confirme la no existencia del límite o el valor del mismo de acuerdo con cada situación.

Presentamos a continuación algunos casos concretos. Conviene probar uno tras otro en el orden que se exponen, aunque no siempre será éste el adecuado; la práctica indicará cuál es.

a) Sustitución directa, para comprobar si existe el límite y cálculo del mismo.

■ **Ejemplo 1.15** Si se trata de calcular

$$\lim_{(x,y,z) \to (1,2,0)} \frac{1 + e^{xy+2z}}{x^2 + y^2 + z^2},$$

basta suplir x por 1, y por 2 y z por 0, y se tiene el valor del límite como cociente de límites, siendo

$$\lim_{(x,y,z) \to (1,2,0)} \frac{1 + e^{xy+2z}}{x^2 + y^2 + z^2} = \frac{1 + e^{1 \cdot 2 + 2 \cdot 0}}{1^2 + 2^2 + 0^2} = \frac{1 + e^2}{5}.$$

b) Cálculo del límite de una función a través del de otra función.

■ **Ejemplo 1.16** Para el límite

$$\lim_{(x,y) \to (1,1)} \frac{x^3 y - x y^3}{x^4 - y^4}$$

se trata de un cociente de funciones, ambas con límite cero en el punto $(1,1)$; con lo cual el límite se presenta en la forma indeterminada $\left[\frac{0}{0} \right]$. Se deshace la indeterminación fácilmente considerando que en puntos próximos a $(1,1)$, pero distintos de él, es

$$\frac{x^3 y - x y^3}{x^4 - y^4} = \frac{xy(x^2 - y^2)}{(x^2 + y^2)(x^2 - y^2)} = \frac{xy}{x^2 + y^2},$$

es decir, las funciones $f(x,y) = \dfrac{x^3 y - x y^3}{x^4 - y^4}$ y $g(x,y) = \dfrac{xy}{x^2 + y^2}$

toman los mismos valores en un entorno reducido del punto $(1,1)$, y como existe

$$\lim_{(x,y) \to (1,1)} g(x,y) = \lim_{(x,y) \to (1,1)} \frac{xy}{x^2 + y^2} = \frac{1}{2},$$

se verifica que existe el límite, siendo

$$\lim_{(x,y) \to (1,1)} \frac{x^3 y - x y^3}{x^4 - y^4} = \lim_{(x,y) \to (1,1)} \frac{xy}{x^2 + y^2} = \frac{1}{2}.$$

c) *Uso de límites reiterados.*

Si los límites reiterados existen y no coinciden, entonces el límite no existe. Obsérvese la limitación del método ya que sólo sirve para demostrar la no existencia del límite; por tanto, en caso de existencia del límite el método es inoperante.

■ **Ejemplo 1.17** Para hallar

$$\lim_{(x,y)\to(0,0)} \frac{xy - 2x + y}{x + y}$$

calculamos los límites reiterados

$$\lim_{x\to 0}\left[\lim_{y\to 0}\frac{xy - 2x + y}{x + y}\right] = \lim_{x\to 0}\frac{-2x}{x} = -2,$$

$$\lim_{y\to 0}\left[\lim_{x\to 0}\frac{xy - 2x + y}{x + y}\right] = \lim_{y\to 0}\frac{y}{y} = 1.$$

Dado que los límites reiterados existen y no coinciden, el límite pedido no existe.

d) *Cambio a coordenadas polares.*

Suele ser útil cuando aparecen en el límite expresiones de la forma $x^2 + y^2$, ya que en este caso se tiene

$$\left.\begin{array}{l} x = \rho\cos\theta \\ y = \rho\,\text{sen}\,\theta \end{array}\right\} \Rightarrow x^2 + y^2 = \rho^2\cos^2\theta + \rho^2\,\text{sen}^2\theta = \rho^2(\cos^2\theta + \text{sen}^2\theta) = \rho^2,$$

y la tendencia de (x, y) a $(0, 0)$ está determinada por la tendencia de ρ a cero.

■ **Ejemplo 1.18**

$$\lim_{(x,y)\to(0,0)} \frac{x^2 y + xy^2}{x^2 + y^2} = \lim_{\rho\to 0}\frac{\rho^2\cos^2\theta\cdot\rho\,\text{sen}\,\theta + \rho\cos\theta\cdot\rho^2\,\text{sen}^2\theta}{\rho^2} =$$

$$= \lim_{\rho\to 0}\frac{\rho^3(\cos^2\theta\,\text{sen}\,\theta + \cos\theta\,\text{sen}^2\theta)}{\rho^2} =$$

$$= \lim_{\rho\to 0}\rho(\cos^2\theta\,\text{sen}\,\theta + \cos\theta\,\text{sen}^2\theta) = 0.$$

■ **Ejemplo 1.19**

$$\lim_{(x,y)\to(0,0)} \frac{1 - \cos(x^2 + y^2)}{x^2 + y^2} = \lim_{\rho\to 0}\frac{1 - \cos\rho^2}{\rho^2} = \left[\frac{0}{0}\right] \overset{L'H}{=} \lim_{\rho\to 0}\frac{2\rho\,\text{sen}\,\rho^2}{2\rho} = \lim_{\rho\to 0}\text{sen}\,\rho^2 = 0.$$

Observemos cómo ha sido posible aplicar la regla de L'Hôpital porque tras el cambio a coordenadas polares el límite es de una sola variable.

e) *Cociente de polinomios en x e y, del mismo grado, conviene el cambio $y = kx$. Obsérvese que el método es muy limitado.*

■ **Ejemplo 1.20**

$$\lim_{(x,y)\to(0,0)} \frac{5x^2 - 7y^2}{2x^2 + 5y^2} = \lim_{\substack{x\to 0 \\ y=kx}}\frac{5x^2 - 7(kx)^2}{2x^2 + 5(kx)^2} = \lim_{\substack{x\to 0 \\ y=kx}}\frac{x^2(5 - 7k^2)}{x^2(2 + 5k^2)} = \lim_{\substack{x\to 0 \\ y=kx}}\frac{5 - 7k^2}{2 + 5k^2} = \frac{5 - 7k^2}{2 + 5k^2}$$

Como el límite no es único, ya que depende del camino $y = kx$ por el que nos acercamos al punto $(0, 0)$, el límite no existe.

■ **Ejemplo 1.21** Calculemos

$$\lim_{(x,y)\to(1,0)} \frac{4(x-1)^2 - 3y^2}{2(x-1)^2 + 5y^2}.$$

Haciendo el cambio $x - 1 = u$, $y = v$, resulta

$$\lim_{(x,y)\to(1,0)} \frac{4(x-1)^2 - 3y^2}{2(x-1)^2 + 5y^2} = \lim_{(u,v)\to(0,0)} \frac{4u^2 - 3v^2}{2u^2 + 5v^2} = \lim_{\substack{u\to0 \\ v=ku}} \frac{4u^2 - 3(ku)^2}{2u^2 + 5(ku)^2} = \frac{4 - 3k^2}{2 + 5k^2},$$

por tanto el límite no existe, ya que depende del camino elegido para acercarse al punto $(1, 0)$.

f) *Hacer un cambio de variable para reducir el problema al caso anterior.*

■ **Ejemplo 1.22** Para calcular

$$\lim_{(x,y)\to(0,0)} \frac{xy^3}{x^2 + y^6},$$

dado que para que x^2 alcance el mismo grado que y^6 se debe elevar al cubo, hacemos $x = ky^3$ y resulta

$$\lim_{\substack{(x,y)\to(0,0) \\ x=ky^3}} \frac{xy^3}{x^2 + y^6} = \lim_{y\to0} \frac{(ky^3)y^3}{(ky^3)^2 + y^6} = \lim_{y\to0} \frac{ky^6}{y^6(k^2 + 1)} = \frac{k}{k^2 + 1}$$

y en conclusión el límite no existe.

Definición de función continua

Sean $A \subset \mathbb{R}^n$, $\overline{f} : A \to \mathbb{R}^m$ y $\overline{a} \in A$ un punto de acumulación de A, decimos que $\overline{f}$ es continua en $\overline{a}$ cuando $\lim_{\overline{x}\to\overline{a}} \overline{f}(\overline{x}) = \overline{f}(\overline{a})$.

Con la definición de límite mediante normas, esta condición puede escribirse del modo:

$$\forall \varepsilon > 0, \exists \delta > 0 \text{ tal que si } \|\overline{x} - \overline{a}\| < \delta, \text{ entonces es } \|\overline{f}(\overline{x}) - \overline{f}(\overline{a})\| < \varepsilon.$$

■ **Proposición 3 (Condición necesaria y suficiente de continuidad).** *Sean $A \subset \mathbb{R}^n$, $\overline{f} : A \to \mathbb{R}^m$, $\overline{a} \in A$ un punto de acumulación de A, entonces:*

$$\overline{f} \text{ es continua en } \overline{a} \quad \Leftrightarrow \quad f_i \text{ es continua en } \overline{a}, \quad \forall i = 1, ..., m.$$

Con esta proposición observamos que la continuidad de las funciones de $\mathbb{R}^n$ en $\mathbb{R}^m$ queda establecida por la continuidad de sus funciones componentes.

Para estas funciones componentes, si fijamos todas las variables menos una tendremos una función real de variable real.

Es evidente que la continuidad de la función implica la continuidad respecto de cada una de la variables, pero no al contrario. En el siguiente ejemplo veremos que la continuidad respecto de cada una de las variables no implica la continuidad de la función.

■ **Ejemplo 1.23** La función de $\mathbb{R}^2$ en $\mathbb{R}$ dada por

$$f(x, y) = \begin{cases} \dfrac{xy}{x^2 + y^2}, & \text{si } (x, y) \neq (0, 0) \\ 0, & \text{si } (x, y) = (0, 0) \end{cases}$$

verifica que $f(x,0) = 0, \forall\, x \in \mathbb{R}$ y $f(0,y) = 0, \forall\, y \in \mathbb{R}$, por lo que

$$\lim_{x \to 0} f(x,0) = 0 = f(0,0) \quad \text{y} \quad \lim_{y \to 0} f(0,y) = 0 = f(0,0),$$

es decir, es continua en $(0,0)$ respecto de cada una de las variables independientemente. Sin embargo no es continua en $(0,0)$ como función de dos variables, ya que si nos acercamos al origen, tanto como queramos, con puntos de la forma (α, α), siendo $\alpha \neq 0$, la función toma para tales puntos el valor constante

$$f(\alpha, \alpha) = \frac{\alpha^2}{\alpha^2 + \alpha^2} = \frac{1}{2}.$$

De este modo es

$$\lim_{\substack{(x,y) \to (0,0) \\ y=x}} f(x,y) = \lim_{x \to 0} \frac{x^2}{x^2 + x^2} = \frac{1}{2}$$

y por tanto no existe $\lim_{(x,y) \to (0,0)} f(x,y)$ y f no es continua en $(0,0)$.

Propiedades de las funciones continuas

Sean $A \subset \mathbb{R}^n$, $\overline{f}, \overline{g} : A \to \mathbb{R}^m$, continuas en $\overline{a} \in A$, entonces se verifican las siguientes propiedades:

a) $\overline{f} + \overline{g}$ es continua en $\overline{a}$.

b) $\lambda \overline{f}$ es continua en $\overline{a}$, siendo $\lambda \in \mathbb{R}$.

c) $m = 1$, entonces $f \cdot g$ es continua en $\overline{a}$.

d) Si $m = 1$ y $g(\overline{a}) \neq 0$, entonces $\dfrac{f}{g}$ es continua en $\overline{a}$.

■ **Propiedad (Continuidad de la función compuesta).** *Sea $\overline{f}$ continua en $\overline{a}$ y $\overline{g}$ continua en $\overline{f}(\overline{a})$, entonces $\overline{g} \circ \overline{f}$ es continua en $\overline{a}$.*

■ **Ejemplo 1.24** Como la función $f(x,y) = x^2 + y^2$ es continua y no negativa en todo punto del plano $\mathbb{R}^2$ y la función $g : \mathbb{R} \to \mathbb{R}$, dada por $g(z) = \sqrt{z}$ es continua en todo punto del intervalo $[0; +\infty)$, la composición

$$g(f(x,y)) = \sqrt{x^2 + y^2}$$

es continua en todo punto de $\mathbb{R}^2$.

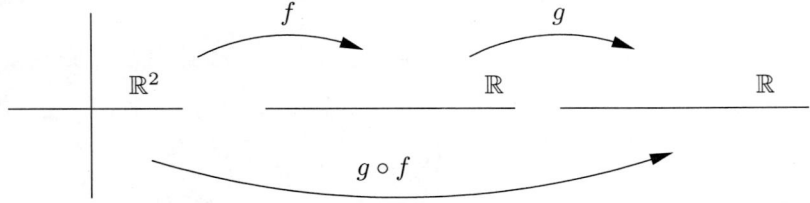

Figura 1.2 La composición de las funciones del Ejemplo 1.24

De modo análogo puede estudiarse la continuidad de las funciones reales, de varias variables, más habituales.

Continuidad uniforme

Sean $A \subset \mathbb{R}^n$ y $\overline{f} : A \to \mathbb{R}^m$. Se dice que $\overline{f}$ es uniformemente continua en A cuando para todo $\varepsilon > 0$, existe un $\delta > 0$ tal que para cada par de puntos $\overline{x}, \overline{y} \in A$ tales que $\|\overline{x} - \overline{y}\| < \delta$, se verifica que $\|\overline{f}(\overline{x}) - \overline{f}(\overline{y})\| < \varepsilon$, siendo δ independiente de los puntos.

La diferencia entre *continuidad* y *continuidad uniforme* estriba en que para la primera, dado un $\varepsilon > 0$ y un punto, hay que demostrar la existencia de un δ correspondiente, que dependerá del ε elegido y del punto de que se trate, mientras que la continuidad uniforme exige que dado un $\varepsilon > 0$ encontremos un δ correspondiente válido para todos los puntos del conjunto A.

Si $\overline{f}$ es uniformemente continua en $A \subset \mathbb{R}^n$, entonces es continua en todos los puntos de A. La afirmación contraria no es válida en general, sólo lo es si ponemos condiciones adicionales como se indica en la siguiente proposición.

■ **Proposición 4 (Continuidad uniforme).** *Si $\overline{f} : A \to \mathbb{R}^m$ es una función continua en $A \subset \mathbb{R}^n$ y A es cerrado y acotado, entonces $\overline{f}$ es uniformemente continua en A.*

PROBLEMAS RESUELTOS

▶ **1.1** Demuéstrese la desigualdad de Cauchy-Schwarz

$$\left| \sum_{i=1}^{n} x_i y_i \right| \leq \|\overline{x}\| \cdot \|\overline{y}\|.$$

RESOLUCIÓN.

Si $\overline{x}$ e $\overline{y}$ son linealmente dependientes, existe un $\lambda \in \mathbb{R}$ tal que $\overline{y} = \lambda \overline{x}$, de aquí que sea

$$\begin{aligned}
\|\overline{x}\| \, \|\overline{y}\| &= \sqrt{x_1^2 + x_2^2 + \dots + x_n^2} \sqrt{\lambda^2 x_1^2 + \lambda^2 x_2^2 + \dots + \lambda^2 x_n^2} \\
&= |\lambda| \sum_{i=1}^{n} x_i^2 = \left| \sum_{i=1}^{n} x_i \lambda x_i \right| = \left| \sum_{i=1}^{n} x_i y_i \right|.
\end{aligned}$$

Si $\overline{x}$ e $\overline{y}$ son linealmente independientes, para todo $\lambda \in \mathbb{R}$ se verifica que $\overline{y} - \lambda \overline{x} \neq 0$, de donde $\|\overline{y} - \lambda \overline{x}\| > 0$, y como es

$$\|\overline{y} - \lambda \overline{x}\|^2 = \sum_{i=1}^{n} (y_i - \lambda x_i)^2 = \sum_{i=1}^{n} y_i^2 - 2\lambda \sum_{i=1}^{n} x_i y_i + \lambda^2 \sum_{i=1}^{n} x_i^2,$$

resulta que este trinomio de segundo grado en la incógnita λ no tiene raíces reales, luego su discriminante debe ser negativo

$$4 \left(\sum_{i=1}^{n} x_i y_i \right)^2 - 4 \left(\sum_{i=1}^{n} x_i^2 \right) \left(\sum_{i=1}^{n} y_i^2 \right) < 0,$$

de donde

$$\left(\sum_{i=1}^{n} x_i y_i \right)^2 < \left(\sum_{i=1}^{n} x_i^2 \right) \left(\sum_{i=1}^{n} y_i^2 \right),$$

luego

$$\left| \sum_{i=1}^{n} x_i y_i \right| < \|\overline{x}\| \cdot \|\overline{y}\|.$$

▶ **1.2** Teniendo en cuenta la desigualdad de Cauchy-Schwarz en $\mathbb{R}^n$ para el producto escalar canónico, pruébese la desigualdad triangular o de Minkowski

$$||\overline{x} + \overline{y}|| \leq ||\overline{x}|| + ||\overline{y}||, \qquad \forall \, \overline{x}, \overline{y} \in \mathbb{R}^n.$$

RESOLUCIÓN.

Por definición de norma euclídea se tiene que $\forall \, \overline{x}, \overline{y} \in \mathbb{R}^n$

$$||\overline{x} + \overline{y}||^2 = (\overline{x} + \overline{y})(\overline{x} + \overline{y}) = \overline{x} \cdot \overline{x} + \overline{x} \cdot \overline{y} + \overline{y} \cdot \overline{x} + \overline{y} \cdot \overline{y} = ||\overline{x}||^2 + 2\overline{x} \cdot \overline{y} + ||\overline{y}||^2 \leq ||\overline{x}||^2 + 2\,|\overline{x} \cdot \overline{y}| + ||\overline{y}||^2,$$

y aplicando Cauchy-Schwarz,

$$||\overline{x} + \overline{y}||^2 \leq ||\overline{x}||^2 + 2\,|\overline{x} \cdot \overline{y}| + ||\overline{y}||^2 \leq ||\overline{x}||^2 + 2\,||\overline{x}|| \cdot ||\overline{y}|| + ||\overline{y}||^2 = (||\overline{x}|| + ||\overline{y}||)^2.$$

Tenemos en definitiva que

$$||\overline{x} + \overline{y}||^2 \leq (||\overline{x}|| + ||\overline{y}||)^2;$$

desigualdad entre cuadrados de cantidades no negativas, con lo cual resulta

$$||\overline{x} + \overline{y}|| \leq ||\overline{x}|| + ||\overline{y}||.$$

▶ **1.3** Demuéstrese que dado $A \subset \mathbb{R}^n$, el espacio $\mathbb{R}^n$ se puede escribir como unión de tres conjuntos disjuntos en la forma

$$\mathbb{R}^n = int(A) \cup ext(A) \cup fr(A).$$

RESOLUCIÓN.

Veamos primero que estos conjuntos son disjuntos. Por la definición de conjunto frontera y de conjunto interior, es evidente que $fr(A) \cap int(A) = \emptyset$ y de la definición de frontera y de conjunto exterior que $fr(A) \cap ext(A) = \emptyset$. Además, también es $int(A) \cap ext(A) = \emptyset$, pues si $\overline{a} \in int(A)$ es $\overline{a} \in A$, pero si es $\overline{a} \in ext(A)$, es $\overline{a} \in \mathbb{R}^n - A$.

Por otra parte, es $\mathbb{R}^n = int(A) \cup ext(A) \cup fr(A)$, ya que si $\overline{a} \in \mathbb{R}^n$ pero $\overline{a} \notin int(A) \cup ext(A)$, entonces toda bola de centro $\overline{a}$ debe contener puntos de A y del complementario de A, por lo que será $\overline{a} \in fr(A)$.

▶ **1.4** Demuéstrese que la unión de conjuntos abiertos es un conjunto abierto.

RESOLUCIÓN.

Sean $A_i, i \in I$, conjuntos abiertos, sea $A = \bigcup_{i \in I} A_i$ y sea $\overline{a} \in A$. Por definición de unión, existe un $i \in I$ tal que $\overline{a} \in A_i$, y al ser abierto, existe una bola abierta contenida en A_i, luego esta bola está contenida en A, de donde deducimos que A es abierto.

▶ **1.5** Demuéstrese que para cada $A \subset \mathbb{R}^n$, los conjuntos $int(A)$ y $ext(A)$ son abiertos.

RESOLUCIÓN.

Si fuese $int(A) = \emptyset$, por las propiedades vistas de los conjuntos abiertos, $int(A)$ sería abierto. Si es $int(A) \neq \emptyset$, y es $\overline{a} \in int(A)$, por definición de interior de A, existe una bola $B(\overline{a}, \delta)$ contenida en A; como $B(\overline{a}, \delta)$ es un abierto, para cada $\overline{b} \in B(\overline{a}, \delta)$ existe otra bola $B(\overline{b}, \delta')$ contenida en $B(\overline{a}, \delta)$ y por tanto en A. Luego todos los puntos de $B(\overline{a}, \delta)$ son interiores a A, es decir, $B(\overline{a}, \delta) \subset int(A)$. Por tanto, para cada $\overline{a} \in int(A)$ existe una bola $B(\overline{a}, \delta)$ contenida en $int(A)$, por lo que $int(A)$ es un conjunto abierto.

Como $ext(A) = int(\mathbb{R}^n - A)$, resulta que $ext(A)$ es también un conjunto abierto.

▶ **1.6** Demuéstrese que para cada conjunto $A \subset \mathbb{R}^n$, el conjunto $adh(A)$ es el menor cerrado que contiene a A.

RESOLUCIÓN.

En primer lugar, $adh(A)$ es un conjunto cerrado, ya que es complementario de un abierto al escribirse como

$$adh(A) = int(A) \cup fr(A) = \mathbb{R}^n - ext(A).$$

Veamos que es el menor conjunto cerrado conteniendo a A. Sea B otro cerrado conteniendo a A. Entonces $\mathbb{R}^n - B$ será abierto, y si $\overline{a} \in \mathbb{R}^n - B$, existirá una bola $B(\overline{a}, \delta)$ contenida en $\mathbb{R}^n - B$. Pero como $B \supset A \Rightarrow \mathbb{R}^n - B \subset \mathbb{R}^n - A$, será $A \cap B(\overline{a}, \delta) = \emptyset$, luego $\overline{a} \notin adh(A)$, y entonces es $\overline{a} \in \mathbb{R}^n - adh(A)$. Por tanto, $\mathbb{R}^n - B \subset \mathbb{R}^n - adh(A)$, y de aquí que sea $adh(A) \subset B$. Es decir, cualquier cerrado que contenga a A contiene también a su adherencia $adh(A)$.

▶ **1.7** Se consideran los siguientes subconjuntos de $\mathbb{R}^2$

$$A = \{(x,y) : 1 \leq x \leq 2, \quad 2 \leq y \leq 3\}, \qquad B = \{(x,y) : 4 < x^2 \leq 9\}.$$

Determínese el interior y la frontera de cada uno de ellos e indíquese si son abiertos, cerrados, o ni abiertos ni cerrados.

RESOLUCIÓN.

El conjunto A contiene todos los puntos del cuadrado $[1;2] \times [2;3]$, incluyendo sus lados. Su interior y su frontera son

$$
\begin{aligned}
int(A) &= (1;2) \times (2;3) \\
fr(A) &= \{(1,y) : y \in [2;3]\} \cup \{(2,y) : y \in [2;3]\} \cup \{(x,2) : x \in [1;2]\} \cup \{(x,3) : x \in [1;2]\},
\end{aligned}
$$

y se trata de un conjunto cerrado pues contiene los puntos de su frontera.

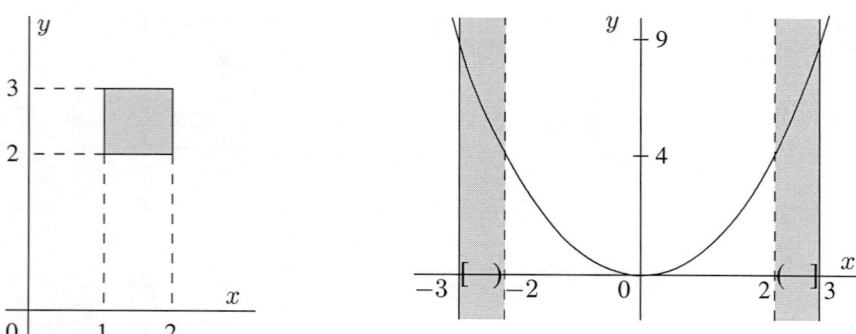

Figura 1.3 Los conjuntos A y B del Problema 1.7

El conjunto B tiene por interior

$$int(B) = \{(x,y) : 4 < x^2 < 9\}$$

y su frontera es

$$fr(B) = \{(x,y) : 4 = x^2\} \cup \{(x,y) : x^2 = 9\}.$$

Este conjunto no es abierto ni cerrado, pues contiene algunos puntos frontera como $(3,0)$, pero no contiene otros como $(2,0)$.

Estos conjuntos pueden verse en la Figura 1.3.

▶ **1.8** Determínese el interior y la frontera de los siguientes subconjuntos de $\mathbb{R}^3$,

$$A = \{(x, y, z) : 0 \leq x \leq 1, 0 \leq y \leq 1, 0 \leq z \leq 1\}, \quad B = \{(x, y, z) : x^2 + y^2 \leq 2, \quad 0 \leq z \leq 2\},$$

especificando el interior y la frontera indicando si son abiertos, cerrados, o ni abiertos ni cerrados.

RESOLUCIÓN.

En el primero de ellos las tres variables toman valores entre 0 y 1 ambos incluidos, por lo que el conjunto A es el cubo de lado uno en el primer octante que contiene los puntos $(0, 0, 0), (0, 1, 0), (0, 1, 1)$ y $(1, 1, 1)$, incluyendo sus seis caras. Su interior es

$$int(A) = \{(x, y, z) : 0 < x < 1, 0 < y < 1, 0 < z < 1\}$$

y su frontera está formada por las seis caras del cubo, es decir

$$fr(A) = \{(0, y, z) : 0 \leq y \leq 1, 0 \leq z \leq 1\} \cup \{(1, y, z) : 0 \leq y \leq 1, 0 \leq z \leq 1\} \cup$$

$$\cup \{(x, 0, z) : 0 \leq x \leq 1, 0 \leq z \leq 1\} \cup \{(x, 1, z) : 0 \leq x \leq 1, 0 \leq z \leq 1\} \cup$$

$$\cup \{(x, y, 0) : 0 \leq x \leq 1, 0 \leq y \leq 1\} \cup \{(x, y, 1) : 0 \leq x \leq 1, 0 \leq y \leq 1\}.$$

Se trata de un conjunto cerrado por contener a su frontera.

En el conjunto B se tiene que $z \in [0; 2]$ y para cada valor de z los valores de las variables x e y son tales que los puntos (x, y) están en un círculo de radio $\sqrt{2}$, por lo que B es un cilindro, representado en la Figura 1.4. Su interior y su frontera son

$$int(B) = \{(x, y, z) : x^2 + y^2 < 2, 0 < z < 2\},$$

$$fr(B) = \{(x, y, 0) : x^2 + y^2 \leq 2\} \cup \{(x, y, 2) : x^2 + y^2 \leq 2\} \cup \{(x, y, z) : x^2 + y^2 = 2, 0 < z < 2\}$$

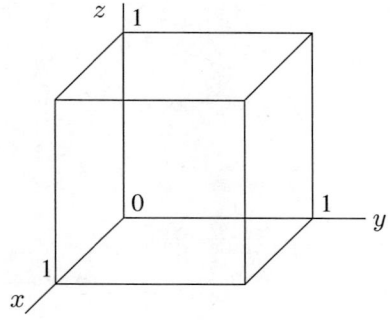 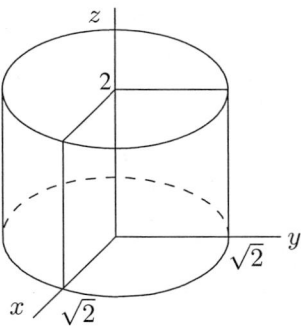

Figura 1.4 Representación de los conjuntos A y B del Problema 1.8

▶ **1.9** Se consideran los conjuntos de $\mathbb{R}^2$ verificando las condiciones dadas. Hágase un gráfico de cada conjunto, determínese si es abierto o cerrado y hállese su adherencia y su conjunto derivado:

a) $A = \left\{ (x, y) \in \mathbb{R}^2 : |3x| < 1, \left| \dfrac{y}{2} \right| \leq 1 \right\}$ b) $B = \left\{ (x, y) \in \mathbb{R}^2 : x < -2, \ y \geq 1 \right\}$

RESOLUCIÓN.

a) Como

$$|3x| < 1 \quad \Rightarrow \quad 3|x| < 1 \quad \Rightarrow \quad |x| < \frac{1}{3} \quad \Rightarrow \quad \frac{-1}{3} < x < \frac{1}{3}$$

y además

$$\left|\frac{y}{2}\right| \leq 1 \quad \Rightarrow \quad \frac{|y|}{2} \leq 1 \quad \Rightarrow \quad |y| \leq 2 \quad \Rightarrow \quad -2 \leq y \leq 2,$$

el conjunto A es el que aparece en la Figura 1.5. No es abierto ni cerrado pues contiene algunos puntos frontera (los lados horizontales del rectángulo), pero no todos (los lados verticales). Su adherencia y su conjunto derivado coinciden con el rectángulo cerrado, es decir

$$adh(A) = A' = \left[\frac{-1}{3}; \frac{1}{3}\right] \times [-2; 2].$$

b) Los puntos que verifican las condiciones $x < -2$ e $y \geq 1$ están representados en la Figura 1.5. El conjunto no es abierto ni cerrado, pues contiene algunos puntos frontera pero no otros. Su adherencia y su conjunto derivado, coincidentes, son

$$adh(B) = B' = \{(x,y) \in \mathbb{R}^2 : x \leq -2, y \geq 1\}.$$

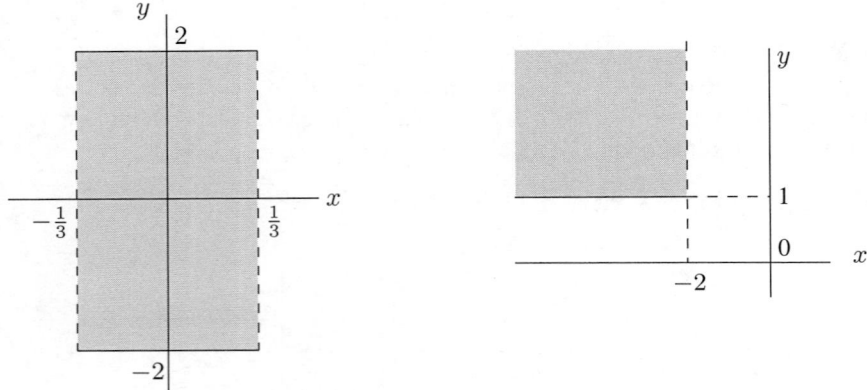

Figura 1.5 Representación de los conjuntos A y B del Problema 1.9

▶ **1.10** Se consideran los conjuntos de puntos de $\mathbb{R}^3$ verificando las condiciones dadas; hágase un gráfico del conjunto, determínese si es abierto o cerrado y hállese su adherencia y su conjunto derivado.

a) $A = \{(x,y,z) \in \mathbb{R}^3 : x, y, z \in [0; 1]\}$,

b) $B = \{(x,y,z) \in \mathbb{R}^3 : x + 2y + 3z > 6, x > 0, y > 0, z > 0\}$.

RESOLUCIÓN.

a) El conjunto $A = \{(x,y,z) \in \mathbb{R}^3 : x, y, z \in [0; 1]\}$ puede escribirse como producto de tres intervalos cerrados $A = [0; 1] \times [0; 1] \times [0; 1]$. Este conjunto es cerrado y por ello $adh(A) = A = A'$ ya que no hay puntos aislados.

b) El conjunto de puntos que verifican la condición $x + 2y + 3z > 6$ es uno de los dos semiespacios en que el plano de ecuación $x + 2y + 3z = 6$ divide el espacio $\mathbb{R}^3$. Mediante la ecuación segmentaria del plano

$$\frac{x}{6} + \frac{y}{3} + \frac{z}{2} = 1,$$

obtenida dividiendo entre 6 la ecuación dada, obtenemos que el plano corta a los ejes a distancias 6, 3 y 2 del origen, es decir, en los puntos $(6, 0, 0)$, $(0, 3, 0)$ y $(0, 0, 2)$. El conjunto B es abierto porque su complementario

$$\{(x, y, z) : x + 2y + 3z \le 6\} \cup \{(x, y, z) : x \le 0\} \cup \{(x, y, z) : y \le 0\} \cup \{(x, y, z) : z \le 0\}$$

es cerrado, ya que contiene a su frontera. Su adherencia y su conjunto derivado son

$$adh(B) = B' = \{(x, y, z) : x + 2y + 3z \ge 6, x \ge 0, y \ge 0, z \ge 0\}.$$

Para saber si el semiespacio B está por encima o por debajo del plano basta despejar z en la condición dada, resultando

$$z > \frac{1}{3}(6 - x - 2y),$$

es decir, los puntos que tienen z mayor que los puntos del plano, luego se trata del semiespacio superior al plano perteneciente al primer octante.

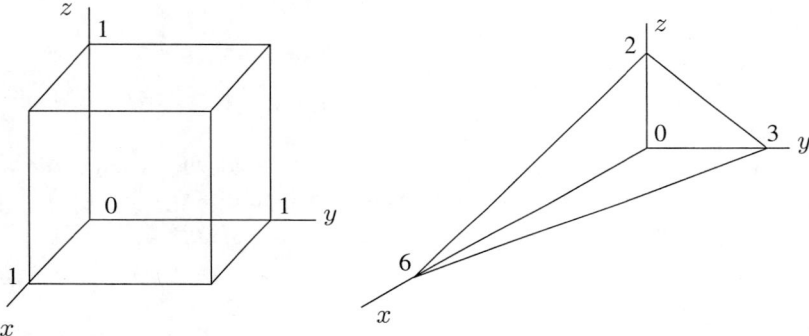

Figura 1.6 Representación de los conjuntos A y B del Problema 1.10

▶ **1.11** Se consideran los subconjuntos $A_k = \left\{(x, y) : -\frac{1}{k} < x < \frac{1}{k}, \ -\frac{1}{k} < y < \frac{1}{k}, \ k \in \mathbb{N}\right\}$ de $\mathbb{R}^2$. Hállense $A = \bigcap_{k \in \mathbb{N}} A_k$ y $B = \bigcup_{k \in \mathbb{N}} A_k$. ¿Son abiertos?, ¿por qué?

RESOLUCIÓN.

Como

$$A_1 = \{(x, y) : -1 < x < 1, -1 < y < 1\}, \quad A_2 = \left\{(x, y) : -\frac{1}{2} < x < \frac{1}{2}, -\frac{1}{2} < y < \frac{1}{2}\right\},$$
$$A_3 = \left\{(x, y) : -\frac{1}{3} < x < \frac{1}{3}, -\frac{1}{3} < y < \frac{1}{3}\right\},$$

es decir, cuadrados abiertos, centrados en el origen, con tamaño decreciente, la intersección de todos ellos es el origen de coordenadas, mientras que la unión de todos ellos es el primero, pues contiene a los siguientes. Por tanto, es

$$A = \bigcap_{k \in \mathbb{N}} A_k = \{(0, 0)\} \qquad \text{y} \qquad B = \bigcup_{k \in \mathbb{N}} A_k = A_1.$$

El conjunto A es cerrado, pues contiene sólo un punto del plano, mientras que B es abierto.

▶ **1.12** En $\mathbb{R}^2$ se considera el conjunto

$$A = \{(x, y) \in \mathbb{R}^2 : x > 0, \ y < 0, \ x > -y\} \cup \{(0, 0)\}.$$

Se pide:

a) Clasifíquense los puntos del conjunto A y obténganse los conjuntos interior, exterior y frontera de A.

b) El conjunto A, ¿es abierto?, ¿es cerrado? ¿Cómo son los puntos de la recta $x + y = 0$ con relación al conjunto A ?

RESOLUCIÓN.

a) Para todo $(x, y) \in A : (x, y) \neq (0, 0)$ resulta que (x, y) es interior, pues $\exists B((x, y), \delta)$ tal que $B((x, y), \delta) \subset A$, sin más que elegir

$$\delta = \text{mín}\{\text{distancias de } (x, y) \text{ a las rectas } y = 0 \text{ y } x + y = 0\}.$$

Por tanto $int(A) = A - \{(0, 0)\}$, ya que $(0, 0)$ no es punto interior.

La frontera es

$$fr(A) = \{(x, y) \in \mathbb{R}^2 : y = 0\} \cup \{(x, y) \in \mathbb{R}^2 : x > 0, x + y = 0\}$$

y el conjunto derivado es

$$ac(A) = A' = \{(x, y) \in \mathbb{R}^2 : x \geq 0, y = 0\} \cup \{(x, y) \in \mathbb{R}^2 : x > 0, x + y = 0\}.$$

b) No es abierto ya que $(0, 0) \in A$ pero $(0, 0) \notin int(A)$. No es cerrado ya que puntos de la forma $(x, 0)$, con $x > 0$, pertenecen a $adh(A)$ pero no pertenecen al conjunto A.

Los puntos de la recta de ecuación $x + y = 0$ son puntos frontera de A, es decir, pertenecientes a $adh(A)$ aunque, salvo el punto $(0, 0)$, no están en A.

El conjunto A puede verse dibujado en la Figura 1.7.

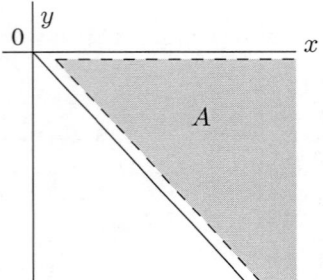

Figura 1.7 Representación del conjunto A del Problema 1.12

▶ **1.13** Determínese el dominio y la imagen de las siguientes funciones

$$a)\ f(x, y) = \frac{\sqrt{4 - y^2}}{3 + \sqrt{2 - x^2}} \qquad b)\ f(x, y, z) = \frac{3z}{y^2 - x^2}$$

RESOLUCIÓN.

a) Para que existan las raíces deben tener radicando positivo o nulo, luego

$$\left.\begin{array}{c} 4 - y^2 \geq 0 \\ 2 - x^2 \geq 0 \end{array}\right\} \quad \Rightarrow \quad \left.\begin{array}{c} y^2 \leq 4 \\ x^2 \leq 2 \end{array}\right\} \quad \Rightarrow \quad \left.\begin{array}{c} -2 \leq y \leq 2 \\ -\sqrt{2} \leq x \leq \sqrt{2} \end{array}\right\},$$

por tanto
$$\text{Dom } f = \{(x, y) \in \mathbb{R}^2 : -\sqrt{2} \le x \le \sqrt{2}, -2 \le y \le 2\}.$$

La función es un cociente de números positivos; como el numerador puede anularse, el menor valor posible de la función es 0 y el mayor valor de la función se consigue para el máximo numerador y el mínimo denominador posibles, es decir, $y = 0$ y $x = \sqrt{2}$, luego $Im f = [0; \frac{2}{3}]$.

b) El denominador no puede ser nulo, así que de
$$y^2 - x^2 = 0 \quad \Rightarrow \quad y^2 = x^2 \quad \Rightarrow \quad y = \pm x$$

resulta que la función no está definida para los puntos situados en los planos verticales $y = x$ e $y = -x$, así que
$$\text{Dom } f = \{(x, y, z) \in \mathbb{R}^3 : y \ne \pm x\}.$$

Puesto que z puede ser cualquier número real y el denominador, salvo 0, lo mismo, se tiene que $\text{Im } f = \mathbb{R}$.

▶ **1.14** Estúdiese el dominio de la función
$$f(x, y) = xy \,\text{sen}\, \frac{1}{\sqrt{x^2 + y^2}}.$$

RESOLUCIÓN.

La función está definida para todo $(x, y) \in \mathbb{R}^2$, salvo para aquellos puntos donde el radicando tome valores negativos o se anule el denominador.

Como $x^2 + y^2$ es siempre positivo o nulo, no es posible obtener valores negativos dentro de la raíz. El denominador se anulará en el caso en que sea $(x, y) = (0, 0)$, por lo que el dominio pedido es
$$\text{Dom } f = \{(x, y, z) \in \mathbb{R}^2 : (x, y) \ne (0, 0)\}.$$

▶ **1.15** Estúdiese el dominio de la función
$$\overline{f}(x, y) = (x^2 + y^2, \text{sen}\, xy, \ln(x + y)).$$

RESOLUCIÓN.

Las funciones componentes $f_1(x, y) = x^2 + y^2$ y $f_2(x, y) = \text{sen}\, xy$ están definidas para todo punto $(x, y) \in \mathbb{R}^2$, sin embargo la función componente $f_3(x, y) = \ln(x + y)$ sólo está definida para aquellos valores tales que sea $x + y > 0$, ya que sólo está definido el logaritmo de los números positivos. Por tanto el dominio buscado es
$$\text{Dom } \overline{f} = \{(x, y) \in \mathbb{R}^2 : x + y > 0\}.$$

▶ **1.16** Demuéstrese la unicidad del límite de una función de $\mathbb{R}^n$ en $\mathbb{R}^m$.

RESOLUCIÓN.

Si fuese $\lim_{\overline{x} \to \overline{a}} \overline{f}(\overline{x}) = \overline{b}$ y $\lim_{\overline{x} \to \overline{a}} \overline{f}(\overline{x}) = \overline{b}'$, con $\overline{b} \ne \overline{b}'$, tomando $\varepsilon = \frac{1}{2} \left\| \overline{b} - \overline{b}' \right\|$, existirán $\delta_1, \delta_2 > 0$, tales que
$$0 < \|\overline{x} - \overline{a}\| < \delta_1 \quad \Rightarrow \quad \left\| \overline{f}(\overline{x}) - \overline{b} \right\| < \tfrac{1}{2} \left\| \overline{b} - \overline{b}' \right\|,$$
$$0 < \|\overline{x} - \overline{a}\| < \delta_2 \quad \Rightarrow \quad \left\| \overline{f}(\overline{x}) - \overline{b}' \right\| < \tfrac{1}{2} \left\| \overline{b} - \overline{b}' \right\|,$$

de donde, si $\delta_0 = \min\{\delta_1, \delta_2\}$, para los $\overline{x}$ tales que $0 < \|\overline{x} - \overline{a}\| < \delta_0$, se tendrá

$$\left\|\overline{b} - \overline{b}'\right\| = \left\|\overline{b} - \overline{f}(\overline{x}) + \overline{f}(\overline{x}) - \overline{b}'\right\| \le$$

$$\le \left\|\overline{f}(\overline{x}) - \overline{b}\right\| + \left\|\overline{f}(\overline{x}) - \overline{b}'\right\| < \frac{1}{2}\left\|\overline{b} - \overline{b}'\right\| + \frac{1}{2}\left\|\overline{b} - \overline{b}'\right\| = \left\|\overline{b} - \overline{b}'\right\|,$$

lo que es absurdo.

▶ **1.17** Aplicando la definición de límite demuéstrese que la función

$$f(x, y) = \frac{x + x^2}{1 + x^2 + y^2}$$

es tal que $\displaystyle\lim_{(x,y)\to(0,0)} f(x, y) = 0$.

RESOLUCIÓN.

Se trata de probar que $\forall\, \varepsilon > 0,\ \exists \delta(\varepsilon) > 0$ tal que si es $\|(x, y) - (0, 0)\| < \delta$, entonces se verifica que $|f(x, y) - f(0, 0)| < \varepsilon$.

Teniendo en cuenta que $f(0, 0) = 0$ se verifica que

$$|f(x, y) - f(0, 0)| = \left|\frac{x + x^2}{1 + x^2 + y^2}\right| = |x + x^2|\frac{1}{1 + x^2 + y^2} \le |x + x^2| \cdot 1 \le$$

$$\le |x| + x^2 = \sqrt{x^2} + x^2 \le \sqrt{x^2 + y^2} + (x^2 + y^2) \le \delta + \delta^2 \qquad (1.1)$$

donde en el último paso se ha utilizado que $\|(x, y) - (0, 0)\| \le \delta$, lo cual equivale a $\sqrt{x^2 + y^2} \le \delta$.

Además considerando que δ es un número suficientemente pequeño, $0 < \delta < 1$, resulta que $\delta^2 \le \delta$, por lo que es $\delta + \delta^2 \le 2\delta$ y por tanto, tomando para cada $\varepsilon > 0$ dado, $\delta = \dfrac{\varepsilon}{2}$ se tiene por (1.1) que es

$$|f(x, y) - f(0, 0)| < \varepsilon$$

para todo (x, y) verificando $\|(x, y) - (0, 0)\| < \delta$ y en consecuencia es $\displaystyle\lim_{(x,y)\to(0,0)} f(x, y) = 0$.

▶ **1.18** Hállese el límite de la función

$$f(x, y) = \frac{x^5 y^3 - x^3 y^5}{x^6 y^4 - x^4 y^6}$$

en el punto $(1, 1)$.

RESOLUCIÓN.

El límite es indeterminado de la forma $\left[\frac{0}{0}\right]$ al hacer $x = y = 1$. Se obtiene el valor del límite si se descomponen numerador y denominador en producto de factores.

De este modo resulta

$$\lim_{(x,y)\to(1,1)} \frac{x^5 y^3 - x^3 y^5}{x^6 y^4 - x^4 y^6} = \lim_{(x,y)\to(1,1)} \frac{x^3 y^3 (x^2 - y^2)}{x^4 y^4 (x^2 - y^2)} = \lim_{(x,y)\to(1,1)} \frac{1}{xy} = 1.$$

▶ **1.19** Calcúlese el límite siguiente

$$\lim_{(x,y)\to(0,0)} \frac{2x^2 + y^4}{3x^2 - 5y^4}$$

RESOLUCIÓN.

La variable y aparece elevada a 4. Para que el grado de x^2 sea el mismo que el de y bastará elevar al cuadrado, es decir, hacer el cambio $x = ky^2$, resultando

$$\lim_{(x,y)\to(0,0)} \frac{2x^2 + y^4}{3x^2 - 5y^4} = \lim_{\substack{y\to 0 \\ x=ky^2}} \frac{2(ky^2)^2 + y^4}{3(ky^2)^2 - 5y^4} = \lim_{y\to 0} \frac{y^4(2k^2 + 1)}{y^4(3k^2 - 5)} = \frac{2k^2 + 1}{3k^2 - 5}$$

y el límite pedido no existe por depender del camino.

▶ **1.20** Calcúlese

$$\lim_{(x,y)\to(0,0)} \frac{5x^3 + 7y^3}{2x^3 + 3y^3}$$

RESOLUCIÓN.

La sustitución directa nos da una indeterminación $\left[\frac{0}{0}\right]$. Dado que tanto en el numerador como en el denominador todas las variables están elevadas a la misma potencia, hacemos el cambio $y = kx$ y resulta

$$\lim_{(x,y)\to(0,0)} \frac{5x^3 + 7y^3}{2x^3 + 3y^3} = \lim_{\substack{x\to 0 \\ y=kx}} \frac{5x^3 + 7(kx)^3}{2x^3 + 3(kx)^3} = \lim_{x\to 0} \frac{x^3(5 + 7k^3)}{x^3(2 + 3k^3)} = \frac{5 + 7k^3}{2 + 3k^3},$$

por lo que el límite no existe, ya que depende del camino.

▶ **1.21** Calcúlense los límites reiterados y, si procede, el valor del límite de la función

$$f(x,y) = \frac{3x - 12y}{x^2 - 16y^2} \quad \text{en el punto } (4, 1).$$

RESOLUCIÓN.

Los límites reiterados son

$$\lim_{x\to 4}\left(\lim_{y\to 1} \frac{3x - 12y}{x^2 - 16y^2}\right) = \lim_{x\to 4} \frac{3x - 12}{x^2 - 16} = \lim_{x\to 4} \frac{3(x - 4)}{(x - 4)(x + 4)} = \lim_{x\to 4} \frac{3}{x + 4} = \frac{3}{8},$$

$$\lim_{y\to 1}\left(\lim_{x\to 4} \frac{3x - 12y}{x^2 - 16y^2}\right) = \lim_{y\to 1} \frac{12 - 12y}{16 - 16y^2} = \lim_{y\to 1} \frac{12(1 - y)}{16(1 - y^2)} = \lim_{y\to 1} \frac{12}{16(1 + y)} = \frac{3}{8}.$$

Por tanto los límites reiterados no nos dan información acerca de la existencia del límite de la función, ya que coinciden. Sin embargo, si el límite existiera en el punto dado, debería tener también el valor $\frac{3}{8}$.

Procedamos a calcular el límite:

$$\lim_{(x,y)\to(4,1)} \frac{3x - 12y}{x^2 - 16y^2} = \lim_{(x,y)\to(4,1)} \frac{3(x - 4y)}{(x + 4y)(x - 4y)} = \lim_{(x,y)\to(4,1)} \frac{3}{x + 4y} = \frac{3}{8},$$

tal como habíamos indicado.

▶ **1.22** Calcúlese

$$\lim_{(x,y)\to(0,0)} \frac{\text{sen}(x^2 + y^2)\cos(x^2 + y^2)}{x^2 + y^2}.$$

RESOLUCIÓN.

Se trata de un límite indeterminado de la forma $\left[\frac{0}{0}\right]$; pasando a coordenadas polares queda una indeterminación $\left[\frac{0}{0}\right]$ de una sola variable, por lo que aplicando la regla de L'Hôpital resulta

$$\lim_{(x,y)\to(0,0)} \frac{\operatorname{sen}(x^2+y^2)\cos(x^2+y^2)}{x^2+y^2} = \lim_{\rho\to0} \frac{\operatorname{sen}\rho^2\cos\rho^2}{\rho^2} =$$

$$= \lim_{\rho\to0} \frac{1}{2}\frac{\operatorname{sen}2\rho^2}{\rho^2} = \left[\frac{0}{0}\right] \stackrel{L'H}{=} \lim_{\rho\to0} \frac{1}{2}\frac{4\rho\cos2\rho^2}{2\rho} = \lim_{\rho\to0}\cos2\rho^2 = 1.$$

Obsérvese que utilizando infinitésimos equivalentes se tiene

$$\lim_{\rho\to0} \frac{1}{2}\frac{\operatorname{sen}2\rho^2}{\rho^2} = \left[\frac{0}{0}\right] = \lim_{\rho\to0} \frac{2\rho^2}{2\rho^2} = 1,$$

o bien

$$\lim_{\rho\to0} \frac{\operatorname{sen}\rho^2\cos\rho^2}{\rho^2} = \left[\frac{0}{0}\right] = \lim_{\rho\to0} \frac{\rho^2\cdot1}{\rho^2} = 1.$$

▶ **1.23** Calcúlese

$$\lim_{(x,y)\to(0,0)} \frac{x^3\cos\frac{1}{x^2+y^2}}{x^2+y^2}.$$

RESOLUCIÓN.

Se trata de un límite indeterminado de la forma $\left[\frac{0}{0}\right]$. Pasando a coordenadas polares resulta

$$\lim_{(x,y)\to(0,0)} \frac{x^3\cos\frac{1}{x^2+y^2}}{x^2+y^2} = \lim_{\rho\to0} \frac{\rho^3\cos^3\theta\cos\frac{1}{\rho^2}}{\rho^2} = \lim_{\rho\to0}\rho\cos^3\theta\cos\frac{1}{\rho^2} = 0,$$

ya que la función $\cos^3\theta\cos\frac{1}{\rho^2}$ es una función acotada y $\lim_{\rho\to0}\rho = 0$.

▶ **1.24** Aplicando la definición de límite, analícese la continuidad en $(0,0)$ de la función

$$f(x,y) = \frac{x^2}{1+x^2+y^2}.$$

RESOLUCIÓN.

Aplicando la definición de límite y siendo $f(0,0) = 0$, se debe verificar que $\lim_{(x,y)\to(0,0)} f(x,y) = 0$, esto es, $\forall\,\varepsilon > 0$ debe existir $\delta(\varepsilon) > 0$ tal que si $||(x,y) - (0,0)|| < \delta$, entonces $|f(x,y) - f(0,0)| < \varepsilon$, es decir, que si $\sqrt{x^2+y^2} < \delta$ entonces debe ser

$$\left|\frac{x^2}{1+x^2+y^2} - 0\right| < \varepsilon.$$

Teniendo en cuenta que

$$\left|\frac{x^2}{1+x^2+y^2}\right| = x^2\frac{1}{1+x^2+y^2} < x^2 < x^2+y^2 < \delta^2,$$

basta tomar $\delta = \sqrt{\varepsilon}$ para que se verifique que

$$\lim_{(x,y)\to(0,0)} f(x,y) = 0.$$

▶ **1.25** Aplicando la definición de límite, analícese la continuidad de la función

$$f(x,y) = \begin{cases} (x^2 + y^2)\cos\dfrac{1}{x^2 + y^2}, & \text{si } (x,y) \neq (0,0), \\ 0, & \text{si } (x,y) = (0,0), \end{cases}$$

en el punto $(0,0)$.

RESOLUCIÓN.

La función es continua, en principio, en todos los puntos $(x,y) \in \mathbb{R}^2$, $(x,y) \neq (0,0)$, al ser producto de dos funciones continuas.

Para analizar la continuidad en el punto $(0,0)$ aplicamos la definición de límite y para que sea continua en él este límite ha de valer cero. Por tanto ha de ocurrir que

$$\forall\, \varepsilon > 0, \exists \delta(\varepsilon) > 0 \text{ tal que, si } \|(x,y) - (0,0)\| < \delta, \text{ entonces } |f(x,y) - f(0,0)| < \varepsilon,$$

o lo que es equivalente, $\forall\, \varepsilon > 0$, $\exists \delta(\varepsilon) > 0$, tal que, si $\sqrt{x^2 + y^2} < \delta$, ha de ser

$$\left| (x^2 + y^2)\cos\frac{1}{x^2 + y^2} \right| < \varepsilon$$

Pero al ser

$$\left| (x^2 + y^2)\cos\frac{1}{x^2 + y^2} \right| \leq |x^2 + y^2| \cdot 1 = x^2 + y^2 < \delta^2,$$

considerando cualquier número ε se verifica que es $x^2 + y^2 < \varepsilon$ con sólo elegir $\delta = \sqrt{\varepsilon}$, dado que ha de ser $\sqrt{x^2 + y^2} < \delta$.

▶ **1.26** Estúdiese la continuidad de la función

$$f(x,y) = \begin{cases} \dfrac{1 - \cos(x^4 - y^4)}{x^2 + y^2}, & \text{si } (x,y) \neq (0,0), \\ 0, & \text{si } (x,y) = (0,0). \end{cases}$$

RESOLUCIÓN.

La función es continua en $\mathbb{R}^2 - \{(0,0)\}$ al ser un cociente de funciones continuas.

El límite de la función en el punto $(0,0)$ se calcula teniendo en cuenta que $1 - \cos(x^4 - y^4)$ es un infinitésimo en $(0,0)$ equivalente a $\dfrac{1}{2}(x^4 - y^4)^2$ y por tanto resulta que

$$\begin{aligned} \lim_{(x,y)\to(0,0)} \frac{1 - \cos(x^4 - y^4)}{x^2 + y^2} &= \lim_{(x,y)\to(0,0)} \frac{1}{2}\frac{(x^4 - y^4)^2}{x^2 + y^2} = \\ &= \frac{1}{2} \lim_{(x,y)\to(0,0)} \frac{[(x^2 - y^2)(x^2 + y^2)]^2}{x^2 + y^2} = \\ &= \frac{1}{2} \lim_{(x,y)\to(0,0)} (x^2 - y^2)^2(x^2 + y^2) = 0 = f(0,0). \end{aligned}$$

y la función también es continua en $(0,0)$.

▶ **1.27** Estúdiese la continuidad en el punto $(0,0)$ de la función

$$f(x,y) = \begin{cases} \dfrac{2x^3 + y^2}{x^2 + 3y^2}, & \text{si } (x,y) \neq (0,0), \\ 0, & \text{si } (x,y) = (0,0). \end{cases}$$

RESOLUCIÓN.

Calculando los límites reiterados en ese punto,

$$\lim_{x \to 0} \left(\lim_{y \to 0} \frac{2x^3 + y^2}{x^2 + 3y^2} \right) = \lim_{x \to 0} \frac{2x^3}{x^2} = \lim_{x \to 0} 2x = 0,$$

$$\lim_{y \to 0} \left(\lim_{x \to 0} \frac{2x^3 + y^2}{x^2 + 3y^2} \right) = \lim_{y \to 0} \frac{y^2}{3y^2} = \frac{1}{3},$$

resulta que los límites reiterados no coinciden, por lo que la función carece de límite en ese punto y por tanto no es continua en $(0, 0)$.

▶ **1.28** Estúdiese la continuidad de la función

$$f(x, y) = \begin{cases} \frac{x^2 y^2}{2x^2 y^2 + (x+y)^4}, & \text{si } (x, y) \neq (0, 0), \\ 0, & \text{si } (x, y) = (0, 0). \end{cases}$$

RESOLUCIÓN.

La función es continua para todo punto $(x, y) \neq (0, 0)$ ya que se trata de un cociente de polinomios cuyo denominador no se anula. El único punto pendiente de estudiar es el punto $(0, 0)$.

La función está definida es ese punto, sin embargo en él no tiene límite ya que, haciendo el cambio $y = kx$, resulta que el límite en $(0, 0)$ a lo largo de cada una de estas rectas es

$$\lim_{\substack{(x,y) \to (0,0) \\ y = kx}} \frac{x^2 y^2}{2x^2 y^2 + (x + y)^4} = \lim_{x \to 0} \frac{x^2 (kx)^2}{2x^2 (kx)^2 + (x + kx)^4} =$$

$$= \lim_{x \to 0} \frac{k^2 x^4}{2k^2 x^4 + x^4 (1 + k)^4} = \frac{k^2}{2k^2 + (1 + k)^4}$$

con lo cual el límite direccional depende de la recta elegida y por tanto no existe $\lim_{(x,y) \to (0,0)} f(x, y)$. En consecuencia la función no es continua.

▶ **1.29** Estúdiese la continuidad de la función

$$f(x, y) = \begin{cases} \frac{xy e^{x^2/y^2}}{2x^2 + y^2} & \text{si } (x, y) \neq (0, 0), \\ 0, & \text{si } (x, y) = (0, 0). \end{cases}$$

RESOLUCIÓN.

La función es continua para $(x, y) \neq (0, 0)$ por ser cociente de funciones continuas y ser el punto $(0, 0)$ el único en que se anula el denominador.

Hemos de estudiar la continuidad en el punto $(0, 0)$, para lo cual estudiaremos su límite en este punto. Analizando el límite direccional a lo largo de las rectas $y = kx$, resulta

$$\lim_{\substack{(x,y) \to (0,0) \\ y = kx}} \frac{xy e^{x^2/y^2}}{2x^2 + y^2} = \lim_{x \to 0} \frac{xkx e^{x^2/k^2 x^2}}{2x^2 + (kx)^2} = \lim_{x \to 0} \frac{x^2 k e^{\frac{1}{k^2}}}{x^2 (2 + k^2)} = \frac{k e^{\frac{1}{k^2}}}{2 + k^2}$$

y depende de cada recta, por lo que el límite no existe y la función es discontinua en el punto $(0, 0)$.

▶ **1.30** Dada la función

$$f(x, y) = \begin{cases} \frac{2x^2 - y^2}{x^2 + 2y^2}, & \text{si } (x, y) \neq (0, 0), \\ 0, & \text{si } (x, y) = (0, 0), \end{cases}$$

calcúlense sus límites reiterados en el punto $(0, 0)$.

RESOLUCIÓN.

Uno de los límites reiterados es

$$\lim_{y \to 0} \left(\lim_{x \to 0} f(x, y) \right) = \lim_{y \to 0} \left(\lim_{x \to 0} \frac{2x^2 - y^2}{x^2 + 2y^2} \right) = \lim_{y \to 0} \frac{-y^2}{2y^2} = \frac{-1}{2}$$

y el otro

$$\lim_{x \to 0} \left(\lim_{y \to 0} f(x, y) \right) = \lim_{x \to 0} \left(\lim_{y \to 0} \frac{2x^2 - y^2}{x^2 + 2y^2} \right) = \lim_{x \to 0} \frac{2x^2}{x^2} = 2.$$

Como consecuencia la función no tiene límite en el punto $(0, 0)$, siendo por tanto discontinua en él.

PROBLEMAS PROPUESTOS

1.1 Demuéstrese, utilizando la desigualdad de Cauchy-Schwarz, que la norma euclídea es una norma y que la distancia euclídea verifica las condiciones de distancia.

1.2 Por aplicación de la desigualdad de Minkowski o propiedad triangular de la norma euclídea, $\|\overline{x} + \overline{y}\| \leq \|\overline{x}\| + \|\overline{y}\|, \forall \, \overline{x}, \overline{y} \in \mathbb{R}^n$, pruébese la desigualdad

$$\left| \, \|\overline{x}\| - \|\overline{y}\| \, \right| \leq \|\overline{x} - \overline{y}\|.$$

1.3 Demuéstrese que para todo $A \subset \mathbb{R}^n$ se verifica que $adh(A) = A \cup ac(A)$.

1.4 Demuéstrese que la intersección finita de subconjuntos abiertos de $\mathbb{R}^n$ es un conjunto abierto.

1.5 Demuéstrese que $\forall \, A \subset \mathbb{R}^n$ el conjunto $fr(A)$ es cerrado

1.6 Demuéstrese que un conjunto A es cerrado si y sólo si contiene todos sus puntos de acumulación.

1.7 Se consideran los siguientes subconjuntos de $\mathbb{R}^2$

$$A = \{(x, y) : 0 \leq y \leq x^2\}, \qquad B = \{(x, y) : 9y^2 \leq 36 \leq 4x^2\}.$$

Determínese el interior y la frontera de cada uno de ellos e indíquese si son abiertos, cerrados, o ni abiertos ni cerrados.

1.8 Determínese el interior y la frontera de los siguientes subconjuntos de $\mathbb{R}^3$,

$$A = \{(x, y, z) : x^2 + y^2 + (z - 1)^2 \leq 1\}, \qquad B = \{(x, y, z) : (x - 1)^2 + z^2 \leq 1, -1 \leq y \leq 1\}$$

indicando si son abiertos, cerrados, o ni abiertos ni cerrados.

1.9 Se consideran los conjuntos de $\mathbb{R}^2$ verificando las condiciones dadas; hágase un gráfico de cada conjunto, determínese si es abierto o cerrado y hállese su adherencia y su conjunto derivado.

a) $A = \{(x, y) \in \mathbb{R}^2 : 2 < y \leq x^2\}$, \qquad b) $B = \{(x, y) \in \mathbb{R}^2 : |x| \leq 3, \quad y^2 < 3\}$.

1.10 Se consideran los conjuntos de $\mathbb{R}^3$ verificando las condiciones dadas; hágase un gráfico de cada conjunto, determínese si es abierto o cerrado y hállese su adherencia y su conjunto derivado.

a) $A \;\; = \;\; \{(x, y, z) \in \mathbb{R}^3 : 0 < x^2 + y^2 + z^2 < 1\}$,
b) $B \;\; = \;\; \{(x, y, z) \in \mathbb{R}^3 : x > 0, \quad y > 0, \quad z > 0, \quad x + y + z < 2\}$.

1.11 En la recta real se consideran los intervalos abiertos $A_k = \left(-\frac{1}{k}; \frac{1}{k}\right), k \in \mathbb{N}$. Hállense $A = \bigcap\limits_{k \in \mathbb{N}} A_k$ y $B = \bigcup\limits_{k \in \mathbb{N}} A_k$. ¿Son abiertos?, ¿por qué?

1.12 En la recta real se considera el conjunto

$$A = [0; 2) \cup \{2 + \tfrac{1}{2^n}, n \in \mathbb{N}\} \cup \{5, 7\}.$$

a) Obténganse $adh(A)$, $int(A)$, $ac(A)$ y $fr(A)$.

b) Caracterícense, con relación al conjunto A, los números reales 0, 1, 2, 3, $\frac{5}{2}$, 5, 6 y 8.

c) Encuéntrese el menor cerrado que contiene a A y el menor intervalo cerrado que contiene a A.

d) Hállese el mayor abierto contenido en A y el mayor intervalo abierto incluido en A.

1.13 Determínese el dominio y la imagen de las siguientes funciones:

$$\text{a) } f(x, y) = \sqrt{1 + xy}, \qquad \text{b) } f(x, y, z) = \sqrt{z^2 + 2y^2 + 3x^2}.$$

1.14 Estúdiese el campo de definición de la función

$$f(x, y) = \sqrt{1 - x^2 - y^2} \cos(x + y).$$

1.15 Determínese el dominio de la función

$$f(x, y) = \left(e^{x+y}, \operatorname{sen} \sqrt{x^2 + y^2 - 1}, \cos \sqrt{4 - x^2 - y^2}\right).$$

1.16 Demuéstrese la condición necesaria y suficiente para la existencia de límite de una función vectorial.

1.17 Empleando la definición de límite demuéstrese que la función

$$f(x, y) = \frac{x^2 + y^3}{2 + \sqrt{x^2 + y^2}}$$

tiene límite 0 en el punto $(0, 0)$.

1.18 Calcúlese

$$\lim_{(x,y,z)\to(2,1,1)} \frac{x^2 y - x^2 z - xy^2 + xyz}{xy^2 z - xyz^2 - y^3 z + y^2 z^2}.$$

1.19 Calcúlese el límite siguiente

$$\lim_{(x,y)\to(0,0)} \frac{x^4 y}{x^6 + y^3}.$$

1.20 Calcúlese

$$\lim_{(x,y)\to(0,0)} \frac{x^4 - 8y^4}{2x^4 + 9y^4}.$$

1.21 Calcúlense los límites reiterados y, si procede, el valor del límite de la función

$$f(x, y) = \frac{2x^2 - xy}{16x^4 - y^4}$$

en el punto $(2, 4)$.

1.22 Calcúlese

$$\lim_{(x,y)\to(0,0)} \frac{e^{x^2+y^2}-1}{x^2+y^2}.$$

1.23 Calcúlese

$$\lim_{(x,y)\to(0,0)} \frac{\operatorname{sen}^{3/2}(x^2+y^2)}{3(x^2+y^2)^{3/2}}.$$

1.24 Aplicando la definición de límite analícese la continuidad en $(0,0)$ de la función

$$f(x,y) = \frac{y^3}{3+\operatorname{sen}^2(x^2+y^2)+y^4}.$$

1.25 Aplicando la definición de límite demuéstrese que la función

$$f(x,y) = \begin{cases} \sqrt{x^2+y^2}\,\operatorname{sen}^3 \frac{1}{\sqrt{x^2+y^2}}, & \text{si } (x,y)\neq(0,0), \\ 0, & \text{si } (x,y)=(0,0), \end{cases}$$

es continua en $(0,0)$.

1.26 Estúdiese la continuidad de la función

$$f(x,y) = \begin{cases} \dfrac{(x^2+y^2)-\operatorname{sen}(x^2+y^2)}{x^2+y^2}, & \text{si } (x,y)\neq(0,0), \\ 0, & \text{si } (x,y)=(0,0). \end{cases}$$

1.27 Estúdiese la continuidad de la función

$$f(x,y) = \begin{cases} \dfrac{3x^2}{x^2+2y^4}, & \text{si } (x,y)\neq(0,0), \\ 0, & \text{si } (x,y)=(0,0). \end{cases}$$

1.28 Dada la función

$$f(x,y) = \begin{cases} \dfrac{e^{2x+2y}-1}{e^{x+y}-1}, & \text{si } y\neq-x, \\ 0, & \text{si } y=-x, \end{cases}$$

estúdiese su continuidad. En el caso de que no sea continua en algún punto, estúdiese su posible redefinición para que lo sea.

1.29 Estúdiese la continuidad de la función

$$f(x,y) = \begin{cases} \dfrac{x^2\operatorname{sen}\left(\frac{x^2}{y^2}\right)}{x^2+y^2\cos^2\left(\frac{x^2+y^2}{x^2}\right)}, & \text{si } (x,y)\neq(0,0), \\ 0, & \text{si } (x,y)=(0,0). \end{cases}$$

1.30 Estúdiense los límites reiterados de la función

$$f(x,y) = \begin{cases} \frac{x+y}{x-y}, & \text{si } x\neq y, \\ 0, & \text{si } x=y, \end{cases}$$

en el punto $(0,0)$ y en el punto $(1,2)$.

Derivación y diferenciación en varias variables

2.1 INTRODUCCIÓN

Para una función real de variable real definida en un conjunto abierto puede existir la derivada, que es única y garantiza la continuidad de la función en el punto. El análisis de la derivada en el dominio de la función aporta frecuentemente información suficiente sobre el crecimiento o decrecimiento y como consecuencia la determinación de los puntos de mínimo y máximo relativo o la garantía de su inexistencia. Considerando todos los puntos en que la función tiene derivada estamos en condiciones de definir la función derivada primera y repitiendo el proceso obtener para ésta, en cada punto, su derivada, que es la llamada derivada segunda de la función inicial. Un análisis de la derivada segunda nos permite conocer las regiones de convexidad y concavidad y en consecuencia los posibles puntos de inflexión. Con la información aportada por las derivadas primera y segunda se tienen casi todos los recursos para representar gráficamente la función.

Reiterando el proceso pueden existir derivadas hasta el orden n en un punto y tendríamos la posibilidad de aproximar la función en un entorno de ese punto mediante un polinomio y plantearnos la posibilidad de representar la función mediante una serie.

En funciones reales de varias variables la diferencia más notable se concreta en que para cada punto interior de su dominio pueden existir infinitas derivadas, una en cada dirección. Entre ellas, como más interesantes están las derivadas parciales asociadas a las llamadas *variaciones marginales* o en la dirección de los respectivos ejes coordenados. Por ello es por lo que en sentido riguroso no cabe hablar de derivada para las funciones de varias variables y nos vemos obligados a establecer otros tipos de derivadas diferentes a la definida en el caso de funciones reales de una variable.

Los modelos matemáticos seguidos en el ámbito de la Ingeniería, la Economía y otras ciencias precisan técnicas que involucran a las derivadas, tales como los procesos de optimización y los sistemas dinámicos. Parece pues, aparte de atrayente, necesario el adentrarse en el campo de la derivación de funciones de varias variables, tanto escalares como vectoriales.

Utilizando el concepto de límite vamos a definir las derivadas de funciones de varias variables.

2.2 DERIVADAS DIRECCIONALES

Sea $f : A \subset \mathbb{R}^n \to \mathbb{R}$ con A abierto y $\overline{u} \in \mathbb{R}^n$ un vector unitario, nos proponemos dar una medida de la variación de la función f cuando la variable se desplaza desde el punto $\overline{a}$ hasta el punto $\overline{x} = \overline{a} + t\overline{u}$ según la dirección de $\overline{u}$, con $t \in \mathbb{R}$.

Se define la *derivada direccional* de f en el punto $\overline{a}$ según la dirección de $\overline{u}$ como el siguiente límite, si existe y es un número real

$$\lim_{t \to 0} \frac{f(\overline{a} + t\overline{u}) - f(\overline{a})}{t}.$$

Esta derivada direccional se representa como $D_{\overline{u}}f(\overline{a})$ y también como $f'_{\overline{u}}(\overline{a})$.

A veces suele hablarse de la derivada de una función f en la dirección de un vector $\overline{v}$ no unitario y en este caso se debe entender como la derivada direccional según el vector unitario

$$\overline{u} = \frac{\overline{v}}{||\overline{v}||}.$$

■ **Ejemplo 2.1** Calculemos la derivada direccional de la función

$$f(x,y) = \begin{cases} \dfrac{x^2 y}{x^2 + y^2}, & \text{si } (x,y) \neq (0,0), \\ 0, & \text{si } (x,y) = (0,0), \end{cases}$$

en el punto $(0,0)$ según la dirección de la recta $y = x$.

Como un vector unitario en la dirección de la recta es $\overline{u} = (\frac{1}{\sqrt{2}}, \frac{1}{\sqrt{2}})$, la derivada direccional pedida es

$$D_{\overline{u}}f(0,0) = \lim_{t \to 0} \frac{f((0,0) + t\overline{u}) - f(0,0)}{t} = \lim_{t \to 0} \left[\frac{1}{t} f\left(\frac{t}{\sqrt{2}}, \frac{t}{\sqrt{2}} \right) \right] =$$

$$= \lim_{t \to 0} \frac{1}{t} \frac{\frac{t^2}{2} \frac{t}{\sqrt{2}}}{\frac{t^2}{2} + \frac{t^2}{2}} = \lim_{t \to 0} \frac{1}{t} \frac{\frac{t^3}{2\sqrt{2}}}{t^2} = \lim_{t \to 0} \frac{t^3}{2\sqrt{2}t^3} = \frac{1}{2\sqrt{2}}.$$

Podemos estudiar todas las derivadas direccionales de la función anterior en el punto $(0,0)$ considerando la familia de vectores $\overline{u}_\theta = (\cos\theta, \operatorname{sen}\theta)$, con $0 \le \theta < 2\pi$, que contiene todas las direcciones posibles del plano. Para cada $\overline{u}_\theta$ se tiene

$$D_{\overline{u}_\theta}f(0,0) = \lim_{t \to 0} \frac{f((0,0) + t\overline{u}_\theta) - f(0,0)}{t} =$$

$$= \lim_{t \to 0} \frac{1}{t} \left[f(t\cos\theta, t\operatorname{sen}\theta) - 0 \right] = \lim_{t \to 0} \frac{1}{t} \frac{t^2 \cos^2\theta\, t\operatorname{sen}\theta}{t^2 \cos^2\theta + t^2 \operatorname{sen}^2\theta} =$$

$$= \lim_{t \to 0} \frac{t^3 \cos^2\theta\operatorname{sen}\theta}{t^3(\cos^2\theta + \operatorname{sen}^2\theta)} = \lim_{t \to 0} \cos^2\theta\operatorname{sen}\theta = \cos^2\theta\operatorname{sen}\theta,$$

para todo $\theta \in [0; 2\pi)$. La función tiene todas las derivadas direccionales en el punto $(0,0)$, algunas de ellas son

a) Si $\theta = \dfrac{\pi}{4}$, es $\overline{u}_{\frac{\pi}{4}} = (\frac{1}{\sqrt{2}}, \frac{1}{\sqrt{2}})$ y entonces es

$$D_{\overline{u}_{\frac{\pi}{4}}}f(0,0) = \cos^2 \frac{\pi}{4} \operatorname{sen} \frac{\pi}{4} = \left(\frac{1}{\sqrt{2}} \right)^2 \frac{1}{\sqrt{2}} = \frac{1}{2\sqrt{2}},$$

obteniéndose el resultado anterior.

b) Si $\theta = 0$, es $\overline{u}_0 = (\cos 0, \operatorname{sen} 0) = (1,0)$, siendo entonces

$$D_{\overline{u}_0}f(0,0) = \cos^2 0 \operatorname{sen} 0 = 0.$$

c) Si $\theta = \frac{\pi}{2}$, es $\overline{u}_{\frac{\pi}{2}} = (\cos \frac{\pi}{2}, \operatorname{sen} \frac{\pi}{2}) = (0,1)$, quedando

$$D_{\overline{u}_{\frac{\pi}{2}}}f(0,0) = \cos^2 \frac{\pi}{2} \operatorname{sen} \frac{\pi}{2} = 0.$$

La función f de este ejemplo es continua en $(0,0)$, basta aplicar la definición $\varepsilon - \delta$ para verlo, y además tiene todas las derivadas direccionales en el punto $(0,0)$.

2.3 Derivadas parciales

Si A es un abierto de $\mathbb{R}^n$ y se considera la función $f : A \subset \mathbb{R}^n \to \mathbb{R}$ y $\overline{a} = (a_1, a_2, ..., a_n)$ es un punto de A, se llama *derivada parcial* de primer orden de la función f, respecto de la variable i-ésima, en el punto $\overline{a}$, a la derivada direccional de f en el punto $\overline{a}$ según el vector $\overline{e}_i$ correspondiente a esa variable y se representa como $D_i f(\overline{a})$. Es decir

$$D_i f(\overline{a}) = \lim_{t \to 0} \frac{f(\overline{a} + t\overline{e}_i) - f(\overline{a})}{t} =$$

$$= \lim_{t \to 0} \frac{f(a_1, a_2, ..., a_i + t, ..., a_n) - f(a_1, a_2, ..., a_i, ..., a_n)}{t}.$$

■ **Ejemplo 2.2** Para la función

$$f(x, y) = \begin{cases} \dfrac{2x^3}{x^2 + 3y^2}, & \text{si } (x, y) \neq (0, 0), \\ 0, & \text{si } (x, y) = (0, 0), \end{cases}$$

analicemos la existencia de sus derivadas parciales de primer orden en el punto $(0, 0)$. Siguiendo la definición se tiene

$$D_1 f(0, 0) = \lim_{t \to 0} \frac{f[(0, 0) + t(1, 0)] - f(0, 0)}{t} =$$

$$= \lim_{t \to 0} \frac{1}{t} [f(t, 0) - f(0, 0)] = \lim_{t \to 0} \frac{1}{t} \left(\frac{2t^3}{t^2 + 0} - 0 \right) = \lim_{t \to 0} \frac{2t^3}{t^3} = 2 \in \mathbb{R},$$

y

$$D_2 f(0, 0) = \lim_{t \to 0} \frac{f[(0, 0) + t(0, 1)] - f(0, 0)}{t} =$$

$$= \lim_{t \to 0} \frac{1}{t} [f(0, t) - f(0, 0)] = \lim_{t \to 0} \frac{1}{t} \frac{2 \cdot 0}{0 + 3t^2} = \lim_{t \to 0} \frac{0}{3t^3} = 0 \in \mathbb{R},$$

con lo cual existen las dos derivadas parciales de primer orden para esta función.

■ **Ejemplo 2.3** Analicemos la existencia de las derivadas parciales de primer orden en el punto $(0, 0)$ para la función

$$f(x, y) = \begin{cases} \dfrac{x^2 - y^2}{x^2 + y^2}, & \text{si } (x, y) \neq (0, 0), \\ 0, & \text{si } (x, y) = (0, 0). \end{cases}$$

Según la definición de derivadas parciales se tiene que

$$D_1 f(0, 0) = \lim_{t \to 0} \frac{f(t, 0) - f(0, 0)}{t} = \lim_{t \to 0} \frac{1}{t} \frac{t^2 - 0^2}{t^2 + 0^2} = \lim_{t \to 0} \frac{1}{t} \quad \text{no existe, y}$$

$$D_2 f(0, 0) = \lim_{t \to 0} \frac{f(0, t) - f(0, 0)}{t} = \lim_{t \to 0} \frac{1}{t} \frac{0^2 - t^2}{0^2 + t^2} = \lim_{t \to 0} \frac{-1}{t} \quad \text{no existe,}$$

con lo cual no existen las derivadas parciales de primer orden en el punto $(0, 0)$.

Este límite es en realidad de una sola variable, x_i, ya que todas las demás variables de la función permanecen constantes. Para nombrar las derivadas parciales se utilizan indistintamente las notaciones

$$D_i f(\overline{a}), \qquad f_{x_i}(\overline{a}), \qquad \frac{\partial f}{\partial x_i}(\overline{a}), \qquad \partial_{x_i} f(\overline{a}),$$

en donde se indican la función, el punto y la variable respecto de la que se deriva.

Definicion de vector gradiente

Si en el punto $\overline{a} \in A$ existen las n derivadas parciales de primer orden para la función $f : A \subset \mathbb{R}^n \to \mathbb{R}$, se puede formar un vector cuyas componentes son estas derivadas. A este vector se le llama vector gradiente de f en $\overline{a}$ y se representa como $\nabla f(\overline{a})$, es decir

$$\nabla f(\overline{a}) = (D_1 f(\overline{a}), D_2 f(\overline{a}), ..., D_n f(\overline{a})).$$

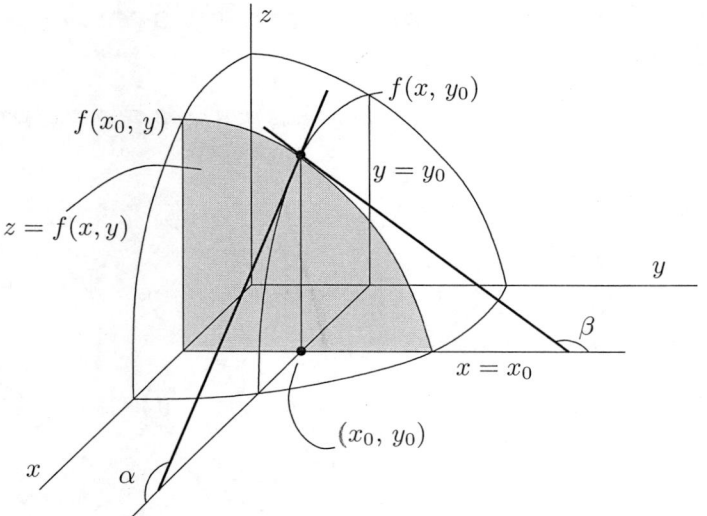

Figura 2.1 Interpretación geométrica de las derivadas parciales

En el caso en que f sea una función real de dos variables, cada derivada parcial en el punto (x_0, y_0) tiene una sencilla interpretación geométrica ya que coincide con el valor de la pendiente de la tangente a la curva que resulta al cortar la superficie $z = f(x, y)$ respectivamente con los planos $x = x_0$ e $y = y_0$, véase la Figura 2.1.

Además, si existen las derivadas parciales de la función $z = f(x, y)$ en el punto (x_0, y_0), la ecuación

$$z - f(x_0, y_0) = \frac{\partial f(x_0, y_0)}{\partial x}(x - x_0) + \frac{\partial f(x_0, y_0)}{\partial y}(y - y_0)$$

es la ecuación del plano tangente a la superficie representativa de la función en el punto $(x_0, y_0, f(x_0, y_0))$.

Si la función tiene derivadas parciales, el cálculo de las mismas en cada punto genérico, se reduce a derivar la función como si fuese de una sola variable, dejando las demás variables constantes y derivando respecto de aquella.

■ **Ejemplo 2.4** La función de dos variables $f(x, y) = 2x^3 y - 3y \operatorname{sen} x$, tiene por derivadas parciales de primer orden, en un punto genérico (x, y)

$$D_1 f(x, y) = 6x^2 y - 3y \cos x,$$
$$D_2 f(x, y) = 2x^3 - 3 \operatorname{sen} x.$$

Para ello basta considerar como constante la variable respecto de la que no se deriva.

$\underline{\hspace{3cm}}$

■ **Ejemplo 2.5** La función de tres variables $f(x, y, z) = x^3 y^2 z + xz$, tiene por derivadas parciales de primer orden a las funciones

$$D_1 f(x, y, z) = 3x^2 y^2 z + z,$$
$$D_2 f(x, y, z) = 2x^3 yz,$$
$$D_3 f(x, y, z) = x^3 y^2 + x.$$

$\underline{\hspace{3cm}}$

Al contrario de lo que ocurre en las funciones de una variable, la existencia de las derivadas parciales no garantiza la continuidad de la función en un punto, como se pone de manifiesto en el siguiente apartado.

Continuidad en un punto y existencia de derivadas parciales en ese punto no se condicionan

Función continua en un punto y existiendo las derivadas parciales de primer orden

■ **Ejemplo 2.6** La función

$$f(x, y) = \begin{cases} \dfrac{2x^3}{x^2 + y^2}, & \text{si } (x, y) \neq (0, 0), \\ 0, & \text{si } (x, y) = (0, 0), \end{cases}$$

tiene derivadas parciales primeras en $(0, 0)$, que son

$$f_x(0, 0) = \lim_{h \to 0} \frac{f(h, 0) - f(0, 0)}{h} = \lim_{h \to 0} \left[\frac{1}{h} \left(\frac{2h^3}{h^2 + 0} - 0 \right) \right] = \lim_{h \to 0} \frac{2h^3}{h^3} = 2,$$

$$f_y(0, 0) = \lim_{h \to 0} \frac{f(0, h) - f(0, 0)}{h} = \lim_{h \to 0} \left[\frac{1}{h} \left(\frac{0}{0 + h^2} - 0 \right) \right] = \lim_{h \to 0} \frac{0}{h^3} = 0.$$

Para estudiar la continuidad en $(0, 0)$ calculamos el límite en $(0, 0)$, pasando a coordenadas polares, $x = \rho \cos \theta$, $y = \rho \operatorname{sen} \theta$

$$\lim_{(x,y) \to (0,0)} f(x, y) = \lim_{\rho \to 0} \frac{2\rho^3 \cos^3 \theta}{\rho^2} = 2 \lim_{\rho \to 0} \rho \cos^3 \theta = 2 \cdot 0 = 0 = f(0, 0),$$

por lo que es continua. También se puede comprobar que $\lim_{(x,y) \to (0,0)} f(x, y) = 0$ con la definción $\varepsilon - \delta$.

Función continua en un punto sin derivadas parciales en dicho punto

■ **Ejemplo 2.7** La función

$$f(x, y) = \begin{cases} x \operatorname{sen} \dfrac{1}{x^2 + y^2} + y \operatorname{sen} \dfrac{1}{x^2 + y^2}, & \text{si } (x, y) \neq (0, 0), \\ 0, & \text{si } (x, y) = (0, 0), \end{cases}$$

es continua en $(0, 0)$, pues

$$\lim_{(x,y) \to (0,0)} f(x, y) = \lim_{(x,y) \to (0,0)} \left(x \operatorname{sen} \frac{1}{x^2 + y^2} \right) + \lim_{(x,y) \to (0,0)} \left(y \operatorname{sen} \frac{1}{x^2 + y^2} \right) = 0 + 0 = 0.$$

La derivada parcial respecto de x

$$f_x(0, 0) = \lim_{h \to 0} \left[\frac{1}{h} (f(h, 0) - f(0, 0)) \right] = \lim_{h \to 0} \left[\frac{1}{h} \left(h \operatorname{sen} \frac{1}{h^2 + 0} + 0 \operatorname{sen} \frac{1}{h^2 + 0} - 0 \right) \right] =$$

$$= \lim_{h \to 0} \left[\frac{1}{h} \left(h \operatorname{sen} \frac{1}{h^2} \right) \right] = \lim_{h \to 0} \operatorname{sen} \frac{1}{h^2} \quad \text{no existe.}$$

Análogamente

$$f_y(0, 0) = \lim_{h \to 0} \left[\frac{1}{h} (f(0, h) - f(0, 0)) \right] = \lim_{h \to 0} \left[\frac{1}{h} \left(0 \operatorname{sen} \frac{1}{0 + h^2} + h \operatorname{sen} \frac{1}{0 + h^2} - 0 \right) \right] =$$

$$= \lim_{h \to 0} \left[\frac{1}{h} \left(h \operatorname{sen} \frac{1}{h^2} \right) \right] = \lim_{h \to 0} \operatorname{sen} \frac{1}{h^2} \quad \text{no existe.}$$

Por tanto no existe ninguna de las derivadas parciales de primer orden en el punto $(0, 0)$.

Función discontinua en un punto y con derivadas parciales en el punto

■ **Ejemplo 2.8** La función

$$f(x,y) = \begin{cases} \dfrac{xy}{x^2+y^2}, & \text{si } (x,y) \neq (0,0), \\ 0, & \text{si } (x,y) = (0,0), \end{cases}$$

del Ejemplo 1.11 del capítulo anterior, sabemos que no es continua en $(0,0)$. Sus derivadas parciales en $(0,0)$, siguiendo la definición, son

$$\frac{\partial f}{\partial x}(0,0) = \lim_{x \to 0} \frac{f(x,0) - f(0,0)}{x - 0} = \lim_{x \to 0} \frac{\frac{0}{x^2} - 0}{x - 0} = \lim_{x \to 0} \frac{0}{x} = 0,$$

$$\frac{\partial f}{\partial y}(0,0) = \lim_{y \to 0} \frac{f(0,y) - f(0,0)}{y - 0} = \lim_{y \to 0} \frac{\frac{0}{y^2} - 0}{y - 0} = \lim_{y \to 0} \frac{0}{y} = 0,$$

luego

$$\frac{\partial f}{\partial x}(0,0) = 0, \qquad \frac{\partial f}{\partial y}(0,0) = 0.$$

Es decir, esta función tiene derivadas parciales en $(0,0)$ y sin embargo no es continua en ese punto.

Función discontinua en un punto sin derivadas parciales en el mismo punto

■ **Ejemplo 2.9** La función

$$f(x,y) = \begin{cases} \dfrac{x^2-y^2}{x^2+y^2}, & \text{si } (x,y) \neq (0,0), \\ 0, & \text{si } (x,y) = (0,0), \end{cases}$$

no tiene derivadas parciales en el punto $(0,0)$, pues

$$f_x(0,0) = \lim_{h \to 0} \left[\frac{1}{h} \left(f(h,0) - f(0,0) \right) \right] = \lim_{h \to 0} \left[\frac{1}{h} \left(\frac{h^2-0}{h^2+0} - 0 \right) \right] = \lim_{h \to 0} \frac{h^2}{h^3} = \lim_{h \to 0} \frac{1}{h}$$

no existe y

$$f_y(0,0) = \lim_{h \to 0} \left[\frac{1}{h} \left(f(0,h) - f(0,0) \right) \right] = \lim_{h \to 0} \left[\frac{1}{h} \left(\frac{0-h^2}{0+h^2} - 0 \right) \right] = \lim_{h \to 0} \frac{-h^2}{h^3} = \lim_{h \to 0} \frac{-1}{h}$$

tampoco existe. Por otra parte, como

$$\lim_{\substack{(x,y) \to (0,0) \\ y=0}} f(x,y) = \lim_{x \to 0} \frac{x^2-0}{x^2+0} = 1$$

y

$$\lim_{\substack{(x,y) \to (0,0) \\ x=0}} f(x,y) = \lim_{x \to 0} \frac{0-y^2}{0+y^2} = -1,$$

no existe $\lim_{(x,y) \to (0,0)} f(x,y)$ y por tanto f es discontinua en $(0,0)$.

Derivación parcial bajo forma integral

El teorema fundamental del Cálculo nos permite calcular derivadas parciales de funciones definidas bajo forma integral, como se muestra en el siguiente ejemplo.

■ **Ejemplo 2.10** Calculemos la derivada parcial con respecto a z de la función f dada por

$$f(x, y, z) = \int_{-5}^{x^2+y^2+z^2} e^{t^2} \, dt.$$

Si hacemos $u = x^2 + y^2 + z^2$ resulta que la función dada es una función de una sola variable u, y como e^{t^2} es una función continua, en virtud del teorema fundamental del Cálculo, es

$$\frac{d}{du} \int_{-5}^{u} e^{t^2} \, dt = e^{u^2}.$$

Aplicando la regla de la cadena resulta

$$\frac{\partial f}{\partial z}(x, y, z) = \frac{\partial}{\partial z} \int_{-5}^{u=x^2+y^2+z^2} e^{t^2} \, dt = \left(\frac{\partial}{\partial u} \int_{-5}^{u} e^{t^2} \, dt \right) \frac{\partial u}{\partial z} = \left(\frac{d}{du} \int_{-5}^{u} e^{t^2} \, dt \right) \frac{\partial u}{\partial z} =$$

$$= e^{u^2} \frac{\partial u}{\partial z} = e^{(x^2+y^2+z^2)^2} \frac{\partial (x^2 + y^2 + z^2)}{\partial z} = 2z e^{(x^2+y^2+z^2)^2}.$$

Obsérvese que como $\int_{-5}^{u} e^{t^2} \, dt$ es sólo función de u se tiene que

$$\frac{\partial}{\partial u} \int_{-5}^{u} e^{t^2} \, dt = \frac{d}{du} \int_{-5}^{u} e^{t^2} \, dt.$$

2.4 Derivadas parciales sucesivas

Las derivadas parciales de una función, cuando existen en un conjunto, son a su vez funciones de las mismas variables, que pueden ser también derivables. Para el caso de una función real de dos variables, $f(x, y)$, las derivadas parciales primeras

$$\frac{\partial f}{\partial x}(x, y), \qquad \frac{\partial f}{\partial y}(x, y)$$

pueden poseer a su vez derivadas parciales, llamadas *derivadas parciales segundas de la función f*

$$\frac{\partial}{\partial x}\left(\frac{\partial f}{\partial x}(x, y) \right) = \frac{\partial^2 f}{\partial x^2}(x, y), \qquad \frac{\partial}{\partial y}\left(\frac{\partial f}{\partial x}(x, y) \right) = \frac{\partial^2 f}{\partial x \partial y}(x, y),$$

$$\frac{\partial}{\partial x}\left(\frac{\partial f}{\partial y}(x, y) \right) = \frac{\partial^2 f}{\partial y \partial x}(x, y), \qquad \frac{\partial}{\partial y}\left(\frac{\partial f}{\partial y}(x, y) \right) = \frac{\partial^2 f}{\partial y^2}(x, y).$$

De igual modo, una función real de tres variables $f(x, y, z)$ puede tener tres derivadas parciales primeras, nueve derivadas segundas y en general 3^n derivadas parciales de orden n.

Sea $A \subset \mathbb{R}^n$ un conjunto abierto, se dice que la función $f : A \to \mathbb{R}$ es de clase k, o bien C^k, en A, si en todo punto de A la función es continua y además existen y son continuas todas sus derivadas parciales hasta el orden k incluido éste.

Así, una función se dice que es C^1 en un conjunto si es continua en él y además existen y son continuas sus derivadas parciales de primer orden.

Entenderemos como función C^∞ en un conjunto A aquella que en cada punto de A es continua y existen todas sus derivadas parciales de cualquier orden, siendo todas ellas continuas.

■ **Ejemplo 2.11** La función $f(x, y) = \operatorname{sen}(xy^2)$ tiene por derivadas parciales primeras

$$\frac{\partial f}{\partial x}(x, y) = y^2 \cos(xy^2), \qquad \frac{\partial f}{\partial y}(x, y) = 2xy \cos(xy^2),$$

siendo sus derivadas parciales segundas

$$\frac{\partial^2 f}{\partial x^2}(x, y) = -y^4 \operatorname{sen}(xy^2),$$

$$\frac{\partial^2 f}{\partial x \partial y}(x, y) = 2y \cos(xy^2) - 2xy^3 \operatorname{sen}(xy^2),$$

$$\frac{\partial^2 f}{\partial y \partial x}(x, y) = 2y \cos(xy^2) - 2xy^3 \operatorname{sen}(xy^2),$$

$$\frac{\partial^2 f}{\partial y^2}(x, y) = 2x \cos(xy^2) - 4x^2 y^2 \operatorname{sen}(xy^2).$$

En este ejemplo observamos que las segundas derivadas parciales de la función, $\dfrac{\partial^2 f}{\partial x \partial y}$, $\dfrac{\partial^2 f}{\partial y \partial x}$, llamadas *cruzadas*, coinciden. Esto no siempre ocurre, pero sí para la mayoría de las funciones que utilizamos. Unas condiciones suficientes para su igualdad nos las da el siguiente teorema.

■ **Teorema (de Schwarz para las derivadas cruzadas).** *Si A es un abierto de $\mathbb{R}^n$ y $f : A \to \mathbb{R}$ es tal que existen las derivadas parciales f_{x_i}, f_{x_j} en un entorno del punto $\overline{a} \in A$ y además existe $f_{x_i x_j}$ en un entorno de $\overline{a}$, siendo continua en $\overline{a}$, entonces también existe $f_{x_j x_i}(\overline{a})$ y se verifica que*

$$f_{x_j x_i}(\overline{a}) = f_{x_i x_j}(\overline{a}).$$

Matriz hessiana y determinante hessiano

Sea $f(x_1, x_2, ..., x_n)$ una función de $\mathbb{R}^n$ en $\mathbb{R}$ cuyas derivadas parciales segundas existen y son continuas en un entorno del punto $(a_1, a_2, ..., a_n)$, se llama *matriz hessiana* de f en el punto $(a_1, a_2, ..., a_n)$ a la matriz $n \times n$ siguiente

$$Hf(a_1, a_2, ..., a_n) =$$

$$= \begin{pmatrix} \dfrac{\partial^2 f}{\partial x_1^2}(a_1, a_2, ..., a_n) & \dfrac{\partial^2 f}{\partial x_1 \partial x_2}(a_1, a_2, ..., a_n) & \cdots & \dfrac{\partial^2 f}{\partial x_1 \partial x_n}(a_1, a_2, ..., a_n) \\ \dfrac{\partial^2 f}{\partial x_2 \partial x_1}(a_1, a_2, ..., a_n) & \dfrac{\partial^2 f}{\partial x_2^2}(a_1, a_2, ..., a_n) & \cdots & \dfrac{\partial^2 f}{\partial x_2 \partial x_n}(a_1, a_2, ..., a_n) \\ \vdots & \vdots & \ddots & \vdots \\ \dfrac{\partial^2 f}{\partial x_n \partial x_1}(a_1, a_2, ..., a_n) & \dfrac{\partial^2 f}{\partial x_n \partial x_2}(a_1, a_2, ..., a_n) & \cdots & \dfrac{\partial^2 f}{\partial x_n^2}(a_1, a_2, ..., a_n) \end{pmatrix}$$

formada con las derivadas parciales segundas, y se llama *hessiano* al determinante de la matriz hessiana y representándose por $|Hf(a_1, a_2, ..., a_n)|$.

En el caso en que f sea una función de dos variables, $f(x, y)$, la matriz hessiana es

$$Hf(a_1, a_2) = \begin{pmatrix} \dfrac{\partial^2 f}{\partial x^2}(a_1, a_2) & \dfrac{\partial^2 f}{\partial x \partial y}(a_1, a_2) \\ \dfrac{\partial^2 f}{\partial y \partial x}(a_1, a_2) & \dfrac{\partial^2 f}{\partial y^2}(a_1, a_2) \end{pmatrix}$$

y el hessiano

$$|Hf(a_1, a_2)| = \begin{vmatrix} \dfrac{\partial^2 f}{\partial x^2}(a_1, a_2) & \dfrac{\partial^2 f}{\partial x \partial y}(a_1, a_2) \\[4mm] \dfrac{\partial^2 f}{\partial y \partial x}(a_1, a_2) & \dfrac{\partial^2 f}{\partial y^2}(a_1, a_2) \end{vmatrix}.$$

En el caso de una función de $\mathbb{R}^3$ en $\mathbb{R}$, su matriz hessiana es

$$Hf(a_1, a_2, a_3) = \begin{pmatrix} \dfrac{\partial^2 f}{\partial x^2}(a_1, a_2, a_3) & \dfrac{\partial^2 f}{\partial x \partial y}(a_1, a_2, a_3) & \dfrac{\partial^2 f}{\partial x \partial z}(a_1, a_2, a_3) \\[4mm] \dfrac{\partial^2 f}{\partial y \partial x}(a_1, a_2, a_3) & \dfrac{\partial^2 f}{\partial y^2}(a_1, a_2, a_3) & \dfrac{\partial^2 f}{\partial y \partial z}(a_1, a_2, a_3) \\[4mm] \dfrac{\partial^2 f}{\partial z \partial x}(a_1, a_2, a_3) & \dfrac{\partial^2 f}{\partial z \partial y}(a_1, a_2, a_3) & \dfrac{\partial^2 f}{\partial z^2}(a_1, a_2, a_3) \end{pmatrix},$$

donde la primera derivación se ha hecho respecto de la variable que aparece escrita en primer lugar.

■ **Ejemplo 2.12** Calculemos la matriz hessiana de la función $f(x, y) = x^2 y + e^{xy}$.

Las derivadas parciales primeras son

$$f_x(x, y) = 2xy + ye^{xy}, \qquad f_y(x, y) = x^2 + xe^{xy},$$

y derivando de nuevo se obtiene

$$f_{x^2}(x, y) = 2y + y^2 e^{xy},$$
$$f_{xy}(x, y) = 2x + e^{xy} + xye^{xy} = 2x + (1 + xy)e^{xy} = f_{yx}(x, y),$$
$$f_{y^2}(x, y) = x^2 e^{xy},$$

con lo cual la matriz hessiana pedida resulta

$$Hf(x, y) = \begin{pmatrix} f_{x^2}(x, y) & f_{xy}(x, y) \\ f_{yx}(x, y) & f_{y^2}(x, y) \end{pmatrix} = \begin{pmatrix} 2y + y^2 e^{xy} & 2x + (1 + xy)e^{xy} \\ 2x + (1 + xy)e^{xy} & x^2 e^{xy} \end{pmatrix}.$$

2.5 Funciones diferenciables de varias variables

Introducción

El concepto de límite de una función en un punto y el estudio de la continuidad, propio de las funciones reales de una variable real, se trasladan de una manera natural, con la notación adecuada al ámbito que le es propio, a las funciones reales de variable vectorial y de estas a cada una de las componentes de las funciones vectoriales de variable vectorial.

La derivada de una función de una variable y toda la poderosa estrategia metodológica y operativa que despliega no es aplicable con el mismo significado a las funciones de varias variables con sólo adecuar la notación. Como no es posible hablar de la derivada de una función en un punto se introducen las *derivadas específicas* en las funciones de varias variables tales como las derivadas direccionales en un punto y que puede haber infinitas contraviniendo la unicidad de la derivada en las funciones de una variable. Como caso particular de ellas están las derivadas parciales que siendo también distintas conceptualmente de la derivada en una variable, operativamente tienen cierto parecido con ella.

Además, mientras que para una función de una variable la existencia de derivada en un punto garantiza la continuidad de la función en ese punto, son frecuentes las funciones de varias variables discontinuas en un punto pese a contar en ese punto con todas las derivadas direccionales. El álgebra del espacio $\mathbb{R}^n$ con su doble estructura vectorial y afín permite establecer los conceptos de función diferenciable y de diferencial de una función en un punto.

En funciones de una sola variable, diferenciabilidad en un punto y derivabilidad son conceptos equivalentes aunque conceptualmente distintos, como es bien sabido.

Coloquialmente, podemos afirmar que la mayor riqueza matemática de una función en un punto es su diferenciabilidad en él.

En las funciones de varias variables la diferenciabilidad en un punto garantiza su continuidad, la existencia de las derivadas parciales primeras e incluso la de todas las derivadas direccionales en el punto. Sin embargo, la existencia de las derivadas parciales primeras e incluso la de todas las derivadas direccionales en un punto para una función dada no es garantía suficiente para su diferenciabilidad, ni siquiera para la continuidad en el punto.

Cuando la función es diferenciable en un punto las derivadas parciales juegan un destacado papel. Ello se debe a que la diferencial de la función en dicho punto, como aplicación lineal que es, adopta como matriz en las bases canónicas la formada por las derivadas parciales de primer orden.

Concepto de función diferenciable y de diferencial. Propiedades

Sean $A \subset \mathbb{R}^n$ un conjunto abierto y $\overline{f} : A \subset \mathbb{R}^n \to \mathbb{R}^m$ una función vectorial de variable vectorial definida en A.

■ **Definición (Función diferenciable).** *La función $\overline{f}$ es diferenciable en el punto $\overline{a} \in A$ si existe una aplicación lineal $L : \mathbb{R}^n \to \mathbb{R}^m$ tal que para cada punto $\overline{x}$ que pertenece a A y a un entorno de $\overline{a}$, se verifica*

$$\overline{f}(\overline{x}) = \overline{f}(\overline{a}) + L(\overline{x} - \overline{a}) + ||\overline{x} - \overline{a}|| \, \overline{\varepsilon}(\overline{x}).$$

La función $\overline{\varepsilon}$ es tal que $\lim_{\overline{x} \to \overline{a}} \overline{\varepsilon}(\overline{x}) = \overline{0}$.

La definición anterior equivale a decir que

$$\triangle \overline{f}(\overline{a}) = \overline{f}(\overline{x}) - \overline{f}(\overline{a}) = L(\overline{x} - \overline{a}) + ||\overline{x} - \overline{a}|| \, \overline{\varepsilon}(\overline{x}),$$

con $\lim_{\overline{x} \to \overline{a}} \overline{\varepsilon}(\overline{x}) = \overline{0}$. Por tanto, se tiene que el incremento o variación de la función $\overline{f}$, al pasar del punto $\overline{a}$ al punto $\overline{x}$, se expresa como dos sumandos, uno de los cuales es la actuación de la aplicación lineal sobre la variación de la variable y otro que es infinitesimal. Al primer sumando se le llama parte principal del incremento y es una aproximación del mismo pudiendo escribir que $\triangle \overline{f}(\overline{a}) \simeq L(\overline{x} - \overline{a})$.

La definición dada también nos permite afirmar que $\overline{f}$ es diferenciable en $\overline{a}$ si existe una aplicación lineal L tal que

$$\lim_{\overline{x} \to \overline{a}} \frac{\overline{f}(\overline{x}) - \overline{f}(\overline{a}) - L(\overline{x} - \overline{a})}{||\overline{x} - \overline{a}||} = \overline{0}$$

o equivalentemente

$$\lim_{\overline{x} \to \overline{a}} \frac{||\overline{f}(\overline{x}) - \overline{f}(\overline{a}) - L(\overline{x} - \overline{a})||}{||\overline{x} - \overline{a}||} = 0. \tag{2.1}$$

Cuando $\overline{f}$ es diferenciable en $\overline{a}$ la aplicación lineal L es única.

■ **Definición.** *La función $\overline{f}$ es diferenciable en A cuando lo es en todo punto $\overline{x} \in A$.*

■ **Definición (Diferencial de una función en un punto).** *Si $\overline{f}$ es diferenciable en $\overline{a} \in A$, se llama diferencial de $\overline{f}$ en $\overline{a}$ a la aplicación lineal L asociada a $\overline{f}$ en el punto $\overline{a}$ y se representa como $d\overline{f}(\overline{a})$.*

De acuerdo con la definición de función diferenciable dada para $\overline{f}$ en $\overline{a}$ la actuación de la diferencial de $\overline{f}$ en $\overline{a}$ está dada como

$$d\overline{f}(\overline{a}): \quad \begin{array}{ccc} \mathbb{R}^n & \longrightarrow & \mathbb{R}^m \\ \overline{x} - \overline{a} & \longmapsto & d\overline{f}(\overline{a})(\overline{x} - \overline{a}). \end{array}$$

Como consecuencia de las definiciones anteriores podemos afirmar:

a) Cada punto $\overline{a} \in A$ en que la función $\overline{f}$ es diferenciable tiene asociada una única aplicación lineal $L : \mathbb{R}^n \to \mathbb{R}^m$, tal que es $L = d\overline{f}(\overline{a})$.

b) La aplicación lineal $d\overline{f}(\overline{a})$ al actuar sobre el vector $\overline{x} - \overline{a}$ nos proporciona una aproximación al incremento de la función $\triangle \overline{f}(\overline{a}) = \overline{f}(\overline{x}) - \overline{f}(\overline{a})$. Esta aproximación es mejor cuanto menor es el valor $||\overline{x} - \overline{a}||$. Este hecho se escribe como

$$\triangle \overline{f}(\overline{a}) \simeq d\overline{f}(\overline{a})(\overline{x} - \overline{a}).$$

c) La suma dada por $\overline{f}(\overline{a}) + d\overline{f}(\overline{a})(\overline{x} - \overline{a})$ es una función afín de $\overline{x}$ que constituye una aproximación de $\overline{f}$ en un entorno del punto $\overline{a}$.

Propiedades de las funciones diferenciables

Dada una función $\overline{f} : A \subset \mathbb{R}^n \to \mathbb{R}^m$ se pueden establecer los siguientes resultados:

■ **Proposición 1** *Si la función $\overline{f}$ es diferenciable en el punto $\overline{a} \in A$, entonces $\overline{f}$ es continua en $\overline{a}$.*

■ **Proposición 2** *Si la función $\overline{f}$ es diferenciable en el punto $\overline{a} \in A$, entonces existe la derivada direccional en $\overline{a}$, $D_{\overline{u}}\overline{f}(\overline{a})$, siendo $\overline{u}$ cualquier vector unitario y se verifica que*

$$D_{\overline{u}}\overline{f}(\overline{a}) = d\overline{f}(\overline{a})(\overline{u}).$$

Consecuencias de la proposición anterior son:

■ **Proposición 3** *Si la función $\overline{f}$ es diferenciable en el punto $\overline{a} \in A$, entonces existen todas las derivadas parciales de primer orden de $\overline{f}$ en $\overline{a}$, siendo*

$$D_{\overline{e_i}}\overline{f}(\overline{a}) = d\overline{f}(\overline{a})(\overline{e_i}), \qquad o\ bien \qquad \frac{\partial \overline{f}}{\partial x_i}(\overline{a}) = d\overline{f}(\overline{a})(\overline{e_i}).$$

■ **Proposición 4** *Si la función $\overline{f}$ es diferenciable en el punto $\overline{a} \in A$ entonces su diferencial en $\overline{a}$, $d\overline{f}(\overline{a})$ es única.*

Consecuencia de la proposición 3 es que:

■ **Proposición 5** *Si la función $\overline{f}$ es diferenciable en el punto $\overline{a} \in A$, entonces la matriz asociada a la diferencial de $\overline{f}$ en $\overline{a}$ como aplicación lineal $d\overline{f}(\overline{a}) : \mathbb{R}^n \to \mathbb{R}^m$, en las bases canónicas de $\mathbb{R}^n$ y $\mathbb{R}^m$, es la matriz jacobiana de $\overline{f}$ en $\overline{a}$, representada como $J\overline{f}(\overline{a})$, es decir*

$$d\overline{f}(\overline{a})(\overline{v}) = J\overline{f}(\overline{a}) \cdot \overline{v}, \qquad \forall \overline{v} \in \mathbb{R}^n,\ \overline{v}\ expresado\ en\ la\ base\ canónica\ de\ \mathbb{R}^n,$$

siendo

$$J\overline{f}(\overline{a}) = \begin{pmatrix} \frac{\partial f_1}{\partial x_1}(\overline{a}) & \frac{\partial f_1}{\partial x_2}(\overline{a}) & \cdots & \frac{\partial f_1}{\partial x_n}(\overline{a}) \\ \frac{\partial f_2}{\partial x_1}(\overline{a}) & \frac{\partial f_2}{\partial x_2}(\overline{a}) & \cdots & \frac{\partial f_2}{\partial x_n}(\overline{a}) \\ \vdots & \vdots & \ddots & \vdots \\ \frac{\partial f_m}{\partial x_1}(\overline{a}) & \frac{\partial f_m}{\partial x_2}(\overline{a}) & \cdots & \frac{\partial f_m}{\partial x_n}(\overline{a}) \end{pmatrix}.$$

Teniendo en cuenta la definición de vector gradiente de una función real, la matriz jacobiana admite la escritura simbólica siguiente

$$J\overline{f} = \begin{pmatrix} \dfrac{\partial f_1}{\partial x_1} & \dfrac{\partial f_1}{\partial x_2} & \cdots & \dfrac{\partial f_1}{\partial x_n} \\[2mm] \dfrac{\partial f_2}{\partial x_1} & \dfrac{\partial f_2}{\partial x_2} & \cdots & \dfrac{\partial f_2}{\partial x_n} \\[1mm] \vdots & \vdots & \ddots & \vdots \\[1mm] \dfrac{\partial f_m}{\partial x_1} & \dfrac{\partial f_m}{\partial x_2} & \cdots & \dfrac{\partial f_m}{\partial x_n} \end{pmatrix} = \begin{pmatrix} \nabla f_1 \\ \nabla f_2 \\ \vdots \\ \nabla f_m \end{pmatrix}.$$

Como consecuencia, de este resultado se tiene una forma ágil de calcular cualquier derivada direccional de la función $\overline{f}$ si ésta es diferenciable en el punto $\overline{a} \in A$, siendo

$$D_{\overline{u}}\overline{f}(\overline{a}) = d\overline{f}(\overline{a})(\overline{u}) = J\overline{f}(\overline{a}) \cdot \overline{u},$$

donde $\overline{u}$ es el vector unitario de la dirección correspondiente.

En particular, si la función f es real de n variables se tiene que

$$D_{\overline{u}}f(\overline{a}) = \nabla f(\overline{a}) \cdot \overline{u} = ||\nabla f(\overline{a})|| \cos\varphi,$$

siendo φ el ángulo que forman el vector gradiente de f en el punto $\overline{a}$ y el vector $\overline{u}$.

El valor máximo de la derivada direccional de f en el punto $\overline{a}$ es $||\nabla f(\overline{a})||$ y se logra cuando el vector $\overline{u}$ tiene la dirección y el sentido del vector $\nabla f(\overline{a})$. El valor mínimo de esta derivada es $-||\nabla f(\overline{a})||$ y el vector $\overline{u}$ es ahora de la misma dirección que $\nabla f(\overline{a})$ y de sentido contrario. En todo caso el valor de la derivada direccional de la función f en un punto $\overline{a}$ en cada dirección verifica

$$-||\nabla f(\overline{a})|| \le D_{\overline{u}}f(\overline{a}) \le ||\nabla f(\overline{a})||.$$

■ **Ejemplo 2.13** Calculemos la derivada direccional de la función

$$f(x, y, z) = \sqrt{x^2 + y^2 + z^2}$$

en el punto $P(1, 1, 1)$ y en la dirección del vector $\overline{v} = (1, 1, 1)$ y analicemos si la derivada hallada es la máxima derivada direccional de la función en el punto.

Como f es diferenciable en $(1, 1, 1)$ ya que es de clase C^1 en $\mathbb{R}^3$, se tiene que, al considerar el vector

$$\overline{u} = \frac{\overline{v}}{||\overline{v}||} = \left(\frac{1}{\sqrt{3}}, \frac{1}{\sqrt{3}}, \frac{1}{\sqrt{3}} \right)$$

es

$$D_{\overline{u}}f(1, 1, 1) = \nabla f(1, 1, 1) \cdot \overline{u}.$$

Como las derivadas parciales primeras de f son

$$\frac{\partial f}{\partial x}(x, y, z) = \frac{x}{\sqrt{x^2 + y^2 + z^2}}, \quad \frac{\partial f}{\partial y}(x, y, z) = \frac{y}{\sqrt{x^2 + y^2 + z^2}}, \quad \frac{\partial f}{\partial z}(x, y, z) = \frac{z}{\sqrt{x^2 + y^2 + z^2}},$$

se tiene que es

$$\nabla f(1, 1, 1) = \left(\frac{\partial f}{\partial x}(1, 1, 1), \frac{\partial f}{\partial y}(1, 1, 1), \frac{\partial f}{\partial z}(1, 1, 1) \right) = \left(\frac{1}{\sqrt{3}}, \frac{1}{\sqrt{3}}, \frac{1}{\sqrt{3}} \right)$$

y por tanto la derivada direccional pedida resulta

$$D_{\overline{u}}f(1,1,1) = \nabla f(1,1,1) \cdot \overline{u} = \left(\frac{1}{\sqrt{3}}, \frac{1}{\sqrt{3}}, \frac{1}{\sqrt{3}}\right) \cdot \left(\frac{1}{\sqrt{3}}, \frac{1}{\sqrt{3}}, \frac{1}{\sqrt{3}}\right) = 3\frac{1}{\sqrt{3}}\frac{1}{\sqrt{3}} = 3\frac{1}{3} = 1.$$

Sabemos que la derivada direccional máxima en el punto P tiene por valor

$$\|\nabla f(1,1,1)\| = \left\|\left(\frac{1}{\sqrt{3}}, \frac{1}{\sqrt{3}}, \frac{1}{\sqrt{3}}\right)\right\| = +\sqrt{\left(\frac{1}{\sqrt{3}}\right)^2 + \left(\frac{1}{\sqrt{3}}\right)^2 + \left(\frac{1}{\sqrt{3}}\right)^2} =$$

$$= +\sqrt{3\left(\frac{1}{\sqrt{3}}\right)^2} = +\sqrt{3 \cdot \frac{1}{3}} = +\sqrt{1} = 1.$$

Por tanto, la derivada direccional hallada es precisamente la máxima de la función en el punto.

Análogamente, un valor aproximado a la variación de $\overline{f}$ en un entorno del punto $\overline{a} \in A$ en el cual $\overline{f}$ es diferenciable está dado por

$$\triangle \overline{f}(\overline{a}) = \overline{f}(\overline{x}) - \overline{f}(\overline{a}) \simeq d\overline{f}(\overline{a})(\overline{x} - \overline{a}) = J\overline{f}(\overline{a})(\overline{x} - \overline{a}).$$

Por las Proposiciones 1 y 2 se tiene que la continuidad de la función $\overline{f}$ en $\overline{a}$ y la existencia de todas las derivadas direccionales son condiciones necesarias para que $\overline{f}$ sea diferenciable en $\overline{a}$ y por tanto si una función $\overline{f}$ es discontinua en un punto o alguna de sus derivadas direccionales en ese punto no existe, entonces $\overline{f}$ no es diferenciable en dicho punto.

■ **Ejemplo 2.14** La función

$$f(x,y) = \begin{cases} \dfrac{x^2 - y^2}{x^2 + y^2}, & \text{si } (x,y) \neq (0,0), \\ 0, & \text{si } (x,y) = (0,0), \end{cases}$$

no es continua en el punto $(0,0)$, ya que el límite en este punto no existe al ser

$$\lim_{\substack{(x,y)\to(0,0)\\y=0}} f(x,y) = \lim_{x\to 0} \frac{x^2}{x^2} = 1,$$

mientras que

$$\lim_{\substack{(x,y)\to(0,0)\\x=0}} f(x,y) = \lim_{x\to 0} \frac{-y^2}{y^2} = -1.$$

Como $\overline{f}$ no es continua en $(0,0)$, entonces no es diferenciable en $(0,0)$.

■ **Ejemplo 2.15** Si consideramos ahora la función

$$g(x,y) = \begin{cases} \dfrac{y}{x^2 + y^2}, & \text{si } (x,y) \neq (0,0), \\ 0, & \text{si } (x,y) = (0,0), \end{cases}$$

y estudiamos sus derivadas parciales en $(0,0)$ se tiene que

$$\frac{\partial g}{\partial x}(0,0) = \lim_{h\to 0} \frac{g(h,0) - g(0,0)}{h} = \lim_{h\to 0} \frac{1}{h}\left(\frac{0}{h^2 + 0} - 0\right) = \lim_{h\to 0} \frac{0}{h^3} = 0,$$

en tanto que

$$\frac{\partial g}{\partial y}(0,0) = \lim_{h \to 0} \frac{g(0,h) - g(0,0)}{h} = \lim_{h \to 0} \frac{1}{h}\left(\frac{h}{0 + h^2} - 0\right) = \lim_{h \to 0} \frac{1}{h^2}, \qquad \text{no existe,}$$

y no existe $\frac{\partial g}{\partial y}(0,0)$. Como no existe una de las derivadas parciales de g en el punto $(0,0)$, la función no es diferenciable en $(0,0)$.

La existencia de todas las derivadas parciales primeras de una función en un punto no garantizan su diferenciabilidad en el punto, como se muestra en el siguiente ejemplo.

■ **Ejemplo 2.16** La función

$$f(x,y) = \begin{cases} \dfrac{xy}{x^2 + y^2}, & \text{si } (x,y) \neq (0,0), \\ 0, & \text{si } (x,y) = (0,0), \end{cases}$$

es tal que existen sus dos derivadas parciales en el punto $(0,0)$, siendo éstas

$$f_x(0,0) = \lim_{h \to 0} \frac{f(h,0) - f(0,0)}{h} = \lim_{h \to 0} \frac{1}{h}\frac{h \cdot 0}{h^2 + 0^2} = \lim_{h \to 0} \frac{0}{h_3} = 0,$$

$$f_y(0,0) = \lim_{h \to 0} \frac{f(0,h) - f(0,0)}{h} = \lim_{h \to 0} \frac{1}{h}\frac{0 \cdot h}{0^2 + h^2} = \lim_{h \to 0} \frac{0}{h_3} = 0.$$

Sin embargo la función no es diferenciable en el punto $(0,0)$ ya que no es continua en este punto al no tener límite, véase el Ejemplo 2.8.

Una condición suficiente de diferenciabilidad

Conviene disponer de una herramienta que con rapidez garantice la diferenciabilidad y ésta está dada por la siguiente proposición.

■ **Proposición 6** *Si $A \subset \mathbb{R}^n$ es un conjunto abierto, la función $\overline{f} : A \subset \mathbb{R}^n \to \mathbb{R}^m$ es continua en $\overline{a} \in A$ y existen las funciones*

$$\frac{\partial f_i}{\partial x_j}(\overline{x})$$

siendo continuas en $\overline{a}$, $\forall i = 1, 2, ..., m$, $\forall j = 1, 2, ..., n$, entonces $\overline{f}$ es diferenciable en $\overline{a}$.

Cuando las hipótesis de esta proposición se verifican en todo punto del conjunto A, se enuncia coloquialmente así:

■ **Proposición 7** *Si $\overline{f} : A \subset \mathbb{R}^n \to \mathbb{R}^m$ es de calse C^1 en A, entonces $\overline{f}$ es diferenciable en A.*

La condición enunciada es muy útil desde el punto de vista práctico, dado que probar la diferenciabilidad de una función en un punto según la definición es un asunto incómodo. Por otra parte una gran cantidad de funciones usuales son de clase C^1, lo cual es muy rápido de verificar y por ello de manera inmediata se asegura su diferenciabilidad. Así por ejemplo la función $f(x,y,z) = x^2 + xy + z^2 + e^{xyz^2}$, suma de una función polinómica y de otra exponencial es de clase C^1 en $\mathbb{R}^3$ y por tanto diferenciable.

La condición de continuidad en un punto para las derivadas parciales de una función no es necesaria para su diferenciabilidad, es decir, una función puede ser diferenciable en un punto sin ser continuas sus derivadas parciales, como se pone de manifiesto en el siguiente ejemplo.

■ **Ejemplo 2.17** La función

$$f(x) = \begin{cases} (x^2 + y^2) \cos \frac{1}{x^2+y^2}, & \text{si } (x, y) \neq (0, 0), \\ 0, & \text{si } (x, y) = (0, 0), \end{cases}$$

es diferenciable en el punto $(0,0)$ si bien sus derivadas parciales de primer orden son ambas discontinuas en $(0,0)$.

En efecto, pasando a polares, el límite de la función en el punto $(0,0)$ es

$$\lim_{(x,y)\to(0,0)} f(x,y) = \lim_{\rho\to 0} \rho^2 \cos \frac{1}{\rho^2} = 0 = f(0,0)$$

y por tanto f es continua en $(0,0)$.

Calculando las derivadas parciales en $(0,0)$ se tiene que

$$f_x(0,0) = \lim_{h\to 0} \frac{f(h,0) - f(0,0)}{h} = \lim_{h\to 0} \frac{1}{h} \left[(h^2 + 0^2) \cos \frac{1}{h^2 + 0^2} - 0 \right] = \lim_{h\to 0} h \cos \frac{1}{h^2} = 0$$

y

$$f_y(0,0) = \lim_{h\to 0} \frac{f(0,h) - f(0,0)}{h} = \lim_{h\to 0} \frac{1}{h} \left[(0^2 + h^2) \cos \frac{1}{0^2 + h^2} - 0 \right] = \lim_{h\to 0} h \cos \frac{1}{h^2} = 0.$$

Por ser continua y tener derivadas parciales en $(0,0)$, la función f puede ser diferenciable en $(0,0)$, y lo será si en un entorno de $(0,0)$ se verifica que

$$\lim_{(x,y)\to(0,0)} \frac{|f(x,y) - f(0,0) - f_x(0,0) - f_y(0,0)|}{\|(x,y) - (0,0)\|} = 0.$$

Si calculamos este límite se tiene que es

$$\lim_{\substack{(x,y)\to(0,0) \\ y=0}} \left| \frac{(x^2 + y^2) \cos \frac{1}{x^2+y^2}}{\sqrt{x^2 + y^2}} \right| = \lim_{\rho\to 0} \frac{\rho^2 \cos \frac{1}{\rho^2}}{\rho} = \lim_{\rho\to 0} \rho \cos \frac{1}{\rho^2} = 0,$$

con lo cual f es diferenciable en $(0,0)$.

Las derivadas parciales primeras de f son, si $(x,y) \neq (0,0)$,

$$f_x(x,y) = 2x \cos \frac{1}{x^2 + y^2} + (x^2 + y^2) \left[-\operatorname{sen} \frac{1}{x^2 + y^2} \right] \frac{-2x}{(x^2 + y^2)^2} =$$

$$= 2x \cos \frac{1}{x^2 + y^2} + \frac{2x}{x^2 + y^2} \operatorname{sen} \frac{1}{x^2 + y^2} \qquad \text{y} \qquad f_x(0,0) = 0.$$

Análogamente, si $(x,y) \neq (0,0)$ es

$$f_y(x,y) = 2y \cos \frac{1}{x^2 + y^2} + \frac{2y}{x^2 + y^2} \operatorname{sen} \frac{1}{x^2 + y^2} \qquad \text{y} \qquad f_y(0,0) = 0.$$

Analizando su límite en $(0,0)$, pasando a polares se tiene que

$$\lim_{(x,y)\to(0,0)} f_x(x,y) = \lim_{\rho\to 0} 2\rho \cos\theta \cos \frac{1}{\rho^2} + \lim_{\rho\to 0} \frac{2\rho \cos\theta}{\rho^2} \operatorname{sen} \frac{1}{\rho^2} = 0 + \lim_{\rho\to 0} \frac{1}{\rho} \left(2\cos\theta \operatorname{sen} \frac{1}{\rho^2} \right)$$

y este límite no existe, y análogamente tampoco existe $\lim_{(x,y)\to(0,0)} f_y(x,y)$. De este modo $f_x(x,y)$ y $f_y(x,y)$ son funciones discontinuas en $(0,0)$, con lo cual no se precisa de la continuidad de las derivadas parciales primeras en un punto para que la función sea diferenciable en dicho punto.

Reglas de diferenciación

Sea $A \subset \mathbb{R}^n$ un conjunto abierto y las funciones $f, g : A \to \mathbb{R}$, ambas diferenciables en el punto $\overline{a} \in A$. En estas condiciones se tiene:

1. La función $\lambda f + \mu g$ es diferenciable en $\overline{a}$, $\forall \lambda, \mu \in \mathbb{R}$ y además es

$$d(\lambda f + \mu g)(\overline{a}) = \lambda df(\overline{a}) + \mu dg(\overline{a}).$$

Es decir, la diferencial es un operador lineal.

2. La función $f \cdot g$ es diferenciable en el punto $\overline{a}$ y se cumple

$$d(f \cdot g)(\overline{a}) = f(\overline{a}) dg(\overline{a}) + g(\overline{a}) df(\overline{a}).$$

3. La función $\dfrac{f}{g}$ es diferenciable en $\overline{a}$, para $g(\overline{a}) \neq 0$ y además es

$$d\left(\frac{f}{g}\right)(\overline{a}) = \frac{g(\overline{a}) df(\overline{a}) - f(\overline{a}) dg(\overline{a})}{[g(\overline{a})]^2}.$$

Diferenciales sucesivas

Sea $A \subset \mathbb{R}^n$ un conjunto abierto y $f : A \to \mathbb{R}^m$ una función diferenciable en A, la función diferencial de $\overline{f}$ se representa por $d\overline{f}$ y es la aplicación que asigna a cada punto $\overline{a} \in A$ la aplicación lineal $d\overline{f}(\overline{a})$. Si la función $d\overline{f}$ es a su vez diferenciable, se llama diferencial segunda de $\overline{f}$ y se representa por $d^2\overline{f}$ a $d(d\overline{f})$.

Reiterando el proceso, si $d^{k-1}\overline{f}$ es diferenciable se define la diferencial k-ésima de $\overline{f}$ y se escribe $d^k\overline{f}$ como $d(d^{k-1}\overline{f})$.

En el caso particular de una función $f : A \subset \mathbb{R}^2 \to \mathbb{R}$, diferenciable en A, para cada punto $(x, y) \in A$ se tiene que

$$
\begin{aligned}
df(x, y)\begin{pmatrix} dx \\ dy \end{pmatrix} &= \nabla f(x, y) \cdot \begin{pmatrix} dx \\ dy \end{pmatrix} = \\
&= \left(\frac{\partial f(x, y)}{\partial x} \quad \frac{\partial f(x, y)}{\partial y}\right) \cdot \begin{pmatrix} dx \\ dy \end{pmatrix} = \frac{\partial f(x, y)}{\partial x} dx + \frac{\partial f(x, y)}{\partial x} dy
\end{aligned}
$$

y la diferencial segunda es

$$
\begin{aligned}
d^2 f(x, y)\left[\begin{pmatrix} dx \\ dy \end{pmatrix}, \begin{pmatrix} dx \\ dy \end{pmatrix}\right] &= d\left(df(x, y)\right) = d\left[\frac{\partial f(x, y)}{\partial x} dx + \frac{\partial f(x, y)}{\partial x} dy\right] = \\
&= \frac{\partial}{\partial x}\left[\frac{\partial f(x, y)}{\partial x} dx + \frac{\partial f(x, y)}{\partial x} dy\right] dx + \\
&\quad + \frac{\partial}{\partial y}\left[\frac{\partial f(x, y)}{\partial x} dx + \frac{\partial f(x, y)}{\partial x} dy\right] dy = \\
&= \frac{\partial^2 f(x, y)}{\partial x^2} dx^2 + 2\frac{\partial^2 f(x, y)}{\partial x \partial y} dx dy + \frac{\partial^2 f(x, y)}{\partial y^2} dy^2.
\end{aligned}
\tag{2.2}
$$

La última expresión puede describirse mediante la matriz hessiana siendo

$$
d^2 f(x, y)\left[\begin{pmatrix} dx \\ dy \end{pmatrix}, \begin{pmatrix} dx \\ dy \end{pmatrix}\right] = (dx \quad dy) \begin{pmatrix} \dfrac{\partial^2 f(x, y)}{\partial x^2} & \dfrac{\partial^2 f(x, y)}{\partial x \partial y} \\[2mm] \dfrac{\partial^2 f(x, y)}{\partial y \partial x} & \dfrac{\partial^2 f(x, y)}{\partial y^2} \end{pmatrix} \begin{pmatrix} dx \\ dy \end{pmatrix},
$$

lo cual pone de manifiesto que la diferencial segunda es una forma bilineal cuya forma cuadrática asociada es la que se acaba de mostrar.

La expresión de la diferencial segunda dada por (2.2) resulta del desarrollo simbólico de

$$\left(dx \frac{\partial}{\partial x} + dy \frac{\partial}{\partial y} \right)^{(2} f(x, y)$$

donde el exponente debe entenderse como orden de derivación en las derivadas y potencia en las diferenciales. Usando este simbolismo la diferencial de tercer orden resulta

$$d^3 f(x, y) = \left(dx \frac{\partial}{\partial x} + dy \frac{\partial}{\partial y} \right)^{(3} f(x, y) =$$

$$= \frac{\partial^3 f(x, y)}{\partial x^3} dx^3 + 3 \frac{\partial^3 f(x, y)}{\partial x^2 \partial y} dx^2 dy + 3 \frac{\partial^3 f(x, y)}{\partial x \partial y^2} dx dy^2 + \frac{\partial^3 f(x, y)}{\partial y^3} dy^3.$$

Este desarrollo simbólico es válido para las sucesivas diferenciales y cualquier número de variables.

2.6 DIFERENCIACIÓN DE FUNCIONES COMPUESTAS

■ **Proposición 8 (Diferenciación de funciones compuestas).** *Consideremos las funciones $\overline{f} : A \subset \mathbb{R}^p \to \mathbb{R}^n$ y $\overline{g} : B \subset \mathbb{R}^n \to \mathbb{R}^m$, donde A y B son conjuntos abiertos, siendo Im $\overline{f} \subset B$. Sea $\overline{h} = \overline{g} \circ \overline{f} : A \subset \mathbb{R}^p \to \mathbb{R}^m$ la función compuesta de $\overline{f}$ con $\overline{g}$. En estas condiciones, si $\overline{f}$ es diferenciable en $\overline{a} \in A$ y $\overline{g}$ es diferenciable en $\overline{f}(\overline{a})$, entonces la función $\overline{h} = \overline{g} \circ \overline{f}$ es diferenciable en $\overline{a}$ y su diferencial verifica*

$$d\overline{h}(\overline{a}) = d\left(\overline{g} \circ \overline{f} \right)(\overline{a}) = d\overline{g}(\overline{f}(\overline{a})) \circ d\overline{f}(\overline{a})$$

y sus matrices jacobianas son tales que

$$J\left(\overline{g} \circ \overline{f} \right)(\overline{a}) = J\overline{g}(\overline{f}(\overline{a})) \cdot J\overline{f}(\overline{a}).$$

Este resultado se conoce como *regla de la cadena* y permite obtener de una forma sistemática la matriz de las derivadas parciales de la función compuesta multiplicando adecuadamente las matrices de las derivadas parciales de las funciones que se componen. La matriz $J\left(\overline{g} \circ \overline{f} \right)(\overline{a})$ es de orden $m \times p$, la matriz $J\overline{g}(\overline{f}(\overline{a}))$ es de orden $m \times n$ y $J\overline{f}(\overline{a})$ es de orden $n \times p$.

■ **Ejemplo 2.18** Sean las funciones diferenciables $\overline{f} : \mathbb{R}^2 \to \mathbb{R}^3$ y $\overline{g} : \mathbb{R}^3 \to \mathbb{R}^4$, definidas respectivamente por

$$\overline{f}(x_1, x_2) = (x_1^2 x_2, x_1 + x_2, x_1 x_2) \qquad \text{y} \qquad \overline{g}(y_1, y_2, y_3) = (y_1 y_2^2, y_2 y_3, e^{y_1 y_2 y_3}, y_1 + y_2 + y_3).$$

Calculemos la matriz jacobiana de la función compuesta $\overline{h} = \overline{g} \circ \overline{f}$ en el punto $(1, 1)$ y la expresión de la diferencial en ese punto.

Como es $\overline{f} : \mathbb{R}^2 \to \mathbb{R}^3$, su matriz jacobiana es de orden 3×2 y está dada por

$$J\overline{f}(\overline{x}) = \begin{pmatrix} \dfrac{\partial \overline{f}_1}{\partial x_1}(\overline{x}) & \dfrac{\partial \overline{f}_1}{\partial x_2}(\overline{x}) \\[2ex] \dfrac{\partial \overline{f}_2}{\partial x_1}(\overline{x}) & \dfrac{\partial \overline{f}_2}{\partial x_2}(\overline{x}) \\[2ex] \dfrac{\partial \overline{f}_3}{\partial x_1}(\overline{x}) & \dfrac{\partial \overline{f}_3}{\partial x_2}(\overline{x}) \end{pmatrix} = \begin{pmatrix} 2x_1 x_2 & x_1^2 \\[1ex] 1 & 1 \\[1ex] x_2 & x_1 \end{pmatrix}.$$

Para la función $\overline{g} : \mathbb{R}^3 \to \mathbb{R}^4$ la matriz jacobiana es de orden 4×3 y su expresión es

$$J\overline{g}(\overline{y}) = \begin{pmatrix} \dfrac{\partial \overline{g}_1}{\partial y_1}(\overline{y}) & \dfrac{\partial \overline{g}_1}{\partial y_2}(\overline{y}) & \dfrac{\partial \overline{g}_1}{\partial y_3}(\overline{y}) \\[2mm] \dfrac{\partial \overline{g}_2}{\partial y_1}(\overline{y}) & \dfrac{\partial \overline{g}_2}{\partial y_2}(\overline{y}) & \dfrac{\partial \overline{g}_2}{\partial y_3}(\overline{y}) \\[2mm] \dfrac{\partial \overline{g}_3}{\partial y_1}(\overline{y}) & \dfrac{\partial \overline{g}_3}{\partial y_2}(\overline{y}) & \dfrac{\partial \overline{g}_3}{\partial y_3}(\overline{y}) \\[2mm] \dfrac{\partial \overline{g}_4}{\partial y_1}(\overline{y}) & \dfrac{\partial \overline{g}_4}{\partial y_2}(\overline{y}) & \dfrac{\partial \overline{g}_4}{\partial y_3}(\overline{y}) \end{pmatrix} = \begin{pmatrix} y_2^2 & 2y_1y_2 & 0 \\[2mm] 0 & y_3 & y_2 \\[2mm] y_2y_3e^{y_1y_2y_3} & y_1y_3e^{y_1y_2y_3} & y_1y_2e^{y_1y_2y_3} \\[2mm] 1 & 1 & 1 \end{pmatrix}.$$

Como la función compuesta es $\overline{h} = \overline{g} \circ \overline{f} : \mathbb{R}^2 \to \mathbb{R}^4$, su matriz jacobiana es de orden 4×2 y teniendo en cuenta el resultado de la proposición resulta

$$J(\overline{g} \circ \overline{f})(1,1) = J\overline{g}(\overline{f}(1,1)) \cdot J\overline{f}(1,1) = J\overline{g}(1,2,1) \cdot J\overline{f}(1,1) =$$

$$= \begin{pmatrix} 4 & 4 & 0 \\ 0 & 1 & 2 \\ 2e^2 & e^2 & 2e^2 \\ 1 & 1 & 1 \end{pmatrix} \cdot \begin{pmatrix} 2 & 1 \\ 1 & 1 \\ 1 & 1 \end{pmatrix} = \begin{pmatrix} 12 & 8 \\ 3 & 3 \\ 7e^2 & 5e^2 \\ 4 & 3 \end{pmatrix}.$$

Conocida la matriz de las derivadas parciales podemos escribir la diferencial de $\overline{g} \circ \overline{f}$ en el punto $(1,1)$ como la aplicación $d(\overline{g} \circ \overline{f})(1,1) : \mathbb{R}^2 \to \mathbb{R}^4$ definida por

$$d(\overline{g} \circ \overline{f})(1,1)(dx_1, dx_2) = J(\overline{g} \circ \overline{f})(1,1) \begin{pmatrix} dx_1 \\ dx_2 \end{pmatrix} =$$

$$= \begin{pmatrix} 12 & 8 \\ 3 & 3 \\ 7e^2 & 5e^2 \\ 4 & 3 \end{pmatrix} \begin{pmatrix} dx_1 \\ dx_2 \end{pmatrix} = \begin{pmatrix} 12dx_1 + 8dx_2 \\ 3dx_1 + 3dx_2 \\ 7e^2dx_1 + 5e^2dx_2 \\ 4dx_1 + 3dx_2 \end{pmatrix}.$$

Si la función compuesta es real, interesa, en muchas ocasiones, el cálculo de una derivada parcial concreta. Pueden darse las dos situaciones siguientes:

1. Cuando la función compuesta diferenciable es de una sola variable. Esquemáticamente la composición se representa en la forma

$$\begin{array}{ccccc} \mathbb{R} & \xrightarrow{\overline{f}} & \mathbb{R}^m & \xrightarrow{\overline{g}} & \mathbb{R} \\ x & \longmapsto & \overline{y} & \longmapsto & z = \quad h(x) = (\overline{g} \circ \overline{f})(x) = \overline{g}(\overline{f}(x)). \end{array}$$

La función compuesta $\overline{g} \circ \overline{f}$ es real de una sola variable y su matriz jacobiana, de orden 1×1, verifica en su relación con las de $\overline{f}$ y $\overline{g}$ que

$$J(\overline{g} \circ \overline{f})(x) = J\overline{g}(\overline{f}(x)) \cdot J\overline{f}(x) = J\overline{g}(\overline{y}) \cdot J\overline{f}(x),$$

siendo $J\overline{g}(\overline{f}(x))$ una matriz de orden $1 \times m$ y $J\overline{f}(x)$ de orden $m \times 1$. Si ahora consideramos los elementos de esas matrices, la relación anterior queda

$$\left(\dfrac{dz}{dx} \right) = \left(\dfrac{\partial z}{\partial y_1}, \dfrac{\partial z}{\partial y_2}, \cdots, \dfrac{\partial z}{\partial y_m} \right) \begin{pmatrix} \dfrac{dy_1}{dx} \\[2mm] \dfrac{dy_2}{dx} \\[2mm] \vdots \\[2mm] \dfrac{dy_m}{dx} \end{pmatrix},$$

y al efectuar el producto de matrices resulta

$$\frac{dz}{dx} = \frac{\partial z}{\partial y_1}\frac{dy_1}{dx} + \frac{\partial z}{\partial y_2}\frac{dy_2}{dx} + \cdots + \frac{\partial z}{\partial y_m}\frac{dy_m}{dx}.$$

La fórmula anterior se recuerda con gran facilidad teniendo en cuenta el esquema de dependencias de la función z con la única variable dependiente x, que puede verse en la Figura 2.2.

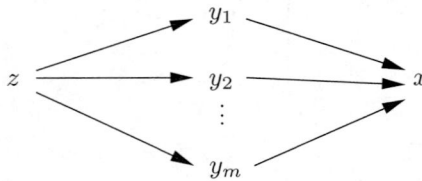

Figura 2.2 Esquema de dependencia para la derivación

■ **Ejemplo 2.19** Calculemos la derivada de z respecto de x en punto $\overline{a} = x = 2$, siendo

$$z = y_1^2 e^{y_2 y_3} + y_2^2 y_3 - y_1 y_2 y_3,$$

con $y_1 = x^2, y_2 = \sqrt{x}, y_3 = \operatorname{sen}(x-2)$.

Tenemos la composición de funciones que sigue el esquema

$$\begin{array}{ccccc} \mathbb{R} & \xrightarrow{\overline{f}} & \mathbb{R}^3 & \xrightarrow{g} & \mathbb{R} \\ x & \longmapsto & \overline{y} & \longmapsto & z \end{array}$$

con $\overline{y} = (y_1, y_2, y_3)$, siendo $\overline{f}(x) = \overline{y} = (y_1, y_2, y_3) = (x^2, \sqrt{x}, \operatorname{sen}(x-2))$ y

$$g(\overline{y}) = z = y_1^2 e^{y_2 y_3} + y_2^2 y_3 - y_1 y_2 y_3.$$

Como es $\overline{a} = 2$ y $\overline{f}(\overline{a}) = (y_1(\overline{a}), y_2(\overline{a}), y_3(\overline{a}))$, se tiene que

$$\overline{f}(2) = (y_1(2), y_2(2), y_3(2)) = (2^2, \sqrt{2}, 0) = (4, \sqrt{2}, 0)$$

y debe verificarse que

$$\frac{dz}{dx}(2) = J(g \circ \overline{f})(2) = Jg(\overline{f}(2)) \cdot J\overline{f}(2) = Jg(4, \sqrt{2}, 0) \cdot J\overline{f}(2).$$

Como $Jg(\overline{y}) = \nabla g(\overline{y}) = (2y_1 e^{y_2 y_3} - y_2 y_3, y_1^2 y_3 e^{y_2 y_3} + 2y_2 y_3 - y_1 y_3, y_1^2 y_2 e^{y_2 y_3} + y_2^2 - y_1 y_2)$ y

$$J\overline{f}(x) = \begin{pmatrix} 2x \\ \frac{1}{2\sqrt{x}} \\ \cos(x-2) \end{pmatrix},$$

particularizando y entrando en la expresión de $\frac{dz}{dx}(2)$ queda

$$\frac{dz}{dx}(2) = (8, 0, 12\sqrt{2} + 2)\begin{pmatrix} 4 \\ \frac{1}{2\sqrt{2}} \\ 1 \end{pmatrix} = 32 + 12\sqrt{2} + 2 = 34 + 12\sqrt{2}.$$

2. Si la función compuesta es real de varias variables y la actuación sucesiva de las funciones es de la forma

$$\begin{array}{ccccc} \mathbb{R}^n & \xrightarrow{f} & \mathbb{R}^m & \xrightarrow{g} & \mathbb{R} \\ \overline{x} & \longmapsto & \overline{y} & \longmapsto & z = \quad h(\overline{x}) = (g \circ f)(\overline{x}) = g(f(\overline{x})), \end{array}$$

la función compuesta $g \circ f$ es real de n variables. Su matriz jacobiana $J(g \circ f)(\overline{x})$ es de orden $1 \times n$ y coincide con el producto de las matrices jacobianas $Jg(f(\overline{x}))$, de orden $1 \times m$, y $Jf(\overline{x})$, de orden $m \times n$. Este producto matricial se puede respresentar en la forma

$$\left(\frac{\partial z}{\partial x_1}, \frac{\partial z}{\partial x_2}, \cdots, \frac{\partial z}{\partial x_n} \right) = \left(\frac{\partial z}{\partial y_1}, \frac{\partial z}{\partial y_2}, \cdots, \frac{\partial z}{\partial y_m} \right) \begin{pmatrix} \dfrac{\partial y_1}{\partial x_1} & \dfrac{\partial y_1}{\partial x_2} & \cdots & \dfrac{\partial y_1}{\partial x_n} \\ \dfrac{\partial y_2}{\partial x_1} & \dfrac{\partial y_2}{\partial x_2} & \cdots & \dfrac{\partial y_2}{\partial x_n} \\ \vdots & \vdots & \ddots & \vdots \\ \dfrac{\partial y_m}{\partial x_1} & \dfrac{\partial y_m}{\partial x_2} & \cdots & \dfrac{\partial y_m}{\partial x_n} \end{pmatrix},$$

de donde resulta que las derivadas parciales de z están dadas por

$$\frac{\partial z}{\partial x_i} = \frac{\partial z}{\partial y_1} \frac{\partial y_1}{\partial x_i} + \frac{\partial z}{\partial y_2} \frac{\partial y_2}{\partial x_i} + \cdots + \frac{\partial z}{\partial y_m} \frac{\partial y_m}{\partial x_i}, \qquad i = 1, 2, ..., n,$$

o bien en forma más abreviada es

$$\frac{\partial z}{\partial x_i} = \sum_{j=1}^m \frac{\partial z}{\partial y_j} \frac{\partial y_j}{\partial x_i}, \qquad i = 1, 2, ..., n.$$

La forma práctica de calcular estas derivadas se tiene cómodamente siguiendo el esquema de dependencias de la Figura 2.3.

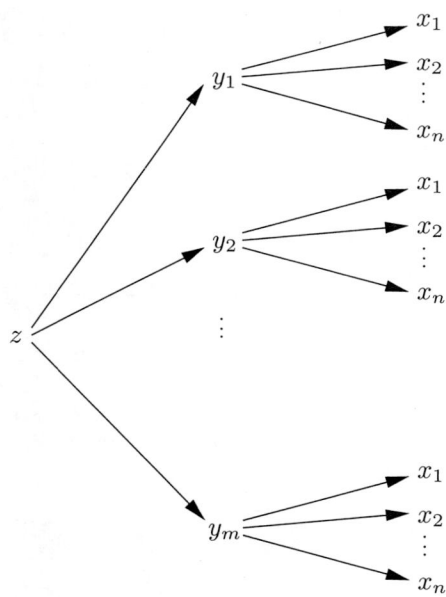

Figura 2.3 Esquema de dependencias para derivación de funciones compuestas

■ **Ejemplo 2.20** Calculemos las derivadas parciales de z respecto de x_1, x_2 y x_3 en el punto $\overline{a} = (1, 1, 1)$ si son

$$z = 2y_1^2 y_2 - y_2^2, \qquad y_1 = x_1^2 + x_2^2 + x_3^2, \qquad y_2 = x_1 x_2 + x_1 x_3 + x_2 x_3.$$

De acuerdo con los datos tenemos la composición de funciones dada por el esquema

$$\mathbb{R}^3 \xrightarrow{\overline{f}} \mathbb{R}^2 \xrightarrow{g} \mathbb{R}$$
$$\overline{x} \longmapsto \overline{y} \longmapsto z$$

siendo

$$\overline{f}(x_1, x_2, x_3) = (x_1^2 + x_2^2 + x_3^2, x_1 x_2 + x_1 x_3 + x_2 x_3) = (y_1, y_2) \quad \text{y} \quad g(y_1, y_2) = 2y_1^2 y_2 - y_2^2 \quad \text{y}$$

$$J(g \circ \overline{f})(1, 1, 1) = Jg(\overline{f}(1, 1, 1)) \cdot J\overline{f}(1, 1, 1).$$

Como $Jg(\overline{y}) = \nabla g(\overline{y}) = (4y_1 y_2, 2y_1^2 - 2y_2)$ y

$$J\overline{f}(\overline{x}) = \begin{pmatrix} \dfrac{\partial y_1}{\partial x_1}(\overline{x}) & \dfrac{\partial y_1}{\partial x_2}(\overline{x}) & \dfrac{\partial y_1}{\partial x_3}(\overline{x}) \\[2mm] \dfrac{\partial y_2}{\partial x_1}(\overline{x}) & \dfrac{\partial y_2}{\partial x_2}(\overline{x}) & \dfrac{\partial y_2}{\partial x_3}(\overline{x}) \end{pmatrix} = \begin{pmatrix} 2x_1 & 2x_2 & 2x_3 \\ x_2 + x_3 & x_1 + x_3 & x_1 + x_2 \end{pmatrix},$$

al ser $\overline{f}(1, 1, 1) = (3, 3)$, se tiene que

$$Jz(1, 1, 1) = J(g \circ \overline{f})(1, 1, 1) = Jg(\overline{f}(1, 1, 1)) \cdot J\overline{f}(1, 1, 1) =$$
$$= Jg(3, 3) \cdot J\overline{f}(1, 1, 1) = (36, 12) \cdot \begin{pmatrix} 2 & 2 & 2 \\ 2 & 2 & 2 \end{pmatrix} = (96, 96, 96),$$

en consecuencia

$$\frac{\partial z}{\partial x_1}(1, 1, 1) = \frac{\partial z}{\partial x_2}(1, 1, 1) = \frac{\partial z}{\partial x_3}(1, 1, 1) = 96.$$

Cada una de las derivadas parciales de z obtenidas resulta de forma inmediata siguiendo en la derivación el diagrama de dependencias de la Figura 2.4.

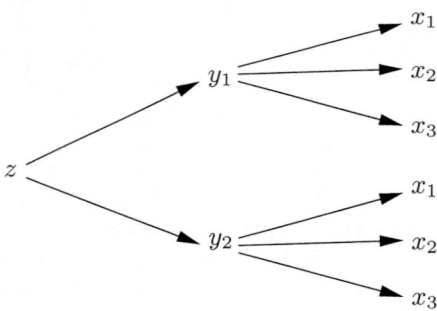

Figura 2.4 Diagrama de dependencias del Ejemplo 2.20

Del diagrama de la Figura 2.4 resultan, por ejemplo

$$\frac{\partial z}{\partial x_1} = \frac{\partial z}{\partial y_1} \frac{\partial y_1}{\partial x_1} + \frac{\partial z}{\partial y_2} \frac{\partial y_2}{\partial x_2} = 4y_1 y_2 \cdot 2x_1 + (2y_1^2 - 2y_2)(x_1 + x_3)$$

y particularizando para $(x_1, x_2, x_3) = (1, 1, 1)$ e $(y_1, y_2) = (3, 3)$, se tiene que

$$\frac{\partial z}{\partial x_1}(1, 1, 1) = 4 \cdot 3 \cdot 3 \cdot 2 + (2 \cdot 3^2 - 2 \cdot 3)(1 + 1) = 72 + 24 = 96,$$

y de forma análoga resultan las otras dos derivadas $\frac{\partial z}{\partial x_2}(1, 1, 1)$ y $\frac{\partial z}{\partial x_3}(1, 1, 1)$.

En el siguiente ejemplo se muestra cómo una función compuesta es diferenciable y, sin embargo, no cumple la regla de la cadena.

■ **Ejemplo 2.21** Sean

$$f(x, y) = \begin{cases} \dfrac{x^2 y}{x^2 + y^2}, & \text{si } (x, y) \neq (0, 0), \\ 0, & \text{si } (x, y) = (0, 0), \end{cases} \qquad \text{y} \qquad g(t) = (\alpha t, \beta t), \quad \alpha, \beta \neq 0.$$

1. Comprobemos que $f \circ g$ es diferenciable en $t = 0$.

2. Calculemos $(f \circ g)'(0)$ y $f'(g(0)) \cdot g'(0) = f'(0, 0) \cdot g'(0)$ y veamos que no coinciden.

En efecto:

1. Se tiene que

$$(f \circ g)(t) = f(g(t)) = f(\alpha t, \beta t) = \begin{cases} \dfrac{(\alpha t)^2 \beta t}{(\alpha t)^2 + (\beta t)^2}, & \text{si } (\alpha t, \beta t) \neq (0, 0), \\ 0, & \text{si } (\alpha t, \beta t) = (0, 0). \end{cases}$$

Como $(\alpha t, \beta t) = (0, 0) \Leftrightarrow t = 0$, resulta que

$$(f \circ g)(t) = f(g(t)) = f(\alpha t, \beta t) = \begin{cases} \dfrac{(\alpha t)^2 \beta t}{(\alpha t)^2 + (\beta t)^2}, & \text{si } t \neq 0, \\ 0, & \text{si } t = 0, \end{cases}$$

es decir, $\forall t$ es

$$(f \circ g)(t) = f(g(t)) = f(\alpha t, \beta t) = \frac{(\alpha t)^2 \beta t}{(\alpha t)^2 + (\beta t)^2} = \frac{\alpha^2 \beta t}{\alpha^2 + \beta^2},$$

por lo que la función compuesta es una función real de una variable real que es derivable en todo punto y por tanto diferenciable en $t = 0$.

2. Como

$$f[g(t)] = \frac{\alpha^2 \beta t}{\alpha^2 + \beta^2}$$

se tiene que

$$(f[g(t)])' = \frac{\alpha^2 \beta}{\alpha^2 + \beta^2} = (f \circ g)'(t)$$

y por tanto es

$$(f \circ g)'(0) = \frac{\alpha^2 \beta}{\alpha^2 + \beta^2}.$$

En

$$f'(0, 0) = Jf(0, 0) = \left(\frac{\partial f}{\partial x}(0, 0), \frac{\partial f}{\partial y}(0, 0) \right)$$

calculando estas derivadas parciales se tiene que

$$\frac{\partial f}{\partial x}(0,0) = \lim_{h \to 0} \frac{f(h,0) - f(0,0)}{h} = \lim_{h \to 0} \frac{1}{h} \cdot \left(\frac{h^2 \cdot 0}{h^2 + 0} - 0 \right) = \lim_{h \to 0} \frac{0}{h^3} = 0$$

$$\frac{\partial f}{\partial y}(0,0) = \lim_{h \to 0} \frac{f(0,h) - f(0,0)}{h} = \lim_{h \to 0} \frac{1}{h} \cdot \left(\frac{0 \cdot h}{0 + h^2} - 0 \right) = \lim_{h \to 0} \frac{0}{h^3} = 0$$

Con ello obtenemos

$$f'(0,0) = Jf(0,0) = (0,0)$$

Por otra parte es

$$g'(0) = Jg(0) = \begin{pmatrix} \dfrac{\partial g_1}{\partial t} \\ \dfrac{\partial g_2}{\partial t} \end{pmatrix}_{t=0} = \begin{pmatrix} \alpha \\ \beta \end{pmatrix}_{t=0} = \begin{pmatrix} \alpha \\ \beta \end{pmatrix}$$

y en consecuencia

$$f'(0,0) \cdot g'(0,0) = Jf(0,0) \cdot Jg(0,0) = (0,0) \begin{pmatrix} \alpha \\ \beta \end{pmatrix} = 0 \neq \frac{\alpha^2 \beta}{\alpha^2 + \beta^2} = (f \circ g)'(0)$$

La razón por la cual no se verifica la regla de la cadena, pese a ser diferenciable la función compuesta $f \circ g$, se debe a que no se cumplen las condiciones establecidas en el teorema de la regla de la cadena. En nuestro ejemplo la función f no es diferenciable en el punto $(0,0)$. En efecto, como es

$$\frac{\left| f(x,y) - f(0,0) - \dfrac{\partial f}{\partial x}(0,0) - \dfrac{\partial f}{\partial y}(0,0) \right|}{\|(x,y) - (0,0)\|} = \frac{\left| \dfrac{x^2 y}{x^2 + y^2} - 0 - 0 - 0 \right|}{\sqrt{x^2 + y^2}} = \frac{x^2 y}{(x^2 + y^2)^{3/2}}$$

al calcular su límite utilizando coordenadas polares se tiene que

$$\lim_{(x,y) \to (0,0)} \frac{x^2 y}{(x^2 + y^2)^{3/2}} = \lim_{\rho \to 0} \frac{\rho^2 \cos^2 \theta \rho \operatorname{sen} \theta}{(\rho^2)^{3/2}} = \lim_{\rho \to 0} \cos^2 \theta \operatorname{sen} \theta$$

y este límite no existe al depender de θ.

PROBLEMAS RESUELTOS

▶ **2.1** Hállense las derivadas parciales primeras de las siguientes funciones:

$$a)\ f(x,y) = (y^3 + x)e^{x+2y}, \qquad b)\ g(x,y) = \frac{x^3 + y^2}{\operatorname{sen}(xy)}, \qquad c)\ h(x,y) = \ln(x^2 - y).$$

RESOLUCIÓN.

a)

$$\frac{\partial f}{\partial x}(x,y) = \left[\frac{\partial}{\partial x}(y^3 + x) \right] e^{x+2y} + (y^3 + x)\frac{\partial}{\partial x}e^{x+2y} =$$

$$= 1 \cdot e^{x+2y} + (y^3 + x)e^{x+2y} = (y^3 + x + 1)e^{x+2y},$$

$$\frac{\partial f}{\partial y}(x,y) = \left[\frac{\partial}{\partial y}(y^3 + x) \right] e^{x+2y} + (y^3 + x)\frac{\partial}{\partial y}e^{x+2y} =$$

$$= 3y^2 e^{x+2y} + (y^3 + x)e^{x+2y} \cdot 2 = (3y^2 + 2y^3 + 2x)e^{x+2y}.$$

b)
$$\frac{\partial g}{\partial x}(x,y) = \frac{\left[\frac{\partial}{\partial x}(x^3+y^2)\right]\operatorname{sen}(xy) - (x^3+y^2)\frac{\partial}{\partial x}(\operatorname{sen}(xy))}{\operatorname{sen}^2(xy)} =$$

$$= \frac{3x^2\operatorname{sen}(xy) - (x^3+y^2)y\cos(xy)}{\operatorname{sen}^2(xy)},$$

$$\frac{\partial g}{\partial y}(x,y) = \frac{\left[\frac{\partial}{\partial y}(x^3+y^2)\right]\operatorname{sen}(xy) - (x^3+y^2)\frac{\partial}{\partial y}(\operatorname{sen}(xy))}{\operatorname{sen}^2(xy)} =$$

$$= \frac{2y\operatorname{sen}(xy) - (x^3+y^2)x\cos(xy)}{\operatorname{sen}^2(xy)}.$$

c)
$$\frac{\partial h}{\partial x}(x,y) = \frac{\frac{\partial}{\partial x}(x^2-y)}{x^2-y} = \frac{2x}{x^2-y}, \qquad \frac{\partial h}{\partial y}(x,y) = \frac{\frac{\partial}{\partial y}(x^2-y)}{x^2-y} = \frac{-1}{x^2-y}.$$

▶ **2.2** Calcúlense

$$\frac{\partial^2 z}{\partial x^2}, \qquad \frac{\partial^2 z}{\partial x\partial y}, \qquad \frac{\partial^2 z}{\partial y^2}, \qquad \text{si} \qquad z = e^{x^2-y^2}.$$

RESOLUCIÓN.

Se tiene que

$$\frac{\partial z}{\partial x} = e^{x^2-y^2}\frac{\partial}{\partial x}(x^2-y^2) = e^{x^2-y^2}2x,$$

$$\frac{\partial z}{\partial x} = e^{x^2-y^2}\frac{\partial}{\partial x}(x^2-y^2) = -e^{x^2-y^2}2y,$$

luego

$$\frac{\partial^2 z}{\partial x^2} = \frac{\partial}{\partial x}\left(\frac{\partial z}{\partial x}\right) = \frac{\partial}{\partial x}\left[e^{x^2-y^2}2x\right] = \frac{\partial}{\partial x}\left(e^{x^2-y^2}\right)2x + e^{x^2-y^2}\frac{\partial}{\partial x}(2x) =$$

$$= e^{x^2-y^2}4x^2 + e^{x^2-y^2}2 = (4x^2+2)e^{x^2-y^2},$$

$$\frac{\partial^2 z}{\partial x\partial y} = \frac{\partial}{\partial y}\left(\frac{\partial z}{\partial x}\right) = \frac{\partial}{\partial y}\left[e^{x^2-y^2}2x\right] = 2x\frac{\partial}{\partial y}\left(e^{x^2-y^2}\right) = 2x(-2y)e^{x^2-y^2} = -4xye^{x^2-y^2},$$

$$\frac{\partial^2 z}{\partial y^2} = \frac{\partial}{\partial y}\left(\frac{\partial z}{\partial y}\right) = \frac{\partial}{\partial y}\left[-e^{x^2-y^2}2y\right] = \frac{\partial}{\partial y}\left(-e^{x^2-y^2}\right)2y - e^{x^2-y^2}\frac{\partial}{\partial y}(2y) =$$

$$= -e^{x^2-y^2}(-4y^2) - e^{x^2-y^2}2 = (4y^2-2)e^{x^2-y^2}.$$

▶ **2.3** Calcúlese la derivada direccional de la función $f(x,y) = (x^2+y^2, x+y)$ en el punto $(1,1)$ y en la dirección del vector $\overline{u} = (\frac{3}{5}, \frac{4}{5})$.

RESOLUCION.

Como

$$D_{\overline{u}}f(1,1) = \lim_{t \to 0} \frac{f\left((1,1) + t\overline{u}\right) - f(1,1)}{t} = \lim_{t \to 0} \frac{f\left((1,1) + t(\frac{3}{5},\frac{4}{5})\right) - f(1,1)}{t} =$$

$$= \lim_{t \to 0} \frac{f\left(1 + \frac{3t}{5}, 1 + \frac{4t}{5}\right) - f(1,1)}{t} =$$

$$= \lim_{t \to 0} \frac{1}{t}\left[\left((1 + \frac{3t}{5})^2 + (1 + \frac{4t}{5})^2, 1 + \frac{3t}{5} + 1 + \frac{4t}{5}\right) - (1^2 + 1^2, 1 + 1)\right] =$$

$$= \lim_{t \to 0} \frac{1}{t}\left[\left((1 + \frac{6t}{5} + \frac{9t^2}{25} + 1 + \frac{8t}{5} + \frac{16t^2}{25}, 1 + \frac{3t}{5} + 1 + \frac{4t}{5}\right) - (2,2)\right] =$$

$$= \lim_{t \to 0} \frac{1}{t}\left(\frac{14t}{5} + t^2, \frac{7t}{5}\right) = \lim_{t \to 0}\left(\frac{14}{5} + t, \frac{7}{5}\right) = \left(\frac{14}{5}, \frac{7}{5}\right).$$

▶ **2.4** Calcúlese, empleando la diferencial, la variación aproximada que experimenta el volumen de un paralelepípedo de 5 m de largo, 3 m de ancho y 4 m de alto, cuando cada una de las dimensiones se incrementa en 1 cm.

RESOLUCIÓN.

Sea la función $V(x,y,z) = xyz$ que define el volumen en función de las dimensiones del paralelepípedo. Esta función es diferenciable en todo $\mathbb{R}^3$ pues es de clase C^1 en un entorno de cada punto y la expresión de la diferencial para cada variación de las variables independientes está dada por

$$dV(x,y,z) = \frac{\partial V}{\partial x}dx + \frac{\partial V}{\partial y}dy + \frac{\partial V}{\partial z}dz = yzdx + xzdy + xydz = yz\triangle x + xz\triangle y + xy\triangle z.$$

Considerando que es

$$\triangle V(5,3,4) = V(5,01,\ 3,01,\ 4,01) - V(5,3,4) \simeq dV(5,3,4) =$$

$$= \left(\frac{\partial V}{\partial x}(5,3,4)\right)(0,01) + \left(\frac{\partial V}{\partial y}(5,3,4)\right)(0,01) + \left(\frac{\partial V}{\partial z}(5,3,4)\right)(0,01) =$$

$$= (3 \cdot 4)(0,01) + (5 \cdot 4)(0,01) + (5 \cdot 3)(0,01) = (12 + 20 + 15)(0,01) = 0,47.$$

Obsérvese que el verdadero valor de la variación es

$$\triangle V = V(5,01,\ 3,01,\ 4,01) - V(5,3,4) = 5,01 \cdot 3,01 \cdot 4,01 - 5 \cdot 3 \cdot 4 = 0,471201.$$

▶ **2.5** Demuéstrese que si $A \subset \mathbb{R}^n$ es un abierto y $\overline{f} : A \to \mathbb{R}^m$ es diferenciable en $\overline{a} \in A$, entonces la aplicación lineal $L_{\overline{a}} : \mathbb{R}^n \to \mathbb{R}^m$ que verifica la condición (2.1) es única.

RESOLUCIÓN.

Supongamos que existen dos aplicaciones lineales distintas L_1 y L_2, que verifican (2.1) y consideremos

$$\frac{\|L_1(\overline{h}) - L_2(\overline{h})\|}{\|\overline{h}\|} = \frac{\left\|\left[\overline{f}(\overline{a} + \overline{h}) - \overline{f}(\overline{a}) - L_2(\overline{h})\right] - \left[\overline{f}(\overline{a} + \overline{h}) - \overline{f}(\overline{a}) - L_1(\overline{h})\right]\right\|}{\|\overline{h}\|},$$

como la norma en $\mathbb{R}^m$ verifica que $\|\overline{a} - \overline{b}\| \leq \|\overline{a}\| + \|-\overline{b}\| = \|\overline{a}\| + \|\overline{b}\|$, resulta

$$\frac{\|L_1(\overline{h}) - L_2(\overline{h})\|}{\|\overline{h}\|} \leq \frac{\|\overline{f}(\overline{a} + \overline{h}) - \overline{f}(\overline{a}) - L_2(\overline{h})\|}{\|\overline{h}\|} + \frac{\|\overline{f}(\overline{a} + \overline{h}) - \overline{f}(\overline{a}) - L_1(\overline{h})\|}{\|\overline{h}\|},$$

y tomando límites cuando $\overline{h} \to \overline{0}$, como L_1 y L_2 verifican (2.1), queda

$$\lim_{\overline{h}\to\overline{0}} \frac{\left\|(L_1 - L_2)(\overline{h})\right\|}{\|\overline{h}\|} = 0, \tag{2.3}$$

lo que implica que es $L_1 = L_2$. En efecto, si $\alpha \in \mathbb{R}$ y $\alpha \neq 0$, se tiene

$$\frac{\left\|(L_1 - L_2)(\alpha\overline{h})\right\|}{\|\alpha\overline{h}\|} = \frac{\left\|\alpha(L_1 - L_2)(\overline{h})\right\|}{\|\alpha\overline{h}\|}$$

$$= \frac{|\alpha|\cdot\left\|(L_1 - L_2)(\overline{h})\right\|}{|\alpha|\cdot\|\overline{h}\|} = \frac{\left\|(L_1 - L_2)(\overline{h})\right\|}{\|\overline{h}\|}.$$

Fijemos ahora un $\overline{b} \in \mathbb{R}^n - \{\overline{0}\}$, consideremos $\overline{h} = \alpha\overline{b}$ y hagamos tender $\alpha \to 0$. Tenemos que también $\overline{h} \to \overline{0}$, luego se cumple (2.3) y además es

$$\lim_{\alpha\to 0} \frac{\left\|(L_1 - L_2)(\alpha\overline{b})\right\|}{\|\alpha\overline{b}\|} = \lim_{\alpha\to 0} \frac{\left\|(L_1 - L_2)(\overline{b})\right\|}{\|\overline{b}\|} = 0.$$

Como esta última expresión es independiente de α y es $\overline{b} \neq \overline{0}$, se tiene que $\left\|(L_1 - L_2)(\overline{b})\right\| = 0$, luego es $(L_1 - L_2)(\overline{b}) = \overline{0}, \forall \overline{b} \neq \overline{0}$, y de aquí que $L_1 = L_2$.

▶ **2.6** Demuéstrese la regla de la cadena expuesta a continuación

Si $A \subset \mathbb{R}^n$ es un conjunto abierto y $\overline{f} : A \to \mathbb{R}^m$ es una función diferenciable en $\overline{a}$ y $\overline{g} : \overline{f}(A) \to \mathbb{R}^p$ una función diferenciable en $\overline{f}(\overline{a})$, entonces la composición $\overline{g} \circ \overline{f}$ es diferenciable en $\overline{a}$ y se tiene que

$$D(\overline{g} \circ \overline{f})(\overline{a}) = D\overline{g}(\overline{f}(\overline{a})) \circ D\overline{f}(\overline{a}).$$

RESOLUCIÓN.

Llamemos para simplificar $\overline{b} = \overline{f}(\overline{a})$, $L_{\overline{a},\overline{f}} = D\overline{f}(\overline{a})$ y $L_{\overline{b},\overline{g}} = D\overline{g}(\overline{f}(\overline{a}))$. Consideremos las funciones

$$\overline{F}(\overline{x}) = \overline{f}(\overline{x}) - \overline{f}(\overline{a}) - L_{\overline{a},\overline{f}}(\overline{x} - \overline{a}),$$
$$\overline{G}(\overline{y}) = \overline{g}(\overline{y}) - \overline{g}(\overline{b}) - L_{\overline{b},\overline{g}}(\overline{y} - \overline{b}), \quad y$$
$$\overline{H}(\overline{x}) = (\overline{g} \circ \overline{f})(\overline{x}) - (\overline{g} \circ \overline{f})(\overline{a}) - (L_{\overline{b},\overline{g}} \circ L_{\overline{a},\overline{f}})(\overline{x} - \overline{a}).$$

Por hipótesis tenemos que

$$\lim_{x\to\overline{a}} \frac{\left\|\overline{F}(\overline{x})\right\|}{\|\overline{x} - \overline{a}\|} = 0 \qquad y \qquad \lim_{y\to\overline{b}} \frac{\left\|\overline{G}(\overline{y})\right\|}{\|\overline{y} - \overline{b}\|} = 0$$

y hemos de probar que

$$\lim_{x\to\overline{a}} \frac{\left\|\overline{H}(\overline{x})\right\|}{\|\overline{x} - \overline{a}\|} = 0.$$

Tenemos que es

$$\overline{H}(\overline{x}) = \overline{g}(\overline{f}(\overline{x})) - \overline{g}(\overline{f}(\overline{a})) - L_{\overline{b},\overline{g}}(L_{\overline{a},\overline{f}}(\overline{x} - \overline{a})) =$$
$$= \overline{g}(\overline{f}(\overline{x})) - \overline{g}(\overline{f}(\overline{a})) - L_{\overline{b},\overline{g}}(\overline{f}(\overline{x}) - \overline{f}(\overline{a}) - \overline{F}(\overline{x})) =$$
$$= \overline{G}(\overline{f}(\overline{x})) + L_{\overline{b},\overline{g}}(\overline{F}(\overline{x})),$$

y por tanto

$$\frac{\left\|\overline{H}(\overline{x})\right\|}{\|\overline{x}-\overline{a}\|} \leq \frac{\left\|\overline{G}(\overline{f}(\overline{x}))\right\|}{\|\overline{x}-\overline{a}\|} + \frac{\left\|L_{\overline{b},\overline{g}}(\overline{F}(\overline{x}))\right\|}{\|\overline{x}-\overline{a}\|},$$

luego bastará probar que

$$\lim_{x\to\overline{a}} \frac{\left\|\overline{G}(\overline{f}(\overline{x}))\right\|}{\|\overline{x}-\overline{a}\|} = 0 \qquad \text{y} \qquad \lim_{x\to\overline{a}} \frac{\left\|L_{\overline{b},\overline{g}}(\overline{F}(\overline{x}))\right\|}{\|\overline{x}-\overline{a}\|} = 0.$$

Probemos que el segundo límite es nulo. Como $L_{\overline{b},\overline{g}}$ es una aplicación lineal entre espacios vectoriales de dimensión finita, es continua; veamos que también es aplicación lineal acotada. Tenemos que $\forall \varepsilon > 0$, $\exists \delta > 0$ tal que

$$\|\overline{x}-\overline{a}\| < \delta \qquad \Rightarrow \qquad \left\|L_{\overline{b},\overline{g}}(\overline{x}) - L_{\overline{b},\overline{g}}(\overline{a})\right\| < \varepsilon.$$

Tomemos un $\overline{y} \neq \overline{0}$, arbitrario y consideremos $\overline{x} = \overline{a} + \dfrac{\delta}{\|\overline{y}\|}\overline{y}$, será entonces

$$\left\|L_{\overline{b},\overline{g}}(\overline{x}) - L_{\overline{b},\overline{g}}(\overline{a})\right\| = \frac{\delta}{\|\overline{y}\|}\left\|L_{\overline{b},\overline{g}}(\overline{y})\right\| < \varepsilon,$$

de donde

$$\left\|L_{\overline{b},\overline{g}}(\overline{y})\right\| < \frac{\varepsilon}{\delta}\|\overline{y}\| = M.\|\overline{y}\|, \quad \forall \overline{y} \neq \overline{0},$$

siendo $M \in \mathbb{R}$. En consecuencia, será

$$0 \leq \lim_{x\to\overline{a}} \frac{\left\|L_{\overline{b},\overline{g}}(\overline{F}(\overline{x}))\right\|}{\|\overline{x}-\overline{a}\|} \leq \lim_{x\to\overline{a}} M\frac{\|\overline{F}(\overline{x})\|}{\|\overline{x}-\overline{a}\|} = 0.$$

Probemos ahora que

$$\lim_{x\to\overline{a}} \frac{\left\|\overline{G}(\overline{f}(\overline{x}))\right\|}{\|\overline{x}-\overline{a}\|} = 0.$$

Sabemos que

$$\lim_{\overline{y}\to\overline{b}} \frac{\left\|\overline{G}(\overline{y})\right\|}{\|\overline{y}-\overline{b}\|} = 0,$$

es decir, $\forall \varepsilon > 0$, $\exists \delta > 0$ tal que

$$\left\|\overline{y}-\overline{b}\right\| < \delta \quad \Rightarrow \quad \frac{\left\|\overline{G}(\overline{y})\right\|}{\|\overline{y}-\overline{b}\|} < \varepsilon,$$

luego,

$$\left\|\overline{G}(\overline{f}(\overline{x}))\right\| \leq \varepsilon\left\|\overline{f}(\overline{x})-\overline{b}\right\|, \quad \text{si} \quad \left\|\overline{y}-\overline{b}\right\| < \delta.$$

Como $\overline{f}$ es diferenciable en $\overline{a}$, es continua en $\overline{a}$.

En consecuencia existirá un $\delta'(\delta)$ tal que si $\|\overline{x}-\overline{a}\| < \delta'(\delta)$ tendremos que $\left\|\overline{f}(\overline{x})-\overline{f}(\overline{a})\right\| < \delta$.

Tomemos $\overline{x}$ de modo que $\|\overline{x}-\overline{a}\| < \delta'$, apliquemos algunas de las relaciones anteriores y el hecho, análogo al probado para $L_{\overline{b},\overline{g}}$, de que existe una constante M tal que $\left\|L_{\overline{a},\overline{f}}(\overline{h})\right\| \leq M \cdot \|\overline{h}\|$, así resultará

$$\left\|\overline{G}(\overline{f}(\overline{x}))\right\| < \varepsilon\left\|\overline{f}(\overline{x})-\overline{b}\right\| = \varepsilon\left\|\overline{F}(\overline{x}) + L_{\overline{a},\overline{f}}(\overline{x}-\overline{a})\right\| \leq$$

$$\leq \varepsilon\left\|\overline{F}(\overline{x})\right\| + \varepsilon\left\|L_{\overline{a},\overline{f}}(\overline{x}-\overline{a})\right\| \leq \varepsilon\left\|\overline{F}(\overline{x})\right\| + \varepsilon M \cdot \|\overline{x}-\overline{a}\|,$$

de donde, dividiendo entre $\|\overline{x} - \overline{a}\|$ queda

$$\frac{\left\|\overline{G(\overline{f}(\overline{x}))}\right\|}{\|\overline{x} - \overline{a}\|} \leq \varepsilon \frac{\left\|\overline{F}(\overline{x})\right\|}{\|\overline{x} - \overline{a}\|} + \varepsilon M.$$

Tomando límites cuando $\overline{x} \to \overline{a}$, y teniendo en cuenta que ε puede hacerse tan pequeño como se quiera, se obtiene la relación que faltaba.

▶ **2.7** Calcúlese la derivada parcial con respecto a x de la función

$$f(x, y, z) = \int_{x^2+y^2}^{\text{sen}(xyz)} \varphi(t)dt,$$

siendo $\varphi : \mathbb{R} \to \mathbb{R}$ una función continua.

RESOLUCIÓN.

La función dada se puede escribir como

$$f(x, y, z) = \int_{x^2+y^2}^{\text{sen}(xyz)} \varphi(t)dt =$$

$$= \int_{x^2+y^2}^{a} \varphi(t)dt + \int_{a}^{\text{sen}(xyz)} \varphi(t)dt = -\int_{a}^{x^2+y^2} \varphi(t)dt + \int_{a}^{\text{sen}(xyz)} \varphi(t)dt.$$

Si llamamos $u = x^2 + y^2$, $v = \text{sen}(xyz)$, resulta

$$f(x, y, z) = -\int_{a}^{u} \varphi(t)dt + \int_{a}^{v} \varphi(t)dt,$$

donde $\int_{a}^{u} \varphi(t)dt$ es una función sólo de u e $\int_{a}^{v} \varphi(t)dt$ es una función sólo de v, por lo que aplicando la regla de la cadena resulta

$$\frac{\partial f}{\partial x} = \frac{\partial}{\partial x}\left[-\int_{a}^{u} \varphi(t)dt + \int_{a}^{v} \varphi(t)dt\right] = -\frac{\partial}{\partial x}\int_{a}^{u} \varphi(t)dt + \frac{\partial}{\partial x}\int_{a}^{v} \varphi(t)dt =$$

$$= -\frac{\partial}{\partial u}\left[\int_{a}^{u} \varphi(t)dt\right]\frac{\partial u}{\partial x} + \frac{\partial}{\partial v}\left[\int_{a}^{v} \varphi(t)dt\right]\frac{\partial v}{\partial x} =$$

$$= -\frac{d}{du}\left[\int_{a}^{u} \varphi(t)dt\right]\frac{\partial u}{\partial x} + \frac{d}{dv}\left[\int_{a}^{v} \varphi(t)dt\right]\frac{\partial v}{\partial x}$$

donde las derivadas parciales se han sustituido por totales, ya que $\int_{a}^{u} \varphi(t)dt$ es función sólo de u e $\int_{a}^{v} \varphi(t)dt$ lo es sólo de v. Al ser φ una función continua, el teorema fundamental del cálculo indica que

$$\frac{d}{du}\int_{a}^{u} \varphi(t)dt = \varphi(u) \qquad \text{y} \qquad \frac{d}{dv}\int_{a}^{v} \varphi(t)dt = \varphi(v),$$

por lo que tenemos

$$\frac{\partial f}{\partial x} = -\frac{\partial u}{\partial x}\frac{d}{du}\int_{a}^{u} \varphi(t)dt + \frac{\partial v}{\partial x}\frac{d}{dv}\int_{a}^{v} \varphi(t)dt = -\frac{\partial u}{\partial x}\varphi(u) + \frac{\partial v}{\partial x}\varphi(v) =$$

$$= -\frac{\partial(x^2 + y^2)}{\partial x}\varphi(x^2 + y^2) + \frac{\partial(\text{sen}(xyz))}{\partial x}\varphi(\text{sen}(xyz)) =$$

$$= -2x\varphi(x^2 + y^2) + yz\cos(xyz)\varphi(\text{sen}(xyz)),$$

donde se ha utilizado el hecho de que $u = x^2 + y^2$, $v = \text{sen}(xyz)$.

▶ **2.8** Dada la función

$$f(x,y) = \begin{cases} \dfrac{x^3 y - xy^3}{x^4 + y^4}, & \text{si } (x,y) \neq (0,0), \\ 0, & \text{si } (x,y) = (0,0), \end{cases}$$

analícese su continuidad. Estúdiense las derivadas direccionales en el punto $(0,0)$ y como caso particular las derivadas parciales. Analícese la diferenciabilidad de la función f.

RESOLUCIÓN.

La función es continua en todo punto de $\mathbb{R}^2$ distinto del punto $(0,0)$ al tratarse de un cociente de polinomios cuyo denominador no se anula en dichos puntos.

En el punto $(0,0)$ los límites direccionales a lo largo de los ejes son

$$\lim_{\substack{(x,y)\to(0,0)\\y=0}} f(x,y) = \lim_{x\to 0} \frac{x^3\cdot 0 - x\cdot 0}{x^4 + 0} = 0 \quad \text{y} \quad \lim_{\substack{(x,y)\to(0,0)\\x=0}} f(x,y) = \lim_{y\to 0} \frac{0\cdot y - 0\cdot y^3}{0 + y^4} = 0.$$

El límite direccional en $(0,0)$ a lo largo de cada recta de ecuación $y = \lambda x$ es

$$\lim_{\substack{(x,y)\to(0,0)\\y=\lambda x}} f(x,y) = \lim_{x\to 0} \frac{x^3\lambda x - x\lambda^3 x^3}{x^4 + \lambda^4 x^4} = \lim_{x\to 0} \frac{x^4(\lambda - \lambda^3)}{x^4(1+\lambda^4)} = \lim_{x\to 0} \frac{\lambda - \lambda^3}{1+\lambda^4} = \frac{\lambda - \lambda^3}{1+\lambda^4},$$

que depende de λ y así para la recta $y = x$ es

$$\lim_{\substack{(x,y)\to(0,0)\\y=\lambda x}} f(x,y) = 0,$$

mientras que para la recta $y = 2$ el límite de la función en $(0,0)$ es

$$\lim_{\substack{(x,y)\to(0,0)\\y=\lambda x}} f(x,y) = \frac{2 - 2^3}{1 + 2^4} = \frac{-6}{17}.$$

En consecuencia, la función no tiene límite en el punto $(0,0)$ y por tanto no es continua en ese punto.

Como la función no es continua en $(0,0)$ entonces f no es diferenciable en $(0,0)$.

Para estudiar las derivadas direccionales en el punto $(0,0)$ se consideran todos los vectores unitarios $\overline{u} = (\cos\theta, \operatorname{sen}\theta)$, siendo $0 \leq \theta < 2\pi$, y de este modo para cada valor de θ se tiene que la posible derivada direccional está dada por

$$D_{\overline{u}} f(0,0) = \lim_{t\to 0} \frac{f[(0,0) + t\overline{u}] - f(0,0)}{t} = \lim_{t\to 0} \frac{f[(0,0) + t(\cos\theta, \operatorname{sen}\theta)] - 0}{t} =$$

$$= \lim_{t\to 0} \frac{f(t\cos\theta, t\operatorname{sen}\theta)}{t} = \lim_{t\to 0} \frac{1}{t} \frac{t^3\cos^3\theta\cdot t\operatorname{sen}\theta - t\cos\theta\cdot t^3\operatorname{sen}^3\theta}{t^4\cos^4\theta + t^4\operatorname{sen}^4\theta} =$$

$$= \lim_{t\to 0} \frac{1}{t} \frac{t^4\cos\theta\operatorname{sen}\theta(\cos^2\theta - \operatorname{sen}^2\theta)}{t^4(\cos^4\theta + \operatorname{sen}^4\theta)} = \lim_{t\to 0} \frac{1}{t} \frac{\frac{1}{2}\operatorname{sen}2\theta\cos 2\theta}{\cos^4\theta + \operatorname{sen}^4\theta} =$$

$$= \lim_{t\to 0} \frac{1}{t} \frac{\frac{1}{4}\operatorname{sen}4\theta}{\cos^4\theta + \operatorname{sen}^4\theta} = \lim_{t\to 0} \frac{\operatorname{sen}4\theta}{4t(\cos^4\theta + \operatorname{sen}^4\theta)}.$$

Este límite sólo existe si es $\operatorname{sen}4\theta = 0$, en cuyo caso el valor del límite es cero.

Como $\operatorname{sen}4\theta = 0$ se verifica para $\theta = 0$, para $\theta = \frac{\pi}{4}$, para $\theta = \frac{\pi}{2}$ y para $\theta = \frac{3\pi}{4}$, que se corresponden con los vectores $\overline{u}_1 = (1,0)$, $\overline{u}_2 = (\frac{1}{\sqrt{2}}, \frac{1}{\sqrt{2}})$, $\overline{u}_3 = (0,1)$ y $\overline{u}_4 = (\frac{-1}{\sqrt{2}}, \frac{1}{\sqrt{2}})$, existen sólo cuatro derivadas direccionales, siendo éstas

$$D_{\overline{u}_1} f(0,0) = D_{\overline{u}_2} f(0,0) = D_{\overline{u}_3} f(0,0) = D_{\overline{u}_4} f(0,0) = 0.$$

Además, las dos derivadas parciales de primer orden de f en el punto $(0,0)$ existen y están dadas por

$$\frac{\partial f}{\partial x}(0,0) = D_{\overline{u}_1}f(0,0) = 0 \qquad \text{y} \qquad \frac{\partial f}{\partial y}(0,0) = D_{\overline{u}_3}f(0,0) = 0.$$

El valor de las derivadas parciales obtenidas resulta también aplicando la definición ya que

$$\frac{\partial f}{\partial x}(0,0) = \lim_{t \to 0} \frac{f(t,0) - f(0,0)}{t} = \lim_{t \to 0}\left[\frac{1}{t}\left(\frac{t^3 \cdot 0 - t \cdot 0}{t^4 + 0} - 0\right)\right] = \lim_{t \to 0}\frac{0}{t^5} = 0, \quad \text{y}$$

$$\frac{\partial f}{\partial y}(0,0) = \lim_{t \to 0} \frac{f(0,t) - f(0,0)}{t} = \lim_{t \to 0}\left[\frac{1}{t}\left(\frac{0 \cdot t - 0 \cdot t^3}{0 + t^4} - 0\right)\right] = \lim_{t \to 0}\frac{0}{t^5} = 0.$$

▶ **2.9** Dada la función

$$f(x,y) = \begin{cases} \dfrac{x^4 + x^2y - y^2}{2x^4 + 3y^2}, & \text{si } (x,y) \neq (0,0), \\ 0, & \text{si } (x,y) = (0,0), \end{cases}$$

estúdiense la continuidad, existencia de derivadas parciales y diferenciabilidad en $\mathbb{R}^2$.

RESOLUCIÓN.

Estudio en el punto $(0,0)$.

a) Continuidad en $(0,0)$. Los límites reiterados son

$$\lim_{y \to 0}\left(\lim_{x \to 0} \frac{x^4 + x^2y - y^2}{2x^4 + 3y^2}\right) = \lim_{y \to 0} \frac{0 + 0 - y^2}{0 + 3y^2} = \lim_{y \to 0}\frac{-y^2}{3y^2} = \frac{-1}{3} \qquad \text{y}$$

$$\lim_{x \to 0}\left(\lim_{y \to 0} \frac{x^4 + x^2y - y^2}{2x^4 + 3y^2}\right) = \lim_{x \to 0} \frac{x^4 + 0 - 0}{2x^4 + 0} = \lim_{x \to 0}\frac{x^4}{2x^4} = \frac{1}{2},$$

y por ser distintos no existe $\lim_{(x,y)\to(0,0)} f(x,y)$, luego f es discontinua en $(0,0)$.

b) Derivadas parciales en $(0,0)$. Resulta que

$$\frac{\partial f}{\partial x}(0,0) = \lim_{h \to 0} \frac{f(h,0) - f(0,0)}{h} = \lim_{h \to 0}\frac{1}{h}\left(f(h,0) - 0\right) =$$

$$= \lim_{h \to 0}\frac{1}{h}\frac{h^4 + h^2 \cdot 0 - 0}{2h^4 + 0} = \lim_{h \to 0}\frac{h^4}{2h^5} = \lim_{h \to 0}\frac{1}{2h} \qquad \text{que no existe, y}$$

$$\frac{\partial f}{\partial y}(0,0) = \lim_{h \to 0} \frac{f(0,h) - f(0,0)}{h} = \lim_{h \to 0}\frac{1}{h}\left(f(0,h) - 0\right) =$$

$$= \lim_{h \to 0}\frac{1}{h}\frac{0 + 0 \cdot h - h^2}{0 + 3h^2} = \lim_{h \to 0}\frac{-h^2}{3h^3} = \lim_{h \to 0}\frac{-1}{3h} \qquad \text{que tampoco existe.}$$

c) Como f no es continua en $(0,0)$ no es diferenciable en $(0,0)$. Además, del solo hecho de no existir las derivadas parciales primeras en $(0,0)$ se deduce también la no diferenciabilidad de f en este punto.

Estudio en cada punto $(x,y) \in \mathbb{R}^2$, $(x,y) \neq (0,0)$.

a) La función f es continua al ser un cociente de dos funciones continuas cuyo denominador no se anula.

b) Como es $(x, y) \neq (0, 0)$, las derivadas parciales en este punto se obtienen por simple derivación de un cociente, resultando

$$\frac{\partial f}{\partial x}(x, y) = \frac{(4x^3 + 2xy)(2x^4 + 3y^2) - 8x^3(x^4 + x^2y - y^2)}{(2x^4 + 3y^2)^2} = \frac{20x^3y^2 - 4x^5y + 6xy^3}{(2x^4 + 3y^2)^2},$$

$$\frac{\partial f}{\partial y}(x, y) = \frac{(x^2 - 2y)(2x^4 + 3y^2) - 6y(x^4 + x^2y - y^2)}{(2x^4 + 3y^2)^2} = \frac{2x^6 - 10x^4y - 3x^2y^2}{(2x^4 + 3y^2)^2}.$$

Ambas derivadas parciales son funciones continuas en $\mathbb{R}^2 - \{(0, 0)\}$ al tratarse de cocientes de funciones continuas cuyo denominador es no nulo.

c) Como consecuencia, de a) y de b) podemos afirmar que la función f es de clase C^1 en $\mathbb{R}^2 - \{(0, 0)\}$ y por tanto es diferenciable en este mismo conjunto.

▶ **2.10** Estúdiese la diferenciabilidad de la función

$$f(x, y) = \ln(1 + x^2 + 3y^4) + \int_0^{x+1} \frac{\operatorname{sen} t}{3 + \cos t} dt.$$

RESOLUCIÓN.

La función es continua ya que al ser $1 + x^2 + 3y^4 > 0$, $\forall (x, y) \in \mathbb{R}^2$, la función $\ln(1 + x^2 + 3y^4)$ está correctamente definida y es continua. Además, es $3 + \cos t > 0$, $\forall t \in \mathbb{R}$, por lo que $\dfrac{\operatorname{sen} t}{3 + \cos t}$ es continua y

$$\int_0^{x+1} \frac{\operatorname{sen} t}{3 + \cos t} dt$$

es diferenciable.

Estudiemos las derivadas parciales

$$\frac{\partial f}{\partial x} = \frac{\partial}{\partial x}\left[\ln(1 + x^2 + 3y^4) + \int_0^{x+1} \frac{\operatorname{sen} t}{3 + \cos t} dt\right] =$$

$$= \frac{\partial}{\partial x}\ln(1 + x^2 + 3y^4) + \frac{\partial}{\partial x}\int_0^{x+1} \frac{\operatorname{sen} t}{3 + \cos t} dt = \frac{2x}{1 + x^2 + 3y^4} + \frac{\operatorname{sen}(x + 1)}{3 + \cos(x + 1)},$$

que es continua, por ser cociente de funciones continuas y no anularse los denominadores, y

$$\frac{\partial f}{\partial y} = \frac{\partial}{\partial y}\left[\ln(1 + x^2 + 3y^4) + \int_0^{x+1} \frac{\operatorname{sen} t}{3 + \cos t} dt\right] = \frac{\partial}{\partial y}\ln(1 + x^2 + 3y^4) = \frac{12y^3}{1 + x^2 + 3y^4},$$

que es continua por ser cociente de funciones continuas y no anularse el denominador. Hemos tenido en cuenta que

$$\int_0^{x+1} \frac{\operatorname{sen} t}{3 + \cos t} dt = g(x), \qquad \text{y por lo tanto} \qquad \frac{\partial}{\partial y}\int_0^{x+1} \frac{\operatorname{sen} t}{3 + \cos t} dt = 0.$$

Dado que la función es continua y tiene derivadas parciales continuas $\forall (x, y) \in \mathbb{R}^2$, la función es diferenciable en todo $\mathbb{R}^2$.

▶ **2.11** Dada la función

$$f(x, y) = \begin{cases} \dfrac{x^2y + xy^2}{x^2 + y^2}, & \text{si } (x, y) \neq (0, 0), \\ 0, & \text{si } (x, y) = (0, 0), \end{cases}$$

estúdiese su continuidad y la existencia de derivadas parciales y direccionales. ¿Se trata de una función diferenciable?

RESOLUCIÓN.

a) Para estudiar el límite de f en el punto $(0,0)$, utilizamos coordenadas polares y se tiene

$$\lim_{(x,y)\to(0,0)} f(x,y) = \lim_{\rho\to 0} \frac{\rho^2 \cos^2\theta\rho \,\mathrm{sen}\,\theta + \rho\cos\theta\rho^2\,\mathrm{sen}^2\theta}{\rho^2\cos^2\theta + \rho^2\,\mathrm{sen}^2\theta} =$$

$$= \lim_{\rho\to 0} \frac{\rho^3(\cos^2\theta\,\mathrm{sen}\,\theta + \cos\theta\,\mathrm{sen}^2\theta)}{\rho^2(\cos^2\theta + \mathrm{sen}^2\theta)} =$$

$$= \lim_{\rho\to 0} \rho(\cos^2\theta\,\mathrm{sen}\,\theta + \cos\theta\,\mathrm{sen}^2\theta) = 0.$$

Como es $\lim_{(x,y)\to(0,0)} f(x,y) = 0 = f(0,0)$, la función es continua en $(0,0)$.

En cada punto $(x,y) \neq (0,0)$ la función es continua al ser cociente de funciones continuas con denominador no nulo.

b) En cuanto a las derivadas parciales en el punto $(0,0)$ se tiene que

$$f'_x(0,0) = \lim_{h\to 0} \frac{f(h,0) - f(0,0)}{h} = \lim_{h\to 0} \frac{1}{h}\left(\frac{h^2\cdot 0 + h\cdot 0^2}{h^2 + 0}\right) = \lim_{h\to 0} \frac{0}{h^3} = 0,$$

$$f'_y(0,0) = \lim_{h\to 0} \frac{f(0,h) - f(0,0)}{h} = \lim_{h\to 0} \frac{1}{h}\left(\frac{0\cdot h + 0\cdot h^2}{0 + h^2}\right) = \lim_{h\to 0} \frac{0}{h^3} = 0.$$

Para analizar las restantes derivadas direccionales en $(0,0)$ consideramos los vectores unitarios $\overline{u} = (\cos\theta,\,\mathrm{sen}\,\theta)$, $0 \leq \theta < 2\pi$, siendo

$$D_{\overline{u}}f(0,0) = \lim_{t\to 0} \frac{f[(0,0) + t(\cos\theta,\mathrm{sen}\,\theta)] - f(0,0)}{t} = \lim_{t\to 0} \frac{1}{t}\frac{t^2\cos^2\theta t\,\mathrm{sen}\,\theta + t\cos\theta t^2\,\mathrm{sen}^2\theta}{t^2\cos^2\theta + t^2\,\mathrm{sen}^2\theta} =$$

$$= \lim_{t\to 0} \frac{1}{t}\frac{t^3(\cos^2\theta\,\mathrm{sen}\,\theta + \cos\theta\,\mathrm{sen}^2\theta)}{t^2(\cos^2\theta + \mathrm{sen}^2\theta)} = \lim_{t\to 0} \frac{t^3(\cos^2\theta\,\mathrm{sen}\,\theta + \cos\theta\,\mathrm{sen}^2\theta)}{t^3} =$$

$$= \cos^2\theta\,\mathrm{sen}\,\theta + \cos\theta\,\mathrm{sen}^2\theta$$

con lo cual existen todas las derivadas direccionales de la función en el punto $(0,0)$. En particular, la derivada parcial $f_x(0,0)$ es la derivada direccional en $(0,0)$ en la dirección del vector $\overline{u} = (1,0) = (\cos 0, \mathrm{sen}\,0)$ y cuyo valor es $D_{(1,0)}f(0,0) = 0$ según el resultado anterior; en forma análoga es $f_y(0,0) = D_{(0,1)}f(0,0) = 0$.

En cada punto $(x,y) \neq (0,0)$ las derivadas parciales son

$$f_x(x,y) = \frac{(2xy + y^2)(x^2 + y^2) - 2x(x^2y + xy^2)}{(x^2 + y^2)^2} =$$

$$= \frac{2x^3y + 2xy^3 + x^2y^2 + y^4 - 2x^3y - 2x^2y^2}{(x^2 + y^2)^2} = \frac{2xy^3 + y^4 - x^2y^2}{(x^2 + y^2)^2},$$

$$f_y(x,y) = \frac{(x^2 + 2xy)(x^2 + y^2) - 2y(x^2y + xy^2)}{(x^2 + y^2)^2} =$$

$$= \frac{x^4 + x^2y^2 + 2x^3y + 2xy^3 - 2x^2y^2 - 2xy^3}{(x^2 + y^2)^2} = \frac{x^4 + 2x^3y - x^2y^2}{(x^2 + y^2)^2}.$$

Como $f_x(x,y)$ y $f_y(x,y)$ son funciones continuas en $(x,y) \neq (0,0)$ y la función f es continua, entonces f es de clase C^1 en $\mathbb{R}^2 - \{(0,0)\}$ y por tanto diferenciable para todo $(x,y) \neq (0,0)$ y la derivada direccional según cualquier vector $\overline{u}$ en dicho punto es $D_{\overline{u}}f(x,y) = \nabla f(\overline{x},\overline{y}) \cdot \overline{u}$.

Falta analizar la diferenciabilidad de f en $(0,0)$. Si utilizamos coordenadas polares observamos que

$$\lim_{\rho \to 0} f_x(x,y) = \lim_{\rho \to 0} \frac{2\rho^4 \cos\theta \operatorname{sen}^3\theta + \rho^4 \operatorname{sen}^4\theta - \rho^4 \cos^2\theta \operatorname{sen}^2\theta}{\rho^4} =$$
$$= \lim_{\rho \to 0} (2\cos\theta \operatorname{sen}^3\theta + \operatorname{sen}^4\theta - \cos^2\theta \operatorname{sen}^2\theta)$$

no existe, por lo que no podemos afirmar que la diferencial de f en $(0,0)$ exista y hemos de recurrir a la definición de función diferenciable:

$$f \text{ es diferenciable en } (0,0) \quad \Leftrightarrow \quad \lim_{(x,y) \to (0,0)} \frac{f(x,y) - f(0,0) - f_x(0,0)x - f_y(0,0)y}{||(x,y) - (0,0)||} = 0$$

y como $f(0,0) = f_x(0,0) = f_y(0,0) = 0$, utilizando coordenadas polares, es

$$\lim_{(x,y)\to(0,0)} \frac{1}{||(x,y)||} \left[\frac{x^2y - xy^2}{x^2+y^2} - 0 - 0 - 0 \right] = \lim_{\rho\to 0} \frac{\rho^2\cos^2\theta\rho\operatorname{sen}\theta + \rho\cos\theta\rho^2\operatorname{sen}^2\theta}{\sqrt{\rho^2}\rho^2} =$$
$$= \lim_{\rho\to 0} \frac{\rho^3}{\rho^3}(\cos^2\theta\operatorname{sen}\theta + \cos\theta\operatorname{sen}^2\theta) =$$
$$= \lim_{\rho\to 0} (\cos^2\theta\operatorname{sen}\theta + \cos\theta\operatorname{sen}^2\theta).$$

Este límite no existe al depender de la dirección elegida.

▶ **2.12** Dada la función

$$f(x,y) = \begin{cases} \dfrac{x^\alpha y}{x^2+y^2}, & \text{si } (x,y) \neq (0,0), \\ 0, & \text{si } (x,y) = (0,0), \end{cases}$$

con $\alpha \in \mathbb{R}$, estúdiese la continuidad de la función y de sus derivadas parciales en $(0,0)$, así como la diferenciabilidad en ese punto según los diferentes valores de α.

Resolución.

a) *Continuidad.*
   Como

$$\lim_{(x,y)\to(0,0)} \frac{x^\alpha y}{x^2+y^2} = \lim_{\rho\to 0} \frac{\rho^\alpha \cos^\alpha\theta \cdot \rho\operatorname{sen}\theta}{\rho^2} = \lim_{\rho\to 0} \rho^{\alpha-1}\cos^\alpha\theta\operatorname{sen}\theta = \begin{cases} 0, & \text{si } \alpha > 1, \\ \nexists, & \text{si } \alpha \leq 1, \end{cases}$$

por lo tanto la función es continua en $(0,0)$ $\forall \alpha > 1$.

b) *Derivadas parciales.*
   Para $(x,y) \neq (0,0)$ se tiene que

$$\frac{\partial f}{\partial x} = \frac{\alpha x^{\alpha-1}y(x^2+y^2) - 2xx^\alpha y}{(x^2+y^2)^2} = \frac{\alpha x^{\alpha-1}y(x^2+y^2) - x^{\alpha+1}y}{(x^2+y^2)^2}$$

y que

$$\lim_{(x,y)\to(0,0)} \frac{\alpha x^{\alpha-1}y(x^2+y^2)-2x^{\alpha+1}y}{(x^2+y^2)^2} =$$

$$= \lim_{\rho\to 0} \frac{\alpha\rho^{\alpha-1}\cos^{\alpha-1}\theta\cdot\rho\operatorname{sen}\theta\cdot\rho^2 - 2\rho^{\alpha+1}\cos^{\alpha+1}\theta\cdot\rho\operatorname{sen}\theta}{\rho^4} =$$

$$= \lim_{\rho\to 0} \frac{\alpha\rho^{\alpha+2}\cos^{\alpha-1}\theta\cdot\operatorname{sen}\theta - 2\rho^{\alpha+2}\cos^{\alpha+1}\theta\cdot\operatorname{sen}\theta}{\rho^4} =$$

$$= \lim_{\rho\to 0} \rho^{\alpha-2}(\alpha\cos^{\alpha-1}\theta\cdot\operatorname{sen}\theta - 2\cos^{\alpha+1}\theta\cdot\operatorname{sen}\theta) = \begin{cases} 0, & \text{si } \alpha > 2, \\ \sharp, & \text{si } \alpha \le 2. \end{cases}$$

Para $(x,y) \ne (0,0)$ resulta

$$\frac{\partial f}{\partial x}(0,0) = \lim_{h\to 0}\frac{f(h,0)-f(0,0)}{h} = \lim_{h\to 0}\frac{\frac{h^\alpha\cdot 0}{h^2}-0}{h} = \lim_{h\to 0} 0 = 0,$$

por tanto $\dfrac{\partial f}{\partial x}$ es continua en $(0,0)$ para todo $\alpha > 2$.

Procedamos de igual manera para estudiar la continuidad de $\dfrac{\partial f}{\partial y}$. Para $(x,y) \ne (0,0)$ se tiene

$$\frac{\partial f}{\partial y} = \frac{x^\alpha(x^2+y^2)-x^\alpha y\cdot 2y}{(x^2+y^2)^2} = \frac{x^\alpha(x^2+y^2)-2x^\alpha y^2}{(x^2+y^2)^2}$$

y que

$$\lim_{(x,y)\to(0,0)} \frac{x^\alpha(x^2+y^2)-2x^\alpha y^2}{(x^2+y^2)^2} = \lim_{\rho\to 0}\frac{\rho^\alpha\cos^\alpha\theta\cdot\rho^2 - 2\rho^\alpha\cos^\alpha\theta\cdot\rho^2\operatorname{sen}^2\theta}{\rho^4} =$$

$$= \lim_{\rho\to 0}\frac{\rho^{\alpha+2}\cos^\alpha\theta - 2\rho^{\alpha+2}\cos^\alpha\theta\cdot\operatorname{sen}^2\theta}{\rho^4} =$$

$$= \lim_{\rho\to 0}\rho^{\alpha-2}(\cos^\alpha\theta - 2\cos^\alpha\theta\cdot\operatorname{sen}^2\theta) = \begin{cases} 0, & \text{si } \alpha > 2, \\ \sharp, & \text{si } \alpha \le 2. \end{cases}$$

Para $(x,y) \ne (0,0)$ resulta

$$\frac{\partial f}{\partial y}(0,0) = \lim_{k\to 0}\frac{f(0,k)-f(0,0)}{k} = \lim_{k\to 0}\frac{\frac{0\cdot k}{k^2}-0}{k} = \lim_{k\to 0} 0 = 0,$$

por tanto $\dfrac{\partial f}{\partial y}$ es continua en $(0,0)$ para todo $\alpha > 2$.

c) *Diferenciabilidad.*

Como la función no es continua en $(0,0)$ para $\alpha \le 1$, la función no es diferenciable en $(0,0)$ para $\alpha \le 1$.

Como la función es continua en $(0,0)$ para $\alpha > 1$ y las derivadas parciales son continuas en $(0,0)$ para $\alpha > 2$, la función es diferenciable en $(0,0)$ para $\alpha > 2$.

Resta estudiar los valores $1 < \alpha \leq 2$, ya que la función es continua en $(0,0)$ para $1 < \alpha < 2$ y las derivadas parciales existen en $(0,0)$ para $1 < \alpha < 2$ pero no son continuas. Para hacer este estudio recurrimos al siguiente límite:

$$\lim_{(x,y)\to(0,0)} \frac{f(x,y) - f(0,0) - \dfrac{\partial f}{\partial x}(0,0)(x-0) - \dfrac{\partial f}{\partial y}(0,0)(y-0)}{||(x,y) - (0,0)||} =$$

$$= \lim_{(x,y)\to(0,0)} \frac{\dfrac{x^\alpha y}{x^2+y^2} - 0 - 0\cdot(x-0) - 0(y-0)}{\sqrt{x^2+y^2}} =$$

$$= \lim_{(x,y)\to(0,0)} \frac{x^\alpha y}{(x^2+y^2)^{3/2}} = \lim_{\rho\to 0} \frac{\rho^\alpha \cos^\alpha\theta \cdot \rho\,\mathrm{sen}\,\theta}{\rho^3} = \lim_{\rho\to 0} \rho^{\alpha-2}\cos^\alpha\theta\,\mathrm{sen}\,\theta,$$

y el límite no existe ya que es $1 < \alpha \leq 2$, por lo tanto la función sólo es diferenciable en $(0,0)$ para los valores $\alpha > 2$.

▶ **2.13** Dadas las funciones $\overline{f} : \mathbb{R}^2 \to \mathbb{R}^3$ y $\overline{g} : \mathbb{R}^3 \to \mathbb{R}^2$ definidas en la forma

$$\overline{f}(x,y) = (e^{x^2+y^2}, x^2 - y^2, \pi(xy + y^2)), \qquad \overline{g}(u,v,w) = (v + \ln u, \mathrm{sen}(v+w)),$$

pruébese que $\overline{f}$ es diferenciable en $(1,1)$, $\overline{g}$ es diferenciable en $\overline{f}(1,1)$ y que $\overline{g}\circ\overline{f}$ es diferenciable en $(1,1)$. Obténgase $d(\overline{g}\circ\overline{f})(1,1)$.

RESOLUCIÓN.

La función

$$\overline{f}(x,y) = (e^{x^2+y^2}, x^2 - y^2, \pi(xy + y^2)) = (f_1(x,y), f_2(x,y), f_3(x,y))$$

es diferenciable en $\mathbb{R}^2$ al serlo cada una de sus funciones componentes dado que son de clase C^1. En particular $\overline{f}$ es diferenciable en el punto $(1,1)$. La diferencial de $\overline{f}$ en el punto $(1,1)$, representada como $d\overline{f}(1,1)$, es la aplicación lineal entre $\mathbb{R}^2$ y $\mathbb{R}^3$ cuya matriz asociada en las bases canónicas es la matriz jacobiana de la función $\overline{f}$ particularizada en el punto $(1,1)$, es decir, $J\overline{f}(1,1)$. Como

$$J\overline{f}(x,y) = \begin{pmatrix} 2xe^{x^2+y^2} & 2ye^{x^2+y^2} \\ 2x & -2y \\ \pi y & \pi x + 2\pi y \end{pmatrix}$$

entonces es

$$J\overline{f}(1,1) = \begin{pmatrix} 2e^2 & 2e^2 \\ 2 & -2 \\ \pi & 3\pi \end{pmatrix} = A$$

y $d\overline{f}(1,1)$ es la aplicación que se describe como

$$d\overline{f}(1,1)\begin{pmatrix} dx \\ dy \end{pmatrix} = \begin{pmatrix} 2e^2 & 2e^2 \\ 2 & -2 \\ \pi & 3\pi \end{pmatrix}\begin{pmatrix} dx \\ dy \end{pmatrix} = \begin{pmatrix} 2e^2dx + 2e^2dy \\ 2dx - 2dy \\ \pi dx + 3\pi dy \end{pmatrix}.$$

La función

$$\overline{g}(u,v,w) = (v + \ln u, \mathrm{sen}(v+w)) = (g_1(u,v,w), g_2(u,v,w))$$

es diferenciable en todo su dominio $D = \{(u, v, w) \in \mathbb{R}^3 : u > 0\}$ dado que lo son sus dos funciones componentes al ser ambas de clase C^1 en D.

Como es $\overline{f}(1, 1) = (e^2, 0, 2\pi) \in D$, la función g es diferenciable en $\overline{f}(1, 1)$ y $d\overline{g}(\overline{f}(1, 1)) = d\overline{g}(e^2, 0, 2\pi)$ es la aplicación lineal

$$d\overline{g}(e^2, 0, 2\pi) : \mathbb{R}^3 \to \mathbb{R}^2$$

tal que su matriz en las bases canónicas de $\mathbb{R}^3$ y $\mathbb{R}^2$ es $J\overline{g}(e^2, 0, 2\pi)$.

Puesto que

$$J\overline{g}(u, v, w) = \begin{pmatrix} \dfrac{1}{u} & 1 & 0 \\ 0 & \cos(v+w) & \cos(v+w) \end{pmatrix}, \qquad \forall(u, v, w) \in D,$$

entonces es

$$J\overline{g}(e^2, 0, 2\pi) = \begin{pmatrix} e^{-2} & 1 & 0 \\ 0 & 1 & 1 \end{pmatrix} = B.$$

La aplicación lineal $d\overline{g}(e^2, 0, 2\pi)$ actuando sobre el vector

$$(h_1, h_2, h_3) = (\triangle u, \triangle v, \triangle w) = (du, dv, dw)$$

se expresa en la forma

$$d\overline{g}(e^2, 0, 2\pi)\,(du, dv, dw)^t = \begin{pmatrix} e^{-2} & 1 & 0 \\ 0 & 1 & 1 \end{pmatrix} \begin{pmatrix} du \\ dv \\ dw \end{pmatrix} = \begin{pmatrix} e^{-2}du + dv \\ dv + dw \end{pmatrix}.$$

Como $\overline{f}$ es diferenciable en $(1, 1)$ y $\overline{g}$ es diferenciable en $\overline{f}(1, 1)$, por el teorema de composición de funciones diferenciables resulta que la función $\overline{g} \circ \overline{f}$ es diferenciable en el punto $(1, 1)$ siendo $J(\overline{g} \circ \overline{f})(1, 1)$ la matriz de $d(\overline{g} \circ \overline{f})(1, 1)$ en la base canónica de $\mathbb{R}^2$, la cual puede obtenerse en la forma

$$J(\overline{g} \circ \overline{f})(1, 1) = J\overline{g}(\overline{f}(1, 1)) \cdot J\overline{f}(1, 1) = J\overline{g}(e^2, 0, 2\pi) \cdot J\overline{f}(1, 1) =$$

$$= \begin{pmatrix} e^{-2} & 1 & 0 \\ 0 & 1 & 1 \end{pmatrix} \begin{pmatrix} 2e^2 & 2e^2 \\ 2 & -2 \\ \pi & 3\pi \end{pmatrix} = \begin{pmatrix} 4 & 0 \\ \pi + 2 & 3\pi - 2 \end{pmatrix}$$

y esta aplicación lineal actuando sobre el vector

$$(h_1, h_2) = (\triangle x, \triangle y) = (dx, dy)$$

se describe como

$$
\begin{aligned}
d(\overline{g} \circ \overline{f})(1, 1) : \quad \mathbb{R}^2 &\longrightarrow \mathbb{R}^2 \\
(dx, dy) &\longmapsto d(\overline{g} \circ \overline{f})(1, 1)\,(dx, dy)^t =
\end{aligned}
$$

$$= J(\overline{g} \circ \overline{f})(1, 1) \begin{pmatrix} dx \\ dy \end{pmatrix} =$$

$$= \begin{pmatrix} 4 & 0 \\ \pi + 2 & 3\pi - 2 \end{pmatrix} \begin{pmatrix} dx \\ dy \end{pmatrix} =$$

$$= \begin{pmatrix} 4dx \\ (\pi + 2)dx + (3\pi - 2)dy \end{pmatrix}.$$

Téngase en cuenta que para la variable independiente el incremento y la diferencial coinciden.

▶ **2.14** Dada la función diferenciable $z = f(x, y)$ demuéstrese que el vector gradiente en cada punto (x_0, y_0, z_0) es perpendicular a la curva de nivel que pasa por dicho punto.

RESOLUCIÓN.

Dado el punto $(x_0, y_0, z_0) = (x_0, y_0, f(x_0, y_0))$ sobre la superficie representativa de la función $z = f(x, y)$, la curva de nivel correspondiente al valor $z_0 = f(x_0, y_0)$ es $f(x, y) = z_0 = f(x_0, y_0)$.

Por otra parte el gradiente de la función $z = f(x, y)$ en el punto (x_0, y_0) es

$$\nabla f(x_0, y_0) = (f_x(x_0, y_0), f_y(x_0, y_0)).$$

Este vector es perpendicular a la curva de nivel $f(x, y) = f(x_0, y_0)$ en el punto (x_0, y_0) si es perpendicular a la recta tangente a dicha curva de nivel en el punto (x_0, y_0).

La ecuación de esta recta tangente a la curva de nivel es

$$y - y_0 = y'(x_0)(x - x_0)$$

y un vector direccional de la misma es $(1, y'(x_0))$.

El valor de $y'(x_0)$ se obtiene derivando en la ecuación de la curva de nivel $f(x, y) = f(x_0, y_0)$ mediante la regla de la cadena. Particularizando en (x_0, y_0) tenemos

$$f_x(x_0, y_0) + f_y(x_0, y_0) \cdot y'(x_0) = 0$$

y por tanto es

$$y'(x_0) = -\frac{f_x(x_0, y_0)}{f_y(x_0, y_0)}.$$

De este modo el vector director de la recta tangente es

$$\left(1, -\frac{f_x(x_0, y_0)}{f_y(x_0, y_0)}\right)$$

y también el vector $(f_y(x_0, y_0), -f_x(x_0, y_0))$.

El producto escalar de este vector por el vector $\nabla f(x_0, y_0)$ es

$$(f_y(x_0, y_0), -f_x(x_0, y_0))\,(f_x(x_0, y_0), f_y(x_0, y_0)) = 0$$

y por tanto el vector gradiente en el punto (x_0, y_0) y la curva de nivel que pasa por ese punto son perpendiculares. La situación descrita puede observarse en la Figura 2.5.

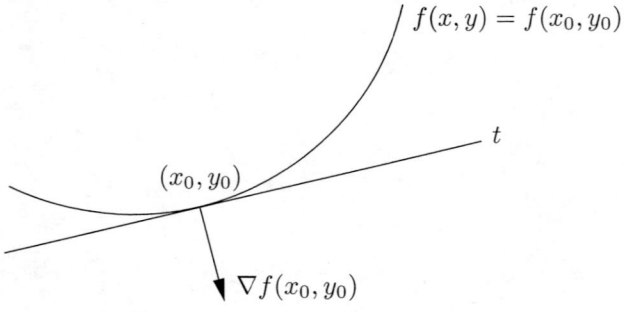

Figura 2.5 Perpendicularidad entre el vector gradiente y la curva de nivel

▶ **2.15** La temperatura en un crisol de fundición viene dada por $T(x, y, z) = z - x^2 - y^2$. Determínense las superficies isotérmicas y la dirección en que se produce la mayor variación de la temperatura.

RESOLUCIÓN.

Las superficies isotérmicas vendrán dadas por

$$T(x, y, z) = k, \qquad \text{es decir,} \qquad z - x^2 - y^2 = k,$$

de donde $z = k + x^2 + y^2$, es decir, paraboloides circulares.

Para calcular la dirección de máxima variación de la temperatura hemos de calcular el gradiente, que es

$$\nabla T = (-2x, -2y, 1)$$

y nos da la dirección de máxima variación en el punto (x, y, z).

▶ **2.16** Sea la función $f(x, y) = x^2 + y + \operatorname{sen} xy$. Calcúlese la derivada direccional según el vector $\overline{v} = (3, 4)$ en el punto $(1, 0)$.

RESOLUCIÓN.

Podemos calcular la derivada direccional aplicando la definición, pero es más cómodo y rápido, dado que la función es diferenciable en el punto $(1, 0)$, utilizar las propiedades del gradiente y obtener

$$[D_{\overline{v}} f(x, y)]_{(1,0)} = \frac{\overline{v}}{||\overline{v}||} \cdot [\nabla_{\overline{v}} f(x, y)]_{(1,0)} =$$

$$= \frac{(3, 4)}{\sqrt{3^2 + 4^2}} [(2x + y \cos xy, 1 + x \cos xy)]_{(1,0)} =$$

$$= \left(\frac{3}{5}, \frac{4}{5}\right) [(2x + y \cos xy, 1 + x \cos xy)]_{(1,0)} =$$

$$= \left[\frac{3}{5}(2x + y \cos xy) + \frac{4}{5}(1 + x \cos xy)\right]_{(1,0)} =$$

$$= \frac{3}{5} \cdot 2 + \frac{4}{5}(1 + 1) = \frac{6}{5} + \frac{8}{5} = \frac{14}{5}.$$

▶ **2.17** Dada la función $f(x, y, z) = x^2 + xy + z^2 + e^{xyz}$, calcúlese $d^2 f(1, 1, 1)$.

RESOLUCIÓN.

Las derivadas parciales de primer orden son

$$f_x(x, y, z) = 2x + y + yze^{xyz},$$
$$f_y(x, y, z) = x + xze^{xyz},$$
$$f_z(x, y, z) = 2z + xye^{xyz}$$

y derivando de nuevo, las derivadas parciales segundas resultan ser

$$f_{x^2}(x, y, z) = 2 + y^2 z^2 e^{xyz},$$
$$f_{xy}(x, y, z) = 1 + ze^{xyz} + yzxze^{xyz} = 1 + ze^{xyz} + xyz^2 e^{xyz} = f_{yx}(x, y, z),$$
$$f_{xz}(x, y, z) = ye^{xyz} + xy^2 ze^{xyz} = f_{zx}(x, y, z),$$
$$f_{y^2}(x, y, z) = x^2 z^2 e^{xyz},$$
$$f_{yz}(x, y, z) = xe^{xyz} + xzxye^{xyz} = xe^{xyz} + x^2 yze^{xyz} = f_{zy}(x, y, z),$$
$$f_{z^2}(x, y, z) = 2 + x^2 y^2 e^{xyz}.$$

Particularizando en el punto se tienen

$$f_{x^2}(1,1,1) = 2 + e,$$
$$f_{xy}(1,1,1) = 1 + e + e = 1 + 2e = f_{yx}(1,1,1),$$
$$f_{xz}(1,1,1) = e + e = 2e = f_{zx}(1,1,1),$$
$$f_{y^2}(1,1,1) = e,$$
$$f_{yz}(1,1,1) = e + e = 2e = f_{zy}(1,1,1),$$
$$f_{z^2}(1,1,1) = 2 + e.$$

La matriz hessiana es

$$Hf(1,1,1) = \begin{pmatrix} f_{x^2}(1,1,1) & f_{xy}(1,1,1) & f_{xz}(1,1,1) \\ f_{yx}(1,1,1) & f_{y^2}(1,1,1) & f_{yz}(1,1,1) \\ f_{zx}(1,1,1) & f_{zy}(1,1,1) & f_{z^2}(1,1,1) \end{pmatrix} = \begin{pmatrix} 2+e & 1+2e & 2e \\ 1+2e & e & 2e \\ 2e & 2e & 2+e \end{pmatrix}$$

y $d^2f(1,1,1)$ es la forma cuadrática de matriz $Hf(1,1,1)$, y por tanto es

$$d^2f(1,1,1) = [(dx, dy, dz), (dx, dy, dz)] =$$

$$= (dx \quad dy \quad dz) \begin{pmatrix} 2+e & 1+2e & 2e \\ 1+2e & e & 2e \\ 2e & 2e & 2+e \end{pmatrix} \begin{pmatrix} dx \\ dy \\ dz \end{pmatrix} =$$

$$= (2+e)dx^2 + (2+4e)dxdy + 4edxdz + edy^2 + 4edydz + (2+e)dz^2.$$

Obsérvese que se llega al mismo resultado utilizando la fórmula simbólica

$$d^2f(1,1,1) = \left(dx\frac{\partial}{\partial x} + dy\frac{\partial}{\partial y} + dz\frac{\partial}{\partial z} \right)^{(2} f(1,1,1) =$$

$$= \frac{\partial^2 f(1,1,1)}{\partial x^2}dx^2 + \frac{\partial^2 f(1,1,1)}{\partial y^2}dy^2 + \frac{\partial^2 f(1,1,1)}{\partial z^2}dz^2 +$$

$$+ 2\frac{\partial^2 f(1,1,1)}{\partial x \partial y}dxdy + 2\frac{\partial^2 f(1,1,1)}{\partial x \partial z}dxdz + \frac{\partial^2 f(1,1,1)}{\partial y \partial z}dydz.$$

PROBLEMAS PROPUESTOS

2.1 Calcúlense las derivadas parciales primeras de las funciones

a) $f(x,y) = \ln \operatorname{tg} \dfrac{x^2 + y^2}{x^2 - y^2},$

b) $g(x,y) = \ln \operatorname{arc tg} \dfrac{x^2 + y^2}{x^2 - y^2},$

c) $h(x,y) = \ln \sqrt{\dfrac{x^2 + y^2}{x^2 - y^2}}.$

2.2 Hállense

$$\frac{\partial^2 z}{\partial x^2}, \qquad \frac{\partial^2 z}{\partial x \partial y}, \qquad \frac{\partial^2 z}{\partial y^2} \qquad \text{siendo} \qquad z = \operatorname{sen}(x + y).$$

2.3 Calcúlese la derivada de la función $f(x, y, z) = x^2 + y^2 + z^2 - x \cdot y \cdot z$ en el punto $(1, 1, 2)$ y en la dirección del vector $\overline{u} = (\frac{1}{\sqrt{3}}, \frac{1}{\sqrt{3}}, \frac{1}{\sqrt{3}})$.

2.4 Empleando la diferencial, calcúlese aproximadamente la variación que experimenta el volumen de un cono de radio 2 m y altura 1 m, cuando el radio disminuye en 3 cm y la altura aumenta en 5 cm.

2.5 Demuéstrese la siguiente condición necesaria de diferenciabilidad:

Si $A \subset \mathbb{R}^n$ es un conjunto abierto y $f : A \to \mathbb{R}^m$ es una función diferenciable en $a \in A$, entonces f es continua en a.

2.6 Demuéstrese el siguiente criterio de diferenciabilidad:

Si $A \subset \mathbb{R}^n$ es un conjunto abierto y $f : A \to \mathbb{R}^m$ es una función y $a \in A$, entonces se cumple que

$$f \text{ es diferenciable en } a \Leftrightarrow f_i \text{ es diferenciable en } a, \ \forall i = 1, 2, ..., m.$$

2.7 Calcúlense las derivadas parciales de primer orden de la función

$$f(x, y, z) = \int_{e^{x+y+z}}^{1+xyz} \varphi(t) dt,$$

siendo $\varphi : \mathbb{R} \to \mathbb{R}$ una función continua.

2.8 Dada la función

$$f(x, y) = \begin{cases} \dfrac{xye^{x^2/y^2}}{x^2 + y^2}, & \text{si } y \neq 0, \\ 0, & \text{si } y = 0, \end{cases}$$

estúdiense su continuidad, existencia de derivadas parciales de primer orden y diferenciabilidad en el punto $(0, 0)$.

2.9 Dada la función

$$f(x, y) = \begin{cases} \dfrac{x^3 + x^2 y - y^3}{x^4 + y^4}, & \text{si } (x, y) \neq (0, 0), \\ 0, & \text{si } (x, y) = (0, 0), \end{cases}$$

analícese su continuidad, existencia de derivadas parciales y diferenciabilidad en $\mathbb{R}^2$.

2.10 Estúdiese la diferenciabilidad de la función

$$f(x, y) = y^3 \cdot \int_0^{2x^2+1} \frac{\cos^2 t}{(2t + 1)(t^2 + 1)} dt.$$

2.11 Dada la función

$$f(x, y) = \begin{cases} \dfrac{x^4}{x^2 y^2 + y^4}, & \text{si } y \neq 0, \\ 0, & \text{si } y = 0, \end{cases}$$

estúdiese su límite, continuidad y la existencia de derivadas direccionales y parciales en el punto $(0, 0)$. ¿Es diferenciable f en el punto $(0, 0)$?, ¿es continua en $(0, 0)$?

2.12 Dada la función

$$f(x, y) = \begin{cases} \dfrac{xy}{(x^2 + y^2)^\alpha}, & \text{si } (x, y) \neq (0, 0), \\ 0, & \text{si } (x, y) = (0, 0), \end{cases}$$

con $\alpha \in \mathbb{R}$, estúdiese la continuidad de la función y de sus derivadas parciales en $(0, 0)$, así como su diferenciabilidad.

2.13 Dadas las funciones $\overline{f} : \mathbb{R}^3 \to \mathbb{R}^2$ y $\overline{g} : \mathbb{R}^2 \to \mathbb{R}^3$ definidas en la forma

$$\overline{f}(x, y, z) = (x + 2y + z, e^{x-z}) \qquad \text{y} \qquad \overline{g}(u, v) = (\operatorname{sen} u, v^2, \ln(u + v)),$$

pruébese que $\overline{f}$ es diferenciable en el punto $(1, -1, 1)$, $\overline{g}$ es diferenciable en $\overline{f}(1, -1, 1)$ y que $\overline{g} \circ \overline{f}$ es diferenciable en el punto $(1, -1, 1)$. Obténgase $d(\overline{g} \circ \overline{f})(1, -1, 1)$.

2.14 Dada la función diferenciable $w = f(x, y, z)$, demuéstrese que el vector gradiente en cada punto (x_0, y_0, z_0) es perpendicular a la superficie de nivel que pasa por el punto.

2.15 Calcúlense las superficies equipotenciales asociadas a una carga eléctrica y determínese la dirección en que se moverá una carga de prueba sometida al potencial de la primera.

2.16 Sea $f(x, y) = x^2 y + xy^2$. Calcúlese la derivada direccional según el vector $\overline{v} = (1, 2)$ en el punto $(3, 4)$.

2.17 Dada la función

$$f(x, y) = \frac{e^x}{y^2} + \frac{e^y}{x^2}$$

calcúlese $d^3 f(1, 2)$.

Funciones implícitas. Función inversa

En este Capítulo...

3.1 FUNCIONES IMPLÍCITAS

Concepto de función implícita para una ecuación

Dada la ecuación $F(x,y) = 0$ y siendo F una función que suponemos diferenciable en un entorno de un punto (x_0, y_0) nos preguntamos si la ecuación anterior tiene soluciones para una sola de las variables en función de la otra. Una de estas situaciones se concreta en poder asegurar que existe una única función $y = f(x)$, preferentemente diferenciable en un entorno del punto x_0 de manera que en las proximidades de x_0 se verifique la identidad $F(x, f(x)) \equiv 0$. Cuando esto ocurre se dice que la ecuación $F(x,y) = 0$ define implícitamente a y como función diferenciable de x en un entorno del punto (x_0, y_0). De forma paralela se dice que la ecuación $F(x,y) = 0$ define implícitamente a x como función de y en un entorno de (x_0, y_0) si existe una única función $x = g(y)$ de modo que se cumple la identidad $F(g(y), y) \equiv 0$ en un entorno del punto y_0.

La definición es trasladable al caso de más variables, pudiéndose afirmar que la ecuación $F(x,y,z) = 0$ define implícitamente a z como función de x e y en un entorno del punto (x_0, y_0, z_0), cuando existen un entorno del punto (x_0, y_0) y una única función $z = f(x,y)$, definida en él, de forma que en este entorno se verifica la identidad $F(x, y, f(x,y)) \equiv 0$.

En el caso más general, se dice que la ecuación $F(x_1, x_2, ..., x_n, y) = 0$, con $n + 1$ variables, define implícitamente a una de ellas, por ejemplo y, en función de las restantes en un entorno $U(\overline{a}, b)$ del punto $(a_1, a_2, ..., a_n, b) = (\overline{a}, b)$ cuando existen un entorno $V(\overline{a})$ del punto $\overline{a}$ y una única función $y = f(\overline{x})$ definida en él de forma que se verifica la identidad

$$F(x_1, x_2, ..., x_n, f(x_1, x_2, ..., x_n)) \equiv 0$$

o bien $F(\overline{x}, f(\overline{x})) = 0, \forall \overline{x} \in V(\overline{a})$.

■ **Ejemplo 3.1** La ecuación $x^2 + y^2 + 1 = 0$ no define implícitamente a y como función de x, ni a x como función de y, al no existir valores reales de x e y que la verifiquen.

■ **Ejemplo 3.2** La ecuación $x^2 + y^2 + z^2 = 1$ define implícitamente a z como función diferenciable de x e y en un entorno del punto $(\frac{1}{2}, \frac{1}{2}, \frac{1}{\sqrt{2}})$. La función $z = f(x,y)$ está dada por $z = +\sqrt{1 - (x^2 + y^2)}$ y resulta simplemente de despejar z en la ecuación $x^2 + y^2 + z^2 = 1$ y tomar una de las dos posibilidades.

La misma ecuación define implícitamente a z como función de x e y en un entorno del punto $(\frac{1}{2}, \frac{1}{2}, \frac{-1}{\sqrt{2}})$. La función definida es en este caso $z = g(x,y) = -\sqrt{1 - (x^2 + y^2)}$.

■ **Ejemplo 3.3** La ecuación $xe^y - ye^x + (x-y)e^{xy} = 0$ define implícitamente a y como función diferenciable de x en un entorno del punto $(1,1)$ de la forma $y = f(x)$. En este caso no es posible despejar y en función de x.

3.2 TEOREMA DE LA FUNCIÓN IMPLÍCITA

■ **Teorema (Teorema de la función implícita en el caso de una ecuación).** *Dada la ecuación $F(\overline{x}, y) = 0$ donde la función $F : A \subset \mathbb{R}^{n+1} \to \mathbb{R}$ es continua en un entorno del punto $(\overline{a}, b) \in A$ y además verifica:*

a) $F(\overline{a}, b) = 0$

b) F es diferenciable en $(\overline{a}, b)$

c) F'_y existe y es no nula en un entorno de $(\overline{a}, b)$.

En estas condiciones la ecuación $F(\overline{x}, y) = 0$ define implícitamente a y como función diferenciable de la forma $\overline{x} \rightarrow f(x) = y$ en un entorno del punto $(\overline{a}, b)$ y cuyas derivadas parciales de primer orden resultan de F en la forma

$$\frac{\partial f(\overline{x})}{\partial x_i} = -\frac{F'_{x_i}(\overline{x}, f(\overline{x}))}{F'_y(\overline{x}, f(\overline{x}))}, \qquad i = 1, 2, ..., n.$$

Obsérvese que la condición $b)$ se cumple necesariamente si F es continua y tiene todas sus derivadas parciales de primer orden continuas, cuya comprobación es en muchos casos más sencilla.

■ **Ejemplo 3.4** La ecuación $x^2 + y^2 - 1 = 0$ define implícitamente a y como función diferenciable de x en un entorno del punto $P_0(\frac{1}{\sqrt{2}}, \frac{1}{\sqrt{2}})$ ya que la función $F(x, y) = x^2 + y^2 - 1$ es continua en un entorno de P_0 y verifica

$a)$ $F(\frac{1}{\sqrt{2}}, \frac{1}{\sqrt{2}}) = (\frac{1}{\sqrt{2}})^2 + (\frac{1}{\sqrt{2}})^2 - 1 = 0$.

$b)$ La función F es continua y sus derivadas parciales de primer orden $F'_x(x, y) = 2x$ y $F'_y(x, y) = 2y$ existen y son continuas en un entorno de P_0, por tanto F es diferenciable en P_0.

$c)$ $F'_y(x, y) = 2y$ es no nula en un entorno de P_0.

En este caso con sólo despejar y en la ecuación inicial, y tomar la determinación adecuada, resulta la función definida implícitamente como $y = f(x) = +\sqrt{1 - x^2}$.

La derivada primera de y respecto de x resulta como

$$y' = \frac{df(x)}{dx} = -\frac{F'_x}{F'_y} = -\frac{2x}{2y} = -\frac{x}{y}.$$

■ **Teorema (Teorema de funciones implícitas en el caso de un sistema).** *Sea el sistema de m funciones cada una de ellas con $m + n$ variables*

$$\left.\begin{array}{l} F_1(y_1, y_2, ..., y_m, x_1, x_2, ..., x_n) = 0 \\ F_2(y_1, y_2, ..., y_m, x_1, x_2, ..., x_n) = 0 \\ \vdots \\ F_m(y_1, y_2, ..., y_m, x_1, x_2, ..., x_n) = 0 \end{array}\right\}$$

donde $F_1, F_2, ..., F_m$ son las componentes de una función vectorial $\overline{F} : \mathbb{R}^{m+n} \rightarrow \mathbb{R}^m$ que podemos simbolizar como

$$\overline{F}(\overline{y}, \overline{x}) = (F_1(\overline{y}, \overline{x}), F_2(\overline{y}, \overline{x}), ..., F_m(\overline{y}, \overline{x})).$$

Si se verifican las condiciones:

$a)$ *Para $i = 1, 2, ..., m$ las funciones $F_i(y_1, y_2, ..., y_m, x_1, x_2, ..., x_n)$ del sistema están todas definidas en un entorno del punto $P_0(b_1, b_2, ..., b_m, a_1, a_2, ..., a_n)$, siendo todas ellas continuas y existiendo todas sus derivadas parciales primeras, siendo éstas continuas en dicho entorno.*

$b)$ *Las coordenadas del punto satisfacen a todas las ecuaciones del sistema. Es decir,*

$$F_i(b_1, ..., b_m, a_1, ..., a_n) = 0, \quad i = 1, 2, ..., m$$

$c)$ *Considerada la matriz jacobiana*

$$J = \left(\frac{\partial(F_1, F_2, ..., F_m)}{\partial(y_1, y_2, ..., y_m)}\right)$$

se verifica que es $\det(J) \neq 0$ en el punto P_0.

Entonces se puede asegurar que en un determinado entorno de $\overline{a} = (a_1, a_2, ..., a_n)$ existe un único conjunto de m funciones continuas

$$y_1 = f_1(x_1, x_2, ..., x_n)$$
$$y_2 = f_2(x_1, x_2, ..., x_n)$$
$$\vdots$$
$$y_m = f_m(x_1, x_2, ..., x_n)$$

verificando

$$b_1 = f_1(a_1, a_2, ..., a_n)$$
$$b_2 = f_2(a_1, a_2, ..., a_n)$$
$$\vdots$$
$$b_m = f_m(a_1, a_2, ..., a_n)$$

y tales que al sustituirlas en el sistema inicial lo satisfacen idénticamente, es decir

$$F_1\left(f_1(x_1, x_2, ..., x_n), f_2(x_1, x_2, ..., x_n), ..., f_m(x_1, x_2, ..., x_n), x_1, x_2, ..., x_n\right) \equiv 0$$
$$F_2\left(f_1(x_1, x_2, ..., x_n), f_2(x_1, x_2, ..., x_n), ..., f_m(x_1, x_2, ..., x_n), x_1, x_2, ..., x_n\right) \equiv 0$$
$$\vdots$$
$$F_m\left(f_1(x_1, x_2, ..., x_n), f_2(x_1, x_2, ..., x_n), ..., f_m(x_1, x_2, ..., x_n), x_1, x_2, ..., x_n\right) \equiv 0$$

en dicho entorno.

Además, las funciones f_i tienen todas las derivadas parciales de primer orden y son continuas. Estas derivadas se obtienen de las propias funciones F_i del sistema inicial que en un entorno del punto P_0 están dadas por las igualdades

$$\frac{\partial f_i}{\partial x_j}(\overline{x}) = \frac{\partial y_i}{\partial x_j}(\overline{x}) = -\frac{\left|\left(\dfrac{\partial(F_1, F_2, ..., F_m)}{\partial(y_1, y_2, ..., y_{i-1}, x_j, y_{i+1}, ..., y_m)}(\overline{x}, \overline{y})\right)\right|}{\left|\left(\dfrac{\partial(F_1, F_2, ..., F_m)}{\partial(y_1, y_2, ..., y_m)}(\overline{x}, \overline{y})\right)\right|}.$$

En resumen, el teorema, cumplidas las hipótesis, nos proporciona dos informaciones relevantes:

a) El sistema dado define implícitamente a $y_1, y_2, ..., y_m$ como funciones diferenciables de $x_1, x_2, .., x_n$.

b) Nos dice cómo calcular, de una manera sencilla, las derivadas parciales primeras de las funciones $y_i = f_i(x_1, x_2, ..., x_n)$, incluso sin conocer estas funciones, utilizando sólo las funciones F_i del sistema dado. Conocidas las derivadas parciales primeras podemos formar la diferencial de primer orden de cada función f_i.

A partir de las derivadas parciales de primer orden se obtienen directamente, por derivación, las de segundo orden y la correspondiente diferencial y así sucesivamente si se precisan las de orden superior.

Esta posibilidad que aporta el teorema de "derivar sin despejar" resulta muy conveniente en diversos procesos de la matemática aplicada. En particular en la economía, donde funciones que describen un proceso productivo se presentan ligadas con sus variables en forma implícita, y es preciso conocer variaciones marginales y elasticidades para las que es necesario calcular derivadas parciales.

La existencia de tales funciones definidas implícitamente y el cálculo de sus derivadas cae dentro de los presupuestos del teorema de funciones implícitas.

■ **Ejemplo 3.5** Analicemos si el sistema

$$\left. \begin{array}{c} x^2 + y^2 + z^2 + u^2 + v^2 = 1 \\ x^2 - y^2 - z^2 + 2uv = 0 \end{array} \right\}$$

define implícitamente a u y v como funciones implícitas de x, y, z en un entorno del punto $P_0(\frac{1}{2}, \frac{1}{2}, 0, \frac{1}{\sqrt{2}}, 0)$ y en caso afirmativo obtengamos las derivadas parciales primeras de las funciones $u = u(x, y, z)$ y $v = v(x, y, z)$.

El sistema dado es de la forma

$$\left. \begin{array}{c} F_1(x, y, z, u, v) = 0 \\ F_2(x, y, z, u, v) = 0 \end{array} \right\}$$

siendo la primera función

$$F_1(x, y, z, u, v) = x^2 + y^2 + z^2 + u^2 + v^2 - 1$$

y la segunda

$$F_2(x, y, z, u, v) = x^2 - y^2 - z^2 + 2uv.$$

Siguiendo el teorema de funciones implícitas para un sistema se tiene:

a) F_1 y F_2 son funciones de clase C^1 en un entorno de P_0 (son continuas con todas sus derivadas parciales de primer orden también continuas en un entorno de P_0) al tratarse de funciones polinómicas.

b) $F_1(\frac{1}{2}, \frac{1}{2}, 0, \frac{1}{\sqrt{2}}, 0) = 0$ y $F_2(\frac{1}{2}, \frac{1}{2}, 0, \frac{1}{\sqrt{2}}, 0) = 0$, es decir, las ecuaciones del sistema se satisfacen en el punto.

c) Como la matriz jacobiana de F_1 y F_2 respecto de las variables u y v es

$$J = \left(\frac{\partial(F_1, F_2)}{\partial(u, v)} \right) = \left(\begin{array}{cc} 2u & 2v \\ 2v & 2u \end{array} \right)$$

y el valor de su determinante en el punto P_0 es

$$|J|_{(\frac{1}{2}, \frac{1}{2}, 0, \frac{1}{\sqrt{2}}, 0)} = \left| \begin{array}{cc} 2 \cdot \frac{1}{\sqrt{2}} & 2 \cdot 0 \\ 2 \cdot 0 & 2 \cdot \frac{1}{\sqrt{2}} \end{array} \right| = 2 \neq 0,$$

cumplidas las tres condiciones, el teorema garantiza que el sistema dado define implícitamente a u y v como funciones diferenciables de x, y, z en un entorno de P_0 de la forma $u = u(x, y, z)$, $v = v(x, y, z)$, y sus derivadas parciales primeras, siguiendo el teorema, son

$$\frac{\partial u}{\partial x} = -\frac{\left| \left(\dfrac{\partial(F_1, F_2)}{\partial(x, v)} \right) \right|}{\left| \left(\dfrac{\partial(F_1, F_2)}{\partial(u, v)} \right) \right|} = -\frac{\left| \begin{array}{cc} 2x & 2v \\ 2x & 2u \end{array} \right|}{\left| \begin{array}{cc} 2u & 2v \\ 2v & 2u \end{array} \right|} = \frac{-4(xu - xv)}{4(u^2 - v^2)} = \frac{-x(u - v)}{(u + v)(u - v)} = \frac{-x}{u + v}$$

$$\frac{\partial u}{\partial y} = -\frac{\left| \left(\dfrac{\partial(F_1, F_2)}{\partial(y, v)} \right) \right|}{\left| \left(\dfrac{\partial(F_1, F_2)}{\partial(u, v)} \right) \right|} = -\frac{\left| \begin{array}{cc} 2y & 2v \\ -2y & 2u \end{array} \right|}{\left| \begin{array}{cc} 2u & 2v \\ 2v & 2u \end{array} \right|} = \frac{-4(yu + yv)}{4(u^2 - v^2)} = \frac{-y(u + v)}{(u + v)(u - v)} = \frac{-y}{u - v}$$

$$\frac{\partial u}{\partial z} = -\frac{\left| \left(\dfrac{\partial(F_1, F_2)}{\partial(z, v)} \right) \right|}{\left| \left(\dfrac{\partial(F_1, F_2)}{\partial(u, v)} \right) \right|} = -\frac{\left| \begin{array}{cc} 2z & 2v \\ -2z & 2u \end{array} \right|}{\left| \begin{array}{cc} 2u & 2v \\ 2v & 2u \end{array} \right|} = \frac{-4(zu + zv)}{4(u^2 - v^2)} = \frac{-z(u + v)}{(u + v)(u - v)} = \frac{-z}{u - v}$$

y

$$\frac{\partial v}{\partial x} = -\frac{\left|\left(\dfrac{\partial(F_1, F_2)}{\partial(u, x)}\right)\right|}{\left|\left(\dfrac{\partial(F_1, F_2)}{\partial(u, v)}\right)\right|} = -\frac{\begin{vmatrix} 2u & 2x \\ 2v & 2x \end{vmatrix}}{\begin{vmatrix} 2u & 2v \\ 2v & 2u \end{vmatrix}} = \frac{-4(xu - xv)}{4(u^2 - v^2)} = \frac{-x(u - v)}{(u + v)(u - v)} = \frac{-x}{u + v}$$

$$\frac{\partial v}{\partial y} = -\frac{\left|\left(\dfrac{\partial(F_1, F_2)}{\partial(u, y)}\right)\right|}{\left|\left(\dfrac{\partial(F_1, F_2)}{\partial(u, v)}\right)\right|} = -\frac{\begin{vmatrix} 2u & 2y \\ 2v & -2y \end{vmatrix}}{\begin{vmatrix} 2u & 2v \\ 2v & 2u \end{vmatrix}} = \frac{4(yu + yv)}{4(u^2 - v^2)} = \frac{y(u + v)}{(u + v)(u - v)} = \frac{y}{u - v}$$

$$\frac{\partial v}{\partial z} = -\frac{\left|\left(\dfrac{\partial(F_1, F_2)}{\partial(u, z)}\right)\right|}{\left|\left(\dfrac{\partial(F_1, F_2)}{\partial(u, v)}\right)\right|} = -\frac{\begin{vmatrix} 2u & 2z \\ 2v & -2z \end{vmatrix}}{\begin{vmatrix} 2u & 2v \\ 2v & 2u \end{vmatrix}} = \frac{4(zu + zv)}{4(u^2 - v^2)} = \frac{z(u + v)}{(u + v)(u - v)} = \frac{z}{u - v}$$

Como es

$$du = \frac{\partial u}{\partial x}dx + \frac{\partial u}{\partial y}dy + \frac{\partial u}{\partial z}dz,$$

sustituyendo se tiene que

$$du = \frac{-x}{u + v} \cdot dx + \frac{-y}{u - v} \cdot dy + \frac{-z}{u - v} \cdot dz,$$

y análogamente como es

$$dv = \frac{\partial v}{\partial x}dx + \frac{\partial v}{\partial y}dy + \frac{\partial v}{\partial z}dz,$$

se tiene que

$$dv = \frac{-x}{u + v} \cdot dx + \frac{y}{u - v} \cdot dy + \frac{z}{u - v} \cdot dz.$$

3.3. FUNCIONES INVERSAS

Función globalmente invertible

Si A es un subconjunto de $\mathbb{R}^n$ y dada la función $\overline{f} : A \subset \mathbb{R}^n \to \mathbb{R}^n$, se considera el conjunto $B = \mathrm{Im}\overline{f}$. Se dice que $\overline{f}$ es *globalmente invertible* en el conjunto A si existe una función $\overline{g} : B \to A$ tal que

$$\overline{g} \circ \overline{f} = id_A \qquad \text{y} \qquad \overline{f} \circ \overline{g} = id_B,$$

es decir,

$$(\overline{g} \circ \overline{f})(\overline{x}) = \overline{x}, \quad \forall \overline{x} \in A \qquad \text{y} \qquad (\overline{f} \circ \overline{g})(\overline{y}) = \overline{y}, \quad \forall \overline{y} \in B.$$

A la función $\overline{g}$ se le llama *inversa global* de $\overline{f}$ en A y se representa como $\overline{g} = \overline{f}^{-1}$.

■ **Ejemplo 3.6** Si a es un número positivo, $a \neq 1$ y $A = \{x \in \mathbb{R} : x > 0\}$, se verifica que la función $f(x) = a^x$ es globalmente invertible en A siendo $f^{-1}(x) = \log_a x$, ya que $\forall x \in A$ es

$$(f^{-1} \circ f)(x) = f^{-1}(f(x)) = \log_a(a^x) = x, \qquad \forall x \in A$$

y también

$$(f \circ f^{-1})(x) = f(f^{-1}(x)) = a^{\log_a x} = x, \qquad \forall x \in B = \{x \in \mathbb{R} : x > 1\} = f(A).$$

Para una función real de variable real la existencia de inversa local en un conjunto está garantizada cuando la función es inyectiva.

En el entorno de un punto x_0 existe inversa local para una función real de variable real si $f'(x_0) \neq 0$, pues en este caso la función es monótona en sentido estricto y por tanto inyectiva en él.

■ **Ejemplo 3.7** La función $\overline{f} : \mathbb{R}^3 \to \mathbb{R}^3$ definida por

$$\overline{f}(x_1, x_2, x_3) = (2x_1 + x_2 + x_3, x_1 + 2x_2 + x_3, x_1 + x_2 + 2x_3)$$

para cada vector expresado en la base canónica, es globalmente invertible en $\mathbb{R}^3$ ya que se trata de una aplicación lineal cuya matriz asociada en la base canónica de $\mathbb{R}^3$ es

$$A = \begin{pmatrix} 2 & 1 & 1 \\ 1 & 2 & 1 \\ 1 & 1 & 2 \end{pmatrix}$$

y al ser $|A| = 4 \neq 0$, la aplicación $\overline{f}$ es un automorfismo y existe la aplicación inversa $\overline{f}^{-1}$ que es también un automorfismo cuya matriz en la base canónica es la matriz

$$A^{-1} = \begin{pmatrix} \frac{3}{4} & \frac{-1}{4} & \frac{-1}{4} \\ \frac{-1}{4} & \frac{3}{4} & \frac{-1}{4} \\ \frac{-1}{4} & \frac{-1}{4} & \frac{3}{4} \end{pmatrix}$$

y por tanto la expresión analítica de la aplicación inversa es

$$\overline{f}^{-1}(x_1, x_2, x_3) = (\tfrac{3}{4}x_1 - \tfrac{1}{4}x_2 - \tfrac{1}{4}x_3, \tfrac{-1}{4}x_1 + \tfrac{3}{4}x_2 - \tfrac{1}{4}x_3, \tfrac{-1}{4}x_1 - \tfrac{1}{4}x_2 + \tfrac{3}{4}x_3).$$

En general todo automorfismo $\overline{f}$ en $\mathbb{R}^n$ tiene inverso $\overline{f}^{-1}$ y si A es la matriz de $\overline{f}$ en una base de $\mathbb{R}^n$, la aplicación inversa $\overline{f}^{-1}$ tiene por matriz en esa misma base A^{-1}.

La inversa global de una función $\overline{f}$ no siempre existe y por ello conviene realizar un análisis local para ver si existe inversa en el entorno de un determinado punto.

Función localmente invertible

Dada la función $\overline{f} : A \subset \mathbb{R}^n \to \mathbb{R}^n$ donde A es un conjunto abierto en $\mathbb{R}^n$ y siendo $\overline{a}$ un punto de A, se dice que $\overline{f}$ es *localmente invertible* en $\overline{a}$ si existe un subconjunto abierto A^* de A que contiene al punto $\overline{a}$ de forma que la restricción de $\overline{f}$ al conjunto A^* sea invertible.

Recuérdese que la restricción de $\overline{f}$ al conjunto A^* es la función $\overline{g} : A^* \to \mathbb{R}^n$ definida por $\overline{g}(\overline{x}) = \overline{f}(\overline{x})$ con $\overline{x} \in A^*$.

3.4. DERIVACIÓN DE FUNCIONES INVERSAS

El *teorema de la función inversa* aporta condiciones suficientes para que la función $\overline{f} : A \subset \mathbb{R}^n \to \mathbb{R}^n$ tenga inversa $\overline{f}^{-1}$ en un entorno del punto $\overline{a} \in A$ y la posibilidad de calcular las derivadas parciales de $\overline{f}^{-1}$, sin necesidad de conocerla, utilizando convenientemente las derivadas parciales de $\overline{f}$.

■ **Teorema (Teorema de la función inversa).** *Dada la función* $\overline{f} : A \subset \mathbb{R}^n \to \mathbb{R}^n$ *siendo A un conjunto abierto y considerando un punto* $\overline{a} \in A$, *si la función* $\overline{f}$ *es de clase* C^1 *en A y el determinante de la matriz jacobiana de* $\overline{f}$ *en* $\overline{a}$ *es distinto de cero,* $|Jf(\overline{a})| \neq 0$, *entonces* $\overline{f}$ *tiene inversa local de clase* C^1 *en* $\overline{a}$ *que verifica*

$$J\left[\overline{f}^{-1}(\overline{y})\right] = \left[J\overline{f}(\overline{x})\right]^{-1}, \quad \forall \overline{y} \in B \text{ con } \overline{y} = \overline{f}(\overline{x}).$$

Además si $\overline{f}$ *es de clase* C^k *en A, entonces* $\overline{f}^{-1}$ *es también de clase* C^k *en B.*

Como caso particular una condición suficiente de existencia de función inversa para una función real de variable real es que en el punto considerado su derivada sea distinta de cero.

■ **Ejemplo 3.8** Sea $y = \text{sen}\, x$, calculemos la inversa en el punto imagen de $x = \frac{\pi}{4}$. Tenemos que

$$\left(\frac{dy}{dx}\right)_{x=\frac{\pi}{4}} = (\cos x)_{\frac{\pi}{4}} = \frac{\sqrt{2}}{2}$$

aplicando el teorema de la función inversa resulta

$$\left(\frac{dx}{dy}\right)_{y=\frac{\sqrt{2}}{2}} = \frac{1}{\left(\frac{dy}{dx}\right)_{x=\frac{\pi}{4}}} = \frac{2}{\sqrt{2}}.$$

Podemos comprobar que el resultado es correcto porque la inversa de $y = \text{sen}\, x$ es $x = \text{arc sen}\, y$, de lo que resulta

$$\left(\frac{dx}{dy}\right)_{x=\frac{\pi}{4}} = \left(\frac{1}{\sqrt{1-y^2}}\right)_{x=\frac{\pi}{4}} = \frac{1}{\sqrt{1-\text{sen}^2\,\frac{\pi}{4}}} = \frac{1}{\sqrt{1-\left(\frac{\sqrt{2}}{2}\right)^2}} = \frac{1}{\sqrt{1-\frac{1}{2}}} = \frac{1}{\sqrt{\frac{1}{2}}} = \sqrt{2}$$

como habíamos obtenido anteriormente.

___

■ **Ejemplo 3.9** Sea $F : \mathbb{R}^2 \to \mathbb{R}^2$ dada por $F(x,y) = (u,v) = (e^x, e^y)$. Calculemos la diferencial de F^{-1} en $(1,1)$.

Obsérvese que el punto $(u,v) = (1,1)$ es imagen del punto $(x,y) = (0,0)$. Si calculamos el jacobiano de F en ese punto resulta ser distinto de cero,

$$\left|\left(\frac{\partial(F_1, F_2)}{\partial(x,y)}\right)\right|_{(0,0)} = \left|\begin{array}{cc} e^x & 0 \\ 0 & e^y \end{array}\right|_{(0,0)} = \left|\begin{array}{cc} 1 & 0 \\ 0 & 1 \end{array}\right| = 1 \neq 0,$$

por lo que podemos aplicar el teorema de la función inversa y resulta

$$dF^{-1}(1,1) = [dF(0,0)]^{-1} = \left[\left(\begin{array}{cc} \dfrac{\partial e^x}{\partial x} & \dfrac{\partial e^x}{\partial y} \\ \dfrac{\partial e^y}{\partial x} & \dfrac{\partial e^y}{\partial y} \end{array}\right)_{(0,0)}\right]^{-1} =$$

$$= \left[\left(\begin{array}{cc} e^x & 0 \\ 0 & e^y \end{array}\right)_{(0,0)}\right]^{-1} = \left(\begin{array}{cc} 1 & 0 \\ 0 & 1 \end{array}\right)^{-1} = \left(\begin{array}{cc} 1 & 0 \\ 0 & 1 \end{array}\right).$$

A este resultado podríamos haber llegado explícitamente ya que la función F se invierte fácilmente pues

$$F(x,y) = (e^x, e^y) \qquad \Leftrightarrow \qquad F^{-1}(u,v) = (\ln u, \ln v)$$

porque

$$\begin{cases} u = e^x \\ v = e^y \end{cases} \quad \Leftrightarrow \quad \begin{cases} x = \ln u \\ y = \ln v, \end{cases} \qquad u, v > 0.$$

De donde se deduce que

$$dF^{-1}(1,1) = \begin{pmatrix} \dfrac{\partial \ln u}{\partial u} & \dfrac{\partial \ln u}{\partial v} \\ \dfrac{\partial \ln v}{\partial u} & \dfrac{\partial \ln v}{\partial v} \end{pmatrix}_{(1,1)} = \begin{pmatrix} \frac{1}{u} & 0 \\ 0 & \frac{1}{v} \end{pmatrix}_{(1,1)} = \begin{pmatrix} 1 & 0 \\ 0 & 1 \end{pmatrix},$$

que coincide con lo obtenido por el teorema de la función inversa.

3.5 DEPENDENCIA FUNCIONAL Y DEPENDENCIA LINEAL

Dependencia funcional

Sean un conjunto abierto $A \subset \mathbb{R}^n$ y m funciones reales $f_1, f_2, ..., f_m$ definidas en A. Por definición diremos que las funciones $f_1, f_2, ..., f_m$ son *funcionalmente dependientes* en el conjunto A si existe un conjunto $B \subset \mathbb{R}^m$ y una función real continua $F : B \to \mathbb{R}$ no nula en todo un entorno de cada punto de A y de forma que

$$F\left[f_1(\overline{x}), f_2(\overline{x}), \ldots, f_m(\overline{x})\right] = 0, \qquad \forall \overline{x} \in A.$$

Las funciones $f_1, f_2, ..., f_m$ son *funcionalmente independientes* en A cuando no son funcionalmente dependientes en A.

■ **Ejemplo 3.10** Las funciones

$$f(x,y) = x + y, \qquad g(x,y) = x^2 + y^2, \qquad h(x,y) = xy,$$

son funcionalmente dependientes en todo $\mathbb{R}^2$ ya que teniendo en cuenta la relación existente entre ellas dada por

$$(f(x,y))^2 - g(x,y) - 2h(x,y) = 0,$$

podemos considerar la función $F : \mathbb{R}^3 \to \mathbb{R}$ definida por $F(u,v,w) = u^2 - v - 2w$, la cual es no nula en el entorno de cada punto de $\mathbb{R}^3$ y sin embargo al sustituir en ella las variables u, v y w por las funciones f, g y h expresadas en sus variables x e y se tiene que

$$F\left[f(x,y), g(x,y), h(x,y)\right] = (f(x,y))^2 - g(x,y) - 2h(x,y) = (x+y)^2 - (x^2 + y^2) - 2xy = 0,$$

$\forall (x,y) \in \mathbb{R}^2$.

■ **Ejemplo 3.11** Las funciones $f(x) = \operatorname{sen} x$ y $g(x) = \cos x$ son funcionalmente dependientes en $\mathbb{R}$ ya que al considerar la función $F(u,v) = u^2 + v^2 - 1$, ésta es no nula en un entorno de cada punto de $\mathbb{R}^2$ y verifica que

$$F\left[f(x), g(x)\right] = F\left[\operatorname{sen} x, \cos x\right] = \operatorname{sen}^2 x + \cos^2 x - 1 = 0, \qquad \forall x \in \mathbb{R}.$$

Consecuencias inmediatas de la definición de dependencia funcional son:

a) Si las funciones reales $f_1, f_2, \ldots, f_m$ definidas en $A \subset \mathbb{R}^n$ son funcionalmente dependientes en A, también lo son en cualquier subconjunto B tal que $B \subset A$, pero no tienen por qué serlo en un conjunto C tal que $C \supset A$.

b) Dadas las funciones reales $f_1, f_2, \ldots, f_m, f_{m+1}, \ldots, f_p$ definidas en $A \subset \mathbb{R}^n$ y siendo $f_1, f_2, \ldots, f_m$ funcionalmente dependientes en A, entonces las funciones $f_1, f_2, \ldots, f_m, f_{m+1}, \ldots, f_p$ también son funcionalmente dependientes en A. Dicho más brevemente, si las funciones de un conjunto son funcionalmente dependientes también lo son las de cualquier otro conjunto que contenga al primero.

Condición necesaria de dependencia funcional

Sean h funciones reales $f_1, f_2, \ldots, f_h$, cada una de ellas de n variables $x_1, x_2, \ldots, x_n$, con $h \leq n$ y de clase C^1 en un conjunto abierto $A \subset \mathbb{R}^n$. Si las funciones $f_1, f_2, \ldots, f_h$ son funcionalmente dependientes en A, entonces existen h variables $x_{i_1}, x_{i_2}, \ldots, x_{i_h}$ de entre las $x_1, x_2, \ldots, x_h, \ldots, x_n$ de forma que el jacobiano de $f_1, f_2, \ldots, f_h$ respecto de ellas se anula en todos los puntos de A, es decir

$$\left| \left(\frac{\partial(f_1, f_2, \ldots, f_h)}{\partial(x_{i_1}, x_{i_2}, \ldots, x_{i_h})} \right)(\overline{x}) \right| = 0, \qquad \forall \overline{x} \in A.$$

Esta condición nos permite afirmar que si el determinante jacobiano de las funciones $f_1, f_2, \ldots, f_h$ respecto de h variables de entre las $x_1, x_2, \ldots, x_h, \ldots, x_n$ no se anula en algún punto de A, entonces las funciones $f_1, f_2, \ldots, f_h$ son funcionalmente independientes en A.

Dos importantes resultados se deducen de esta condición necesaria:

a) Si $f_1, f_2, \ldots, f_m$ son funciones reales de clase C^1 en $A \subset \mathbb{R}^n$, con $m \leq n$, y tales que son funcionalmente dependientes en A, entonces todos los menores de orden m de la matriz jacobiana

$$\left(\frac{\partial(f_1, f_2, \ldots, f_m)}{\partial(x_1, x_2, \ldots, x_n)}(\overline{x}) \right)$$

se anulan en A.

b) Si las funciones reales $f_1, f_2, \ldots, f_m$, de clase C^1 en $A \subset \mathbb{R}^n$, con $m \leq n$, son tales que el rango de la matriz

$$\left(\frac{\partial(f_1, f_2, \ldots, f_m)}{\partial(x_1, x_2, \ldots, x_n)}(\overline{x}) \right)$$

vale m en algún punto, entonces las funciones dadas son funcionalmente independientes en A.

Los dos ejemplos que se presentan a continuación hacen referencia a los resultados anteriores.

■ **Ejemplo 3.12** Las funciones

$$f_1(x, y, z, t) = x + y + z + t$$

$$f_2(x, y, z, t) = x^2 + y^2 + z^2 + t^2$$

$$f_3(x, y, z, t) = xy + xz + xt + yz + yt + zt$$

son funcionalmente dependientes en $A = \mathbb{R}^4$, pues la función $F : \mathbb{R}^3 \to \mathbb{R}$ definida como $F(u, v, w) = u^2 - v - 2w$ es no nula en cualquier entorno de cada punto de $\mathbb{R}^3$ y verifica que

$$F\left[f_1(x, y, z, t), f_2(x, y, z, t), f_3(x, y, z, t) \right] =$$

$$= [f_1(x, y, z, t)]^2 - f_2(x, y, z, t) - 2f_3(x, y, z, t) =$$

$$= (x + y + z + t)^2 - (x^2 + y^2 + z^2 + t^2) - 2(xy + xz + xt + yz + yt + zt) = 0.$$

Si consideramos la matriz jacobiana de las funciones dadas es

$$J = \left(\frac{\partial(f_1, f_2, f_3)}{\partial(x, y, z, t)} \right) = \begin{pmatrix} 1 & 1 & 1 & 1 \\ 2x & 2y & 2z & 2t \\ y + z + t & x + z + t & x + y + t & x + y + z \end{pmatrix}$$

y en ella todos los menores de orden tres son nulos al ser

$$\begin{vmatrix} 1 & 1 & 1 \\ 2x & 2y & 2z \\ y+z+t & x+z+t & x+y+t \end{vmatrix} = 2 \begin{vmatrix} 1 & 1 & 1 \\ x & y & z \\ y+z+t & x+z+t & x+y+t \end{vmatrix} =$$

$$= 2 \begin{vmatrix} 1 & 1 & 1 \\ x & y & z \\ x+y+z+t & x+y+z+t & x+y+z+t \end{vmatrix} =$$

$$= 2(x+y+z+t) \begin{vmatrix} 1 & 1 & 1 \\ x & y & z \\ 1 & 1 & 1 \end{vmatrix} = 0$$

y, procediendo en forma análoga,

$$\begin{vmatrix} 1 & 1 & 1 \\ 2x & 2y & 2t \\ y+z+t & x+z+t & x+y+z \end{vmatrix} = 2(x+y+z+t) \begin{vmatrix} 1 & 1 & 1 \\ x & y & t \\ 1 & 1 & 1 \end{vmatrix} = 0.$$

Igual ocurre con los otros dos menores.

■ **Ejemplo 3.13** Las funciones

$$f_1(x_1, x_2, x_3, x_4) = x_1 + x_2 + x_3 + x_4$$
$$f_2(x_1, x_2, x_3, x_4) = x_1^2 + x_2^2 + x_3^2 + x_4^2$$
$$f_3(x_1, x_2, x_3, x_4) = x_1^3 + x_2^3 + x_3^3 + x_4^3$$

son funcionalmente independientes en todo conjunto $A \subset \mathbb{R}^4$ que contenga al punto $(1, 2, 0, 0)$ ya que el rango de la matriz

$$\left(\frac{\partial(f_1, f_2, f_3)}{\partial(x_1, x_2, x_3, x_4)} \right) = \begin{pmatrix} 1 & 1 & 1 & 1 \\ 2x_1 & 2x_2 & 2x_3 & 2x_4 \\ 3x_1^2 & 3x_2^2 & 3x_3^2 & 3x_4^2 \end{pmatrix}$$

vale tres en el punto $(1, 2, 0, 0)$, pues es

$$\begin{pmatrix} 1 & 1 & 1 & 1 \\ 2 & 4 & 0 & 0 \\ 3 & 12 & 0 & 0 \end{pmatrix}$$

y el menor formado por las tres primeras columnas vale

$$\begin{vmatrix} 1 & 1 & 1 \\ 2 & 4 & 0 \\ 3 & 12 & 0 \end{vmatrix} = \begin{vmatrix} 2 & 4 \\ 3 & 12 \end{vmatrix} = 12 \neq 0.$$

Una condición suficiente de dependencia funcional

Si A es un conjunto abierto de $\mathbb{R}^n$ y $f_1, f_2, \ldots, f_m$ son funciones reales de clase C^1 en A tales que el rango de la matriz jacobiana

$$\left(\frac{\partial(f_1, f_2, ..., f_m)}{\partial(x_1, x_2, ..., x_n)}(\overline{x}) \right)$$

es r, para todo punto $\overline{x}$ de A, siendo $r < m \leq n$, entonces las funciones dadas son funcionalmente dependientes en A.

Condición necesaria y suficiente de dependencia funcional en el caso $m = n$

Es condición necesaria y suficiente para que las n funciones reales $f_1, f_2, \ldots, f_n$ de clase C^1 en $A \subset \mathbb{R}^n$ sean funcionalmente dependientes en A, que

$$\left| \left(\frac{\partial(f_1, f_2, \ldots, f_n)}{\partial(x_1, x_2, \ldots, x_n)}(\overline{x}) \right) \right| = 0, \qquad \forall \overline{x} \in A.$$

■ **Ejemplo 3.14** Dadas las funciones

$$f_1(x, y, z) = x + y + z, \qquad f_2(x, y, z) = x^2 + y^2 + z^2, \qquad f_3(x, y, z) = x^3 + y^3 + z^3,$$

como es

$$\left| \left(\frac{\partial(f_1, f_2, f_3)}{\partial(x, y, z)}(x, y, z) \right) \right| = \begin{vmatrix} 1 & 1 & 1 \\ 2x & 2y & 2z \\ 3x^2 & 3y^2 & 3z^2 \end{vmatrix} = 6(y - x)(z - x)(z - y)$$

y este valor no es idénticamente nulo en $\mathbb{R}^3$, las funciones dadas no son funcionalmente dependientes y por tanto, son funcionalmente independientes en todo $\mathbb{R}^3$.

Cuando el número de funciones m es mayor que el de variables n, podemos considerarlas de m variables en la forma

$$f_1(x_1, x_2, \ldots, x_m) = f_1(x_1, x_2, \ldots, x_n) + 0x_{n+1} + 0x_{n+2} + \ldots + 0x_m$$
$$f_2(x_1, x_2, \ldots, x_m) = f_2(x_1, x_2, \ldots, x_n) + 0x_{n+1} + 0x_{n+2} + \ldots + 0x_m$$
$$\vdots$$
$$f_m(x_1, x_2, \ldots, x_m) = f_m(x_1, x_2, \ldots, x_n) + 0x_{n+1} + 0x_{n+2} + \ldots + 0x_m$$

ahora definidas en un conjunto $B \subset \mathbb{R}^m$. De este modo el determinante de la matriz jacobiana es idénticamente nulo en B, es decir

$$\left| \left(\frac{\partial(f_1, f_2, \ldots, f_m)}{\partial(x_1, x_2, \ldots, x_m)}(\overline{x}) \right) \right| = 0, \qquad \forall \overline{x} \in B,$$

ya que los elementos de sus últimas $m - n$ columnas son todos nulos, y en virtud del apartado anterior son funcionalmente dependientes en B.

■ **Ejemplo 3.15** Las funciones

$$f_1(x, y) = x^2 + y^2, \qquad f_2(x, y) = x^2 - y^2, \qquad f_3(x, y) = x^2 y^2,$$

son funcionalmente dependientes en todo $\mathbb{R}^2$, pues al considerar la nueva variable z podemos escribir

$$f_1(x, y) = f_1(x, y, z) = x^2 + y^2 + 0z$$
$$f_2(x, y) = f_2(x, y, z) = x^2 - y^2 + 0z$$
$$f_3(x, y) = f_3(x, y, z) = x^2 y^2 + 0z$$

y su matriz jacobiana es

$$\left(\frac{\partial(f_1, f_2, f_3)}{\partial(x, y, z)}(x, y, z) \right) = \begin{pmatrix} 2x & 2y & 0 \\ 2x & -2y & 0 \\ 2xy^2 & 2x^2 y & 0 \end{pmatrix},$$

cuyo determinante es idénticamente nulo.

La dependencia funcional de las funciones dadas se manifiesta al tener en cuenta que $(x^2 + y^2)^2 - (x^2 - y^2)^2 = 4x^2y^2$, y por tanto las funciones dadas verifican la relación

$$(f_1(x,y))^2 - (f_1(x,y))^2 = 4f_3(x,y).$$

Considerando la función $F : \mathbb{R}^3 \to \mathbb{R}$ definida como $F(u,v,w) = u^2 - v^2 - 4w$, la cual es no nula en un entorno de cada punto de $\mathbb{R}^3$ y al sustituir sus variables por las funciones dadas resulta idénticamente nula en todo $\mathbb{R}^2$, es decir

$$F\left[f_1(x,y), f_2(x,y), f_3(x,y)\right] = (x^2 + y^2)^2 - (x^2 - y^2)^2 - 4x^2y^2 = 0, \quad \forall(x,y) \in \mathbb{R}^2.$$

Dependencia lineal

En el espacio vectorial real de las funciones reales definidas en un conjunto $A \subset \mathbb{R}^n$ se establece que las funciones $f_1, f_2, \ldots, f_m$ son *linealmente dependientes* cuando existen tantos números reales $\lambda_1, \lambda_2, \ldots, \lambda_m$ como funciones, siendo alguno distinto de cero, de forma que en cada $\overline{x} \in A$ se tiene una combinación lineal nula, es decir,

$$\lambda_1 f_1(\overline{x}) + \lambda_2 f_2(\overline{x}) + \cdots + \lambda_m f_m(\overline{x}) = 0, \qquad \forall \overline{x} \in A.$$

De las definiciones dadas se deduce que si las funciones $f_1, f_2, \ldots, f_m$ son linealmente dependientes en $A \subset \mathbb{R}^n$, entonces también son funcionalmente dependientes.

■ **Ejemplo 3.16** Las funciones $f_1(x,y) = x^2 + y^2$, $f_2(x,y) = x^2 - y^2$ y $f_3(x,y) = 3x^2 + y^2$ son linealmente dependientes en $\mathbb{R}^2$, pues permiten formar la combinación lineal nula

$$2f_1(x,y) + 1f_2(x,y) + (-1)f_3(x,y) = 0, \qquad \forall(x,y) \in \mathbb{R}^2.$$

En el caso particular de que las funciones $f_1, f_2, \ldots, f_n$ sean de una sola variable, el estudio de la dependencia lineal presenta mayor comodidad ya que se dispone de los siguientes resultados:

■ **Definición.** *Dado el conjunto de funciones reales* $\{f_1, f_2, \ldots, f_m\}$ *definidas en el intervalo abierto* $I = (a;b)$ *de la recta real y supuestas todas ellas de clase* C^{m-1} *en I, se llama* wronskiano *de las funciones* $f_1, f_2, \ldots, f_m$ *a la aplicación de I en* $\mathbb{R}$ *definida por*

$$W(f_1, f_2, \ldots, f_m)(x) = \begin{vmatrix} f_1(x) & f_2(x) & \cdots & f_m(x) \\ f_1'(x) & f_2'(x) & \cdots & f_m'(x) \\ \vdots & \vdots & \ddots & \vdots \\ f_1^{(m-1)}(x) & f_2^{(m-1)}(x) & \cdots & f_m^{(m-1)}(x) \end{vmatrix}.$$

■ **Proposición 1 (Una condición necesaria de dependencia lineal).** *Si las funciones reales* $f_1, f_2, \ldots, f_m$ *de clase* C^{m-1} *en* $I = (a;b) \subset \mathbb{R}$ *son linealmente dependientes en I, entonces es*

$$W(f_1, f_2, \ldots, f_m)(x) = 0 \qquad \text{en todo } x \in I.$$

Consecuencia inmediata de esta proposición es que si en las hipótesis anteriores existe un punto $x_0 \in I$ tal que es $W(f_1, f_2, \ldots, f_m)(x_0) \neq 0$, entonces las funciones $f_1, f_2, \ldots, f_m$ son linealmente independientes en I.

■ **Ejemplo 3.17** Las funciones $f_1(x) = \cos x$, $f_2(x) = \operatorname{sen} x$, $f_3(x) = 1$ son linealmente independientes en $\mathbb{R}$, ya que

$$W(f_1, f_2, f_3)(x) = \begin{vmatrix} \cos x & \operatorname{sen} x & 1 \\ -\operatorname{sen} x & \cos x & 0 \\ -\cos x & -\operatorname{sen} x & 0 \end{vmatrix} = \operatorname{sen}^2 x + \cos^2 x = 1 \neq 0, \qquad \forall x \in \mathbb{R}.$$

Obsérvese que estas funciones son funcionalmente dependientes en $\mathbb{R}$ al verificar la relación $\operatorname{sen}^2 x + \cos^2 x = 1 \neq 0$, $\forall x \in \mathbb{R}$. Igual ocurre con las funciones $1 + x$, $1 - x$ y $1 - x^2$, como puede comprobarse.

La proposición recíproca de la anterior no es válida en el sentido de que existen funciones cuyo wronskiano es nulo en un conjunto y sin embargo son linealmente independientes.

■ **Proposición 2 (Una condición suficiente de dependencia lineal).** *Si las funciones reales $f_1, f_2, ..., f_m$ son de clase C^{m-1} en el intervalo $I = (a; b)$ de la recta real y verifican las dos condiciones:*

$$a) \qquad W(f_1, f_2, ..., f_m)(x) = 0 \qquad \text{en todo } x \in I,$$
$$b) \qquad W(f_1, f_2, ..., f_{m-1})(x) \neq 0 \qquad \text{en todo } x \in I,$$

entonces las funciones $f_1, f_2, ..., f_m$ son linealmente dependientes en I.

■ **Ejemplo 3.18** Las funciones $f_1(x) = \operatorname{ch} x$, $f_2(x) = \operatorname{sh} x$, $f_3(x) = e^x$ son de clase C^2 en $\mathbb{R}$ y verifican

$$a) \qquad W(f_1, f_2, f_3)(x) = \begin{vmatrix} \operatorname{ch} x & \operatorname{sh} x & e^x \\ \operatorname{sh} x & \operatorname{ch} x & e^x \\ \operatorname{ch} x & \operatorname{sh} x & e^x \end{vmatrix} = 0, \qquad \forall x \in \mathbb{R},$$

$$b) \qquad W(f_1, f_2)(x) = \begin{vmatrix} \operatorname{ch} x & \operatorname{sh} x \\ \operatorname{sh} x & \operatorname{ch} x \end{vmatrix} = \operatorname{ch}^2 x - \operatorname{sh}^2 x = 1 \neq 0, \qquad \forall x \in \mathbb{R},$$

y por tanto según la proposición anterior son linealmente dependientes.

Obsérvese que la dependencia lineal de estas funciones se comprueba de forma inmediata al ser $e^x = \operatorname{ch} x + \operatorname{sh} x$ y por tanto se tiene la combinación lineal nula en $\mathbb{R}$ con coeficientes no todos nulos dada por

$$1 \operatorname{ch} x + 1 \operatorname{sh} x + (-1)e^x = 0.$$

■ **Proposición 3 (Una condición necesaria y suficiente de dependencia lineal para funciones reales de variable real).** *Dadas las funciones reales $f_1, f_2, ..., f_n$ continuas en $[a; b]$, una condición necesaria y suficiente para que sean linealmente dependientes en $[a; b]$ es que $\det(G) = 0$, siendo $G = (g_{ij})$ la matriz de Gram de las funciones dadas, definida como*

$$g_{ij} = \int_a^b f_i(x) \cdot f_j(x)dx, \qquad i, j = 1, 2, ..., n.$$

■ **Ejemplo 3.19** Analicemos con esta condición la dependencia lineal de las funciones

$$f_1(x) = e^x + e^{-x}, \qquad f_2(x) = e^x - e^{-x} \qquad \text{y} \qquad f_3(x) = 2e^{-x}$$

en el intervalo $[0; 1]$.

Los elementos necesarios para formar la matriz de Gram son

$$g_{11} = \int_0^1 f_1(x) \cdot f_1(x)dx = \int_0^1 (e^x + e^{-x})^2 dx = \int_0^1 (e^{2x} + e^{-2x} + 2)dx =$$

$$= \frac{1}{2}\left[e^{2x}\right]_0^1 - \frac{1}{2}\left[e^{-2x}\right]_0^1 + 2\left[x\right]_0^1 = \frac{1}{2}(e^2 - 1) - \frac{1}{2}(e^{-2} - 1) + 2 = \frac{1}{2}e^2 - \frac{1}{2}e^{-2} + 2$$

$$g_{12} = g_{21} = \int_0^1 f_1(x) \cdot f_2(x)dx = \int_0^1 (e^x + e^{-x})(e^x - e^{-x})dx = \int_0^1 (e^{2x} - e^{-2x})dx =$$

$$= \frac{1}{2} \left[e^{2x} + e^{-2x} \right]_0^1 = \frac{1}{2}(e^2 + e^{-2} - 2) = \frac{1}{2}e^2 + \frac{1}{2}e^{-2} - 1$$

$$g_{13} = g_{31} = \int_0^1 f_1(x) \cdot f_3(x)dx = \int_0^1 (e^x + e^{-x})2e^{-x}dx = 2\int_0^1 (1 + e^{-2x})dx =$$

$$= 2 \left[x - \frac{1}{2}e^{-2x} \right]_0^1 = 2 \left[(1 - \frac{1}{2}e^{-2}) - (0 - \frac{1}{2}) \right] = -e^{-2} + 3$$

$$g_{22} = \int_0^1 f_2(x) \cdot f_2(x)dx = \int_0^1 (e^x - e^{-x})^2 dx = \int_0^1 (e^{2x} + e^{-2x} - 2)dx =$$

$$= \frac{1}{2} \left[e^{2x} \right]_0^1 - \frac{1}{2} \left[e^{-2x} \right]_0^1 - 2 \left[x \right]_0^1 = (\frac{1}{2}e^2 - \frac{1}{2}e^{-2} - 2) - (\frac{1}{2} - \frac{1}{2}) = \frac{1}{2}e^2 - \frac{1}{2}e^{-2} - 2$$

$$g_{23} = g_{32} = \int_0^1 f_2(x) \cdot f_3(x)dx = \int_0^1 (e^x - e^{-x})2e^{-x}dx = 2\int_0^1 (1 - e^{-2x})dx =$$

$$= 2 \left[x + \frac{1}{2}e^{-2x} \right]_0^1 = 2 \left[(1 + \frac{1}{2}e^{-2}) - (0 + \frac{1}{2}) \right] = e^{-2} + 1$$

$$g_{33} = \int_0^1 f_3(x) \cdot f_3(x)dx = \int_0^1 (2e^{-x})(2e^{-x})dx = 4\int_0^1 e^{-2x}dx =$$

$$= -2 \left[e^{-2x} \right]_0^1 = -2(e^{-2} - 1) = -2e^{-2} + 2$$

La matriz de Gram es

$$G = \begin{pmatrix} \frac{1}{2}e^2 - \frac{1}{2}e^{-2} + 2 & \frac{1}{2}e^2 + \frac{1}{2}e^{-2} - 1 & -e^{-2} + 3 \\ \frac{1}{2}e^2 + \frac{1}{2}e^{-2} - 1 & \frac{1}{2}e^2 - \frac{1}{2}e^{-2} - 2 & e^{-2} + 1 \\ -e^{-2} + 3 & e^{-2} + 1 & -2e^{-2} + 2 \end{pmatrix}$$

y su determinante

$$\det G = \begin{vmatrix} \frac{1}{2}e^2 - \frac{1}{2}e^{-2} + 2 & \frac{1}{2}e^2 + \frac{1}{2}e^{-2} - 1 & -e^{-2} + 3 \\ \frac{1}{2}e^2 + \frac{1}{2}e^{-2} - 1 & \frac{1}{2}e^2 - \frac{1}{2}e^{-2} - 2 & e^{-2} + 1 \\ -e^{-2} + 3 & e^{-2} + 1 & -2e^{-2} + 2 \end{vmatrix}$$

es nulo porque la primera columna es suma de las otras dos.

Obsérvese que las funciones dadas verifican la relación $f_1(x) - f_2(x) - f_3(x) = 0$, por lo que son linealmente dependientes sin necesidad de haber utilizado la propiedad anterior.

3.6 Funciones homogéneas

La función $f : A \subset \mathbb{R}^n \to \mathbb{R}$ se dice que es *homogénea* de grado $\alpha \in \mathbb{R}$, si para todo $\lambda \in \mathbb{R}$ y todo $\overline{x} \in A$ se verifica la igualdad

$$f(\lambda \overline{x}) = \lambda^\alpha f(\overline{x}).$$

La función que cumple esta misma definición cuando $\lambda \in \mathbb{R}^+$ se dice que es *positivamente homogénea*.

■ **Ejemplo 3.20** La función $f(x, y) = x^2 + xy + y^2$ es homogénea de grado $\alpha = 2$ en $\mathbb{R}^2$, ya que

$$f(\lambda x, \lambda y) = (\lambda x)^2 + (\lambda x)(\lambda y) + (\lambda y)^2 = \lambda^2(x^2 + xy + y^2) = \lambda^2 f(x, y), \quad \forall \lambda \in \mathbb{R}.$$

■ **Ejemplo 3.21** La función

$$g(x, y, z) = \sqrt{\frac{1}{x} + \frac{1}{y} + \frac{1}{z}}$$

es positivamente homogénea de grado $\alpha = -\frac{1}{2}$ en el conjunto $A = \{(x, y, z) \in \mathbb{R}^3 : \frac{1}{x} + \frac{1}{y} + \frac{1}{z} > 0\}$, ya que

$$g(\lambda x, \lambda y, \lambda z) = \sqrt{\frac{1}{\lambda x} + \frac{1}{\lambda y} + \frac{1}{\lambda z}} = \sqrt{\frac{1}{\lambda}}\sqrt{\frac{1}{x} + \frac{1}{y} + \frac{1}{z}} = \lambda^{-\frac{1}{2}} g(x, y, z) \quad \text{con} \quad \lambda \in \mathbb{R}^+.$$

■ **Ejemplo 3.22** La función $h(x, y) = +\sqrt{x^2 + y^2}$ verifica para todo λ real que

$$h(\lambda x, \lambda y) = +\sqrt{(\lambda x)^2 + (\lambda y)^2} = |\lambda|\left(+\sqrt{x^2 + y^2}\right) = |\lambda| h(x, y)$$

y sólo cuando es $\lambda \in \mathbb{R}^+$ se verifica $h(\lambda x, \lambda y) = \lambda h(x, y)$, y por tanto la función es positivamente homogénea de grado 1 en todo $\mathbb{R}^2$.

Propiedades de las funciones homogéneas

a) Si f y g son funciones homogéneas de grado α en un conjunto $A \subset \mathbb{R}^n$, entonces la función $f + g$ es también homogénea de grado α en A.

■ **Ejemplo 3.23** Las funciones $f(x, y) = x^3 + x^2 y$ y $g(x, y) = xy^2 + y^3$ son homogéneas de grado 3 en $\mathbb{R}^2$, por lo que la función suma $(f + g)(x, y) = x^3 + x^2 y + xy^2 + y^3$ es también homogénea de grado 3.

b) Si f es una función homogénea de grado α en un conjunto $A \subset \mathbb{R}^n$, entonces la función kf es también homogénea de grado α en A, siendo k cualquier constante real.

■ **Ejemplo 3.24** La función $f(x, y) = x^2 + xy$ es homogénea de grado 2 en $\mathbb{R}^2$, por lo que la función $(3f)(x, y) = 3x^2 + 3xy$ es también homogénea de grado 2.

c) Si f y g son funciones homogéneas en un conjunto $A \subset \mathbb{R}^n$, de grados respectivos α y β, entonces la función producto $f \cdot g$ es también homogénea en A de grado $\alpha + \beta$.

d) Si f y g son funciones homogéneas en un conjunto $A \subset \mathbb{R}^n$, de grados respectivos α y β, entonces la función cociente f/g es también homogénea en A de grado $\alpha - \beta$, supuesto $g(x) \neq 0, \forall x \in A$.

■ **Ejemplo 3.25** Las funciones $f(x, y) = x^2 + xy$ y $g(x, y) = \frac{1}{x} + \frac{1}{y}$ son homogéneas de grados 2 y -1 respectivamente, por lo que la función producto $(f \cdot g)(x, y) = (x^2 + xy)(\frac{1}{x} + \frac{1}{y})$ es también homogénea de grado 1 y la función cociente $(f/g)(x, y) = (x^2 + xy)/(\frac{1}{x} + \frac{1}{y})$ es también homogénea de grado 3, siempre que sea $xy \neq 0$.

e) Si la función $f : A \subset \mathbb{R}^n \to \mathbb{R}$ es homogénea en A y el conjunto A contiene a los puntos de la bola unidad, entonces la función está determinada por los valores que toma en dicha bola, es decir

$$f(\overline{x}) = ||\overline{x}||^\alpha f\left(\frac{\overline{x}}{||\overline{x}||}\right), \qquad \forall \overline{x} \in A, \overline{x} \neq \overline{0}.$$

f) Si la función $f : A \subset \mathbb{R}^n \to \mathbb{R}$ es de clase C^1 y homogénea de grado α en el conjunto A, entonces sus derivadas parciales de primer orden

$$D_1 f(\overline{x}), \; D_2 f(\overline{x}), \dots, \; D_n f(\overline{x}),$$

son funciones homogéneas de grado $\alpha - 1$ en A.

Esta propiedad es reiterativa en el sentido de que si la función $f : A \subset \mathbb{R}^n \to \mathbb{R}$ es de clase C^2 y homogénea de grado α sus derivadas parciales de segundo orden son también homogéneas de grado $\alpha - 1 - 1 = \alpha - 2$, y así sucesivamente.

g) Teorema de Euler:

■ **Teorema (Teorema de Euler).** *Si la función $f : A \subset \mathbb{R}^n \to \mathbb{R}$ es de clase C^1 en A y homogénea de grado α, entonces para cada $\overline{x} = (x_1, x_2, ..., x_n) \in A$ se verifica la igualdad*

$$x_1 \frac{\partial f}{\partial x_1}(\overline{x}) + x_2 \frac{\partial f}{\partial x_2}(\overline{x}) + \cdots + x_n \frac{\partial f}{\partial x_n}(\overline{x}) = \alpha f(\overline{x}),$$

o bien $\overline{x} \cdot \nabla f(\overline{x}) = \alpha f(\overline{x})$.

h) El recíproco del teorema de Euler persiste para las funciones positivamente homogéneas dando condiciones suficientes para este tipo de homogeneidad. Se establece en la forma siguiente:

■ **Teorema.** *Si la función $f : A \subset \mathbb{R}^n \to \mathbb{R}$ es de clase C^1 en A y en cada uno de los puntos $\overline{x} = (x_1, x_2, \dots, x_n) \in A$ se verifica la igualdad*

$$x_1 \frac{\partial f}{\partial x_1}(\overline{x}) + x_2 \frac{\partial f}{\partial x_2}(\overline{x}) + \cdots + x_n \frac{\partial f}{\partial x_n}(\overline{x}) = \alpha f(\overline{x}),$$

entonces f es una función positivamente homogénea en A siendo α su grado de homogeneidad.

Teniendo en cuenta que las derivadas parciales de una función homogénea son también funciones homogéneas, se puede obtener una expresión más general de la tesis del teorema de Euler. Vamos a realizarlo con una función de dos variables.

Sea $z = f(x, y)$ una función de clase C^k y homogénea de grado α en $A \subset \mathbb{R}^2$. Por el teorema de Euler podemos escribir en cada punto $(x, y) \in A$

$$f_x(x, y)x + f_y(x, y)y = \alpha f(x, y).$$

Como f_x y f_y son funciones homogéneas de grado $\alpha - 1$, por el propio teorema aplicado a cada una de ellas se obtienen las igualdades

$$f_{x^2}(x, y)x + f_{xy}(x, y)y = (\alpha - 1)f_x(x, y),$$
$$f_{yx}(x, y)x + f_{y^2}(x, y)y = (\alpha - 1)f_y(x, y).$$

Multiplicando las primera igualdad por x y la segunda por y, y sumando seguidamente las igualdades obtenidas resulta, de acuerdo con el teorema de Schwarz, la igualdad

$$f_{x^2}(x, y)x^2 + 2f_{xy}(x, y)xy + f_{y^2}(x, y)y^2 = (\alpha - 1)\left[f_x(x, y)x + f_y(x, y)y\right] =$$
$$= (\alpha - 1)\left[\alpha f(x, y)\right] = \alpha(\alpha - 1)f(x, y),$$

es decir

$$f_{x^2}(x,y)x^2 + 2f_{xy}(x,y)xy + f_{y^2}(x,y)y^2 = \alpha(\alpha - 1)f(x,y),$$

que es el teorema de Euler para las derivadas parciales de segundo orden. En forma simbólica la igualdad se escribe

$$(f_x(x,y)x + f_y(x,y)y)^{(2)} = \alpha(\alpha - 1)f(x,y).$$

Con las derivadas parciales de tercer orden se tiene, al proceder de forma análoga,

$$(f_x(x,y)x + f_y(x,y)y)^{(3)} = \alpha(\alpha - 1)(\alpha - 2)f(x,y),$$

lo que significa

$$f_{x^3}(x,y)x^3 + 3f_{x^2y}(x,y)x^2y + 3f_{xy^2}(x,y)xy^2 + f_{y^3}(x,y)y^3 = \alpha(\alpha - 1)(\alpha - 2)f(x,y),$$

y siguiendo el proceso se tendrá para las derivadas parciales de orden k

$$(f_x(x,y)x + f_y(x,y)y)^{(k)} = \alpha(\alpha - 1)\cdots(\alpha - k + 1)f(x,y).$$

Razonando de forma análoga si la función es de n variables de clase C^k y homogénea de orden α en $A \subset \mathbb{R}^n$, se tiene que

$$(f_{x_1}(x_1, x_2, ..., x_n)x_1 + f_{x_2}(x_1, x_2, ..., x_n)x_2 + ... + f_{x_n}(x_1, x_2, ..., x_n)x_n)^{(k)} =$$
$$= \alpha(\alpha - 1)\cdots(\alpha - k + 1)f(x_1, x_2, ..., x_n).$$

PROBLEMAS RESUELTOS

▶ **3.1** Analícese la existencia de función implícita definida por la ecuación $x^2 + y^2 - 25 = 0$.

RESOLUCIÓN.

La ecuación dada $x^2 + y^2 = 25$ es la expresión analítica de la circunferencia centrada en el origen y radio 5. La gráfica de esta circunferencia es muy insinuante para nuestros fines.

Pensando en la posibilidad de que la ecuación dada defina implícitamente a y como función de x de la forma $y = f(x)$, despejamos y en la ecuación siendo $y = \pm\sqrt{25 - x^2}$ con lo cual resultan las funciones

$$f_1(x) = +\sqrt{25 - x^2} \qquad y \qquad f_2(x) = -\sqrt{25 - x^2}$$

cuyo dominio para ambas es el intervalo $[-5; 5]$ y los recorridos respectivos son $[0; 5]$ para f_1 y $[-5; 0]$ para f_2.

De acuerdo con la definición de función implícita podemos asegurar que en un entorno de cada punto (x_0, y_0) que verifique $x_0^2 + y_0^2 = 25$ y sea $y_0 > 0$, la ecuación $x^2 + y^2 - 25 = 0$ define implícitamente a y como función de x dada por

$$y = +\sqrt{25 - x^2}.$$

Del mismo modo, en un entorno de cada punto (x_0, y_0) que cumpla $x_0^2 + y_0^2 = 25$ siendo $y_0 < 0$ la ecuación dada también define implícitamente a y como función de x, ahora como

$$y = -\sqrt{25 - x^2}.$$

En los puntos $(-5, 0)$ y $(5, 0)$ no se verifica la definición de función implícita al incumplir la condición de unicidad.

Si en vez de utilizar la definición de función implícita consideramos el teorema de existencia para una ecuación se tiene que la ecuación $F(x, y) = 0$ con $F(x, y) = x^2 + y^2 - 25$ define implícitamente a y como función de x en un entorno del punto (x_0, y_0) si se verifican las condiciones:

a) $F(x_0, y_0) = 0$, es decir $x_0^2 + y_0^2 = 25$.

b) F es diferenciable en el punto (x_0, y_0), lo cual se cumple para esta función al ser polinómica y por tanto es de clase C^1.

c) Ha de ser

$$\left(\frac{\partial F}{\partial y}\right)_{(x_0, y_0)} \neq 0,$$

es decir $2y_0 \neq 0$.

Con lo cual las tres condiciones se cumplen en los puntos (x_0, y_0) que verifican $x_0^2 + y_0^2 = 25$, siendo $y_0 \neq 0$

Razonando de forma análoga resulta que la ecuación $x^2 + y^2 - 25 = 0$ define implícitamente a x como función de y de la forma $x = g(y)$ en cada punto (x_0, y_0) que verifique $x_0^2 + y_0^2 = 25$ con $x_0 \neq 0$ mediante la función

$$x = g_1(y) = +\sqrt{25 - y^2}$$

cuando sea $x_0 > 0$ y con la función

$$x = g_2(y) = -\sqrt{25 - y^2}$$

si es $x_0 < 0$.

► 3.2 Si $z = z(x, y)$ es la función diferenciable definida implícitamente por la ecuación $z^3 + x^2 z - y^2 z - 1 = 0$ y si es $z(2, -2) = 1$, obténgase dz y $\frac{\partial^2 z}{\partial x \partial y}$ en el punto $(2, -2, 1)$.

Resolución.

Para calcular dz consideramos la ecuación $F(x, y, z) = 0$ siendo $F(x, y, z) = z^3 + x^2 z - y^2 z - 1$ y seguiremos dos procedimientos.

Primer método: Por diferenciación total en la ecuación $F(x, y, z) = 0$ se tiene la igualdad

$$F_x dx + F_y dy + F_z dz = 0.$$

Si despejamos en ella se tiene que es

$$dz = -\frac{F_x}{F_z} dx - \frac{F_y}{F_z} dy.$$

Además como $z = z(x, y)$ es función diferenciable, es

$$dz = \frac{\partial z}{\partial x}(x, y) dx + \frac{\partial z}{\partial y}(x, y) dy$$

y por la unicidad de la diferencial se tiene que es

$$-\frac{F_x}{F_z} = \frac{\partial z}{\partial x} \qquad \text{y} \qquad -\frac{F_y}{F_z} = \frac{\partial z}{\partial y},$$

como son $F_x = 2xz$, $F_y = -2yz$ y $F_z = 3z^2 + x^2 - y^2$, resulta

$$dz = \frac{-2xz}{3z^2 + x^2 - y^2} dx + \frac{2yz}{3z^2 + x^2 - y^2} dy$$

y particularizando en el punto $(2, -2, 1)$ obtenemos

$$(dz)_{(2,-2,1)} = -\frac{4}{3}dx - \frac{4}{3}dy.$$

Segundo método: Derivando respecto de x en la ecuación $F(x, y, z) = 0$, teniendo en cuenta que es

$$F(x, y, z(x, y)) = 0$$

y aplicando la regla de la cadena, se tiene $F_x + F_z \cdot z_x = 0$, es decir, $2xz + (3z^2 + x^2 - y^2) \cdot z_x = 0$, de donde es

$$z_x = \frac{-2xz}{3z^2 + x^2 - y^2}.$$

Si ahora derivamos formalmente respecto de y obtenemos $F_y + F_z \cdot z_y = 0$ y queda

$$-2yz + (3z^2 + x^2 - y^2) \cdot z_y = 0 \quad \text{y por tanto es} \quad z_y = \frac{2yz}{3z^2 + x^2 - y^2}.$$

Si entramos en la expresión de $dz = z_x dx + z_y dy$ resulta

$$dz = \frac{-2xz}{3z^2 + x^2 - y^2}dx + \frac{2yz}{3z^2 + x^2 - y^2}dy.$$

Si particularizamos en el punto pedido es, finalmente, $(dz)_{(2,-2,1)} = -\frac{4}{3}dx - \frac{4}{3}dy.$

Por otra parte, $\dfrac{\partial^2 z}{\partial x \partial y} = \dfrac{-4xyz}{(3z^2 - x^2 - y^2)^2} \Rightarrow \dfrac{\partial^2 z}{\partial x \partial y}(2, -2, 1) = \dfrac{16}{25}$

▶ **3.3** Analícese si la ecuación

$$xy - x + 2z + e^{2z} - 2 = 0$$

define implícitamente a z como función diferenciable de x e y en un entorno del punto $P(1, 2, 0)$. En caso afirmativo obténganse dz y d^2z en un entorno de dicho punto.

RESOLUCIÓN.

Considerando la función $F(x, y, z) = xy - x + 2z + e^{2z} - 2$, se tiene:

1. $F(1, 2, 0) = 1 \cdot 2 - 1 + 2 \cdot 0 + e^{2 \cdot 0} - 2 = 2 - 1 + 0 + 1 - 2 = 0$.

2. F es diferenciable en un entorno del punto P pues es de clase C^1, ya que es continua y sus derivadas parciales de primer orden existen y son continuas en un entorno de este punto.

3. Como $\dfrac{\partial F}{\partial z} = 2 + 2e^{2z}$, su valor en el punto P es

$$\left(\frac{\partial F}{\partial z}\right)_{(1,2,0)} = 2 + 2e^{2 \cdot 0} = 4 \neq 0.$$

En consecuencia se cumplen las hipótesis del teorema de la función implícita para que la ecuación $F(x, y, z) = 0$ defina a z como función de x e y de la forma $z = z(x, y)$.

Diferenciando totalmente en la ecuación dada se tiene $F_x dx + F_y dy + F_z dz = 0$ y despejando dz resulta

$$dz = -\frac{F_x}{F_z}dx - \frac{F_y}{F_z}dy = -\frac{y-1}{2 + 2e^{2z}}dx - \frac{x}{2 + 2e^{2z}}dy,$$

es decir

$$dz = \frac{1}{2}\frac{1-y}{1+e^{2z}}dx - \frac{1}{2}\frac{x}{1+e^{2z}}dy.$$

Como es $z = z(x,y)$ y sabemos que $dz = \frac{\partial z}{\partial x}dx + \frac{\partial z}{\partial y}dy$, comparando con la expresión anterior tenemos las derivadas parciales primeras de z, siendo

$$\frac{\partial z}{\partial x} = \frac{1}{2}\frac{1-y}{1+e^{2z}} \qquad \text{y} \qquad \frac{\partial z}{\partial y} = -\frac{1}{2}\frac{x}{1+e^{2z}}.$$

Como sabemos que la diferencial segunda de z es

$$d^2z = \frac{\partial^2 z}{\partial x^2}dx^2 + 2\frac{\partial^2 z}{\partial x \partial y}dxdy + \frac{\partial^2 z}{\partial y^2}dy^2,$$

calculamos las derivadas parciales de segundo orden a partir de las de primer orden. De este modo resultan

$$\frac{\partial^2 z}{\partial x^2} = \frac{\partial}{\partial x}\left(\frac{\partial z}{\partial x}\right) = \frac{\partial}{\partial x}\left(\frac{1}{2}\frac{1-y}{1+e^{2z}}\right) = \frac{1}{2}(1-y)\frac{\partial}{\partial x}\left(\frac{1}{1+e^{2z}}\right) =$$

$$= \frac{1}{2}(1-y)\frac{-2e^{2z}\frac{\partial z}{\partial x}}{(1+e^{2z})^2} = (y-1)\frac{e^{2z}}{(1+e^{2z})^2}\frac{\partial z}{\partial x} =$$

$$= (y-1)\frac{e^{2z}}{(1+e^{2z})^2}\frac{1}{2}\frac{1-y}{1+e^{2z}} = -\frac{1}{2}(y-1)^2\frac{e^{2z}}{(1+e^{2z})^3}$$

$$\frac{\partial^2 z}{\partial x \partial y} = \frac{\partial^2 z}{\partial y \partial x} = \frac{\partial}{\partial x}\left(\frac{\partial z}{\partial y}\right) = \frac{\partial}{\partial x}\left(-\frac{1}{2}\frac{x}{1+e^{2z}}\right) = -\frac{1}{2}\frac{1(1+e^{2z}) - x2e^{2z}\frac{\partial z}{\partial x}}{(1+e^{2z})^2} =$$

$$= -\frac{1}{2}\frac{1+e^{2z} - 2xe^{2z}\frac{1}{2}\frac{1-y}{1+e^{2z}}}{(1+e^{2z})^2} = -\frac{1}{2}\frac{(1+e^{2z})^2 + x(y-1)e^{2z}}{(1+e^{2z})^3}$$

$$\frac{\partial^2 z}{\partial y^2} = \frac{\partial}{\partial y}\left(\frac{\partial z}{\partial y}\right) = \frac{\partial}{\partial y}\left(-\frac{1}{2}\frac{x}{1+e^{2z}}\right) = -\frac{1}{2}x\frac{\partial}{\partial y}\left(\frac{1}{1+e^{2z}}\right) = \frac{1}{2}x\frac{2e^{2z}\frac{\partial z}{\partial y}}{(1+e^{2z})^2} =$$

$$= \frac{xe^{2z}}{(1+e^{2z})^2}\left(-\frac{1}{2}x\frac{1}{1+e^{2z}}\right) = -\frac{1}{2}\frac{x^2e^{2z}}{(1+e^{2z})^3}$$

Con las derivadas calculadas ya tenemos la expresión de d^2z, siendo

$$d^2z = -\frac{1}{2}(y-1)^2\frac{e^{2z}}{(1+e^{2z})^3}dx^2 - \frac{(1+e^{2z})^2 + x(y-1)e^{2z}}{(1+e^{2z})^3}dxdy - \frac{1}{2}\frac{x^2e^{2z}}{(1+e^{2z})^3}dy^2.$$

Obsérvese que puede obtenerse dz calculando previamente las derivadas parciales $\frac{\partial z}{\partial x}$ y $\frac{\partial z}{\partial y}$ por derivación en la ecuación $F(x,y,z) = 0$, ya que derivando en ella respecto de x en la forma

$$F_x + F_z \cdot \frac{\partial z}{\partial x} = 0$$

se obtiene $\frac{\partial z}{\partial x} = -\frac{F_x}{F_z}$, y si ahora derivamos respecto de y se tiene $F_y + F_z \cdot \frac{\partial z}{\partial y} = 0$, y por tanto es $\frac{\partial z}{\partial y} = -\frac{F_y}{F_z}$, con lo cual al ser $dz = \frac{\partial z}{\partial x}dx + \frac{\partial z}{\partial y}dy$, sustituyendo, tenemos el mismo resultado que el obtenido por diferenciación, es decir

$$dz = -\frac{F_x}{F_z}dx - \frac{F_y}{F_z}dy.$$

▶ **3.4** Sabiendo que la ecuación $F(x, y, z) = 0$ define implícitamente a z como función diferenciable de x e y en un entorno del punto P, encuéntrense las fórmulas que permiten obtener a partir de F las derivadas parciales primeras y segundas de la función $z = z(x, y)$.

RESOLUCIÓN.

Primer método: Diferenciando totalmente en la ecuación $F(x, y, z) = 0$ se tiene

$$F_x dx + F_y dy + F_z dz = 0$$

y despejando dz es

$$dz = -\frac{F_x}{F_z} dx - \frac{F_y}{F_z} dy.$$

Por otra parte, la diferencial de z, que sabemos es única, tiene la forma $dz = \frac{\partial z}{\partial x} dx + \frac{\partial z}{\partial y} dy$.

Comparando las dos expresiones de dz se tienen las derivadas parciales primeras de z utilizando directamente las derivadas parciales de F, siendo

$$\frac{\partial z}{\partial x} = -\frac{F_x}{F_z} \quad \text{y} \quad \frac{\partial z}{\partial y} = -\frac{F_y}{F_z}.$$

Segundo método: Siendo $z = z(x, y)$, si en la ecuación $F(x, y, z) = 0$, que es $F(x, y, z(x, y)) = 0$, se deriva respecto de cada una de las variables independientes, en virtud de la regla de la cadena se tiene

$$F_x + F_y \cdot \frac{\partial z}{\partial x} = 0 \quad \text{y} \quad F_y + F_z \cdot \frac{\partial z}{\partial y} = 0,$$

y por tanto son

$$\frac{\partial z}{\partial x} = -\frac{F_x}{F_z} \quad \text{y} \quad \frac{\partial z}{\partial y} = -\frac{F_y}{F_z}.$$

Para obtener las derivadas parciales segundas basta con derivar en las fórmulas que expresan las derivadas primeras. De este modo

$$\frac{\partial^2 z}{\partial x^2} = \frac{\partial}{\partial x}\left(\frac{\partial z}{\partial x}\right) = \frac{\partial}{\partial x}\left(-\frac{F_x}{F_z}\right) = -\frac{\left(F_{x^2} + F_{xz}\frac{\partial z}{\partial x}\right)F_z - \left(F_{zx} + F_{z^2}\frac{\partial z}{\partial x}\right)F_x}{F_z^2} =$$

$$= \frac{-\left[F_{x^2} + F_{xz}\left(-\frac{F_x}{F_z}\right)\right]F_z + \left[F_{zx} + F_{z^2}\left(-\frac{F_x}{F_z}\right)\right]F_x}{F_z^2} =$$

$$= \frac{-F_{x^2}F_z^2 + F_xF_zF_{xz} + F_xF_zF_{zx} - F_x^2F_{z^2}}{F_z^3} =$$

$$= \frac{2F_xF_zF_{xz} - F_{x^2}F_z^2 - F_x^2F_{z^2}}{F_z^3}.$$

En forma análoga se tiene

$$\frac{\partial^2 z}{\partial y^2} = \frac{\partial}{\partial y}\left(\frac{\partial z}{\partial y}\right) = \frac{\partial}{\partial y}\left(-\frac{F_y}{F_z}\right) = \frac{2F_yF_zF_{yz} - F_{y^2}F_z^2 - F_y^2F_{z^2}}{F_z^3}$$

con solo cambiar respecto del caso anterior x por y.

Finalmente

$$\frac{\partial^2 z}{\partial x \partial y} = \frac{\partial}{\partial y}\left(\frac{\partial z}{\partial x}\right) = \frac{\partial}{\partial y}\left(-\frac{F_x}{F_z}\right) = -\frac{\left(F_{xy} + F_{xz}\frac{\partial z}{\partial y}\right)F_z - \left(F_{zy} + F_{z^2}\frac{\partial z}{\partial y}\right)F_x}{F_z^2} =$$

$$= -\frac{\left[F_{xy} + F_{xz}\left(-\frac{F_y}{F_z}\right)\right]F_z - \left[F_{zy} + F_{z^2}\left(-\frac{F_y}{F_z}\right)\right]F_x}{F_z^2} =$$

$$= -\frac{F_{xy}F_z^2 - F_{xz}F_yF_z - F_{zy}F_xF_z + F_{z^2}F_xF_y}{F_z^3} =$$

$$= \frac{F_xF_zF_{zy} + F_{xz}F_yF_z - F_{xy}F_z^2 - F_xF_yF_{z^2}}{F_z^3}.$$

▶ **3.5** Estúdiese si la ecuación $2ze^z - xe^x - ye^y = 0$ define implícitamente a x como función diferenciable de la forma $x = x(y, z)$ en un entorno del punto $P(1, 1, 1)$. Si así ocurre, calcúlese dx y d^2x en el punto P.

RESOLUCIÓN.

Considerando la función $F(x, y, z) = 2ze^z - xe^x - ye^y$, se verifica:

1. F es continua en $\mathbb{R}^3$ al ser una combinación polinómica exponencial. Sus derivadas parciales primeras

$$F_x = -e^x(1 + x), \qquad F_y = -e^y(1 + y), \qquad F_z = 2e^z(1 + z),$$

son funciones continuas en todo $\mathbb{R}^3$.

2. $F(1, 1, 1) = 2e - e - e = 0$.

3. Se tiene que

$$\left(\frac{\partial F}{\partial x}\right)_{(1,1,1)} = -e(1 + 1) = -2e \neq 0.$$

Por el teorema de la función implícita la ecuación $F(x, y, z) = 0$ define implícitamente a x como función diferenciable de la forma $x = x(y, z)$. Si ahora derivamos en la ecuación $F[x(y, z), y, z] = 0$ respecto de y y respecto de z, se tiene

$$F_x\frac{\partial x}{\partial y} + F_y = 0 \qquad \text{y} \qquad F_x\frac{\partial x}{\partial z} + F_z = 0$$

y despejando se obtienen

$$\frac{\partial x}{\partial y} = -\frac{F_y}{F_x} \qquad \text{y} \qquad \frac{\partial x}{\partial z} = -\frac{F_z}{F_x}.$$

Sustituyendo estas derivadas, calculadas en el apartado 1, resultan

$$\frac{\partial x}{\partial y} = -\frac{F_y}{F_x} = -\frac{-e^y(1 + y)}{-e^x(1 + x)} = -e^{y-x}\frac{y + 1}{x + 1},$$

$$\frac{\partial x}{\partial z} = -\frac{F_z}{F_x} = -\frac{2e^z(1 + z)}{-e^x(1 + x)} = 2e^{z-x}\frac{z + 1}{x + 1},$$

y particularizadas en el punto $P(1, 1, 1)$ son

$$\left(\frac{\partial x}{\partial y}\right)_{(1,1,1)} = -e^{1-1}\frac{1 + 1}{1 + 1} = -1 \qquad \text{y} \qquad \left(\frac{\partial x}{\partial z}\right)_{(1,1,1)} = 2e^{1-1}\frac{1 + 1}{1 + 1} = 2.$$

Con estos resultados, al ser

$$(dx)_{(1,1,1)} = \left(\frac{\partial x}{\partial y}\right)_{(1,1,1)} dy + \left(\frac{\partial x}{\partial z}\right)_{(1,1,1)} dz,$$

se tiene que $(dx)_{(1,1,1)} = (-1)dy + 2dz$.

Para obtener las derivadas parciales segundas utilizamos las derivadas primeras obtenidas anteriormente y de este modo se tiene que

$$\frac{\partial^2 x}{\partial y^2} = \frac{\partial}{\partial y}\left(\frac{\partial x}{\partial y}\right) = \frac{\partial}{\partial y}\left(-e^{y-x}\frac{y+1}{x+1}\right) =$$

$$= -e^{y-x}\left(1 - \frac{\partial x}{\partial y}\right)\frac{y+1}{x+1} - e^{y-x}\frac{1(x+1) - \frac{\partial x}{\partial y}(y+1)}{(x+1)^2} =$$

$$= -e^{y-x}\left(1 + e^{y-x}\frac{y+1}{x+1}\right)\frac{y+1}{x+1} - e^{y-x}\frac{x+1 + e^{y-x}\frac{y+1}{x+1}(y+1)}{(x+1)^2} =$$

$$= -e^{y-x}\left[\frac{(x+1)(y+1) + e^{y-x}(y+1)^2}{(x+1)^2} + \frac{(x+1)^2 + e^{y-x}(y+1)^2}{(x+1)^3}\right] =$$

$$= \frac{-e^{y-x}}{(x+1)^3}\left[(x+1)^2(y+1) + e^{y-x}(x+1)(y+1)^2 + (x+1)^2 + e^{y-x}(y+1)^2\right] =$$

$$= \frac{-e^{y-x}}{(x+1)^3}\left[(x+1)^2(y+2) + e^{y-x}(y+1)^2(x+2)\right],$$

$$\frac{\partial^2 x}{\partial y \partial z} = \frac{\partial}{\partial z}\left(\frac{\partial x}{\partial y}\right) = \frac{\partial}{\partial z}\left(-e^{y-x}\frac{y+1}{x+1}\right) =$$

$$= -\left[-e^{y-x}\frac{\partial x}{\partial z}\frac{y+1}{x+1} + e^{y-x}\frac{-\frac{\partial x}{\partial z}}{(x+1)^2}\right] = e^{y-x}\frac{(y+1)(x+2)}{(x+1)^2}\frac{\partial x}{\partial z} =$$

$$= e^{y-x}\frac{(x+2)(y+1)}{(x+1)^2}2e^{z-x}\frac{z+1}{x+1} = 2e^{y+z-2x}\frac{(x+2)(y+1)(z+1)}{(x+1)^3},$$

$$\frac{\partial^2 x}{\partial z^2} = \frac{\partial}{\partial z}\left(\frac{\partial x}{\partial z}\right) = \frac{\partial}{\partial z}\left(2e^{z-x}\frac{z+1}{x+1}\right) =$$

$$= 2\left[e^{z-x}\left(1 - \frac{\partial x}{\partial z}\right)\frac{z+1}{x+1} + e^{z-x}\frac{(x+1) - \frac{\partial x}{\partial z}(z+1)}{(x+1)^2}\right] =$$

$$= 2e^{z-x}\frac{1}{(x+1)^2}\left[\left(1 - \frac{\partial x}{\partial z}\right)(x+1)(z+1) + (x+1) - (z+1)\frac{\partial x}{\partial z}\right] =$$

$$= 2e^{z-x}\frac{1}{(x+1)^2}\left[(x+1)(z+2) - (x+2)(z+1)\frac{\partial x}{\partial z}\right] =$$

$$= 2e^{z-x}\frac{1}{(x+1)^2}\left[(x+1)(z+2) - (x+2)(z+1)2e^{z-x}\frac{z+1}{x+1}\right] =$$

$$= 2e^{z-x}\frac{1}{(x+1)^3}\left[(x+1)^2(z+2) - 2e^{z-x}(x+2)(z+1)^2\right].$$

Los valores de estas derivadas parciales segundas en el punto $P(1, 1, 1)$ son

$$\left(\frac{\partial^2 x}{\partial y^2}\right)_{(1,1,1)} = -\frac{1}{2^3}[2^2 \cdot 3 + 4 \cdot 3] = -\frac{1}{2^3} \cdot 24 = -3,$$

$$\left(\frac{\partial^2 x}{\partial y \partial z}\right)_{(1,1,1)} = 2\frac{3 \cdot 2 \cdot 2}{2^3} = 3,$$

$$\left(\frac{\partial^2 x}{\partial z^2}\right)_{(1,1,1)} = \frac{2}{2^3}[2^2 \cdot 3 - 2 \cdot 3 \cdot 4] = -3.$$

Si con estos valores entramos en la expresión de la diferencial segunda dada por

$$(d^2 x)_{(1,1,1)} = \left(\frac{\partial^2 x}{\partial y^2}\right)_{(1,1,1)} dy^2 + 2\left(\frac{\partial^2 x}{\partial y \partial z}\right)_{(1,1,1)} dydz + \left(\frac{\partial^2 x}{\partial z^2}\right)_{(1,1,1)} dz^2,$$

resulta

$$(d^2 x)_{(1,1,1)} = -3dy^2 + 6dydz - 3dz^2.$$

▶ **3.6** Analícese si el sistema

$$\left.\begin{array}{c} x^2 + y^2 + u^2 - v^2 = 2 \\ x^2 - y^2 - u^2 + 2v^2 = 1 \end{array}\right\}$$

define implícitamente a las funciones u y v como funciones diferenciables de x e y en un entorno del punto $P(1, -1, 1, -1)$. En caso afirmativo, obténgase las expresiones de du y dv en un entorno del punto P.

RESOLUCIÓN.

Considerando las funciones $F(x, y, u, v) = x^2 + y^2 + u^2 - v^2 - 2$ y $G(x, y, u, v) = x^2 - y^2 - u^2 - 2v^2 - 1$, se tiene:

1. $F(1, -1, 1, -1) = 0$ y $G(1, -1, 1, -1) = 0$.

2. Las funciones F y G son diferenciables en un entorno del punto P ya que al ser polinómicas son de clase C^1 en todo punto de $\mathbb{R}^4$ y por tanto en cualquier entorno del punto P.

3. Considerando el determinante jacobiano de F y G respecto de u y v,

$$\begin{vmatrix} \dfrac{\partial F}{\partial u} & \dfrac{\partial F}{\partial v} \\ \dfrac{\partial G}{\partial u} & \dfrac{\partial G}{\partial v} \end{vmatrix} = \begin{vmatrix} 2u & -2v \\ -2u & 4v \end{vmatrix},$$

resulta que su valor en el punto P es

$$\begin{vmatrix} 2 & 2 \\ -2 & -4 \end{vmatrix} = -4 \neq 0.$$

Al verificarse estas tres condiciones, el teorema de la función implícita asegura que el sistema dado define implícitamente a u y v como funciones diferenciables de x e y en un entorno del punto P, siendo éstas de la forma $u = u(x, y)$, $v = v(x, y)$.

Para obtener du y dv podemos hacerlo diferenciando totalmente en las ecuaciones del sistema o derivando respecto de cada una de las variables independientes x e y.

Vamos a seguir los dos procedimientos.

Diferenciando en todas las variables se tiene el sistema diferencial

$$2xdx + 2ydy + 2udu - 2vdv = 0 \left.\right\}$$
$$2xdx - 2ydy - 2udu + 4vdv = 0 \left.\right\}$$

El sistema se escribe en forma equivalente como

$$2udu - 2vdv = -2xdx - 2ydy \left.\right\}$$
$$-2udu + 4vdv = -2xdx + 2ydy \left.\right\}$$

Este sistema es de Cramer en las incógnitas du y dv, con lo cual los valores de du y dv están dados por

$$du = \frac{\begin{vmatrix} -2xdx - 2ydy & -2v \\ -2xdx + 2ydy & 4v \end{vmatrix}}{\begin{vmatrix} 2u & -2v \\ -2u & 4v \end{vmatrix}} = \frac{\begin{vmatrix} -2x & -2v \\ -2x & 4v \end{vmatrix}}{\begin{vmatrix} 2u & -2v \\ -2u & 4v \end{vmatrix}}dx + \frac{\begin{vmatrix} -2y & -2v \\ 2y & 4v \end{vmatrix}}{\begin{vmatrix} 2u & -2v \\ -2u & 4v \end{vmatrix}}dy =$$

$$= \frac{-12xv}{4uv}dx - \frac{4yv}{4uv}dy = -3\frac{x}{u}dx - \frac{y}{u}dy,$$

$$dv = \frac{\begin{vmatrix} 2u & -2xdx - 2ydy \\ -2u & -2xdx + 2ydy \end{vmatrix}}{\begin{vmatrix} 2u & -2v \\ -2u & 4v \end{vmatrix}} = \frac{\begin{vmatrix} 2u & -2x \\ -2u & -2x \end{vmatrix}}{\begin{vmatrix} 2u & -2v \\ -2u & 4v \end{vmatrix}}dx + \frac{\begin{vmatrix} 2u & -2y \\ -2u & 2y \end{vmatrix}}{\begin{vmatrix} 2u & -2v \\ -2u & 4v \end{vmatrix}}dy =$$

$$= \frac{-8xu}{4uv}dx + \frac{0}{4uv}dy = -2\frac{x}{v}dx + 0dy.$$

Si ahora derivamos parcialmente respecto de x en el mismo tenemos el sistema

$$2x + 2uu_x - 2vv_x = 0 \left.\right\} \quad \text{o equivalentemente} \quad x + uu_x - vv_x = 0 \left.\right\}$$
$$2x - 2uu_x + 4vv_x = 0 \left.\right\} \qquad\qquad\qquad x - uu_x + 2vv_x = 0 \left.\right\}$$

y también

$$uu_x - vv_x = -x \left.\right\}$$
$$-uu_x + 2vv_x = -x \left.\right\}$$

que es un sistema lineal de Cramer en las incógnitas u_x y v_x, cuya solución es

$$u_x = -3\frac{x}{u} \qquad \text{y} \qquad v_x = -2\frac{x}{v}.$$

Análogamente, derivando respecto de y se tiene el sistema

$$2y + 2uu_y - 2vv_y = 0 \left.\right\} \quad \text{o bien} \quad y + uu_y - vv_y = 0 \left.\right\}$$
$$-2y - 2uu_y + 4vv_y = 0 \left.\right\} \qquad\qquad -y - uu_y + 2vv_y = 0 \left.\right\}$$

y equivalentemente

$$uu_y - vv_y = -y \left.\right\}$$
$$-uu_y + 2vv_y = y \left.\right\}$$

cuya solución en u_y y v_y es

$$u_y = -\frac{y}{u} \qquad \text{y} \qquad v_y = 0.$$

Teniendo en cuenta que al ser $u = u(x, y)$ y $v = v(x, y)$, son $du = u_xdx + u_ydy$ y $dv = v_xdx + v_ydy$, que con los resultados anteriores se concretan como

$$du = -3\frac{x}{u}dx - \frac{y}{u}dy \qquad \text{y} \qquad dv = -2\frac{x}{v}dx + 0dy.$$

► **3.7** Establézcanse las condiciones para que el sistema

$$\begin{cases} F(x, y, z, u, v) = 0 \\ G(x, y, z, u, v) = 0 \end{cases}$$

defina implícitamente a u y v como funciones diferenciables de las variables x, y, z en un entorno del punto $P_0(x_0, y_0, z_0, u_0, v_0)$.

Obténganse las expresiones de du y dv a partir de las funciones F y G.

RESOLUCIÓN.

De acuerdo con el teorema de la función implícita, para que el sistema dado defina a u y v como funciones diferenciables de las demás variables en la forma $u = u(x, y, z)$ y $v = v(x, y, z)$ basta con que se cumplan las tres condiciones siguientes:

1. $F(x_0, y_0, z_0, u_0, v_0) = 0$, $G(x_0, y_0, z_0, u_0, v_0) = 0$.

2. Las funciones F y G deben ser continuas existiendo todas sus derivadas parciales, siendo éstas también continuas en un entorno de P_0, es decir, F y G deben ser de clase C^1; si bien bastaría con que F y G fuesen diferenciables en P_0.

3. El determinante jacobiano de las funciones F y G respecto de las variables u y v debe ser distinto de cero en el punto P_0, es decir,

$$\left| \left(\frac{\partial(F, G)}{\partial(u, v)} (x_0, y_0, z_0, u_0, v_0) \right) \right| \neq 0.$$

Para obtener du y dv diferenciamos respecto de todas sus variables las funciones F y G resultando el sistema

$$\left. \begin{array}{c} F_x dx + F_y dy + F_z dz + F_u du + F_v dv = 0 \\ G_x dx + G_y dy + G_z dz + G_u du + G_v dv = 0 \end{array} \right\}$$

el cual puede escribirse en forma equivalente como

$$\left. \begin{array}{c} F_u du + F_v dv = -F_x dx - F_y dy - F_z dz \\ G_u du + G_{v dv} = -G_x dx - G_y dy - G_z dz \end{array} \right\}$$

Este sistema lineal es de Cramer en las indeterminadas du y dv y su solución única está dada por

$$du = \frac{\begin{vmatrix} -F_x dx - F_y dy - F_z dz & F_v \\ -G_x dx - G_y dy - G_z dz & G_v \end{vmatrix}}{\begin{vmatrix} F_u & F_v \\ G_u & G_v \end{vmatrix}} = -\frac{\begin{vmatrix} F_x & F_v \\ G_x & G_v \end{vmatrix}}{\begin{vmatrix} F_u & F_v \\ G_u & G_v \end{vmatrix}} dx - \frac{\begin{vmatrix} F_y & F_v \\ G_y & G_v \end{vmatrix}}{\begin{vmatrix} F_u & F_v \\ G_u & G_v \end{vmatrix}} dy - \frac{\begin{vmatrix} F_z & F_v \\ G_z & G_v \end{vmatrix}}{\begin{vmatrix} F_u & F_v \\ G_u & G_v \end{vmatrix}} dz$$

$$dv = \frac{\begin{vmatrix} F_u & -F_x dx - F_y dy - F_z dz \\ G_u & -G_x dx - G_y dy - G_z dz \end{vmatrix}}{\begin{vmatrix} F_u & F_v \\ G_u & G_v \end{vmatrix}} = -\frac{\begin{vmatrix} F_u & F_x \\ G_u & G_x \end{vmatrix}}{\begin{vmatrix} F_u & F_v \\ G_u & G_v \end{vmatrix}} dx - \frac{\begin{vmatrix} F_u & F_y \\ G_u & G_y \end{vmatrix}}{\begin{vmatrix} F_u & F_v \\ G_u & G_v \end{vmatrix}} dy - \frac{\begin{vmatrix} F_u & F_z \\ G_u & G_z \end{vmatrix}}{\begin{vmatrix} F_u & F_v \\ G_u & G_v \end{vmatrix}} dz$$

donde las últimas igualdades resultan de tener en cuenta la propiedad de los determinantes relativa a la suma en la primera columna.

Además, por la unicidad de la diferencial y al ser

$$du = \frac{\partial u}{\partial x} dx + \frac{\partial u}{\partial y} dy + \frac{\partial u}{\partial z} dz \qquad \text{y} \qquad dv = \frac{\partial v}{\partial x} dx + \frac{\partial v}{\partial y} dy + \frac{\partial v}{\partial z} dz,$$

comparando con las expresiones halladas anteriormente tenemos también las derivadas parciales de u y v con solo utilizar las funciones dadas F y G, resultando

$$\frac{\partial u}{\partial x} = -\frac{\begin{vmatrix} F_x & F_v \\ G_x & G_v \end{vmatrix}}{\begin{vmatrix} F_u & F_v \\ G_u & G_v \end{vmatrix}}, \qquad \frac{\partial u}{\partial y} = -\frac{\begin{vmatrix} F_y & F_v \\ G_y & G_v \end{vmatrix}}{\begin{vmatrix} F_u & F_v \\ G_u & G_v \end{vmatrix}}, \qquad \frac{\partial u}{\partial z} = -\frac{\begin{vmatrix} F_z & F_v \\ G_z & G_v \end{vmatrix}}{\begin{vmatrix} F_u & F_v \\ G_u & G_v \end{vmatrix}},$$

$$\frac{\partial v}{\partial x} = -\frac{\begin{vmatrix} F_u & F_x \\ G_u & G_x \end{vmatrix}}{\begin{vmatrix} F_u & F_v \\ G_u & G_v \end{vmatrix}}, \qquad \frac{\partial v}{\partial y} = -\frac{\begin{vmatrix} F_u & F_y \\ G_u & G_y \end{vmatrix}}{\begin{vmatrix} F_u & F_v \\ G_u & G_v \end{vmatrix}}, \qquad \frac{\partial v}{\partial z} = -\frac{\begin{vmatrix} F_u & F_z \\ G_u & G_z \end{vmatrix}}{\begin{vmatrix} F_u & F_v \\ G_u & G_v \end{vmatrix}}.$$

Otro procedimiento para obtener du y dv consiste en obtener previamente las derivadas parciales primeras de u y v derivando parcialmente las funciones F y G respecto de las variables independientes. De este modo si en el sistema

$$\begin{cases} F(x, y, z, u(x, y, z), v(x, y, z)) = 0 \\ G(x, y, z, u(x, y, z), v(x, y, z)) = 0 \end{cases}$$

derivamos parcialmente respecto de x se tiene el sistema

$$\begin{cases} F_x + F_u u_x + F_v v_x = 0 \\ G_x + G_u u_x + G_v v_x = 0 \end{cases}$$

que escrito en la forma equivalente

$$\begin{cases} F_u u_x + F_v v_x = -F_x \\ G_u u_x + G_v v_x = -G_x \end{cases}$$

es un sistema de Cramer en las indeterminadas u_x y v_x, siendo su solución

$$u_x = -\frac{\begin{vmatrix} F_x & F_v \\ G_x & G_v \end{vmatrix}}{\begin{vmatrix} F_u & F_v \\ G_u & G_v \end{vmatrix}}, \qquad v_x = -\frac{\begin{vmatrix} F_u & F_x \\ G_u & G_x \end{vmatrix}}{\begin{vmatrix} F_u & F_v \\ G_u & G_v \end{vmatrix}}.$$

Derivando parcialmente en el sistema respecto de y obtendríamos de forma análoga las derivadas parciales u_y y v_y, y finalmente, al derivar respecto de z obtendríamos u_z y v_z con los resultados conocidos.

▶ **3.8** Utilícese el teorema de la función inversa para calcular la derivada de la función $y = \arcsin x$.

RESOLUCIÓN.

Consideremos la función $f(x) = \operatorname{sen} x$ y su inversa $f^{-1}(x) = \arcsin x$, por lo que se tiene

$$y' = \left[f^{-1}(x)\right]' = \frac{1}{f'\left[f^{-1}(x)\right]} = \frac{1}{\cos(f^{-1}(x))} = \frac{1}{\cos(\arcsin x)} = \frac{1}{\sqrt{1 - x^2}}.$$

▶ **3.9** Estúdiese si existe inversa local para la función $\overline{f} : \mathbb{R}^3 \to \mathbb{R}^3$ definida por

$$\overline{f}(x, y, z) = (x^2 \cos^2 yz, x^2 \operatorname{sen}^2 yz, x^2 \cos 2yz).$$

RESOLUCIÓN.

La función $\overline{f}$ es de clase C^1 en $\mathbb{R}^3$. Estudiemos el determinante de su matriz jacobiana. Como es

$$|J| = \left| \left(\frac{\partial(f_1, f_2, f_3)}{\partial(x, y, z)}(x, y, z) \right) \right| =$$

$$= \begin{vmatrix} 2x\cos^2(yz) & -2x^2z\cos(yz)\operatorname{sen}(yz) & -2x^2y\cos(yz)\operatorname{sen}(yz) \\ 2x\operatorname{sen}^2(yz) & 2x^2z\operatorname{sen}(yz)\cos(yz) & 2x^2y\operatorname{sen}(yz)\cos(yz) \\ 2x\cos(2yz) & -2x^2z\operatorname{sen}(2yz) & -2x^2y\operatorname{sen}(2yz) \end{vmatrix} =$$

$$= (2x)(2x^2z)(2x^2y) \begin{vmatrix} \cos^2(yz) & -\cos(yz)\operatorname{sen}(yz) & -\cos(yz)\operatorname{sen}(yz) \\ \operatorname{sen}^2(yz) & \operatorname{sen}(yz)\cos(yz) & \operatorname{sen}(yz)\cos(yz) \\ \cos(2yz) & -\operatorname{sen}(2yz) & -\operatorname{sen}(2yz) \end{vmatrix} =$$

$$= 8x^5yz \cdot 0 = 0,$$

el determinante anterior es nulo pues sumando a la primera fila la opuesta de la segunda resulta la tercera y en consecuencia no hay garantía de que exista inversa en el entorno de cada punto de $\mathbb{R}^3$.

▶ **3.10** Dada la función $\overline{f} : \mathbb{R}^2 \to \mathbb{R}^2$ definida por

$$\overline{f}(x, y) = (e^x \cos 2y, e^x \operatorname{sen} 2y),$$

analícese la existencia de función inversa $\overline{f}^{-1}$ y si existe calcúlese y obténgase su diferencial.

RESOLUCIÓN.

a) $\overline{f}$ es localmente invertible. En efecto $\overline{f}(x, y) = (f_1(x, y), f_2(x, y))$ es de clase C^1 en un entorno de cada punto $(x, y) \in \mathbb{R}^2$. Como es

$$|J| = \left| \left(\frac{\partial(f_1, f_2)}{\partial(x, y)}(x, y) \right) \right| = \begin{vmatrix} e^x \cos 2y & -2e^x \operatorname{sen} 2y \\ e^x \operatorname{sen} 2y & 2e^x \cos 2y \end{vmatrix} =$$

$$= 2e^{2x} \cos^2 2y + 2e^{2x} \operatorname{sen}^2 2y = 2e^{2x}(\cos^2 2y + \operatorname{sen}^2 2y) = 2e^{2x},$$

su valor es distinto de cero.

La función $\overline{f}$ verifica las hipótesis del teorema de la función inversa y por tanto existe la función $\overline{f}^{-1}$ en un entorno de cualquier punto $(u, v) = \overline{f}(x, y)$, siendo $u = e^x \cos 2y$ y $v = e^x \operatorname{sen} 2y$.

Obsérvese que la función $\overline{f}$ no es globalmente invertible dado que no es inyectiva al ser $\overline{f}(0, 0) = \overline{f}(0, \pi) = (1, 0)$.

b) Calculemos la expresión de $\overline{f}^{-1}$ inversa local de $\overline{f}$ en el entorno de cada punto. Sea $\overline{a} \in \mathbb{R}^2$ un punto arbitrario, sabemos que existe un entorno A de $\overline{a}$ y otro B de $\overline{f}(\overline{a})$ de forma que

$$\left(\overline{f}^{-1} \circ \overline{f} \right)(x, y) = (x, y), \quad \forall (x, y) \in A \qquad \text{y} \qquad \left(\overline{f} \circ \overline{f}^{-1} \right)(u, v) = (u, v), \quad \forall (u, v) \in B.$$

Como es $\overline{f}(x, y) = (e^x \cos 2y, e^x \operatorname{sen} 2y)$, haciendo $(e^x \cos 2y, e^x \operatorname{sen} 2y) = (u, v)$, calculemos x e y en función de u y v para tener la expresión de $\overline{f}^{-1}$

$$\begin{cases} e^x \cos 2y = u \\ e^x \operatorname{sen} 2y = v. \end{cases}$$

Elevando al cuadrado cada igualdad y sumando se tiene

$$e^{2x} \cos^2 2y + e^{2x} \operatorname{sen}^2 2y = u^2 + v^2,$$

es decir,

$$e^{2x}(\cos^2 2y + \operatorname{sen}^2 2y) = u^2 + v^2,$$

o bien

$$e^{2x} = u^2 + v^2,$$

de donde es

$$2x = \ln(u^2 + v^2) \qquad \text{y} \qquad x = \frac{1}{2}\ln(u^2 + v^2).$$

Si ahora dividimos miembro a miembro la segunda igualdad del sistema entre la primera obtenemos

$$\frac{u}{v} = \frac{e^x \operatorname{sen} 2y}{e^x \cos 2y} = \frac{\operatorname{sen} 2y}{\cos 2y} = \operatorname{tg} 2y$$

y por tanto $2y = \operatorname{arc} \operatorname{tg} \frac{v}{u}$, y en consecuencia es $y = \frac{1}{2}\operatorname{arc} \operatorname{tg} \frac{v}{u}$, y la expresión de la función inversa local es

$$\overline{f}^{-1}(u,v) = \left(\frac{1}{2}\ln(u^2 + v^2), \frac{1}{2}\operatorname{arc} \operatorname{tg} \frac{v}{u}\right), \qquad \forall(u,v) \in B. \tag{3.1}$$

c) Como $\overline{f}$ es diferenciable en cada punto $\overline{a} \in \mathbb{R}^2$ al ser sus componentes funciones de clase C^1, sabemos que la matriz asociada a $d\overline{f}(\overline{a})$ en la base canónica es la matriz jacobiana $J\overline{f}(\overline{a})$.

Por lo indicado en el apartado anterior y teniendo en cuenta el teorema de existencia de función inversa diferenciable se tiene que $\overline{f}^{-1}$ es diferenciable en $\overline{b} = \overline{f}(\overline{a})$, siendo su matriz asociada

$$J\overline{f}^{-1}(\overline{b}) = \left[J\overline{f}(\overline{a})\right]^{-1}, \qquad \text{con } \overline{b} = \overline{f}(\overline{a}).$$

En los entornos respectivos A y B de $\overline{a}$ y $\overline{f}(\overline{a})$ se verifica que

$$J\overline{f}^{-1}(u,v) = \left[J\overline{f}(x,y)\right]^{-1} = \left[(J\overline{f})_{\overline{f}^{-1}(u,v)}\right]^{-1}, \qquad \forall(u,v) \in B \text{ con } (u,v) = \overline{f}(x,y).$$

Como conocemos la expresión de $\overline{f}^{-1}$ dada en (3.1), derivando componente a componente respecto de sus variables resulta

$$J\overline{f}^{-1}(u,v) = \begin{pmatrix} \dfrac{u}{u^2+v^2} & \dfrac{v}{u^2+v^2} \\[2mm] -\dfrac{1}{2}\dfrac{v}{u^2+v^2} & \dfrac{1}{2}\dfrac{u}{u^2+v^2} \end{pmatrix}.$$

De este modo en cada punto $(u,v) \in B$ se tiene la aplicación

$$d\overline{f}^{-1} : \mathbb{R}^2 \to \mathbb{R}^2$$

definida como

$$d\overline{f}^{-1}(u,v)(du,dv)^t = J\overline{f}^{-1}(u,v)\begin{pmatrix} du \\ dv \end{pmatrix} =$$

$$= \begin{pmatrix} \dfrac{u}{u^2+v^2} & \dfrac{v}{u^2+v^2} \\[2mm] -\dfrac{1}{2}\dfrac{v}{u^2+v^2} & \dfrac{1}{2}\dfrac{u}{u^2+v^2} \end{pmatrix}\begin{pmatrix} du \\ dv \end{pmatrix} = \begin{pmatrix} \dfrac{u}{u^2+v^2}du + \dfrac{v}{u^2+v^2}dv \\[2mm] -\dfrac{1}{2}\dfrac{v}{u^2+v^2}du + \dfrac{1}{2}\dfrac{u}{u^2+v^2}dv \end{pmatrix}.$$

Nótese que la matriz $J\overline{f}^{-1}(u,v)$ se puede calcular sin conocer la expresión de $\overline{f}^{-1}$ calculando $\left[J\overline{f}^{-1}(u,v)\right]^{-1}$ y expresándola en las variables u y v de $\overline{f}^{-1}$ de acuerdo con el teorema. Veámoslo.

Como es

$$J\overline{f}(x,y) = \begin{pmatrix} e^x \cos 2y & -2e^x \operatorname{sen} 2y \\ e^x \operatorname{sen} 2y & 2e^x \cos 2y \end{pmatrix}$$

su determinante vale $|J\overline{f}(x,y)| = 2e^{2x}$, su matriz adjunta es

$$\begin{pmatrix} 2e^x \cos 2y & -e^x \operatorname{sen} 2y \\ 2e^x \operatorname{sen} 2y & e^x \cos 2y \end{pmatrix}$$

y la traspuesta de esta última es

$$\begin{pmatrix} 2e^x \cos 2y & 2e^x \operatorname{sen} 2y \\ -e^x \operatorname{sen} 2y & e^x \cos 2y \end{pmatrix}.$$

Si ahora dividimos entre $2e^{2x}$, que es el determinante de $J\overline{f}(x,y)$, tenemos la inversa

$$\left[J\overline{f}(x,y)\right]^{-1} = \begin{pmatrix} \dfrac{e^x \cos 2y}{e^{2x}} & \dfrac{e^x \operatorname{sen} 2y}{e^{2x}} \\ -\dfrac{1}{2}\dfrac{e^x \operatorname{sen} 2y}{e^{2x}} & \dfrac{1}{2}\dfrac{e^x \cos 2y}{e^{2x}} \end{pmatrix} =$$

$$= \left[(J\overline{f})_{\overline{f}^{-1}(u,v)}\right]^{-1} = \begin{pmatrix} \dfrac{u}{u^2+v^2} & \dfrac{v}{u^2+v^2} \\ -\dfrac{1}{2}\dfrac{v}{u^2+v^2} & \dfrac{1}{2}\dfrac{u}{u^2+v^2} \end{pmatrix}.$$

▶ **3.11** Determínese $f(y)$ para que $F(x,y) = (e^x, f(y))$ sea invertible localmente en algún punto, supuesto que $f(y)$ es diferenciable.

RESOLUCIÓN.

Dado que $F(x,y)$ es de clase C^1, para que la función sea invertible localmente se necesita además que

$$|J| = \begin{vmatrix} e^x & 0 \\ 0 & \dfrac{\partial f(y)}{\partial y} \end{vmatrix} = \begin{vmatrix} e^x & 0 \\ 0 & f'(y) \end{vmatrix} \neq 0,$$

es decir

$$e^x f'(y) \neq 0 \qquad \Leftrightarrow \qquad f'(y) \neq 0,$$

por lo tanto cualquier función $f(y)$ cuya derivada no se anule en algún punto, será invertible en ese punto.

▶ **3.12** Calcúlense los valores de α para que

$$F(x,y) = (x + \alpha y, e^x + \alpha e^y)$$

sea invertible localmente.

RESOLUCIÓN.

La función $F(x,y)$ es de clase C^1 en $\mathbb{R}^2$, para que sea invertible localmente basta con que su jacobiano sea no nulo en el punto. Como es

$$|J| = \begin{vmatrix} 1 & \alpha \\ e^x & \alpha e^y \end{vmatrix} = \alpha e^y - \alpha e^x = \alpha(e^y - e^x) \neq 0, \qquad F \text{ es invertible } \forall \alpha \neq 0 \text{ con } x \neq y.$$

▶ **3.13** Estúdiese la dependencia funcional de las funciones

$$f(x,y,z) = e^{2(x^2+y^2+z^2)}, \qquad g(x,y,z) = x+y+z, \qquad h(x,y,z) = xy+xz+yz.$$

RESOLUCIÓN.

Primer método: Siguiendo la definición, como es

$$(x+y+z)^2 - (x^2+y^2+z^2) = 2xy + 2xz + 2yz = 2(xy+xz+yz)$$

se tiene que

$$x^2+y^2+z^2 = (x+y+z)^2 - 2(xy+xz+yz) = (g(x,y,z))^2 - 2h(x,y,z)$$

y llevado este valor a la expresión de la función f, ésta queda como

$$f(x,y,z) = e^{2[g(x,y,z)^2 - 2h(x,y,z)]},$$

es decir, $f = e^{2g^2-4h}$, o bien $\ln f = 2g^2 - 4h$.

Considerando la función $F(u,v,w) = u - e^{2v^2-4w}$, la cual es no nula en un entorno de cada punto de $\mathbb{R}^3$ y sin embargo verifica

$$F[f(x,y,z), g(x,y,z), h(x,y,z)] = f(x,y,z) - e^{2(g(x,y,z))^2 - 4h(x,y,z)} =$$
$$= e^{2(x^2+y^2+z^2)} - e^{2(x^2+y^2+z^2)} \equiv 0,$$

$\forall (x,y,z) \in \mathbb{R}^3$, con lo cual las funciones dadas son funcionalmente dependientes en todo $\mathbb{R}^3$.

Segundo método: Considerando el determinante de la matriz jacobiana de las funciones dadas se tiene

$$\left| \left(\frac{\partial(f,g,h)}{\partial(x,y,z)}(x,y,z) \right) \right| = \begin{vmatrix} 4xe^{2(x^2+y^2+z^2)} & 4ye^{2(x^2+y^2+z^2)} & 4ze^{2(x^2+y^2+z^2)} \\ 1 & 1 & 1 \\ y+z & x+z & x+y \end{vmatrix} =$$

$$= 4e^{2(x^2+y^2+z^2)} \begin{vmatrix} x & y & z \\ 1 & 1 & 1 \\ y+z & x+z & x+y \end{vmatrix} =$$

$$= 4e^{2(x^2+y^2+z^2)} \begin{vmatrix} x & y & z \\ 1 & 1 & 1 \\ x+y+z & x+y+z & x+y+z \end{vmatrix} =$$

$$= 4(x+y+z)e^{2(x^2+y^2+z^2)} \begin{vmatrix} x & y & z \\ 1 & 1 & 1 \\ 1 & 1 & 1 \end{vmatrix} = 0,$$

$\forall (x,y,z) \in \mathbb{R}^3$, y por tanto las funciones f, g y h son funcionalmente dependientes en virtud de la condición necesaria y suficiente para el caso $m = n$.

▶ **3.14** Pruébese que las funciones

$$f(x,y) = \frac{x}{y}, \qquad g(x,y) = \sqrt{\frac{x^2-y^2}{x^2+y^2}}$$

son funcionalmente dependientes.

RESOLUCIÓN.

Considerando que puede escribirse

$$g(x,y) = \sqrt{\frac{x^2 - y^2}{x^2 + y^2}} = \sqrt{\frac{\frac{x^2}{y^2} - \frac{y^2}{y^2}}{\frac{x^2}{y^2} + \frac{y^2}{y^2}}} = \sqrt{\frac{\left(\frac{x}{y}\right)^2 - 1}{\left(\frac{x}{y}\right)^2 + 1}} = \sqrt{\frac{(f(x,y))^2 - 1}{(f(x,y))^2 + 1}}$$

se tiene la relación equivalente

$$\sqrt{\frac{(f(x,y))^2 - 1}{(f(x,y))^2 + 1}} - g(x,y) \equiv 0, \qquad \forall (x,y) \in \mathbb{R}^2.$$

Si consideramos la función $F : \mathbb{R}^2 \to \mathbb{R}$ definida por

$$F(u,v) = \sqrt{\frac{u^2 - 1}{u^2 + 1}} - v,$$

ésta es no nula en un entorno de cada punto de $\mathbb{R}^2$ y verifica que

$$F[f(x,y), g(x,y)] \equiv 0, \quad \forall (x,y) \in \mathbb{R}^2.$$

En consecuencia las funciones dadas son funcionalmente dependientes.

▶ **3.15** Determínese la relación de dependencia lineal entre las funciones

$$x^2 \operatorname{sen} x \cos^3 x, \qquad x^2 \operatorname{sen}^3 x \cos x, \qquad x^2 \operatorname{sen} 4x, \qquad x^2.$$

RESOLUCIÓN.

Como es

$$\operatorname{sen} 4x = 2 \operatorname{sen} 2x \cos 2x = 4 \operatorname{sen} x \cos x (\cos^2 x - \operatorname{sen}^2 x) = 4 \operatorname{sen} x \cos^3 x - 4 \operatorname{sen}^3 x \cos x,$$

multiplicando por x^2 en ambos miembros de la igualdad se tiene la relación

$$x^2 \operatorname{sen} 4x = 4x^2 \operatorname{sen} x \cos^3 x - 4x^2 \operatorname{sen}^3 x \cos x,$$

y de ella es inmediata la igualdad

$$4x^2 \operatorname{sen} x \cos^3 x - 4x^2 \operatorname{sen}^3 x \cos x - x^2 \operatorname{sen} 4x + 0x^2 = 0, \qquad \forall x \in \mathbb{R}.$$

Hemos obtenido una combinación lineal nula con las cuatro funciones y alguno de sus coeficientes es distinto de cero, con lo cual las cuatro funciones son linealmente dependientes.

▶ **3.16** Estúdiese la dependencia funcional de las funciones

$$f(x,y) = \operatorname{arc} \cos x + \operatorname{arc} \cos y \qquad \text{y} \qquad g(x,y) = xy - \sqrt{(1 - x^2)(1 - y^2)}.$$

RESOLUCIÓN.

Primer método: Haciendo

$$\alpha = \operatorname{arc} \cos x \qquad \text{y} \qquad \beta = \operatorname{arc} \cos y,$$

entonces se tiene que

$$x = \cos \alpha \qquad \text{e} \qquad y = \cos \beta,$$

y por tanto son

$$\operatorname{sen} \alpha = \sqrt{1 - x^2} \qquad \text{y} \qquad \operatorname{sen} \beta = \sqrt{1 - y^2}.$$

En estas condiciones es $f(x, y) = \alpha + \beta$, y calculando su coseno se tiene que

$$\cos f(x, y) = \cos(\alpha + \beta) = \cos \alpha \cos \beta - \operatorname{sen} \alpha \operatorname{sen} \beta.$$

Por otra parte la función $g(x, y)$ se puede escribir en la forma

$$g(x, y) = xy - \sqrt{1 - x^2}\sqrt{1 - y^2} = \cos \alpha \cos \beta - \operatorname{sen} \alpha \operatorname{sen} \beta,$$

en definitiva, se tiene que

$$\cos f(x, y) = g(x, y), \qquad \forall (x, y) \in \mathbb{R}^2.$$

Considerando la función $F(u, v) = \cos u - v$, F no es idénticamente nula en ningún entorno de cada punto de $\mathbb{R}^2$ y sin embargo al sustituir en ella las funciones f y g por sus valores en cada punto se hace nula, es decir

$$F[f(x, y), g(x, y)] = \cos f(x, y) - g(x, y) \equiv 0, \qquad \forall (x, y) \in \mathbb{R}^2,$$

y por tanto las funciones f y g son funcionalmente dependientes.

Segundo método: Como el número de funciones coincide con el de variables, considerando la matriz jacobiana de f y g se tiene

$$\left(\frac{\partial(f, g)}{\partial(x, y)} \right) = \begin{pmatrix} \dfrac{-1}{\sqrt{1 - x^2}} & \dfrac{-1}{\sqrt{1 - y^2}} \\ y + \dfrac{x}{\sqrt{1 - x^2}}\sqrt{1 - y^2} & x + \dfrac{y}{\sqrt{1 - y^2}}\sqrt{1 - x^2} \end{pmatrix}$$

y si calculamos su determinante se tiene que

$$|J| = \left| \left(\frac{\partial(f, g)}{\partial(x, y)} \right) \right| = \frac{-x}{\sqrt{1 - x^2}} - \frac{y}{\sqrt{1 - y^2}} + \frac{y}{\sqrt{1 - y^2}} + \frac{x}{\sqrt{1 - x^2}} = 0,$$

con lo cual las funciones son funcionalmente dependientes.

▶ **3.17** Analícese la dependencia funcional y lineal de las funciones

$$u(x) = \cos x + \operatorname{sen} x, \qquad v(x) = \cos x - \operatorname{sen} x \qquad \text{y} \qquad w(x) = \operatorname{sen} 4x.$$

RESOLUCIÓN.

Las funciones dadas son funcionalmente dependientes ya que

$$w(x) = \operatorname{sen} 4x = 2 \operatorname{sen} 2x \cos 2x, \qquad\qquad (3.2)$$

$$[u(x)]^2 = \cos^2 x + \operatorname{sen}^2 x + 2 \operatorname{sen} x \cos x = 1 + \operatorname{sen} 2x \quad \Rightarrow \quad \operatorname{sen} 2x = [u(x)]^2 - 1,$$

$$u(x)v(x) = (\cos x + \operatorname{sen} x)(\cos x - \operatorname{sen} x) = \cos^2 x - \operatorname{sen}^2 x = \cos 2x \quad \Rightarrow \quad \cos 2x = u(x)v(x)$$

y entrando en (3.2) con estas dos expresiones es

$$w(x) = 2([u(x)]^2 - 1)u(x)v(x),$$

luego

$$2u(x)v(x)\left([u(x)]^2 - 1\right) - w(x) = 0$$

nos da la dependencia funcional.

Para hallar la dependencia lineal, es

$$W(u(x), v(x), w(x)) = \begin{vmatrix} \cos x + \operatorname{sen} x & \cos x - \operatorname{sen} x & \operatorname{sen} 4x \\ -\operatorname{sen} x + \cos x & -\operatorname{sen} x - \cos x & 4\cos 4x \\ -\cos x - \operatorname{sen} x & -\cos x + \operatorname{sen} x & -16\operatorname{sen} 4x \end{vmatrix} =$$

$$= \begin{vmatrix} \cos x + \operatorname{sen} x & \cos x - \operatorname{sen} x & \operatorname{sen} 4x \\ -\operatorname{sen} x + \cos x & -\operatorname{sen} x - \cos x & 4\cos 4x \\ 0 & 0 & -15\operatorname{sen} 4x \end{vmatrix} =$$

$$= -15\operatorname{sen} 4x \begin{vmatrix} \cos x + \operatorname{sen} x & \cos x - \operatorname{sen} x \\ -\operatorname{sen} x + \cos x & -\operatorname{sen} x - \cos x \end{vmatrix} =$$

$$= -15\operatorname{sen} 4x \begin{vmatrix} 2\cos x & \cos x - \operatorname{sen} x \\ -2\operatorname{sen} x & -\operatorname{sen} x - \cos x \end{vmatrix} =$$

$$= 30\operatorname{sen} 4x \begin{vmatrix} \cos x & \cos x - \operatorname{sen} x \\ \operatorname{sen} x & \operatorname{sen} x + \cos x \end{vmatrix} =$$

$$= 30\operatorname{sen} 4x \left(\cos^2 x + \operatorname{sen} x \cos x - \operatorname{sen} x \cos x + \operatorname{sen}^2 x\right) = 30\operatorname{sen} 4x \neq 0,$$

en $\mathbb{R}$, lo que prueba que son funciones linealmente independientes.

▶ **3.18** Estúdiese la dependencia lineal y funcional de las funciones

$$f(x) = e^x, \qquad g(x) = e^{x^2 + x}, \qquad h(x) = e^{x^2 + 2x}.$$

RESOLUCIÓN.

Para estudiar la dependencia lineal consideramos el determinante wronskiano de las funciones, siendo

$$W(f(x), g(x), h(x)) = \begin{vmatrix} e^x & e^{x^2+x} & e^{x^2+2x} \\ e^x & (2x+1)e^{x^2+x} & (2x+2)e^{x^2+2x} \\ e^x & 2e^{x^2+x} + (2x+1)^2 e^{x^2+x} & 2e^{x^2+2x} + (2x+2)^2 e^{x^2+2x} \end{vmatrix} =$$

$$= e^x e^{x^2+x} e^{x^2+2x} \begin{vmatrix} 1 & 1 & 1 \\ 1 & 2x+1 & 2x+2 \\ 1 & (2x+1)^2+2 & (2x+2)^2+2 \end{vmatrix} =$$

$$= e^{2x^2+4x} \begin{vmatrix} 1 & 0 & 0 \\ 1 & 2x & 1 \\ 1 & (2x+1)^2+1 & 4x+3 \end{vmatrix} = e^{2x^2+4x}(4x^2 + 2x - 2) =$$

$$= 2e^{2x^2+4x}(2x^2 + x - 1) = 4e^{2x^2+4x}(x+1)\left(x - \tfrac{1}{2}\right).$$

Por tanto, es $W(f(x), g(x), h(x)) \neq 0$ en $\mathbb{R} - \{-1, \tfrac{1}{2}\}$ y las funciones son linealmente independientes en $\mathbb{R} - \{-1, \tfrac{1}{2}\}$.

En cuanto a la dependencia funcional, al ser

$$h(x) = e^{x^2+2x} = e^{(x^2+x)+x} = e^{x^2+x}e^x = g(x)f(x), \qquad \forall x \in \mathbb{R},$$

las funciones dadas son funcionalmente dependientes en $\mathbb{R}$ ya que al considerar la función $F : \mathbb{R}^3 \to \mathbb{R}$ definida por $F(u, v, w) = uv - w$, que es no nula en un entorno de cada punto de $\mathbb{R}^3$, verifica que

$$F[f(x), g(x), h(x)] = f(x)g(x) - h(x) = 0, \qquad \forall x \in \mathbb{R}.$$

▶ **3.19** Utilizando el teorema de Euler compruébese que la función

$$z = f(x, y) = \frac{x + y}{x - y} \operatorname{sen} \frac{x + y}{x - y}$$

es solución de las ecuaciones

$$x\frac{\partial z}{\partial x} + y\frac{\partial z}{\partial y} = 0 \qquad \text{y} \qquad x^2\frac{\partial^2 z}{\partial x^2} + 2xy\frac{\partial^2 z}{\partial x\partial y} + y^2\frac{\partial^2 z}{\partial y^2} = 0.$$

RESOLUCIÓN.

En el conjunto $A = \{(x, y) \in \mathbb{R}^2 : y \neq x\}$ la función dada es homogénea de grado $\alpha = 0$ ya que $\forall \lambda \in \mathbb{R}$ es

$$\begin{aligned}
f(\lambda x, \lambda y) &= \frac{\lambda x + \lambda y}{\lambda x - \lambda y} \operatorname{sen} \frac{\lambda x + \lambda y}{\lambda x - \lambda y} = \\
&= \frac{\lambda(x + y)}{\lambda(x - y)} \operatorname{sen} \frac{\lambda(x + y)}{\lambda(x - y)} = \lambda^0 \frac{x + y}{x - y} \operatorname{sen} \frac{x + y}{x - y} = \lambda^0 f(x, y).
\end{aligned}$$

Aplicando el teorema de Euler se tiene que

$$x\frac{\partial z}{\partial x} + y\frac{\partial z}{\partial y} = \alpha z = 0z = 0.$$

Si ahora aplicamos el teorema de Euler para las derivadas parciales de segundo orden resulta

$$x^2\frac{\partial^2 z}{\partial x^2} + 2xy\frac{\partial^2 z}{\partial x\partial y} + y^2\frac{\partial^2 z}{\partial y^2} = \alpha(\alpha - 1)z = 0(0 - 1)z = 0z = 0,$$

con lo cual la función dada verifica ambas ecuaciones.

PROBLEMAS PROPUESTOS

3.1 Estúdiese la existencia de función implícita definida por la ecuación $x^2 + y^2 + z^2 + 1 = 0$.

3.2 Analícese si la ecuación $e^{xy} + e^{xz} - 2e^{yz} + xyz - 1 = 0$ define implícitamente a z como función diferenciable de las variables x e y en un entorno del punto $(1, 1, 1)$ y en caso afirmativo obténgase la expresión de dz en dicho punto.

¿Define dicha ecuación implícita a y como función de x y z?

3.3 Sabiendo que la ecuación $x^2 + y^2 + ye^x + ze^y - 2 = 0$ define implícitamente a z como función diferenciable de x e y en un entorno de punto $(1, 0, 1)$, obténgase en dicho entorno la expresión de dz así como

$$\frac{\partial^2 z}{\partial x\partial y}(1, 0, 1).$$

¿Puede asegurarse que dicha función define implícitamente a x como función diferenciable de las variables y y z?

3.4 Sabiendo que la ecuación $F(x, y, z, u, v) = 0$ define implícitamente a cada una de las variables como función diferenciable de las demás en un entorno de un punto, demuéstrese que en dicho entorno se verifica la igualdad

$$\frac{\partial v}{\partial x} \cdot \frac{\partial x}{\partial y} \cdot \frac{\partial y}{\partial z} \cdot \frac{\partial z}{\partial u} \cdot \frac{\partial u}{\partial v} + 1 = 0.$$

3.5 Analícese si la ecuación

$$\frac{x^2}{a^2} + \frac{y^2}{b^2} + \frac{z^2}{c^2} = 1$$

define implícitamente a z como función diferenciable de x e y en un entorno del punto $P(0, 0, c)$. En caso de cumplirse, obténgase dz y $\frac{\partial^2 z}{\partial x \partial y}$ en un entorno del punto dado.

¿Define implícitamente la ecuación anterior a z como función diferenciable de x e y en un entorno del punto $(a, 0, 0)$?

3.6 Sabiendo que el sistema

$$\left.\begin{array}{r} x^2 + y^2 + u^2 - v^2 = 2 \\ x^2 - y^2 - u^2 + 2v^2 = 1 \end{array}\right\}$$

define implícitamente a u y v como funciones diferenciables de x e y en un entorno del punto $P(1, -1, 1, -1)$, calcúlese $d^2 u$ y $d^2 v$ en el punto P.

3.7 Sabiendo que el sistema

$$\left\{\begin{array}{r} x^2 + y^2 + u^2 - v^2 = C_1 \\ x^2 - y^2 - u^2 + 2v^2 = C_2 \end{array}\right.$$

define implícitamente a u y v como funciones diferenciables de las variables x e y en un entorno de un punto dado P, obténganse en dicho entorno las expresiones de du y de $\frac{\partial^2 u}{\partial x^2}$ y $\frac{\partial^2 u}{\partial x \partial y}$.

3.8 Utilícese el teorema de la función inversa para calcular la derivada de la función $y = \ln x$.

3.9 Analícese si existe inversa local para la función $\overline{f} : \mathbb{R}^3 \to \mathbb{R}^3$ definida por

$$\overline{f}(x, y, z) = (\cos(x + y) + \cos(y + z), \cos(x + y) + \operatorname{sen}(y + z), \operatorname{sen}(x + y) + \cos(y + z)).$$

3.10 Hállense los valores de los parámetros α y β para que la función $\overline{f}(x, y) = (e^{\alpha x} + e^{\beta y}, e^{\alpha x} - e^{\beta y})$ sea invertible localmente. Si es posible determínese la inversa local para $\alpha = 1$ y $\beta = 2$, así como la expresión de su diferencial en el entorno de un punto arbitrario de $\mathbb{R}^2$.

3.11 Determínese $f(x)$ para que $F(x, y) = (f(x), \operatorname{sh} y)$ sea invertible localmente en algún punto.

3.12 Calcúlense los valores de α para que

$$F(x, y) = (x + \alpha y, \alpha x + y)$$

sea invertible localmente.

3.13 Analícese la dependencia funcional de las funciones

$$f(x, y, z) = x^2(y^2 - z^2), \qquad g(x, y, z) = y^2(z^2 - x^2), \qquad h(x, y, z) = z^2(x^2 - y^2).$$

3.14 Compruébese que las funciones

$$f(x, y, z) = x + y + z, \quad g(x, y, z) = x^2 + y^2 + z^2 + xy + xz + yz, \quad h(x, y, z) = \sqrt{xy + xz + yz}$$

son funcionalmente dependientes en el conjunto

$$A = \{(x, y, z) \in \mathbb{R}^3 : xy + xz + yz \geq 0\}.$$

3.15 Estúdiese la dependencia lineal del sistema de funciones

$$\{x, x\cos^2 x, x\cos^4 x, x\cos^2 2x, x\cos 4x\}.$$

3.16 Analícese la dependencia funcional de las funciones

$$f(x,y) = \operatorname{arc\,tg} x^2 - \operatorname{arc\,tg} y^2 \qquad \text{y} \qquad g(x,y) = \frac{x^2 - y^2}{1 + x^2 y^2}.$$

3.17 Estúdiese la dependencia lineal y funcional de las funciones

$$u(x) = \operatorname{sen}^2 x, \qquad v(x) = \operatorname{sen}^2 2x \qquad \text{y} \qquad w(x) = \operatorname{sen}^4 x.$$

3.18 Estúdiese la dependencia lineal y funcional de las funciones

$$u(x) = x^2, \qquad v(x) = x^2 + x \qquad \text{y} \qquad w(x) = x^2 + 2x.$$

3.19 Mediante el teorema de Euler generalizado, compruébese que la función

$$z = f(x,y) = \frac{x^2 + y^2}{x + y} e^{x/y}$$

es solución de la ecuación

$$x^2 \frac{\partial^2 z}{\partial x^2} + 2xy \frac{\partial^2 z}{\partial x \partial y} + y^2 \frac{\partial^2 z}{\partial y^2} = 0$$

en todos los puntos del dominio de z.

4

Fórmula de Taylor

4.1 INTRODUCCIÓN

En funciones reales de variable real se establece el teorema de Taylor con la siguiente formulación:

■ **Teorema.** *Sea f una función real definida en un intervalo abierto I que contiene al punto x_0 y es de clase C^{n+1} en I. En estas condiciones, dado $x \in I$, existe un punto c comprendido entre x_0 y x tal que*

$$f(x) = f(x_0) + \frac{f'(x_0)}{1!}(x - x_0) + \frac{f''(x_0)}{2!}(x - x_0)^2 + \cdots + \frac{f^{(n)}(x_0)}{n!}(x - x_0)^n +$$
$$+ \frac{1}{(n+1)!}f^{(n+1)}(c)(x - x_0)^{n+1}.$$

Esta expresión se llama fórmula de Taylor de f en un entorno del punto x_0.

Al polinomio

$$P_n(x) = f(x_0) + \frac{f'(x_0)}{1!}(x - x_0) + \frac{f''(x_0)}{2!}(x - x_0)^2 + \cdots + \frac{f^{(n)}(x_0)}{n!}(x - x_0)^n$$

se le llama polinomio de Taylor y al último sumando, dado por

$$T_n(x) = \frac{1}{(n+1)!}f^{(n+1)}(c)(x - x_0)^{n+1}$$

se le denomina término complementario o resto de la aproximación de la fórmula de Taylor, siendo

$$f(x) = P_n(x) + T_n(x).$$

Haciendo $x - x_0 = h$, o bien $x = x_0 + h$, la fórmula de Taylor se escribe como

$$f(x_0 + h) = f(x_0) + \frac{f'(x_0)}{1!}h + \frac{f''(x_0)}{2!}h^2 + \cdots + \frac{f^{(n)}(x_0)}{n!}h^n + \frac{1}{(n+1)!}f^{(n+1)}(x_0 + \theta h)h^{n+1},$$

con $0 < \theta < 1$.

Como gran utilidad del teorema, podemos calcular la variación $f(x_0 + h) - f(x_0)$ de la función en las proximidades del punto x_0, estudiar crecimiento, decrecimiento, convexidad, concavidad y decidir la existencia de posibles mínimos y máximos o inflexiones, etc.

Cuando se toma como x_0 el punto cero se tiene la llamada *fórmula de MacLaurin*, que tiene un manejo más cómodo, siendo ésta:

$$f(x) = f(0) + \frac{1}{1!}f'(0)x + \frac{1}{2!}f''(0)x^2 + \cdots + \frac{1}{n!}f(0)x^n + \frac{1}{(n+1)!}f^{(n+1)}(\theta x)x^{n+1}.$$

■ **Ejemplo 4.1** Calculemos el polinomio de MacLaurin de grado 3 de la función

$$f(x) = e^{2x}.$$

La función y sus tres primeras derivadas son

$$f(x) = e^{2x}, \qquad f'(x) = 2e^{2x}, \qquad f''(x) = 2^2 e^{2x}, \qquad f'''(x) = 2^3 e^{2x},$$

así que particularizadas en $x = 0$ son

$$f(0) = e^0 = 1, \qquad f'(0) = 2e^0 = 2, \qquad f''(0) = 2^2 e^0 = 4, \qquad f'''(0) = 2^3 e^0 = 8,$$

por lo tanto el polinomio pedido es

$$P_3(x) = 1 + \frac{1}{1!}2x + \frac{1}{2!}4x^2 + \frac{1}{3!}8x^3 = 1 + 2x + 2x^2 + \frac{4}{3}x^3.$$

De manera similar, cuando el protagonismo de la derivada lo toman las derivadas parciales, podemos introducir la fórmula de Taylor para funciones reales de varias variables reales. Vamos a establecer el teorema en forma progresiva en cuanto a los requisitos exigidos a la función.

4.2 Teorema de Taylor con aproximación de primer orden

■ **Teorema.** *Si A es un conjunto abierto de $\mathbb{R}^n$ y $f : A \subset \mathbb{R}^n \to \mathbb{R}$ es una función de clase C^2 en A y siendo $\overline{a}$ y $\overline{x} = \overline{a} + \overline{h}$ puntos de A, entonces existe un punto $\overline{c} \in (\overline{a}; \overline{a} + \overline{h})$ tal que*

$$f(\overline{x}) = f(\overline{a}) + \sum_{i=1}^{n} D_i f(\overline{a})(x_i - a_i) + \frac{1}{2!} \sum_{i_1,i_2=1}^{n} D_{i_1 i_2} f(\overline{c})(x_{i_1} - a_{i_1})(x_{i2} - a_{i_2}).$$

En la expresión anterior llamada fórmula de Taylor de primer orden se designa

$$P_1(\overline{x}) = f(\overline{a}) + \sum_{i=1}^{n} D_i f(\overline{a})(x_i - a_i)$$

que es el llamado polinomio aproximador de Taylor de primer grado y

$$T_1(\overline{x}, \overline{a}; \overline{c}) = \frac{1}{2!} \sum_{i_1,i_2=1}^{n} D_{i_1 i_2} f(\overline{c})(x_{i_1} - a_{i_1})(x_{i_2} - a_{i_2})$$

que es el llamado resto, término complementario o error.

Si consideramos que son $\overline{a} = (a_1, a_2, .., a_n)$, $\overline{x} = (x_1, x_2, ..., x_n)$ y $\overline{h} = (h_1, h_2, ..., h_n)$, al ser $\overline{h} = \overline{x} - \overline{a}$ se tiene que $x_i - a_i = h_i$, $i = 1, 2, \ldots, n$, entonces podemos escribir la fórmula de Taylor como

$$f(\overline{a} + \overline{h}) = f(\overline{a}) + \sum_{i=1}^{n} D_i f(\overline{a}) h_i + \frac{1}{2!} \sum_{i_1,i_2=1}^{n} D_{i_1 i_2} f(\overline{a} + \theta\overline{h}) h_{i_1} h_{i_2}, \qquad \text{con} \qquad 0 < \theta < 1.$$

Téngase en cuenta que $D_i f(\overline{a}) = \nabla f(\overline{a})$, es decir, se trata del gradiente de f en el punto $\overline{a}$ y $D_{ij} f(\overline{c}) = Hf(\overline{c})$ es la matriz hessiana de f en el punto $\overline{c}$.

La fórmula de Taylor anterior se puede escribir utilizando notación diferencial en la forma

$$f(\overline{x}) = f(\overline{a}) + \frac{1}{1!} df(\overline{a})(\overline{h}) + \frac{1}{2!} d^2 f(\overline{a} + \theta\overline{h})(\overline{h}, \overline{h}) = P_1 + T_1.$$

4.3 Teorema de Taylor con aproximación de segundo orden

Con las misma hipótesis que en el primer caso, pero exigiendo a la función f que sea de clase C^3, se verifica que

$$f(\overline{x}) = f(\overline{a} + \overline{h}) = f(\overline{a}) + \sum_{i=1}^{n} D_i f(\overline{a}) h_i + \frac{1}{2!} \sum_{i_1,i_2=1}^{n} D_{i_1 i_2} f(\overline{a}) h_{i_1} h_{i_2} +$$

$$+ \frac{1}{3!} \sum_{i_1,i_2,i_3=1}^{n} D_{i_1 i_2.i_3} f(\overline{a} + \theta\overline{h}) h_{i_1} h_{i_2} h_{i_3} =$$

$$= P_2(\overline{h}) + T_2(\overline{h}, \overline{a}; \theta), \qquad \text{con} \qquad 0 < \theta < 1,$$

y ésta es la llamada fórmula de Taylor de orden dos con término complementario en la forma de Lagrange, donde P_2 es el polinomio aproximador de Taylor de segundo orden en el que los sumatorios son

$$\sum_{i=1}^{n} D_i f(\overline{a}) h_i = (\nabla f(\overline{a})) \, \overline{h} = (D_1 f(\overline{a}), D_2 f(\overline{a}), ..., D_n f(\overline{a})) \begin{pmatrix} h_1 \\ h_2 \\ \vdots \\ h_n \end{pmatrix} = df(\overline{a}) \begin{pmatrix} h_1 \\ h_2 \\ \vdots \\ h_n \end{pmatrix} =$$

$$= df(\overline{a}) \left(\overline{h} \right),$$

$$\sum_{i_1,i_2=1}^{n} D_{i_1,i_2} f(\overline{a}) h_{i_1} h_{i_2} = (h_1, h_2, \cdots, h_n) \begin{pmatrix} D_{11} f(\overline{a}) & D_{12} f(\overline{a}) & \cdots & D_{1n} f(\overline{a}) \\ D_{21} f(\overline{a}) & D_{22} f(\overline{a}) & \cdots & D_{2n} f(\overline{a}) \\ \vdots & \vdots & \ddots & \vdots \\ D_{n1} f(\overline{a}) & D_{n2} f(\overline{a}) & \cdots & D_{nn} f(\overline{a}) \end{pmatrix} \begin{pmatrix} h_1 \\ h_2 \\ \vdots \\ h_n \end{pmatrix} =$$

$$= \left(\overline{h} \right)^t H f(\overline{a}) \left(\overline{h} \right) = d^2 f(\overline{a}) \left(\overline{h}, \overline{h} \right)$$

y el resto

$$T_2(\overline{h}, \overline{a}; \theta) = \sum_{i_1, i_2, i_3=1}^{n} D_{i_1 i_2 i_3} f(\overline{a} + \theta \overline{h}) h_{i_1} h_{i_2} h_{i_3} = d^3 f(\overline{a} + \theta \overline{h}) \left(\overline{h}, \overline{h}, \overline{h} \right).$$

En el caso particular de una función de dos variables, estos sumatorios resultan para $n = 2$

$$\sum_{i=1}^{2} D_i f(\overline{a}) h_i = D_1 f(\overline{a}) h_1 + D_2 f(\overline{a}) h_2$$

$$\sum_{i_1 i_2=1}^{2} D_{i_1 i_2} f(\overline{a}) h_{i_1} h_{i_2} = D_{11} f(\overline{a}) h_1^2 + 2 D_{12} f(\overline{a}) h_1 h_2 + D_{22} f(\overline{a}) h_2^2 =$$

$$= (h_1, h_2) \begin{pmatrix} D_{11} f(\overline{a}) & D_{12} f(\overline{a}) \\ D_{21} f(\overline{a}) & D_{22} f(\overline{a}) \end{pmatrix} \begin{pmatrix} h_1 \\ h_2 \end{pmatrix} = (h_1, h_2) (H f(\overline{a})) \begin{pmatrix} h_1 \\ h_2 \end{pmatrix},$$

siendo $H f(\overline{a})$ una matriz simétrica, por el teorema de Schwarz, y el término complementario es

$$T_2(\overline{h}, \overline{a}) = \sum_{i_1, i_2, i_3}^{2} D_{i_1 i_2 i_3} f(\overline{a} + \theta \overline{h}) h_{i_1} h_{i_2} h_{i_3} =$$

$$= D_{111} f(\overline{a} + \theta \overline{h}) h_1^3 + 3 D_{112} f(\overline{a} + \theta \overline{h}) h_1^2 h_2 +$$

$$+ 3 D_{122} f(\overline{a} + \theta \overline{h}) h_1 h_2^2 + D_{222} f(\overline{a} + \theta \overline{h}) h_2^3.$$

4.4 TEOREMA DE TAYLOR CON APROXIMACIÓN DE ORDEN m

La generalización de los casos anteriores conduce al teorema de Taylor más general.

■ **Teorema.** *Si A es un conjunto abierto de $\mathbb{R}^n$ y $f : A \subset \mathbb{R}^n \to \mathbb{R}$ es una función de clase C^{m+1} en A y siendo $\overline{a}$ y $\overline{x} = \overline{a} + \overline{h}$ puntos de A, entonces existe un punto $\overline{c} \in (\overline{a}; \overline{a} + \overline{h})$ tal que*

$$f(\overline{x}) = f(\overline{a}) + \sum_{r=1}^{m} \frac{1}{r!} d^r f(\overline{a}) \overline{h}^r + \frac{1}{(m+1)!} d^{m+1} f(\overline{c})(\overline{h}^{m+1}) = P_m(\overline{h}) + T_m(\overline{h}; \overline{c}),$$

donde debe entenderse que es $\overline{h}^r = (\overline{h}, \overline{h}, \overset{(r}{\ldots}, \overline{h})$.

La expresión anterior se llama fórmula de Taylor de orden m para la función f en el punto $\overline{a}$, y se llama fórmula de MacLaurin cuando es $\overline{a} = \overline{0}$, siendo $P_m(\overline{h})$ el polinomio aproximador de Taylor de grado m y $T_m(\overline{h}; \overline{c})$ el resto o término complementario en la forma de Lagrange.

En el caso de una función f de dos variables de clase C^{m+1}, la fórmula de Taylor en la versión de MacLaurin es

$$f(x,y) = f(0,0) + \frac{\partial f}{\partial x}(0,0)x + \frac{\partial f}{\partial y}(0,0)y +$$

$$+ \frac{1}{2!} \left[\frac{\partial^2 f}{\partial x^2}(0,0)x^2 + 2\frac{\partial^2 f}{\partial x \partial y}(0,0)xy + \frac{\partial^2 f}{\partial y^2}(0,0)y^2 \right] + ... +$$

$$+ \frac{1}{m!} \sum_{r=0}^{m} \binom{m}{r} \frac{\partial^m f}{\partial x^{m-r} \partial y^r}(0,0)x^{m-r}y^r + T_m,$$

expresión que simbólicamente puede escribirse como

$$f(x,y) = f(0,0) + \sum_{k=1}^{m} \frac{1}{k!} \left(x\frac{\partial}{\partial x} + y\frac{\partial}{\partial y} \right)^{(k} f(0,0) + T_m,$$

donde $\left(x\dfrac{\partial}{\partial x} + y\dfrac{\partial}{\partial y} \right)^{(k}$ debe enterderse como una expresión de desarrollo simbólico siguiendo la fórmula del binomio, así por ejemplo

$$\left(x\frac{\partial}{\partial x} + y\frac{\partial}{\partial y} \right)^{(3} = x^3 \frac{\partial^3}{\partial x^3} + 3x^2 y \frac{\partial^3}{\partial x^2 \partial y} + 3xy^2 \frac{\partial^3}{\partial x \partial y^2} + y^3 \frac{\partial^3}{\partial y^3}.$$

■ **Ejemplo 4.2** Calculemos el polinomio de MacLaurin de grado 2 de la función

$$h(x,y) = e^x + y^2.$$

Derivando parcialmente la función h se tiene

$$\frac{\partial h}{\partial x}(x,y) = e^x, \qquad \frac{\partial h}{\partial y}(x,y) = 2y, \qquad \frac{\partial^2 h}{\partial x^2}(x,y) = e^x, \qquad \frac{\partial^2 h}{\partial x \partial y}(x,y) = 0, \qquad \frac{\partial^2 h}{\partial y^2}(x,y) = 2,$$

por lo que al particularizar resultan

$$h(0,0) = 1, \qquad \frac{\partial h}{\partial x}(0,0) = 1, \qquad \frac{\partial h}{\partial y}(0,0) = 0,$$

$$\frac{\partial^2 h}{\partial x^2}(0,0) = 1, \qquad \frac{\partial^2 h}{\partial x \partial y}(0,0) = 0, \qquad \frac{\partial^2 h}{\partial y^2}(0,0) = 2.$$

Con estos recursos el polinomio pedido es

$$P_2(x,y) = 1 + \frac{1}{1!}(1 \cdot x + 0 \cdot y) + \frac{1}{2!}(1 \cdot x^2 + 0 \cdot xy + 2y^2) = 1 + x + \frac{x^2}{2} + y^2.$$

■ **Ejemplo 4.3** Obtengamos el polinomio de Taylor de tercer grado en potencias de x e y asociado a la función

$$f(x,y) = \operatorname{sen}(x - y).$$

Considerando la función y sus derivadas parciales hasta el tercer orden y a continuación particularizando en el punto $(0, 0)$ se tiene

$$
\begin{aligned}
f(x, y) &= \operatorname{sen}(x - y) &&\Rightarrow& f(0, 0) &= 0 \\
f_x(x, y) &= \cos(x - y) &&\Rightarrow& f_x(0, 0) &= 1 \\
f_y(x, y) &= -\cos(x - y) &&\Rightarrow& f_y(0, 0) &= -1 \\
f_{x^2}(x, y) &= -\operatorname{sen}(x - y) &&\Rightarrow& f_{x^2}(0, 0) &= 0 \\
f_{xy}(x, y) &= \operatorname{sen}(x - y) &&\Rightarrow& f_{xy}(0, 0) &= 0 \\
f_{y^2}(x, y) &= -\operatorname{sen}(x - y) &&\Rightarrow& f_{y^2}(0, 0) &= 0 \\
f_{x^3}(x, y) &= -\cos(x - y) &&\Rightarrow& f_{x^3}(0, 0) &= -1 \\
f_{x^2 y}(x, y) &= \cos(x - y) &&\Rightarrow& f_{x^2 y}(0, 0) &= 1 \\
f_{xy^2}(x, y) &= -\cos(x - y) &&\Rightarrow& f_{xy^2}(0, 0) &= -1 \\
f_{y^3}(x, y) &= \cos(x - y) &&\Rightarrow& f_{y^3}(0, 0) &= 1.
\end{aligned}
$$

Con estos datos el polinomio pedido es

$$
P_3(x, y) = 0 + 1 \cdot x - 1 \cdot y + \frac{0}{2!} x^2 + \frac{0}{2!} 2xy + \frac{0}{2!} y^2 - \frac{1}{3!} x^3 + \frac{1}{3!} 3x^2 y - \frac{1}{3!} 3xy^2 + \frac{1}{3!} y^3 =
$$

$$
= x - y - \frac{1}{6} x^3 + \frac{1}{2} x^2 y - \frac{1}{2} xy^2 + \frac{1}{6} y^3.
$$

Otra posibilidad de cálculo es tener en cuenta el desarrollo de la función seno

$$
\operatorname{sen} t = t - \frac{t^3}{3!} + \frac{t^5}{5!} - \cdots
$$

para escribir que

$$
\operatorname{sen}(x - y) = x - y - \frac{1}{3!}(x - y)^3 + \cdots
$$

y por tanto

$$
P_3(x, y) = x - y - \frac{1}{6}\left(x^3 - 3x^2 y + 3xy^2 - y^3\right) =
$$

$$
= x - y - \frac{1}{6} x^3 + \frac{1}{2} x^2 y - \frac{1}{2} xy^2 + \frac{1}{6} y^3.
$$

PROBLEMAS RESUELTOS

▶ **4.1** Obténgase la fórmula de MacLaurin para la función $f(x, y) = \cos(x + y)$ con polinomio aproximador de segundo grado.

RESOLUCIÓN.

Se trata de expresar $f(x, y)$ en un entorno del punto $(0, 0)$ en la forma $f(x, y) = P_2(x, y) + T_2$, es decir,

$$
f(x, y) = f(0, 0) + \frac{1}{1!}\left(\frac{\partial f(0, 0)}{\partial x} x + \frac{\partial f(0, 0)}{\partial y} y\right) +
$$

$$
+ \frac{1}{2!}\left(\frac{\partial^2 f(0, 0)}{\partial x^2} x^2 + 2\frac{\partial^2 f(0, 0)}{\partial x \partial y} xy + \frac{\partial^2 f(0, 0)}{\partial y^2} y^2\right) +
$$

$$
+ \frac{1}{3!}\left(\frac{\partial^3 f(\theta x, \theta y)}{\partial x^3} x^3 + 3\frac{\partial^3 f(\theta x, \theta y)}{\partial x^2 \partial y} x^2 y + 3\frac{\partial^3 f(\theta x, \theta y)}{\partial x \partial y^2} xy^2 + \frac{\partial^3 f(\theta x, \theta y)}{\partial y^3} y^3\right),
$$

con $0 < \theta < 1$.

Calculando los elementos de la fórmula se tiene que $f(0,0) = \cos 0 = 1$, y que

$$\frac{\partial f}{\partial x}(x,y) = -\operatorname{sen}(x+y), \qquad \frac{\partial f}{\partial y}(x,y) = -\operatorname{sen}(x+y), \qquad \frac{\partial f}{\partial x}(0,0) = \frac{\partial f}{\partial y}(0,0) = 0.$$

Además

$$\frac{\partial^2 f}{\partial x^2}(x,y) = -\cos(x+y), \qquad \frac{\partial^2 f}{\partial x \partial y}(x,y) = -\cos(x+y), \qquad \frac{\partial^2 f}{\partial y^2}(x,y) = -\cos(x+y),$$

luego

$$\frac{\partial^2 f}{\partial x^2}(0,0) = \frac{\partial^2 f}{\partial x \partial y}(0,0) = \frac{\partial^2 f}{\partial y^2}(0,0) = -1.$$

Derivando nuevamente

$$\frac{\partial^3 f}{\partial x^3}(x,y) = \operatorname{sen}(x+y), \qquad \frac{\partial^3 f}{\partial x^2 \partial y}(x,y) = \operatorname{sen}(x+y),$$

$$\frac{\partial^3 f}{\partial x \partial y^2}(x,y) = \operatorname{sen}(x+y), \qquad \frac{\partial^3 f}{\partial y^3}(x,y) = \operatorname{sen}(x+y),$$

de donde

$$\frac{\partial^3 f}{\partial x^3}(\theta x, \theta y) = \frac{\partial^3 f}{\partial x^2 \partial y}(\theta x, \theta y) = \frac{\partial^3 f}{\partial x \partial y^2}(\theta x, \theta y) = \frac{\partial^3 f}{\partial y^3}(\theta x, \theta y) = \operatorname{sen}(\theta x + \theta y),$$

por lo que sustituyendo en la fórmula inicial se tiene

$$f(x,y) = 1 + \frac{1}{1!}(0x + 0y) + \frac{1}{2!}\left[(-1)x^2 + 2(-1)xy + (-1)y^2\right] +$$

$$+ \frac{1}{3!}\left[x^3 \operatorname{sen}(\theta x + \theta y) + 3x^2 y \operatorname{sen}(\theta x + \theta y) + 3xy^2 \operatorname{sen}(\theta x + \theta y) + y^3 \operatorname{sen}(\theta x + \theta y)\right] =$$

$$= 1 + \frac{-1}{2}(x^2 + 2xy + y^2) + \frac{\operatorname{sen}(\theta x + \theta y)}{6}(x^3 + 3x^2 y + 3xy^2 + y^3).$$

▶ **4.2** Calcúlese el polinomio de MacLaurin de grado 3 de la función $h(x,y) = e^{x+y}$.

RESOLUCIÓN.

Expresemos la función $h(x,y)$ en la forma

$$h(x,y) = e^{x+y} = e^x e^y = g(x)g(y),$$

siendo $g(x) = e^x$, por lo que el desarrollo de MacLaurin de $h(x,y)$ será

$$h(x,y) = \left(1 + x + \frac{x^2}{2!} + \frac{x^3}{3!} + \cdots + \frac{x^n}{n!} + \cdots\right)\left(1 + y + \frac{y^2}{2!} + \frac{y^3}{3!} + \cdots + \frac{y^m}{m!} + \cdots\right),$$

sin más que tener en cuenta que $e^x = \sum_{n=0}^{+\infty} \frac{x^n}{n!}$.

Desarrollando el producto anterior y manteniendo las potencias hasta el grado 3, resulta el polinomio pedido que es

$$P(x,y) = 1 \cdot \left(1 + y + \frac{y^2}{2!} + \frac{y^3}{3!}\right) + x \cdot \left(1 + y + \frac{y^2}{2!}\right) + \frac{x^2}{2} \cdot (1 + y) + \frac{x^3}{3!} =$$

$$= 1 + y + \frac{y^2}{2!} + \frac{y^3}{3!} + x + xy + \frac{xy^2}{2!} + \frac{x^2}{2!} + \frac{x^2 y}{2!} + \frac{x^3}{3!} =$$

$$= 1 + (x + y) + \left(\frac{x^2}{2!} + xy + \frac{y^2}{2!}\right) + \left(\frac{x^3}{3!} + \frac{x^2 y}{2!} + \frac{xy^2}{2!} + \frac{y^3}{3!}\right),$$

donde los términos se han reordenado en la última igualdad para que coincidan con la expresión obtenida del desarrollo directo de e^{x+y}.

Comparando el procedimiento presentado aquí con el desarrollo usual, la técnica utilizada es mucho más cómoda.

▶ **4.3** Calcúlese el polinomio de MacLaurin de segundo grado de la función $f(x,y) = \ln \dfrac{1+x}{1+y}$.

RESOLUCIÓN.

Se tiene que $f(0,0) = \ln 1 = 0$, y las derivadas parciales primeras son

$$\left(\frac{\partial f}{\partial x}\right)_{(0,0)} = \left(\frac{\frac{1}{1+y}}{\frac{1+x}{1+y}}\right)_{(0,0)} = \left(\frac{1}{1+x}\right)_{(0,0)} = 1,$$

$$\left(\frac{\partial f}{\partial y}\right)_{(0,0)} = \left(\frac{\frac{-(1+x)}{(1+y)^2}}{\frac{1+x}{1+y}}\right)_{(0,0)} = \left(\frac{-1}{1+y}\right)_{(0,0)} = -1.$$

Las derivadas segundas son

$$\left(\frac{\partial^2 f}{\partial x^2}\right)_{(0,0)} = \left(\frac{-1}{(1+x)^2}\right)_{(0,0)} = -1, \qquad \left(\frac{\partial^2 f}{\partial y^2}\right)_{(0,0)} = \left(\frac{1}{(1+y)^2}\right)_{(0,0)} = 1,$$

y

$$\left(\frac{\partial^2 f}{\partial x \partial y}\right)_{(0,0)} = \left(\frac{\partial}{\partial y}\left(\frac{1}{1+x}\right)\right)_{(0,0)} = 0,$$

por lo que el polinomio pedido es

$$P(x,y) = (x-y) + \left(\frac{-1}{2!}x^2 + \frac{1}{2!}y^2\right).$$

Obsévese que podríamos haber hecho, de manera más sencilla,

$$\ln \frac{1+x}{1+y} = \ln(1+x) - \ln(1+y) =$$

$$= \left[x - \frac{x^2}{2!} + \mathcal{O}(x^3)\right] - \left[y - \frac{y^2}{2!} + \mathcal{O}(y^3)\right] = (x-y) + \left(\frac{-x^2}{2!} + \frac{y^2}{2!}\right) + \mathcal{O}(x^3, y^3),$$

tal como habíamos obtenido.

▶ **4.4** Obténgase el polinomio de Taylor de segundo grado de la función $z = z(x,y)$ definida implícitamente por la ecuación

$$\cos\left(z\frac{\pi}{2}\right) = xy - x - y + z^2$$

en el punto $(x_0, y_0, z_0) = (1,1,1)$.

RESOLUCIÓN.

Construyamos la función

$$f(x,y,z) = \cos\left(z\frac{\pi}{2}\right) - xy + x + y - z^2$$

que define implícitamente $z = z(x,y)$ en un entorno del punto $(1,1,1)$ ya que por ser

$$f(1,1,1) = \cos\frac{\pi}{2} - 1 + 1 + 1 - 1 = 0,$$

y además

$$\frac{\partial f}{\partial z} = \frac{-\pi}{2} \operatorname{sen}\left(z\frac{\pi}{2}\right) - 2z \qquad \Rightarrow \qquad \frac{\partial f}{\partial z}(1,1,1) = \frac{-\pi}{2}\operatorname{sen}\frac{\pi}{2} - 2 \neq 0,$$

cumple las condiciones del teorema de la función implícita.

Buscamos el polinomio

$$P(x,y) = z(x_0,y_0) + \left(\frac{\partial z}{\partial x}(x_0,y_0)(x-x_0) + \frac{\partial z}{\partial y}(x_0,y_0)(y-y_0)\right) +$$

$$+ \frac{1}{2!}\left(\frac{\partial^2 z}{\partial x^2}(x_0,y_0)(x-x_0)^2 + 2\frac{\partial^2 z}{\partial x\partial y}(x_0,y_0)(x-x_0)(y-y_0) + \frac{\partial^2 z}{\partial y^2}(x_0,y_0)(y-y_0)^2\right).$$

Las derivadas parciales vienen dadas por

$$\frac{\partial f}{\partial x} = 0 = \frac{-\pi}{2}\operatorname{sen}\left(z\frac{\pi}{2}\right)\frac{\partial z}{\partial x} + y + 1 - 2z\frac{\partial z}{\partial x} \qquad \Rightarrow \qquad \frac{\partial z}{\partial x} = \frac{1-y}{\frac{\pi}{2}\operatorname{sen}\left(z\frac{\pi}{2}\right) + 2z},$$

$$\frac{\partial f}{\partial y} = 0 = \frac{-\pi}{2}\operatorname{sen}\left(z\frac{\pi}{2}\right)\frac{\partial z}{\partial y} - x + 1 - 2z\frac{\partial z}{\partial y} \qquad \Rightarrow \qquad \frac{\partial z}{\partial y} = \frac{1-x}{\frac{\pi}{2}\operatorname{sen}\left(z\frac{\pi}{2}\right) + 2z},$$

por lo que en el punto $(x_0, y_0, z_0) = (1,1,1)$ resulta

$$\frac{\partial z}{\partial x}(1,1) = \frac{1-1}{\frac{\pi}{2}\operatorname{sen}\frac{\pi}{2} + 2} = 0 \qquad \text{y} \qquad \frac{\partial z}{\partial x}(1,1) = \frac{1-1}{\frac{\pi}{2}\operatorname{sen}\frac{\pi}{2} + 2} = 0.$$

Calculemos las derivadas parciales segundas

$$\frac{\partial^2 z}{\partial x^2} = \frac{\partial}{\partial x}\left(\frac{\partial z}{\partial x}\right) = \frac{\partial}{\partial x}\left(\frac{1-y}{\frac{\pi}{2}\operatorname{sen}\left(z\frac{\pi}{2}\right) + 2z}\right) = \frac{-(1-y)\frac{\partial}{\partial x}\left(\frac{\pi}{2}\operatorname{sen}\left(z\frac{\pi}{2}\right) + 2z\right)}{\left(\frac{\pi}{2}\operatorname{sen}\left(z\frac{\pi}{2}\right) + 2z\right)^2}$$

y entonces es $\frac{\partial^2 z}{\partial x^2}(1,1) = 0$ por la presencia del término $1 - y$.

$$\frac{\partial^2 z}{\partial y^2} = \frac{\partial}{\partial y}\left(\frac{\partial z}{\partial y}\right) = \frac{\partial}{\partial y}\left(\frac{1-x}{\frac{\pi}{2}\operatorname{sen}\left(z\frac{\pi}{2}\right) + 2z}\right) = \frac{-(1-x)\frac{\partial}{\partial y}\left(\frac{\pi}{2}\operatorname{sen}\left(z\frac{\pi}{2}\right) + 2z\right)}{\left(\frac{\pi}{2}\operatorname{sen}\left(z\frac{\pi}{2}\right) + 2z\right)^2}$$

y entonces es $\frac{\partial^2 z}{\partial y^2}(1,1) = 0$ por la presencia del témino $1 - x$.

$$\frac{\partial^2 z}{\partial y\partial x} = \frac{\partial}{\partial x}\left(\frac{\partial z}{\partial y}\right) = \frac{\partial}{\partial x}\left(\frac{1-x}{\frac{\pi}{2}\operatorname{sen}\left(z\frac{\pi}{2}\right) + 2z}\right) =$$

$$= \frac{-\left(\frac{\pi}{2}\operatorname{sen}\left(z\frac{\pi}{2}\right) + 2z\right) - (1-x)\frac{\partial}{\partial x}\left(\frac{\pi}{2}\operatorname{sen}\left(z\frac{\pi}{2}\right) + 2z\right)}{\left(\frac{\pi}{2}\operatorname{sen}\left(z\frac{\pi}{2}\right) + 2z\right)^2},$$

por lo tanto

$$\frac{\partial^2 z}{\partial y\partial x}(1,1) = \frac{-\left(\frac{\pi}{2}\operatorname{sen}\left(\frac{\pi}{2}\right) + 2\right) - (1-1)\left[\frac{\partial}{\partial x}\left(\frac{\pi}{2}\operatorname{sen}\left(z\frac{\pi}{2}\right) + 2z\right)\right]_{(1,1)}}{\left(\frac{\pi}{2}\operatorname{sen}\left(\frac{\pi}{2}\right) + 2\right)^2} =$$

$$= \frac{-\left(\frac{\pi}{2} + 2\right)}{\left(\frac{\pi}{2} + 2\right)^2} = \frac{-1}{\frac{\pi}{2} + 2} = \frac{-2}{\pi + 4}.$$

Obsérvese que no hemos calculado la derivada parcial $\frac{\partial}{\partial x}\left(\frac{\pi}{2}\operatorname{sen}\left(z\frac{\pi}{2}\right) + 2z\right)$, ya que está multiplicada por el término $1 - x$ que se anula en $(x,y) = (1,1)$.

Finalmente el polinomio de Taylor de orden dos es

$$P(x,y) = 1 + \frac{1}{2!}\left(\frac{-2}{\pi+4}\right)(x-1)(y-1) = 1 - \frac{1}{\pi+4}(x-1)(y-1).$$

▶ **4.5** Exprésese la función

$$f(x,y) = x^3 + y^3 - x^2 y + xy - 1$$

en potencias de $x+1$ e $y-2$.

RESOLUCIÓN.

Al ser la función f un polinomio de tercer grado en x e y, basta con calcular el polinomio de Taylor de tercer grado asociado a la función en el punto $P = (-1, 2)$.

En cada punto (x, y) de un entorno del punto P se verifica que

$$f(x,y) = P_3(x,y) = f(-1,2) + \frac{1}{1!}\left[\frac{\partial f}{\partial x}(-1,2)(x+1) + \frac{\partial f}{\partial y}(-1,2)(y-2)\right] +$$

$$+ \frac{1}{2!}\left[\frac{\partial^2 f}{\partial x^2}(-1,2)(x+1)^2 + 2\frac{\partial^2 f}{\partial x \partial y}(-1,2)(x+1)(y-2) + \frac{\partial^2 f}{\partial y^2}(-1,2)(y-2)^2\right] +$$

$$+ \frac{1}{3!}\left[\frac{\partial^3 f}{\partial x^3}(-1,2)(x+1)^3 + 3\frac{\partial^3 f}{\partial x^2 \partial y}(-1,2)(x+1)^2(y-2)+\right.$$

$$\left. + 3\frac{\partial^3 f}{\partial x \partial y^2}(-1,2)(x+1)(y-2)^2 + \frac{\partial^3 f}{\partial y^3}(-1,2)(y-2)^3\right].$$

Calculando los diferentes elementos que aparecen en la fórmula anterior se tiene

$$f(-1,2) = (-1)^3 + 2^3 - (-1)^2 \cdot 2 + (-1)\cdot 2 - 1 = -1 + 8 - 2 - 2 - 1 = 2,$$

$$\frac{\partial f}{\partial x}(x,y) = 3x^2 - 2xy + y \quad \Rightarrow \quad \frac{\partial f}{\partial x}(-1,2) = 9$$

$$\frac{\partial f}{\partial y}(x,y) = 3y^2 - x^2 + x \quad \Rightarrow \quad \frac{\partial f}{\partial x}(-1,2) = 10$$

$$\frac{\partial^2 f}{\partial x^2}(x,y) = 6x - 2y \quad \Rightarrow \quad \frac{\partial^2 f}{\partial x^2}(-1,2) = -10$$

$$\frac{\partial^2 f}{\partial x \partial y}(x,y) = -2x + 1 \quad \Rightarrow \quad \frac{\partial^2 f}{\partial x^2}(-1,2) = 3$$

$$\frac{\partial^2 f}{\partial y^2}(x,y) = 6y \quad \Rightarrow \quad \frac{\partial^2 f}{\partial y^2}(-1,2) = 12$$

$$\frac{\partial^3 f}{\partial x^3}(x,y) = 6 = \frac{\partial^3 f}{\partial x^3}(-1,2),$$

$$\frac{\partial^3 f}{\partial x^2 \partial y}(x,y) = -2 = \frac{\partial^3 f}{\partial x^2 \partial y}(-1,2),$$

$$\frac{\partial^3 f}{\partial y^2 \partial x}(x,y) = 0 = \frac{\partial^3 f}{\partial y^2 \partial x}(-1,2),$$

$$\frac{\partial^3 f}{\partial y^3}(x,y) = 6 = \frac{\partial^3 f}{\partial y^3}(-1,2),$$

y sustituyendo estos valores resulta

$$f(x,y) = P_3(x,y) = 2 + \frac{1}{1!}\left[9(x+1) + 10(y-2)\right] +$$

$$+ \frac{1}{2!}\left[-10(x+1)^2 + 2 \cdot 3(x+1)(y-2) + 12(y-2)^2\right] +$$

$$+ \frac{1}{3!}\left[6(x+1)^3 + 3(-2)(x+1)^2(y-2) + 3 \cdot 0(x+1)(y-2)^2 + 6(y-2)^3\right] =$$

$$= 2 + 9(x+1) + 10(y-2) - 5(x+1)^2 + 3(x+1)(y-2) + 6(y-2)^2 +$$

$$+ (x+1)^3 - (x+1)^2(y-2) + (y-2)^3.$$

PROBLEMAS PROPUESTOS

4.1 Obténgase la fórmula de MacLaurin para la función $f(x,y) = e^{2x+y}$ con polinomio aproximador de segundo grado.

4.2 Calcúlese el polinomio de MacLaurin de grado $2n+1$ de la función $h(x,y) = (1 + 2y^2)\,\mathrm{sen}\,x$.

4.3 Calcúlese el polinomio de MacLaurin de segundo grado de la función $f(x,y) = \mathrm{sen}\,xy$.

4.4 Obténgase el polinomio de Taylor de orden dos de la función $z = z(x,y)$ definida implícitamente por la ecuación

$$e^z - 3z = 5x - 2y,$$

en el punto $(x_0, y_0, z_0) = (1, 2, 0)$.

4.5 De una función $f : \mathbb{R}^3 \to \mathbb{R}$ se conocen $f(0,0,0) = 2$, el gradiente en $(0,0,0)$,

$$\nabla f(0,0,0) = (1, 2, -1)$$

y la matriz hessiana en $(0,0,0)$

$$Hf(0,0,0) = \begin{pmatrix} 3 & 1 & 2 \\ 1 & -1 & 4 \\ 2 & 4 & -2 \end{pmatrix}.$$

A partir de estos datos, obténgase el valor aproximado de f en cada punto (x, y, z) de un entorno del punto $(0,0,0)$. En particular hállese una aproximación al valor $f(0,1; 0,1; 0,1)$.

Extremos en varias variables

5.1 EXTREMOS ABSOLUTOS

La función $f : A \subset \mathbb{R}^n \to \mathbb{R}$ tiene un *mínimo absoluto* en el punto $\overline{a} \in A$ si se verifica que $f(\overline{x}) \geq f(\overline{a})$ para todo punto $\overline{x} \in A$.

■ **Ejemplo 5.1** La función $f(x, y) = 1 + x^2 + y^2$ tiene un mínimo absoluto en el punto $(0, 0)$ de valor $f(0, 0) = 1$, según se muestra en la Figura 5.1.

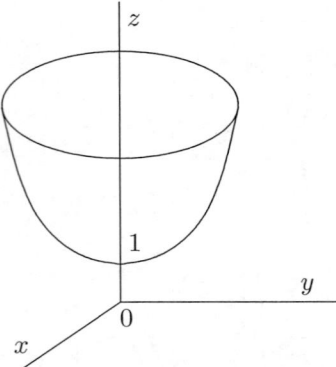

Figura 5.1 Mínimo absoluto de la función $f(x, y) = 1 + x^2 + y^2$

La función $f : A \subset \mathbb{R}^n \to \mathbb{R}$ tiene un *máximo absoluto* en el punto $\overline{a} \in A$ si se verifica que $f(\overline{x}) \leq f(\overline{a})$ para todo punto $\overline{x} \in A$.

■ **Ejemplo 5.2** La función $g(x, y) = 1 - x^2 - y^2$ tiene un máximo absoluto en el punto $(0, 0)$ de valor $g(0, 0) = 1$, según puede verse en la Figura 5.2.

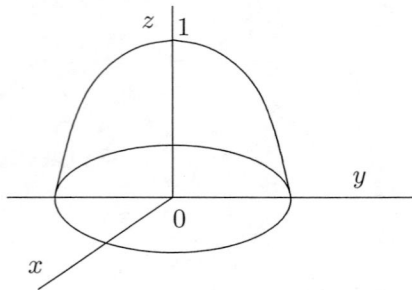

Figura 5.2 Máximo absoluto de la función $g(x, y) = 1 - x^2 - y^2$

A los mínimos y máximos absolutos se les nombra genéricamente como *extremos absolutos* o *extremos globales*.

5.2 EXTREMOS RELATIVOS

Dada la función $f : A \subset \mathbb{R}^n \to \mathbb{R}$ y siendo $\overline{a} \in A$ un punto no aislado de A, se dice que f tiene un *mínimo local* o *relativo* en $\overline{a}$ si existe una bola abierta $B(\overline{a})$, centrada en $\overline{a}$, tal que $f(\overline{x}) \geq f(\overline{a})$ para todo punto $\overline{x} \in B(\overline{a}) \cap A$. El mínimo relativo se dice estricto si es $f(\overline{x}) > f(\overline{a})$.

De forma análoga se dice que f tiene un *máximo local o relativo* en $\overline{a}$ si existe una bola abierta $B(\overline{a})$, centrada en $\overline{a}$, tal que $f(\overline{x}) \leq f(\overline{a})$ para todo punto $\overline{x} \in B(\overline{a}) \cap A$. El máximo local se dice estricto si es $f(\overline{x}) < f(\overline{a})$.

A los valores mínimos y máximos relativos de una función se les llama genéricamente *extremos relativos* o *extremos locales.*

Téngase en cuenta que si el conjunto A es abierto, en las definiciones anteriores el conjuto $B(\overline{a}) \cap A$ se puede suplir por $B(\overline{a})$.

Si $\overline{a} \in A$ es un punto no aislado en A y en él la función $f : A \subset \mathbb{R}^n \to \mathbb{R}$ tiene extremo global, entonces este extremo es también local. La propiedad recíproca no es válida.

El teorema de Weierstrass que garantiza la existencia de extremos globales para funciones reales de varias variables se establece en la forma siguiente:

■ **Teorema (de Weierstrass).** *Si la función $f : A \subset \mathbb{R}^n \to \mathbb{R}$ es continua en A y el conjunto A es compacto, es decir, A es cerrado y acotado en $\mathbb{R}^n$, entonces f alcanza en A el mínimo global y el máximo global.*

Téngase en cuenta que en el espacio $\mathbb{R}^n$ un conjunto es cerrado cuando contiene a todos sus puntos frontera y es acotado si está contenido en una bola de radio finito.

Si una función $f : A \subset \mathbb{R}^n \to \mathbb{R}$ verifica las hipótesis del teorema de Weierstrass, la determinación de los extremos globales, que también son locales, se logrará encontrando previamente éstos para luego hallar el valor de la función en cada uno de ellos. El menor valor de entre los mínimos locales es el mínimo global y el mayor valor de entre los máximos locales es el máximo absoluto o global.

■ **Definición (Punto crítico).** *Dada la función $f : A \subset \mathbb{R}^n \to \mathbb{R}$ y siendo $\overline{a}$ un punto de A, se dice que $\overline{a}$ es un* punto crítico *para f si se cumple alguna de las dos condiciones*

1) $\nabla f(\overline{a})$ no existe.

2) $\nabla f(\overline{a}) = \overline{0}$.

Como consecuencia, si $f : A \subset \mathbb{R}^n \to \mathbb{R}$ es diferenciable en $\overline{a} \in A$ y $\overline{a}$ es un punto crítico para f, entonces se verifica que

$$\frac{\partial f}{\partial x_1}(\overline{a}) = \frac{\partial f}{\partial x_2}(\overline{a}) = \cdots = \frac{\partial f}{\partial x_n}(\overline{a}) = 0, \qquad \text{es decir,} \qquad \nabla f(\overline{a}) = \overline{0}.$$

Si recordamos lo conocido para funciones de una variable del tipo $f : A \subset \mathbb{R} \to \mathbb{R}$ donde un punto crítico $a \in A$ es aquel en que $f'(a)$ no existe o bien aquel en que $f'(a) = 0$ y que los extremos relativos de f se alcanzan o bien en puntos de A que son extremos de intervalo o bien en puntos críticos interiores, entonces cabe esperar que para una función real de varias variables $f : A \subset \mathbb{R}^n \to \mathbb{R}$ los posibles extremos absolutos sean:

a) puntos de A situados en su frontera,

b) puntos interiores al conjunto A en los que ∇f no existe,

c) puntos interiores de A en los que $\nabla f = \overline{0}$, es decir

$$\frac{\partial f}{\partial x_1} = \frac{\partial f}{\partial x_2} = \cdots = \frac{\partial f}{\partial x_n} = 0.$$

Condiciones necesarias de extremo relativo

■ **Teorema.** *Si la función $f : A \subset \mathbb{R}^n \to \mathbb{R}$ tiene un extremo local en el punto $\overline{a} \in A$, entonces $\overline{a}$ es un punto crítico para f.*

El teorema nos asegura que si f es diferenciable en $\overline{a}$ y tiene un extremo relativo en $\overline{a}$ se verifica que

$$\frac{\partial f}{\partial x_1}(\overline{a}) = \frac{\partial f}{\partial x_2}(\overline{a}) = \cdots = \frac{\partial f}{\partial x_n}(\overline{a}) = 0.$$

Es decir, los candidatos a extremos relativos de una función diferenciable son los puntos en que se anulan todas las derivadas parciales de primer orden. A estas condiciones se les llama *condiciones necesarias de primer orden*.

Si se trata de una función de dos variables $f : A \subset \mathbb{R}^2 \to \mathbb{R}$ que tiene un extremo local en el punto $P_0(x_0, y_0)$ en el cual es diferenciable, entonces el plano tangente a la superficie $z = f(x, y)$ en el punto (x_0, y_0) es horizontal y en el caso de una función real de variable real se traduce en que si la función tiene derivada en un punto $a \in A$ y a es mínimo o máximo relativo entonces la recta tangente es horizontal.

Dada la función $f : A \subset \mathbb{R}^n \to \mathbb{R}$ diferenciable en $\overline{a} \in int(A)$, si $\overline{a}$ es un punto crítico para f tal que f no es extremo local entonces se dice que $\overline{a}$ es un *punto de silla* para f.

Consecuencia de ello es que si un punto $\overline{a} \in A$ es un *punto de silla* para la función $f : A \subset \mathbb{R}^n \to \mathbb{R}$ entonces en toda bola $B(\overline{a})$ centrada en $\overline{a}$ existen puntos $\overline{x}$ de A tales que $f(\overline{x}) < f(\overline{a})$ y puntos $\overline{y}$ de A tales que $f(\overline{y}) > f(\overline{a})$.

Condiciones de segundo orden para extremos locales

Sean $A \subset \mathbb{R}^n$ un conjunto abierto, $f : A \to \mathbb{R}$ una función de clase C^2 en A y $\overline{a} \in A$ un punto crítico de f. Consideremos la forma cuadrática Q cuya matriz asociada en la base canónica de $\mathbb{R}^n$ es la hessiana de f en el punto $\overline{a}$, es decir, $Hf(\overline{a})$. Con estos recursos podemos establecer dos resultados notables.

■ **Proposición 1 (Condiciones necesarias de segundo orden para extremo local).** *Si $\overline{a}$ es un mínimo local de f entonces es $Q(\overline{x}) \geq 0$, para todo $\overline{x} \in \mathbb{R}^n$. Es decir, la forma cuadrática Q es semidefinida positiva.*

Análogamente, si $\overline{a}$ es un máximo local de f entonces es $Q(\overline{x}) \leq 0$, para todo $\overline{x} \in \mathbb{R}^n$. La forma cuadrática Q es ahora semidefinida negativa.

Téngase en cuenta que es

$$Q(\overline{x}) = \overline{x}^t Hf(\overline{a})\overline{x} = (x_1, x_2, \cdots, x_n) \left(\frac{\partial f}{\partial x_i \partial x_j}(\overline{a}) \right) \begin{pmatrix} x_1 \\ x_2 \\ \vdots \\ x_n \end{pmatrix}.$$

■ **Proposición 2 (Condiciones suficientes de segundo orden para extremo local).** *Si $Q(\overline{x}) > 0$, para todo $\overline{x} \in \mathbb{R}^n - \{\overline{0}\}$, entonces $\overline{a}$ es un mínimo local estricto para f. Es decir, si la forma cuadrática Q es definida positiva entonces f presenta un mínimo local estricto en $\overline{a}$.*

Análogamente, si $Q(\overline{x}) < 0$, para todo $\overline{x} \in \mathbb{R}^n - \{\overline{0}\}$, entonces $\overline{a}$ es un máximo local estricto para f. Es decir, si la forma cuadrática Q es definida negativa entonces f presenta un máximo local estricto en $\overline{a}$.

Consecuencia inmediata de ello es que si la forma cuadrática Q es indefinida entonces $\overline{a}$ es un punto de silla para la función f. Obsérvese que estos resultados son una consecuencia inmediata de la fórmula de Taylor.

En el caso de las funciones reales de dos variables se tiene una información muy sistemática desde la matriz hessiana y podemos establecer para ellas la siguiente proposición.

■ **Proposición 3 (Estudio por la matriz hessiana)** *Sean $f : A \subset \mathbb{R}^2 \to \mathbb{R}$ una función de clase C^3 donde A es un conjunto abierto y $\overline{a} = (x_0, y_0)$ un punto crítico de f. Si es*

$$d = \det Hf(\overline{a}) = \begin{vmatrix} \dfrac{\partial^2 f}{\partial x^2}(\overline{a}) & \dfrac{\partial^2 f}{\partial x \partial y}(\overline{a}) \\ \dfrac{\partial^2 f}{\partial y \partial x}(\overline{a}) & \dfrac{\partial^2 f}{\partial y^2}(\overline{a}) \end{vmatrix}$$

se verifica:

(1) Para $d > 0$ y $\dfrac{\partial^2 f}{\partial x^2}(\overline{a}) > 0$, $\overline{a}$ es un mínimo local estricto de f.

(2) Para $d > 0$ y $\dfrac{\partial^2 f}{\partial x^2}(\overline{a}) < 0$, $\overline{a}$ es un máximo local estricto de f.

(3) Si $d < 0$, $\overline{a}$ es un punto de silla para f.

(4) Si $d = 0$, no se tiene información suficiente y $\overline{a}$ puede ser o no extremo para f. En este caso es necesario hacer un estudio específico del comportamiento de la función en el entorno del punto.

■ **Ejemplo 5.3**   Para hallar los extremos locales de la función

$$f(x, y) = x^2 + y^2 + xy + 3y - 5$$

comenzamos por determinar los puntos críticos, que se obtienen al resolver el sistema

$$\left. \begin{array}{l} \dfrac{\partial f}{\partial x}(x, y) = 0 \\ \dfrac{\partial f}{\partial y}(x, y) = 0 \end{array} \right\} \qquad \text{es decir} \qquad \left. \begin{array}{l} 2x + y = 0 \\ 2y + x + 3 = 0 \end{array} \right\}$$

cuya única solución es $x = 1$ e $y = -2$. Por tanto $(1, -2)$ es el único punto crítico de la función. Para estudiar los extremos locales o relativos de la función calculamos el determinante de la matriz hessiana, que es

$$|Hf(x, y)| = \begin{vmatrix} \dfrac{\partial^2 f}{\partial x^2}/x, y) & \dfrac{\partial^2 f}{\partial x \partial y}(x, y) \\ \dfrac{\partial^2 f}{\partial y \partial x}(x, y) & \dfrac{\partial^2 f}{\partial y^2}(x, y) \end{vmatrix} = \begin{vmatrix} 2 & 1 \\ 1 & 2 \end{vmatrix} = 3.$$

Al ser $|Hf(1, -2)| = 3 > 0$, la función tiene un extremo en ese punto crítico y como además es

$$\frac{\partial^2 f}{\partial x^2}(1, -2) = 2 > 0,$$

este extremo es un mínimo. Así la función dada tiene un mínimo local en el punto $(1, -2)$.

■ **Ejemplo 5.4**   Si queremos determinar los valores extremos locales de la función

$$f(x, y) = 2x^2 y - 9y^2 + 12x - 7$$

hallamos los puntos críticos, que se obtienen al resolver el sistema

$$\left.\begin{array}{l} \dfrac{\partial f}{\partial x}(x, y) = 4xy + 12 = 0 \\[3mm] \dfrac{\partial f}{\partial y}(x, y) = 2x^2 - 18y = 0 \end{array}\right\} \qquad \text{es decir,} \qquad \left.\begin{array}{l} xy + 3 = 0 \\[2mm] x^2 = 9y \end{array}\right\}$$

y sustituyendo en la primera ecuación el valor obtenido de y en la segunda, resulta que la única solución es $x = -3$ e $y = 1$. El único punto crítico de la función es $(-3, 1)$.

Como el hessiano es

$$|Hf(x, y)| = \left| \begin{array}{cc} \dfrac{\partial^2 f}{\partial x^2}(x, y) & \dfrac{\partial^2 f}{\partial x \partial y}(x, y) \\[4mm] \dfrac{\partial^2 f}{\partial y \partial x}(x, y) & \dfrac{\partial^2 f}{\partial y^2}(x, y) \end{array} \right| = \left| \begin{array}{cc} 4y & 4x \\ 4x & -18 \end{array} \right| = -72y - 16x^2 = -8(2x^2 + 9)$$

y en el punto crítico vale $|Hf(-3, 1)| = -8(18 + 9) = -8 \cdot 27 < 0$, la función tiene en ese punto crítico un punto de silla, por lo que no tiene extremos locales.

5.3 EXTREMOS CONDICIONADOS

Planteamiento del problema para una función de dos variables

Sea la función $z = f(x, y)$ de la cual ya conocemos la forma de calcular sus extremos.

Si ahora se considera una curva sobre la superficie de ecuación $\varphi(x, y) = 0$ los extremos situados en esta curva se llaman *extremos condicionados* de la función $z = f(x, y)$ condicionados a la rectricción $\varphi(x, y) = 0$.

Desde el punto de vista teórico el problema se resuelve despejando una de las variables en la ecuación $\varphi(x, y) = 0$, por ejemplo $y = g(x)$, y sustituyendo en $z = f(x, y)$, con lo cual es $z = f(x, g(x)) = h(x)$ y el problema se reduce al cálculo de los extremos de la función $h(x)$ de una variable.

■ **Ejemplo 5.5** Si se tratara de determinar los extremos de la función $f(x, y) = x^2 + y^2$ que verificasen la condición $x + y = 1$, bastaría con despejar en ésta la variable y, siendo $y = 1 - x$, y entrar con este valor en la función dada, resultando

$$h(x) = f(x, g(x)) = x^2 + (1 - x)^2 = 2x^2 - 2x + 1.$$

Si ahora calculamos la derivada primera e igualamos a cero se obtiene $h'(x) = 4x - 2$ y $h'(x) = 0$ se verifica únicamente en $x = \frac{1}{2}$. Para este valor es $h''(\frac{1}{2}) = 4 > 0$ y por tanto en el punto $(\frac{1}{2}, \frac{1}{2})$ existe un mínimo local para la curva intersección del paraboloide $z = f(x, y) = x^2 + y^2$ con el plano $x + y = 1$. Se trata de un mínimo local estricto y además es global en el sentido de que en cualquier otro punto de esta curva intersección la función tiene mayor valor que

$$f\left(\frac{1}{2}, \frac{1}{2}\right) = \left(\frac{1}{2}\right)^2 + \left(\frac{1}{2}\right)^2 = \frac{1}{2}.$$

No existen otros extremos de la función $z = x^2 + y^2$ verificando la condición $x + y = 1$.

Obsérvese que el extremo ha cambiado al imponer la condición, puesto que la función $z = f(x, y) = x^2 + y^2$ tiene su único extremo llamado libre en el punto $(0, 0)$ donde alcanza su mínimo absoluto de valor $f(0, 0) = 0$. La situación se indica en la Figura 5.3.

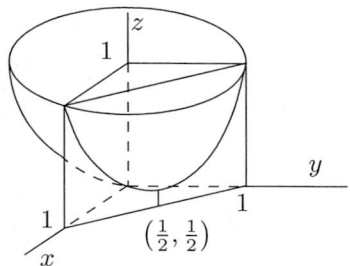

Figura 5.3 El mínimo condicionado de la función del Ejemplo 5.5

El proceso seguido en este ejemplo sencillo se puede generalizar al caso de encontrar extremos de una función dada con más de una condición. Éste es el ámbito de la optimización con restricciones de igualdad.

Si se trata de encontrar extremos de una función y las condiciones son desigualdades se tiene el llamado problema de optimización con restricciones de desigualdad.

Cuando el número de variables es dos el problema de obtener los extremos condicionados puede resolverse gráficamente considerando las curvas de nivel de la función y analizando su evolución sobre el conjunto que definen las restricciones. En el ejemplo anterior, dibujando el conjunto definido por la condición $x + y = 1$ y considerando las curvas de nivel $x^2 + y^2 = k$, que son circunferencias centradas en el origen, se observa que la circunferencia de nivel $k = \frac{1}{2}$ contiene al punto $P(\frac{1}{2}, \frac{1}{2})$ que a la vez verifica la condición $x + y = 1$. Este punto es un mínimo condicionado local de nuestro problema y además es global, ya que para cada nivel $k > \frac{1}{2}$ existen dos puntos en la restricción simétricos respecto de la bisectriz del primer cuadrante, en los que la función toma el mismo valor y siempre en aumento de acuerdo con la constante que define el nivel. En consecuencia, no existen máximos condicionados locales ni por tanto máximo global. Todo ello queda reflejado en la Figura 5.4.

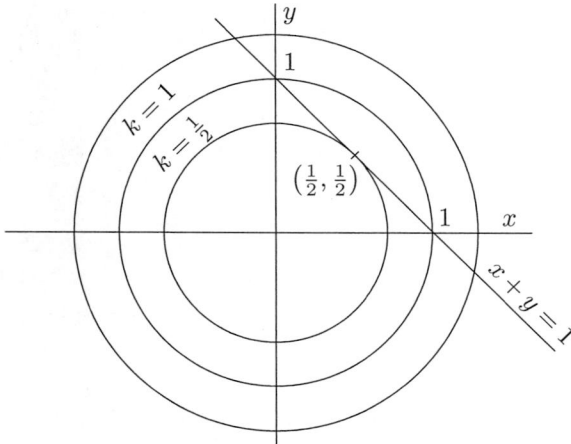

Figura 5.4 Determinación de extremos por el método gráfico

5.4 MÉTODO DE LOS MULTIPLICADORES DE LAGRANGE PARA EL CÁLCULO DE EXTREMOS CONDICIONADOS

Sea el problema de considerar $A \subset \mathbb{R}^n$ un conjunto abierto y la función $f : A \subset \mathbb{R}^n \to \mathbb{R}$ cuyos extremos en A se quieren determinar cuando éstos deben verificar un número m de condiciones, $m < n$, dadas por

$$g_1(\overline{x}) = 0, \qquad g_2(\overline{x}) = 0, \qquad ..., \qquad g_m(\overline{x}) = 0,$$

donde cada g_i, $i = 1, 2, ..., m$ es una función real definida en el abierto dado A.

■ **Definición.** *Se llama* **función lagrangiana** *del problema anterior a la función de $m + n$ variables $\mathcal{L}$ definida como*

$$\mathcal{L}(\overline{x}, \overline{\lambda}) = f(\overline{x}) + \lambda_1 g_1(\overline{x}) + \lambda_2 g_2(\overline{x}) + ... + \lambda_m g_m(\overline{x})$$

siendo $\overline{\lambda} = (\lambda_1, \lambda_2, ..., \lambda_m) \in \mathbb{R}^m$.

■ **Teorema (de Lagrange. Condición necesaria de extremo local).** *Si la función f y las restricciones g_i son de clase C^1 en A y $\overline{x}^*$ es un extremo condicionado local de f tal que en la matriz jacobiana de las restricciones*

$$\left(\frac{\partial(g_1, g_2, ..., g_m)}{\partial(x_1, x_2, ..., x_n)}(\overline{x}^*) \right) = J\overline{g}(\overline{x}^*)$$

se tiene un menor no nulo de orden m, entonces existen los números reales $\lambda_1^*, \lambda_2^*, \ldots, \lambda_m^*$ tales que son una solución de sistema

$$\nabla f(\overline{x}^*) + \sum_{i=1}^{m} \lambda_i^* \nabla g_i(\overline{x}^*) = 0.$$

Los puntos $\overline{x}$ que verifican las restricciones y el sistema se llaman *puntos estacionarios* del problema planteado del cálculo de extremos condicionados. Los números reales $\lambda_1^*, \lambda_2^*, ..., \lambda_m^*$ que forman la solución del sistema anterior se llaman *multiplicadores de Lagrange* correspondientes a las m restricciones en el punto $\overline{x}^*$.

Un posible extremo condicionado $\overline{x}^*$ de la función f con restricciones

$$g_1(\overline{x}) = 0, \qquad g_2(\overline{x}) = 0, \qquad ..., \qquad g_m(\overline{x}) = 0,$$

con $m < n$, se dice que cumple la *condición de regularidad* si se verifica que los vectores

$$\nabla g_1(\overline{x}^*), \qquad \nabla g_2(\overline{x}^*), \qquad ..., \qquad \nabla g_m(\overline{x}^*),$$

son linealmente independientes, o lo que es equivalente, en la matriz jacobiana de las restricciones particularizada en el punto $\overline{x}^*$, existe un menor no nulo de orden m.

■ **Proposición 4.** *En el problema de calcular extremos condicionados de la función $f : A \subset \mathbb{R}^n \to \mathbb{R}$ con las restricciones $g_1(\overline{x}) = 0$, $g_2(\overline{x}) = 0, \ldots, g_m(\overline{x}) = 0$, donde f y cada g_i son funciones de clase C^1 en el abierto A, se verifica que todo punto crítico $(\overline{x}^*, \overline{\lambda}^*)$ de la correspondiente función lagrangiana es un punto estacionario del problema y los multiplicadores de Lagrange son $\lambda_1^*, \lambda_2^*, \ldots, \lambda_m^*$ con $\overline{\lambda}^* = (\lambda_1^*, \lambda_2^*, ..., \lambda_m^*)$.*

Hemos de tener en cuenta que un extremo condicionado $\overline{x}^*$ puede no verificar la condición de Lagrange

$$\nabla f(\overline{x}^*) + \sum_{i=1}^{m} \lambda_i^* \nabla g_i(\overline{x}^*) = 0$$

si no verifica la condición de regularidad.

Además, la condición de Lagrange y la verificación del sistema que define el problema de extremos condicionados son condiciones necesarias que pueden ser satisfechas por puntos que no son los extremos que se buscan.

Necesitamos establecer condiciones bajo las cuales los puntos críticos de la lagrangiana que verifican la condición de regularidad sean realmente extremos condicionados y cuando lo sean saber si se trata de mínimos o máximos locales. Estas condiciones buscadas son las llamadas *condiciones de segundo orden*.

Condiciones necesarias de segundo orden para extremos condicionados

■ **Definición (Matriz hessiana de la lagrangiana).** *Dado el conjunto abierto $A \subset \mathbb{R}^n$, en el problema de calcular extremos de la función $f : A \to \mathbb{R}$ con las condiciones $g_1(\overline{x}) = 0$, $g_2(\overline{x}) = 0, \ldots, g_m(\overline{x}) = 0$, siendo f y $g_1, g_2, \ldots, g_m$ funciones de clase C^2 en A, se llama* matriz hessiana de la función lagrangiana *respecto de las variables $x_1, x_2, \ldots, x_n$ a la matriz*

$$H_{\overline{x}}\mathcal{L}(\overline{x}, \overline{\lambda}) = \left(\frac{\partial^2 \mathcal{L}}{\partial x_i \partial x_j}(\overline{x}) \right) = Hf(\overline{x}) + \sum_{i=1}^{m} \lambda_i H g_i(\overline{x}).$$

■ **Definición (Matriz hessiana orlada).** *En las mismas condiciones de la definición anterior se llama* matriz hessiana orlada de la lagrangiana *a la matriz de orden $(m + n) \times (m + n)$ definida en la forma*

$$H\mathcal{L}(\overline{x}, \overline{\lambda}) = \left(\begin{array}{ccc|c} 0 & \cdots & 0 & \\ \vdots & & \vdots & J\overline{g}(\overline{x}) \\ 0 & \cdots & 0 & \\ \hline & {}^{t}J\overline{g}(\overline{x}) & & H_{\overline{x}}\mathcal{L}(\overline{x}, \overline{\lambda}) \end{array} \right) \begin{array}{l} \uparrow \\ m \\ \downarrow \\ \uparrow \\ n \\ \downarrow \end{array}$$

$$\underleftarrow{\hspace{2cm} m \hspace{2cm}} \underleftarrow{\hspace{2cm} n \hspace{2cm}}$$

donde son $\overline{g} = (g_1, g_2, \ldots, g_m)$,

$$J\overline{g}(\overline{x}) = \left(\frac{\partial(g_1, g_2, \ldots, g_m)}{\partial(x_1, x_2, \ldots, x_n)} \right) = \left(\begin{array}{c} \nabla g_1(\overline{x}) \\ \nabla g_2(\overline{x}) \\ \vdots \\ \nabla g_m(\overline{x}) \end{array} \right)$$

y $H_{\overline{x}}\mathcal{L}(\overline{x}, \overline{\lambda}) = Hf(\overline{x}) + \sum_{i=1}^{m} \lambda_i H g_i(\overline{x})$.

Al determinante $|H\mathcal{L}(\overline{x}, \overline{\lambda})|$ se le llama usualmente hessiano orlado.

■ **Proposición 5.** *Sea el problema de determinar extremos locales de la función f con las restricciones $g_1(\overline{x}) = 0$, $g_2(\overline{x}) = 0, \ldots, g_m(\overline{x}) = 0$, siendo f y cada g_i funciones de clase C^2 en un abierto $A \subset \mathbb{R}^n$. Si $\overline{x}^* \in A$ es un punto que es mínimo local de nuestro problema y verifica la condición de regularidad, entonces la forma cuadrática cuya matriz asociada es la matriz hessiana de la función lagrangiana respecto de $\overline{x} = (x_1, x_2, \ldots, x_n)$ es semidefinida positiva en $(\overline{x}^*, \overline{\lambda}^*)$ para los puntos $\overline{h} = (h_1, h_2, \ldots, h_n)$ que verifican*

$$J\overline{g}(\overline{x}^*)\overline{h} = \overline{0}$$

o bien

$$\left\{ \begin{array}{l} \dfrac{\partial g_1}{\partial x_1}(\overline{x}^*)h_1 + \dfrac{\partial g_1}{\partial x_2}(\overline{x}^*)h_2 + \cdots + \dfrac{\partial g_1}{\partial x_n}(\overline{x}^*)h_n = 0 \\[2mm] \dfrac{\partial g_2}{\partial x_1}(\overline{x}^*)h_1 + \dfrac{\partial g_2}{\partial x_2}(\overline{x}^*)h_2 + \cdots + \dfrac{\partial g_2}{\partial x_n}(\overline{x}^*)h_n = 0 \\[2mm] \qquad\qquad\qquad\qquad\qquad \vdots \\[2mm] \dfrac{\partial g_m}{\partial x_1}(\overline{x}^*)h_1 + \dfrac{\partial g_m}{\partial x_2}(\overline{x}^*)h_2 + \cdots + \dfrac{\partial g_m}{\partial x_n}(\overline{x}^*)h_n = 0 \end{array} \right.$$

Con las mismas condiciones si $\overline{x}^* \in A$ es un punto de máximo local, la forma cuadrática restringida es semidefinida negativa.

Consecuencia inmediata es que en el caso de que la forma cuadrática restringida sea indefinida entonces $\overline{x}^*$ no es extremo condicionado de f.

Condiciones suficientes de segundo orden para extremos condicionados

La proposición que se presenta ahora establece condiciones para que un punto crítico sea mínimo o máximo local en un problema de extremos condicionados por relaciones de igualdad.

■ **Proposición 6.** *Sea $\overline{x}^*$ un punto crítico con multiplicadores asociados $\lambda_1^*, \lambda_2^*, ..., \lambda_m^*$ y que verifica la condición de regularidad en el problema de calcular extremos de una función f con restricciones $g_1, g_2, ..., g_m$ en un conjunto abierto $A \subset \mathbb{R}^n$, siendo todas las funciones de clase C^2 en A. En estas condiciones si la forma cuadrática restringida considerada en la* Proposición 5 *es definida positiva, entonces el punto $\overline{x}^*$ es un mínimo local estricto y si es definida negativa entonces $\overline{x}^*$ es un máximo local estricto.*

Véase el Problema resuelto 5.10.

La proposición anterior se puede establecer en forma equivalente manejando ciertos menores principales de la matriz hessiana orlada de la lagrangiana $H\mathcal{L}(\overline{x}, \overline{\lambda})$ y que presentamos a continuación.

■ **Proposición 7.** *Bajo las hipótesis de la* Proposición 6, *si $(\overline{x}^*, \overline{\lambda}^*)$ es un punto crítico de la lagrangiana, verificando $\overline{x}^*$ la condición de regularidad y si nombramos M_k con $k = 1, 2, ..., m + n$, a los menores principales de la matriz hessiana orlada $H\mathcal{L}(\overline{x}^*, \overline{\lambda}^*)$, se tienen los resultados:*

a) *Si los menores principales M_k con $k = 2m+1, 2m+2, ..., m+n$ en la matriz $H\mathcal{L}(\overline{x}^*, \overline{\lambda}^*)$ son todos del mismo signo que $(-1)^m$, entonces el punto $\overline{x}^*$ es un mínimo local estricto de nuestro problema.*

b) *Si los menores principales M_k con $k = 2m+1, 2m+2, ..., m+n$ en la matriz $H\mathcal{L}(\overline{x}^*, \overline{\lambda}^*)$ son de signos alternos siendo el signo de M_{2m+1} coincidente con el de $(-1)^{m+1}$, entonces el punto $\overline{x}^*$ es un máximo local estricto de nuestro problema.*

Véanse los Problemas resueltos 5.10 y 5.11.

Utilizando la convexidad y concavidad de funciones existen recursos para calcular extremos globales de funciones con restriciones de tipo lineal, tanto de igualdad como de desigualdad, pero esto es más propio de un curso específico de optimización, lo cual supera las pretensiones generalistas de nuestra obra.

PROBLEMAS RESUELTOS

▶ **5.1** Divídase un número a en dos sumandos no negativos de tal forma que el producto sea máximo.

RESOLUCIÓN.

Sea $a = x + y$, se quiere que $p = xy$ sea máximo. Como $a = x + y \Rightarrow y = a - x$, resulta que

$$p = xy = x(a - x) = ax - x^2,$$

es una función $p(x, y(x)) = q(x)$ de una variable. Imponiendo la condición de extremo se tiene que

$$\frac{dp}{dx} = 0 = a - 2x \qquad \Rightarrow \qquad x = \frac{a}{2},$$

luego el punto $x = \frac{a}{2}$ es un punto crítico de la función de una variable $p(x)$. Puesto que

$$\frac{d^2 p}{dx^2} = -2 < 0,$$

se trata de un máximo. El punto $x = \frac{a}{2}$ es un máximo y los sumandos pedidos son

$$x = \frac{a}{2} \qquad e \qquad y = a - x = a - \frac{a}{2} = \frac{a}{2}.$$

▶ **5.2** Sea una recta que pasa por un punto del primer cuadrante (a, b), el cual no se encuentra sobre los ejes coordenados. Determínense los puntos de corte para que sea mínima el área del triángulo determinado por la recta en cuestión y los ejes coordenados.

RESOLUCIÓN.

Sea la recta $y = px + q$ con pendiente $p < 0$ y $q > 0$ para formar un triángulo con los ejes coordenados, como puede verse en la Figura 5.5.

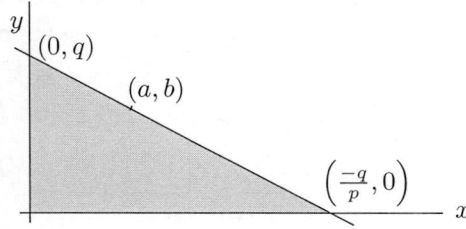

Figura 5.5 El triángulo formado por la recta y los ejes

Esta recta corta a los ejes en los puntos $(-\frac{q}{p}, 0)$ y $(0, q)$, por lo que el área del triángulo es

$$S = \frac{1}{2}q\left(-\frac{q}{p}\right) = -\frac{1}{2}\frac{q^2}{p}.$$

Por lo tanto queremos minimizar este área, sujeta a la condición de que la recta $y = px + q$ pase por el punto (a, b), es decir

$$b = pa + q \quad \Rightarrow \quad q = b - pa,$$

y al sustituir en S resulta

$$S = -\frac{1}{2}\frac{q^2}{p} = -\frac{1}{2}\frac{(b - pa)^2}{p}.$$

Derivando con respecto a p e igualando a cero se tiene que

$$\frac{dS}{dp} = 0 = -\frac{1}{2}\frac{2(b - pa)(-a) - (b - pa)^2}{p} \quad \Rightarrow$$

$$\Rightarrow \quad -2bap + 2a^2p^2 - b^2 - p^2a^2 + 2bap = 0 \quad \Rightarrow$$

$$\Rightarrow \quad a^2p^2 = b^2 \quad \Rightarrow \quad p = \pm\frac{b}{a},$$

como $a, b > 0$ y $p < 0$, tomamos $p = -\frac{b}{a}$.

Introduciendo $p = -\frac{b}{a}$ y $q = b - pa = b - \left(-\frac{b}{a}\right) = 2b$ en la ecuación de la recta $y = px + q$, resulta finalmente

$$y = -\frac{b}{a}x + 2b,$$

con puntos de corte $(-\frac{q}{p}, 0) = (2a, 0)$ y $(0, q) = (0, 2b)$.

Los valores de p y q obtenidos pueden, en principio, hacer que el área del triángulo sea mínima o máxima. Observamos que si una recta pasa por el punto (a, b) y hacemos que su pendiente vaya en aumento hasta hacerse casi paralela al eje de ordenadas, nos dará triángulos de área cada vez mayor, tendiendo a infinito, por tanto los valores hallados de p y q proporcionan un mínimo, ya que hay valores mayores.

▶ **5.3** Hállense los puntos críticos y los extremos de la función

$$f(x, y) = 3x^2 + y^2 + 2y.$$

RESOLUCIÓN.

Los puntos críticos se obtienen de resolver el sistema

$$\left.\begin{array}{l} \dfrac{\partial f}{\partial x}(x,y) = 0 \\[2mm] \dfrac{\partial f}{\partial y}(x,y) = 0 \end{array}\right\} \qquad \text{es decir} \qquad \left.\begin{array}{l} 6x = 0 \\[2mm] 2y + 2 = 0 \end{array}\right\}$$

cuya única solución es $x = 0$, $y = -1$. Por tanto $(0, -1)$ es el único punto crítico de la función.

Para estudiar los extremos locales o relativos de la función, según la proposición del estudio por la matriz hessiana, calculamos el hessiano de la función, que es

$$|Hf(x,y)| = \begin{vmatrix} \dfrac{\partial^2 f}{\partial x^2} & \dfrac{\partial^2 f}{\partial x \partial y} \\[3mm] \dfrac{\partial^2 f}{\partial y \partial x} & \dfrac{\partial^2 f}{\partial y^2} \end{vmatrix} = \begin{vmatrix} 6 & 0 \\ 0 & 2 \end{vmatrix} = 12.$$

Al ser el hessiano en el punto crítico $|Hf(0, -1)| = 12 > 0$, la función tiene un extremo en este punto crítico, y como además es

$$\frac{\partial^2 f}{\partial x^2}(0, -1) = 6 > 0,$$

se trata de un mínimo.

▶ **5.4** Una envasadora comercializa dos tipos de botellas de aceite cuyos precios medios de coste son 3 y 4 euros por litro. Si el precio de venta al público del primer tipo es x euros por litro y el del segundo tipo es y, el número de litros que puede vender diariamente de cada tipo es

$$F_1(x,y) = 90(2y - x) \qquad \text{y} \qquad F_2(x,y) = 30(73 - 7x - 5y).$$

Determínense los precios de venta para alcanzar el máximo beneficio, las cantidades óptimas que debe vender y el beneficio diario obtenido.

RESOLUCIÓN.

Puesto que el aceite que la envasadora compra a 3 euros lo venderá a x euros el litro y el que compra a 4 euros los venderá a y euros, los beneficios por litro serán $x - 3$ e $y - 4$ respectivamente. Por tanto el beneficio total será

$$\begin{aligned} B(x,y) &= 90(2y - x)(x - 3) + 30(73 - 7x - 5y)(y - 4) = \\ &= 180xy - 90x^2 - 540y + 270x + 2190y - 210xy - 150y^2 - 8760 + 840x + 600y = \\ &= -30xy - 90x^2 - 150y^2 + 1110x + 2250y - 8760, \end{aligned}$$

de donde se obtiene el sistema

$$\left.\begin{array}{l} \dfrac{\partial B}{\partial x} = -30y - 180x + 1110 = 0 \\[2mm] \dfrac{\partial B}{\partial y} = -30x - 300y + 2250 = 0 \end{array}\right\}$$

cuya única solución es $x = 5$, $y = 7$, que es el único punto crítico de la función beneficio. El determinante hessiano vale

$$|HB(x,y)| = \begin{vmatrix} -180 & -30 \\ -30 & -300 \end{vmatrix} = 5400 - 900 = 53100$$

por tanto es $|HB(5, 7)| = 53100 > 0$, y existe extremo local. Como es

$$\frac{\partial^2 B}{\partial x^2}(5, 7) = -180 < 0,$$

se trata de un máximo y la función lo alcanza en el punto crítico $(5, 7)$.

Las cantidades que la envasadora debe vender son

$$F_1(5, 7) = 90(2 \cdot 7 - 5) = 90 \cdot 9 = 810 \text{ litros, y}$$
$$F_2(5, 7) = 30(73 - 7 \cdot 5 - 5 \cdot 7) = 30 \cdot 3 = 90 \text{ litros,}$$

y el beneficio total conseguido diariamente, vendiendo a esos precios, será

$$B(5, 7) = 810(5 - 3) + 90(7 - 4) = 1620 + 270 = 1890 \text{ euros.}$$

▶ **5.5** Hállense los extremos de la función

$$f(x, y) = x^2(x^2 - 2) + y^2(y^2 - 2) + 4xy.$$

RESOLUCIÓN.

Escribamos la función en la forma

$$f(x, y) = x^4 + y^4 - 2x^2 - 2y^2 + 4xy.$$

Las derivadas parciales de primer orden son

$$\frac{\partial f}{\partial x}(x, y) = 4x^3 - 4x + 4y = 4(x^3 - x + y)$$

$$\frac{\partial f}{\partial y}(x, y) = 4y^3 - 4y + 4x = 4(y^3 - y + x).$$

Los posibles extremos están entre los puntos críticos, es decir, entre las soluciones del sistema

$$\left. \begin{array}{r} x^3 - x + y = 0 \\ y^3 + x - y = 0 \end{array} \right\}$$

que es equivalente a

$$\left. \begin{array}{r} x^3 + y^3 = 0 \\ x^3 - x + y = 0 \end{array} \right\}$$

y puede escribirse como

$$\left. \begin{array}{r} (x + y)(x^2 - xy + y^2) = 0 \\ x^3 - x + y = 0 \end{array} \right\}$$

La primera ecuación $(x + y)(x^2 - xy + y^2) = 0$ se verifica si $x + y = 0$ y también si $x^2 - xy + y^2 = 0$, es decir, si es $y = -x$ y cuando $x^2 - xy + y^2 = 0$.

Combinando estas posibilidades con la segunda ecuación se tiene lo siguiente.

Entrando con $y = -x$ en la ecuación $x^3 - x + y = 0$ es $x^3 - x - x = 0$, es decir, $x^3 - 2x = 0$ o bien $x(x^2 - 2) = 0$, de donde los posibles valores de x son $x = 0$ y $x = \pm\sqrt{2}$. Con ello resultan los puntos críticos $A(0, 0)$, $B(\sqrt{2}, -\sqrt{2})$ y $C(-\sqrt{2}, \sqrt{2})$.

Si ahora consideramos $x^2 - xy + y^2 = 0$ juntamente con $x^3 - x + y = 0$, las dos ecuaciones se verifican sólo para los valores reales $x = y = 0$, y por tanto no hay más puntos críticos.

Considerando ahora las derivadas parciales segundas

$$\frac{\partial^2 f}{\partial x^2}(x, y) = 12x^2 - 4 = 4(3x^2 - 1),$$

$$\frac{\partial^2 f}{\partial x \partial y}(x, y) = 4 = \frac{\partial^2 f}{\partial y \partial x}(x, y),$$

$$\frac{\partial^2 f}{\partial x^2}(x, y) = 12y^2 - 4 = 4(3y^2 - 1),$$

y calculando su valor en los puntos críticos se tiene que en el punto $A(0,0)$ son

$$\frac{\partial^2 f}{\partial x^2}(0,0) = -4, \qquad \frac{\partial^2 f}{\partial x \partial y}(0,0) = 4 = \frac{\partial^2 f}{\partial y \partial x}(0,0), \qquad \frac{\partial^2 f}{\partial x^2}(0,0) = -4,$$

y en este caso la matriz hessiana es

$$Hf(0,0) = \begin{pmatrix} -4 & 4 \\ 4 & -4 \end{pmatrix}$$

y su determinante es $|Hf(0,0)| = 0$. Por tanto no nos proporciona información para asegurar si el punto es extremo. Pero considerando puntos próximos al punto $(0,0)$ del tipo (h,h) se tiene que es

$$f(h,h) = h^4 + h^4 - 2h^2 - 2h^2 + 4h^2 = 2h^4 > 0,$$

mientras que considerando puntos próximos al punto $(0,0)$ del tipo $(h,0)$ en ellos es

$$f(h,0) = h^4 + 0^4 - 2h^2 - 2 \cdot 0^2 + 4h \cdot 0 = h^4 - 2h^2 = h^2(h^2 - 2) < 0.$$

En consecuencia, $(0,0)$ no es un punto extremo. El punto $(0,0)$ es un punto de silla para la función.

En el punto $B(\sqrt{2}, -\sqrt{2})$ son

$$\frac{\partial^2 f}{\partial x^2}(\sqrt{2}, -\sqrt{2}) = 12(\sqrt{2})^2 - 4 = 20,$$

$$\frac{\partial^2 f}{\partial x \partial y}(\sqrt{2}, -\sqrt{2}) = 4 = \frac{\partial^2 f}{\partial y \partial x}(\sqrt{2}, -\sqrt{2}),$$

$$\frac{\partial^2 f}{\partial x^2}(\sqrt{2}, -\sqrt{2}) = 12(-\sqrt{2})^2 - 4 = 20,$$

la matriz hessiana es

$$Hf(\sqrt{2}, -\sqrt{2}) = \begin{pmatrix} 20 & 4 \\ 4 & 20 \end{pmatrix}$$

y la forma cuadrática que describe es definida positiva, por lo que el punto $B(\sqrt{2}, -\sqrt{2})$ es un mínimo local de la función f.

Finalmente, en el punto $C(-\sqrt{2}, \sqrt{2})$ es también

$$Hf(-\sqrt{2}, \sqrt{2}) = \begin{pmatrix} 20 & 4 \\ 4 & 20 \end{pmatrix}$$

y el punto $C(-\sqrt{2}, \sqrt{2})$ es mínimo local.

Como además es

$$f(\sqrt{2}, -\sqrt{2}) = (\sqrt{2})^4 + (-\sqrt{2})^4 - 2(\sqrt{2})^2 - 2(-\sqrt{2})^2 + 4(\sqrt{2})(-\sqrt{2}) =$$

$$= 4 + 4 - 4 - 4 - 8 = -8 = f(-\sqrt{2}, \sqrt{2}),$$

ambos mínimos locales son del mismo valor y como la función es diferenciable y no existen otros puntos críticos de f en $\mathbb{R}^2$, en los puntos A y B la función alcanza su mínimo global de valor -8.

▶ **5.6** Hállense los extremos de la función $f(x,y) = 3x + y$ sujeta a la restricción

$$x^2 + y^2 - 1000 = 0.$$

Resolución.

Primer método: Si despejamos en la restricción es $y = \pm\sqrt{1000 - x^2}$ y sustituyendo en la función es

$$f(x, y(x)) = 3x \pm \sqrt{1000 - x^2} = g(x)$$

que es una función de una sola variable. Como es

$$g'(x) = 3 + \frac{\mp x}{\sqrt{1000 - x^2}},$$

haciendo $g'(x) = 0$ se tiene que

$$\frac{\pm x}{\sqrt{1000 - x^2}} = 3$$

y por tanto es $x = \pm 3\sqrt{1000 - x^2}$, de donde es $x^2 = 9(1000 - x^2)$ o bien $10x^2 = 9000$ y equivalentemente $x^2 = 900$, siendo $x = \pm 30$. De acuerdo con la expresión de $g'(x)$ los candidatos a extremos de la función $g(x)$ son los puntos $A(30, 10)$ y $B(-30, -10)$.

Para decidir el tipo de los posibles extremos hemos de considerar la derivada segunda $g''(x)$. Si se escribe $g'(x) = 3 - x(1000 - x^2)^{-1/2}$, su derivada es

$$g''(x) = -(1000 - x^2)^{-1/2} - x\left(-\tfrac{1}{2}\right)(1000 - x^2)^{-3/2}(-2x) =$$

$$= \frac{-1}{\sqrt{1000 - x^2}} - \frac{x^2}{(1000 - x^2)\sqrt{1000 - x^2}}.$$

El valor de la derivada segunda en los puntos A y B es

$$g''(30) = \frac{-1}{10} - \frac{900}{100 \cdot 10} = -\frac{1}{10} - \frac{9}{10} = -1 < 0,$$

y por tanto la función g tiene un máximo relativo en el punto $A(30, 10)$, y

$$g''(-30) = \frac{-1}{-10} - \frac{900}{100(-10)} = 1 > 0,$$

con lo cual la función g tiene un mínimo relativo en el punto $B(-30, -10)$.

En definitiva $A(30, 10)$ y $B(-30, -10)$ son los extremos condicionados pedidos.

Segundo método: El conjunto plano que define la restricción es

$$M = \{(x, y) \in \mathbb{R}^2 : x^2 + y^2 - 1000 = 0\}$$

que es un conjunto compacto al ser cerrado y acotado. Por otra parte la función $f : M \subset \mathbb{R}^2 \rightarrow \mathbb{R}$, definida en M como $f(x, y) = 3x + y$, es continua en M y por el teorema de Weierstrass tiene en M un mínimo absoluto o global y un máximo absoluto o global.

Teniendo en cuenta que los extremos absolutos también son relativos, se verifica que el punto $A(30, 10)$ es el máximo absoluto de f en M, de valor $f(30, 10) = 100$, y el punto $B(-30, -10)$ es un mínimo absoluto de valor $f(-30, -10) = -100$.

Tercer método: Procediendo gráficamente el problema tiene una resolución muy cómoda ya que basta considerar las curvas de nivel correspondientes a la función $f(x, y) = 3x + y$, que son rectas de la forma $3x + y = k$ y constituyen un haz de rectas paralelas de pendiente -3. Sobre cada una de estas rectas la función f tiene por valor el de la constante k correspondiente.

Si se considera la gráfica de la circunferencia que define la restricción y observamos sobre ella la variación de las constantes asociadas a las curvas de nivel, éstas evolucionan desde el valor mínimo $k = -100$ al valor máximo $k = 100$.

Las rectas correspondientes a estos valores extremos cortan a la circunferencia $x^2 + y^2 = 1000$ en los puntos $B(-30, -10)$, que es el mínimo absoluto, y $A(30, 10)$, que es el máximo absoluto. Todo ello queda reflejado en la Figura 5.6.

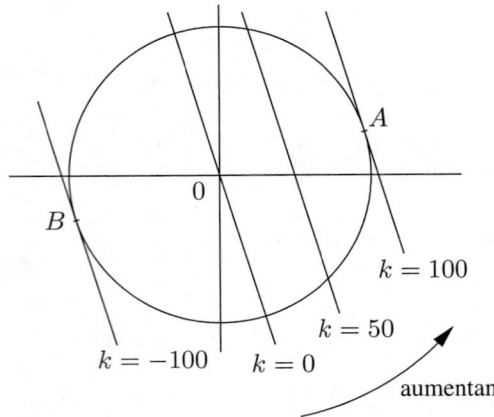

Figura 5.6 Resolución gráfica del Problema 5.6

▶ **5.7** Descompóngase el número 15 en tres sumandos positivos de manera que su producto sea máximo.

RESOLUCIÓN.

Si son x, y, z los números pedidos, se trata de maximizar la función $P(x, y, z) = xyz$ sabiendo que se verifica la igualdad $x + y + z = 15$.

De $x + y + z = 15$ es $z = 15 - x - y$, y entrando en $P(x, y, z)$ resulta

$$P(x, y, z(x, y)) = xy(15 - x - y) = 15xy - x^2y - xy^2,$$

que es una función de dos variables y en ella hallamos los puntos críticos resolviendo el sistema

$$\left.\begin{array}{l} \dfrac{\partial P}{\partial x}(x, y) = 15y - 2xy - y^2 = y(15 - 2x - y) = 0 \\[3mm] \dfrac{\partial P}{\partial y}(x, y) = 15x - x^2 - 2xy = x(15 - x - 2y) = 0 \end{array}\right\}$$

La primera ecuación se verifica si es $y = 0$ o bien $2x + y = 15$, y la segunda si es $x = 0$ o bien $x + 2y = 15$. Al combinar estas posibilidades se obtienen los puntos

$$A(0, 0), \qquad B(0, 15), \qquad C(15, 0) \qquad \text{y} \qquad D(5, 5).$$

Calculando las derivadas segundas se tiene

$$\frac{\partial^2 P}{\partial x^2}(x, y) = -2y, \quad \frac{\partial^2 P}{\partial x \partial y}(x, y) = 15 - 2x - 2y = \frac{\partial^2 P}{\partial y \partial x}(x, y), \quad \frac{\partial^2 P}{\partial y^2}(x, y) = -2x,$$

por lo que la matriz hessiana es

$$HP(x, y) = \begin{pmatrix} -2y & 15 - 2x - 2y \\[3mm] 15 - 2x - 2y & -2x \end{pmatrix}$$

y calculando su determinante en cada uno de los cuatro puntos críticos resulta

$$|HP(0,0)| = \begin{vmatrix} 0 & 15 \\ 15 & 0 \end{vmatrix} = -15^2 < 0,$$

$$|HP(0,15)| = \begin{vmatrix} -30 & -15 \\ -15 & 0 \end{vmatrix} = -15^2 < 0,$$

$$|HP(15,0)| = \begin{vmatrix} 0 & -15 \\ -15 & -30 \end{vmatrix} = -15^2 < 0,$$

$$|HP(5,5)| = \begin{vmatrix} -10 & -5 \\ -5 & -10 \end{vmatrix} = 100 - 25 > 0,$$

por lo que los puntos A, B y C son puntos de silla, mientras que el punto $D(5,5)$ es un punto extremo. Como es

$$\frac{\partial^2 P}{\partial x^2}(5,5) = -10 < 0,$$

se trata de un máximo. Para $x = 5$ e $y = 5$ la restricción nos da el valor $z = 5$, por lo que los números buscados son $x = y = z = 5$, siendo entonces el producto $P = xyz = 125$.

▶ **5.8** Calcúlense los extremos de la función

$$f(x,y,z) = \frac{1}{x^2} + \frac{1}{y^2} + \frac{1}{z^2}$$

condicionados por la ecuación

$$\frac{1}{x} + \frac{1}{y} + \frac{1}{z} = 1.$$

RESOLUCIÓN.

Primer método: Reduciendo a una función de dos variables.

Despejando en la condición, se tiene que

$$\frac{1}{z} = 1 - \left(\frac{1}{x} + \frac{1}{y}\right)$$

y por tanto es

$$\frac{1}{z^2} = \left[1 - \left(\frac{1}{x} + \frac{1}{y}\right)\right]^2 = 1 - 2\left(\frac{1}{x} + \frac{1}{y}\right) + \left(\frac{1}{x} + \frac{1}{y}\right)^2 = 1 - \frac{2}{x} - \frac{2}{y} + \frac{1}{x^2} + \frac{1}{y^2} + \frac{2}{xy}.$$

Si con esta expresión de $\dfrac{1}{z^2}$ entramos en la función f, ésta se expresa como

$$f(x,y,z(x,y)) = g(x,y) = \frac{1}{x^2} + \frac{1}{y^2} + 1 - \frac{2}{x} - \frac{2}{y} + \frac{1}{x^2} + \frac{1}{y^2} + \frac{2}{xy} =$$

$$= \frac{2}{x^2} + \frac{2}{y^2} + \frac{2}{xy} - \frac{2}{x} - \frac{2}{y} + 1 =$$

$$= 2x^{-2} + 2y^{-2} + 2x^{-1}y^{-1} - 2x^{-1} - 2y^{-1} + 1.$$

Las derivadas parciales primeras de la función $g(x, y)$ son

$$\frac{\partial g}{\partial x}(x, y) = -4x^{-3} - 2x^{-2}y^{-1} + 2x^{-2} = -\frac{4}{x^3} - \frac{2}{x^2 y} + \frac{2}{x^2} = \frac{2}{x^2}\left(1 - \frac{1}{y} - \frac{2}{x}\right),$$

$$\frac{\partial g}{\partial y}(x, y) = -4y^{-3} - 2x^{-1}y^{-2} + 2y^{-2} = -\frac{4}{y^3} - \frac{2}{xy^2} + \frac{2}{y^2} = \frac{2}{y^2}\left(1 - \frac{1}{x} - \frac{2}{y}\right).$$

Los puntos críticos se obtienen al resolver el sistema

$$\left.\begin{array}{l} \dfrac{\partial g}{\partial x}(x, y) = 0 \\[2mm] \dfrac{\partial g}{\partial y}(x, y) = 0 \end{array}\right\} \qquad \text{el cual equivale a} \qquad \left.\begin{array}{l} \dfrac{2}{x} + \dfrac{1}{y} = 1 \\[2mm] \dfrac{1}{x} + \dfrac{2}{y} = 1 \end{array}\right\}$$

y cuya solución única es $x = y = 3$, por lo que el único punto crítico de $g(x, y)$ es $P(3, 3)$.

Para decidir lo que ocurre en el punto crítico calculamos las derivadas parciales segundas de g, siendo

$$\frac{\partial^2 g}{\partial x^2}(x, y) = 12x^{-4} + 4x^{-3}y^{-1} - 4x^{-3} = \frac{4}{x^3}\left(\frac{3}{x} + \frac{1}{y} - 1\right),$$

$$\frac{\partial^2 g}{\partial x \partial y}(x, y) = 2x^{-2}y^{-2} = \frac{2}{x^2 y^2} = \frac{\partial^2 g}{\partial y \partial x}(x, y),$$

$$\frac{\partial^2 g}{\partial y^2}(x, y) = 12y^{-4} + 4x^{-1}y^{-3} - 4y^{-3} = \frac{4}{y^3}\left(\frac{3}{y} + \frac{1}{x} - 1\right).$$

Particularizando en el punto $P(3, 3)$ son

$$\frac{\partial^2 g}{\partial x^2}(3, 3) = \frac{4}{3^3}\left(\frac{3}{3} + \frac{1}{3} - 1\right) = \frac{4}{3^4} = \frac{4}{81},$$

$$\frac{\partial^2 g}{\partial x \partial y}(3, 3) = \frac{2}{3^2 3^2} = \frac{2}{81} = \frac{\partial^2 g}{\partial y \partial x}(x, y),$$

$$\frac{\partial^2 g}{\partial y^2}(3, 3) = \frac{4}{3^3}\left(\frac{3}{3} + \frac{1}{3} - 1\right) = \frac{4}{3^4} = \frac{4}{81},$$

y la matriz hessiana de la función g en el punto $P(3, 3)$ es

$$Hg(3, 3) = \begin{pmatrix} \dfrac{4}{81} & \dfrac{2}{81} \\[3mm] \dfrac{2}{81} & \dfrac{4}{81} \end{pmatrix}$$

y como son

$$\frac{\partial^2 g}{\partial x^2}(3, 3) = \frac{4}{81} > 0 \qquad \text{y} \qquad |Hg(3, 3)| = \frac{16}{81^2} - \frac{4}{81^2} = \frac{12}{81^2} > 0,$$

resulta que la forma cuadrática de matriz asociada $Hg(3, 3)$ es definida positiva y el punto $P(3, 3)$ es un mínimo local.

Para $x = 3, y = 3$; al ser

$$\frac{1}{z} = 1 - \left(\frac{1}{x} + \frac{1}{y}\right),$$

se tiene que

$$\frac{1}{z} = 1 - \left(\frac{1}{3} + \frac{1}{3}\right) = 1 - \frac{2}{3} = \frac{1}{3}$$

y por tanto es $z = 3$. En consecuencia, el punto $(3, 3, 3)$ es un mínimo local de la función f condicionado por la ecuación

$$\frac{1}{x} + \frac{1}{y} + \frac{1}{z} = 1.$$

Segundo método: Mediante los multiplicadores de Lagrange.

La función lagrangiana de nuestro problema es

$$\mathcal{L}(x, y, z; \lambda) = \frac{1}{x^2} + \frac{1}{y^2} + \frac{1}{z^2} + \lambda \left(\frac{1}{x} + \frac{1}{y} + \frac{1}{z} - 1 \right) = x^{-2} + y^{-2} + z^{-2} + \lambda(x^{-1} + y^{-1} + z^{-1} - 1)$$

y los puntos críticos de la misma son las soluciones del sistema

$$\begin{cases} \dfrac{\partial \mathcal{L}}{\partial x}(x, y, z; \lambda) &=& -2x^{-3} - \dfrac{\lambda}{x^2} = 0 & \quad (5.1) \\[3mm] \dfrac{\partial \mathcal{L}}{\partial y}(x, y, z; \lambda) &=& -2y^{-3} - \dfrac{\lambda}{y^2} = 0 & \quad (5.2) \\[3mm] \dfrac{\partial \mathcal{L}}{\partial z}(x, y, z; \lambda) &=& -2z^{-3} - \dfrac{\lambda}{z^2} = 0 & \quad (5.3) \\[3mm] \dfrac{\partial \mathcal{L}}{\partial \lambda}(x, y, z; \lambda) &=& \dfrac{1}{x} + \dfrac{1}{y} + \dfrac{1}{z} - 1 = 0 & \quad (5.4) \end{cases}$$

De la Ecuación (5.1)

$$-2x^{-3} - \frac{\lambda}{x^2} = -\frac{1}{x^2}\left(\frac{2}{x} + \lambda \right) = 0 \quad \text{resulta} \quad \frac{2}{x} + \lambda = 0 \quad \text{y por tanto} \quad x = \frac{-2}{\lambda},$$

de la Ecuación (5.2)

$$-2y^{-3} - \frac{\lambda}{y^2} = -\frac{1}{y^2}\left(\frac{2}{y} + \lambda \right) = 0 \quad \text{resulta} \quad \frac{2}{y} + \lambda = 0 \quad \text{y por tanto} \quad y = \frac{-2}{\lambda},$$

y de la Ecuación (5.3)

$$-2z^{-3} - \frac{\lambda}{z^2} = -\frac{1}{z^2}\left(\frac{2}{z} + \lambda \right) = 0 \quad \text{resulta} \quad \frac{2}{z} + \lambda = 0 \quad \text{y por tanto} \quad z = \frac{-2}{\lambda}.$$

Entrando en la Ecuación (5.4) con los valores hallados es

$$\frac{1}{\frac{-2}{\lambda}} + \frac{1}{\frac{-2}{\lambda}} + \frac{1}{\frac{-2}{\lambda}} - 1 = 0,$$

es decir, $\frac{3\lambda}{-2} - 1 = 0$, de donde es $3\lambda = -2$ y por tanto $\lambda = -\frac{2}{3}$ es el multiplicador de Lagrange. Con este valor de λ se obtienen

$$x = y = z = -\frac{2}{\lambda} = -\frac{2}{-\frac{2}{3}} = 3$$

el único punto crítico de la función lagrangiana es $A = (3, 3, 3, -2/3)$ y el único candidato a extremo es el punto $P(3, 3, 3)$.

Considerando $g(x, y, z) = \frac{1}{x} + \frac{1}{y} + \frac{1}{z} - 1$, que es la función que define la restricción, es

$$\nabla g(x, y, z) = \left(-\frac{1}{x^2}, -\frac{1}{y^2}, -\frac{1}{z^2} \right)$$

y en el punto crítico se tiene que el vector

$$\nabla g(3,3,3) = \left(-\frac{1}{9}, -\frac{1}{9}, -\frac{1}{9}\right) \neq (0,0,0),$$

es libre, por lo que cumple la condición de regularidad.

Para analizar las condiciones suficientes de extremo consideremos la matriz hessiana de la función lagrangiana y la correspondiente matriz hessiana orlada. Como son

$$\frac{\partial \mathcal{L}}{\partial x} = -2x^{-3} - \lambda x^{-2}, \quad \frac{\partial \mathcal{L}}{\partial y} = -2y^{-3} - \lambda y^{-2}, \quad \frac{\partial \mathcal{L}}{\partial z} = -2z^{-3} - \lambda z^{-2},$$

las derivadas segundas resultan

$$\frac{\partial^2 \mathcal{L}}{\partial x^2} = 6x^{-4} + 2\lambda x^{-3}, \quad \frac{\partial^2 \mathcal{L}}{\partial x \partial y} = 0, \quad \frac{\partial^2 \mathcal{L}}{\partial x \partial z} = 0,$$

$$\frac{\partial^2 \mathcal{L}}{\partial y^2} = 6y^{-4} + 2\lambda y^{-3}, \quad \frac{\partial^2 \mathcal{L}}{\partial y \partial z} = 0, \quad \frac{\partial^2 \mathcal{L}}{\partial z^2} = 6z^{-4} + 2\lambda z^{-3},$$

con lo que tenemos la matriz hessiana de la función lagrangiana

$$H_{(x,y,z)}\mathcal{L}(x,y,z;\lambda) = \begin{pmatrix} \dfrac{6}{x^4} + \dfrac{2\lambda}{x^3} & 0 & 0 \\ 0 & \dfrac{6}{y^4} + \dfrac{2\lambda}{y^3} & 0 \\ 0 & 0 & \dfrac{6}{z^4} + \dfrac{2\lambda}{z^3} \end{pmatrix}$$

y la matriz hessiana orlada de la lagrangiana es

$$H\mathcal{L}(x,y,z;\lambda) = \left(\begin{array}{c|c} 0 & \nabla g(x,y,z) \\ \hline {}^t\nabla g(x,y,z) & H_{(x,y,z)}\mathcal{L}(x,y,z;\lambda) \end{array}\right) =$$

$$= \begin{pmatrix} 0 & \dfrac{-1}{x^2} & \dfrac{-1}{y^2} & \dfrac{-1}{z^2} \\ \dfrac{-1}{x^2} & \dfrac{6}{x^4} + \dfrac{2\lambda}{x^3} & 0 & 0 \\ \dfrac{-1}{y^2} & 0 & \dfrac{6}{y^4} + \dfrac{2\lambda}{y^3} & 0 \\ \dfrac{-1}{z^2} & 0 & 0 & \dfrac{6}{z^4} + \dfrac{2\lambda}{z^3} \end{pmatrix}$$

Particularizando en el punto $A(3,3,3;-2/3)$ se tiene que

$$H\mathcal{L}(3,3,3;-2/3) = \begin{pmatrix} 0 & \dfrac{-1}{9} & \dfrac{-1}{9} & \dfrac{-1}{9} \\ \dfrac{-1}{9} & \dfrac{2}{81} & 0 & 0 \\ \dfrac{-1}{9} & 0 & \dfrac{2}{81} & 0 \\ \dfrac{-1}{9} & 0 & 0 & \dfrac{2}{81} \end{pmatrix}$$

y hemos de analizar el signo de los menores principales M_k con $k = 2m+1, ..., m+n$, siendo $m = 1$ (número de restricciones) y $n = 3$ (número de variables), por tanto necesitamos los menores principales M_3 y M_4.

Como es

$$
M_3 = \begin{vmatrix} 0 & \dfrac{-1}{9} & \dfrac{-1}{9} \\[2mm] \dfrac{-1}{9} & \dfrac{2}{81} & 0 \\[2mm] \dfrac{-1}{9} & 0 & \dfrac{2}{81} \end{vmatrix} = \left(\dfrac{-1}{9}\right)\left(\dfrac{-1}{9}\right) \begin{vmatrix} 0 & 1 & 1 \\[2mm] 1 & \dfrac{2}{81} & 0 \\[2mm] 1 & 0 & \dfrac{2}{81} \end{vmatrix} = \dfrac{1}{81}\left(\dfrac{-2}{81} - \dfrac{2}{81}\right) = \dfrac{-4}{81^2} < 0
$$

se verifica que signo $(M_3) = $ signo $(-1)^1$, y al ser

$$
M_4 = \begin{vmatrix} 0 & \dfrac{-1}{9} & \dfrac{-1}{9} & \dfrac{-1}{9} \\[2mm] \dfrac{-1}{9} & \dfrac{2}{81} & 0 & 0 \\[2mm] \dfrac{-1}{9} & 0 & \dfrac{2}{81} & 0 \\[2mm] \dfrac{-1}{9} & 0 & 0 & \dfrac{2}{81} \end{vmatrix} = \dfrac{1}{81} \begin{vmatrix} 0 & 1 & 1 & 1 \\[2mm] 1 & \dfrac{2}{81} & 0 & 0 \\[2mm] 1 & 0 & \dfrac{2}{81} & 0 \\[2mm] 1 & 0 & 0 & \dfrac{2}{81} \end{vmatrix} =
$$

$$
= \dfrac{1}{81}\left(-\left(\dfrac{2}{81}\right)^2 - \left(\dfrac{2}{81}\right)^2 - \left(\dfrac{2}{81}\right)^2\right) = \dfrac{1}{81}\left(-3\left(\dfrac{2}{81}\right)^2\right) = \dfrac{-1}{27}\left(\dfrac{2}{81}\right)^2 < 0,
$$

resulta que también es signo $(M_4) = $ signo $(-1)^1$, y el punto $P(3,3,3)$ es un mínimo local estricto de nuestro problema.

▶ **5.9** Determínese la longitud de los lados de un rectángulo, de perímetro dado, para que su área sea máxima.

RESOLUCIÓN.

Primer método: Reduciéndolo a una función de una variable.

Sea a el perímetro del rectángulo y x e y la longitud de sus lados, entonces se tiene que $a = 2x + 2y$. El área del rectángulo es $S = xy$, por tanto se quiere maximizar la función

$$
f(x,y) = xy
$$

sujeta a la condición $2x + 2y = a$. Puesto que de esta condición podemos despejar una de las variables, por ejemplo $y = \frac{a}{2} - x$, bastará tratar el problema como si fuese de una variable considerando la función

$$
S(x) = x\left(\dfrac{a}{2} - x\right) = \dfrac{ax}{2} - x^2,
$$

cuya derivada primera es

$$
S'(x) = \dfrac{a}{2} - 2x
$$

que igualada a cero resulta

$$
\dfrac{a}{2} - 2x = 0 \quad \Rightarrow \quad 2x = \dfrac{a}{2} \quad \Rightarrow \quad x = \dfrac{a}{4}.
$$

Así pues, $x = \frac{a}{4}$ es el único punto crítico de la función $S(x)$, y al ser

$$
S''(x) = -2 = S''\left(\dfrac{a}{4}\right) < 0,
$$

se trata de un máximo. Por tanto el rectángulo de área máxima se consigue cuando $x = y = \frac{a}{4}$, es decir, cuando es un cuadrado.

Segundo método: Mediante los multiplicadores de Lagrange.

Sea a el perímetro del rectángulo y x e y la longitud de sus lados, entonces se tiene que $a = 2x + 2y$. El área del rectángulo es $S = xy$, por tanto se quiere maximizar la función

$$f(x, y) = xy$$

sujeta a la restricción $g(x, y) = 2x + 2y - a$.

La función lagrangiana de nuestro problema es

$$\mathcal{L}(x, y; \lambda) = f(x, y) + \lambda g(x, y) = xy + \lambda(2x + 2y - a),$$

cuyos puntos críticos son la solución del sistema

$$\begin{cases} \dfrac{\partial \mathcal{L}}{\partial x} = 0 & \Rightarrow & y + 2\lambda = 0 & (5.5) \\[2mm] \dfrac{\partial \mathcal{L}}{\partial y} = 0 & \Rightarrow & x + 2\lambda = 0 & (5.6) \\[2mm] \dfrac{\partial \mathcal{L}}{\partial \lambda} = 0 & \Rightarrow & 2x + 2y - a = 0. & (5.7) \end{cases}$$

Despejando x e y en las Ecuaciones (5.5) y (5.6) se tiene

$$y = -2\lambda, \qquad x = -2\lambda$$

y sustituyendo en la Ecuación (5.7) resulta

$$-4\lambda - 4\lambda - a = 0 \qquad \text{y por tanto es} \qquad \lambda = -\frac{a}{8},$$

en consecuencia, es $x = y = \frac{a}{4}$.

El único punto crítico de la función lagrangiana es $A = \left(\frac{a}{4}, \frac{a}{4}, -\frac{a}{8}\right)$ y por tanto el punto $P = \left(\frac{a}{4}, \frac{a}{4}\right)$ es el único posible extremo.

Para decir si P es extremo y el carácter del mismo comprobamos la condición de regularidad. Como es $g(x, y) = 2x + 2y - a$ se tiene que

$$\nabla g(x, y) = (2, 2) \qquad \text{y} \qquad \nabla g\left(\frac{a}{4}, \frac{a}{4}\right) = (2, 2) \neq (0, 0)$$

y esta condición se cumple.

Considerando la matriz hessiana de la lagrangiana

$$H_{(x,y)}\mathcal{L}(x, y; \lambda) = Hf(x, y) + \lambda Hg(x, y) = \begin{pmatrix} 0 & 1 \\ 1 & 0 \end{pmatrix} + \lambda \begin{pmatrix} 0 & 0 \\ 0 & 0 \end{pmatrix} = \begin{pmatrix} 0 & 1 \\ 1 & 0 \end{pmatrix},$$

la matriz hessiana orlada en $A = \left(\frac{a}{4}, \frac{a}{4}, -\frac{a}{8}\right)$ es

$$H\mathcal{L}\left(\frac{a}{4}, \frac{a}{4}, -\frac{a}{8}\right) = \begin{pmatrix} 0 & 2 & 2 \\ 2 & 0 & 1 \\ 2 & 1 & 0 \end{pmatrix}$$

y en ella debemos analizar el signo de los menores principales M_k, con $k = 2m + 1, ..., m + n$, que en nuestro caso, al ser $m = 1$ (número de restricciones) y $n = 2$ (número de variables), se precisa únicamente el cálculo de M_3, es decir

$$M_3 = \begin{vmatrix} 0 & 2 & 2 \\ 2 & 0 & 1 \\ 2 & 1 & 0 \end{vmatrix} = 8,$$

y como es signo $(M_3) = $ signo $(-1)^{m+1} = $ signo $(-1)^2$ y no existen otros menores a estudiar, el punto $P(\frac{a}{4}, \frac{a}{4})$ es un máximo local estricto.

▶ **5.10** Calcúlense los extremos de la función $f(x, y) = 15 - 6x - 8y$ con la restricción $g(x, y) = x^2 + y^2 - 16 = 0$, utilizando los multiplicadores de Lagrange.

RESOLUCIÓN.

La función lagrangiana es $\mathcal{L}(x, y, \lambda) = 15 - 6x - 8y + \lambda(x^2 + y^2 - 16)$ y los puntos críticos se obtienen resolviendo el sistema

$$
\left.
\begin{array}{l}
\dfrac{\partial \mathcal{L}}{\partial x} = -6 + 2\lambda x = 0 \\[2mm]
\dfrac{\partial \mathcal{L}}{\partial y} = -8 + 2\lambda y = 0 \\[2mm]
\dfrac{\partial \mathcal{L}}{\partial \lambda} = x^2 + y^2 - 16 = 0
\end{array}
\right\}
$$

De la primera ecuación del sistema se obtiene $x = \dfrac{6}{2\lambda} = \dfrac{3}{\lambda}$ y de la segunda ecuación resulta $y = \dfrac{8}{2\lambda} = \dfrac{4}{\lambda}$. Si se llevan los valores de x e y hallados a la tercera ecuación se obtiene

$$
\frac{9}{\lambda^2} + \frac{16}{\lambda^2} = 16 \qquad \text{o bien} \qquad \frac{1}{\lambda^2}(9 + 16) = 16,
$$

es decir, $16\lambda^2 = 25$, de donde es $\lambda^2 = \frac{25}{16}$ y por tanto $\lambda = \pm\frac{5}{4}$.

Resultan pues dos multiplicadores de Lagrange

$$
\begin{cases}
\lambda_1 = \dfrac{5}{4} \quad \text{y} \\[3mm]
\lambda_2 = -\dfrac{5}{4}.
\end{cases}
$$

Para $\lambda_1 = \frac{5}{4}$ resultan $x = \frac{3}{5/4} = \frac{12}{5}$ e $y = \frac{4}{5/4} = \frac{16}{5}$, siendo el punto $P_1 = (\frac{12}{5}, \frac{16}{5}, \frac{5}{4})$ un punto crítico de la función lagrangiana.

De forma análoga para $\lambda_2 = -\frac{5}{4}$ se obtienen $x = \frac{3}{-5/4} = -\frac{12}{5}$ e $y = \frac{4}{-5/4} = -\frac{16}{5}$, siendo el punto $P_2 = (-\frac{12}{5}, -\frac{16}{5}, -\frac{5}{4})$ el otro punto crítico de la función lagrangiana.

De este modo los únicos candidatos a extremos condicionados son los puntos $A_1 = (\frac{12}{5}, \frac{16}{5})$ y $A_2 = (-\frac{12}{5}, -\frac{16}{5})$.

Como es $\nabla g(x, y) = (2x, 2y)$, al sustituir cada uno de los puntos A_1 y A_2 se obtiene en cada caso un sistema libre dado que

$$
\overline{u} = \left(2 \cdot \frac{12}{5}, 2 \cdot \frac{16}{5}\right) = \left(\frac{24}{5}, \frac{32}{5}\right)
$$

es un vector no nulo, y análogamente

$$
\overline{v} = \left(2 \cdot \left(-\frac{12}{5}\right), 2 \cdot \left(-\frac{16}{5}\right)\right) = \left(-\frac{24}{5}, -\frac{32}{5}\right),
$$

con lo cual se cumplen las condiciones de regularidad.

Para decidir si los puntos críticos son extremos y el tipo de los mismos vamos a aplicar la Proposición 5, para ello consideramos la matriz hessiana de la lagrangiana

$$
H_{(x,y)}\mathcal{L}(x, y, \lambda) = Hf(x, y) + \lambda Hg(x, y) = \begin{pmatrix} 0 & 0 \\ 0 & 0 \end{pmatrix} + \lambda \begin{pmatrix} 2 & 0 \\ 0 & 2 \end{pmatrix} = \begin{pmatrix} 2\lambda & 0 \\ 0 & 2\lambda \end{pmatrix}.
$$

En el punto $A_1 = (\frac{12}{5}, \frac{16}{5})$ correspondiente al multiplicador $\lambda_1 = \frac{5}{4}$ es

$$
H_{(x,y)}\mathcal{L}\left(\frac{12}{5}, \frac{16}{5}, \frac{5}{4}\right) = \begin{pmatrix} 2 \cdot \dfrac{5}{4} & 0 \\[2mm] 0 & 2 \cdot \dfrac{5}{4} \end{pmatrix} = \begin{pmatrix} \dfrac{5}{2} & 0 \\[2mm] 0 & \dfrac{5}{2} \end{pmatrix}
$$

y la forma cuadrática Q que tiene asociada esta matriz en la base canónica es

$$Q(h_1, h_2) = (h_1, \ h_2) \begin{pmatrix} \dfrac{5}{2} & 0 \\ 0 & \dfrac{5}{2} \end{pmatrix} \begin{pmatrix} h_1 \\ h_2 \end{pmatrix} = \frac{5}{2}h_1^2 + \frac{5}{2}h_2^2,$$

la cual es definida positiva y por tanto también lo es la forma cuadrática $\widehat{Q}$ restringida de Q al subespacio

$$h_1 \frac{\partial g}{\partial x}\left(\frac{12}{5}, \frac{16}{5}\right) + h_2 \frac{\partial g}{\partial y}\left(\frac{12}{5}, \frac{16}{5}\right) = 0$$

y en consecuencia, el punto $A_1 = (\frac{12}{5}, \frac{16}{5})$ es un mínimo local estricto.

En el punto $A_2 = (-\frac{12}{5}, -\frac{16}{5})$ correspondiente al multiplicador $\lambda_1 = -\frac{5}{4}$ es

$$H\mathcal{L}\left(-\frac{12}{5}, -\frac{16}{5}, -\frac{5}{4}\right) = \begin{pmatrix} -\dfrac{5}{2} & 0 \\ 0 & -\dfrac{5}{2} \end{pmatrix}$$

y la forma cuadrática que adopta esta matriz en la base canónica es

$$Q(h_1, h_2) = (h_1, \ h_2) \begin{pmatrix} -\dfrac{5}{2} & 0 \\ 0 & -\dfrac{5}{2} \end{pmatrix} \begin{pmatrix} h_1 \\ h_2 \end{pmatrix} = -\frac{5}{2}h_1^2 - \frac{5}{2}h_2^2.$$

Esta forma cuadrática es definida negativa y por tanto también lo es la forma cuadrática $\widehat{Q}$ restringida de Q al subespacio

$$h_1 \frac{\partial g}{\partial x}\left(-\frac{12}{5}, -\frac{16}{5}\right) + h_2 \frac{\partial g}{\partial y}\left(-\frac{12}{5}, -\frac{16}{5}\right) = 0$$

y por tanto el punto $A_2 = (-\frac{12}{5}, -\frac{16}{5})$ es un máximo local estricto.

Obsérvese que al no existir otros puntos críticos el único mínimo local hallado es también global y el único máximo local hallado es también global.

Si utilizamos el procedimiento de los menores principales de la matriz hessiana orlada llegamos a los mismos resultados. En efecto, considerando la matriz hessiana orlada

$$H\mathcal{L}(\overline{x}, \overline{\lambda}) = \begin{pmatrix} 0 & 2x & 2y \\ 2x & 2\lambda & 0 \\ 2y & 0 & 2\lambda \end{pmatrix}$$

y particularizando para el punto $A_1 = (\frac{12}{5}, \frac{16}{5})$ y su multiplicador asociado $\lambda_1 = \frac{5}{4}$ es

$$\begin{pmatrix} 0 & \dfrac{24}{5} & \dfrac{32}{5} \\ \dfrac{24}{5} & \dfrac{5}{2} & 0 \\ \dfrac{32}{5} & 0 & \dfrac{5}{2} \end{pmatrix}$$

y como es $m = 1$ (número de restricciones) y $n = 2$ (número de variables), el único menor a analizar es de orden $k = 2m + 1 = 2 + 1 = 3$, es decir, el propio determinante de la matriz hessiana orlada

$$\begin{vmatrix} 0 & \dfrac{24}{5} & \dfrac{32}{5} \\ \dfrac{24}{5} & \dfrac{5}{2} & 0 \\ \dfrac{32}{5} & 0 & \dfrac{5}{2} \end{vmatrix}$$

cuyo valor, al desarrollar por la última fila, es

$$\frac{32}{5}\left(-\frac{5}{2}\cdot\frac{32}{5}\right)+\frac{5}{2}\left(-\frac{24}{5}\cdot\frac{24}{5}\right)=-\frac{5}{2}\left[\left(\frac{32}{5}\right)^2+\left(\frac{24}{5}\right)^2\right]=-\frac{1}{10}(32^2+24^2)=-160$$

y el signo coincide con el de $(-1)^1$, y en consecuencia, el punto $A_1=\left(\frac{12}{5},\frac{16}{5}\right)$ es un mínimo local estricto.

En el punto $A_2=\left(-\frac{12}{5},-\frac{16}{5}\right)$ cuyo multiplicador es $\lambda_2=-\frac{5}{4}$ la matriz hessiana orlada es

$$\begin{pmatrix} 0 & -\dfrac{24}{5} & -\dfrac{32}{5} \\[2ex] -\dfrac{24}{5} & -\dfrac{5}{2} & 0 \\[2ex] -\dfrac{32}{5} & 0 & -\dfrac{5}{2} \end{pmatrix}$$

y el único menor a analizar en este caso es el de orden $k=2m+1=2+1=3$, es decir, el determinante de la propia matriz cuyo valor es, teniendo en cuenta lo calculado en el punto A_1

$$-\begin{vmatrix} 0 & \dfrac{24}{5} & \dfrac{32}{5} \\[2ex] \dfrac{24}{5} & \dfrac{5}{2} & 0 \\[2ex] \dfrac{32}{5} & 0 & \dfrac{5}{2} \end{vmatrix}=160$$

y ocurre que el signo del valor coincide con el de $(-1)^{1+1}=(-1)^2$, y en consecuencia, el punto $A_2=\left(-\frac{12}{5},-\frac{16}{5}\right)$ es un máximo local estricto.

Obsérvese que el problema se puede resolver también por el método gráfico según la Figura 5.7.

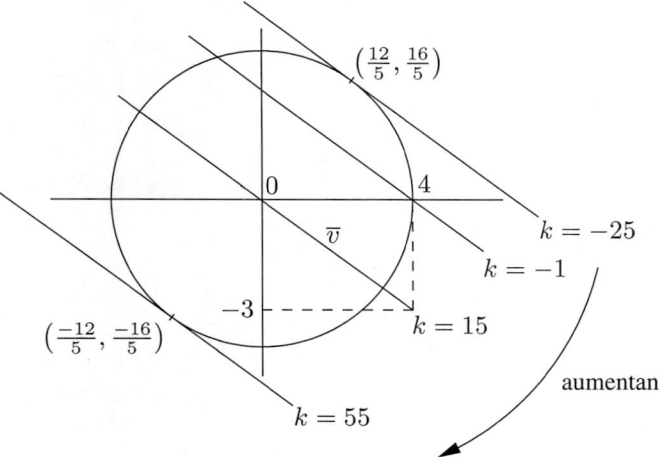

Figura 5.7 Resolución gráfica del Problema 5.10

Considerando las curvas de nivel de la función $f(x,y)=15-6x-8y$ que cortan a la gráfica de la restricción $g(x,y)=x^2+y^2-16=0$, se tiene que el valor de la función disminuye hasta el nivel mínimo correspondiente al punto $\left(\frac{12}{5},\frac{16}{5}\right)$ donde se tiene un mínimo local estricto que también es global en virtud del teorema de Weierstrass dado que la función f es continua y el conjunto de puntos definido por la restricción es un compacto en $\mathbb{R}^2$.

Análogamente, el mayor valor de la función en el conjunto dado por la restricción, siguiendo las curvas de nivel, se alcanza en el punto $\left(-\frac{12}{5}, -\frac{16}{5}\right)$ y éste es un máximo local estricto que es el máximo absoluto en el conjunto definido por la restricción según el propio teorema de Weierstrass, como se oberva en la Figura 5.7, en donde un vector direccional de las curvas de nivel (rectas) $15 - 6x - 8y = k$ es $\overline{v} = (4, -3)$.

▶ **5.11** Calcúlense los extremos de la función

$$f(x, y, z, t) = x^2 + 2y^2 + z^2 + 3t^2 - 2x - 4z - 12t + 15$$

con las restricciones

$$g_1(x, y, z, t) = x + y - 1 = 0, \qquad g_2(x, y, z, t) = z - t - 2 = 0.$$

RESOLUCIÓN.

Primer método: Mediante los multiplicadores de Lagrange.

Formamos la función lagrangiana

$$\mathcal{L}(x, y, z, t, \lambda, \mu) = f(x, y, z, t) + \lambda g_1(x, y, z, t) + \mu g_2(x, y, z, t) =$$
$$= x^2 + 2y^2 + z^2 + 3t^2 - 2x - 4z - 12t + 15 +$$
$$+ \lambda(x + y - 1) + \mu(z - t - 2)$$

y hallemos sus puntos críticos resolviendo el sistema

$$\begin{cases} \dfrac{\partial \mathcal{L}}{\partial x} &= 2x - 2 + \lambda = 0 & (5.8) \\[2mm] \dfrac{\partial \mathcal{L}}{\partial y} &= 4y + \lambda = 0 & (5.9) \\[2mm] \dfrac{\partial \mathcal{L}}{\partial z} &= 2z - 4 + \mu = 0 & (5.10) \\[2mm] \dfrac{\partial \mathcal{L}}{\partial t} &= 6t - 12 - \mu = 0 & (5.11) \\[2mm] \dfrac{\partial \mathcal{L}}{\partial \lambda} &= x + y - 1 = 0 & (5.12) \\[2mm] \dfrac{\partial \mathcal{L}}{\partial \mu} &= z - t - 2 = 0 & (5.13) \end{cases}$$

Restando (5.8)−(5.9) se tiene la ecuación $2x - 4y = 2$, o equivalentemente

$$x - 2y = 1,$$

con esta ecuación y (5.12) resulta el sistema parcial

$$\begin{cases} x - 2y = 1 \\ x + y = 1 \end{cases}$$

cuya solución es $x = 1, y = 0$. Si entramos con estos valores en (5.8) o (5.9) obtenemos $\lambda = 0$.

Sumando (5.10)+(5.11) tenemos la ecuación

$$2z + 6t - 16 = 0,$$

o bien $z + 3t - 8 = 0$ que junto con la Ecuación (5.13) nos da el sistema

$$\begin{cases} z + 3t = 8 \\ z - t = 2 \end{cases}$$

cuya solución es $z = \frac{7}{2}, t = \frac{3}{2}$, y entrando en la Ecuación (5.10) es $\mu = 4 - 2z = 4 - 7 = -3$.

Con ello resulta que el único punto crítico de la función lagrangiana es $P = (1, 0, \frac{7}{2}, \frac{3}{2}, 0, -3)$ y un posible extremo condicionado es el punto $A = (1, 0, \frac{7}{2}, \frac{3}{2})$.

En este punto se verifica la condición de regularidad, pues al ser

$$\nabla g_1(x, y, z, t) = (1, 1, 0, 0), \qquad \nabla g_2(x, y, z, t) = (0, 0, 1, -1),$$

estos vectores, ya particularizados en el punto A, son linealmente independientes.

Considerando la matriz hessiana orlada de la lagrangiana en el punto A se tiene

$$H\mathcal{L}(1, 0, \tfrac{7}{2}, \tfrac{3}{2}, 0, -3) = \begin{pmatrix} 0 & 0 & g_{1x} & g_{1y} & g_{1z} & g_{1t} \\ 0 & 0 & g_{2x} & g_{2y} & g_{2z} & g_{2t} \\ g_{1x} & g_{2x} & \mathcal{L}_{x^2} & \mathcal{L}_{xy} & \mathcal{L}_{xz} & \mathcal{L}_{xt} \\ g_{1y} & g_{2y} & \mathcal{L}_{yx} & \mathcal{L}_{y^2} & \mathcal{L}_{yz} & \mathcal{L}_{yt} \\ g_{1z} & g_{2z} & \mathcal{L}_{zx} & \mathcal{L}_{zy} & \mathcal{L}_{z^2} & \mathcal{L}_{zt} \\ g_{1t} & g_{2t} & \mathcal{L}_{tx} & \mathcal{L}_{ty} & \mathcal{L}_{tz} & \mathcal{L}_{t^2} \end{pmatrix}_{(1,0,\frac{7}{2},\frac{3}{2},0,-3)} =$$

$$= \begin{pmatrix} 0 & 0 & 1 & 1 & 0 & 0 \\ 0 & 0 & 0 & 0 & 1 & -1 \\ 1 & 0 & 2 & 0 & 0 & 0 \\ 1 & 0 & 0 & 4 & 0 & 0 \\ 0 & 1 & 0 & 0 & 2 & 0 \\ 0 & -1 & 0 & 0 & 0 & 6 \end{pmatrix}$$

y hemos de estudiar el signo de los menores principales M_k con $k = 2m + 1 = 2 \cdot 2 + 1 = 5$ y $k = 2 \cdot 2 + 2 = 6$, es decir, M_5 y M_6.

Como son

$$M_5 = \begin{vmatrix} 0 & 0 & 1 & 1 & 0 \\ 0 & 0 & 0 & 0 & 1 \\ 1 & 0 & 2 & 0 & 0 \\ 1 & 0 & 0 & 4 & 0 \\ 0 & 1 & 0 & 0 & 2 \end{vmatrix} = - \begin{vmatrix} 0 & 1 & 1 & 0 \\ 0 & 0 & 0 & 1 \\ 1 & 2 & 0 & 0 \\ 1 & 0 & 4 & 0 \end{vmatrix} = - \begin{vmatrix} 0 & 1 & 1 \\ 1 & 2 & 0 \\ 1 & 0 & 4 \end{vmatrix} = - \begin{vmatrix} 0 & 1 & 0 \\ 1 & 2 & -2 \\ 1 & 0 & 4 \end{vmatrix} = 6 > 0$$

$$M_6 = \begin{vmatrix} 0 & 0 & 1 & 1 & 0 & 0 \\ 0 & 0 & 0 & 0 & 1 & -1 \\ 1 & 0 & 2 & 0 & 0 & 0 \\ 1 & 0 & 0 & 4 & 0 & 0 \\ 0 & 1 & 0 & 0 & 2 & 0 \\ 0 & -1 & 0 & 0 & 0 & 6 \end{vmatrix} = \begin{vmatrix} 0 & 0 & 1 & 1 & 0 & 0 \\ 0 & 0 & 0 & 0 & 1 & 0 \\ 1 & 0 & 2 & 0 & 0 & 0 \\ 1 & 0 & 0 & 4 & 0 & 0 \\ 0 & 1 & 0 & 0 & 2 & 2 \\ 0 & -1 & 0 & 0 & 0 & 6 \end{vmatrix} = - \begin{vmatrix} 0 & 0 & 1 & 1 & 0 \\ 1 & 0 & 2 & 0 & 0 \\ 1 & 0 & 0 & 4 & 0 \\ 0 & 1 & 0 & 0 & 2 \\ 0 & -1 & 0 & 0 & 6 \end{vmatrix} =$$

$$= - \begin{vmatrix} 0 & 0 & 1 & 1 & 0 \\ 1 & 0 & 2 & 0 & 0 \\ 1 & 0 & 0 & 4 & 0 \\ 0 & 1 & 0 & 0 & 2 \\ 0 & 0 & 0 & 0 & 8 \end{vmatrix} = -8 \begin{vmatrix} 0 & 0 & 1 & 1 \\ 1 & 0 & 2 & 0 \\ 1 & 0 & 0 & 4 \\ 0 & 1 & 0 & 0 \end{vmatrix} = -8 \begin{vmatrix} 0 & 1 & 1 \\ 1 & 2 & 0 \\ 1 & 0 & 4 \end{vmatrix} = -8 \begin{vmatrix} 0 & 1 & 0 \\ 1 & 2 & -2 \\ 1 & 0 & 4 \end{vmatrix} =$$

$$= 8 \begin{vmatrix} 1 & -2 \\ 1 & 4 \end{vmatrix} = 8 \cdot 6 = 48 > 0$$

el signo de ambos menores coincide con el de $(-1)^m = (-1)^2$ y en consecuencia el punto $A = (1, 0, \frac{7}{2}, \frac{3}{2})$ es un mínimo local estricto.

Segundo método: Reduciendo a una función de dos variables.

De las condiciones $x + y - 1 = 0$ y $z - t - 2 = 0$ obtenemos $y = 1 - x$ y $z = t + 2$, y entrando en la función, ésta pasa a depender de dos variables en la forma

$$\begin{aligned}
f(x, y, z, t) = f[x, y(x), z(t), t] = g(x, t) &= \\
&= x^2 + 2(1 - x)^2 + (t + 2)^2 + 3t^2 - 2x - 4(t + 2) - 12t + 15 = \\
&= x^2 + 2(1 - 2x + x^2) + t^2 + 4t + 4 + 3t^2 - 2x - 4t - 8 - 12t + 15 = \\
&= 3x^2 + 4t^2 - 6x - 12t + 13.
\end{aligned}$$

Considerando sus derivadas parciales primeras e igualando a cero se tiene

$$\left. \begin{aligned}
\frac{\partial g}{\partial x}(x, t) = 6x - 6 = 0 \\
\frac{\partial g}{\partial t}(x, t) = 8t - 12 = 0
\end{aligned} \right\} \quad \Rightarrow \quad \left. \begin{aligned}
x = 1 \\
t = \frac{3}{2}
\end{aligned} \right\}$$

y en consecuencia, el único punto crítico de g es $P(1, \frac{3}{2})$.

Calculando las derivadas segundas y particularizando en P obtenemos

$$\frac{\partial^2 g}{\partial x^2}(x, t) = 6, \qquad \frac{\partial^2 g}{\partial x \partial t}(x, t) = \frac{\partial^2 g}{\partial t \partial x}(x, t) = 0, \qquad \frac{\partial^2 g}{\partial t^2}(x, t) = 8,$$

con lo cual la matriz hessiana en el punto P es

$$Hg(1, \tfrac{3}{2}) = \begin{pmatrix} 6 & 0 \\ 0 & 8 \end{pmatrix}$$

y se verifica que

$$\det Hg(1, \tfrac{3}{2}) = 48 > 0 \qquad \text{y} \qquad \frac{\partial^2 g}{\partial x^2}(x, t) = 6 > 0,$$

por lo que el punto P es un mínimo local. En consecuencia, al ser $y = 1 - x = 1 - 1 = 0$ y $z = t + 2 = \frac{3}{2} + 2 = \frac{7}{2}$, la función f tiene a $Q = (1, 0, \frac{7}{2}, \frac{3}{2})$ como mínimo condicionado y además es único, con lo cual es el mínimo absoluto del problema.

▶ **5.12** Determínese el punto del plano $x + y + z = a$, con $a > 0$, tal que haga mínima la suma $S = x^2 + y^2 + z^2$.

RESOLUCIÓN.

Primer método: Reduciendo a una función de dos variables.

De $x + y + z = a$ es $z = a - (x + y)$ y entrando en S queda

$$\begin{aligned}
S(x, y, z) = S(x, y, z(x, y)) = x^2 + y^2 + (a - (x + y))^2 &= \\
&= x^2 + y^2 + \left(a^2 - 2a(x + y) + (x + y)^2\right) = \\
&= x^2 + y^2 + a^2 - 2a(x + y) + x^2 + y^2 + 2xy = \\
&= 2x^2 + 2y^2 + 2xy - 2a(x + y) + a^2.
\end{aligned}$$

Calculando las derivadas parciales primeras e igualando a cero se tiene

$$\left. \begin{aligned}
\frac{\partial S}{\partial x}(x, y) = 4x + 2y - 2a = 0 \\
\frac{\partial S}{\partial y}(x, y) = 4y + 2x - 2a = 0
\end{aligned} \right\} \quad \Rightarrow \quad \left. \begin{aligned}
2x + y - a = 0 \\
x + 2y - a = 0
\end{aligned} \right\} \quad \Rightarrow \quad \left. \begin{aligned}
-3x + a = 0 \\
-3y + a = 0
\end{aligned} \right\}$$

de donde es $x = y = \frac{a}{3}$. Por tanto el único punto crítico es $A(\frac{a}{3}, \frac{a}{3})$.

Si calculamos las derivadas parciales segundas de S obtenemos

$$\frac{\partial^2 S}{\partial x^2}(x,y) = 4, \qquad \frac{\partial^2 S}{\partial x \partial y}(x,y) = 2 = \frac{\partial^2 S}{\partial y \partial x}(x,y), \qquad \frac{\partial^2 S}{\partial y^2}(x,y) = 4,$$

y la matriz hessiana en el punto $A(\frac{a}{3}, \frac{a}{3})$ es

$$H\left(\frac{a}{3}, \frac{a}{3}\right) = \left(\begin{array}{cc} 4 & 2 \\ 2 & 4 \end{array} \right).$$

La forma cuadrática que tiene a $H(\frac{a}{3}, \frac{a}{3})$ como matriz asociada en la base canónica es definida positiva y por tanto el punto $A(\frac{a}{3}, \frac{a}{3})$ es mínimo relativo.

En consecuencia, la solución pedida es $x = \frac{a}{3}, y = \frac{a}{3}$, y

$$z = a - (x + y) = a - \left(\frac{a}{3} + \frac{a}{3}\right) = a - \frac{2a}{3} = \frac{a}{3}.$$

Se trata del punto $P(\frac{a}{3}, \frac{a}{3}, \frac{a}{3})$.

Geométricamente se ha hallado el punto del plano $x + y + +z = a$ tal que el cuadrado de la distancia al origen de coordenadas es mínimo. En el caso del plano $x + y + z = 1$ el punto de este plano cuya distancia al origen es la menor posible es $(\frac{1}{3}, \frac{1}{3}, \frac{1}{3})$, que puede verse en la Figura 5.8.

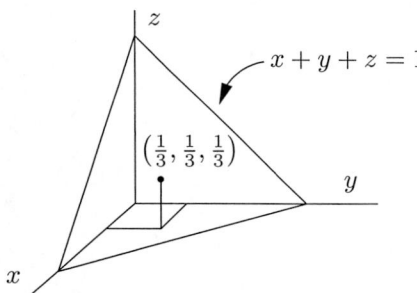

Figura 5.8 Punto del plano con mínima distancia al origen

Segundo método: Utilizando los multiplicadores de Lagrange.

La función lagrangiana de nuestro problema es

$$\mathcal{L}(x, y, z; \lambda) = x^2 + y^2 + z^2 + \lambda(x + y + z - a).$$

Los puntos críticos de la función lagrangiana son las soluciones del sistema

$$\begin{cases} \dfrac{\partial \mathcal{L}}{\partial x}(x, y, z; \lambda) = 2x + \lambda = 0 & \Rightarrow \quad x = -\frac{\lambda}{2} \\[2mm] \dfrac{\partial \mathcal{L}}{\partial y}(x, y, z; \lambda) = 2y + \lambda = 0 & \Rightarrow \quad y = -\frac{\lambda}{2} \\[2mm] \dfrac{\partial \mathcal{L}}{\partial z}(x, y, z; \lambda) = 2z + \lambda = 0 & \Rightarrow \quad z = -\frac{\lambda}{2} \\[2mm] \dfrac{\partial \mathcal{L}}{\partial \lambda}(x, y, z; \lambda) = x + y + z - a = 0 \end{cases}$$

y llevando los valores de x, y, z obtenidos de las tres primeras ecuaciones a la cuarta queda

$$-\frac{\lambda}{2} - \frac{\lambda}{2} - \frac{\lambda}{2} - a = 0,$$

luego es $\frac{-3\lambda}{2} = a$ y por tanto $\lambda = \frac{-2a}{3}$, por lo que los valores de x, y, z serán

$$\begin{cases} x = -\frac{1}{2}\lambda = -\frac{1}{2}\left(-\frac{2a}{3}\right) = \frac{a}{3}, \\ y = -\frac{1}{2}\lambda = -\frac{1}{2}\left(-\frac{2a}{3}\right) = \frac{a}{3}, \\ z = -\frac{1}{2}\lambda = -\frac{1}{2}\left(-\frac{2a}{3}\right) = \frac{a}{3}, \end{cases}$$

de este modo el punto $A\left(\frac{a}{3}, \frac{a}{3}, \frac{a}{3}, \frac{-2a}{3}\right)$ es el único punto crítico de la función lagrangiana.

Como es $\nabla g(x, y, z) = (1, 1, 1)$ y por tanto en el punto crítico es $\nabla g\left(\frac{a}{3}, \frac{a}{3}, \frac{a}{3}\right) = (1, 1, 1) \neq \overline{0}$, el candidato a mínimo verifica la condición de regularidad.

Para decidir si se trata en efecto de un mínimo, consideramos la matriz hessiana de la función lagrangiana

$$H_{(x,y,z)}\mathcal{L}(x, y, z; \lambda) = Hf(x, y, z) + \lambda Hg(x, y, z) =$$

$$= \begin{pmatrix} 2 & 0 & 0 \\ 0 & 2 & 0 \\ 0 & 0 & 2 \end{pmatrix} + \lambda \begin{pmatrix} 0 & 0 & 0 \\ 0 & 0 & 0 \\ 0 & 0 & 0 \end{pmatrix} =$$

$$= \begin{pmatrix} 2 & 0 & 0 \\ 0 & 2 & 0 \\ 0 & 0 & 2 \end{pmatrix} = H_{(x,y,z)}\mathcal{L}\left(\frac{a}{3}, \frac{a}{3}, \frac{a}{3}, \frac{-2a}{3}\right).$$

En el punto $A\left(\frac{a}{3}, \frac{a}{3}, \frac{a}{3}, \frac{-2a}{3}\right)$ correspondiente al único multiplicador $\lambda = \frac{-2a}{3}$ es

$$H_{(x,y,z)}\mathcal{L}\left(\frac{a}{3}, \frac{a}{3}, \frac{a}{3}, \frac{2a}{3}\right) = \begin{pmatrix} 2 & 0 & 0 \\ 0 & 2 & 0 \\ 0 & 0 & 2 \end{pmatrix}$$

y por tanto la forma cuadrática Q que tiene asociada esta matriz en la base canónica es

$$Q(h_1, h_2, h_3) = \begin{pmatrix} h_1 & h_2 & h_3 \end{pmatrix} \begin{pmatrix} 2 & 0 & 0 \\ 0 & 2 & 0 \\ 0 & 0 & 2 \end{pmatrix} \begin{pmatrix} h_1 \\ h_2 \\ h_3 \end{pmatrix} = 2h_1^2 + 2h_2^2 + 2h_3^2$$

y esta forma cuadrática es definida positiva. En consecuencia, la forma cuadrática $\widehat{Q}$ restringida de Q al subespacio

$$h_1\frac{\partial g}{\partial x}\left(\frac{a}{3}, \frac{a}{3}, \frac{a}{3}\right) + h_2\frac{\partial g}{\partial y}\left(\frac{a}{3}, \frac{a}{3}, \frac{a}{3}\right) + h_3\frac{\partial g}{\partial z}\left(\frac{a}{3}, \frac{a}{3}, \frac{a}{3}\right) = h_1 + h_2 + h_3 = 0$$

es también definida positiva y en consecuencia, el punto $P\left(\frac{a}{3}, \frac{a}{3}, \frac{a}{3}\right)$ es un mínimo local estricto y al no existir otro punto crítico es también el mínimo global de nuestro problema.

La caracterización de punto mínimo para el único punto crítico puede obtenerse mediante los menores principales de la matriz hessiana orlada. En efecto, al ser la matriz hessiana orlada de la lagrangiana en el punto $\left(\frac{a}{3}, \frac{a}{3}, \frac{a}{3}, \frac{-2a}{3}\right)$

$$H_{(x,y,z)}\mathcal{L}\left(\frac{a}{3}, \frac{a}{3}, \frac{a}{3}, \frac{-2a}{3}\right) = \begin{pmatrix} 0 & 1 & 1 & 1 \\ 1 & 2 & 0 & 0 \\ 1 & 0 & 2 & 0 \\ 1 & 0 & 0 & 2 \end{pmatrix},$$

como es $m = 1$ (número de restricciones) y $n = 3$ (número de incógnitas), tenemos que analizar los menores principales de orden k, con $k = 2m + 1, 2m + 2$, es decir, $k = 3$ y $k = 4$, y se tiene que el menor principal de orden tres es

$$\begin{vmatrix} 0 & 1 & 1 \\ 1 & 2 & 0 \\ 1 & 0 & 2 \end{vmatrix} = -(2 + 2) = -4,$$

cuyo signo coincide con el de $(-1)^m = (-1)^1$. El menor principal de orden cuatro es

$$\begin{vmatrix} 0 & 1 & 1 & 1 \\ 1 & 2 & 0 & 0 \\ 1 & 0 & 2 & 0 \\ 1 & 0 & 0 & 2 \end{vmatrix} = \begin{vmatrix} 0 & 1 & 1 & 1 \\ 1 & 2 & 0 & -2 \\ 1 & 0 & 2 & -2 \\ 1 & 0 & 0 & 0 \end{vmatrix} = -\begin{vmatrix} 1 & 1 & 1 \\ 2 & 0 & -2 \\ 0 & 2 & -2 \end{vmatrix} =$$

$$= -\begin{vmatrix} 1 & 1 & 2 \\ 2 & 0 & -2 \\ 0 & 2 & 0 \end{vmatrix} = -(-2)\begin{vmatrix} 1 & 2 \\ 2 & -2 \end{vmatrix} = -12$$

y también su signo coincide con el de $(-1)^m = (-1)^1$.

En consecuencia, el punto $\left(\frac{a}{3}, \frac{a}{3}, \frac{a}{3}\right)$ es un mínimo local estricto y al no existir otro el mínimo es global.

▶ **5.13** Calcúlese la mínima distancia al origen de coordenadas de la curva intersección del cono $x^2 + y^2 = z^2$ con el plano $y = 4$.

Resolución.

Primer método: Por reducción de variables.

Se trata de determinar un punto (x, y, z) sobre la curva de forma que sea mínima la expresión $+\sqrt{x^2 + y^2 + z^2}$, lo cual equivale a que sea mínima la función $f(x, y, z) = x^2 + y^2 + z^2$. Además, el punto buscado debe verificar las condiciones $g_1(x, y, z) = x^2 + y^2 - z^2 = 0$ y $g_2(x, y, z) = y - 4 = 0$.

De la condición $g_1(x, y, z) = x^2 + y^2 - z^2 = 0$ se tiene que $z^2 = x^2 + y^2$ y de $g_2(x, y, z) = y - 4 = 0$ es $y = 4$, con lo cual entrando en la función f a minimizar se tiene

$$f(x, y, z) = x^2 + y^2 + z^2 = x^2 + 4^2 + x^2 + y^2 =$$
$$= x^2 + 4^2 + x^2 + 4^2 = 2x^2 + 2 \cdot 4^2 = 2x^2 + 32 = h(x)$$

que es una función de una variable y por tanto sus puntos críticos son los que anulan la derivada primera, es decir,

$$h'(x) = 4x = 0 \qquad \Rightarrow \qquad x = 0$$

es el único punto crítico, y como es $h''(x) = 4$, se tiene que $h''(0) = 4 > 0$, con lo cual en $x = 0$ la función tiene un mínimo relativo.

Entrando con $x = 0$ en las condiciones se tiene que $y = 4$ y que $z^2 = 0^2 + 4^2 = 16$, con lo cual es $z = \pm 4$ y de este modo existen dos puntos de mínimo, $P_1(0, 4, 4)$ y $P_2(0, 4, -4)$, que son los que cumplen las condiciones pedidas. Geométricamente el problema es muy sencillo de comprender: un cono cortado por un plano paralelo a su eje determina en él dos parábolas simétricas respecto del plano $z = 0$; los vértices de estas parábolas son los puntos más próximos al origen de coordenadas.

Segundo método: Mediante los multiplicadores de Lagrange.

La función lagrangiana del problema es

$$\mathcal{L}(x, y, z; \lambda, \mu) = x^2 + y^2 + z^2 + \lambda(x^2 + y^2 - z^2) + \mu(y - 4)$$

y los puntos críticos de esta función son las soluciones del sistema

$$
\begin{cases}
\dfrac{\partial \mathcal{L}}{\partial x} = 2x + 2\lambda x = 0 & (5.14) \\[2mm]
\dfrac{\partial \mathcal{L}}{\partial y} = 2y + 2\lambda y + \mu = 0 & (5.15) \\[2mm]
\dfrac{\partial \mathcal{L}}{\partial z} = 2z - 2\lambda z = 0 & (5.16) \\[2mm]
\dfrac{\partial \mathcal{L}}{\partial \lambda} = x^2 + y^2 - z^2 = 0 & (5.17) \\[2mm]
\dfrac{\partial \mathcal{L}}{\partial \mu} = y - 4 = 0 & (5.18)
\end{cases}
$$

La Ecuación (5.14) se expresa como $2x(1 + \lambda) = 0$ y tiene dos soluciones, $x = 0$ y $\lambda = -1$, con lo cual se presentan dos casos.

Primer caso: $x = 0$.

De la Ecuación (5.18) se despeja $y = 4$. Entrando en la Ecuación (5.17) con $x = 0$ e $y = 4$ se obtiene

$$
4^2 - z^2 = 0
$$

y por tanto es $z = \pm 4$.

Las Ecuaciones (5.15) y (5.16) para $x = 0, y = 4, z = 4$, son

$$
\left.\begin{array}{r}
8 + 8\lambda + \mu = 0 \\
8 - 8\lambda = 0
\end{array}\right\}
$$

de donde se obtienen $\lambda = 1$ y $\mu = -16$ y el punto $A_1(0, 4, 4, 1, -16)$ es un punto crítico de la función lagrangiana.

Si ahora entramos en las Ecuaciones (5.15) y (5.16) con $x = 0, y = 4, z = -4$, se tiene el sistema

$$
\left.\begin{array}{r}
8 + 8\lambda + \mu = 0 \\
-8 + 8\lambda = 0
\end{array}\right\}
$$

cuya solución es $\lambda = 1$ y $\mu = -16$, con lo cual el punto $A_2(0, 4, -4, 1, -16)$ es también un punto crítico de la función lagrangiana y los candidatos a extremos son los puntos $P_1(0, 4, 4)$ y $P_2(0, 4, -4)$.

Para decidir si son o no los extremos pedidos en nuestro problema, consideramos la matriz hessiana de la función lagrangiana

$$
H_{(x,y,z)}\mathcal{L}(x, y, z; \lambda, \mu) = Hf(x, y, z) + \lambda g_1(x, y, z) + \mu g_2(x, y, z) =
$$

$$
= \begin{pmatrix} 2 & 0 & 0 \\ 0 & 2 & 0 \\ 0 & 0 & 2 \end{pmatrix} + \lambda \begin{pmatrix} 2 & 0 & 0 \\ 0 & 2 & 0 \\ 0 & 0 & -2 \end{pmatrix} + \mu \begin{pmatrix} 0 & 0 & 0 \\ 0 & 0 & 0 \\ 0 & 0 & 0 \end{pmatrix} =
$$

$$
= \begin{pmatrix} 2 + 2\lambda & 0 & 0 \\ 0 & 2 + 2\lambda & 0 \\ 0 & 0 & 2 - 2\lambda \end{pmatrix}
$$

que particularizada en los puntos críticos es

$$
H_{(x,y,z)}\mathcal{L}(0, 4, 4; 1, -16) = \begin{pmatrix} 4 & 0 & 0 \\ 0 & 4 & 0 \\ 0 & 0 & 0 \end{pmatrix} = H_{(x,y,z)}\mathcal{L}(0, 4, -4; 1, -16).
$$

Considerando los gradientes de las restricciones

$$\nabla g_1(x, y, z) = (2x, 2y, 2z) \qquad \text{y} \qquad \nabla g_2(x, y, z) = (0, 1, 0),$$

se verifica que los vectores $\nabla g_1(0, 4, 4) = (0, 8, 8)$ y $\nabla g_2(0, 4, 4) = (0, 1, 0)$, correspondientes al punto P_1, son linealmente independientes y también lo son los vectores $\nabla g_1(0, 4, -4) = (0, 8, -8)$ y $\nabla g_2(0, 4, -4) = (0, 1, 0)$, correspondientes al punto P_2, con lo cual se cumplen las condiciones de regularidad en cada punto candidato a extremo.

Los vectores gradiente de las restricciones en el punto $P_1(0, 4, 4)$ permiten definir el subespacio

$$\left.\begin{array}{l} 0 \cdot h_1 + 8h_2 + 8h_3 = 0 \\ 0 \cdot h_1 + 1 \cdot h_2 + 0 \cdot h_3 = 0 \end{array}\right\} \quad \Rightarrow \quad \left.\begin{array}{l} h_2 + h_3 = 0 \\ h_2 = 0 \end{array}\right\} \quad \Rightarrow \quad h_2 = h_3 = 0$$

y los vectores de él son todos los de la forma $(h_1, 0, 0)$. Sobre este subespacio la forma cuadrática restringida cuya matriz es la hessiana anterior se expresa como

$$(h_1, \ 0, \ 0) \begin{pmatrix} 4 & 0 & 0 \\ 0 & 4 & 0 \\ 0 & 0 & 0 \end{pmatrix} \begin{pmatrix} h_1 \\ 0 \\ 0 \end{pmatrix} = 4h_1^2 > 0, \qquad \forall h_1 \neq 0,$$

y por tanto es definida positiva y el punto $P_1(0, 4, 4)$ es un mínimo local estricto.

En el punto $P_2(0, 4, -4)$ los correspondientes vectores gradientes de las restricciones permiten definir el subespacio

$$\left.\begin{array}{l} 0 \cdot h_1 + 8h_2 - 8h_3 = 0 \\ 0 \cdot h_1 + 1 \cdot h_2 + 0 \cdot h_3 = 0 \end{array}\right\} \quad \Rightarrow \quad \left.\begin{array}{l} h_2 - h_3 = 0 \\ h_2 = 0 \end{array}\right\} \quad \Rightarrow \quad h_2 = h_3 = 0$$

y los vectores de este subespacio son $(h_1, 0, 0)$ con $h_1 \in \mathbb{R}$, es decir, los mismos que en el caso anterior y también es

$$(h_1, \ 0, \ 0) \begin{pmatrix} 4 & 0 & 0 \\ 0 & 4 & 0 \\ 0 & 0 & 0 \end{pmatrix} \begin{pmatrix} h_1 \\ 0 \\ 0 \end{pmatrix} = 4h_1^2 > 0, \qquad \forall h_1 \neq 0,$$

y por tanto $P_2(0, 4, -4)$ es también mínimo local estricto.

Como en ambos puntos P_1 y P_2 la función toma el mismo valor y no hay otros mínimos locales, ambos son mínimos globales de valor

$$f(0, 4, 4) = f(0, 4, -4) = 0^2 + 4^2 + 4^2 = 32.$$

El carácter de mínimo local estricto para los puntos P_1 y P_2 se decide también considerando la correspondiente matriz hessiana orlada. Para el punto $P_1(0, 4, 4)$ esta matriz es

$$H\mathcal{L}(0, 4, 4; 1, -16) = \begin{pmatrix} 0 & 0 & 0 & 8 & 8 \\ 0 & 0 & 0 & 1 & 0 \\ 0 & 0 & 4 & 0 & 0 \\ 8 & 1 & 0 & 4 & 0 \\ 8 & 0 & 0 & 0 & 0 \end{pmatrix}$$

y en ella hemos de estudiar el signo del menor M_k, con $k = 2m + 1 = 2 \cdot 2 + 1 = 5$, dado que tenemos dos restricciones. Este menor es el determinante de la matriz hessiana orlada, cuyo valor es

$$M_5 = \begin{vmatrix} 0 & 0 & 0 & 8 & 8 \\ 0 & 0 & 0 & 1 & 0 \\ 0 & 0 & 4 & 0 & 0 \\ 8 & 1 & 0 & 4 & 0 \\ 8 & 0 & 0 & 0 & 0 \end{vmatrix} = 8 \begin{vmatrix} 0 & 0 & 8 & 8 \\ 0 & 0 & 1 & 0 \\ 0 & 4 & 0 & 0 \\ 1 & 0 & 4 & 0 \end{vmatrix} =$$

$$= -8 \begin{vmatrix} 0 & 8 & 8 \\ 0 & 1 & 0 \\ 4 & 0 & 0 \end{vmatrix} = -32 \begin{vmatrix} 8 & 8 \\ 1 & 0 \end{vmatrix} = -32(-8) = 256 > 0$$

y se verifica que es sig $(M_5) = $ sig $(-1)^2 = $ sig $(-1)^m$. Por tanto el punto $P_1(0, 4, 4)$ es un mínimo local estricto.

En el punto $P_2(0, 4, -4)$ la matriz hessiana orlada es

$$H\mathcal{L}(0, 4, -4; 1, -16) = \begin{pmatrix} 0 & 0 & 0 & 8 & -8 \\ 0 & 0 & 0 & 1 & 0 \\ 0 & 0 & 4 & 0 & 0 \\ 8 & 1 & 0 & 4 & 0 \\ -8 & 0 & 0 & 0 & 0 \end{pmatrix}$$

y por la misma razón que en el punto P_1 sólo hemos de conocer el signo del valor del determinante

$$M_5 = \begin{vmatrix} 0 & 0 & 0 & 8 & -8 \\ 0 & 0 & 0 & 1 & 0 \\ 0 & 0 & 4 & 0 & 0 \\ 8 & 1 & 0 & 4 & 0 \\ -8 & 0 & 0 & 0 & 0 \end{vmatrix} = (-8) \begin{vmatrix} 0 & 0 & 8 & -8 \\ 0 & 0 & 1 & 0 \\ 0 & 4 & 0 & 0 \\ 1 & 0 & 4 & 0 \end{vmatrix} =$$

$$= 8 \begin{vmatrix} 0 & 8 & -8 \\ 0 & 1 & 0 \\ 4 & 0 & 0 \end{vmatrix} = 32 \begin{vmatrix} 8 & -8 \\ 1 & 0 \end{vmatrix} = 32 \cdot 8 = 256 > 0$$

y también ahora es sig $(M_5) = $ sig $(-1)^2 = $ sig $(-1)^m$. En consecuencia, el punto $P_2(0, 4, -4)$ es también un mínimo local estricto.

Segundo caso: $\lambda = 1$.

Introduciendo $\lambda = 1$ en la Ecuación (5.16) se obtiene $z = 0$, mientras que de la Ecuación (5.18) se obtiene $y = 4$. Al introducir estos valores en la Ecuación (5.17) resulta

$$x^2 + 4^2 = 0,$$

que es imposible.

▶ **5.14** Calcúlense los extremos de la función $f(x, y, z) = x^2 + y^2 + z^2 - 2xy - 2yz$ condicionados por las ecuaciones

$$g_1(x, y, z) = x - z - 1 = 0, \qquad g_2(x, y, z) = y + z - 2 = 0.$$

RESOLUCIÓN.

Primer método: Utilizando los multiplicadores de Lagrange. La función lagrangiana del problema es

$$\mathcal{L}(x, y, z; \lambda, \mu) = x^2 + y^2 + z^2 - 2xy - 2yz + \lambda(x - z - 1) + \mu(y + z - 2).$$

Los puntos críticos de la lagrangiana son las soluciones del sistema

$$\begin{cases} \dfrac{\partial \mathcal{L}}{\partial x} = 2x - 2y + \lambda = 0 & (5.19) \\[2mm] \dfrac{\partial \mathcal{L}}{\partial y} = 2y - 2x - 2z + \mu = 0 & (5.20) \\[2mm] \dfrac{\partial \mathcal{L}}{\partial z} = 2z - 2y - \lambda + \mu = 0 & (5.21) \\[2mm] \dfrac{\partial \mathcal{L}}{\partial \lambda} = x - z - 1 = 0 & (5.22) \\[2mm] \dfrac{\partial \mathcal{L}}{\partial \mu} = y + z - 2 = 0 & (5.23) \end{cases}$$

Sumando (5.19) y (5.21) y restando (5.20) se tiene

$$4x - 6y + 4z = 0 \qquad \text{o bien} \quad 2x - 3y + 2z = 0.$$

Esta última ecuación con la (5.22) y la (5.23) nos dan el sistema

$$\begin{cases} 2x - 3y + 2z = 0 \\ x \qquad - z = 1 \\ \qquad y + z = 2 \end{cases}$$

del que se obtiene

$$\begin{cases} 2x + 5z = 6 \\ x - z = 1 \end{cases}$$

luego es $7z = 4$, $z = \frac{4}{7}$, y entonces es $x = 1 + \frac{4}{7} = \frac{11}{7}$, y es $y = 2 - z = 2 - \frac{4}{7} = \frac{10}{7}$.

Entrando con estos valores en la Ecuación (5.19) se obtiene

$$\lambda = 2y - 2x = \frac{20}{7} - \frac{22}{7} = -\frac{2}{7}$$

y entrando en la Ecuación (5.20) es

$$\mu = 2x - 2y + 2z = \frac{22}{7} - \frac{20}{7} + \frac{8}{7} = \frac{10}{7}.$$

El único punto crítico de la lagrangiana es $A = \left(\frac{11}{7}, \frac{10}{7}, \frac{4}{7}; \frac{-2}{7}, \frac{10}{7} \right)$ y el único candidato a extremo del problema es el punto $P\left(\frac{11}{7}, \frac{10}{7}, \frac{4}{7} \right)$.

Al ser $\nabla g_1(x, y, z) = (1, 0, -1)$ y $\nabla g_2(x, y, z) = (0, 1, 1)$, los vectores

$$\nabla g_1 \left(\frac{11}{7}, \frac{10}{7}, \frac{4}{7} \right) = (1, 0, -1) \qquad \text{y} \qquad \nabla g_2 \left(\frac{11}{7}, \frac{10}{7}, \frac{4}{7} \right) = (0, 1, 1)$$

son linealmente independientes y se cumple la condición de regularidad.

Considerando la matriz hessiana orlada de la lagrangiana

$$H\mathcal{L}\left(\frac{11}{7}, \frac{10}{7}, \frac{4}{7}; \frac{-2}{7}, \frac{10}{7} \right) = \begin{pmatrix} 0 & 0 & 1 & 0 & -1 \\ 0 & 0 & 0 & 1 & 1 \\ 1 & 0 & 2 & -2 & 0 \\ 0 & 1 & -2 & 2 & -2 \\ -1 & 1 & 0 & -2 & 2 \end{pmatrix}$$

hemos de obtener el signo de los menores principales M_k de la misma, de orden $k = 2m+1, ..., m+n$, con $m = 2$ (número de restricciones) y $n = 3$ (número de variables), por lo que sólo necesitamos su menor de orden $k = 2 \cdot 2 + 1 = 5$, que es su determinante, es decir

$$M_5 = \begin{vmatrix} 0 & 0 & 1 & 0 & -1 \\ 0 & 0 & 0 & 1 & 1 \\ 1 & 0 & 2 & -2 & 0 \\ 0 & 1 & -2 & 2 & -2 \\ -1 & 1 & 0 & -2 & 2 \end{vmatrix} = \begin{vmatrix} 0 & 0 & 1 & 0 & 0 \\ 0 & 0 & 0 & 1 & 1 \\ 1 & 0 & 2 & -2 & 2 \\ 0 & 1 & -2 & 2 & -4 \\ -1 & 1 & 0 & -2 & 2 \end{vmatrix} = \begin{vmatrix} 0 & 0 & 1 & 1 \\ 1 & 0 & -2 & 2 \\ 0 & 1 & 2 & -4 \\ -1 & 1 & -2 & 2 \end{vmatrix} =$$

$$= \begin{vmatrix} 0 & 0 & 1 & 0 \\ 1 & 0 & -2 & 4 \\ 0 & 1 & 2 & -6 \\ -1 & 1 & -2 & 4 \end{vmatrix} = \begin{vmatrix} 1 & 0 & 4 \\ 0 & 1 & -6 \\ -1 & 1 & 4 \end{vmatrix} = \begin{vmatrix} 1 & 0 & 4 \\ 0 & 1 & -6 \\ 0 & 1 & 8 \end{vmatrix} = \begin{vmatrix} 1 & -6 \\ 1 & 8 \end{vmatrix} = 14 > 0,$$

por lo tanto es sig (M_5) = sig $(-1)^2$ = sig $(-1)^m$, de donde se deduce que el punto $P\left(\frac{11}{7}, \frac{10}{7}, \frac{4}{7} \right)$ es un mínimo local estricto de nuestro problema.

Segundo método: Reduciendo a una función de una variable.

De la restricción $x - z - 1 = 0$ es $z = x - 1$, y de la restricción $y + z - 2 = 0$ es $y = 2 - z$, que teniendo en cuenta el valor de z hallado, es

$$y = 2 - (x - 1) = 3 - x.$$

Entrando con estos valores en $f(x, y, z)$ queda

$$f(x, y(x), z(x)) = h(x) = x^2 + (3 - x)^2 + (x - 1)^2 - 2x(3 - x) - 2(3 - x)(x - 1) =$$
$$= x^2 + 9 - 6x + x^2 + x^2 - 2x + 1 - 6x + 2x^2 + 2x^2 - 8x + 6 =$$
$$= 7x^2 - 22x + 16,$$

que es función de una variable en la que se buscan los extremos en la forma habitual.

Derivando en $h(x)$ obtenemos

$$h'(x) = 14x - 22 = 0 \quad \Rightarrow \quad 14x - 22 = 0,$$

de donde se obtiene que $x = \frac{11}{7}$ es un posible extremo.

Como es $h''(x) = 14$ y $h''(\frac{11}{7}) = 14 > 0$, la función h tiene un mínimo en $x = \frac{11}{7}$, y al ser

$$y = 3 - x = 3 - \frac{11}{7} = \frac{10}{7}$$

y además

$$z = x - 1 = \frac{11}{7} - 1 = \frac{4}{7},$$

se tiene que el punto $P\left(\frac{11}{7}, \frac{10}{7}, \frac{4}{7}\right)$ es un mínimo local de nuestro problema.

PROBLEMAS PROPUESTOS

5.1 Determínense los ángulos de un triángulo rectángulo para que el producto de los cosenos de sus ángulos agudos sea máximo.

5.2 Determínese cuál es el rectángulo de área máxima inscrito en una elipse.

5.3 Determínense los puntos críticos y los extremos relativos de la función

$$f(x, y) = 6x - 3x^2 + y^2.$$

5.4 Una panificadora vende en dos ciudades distintas. Si vende x unidades en la primera e y unidades en la segunda, las funciones de ingresos son

$$F_1(x) = p_1 x - q_1 x^2 \qquad \text{y} \qquad F_2(y) = p_2 y - q_2 y^2$$

y el coste de producción vale entonces

$$C(x, y) = p_3 + q_3(x + y),$$

donde las constantes p_1, q_1, p_2, q_2, p_3 y q_3 son reales positivas y conocidas por la empresa.

Determínense las cantidades x e y que debe vender para hacer máximo el beneficio.

5.5 Obténganse los extremos de la función

$$f(x, y) = x^3 y^3 + x^2 y^4 - 2x^2 y^3.$$

5.6 Obténganse los extremos de la función $f(x, y) = 2x + y^2$ con la restricción

$$\frac{x^2}{4} + \frac{y^2}{2} = 1.$$

5.7 Calcúlense los extremos de la función $f(x, y) = x^4 + y^4 - 4xy$.

5.8 Hállense los extremos de la función $f(x, y, z) = xy + xz + yz$, con la condición

$$x^2 + y^2 + z^2 - 1 = 0.$$

5.9 Determínense los lados de un rectángulo de superficie dada a^2, de tal forma que su perímetro sea mínimo.

5.10 Mediante los multiplicadores de Lagrange, determínense los extremos de la función $f(x, y) = 3x + 4y - 6$ que verifican la ecuación $x^2 + y^2 = 1$.

5.11 Calcúlense los extremos de la función $f(x, y, z) = 3x^2 - 2y^2 + z^2 - 12z + 1$ con las condiciones

$$g_1(x, y, z) = x + 2y - 3z - 1 = 0, \qquad g_2(x, y, z) = 2x - y - z - 2 = 0.$$

5.12 Un ortoedro es tal que su volumen es de $1000 \ m^3$. Calcúlense sus dimensiones de forma que la suma de los cuadrados de las longitudes de todas sus aristas sea mínima.

5.13 Hállese el punto de la curva, intersección del paraboloide $z = x^2 + y^2$ con el plano $x + y + z = 1$, que está más próximo y el punto que está más alejado del origen de coordenadas.

5.14 Hállense los extremos de la función $f(x, y, z) = x^2 + y^2 + z^2$ condicionados a verificar las ecuaciones

$$g_1(x, y, z) = x^2 + y^2 - z^2 = 0, \qquad g_2(x, y, z) = x + y + z - 1 = 0.$$

Integrales de línea

6.1 NOCIONES SOBRE CURVAS

Dada una función $f : [a; b] \subset \mathbb{R} \to \mathbb{R}$, bajo determinadas condiciones podemos calcular su integral de Riemann $\int_a^b f(x)dx$. Una forma de generalizar esta integral consiste en hacer que la función tome valores sobre una curva $\mathcal{C}$ dada por una aplicación definida en el intervalo $[a; b]$, en vez de que la función tome valores directamente en el intervalo $[a; b]$. En lugar de tener la función f tendríamos la función $f(\overline{r}(t))$. Esta idea se desarrollará después de recordar el concepto de curva y algunos tipos de ellas que se van a necesitar.

■ **Definición.** *Se llama curva* $\mathcal{C}$ *a la imagen del intervalo* $[a; b]$ *por una función continua* $\overline{r}$*, es decir,*

$$\overline{r} : [a; b] \to \mathbb{R}^2 \qquad o \qquad \overline{r} : [a; b] \to \mathbb{R}^3.$$

■ **Ejemplo 6.1** La aplicación

$$\overline{r} : \quad \begin{array}{ccc} [0; 1] & \longrightarrow & \mathbb{R}^2 \\ t & \longmapsto & \overline{r}(t) = (t^2, 2 + t) \end{array}$$

es una curva en el plano.

■ **Ejemplo 6.2** La aplicación

$$\overline{r} : \quad \begin{array}{ccc} [-2; 3] & \longrightarrow & \mathbb{R}^3 \\ t & \longmapsto & \overline{r}(t) = (t, e^{-t}, \operatorname{sen} 5t) \end{array}$$

es una curva en el espacio.

Si $\overline{r}$ es inyectiva en $[a; b]$ la curva se llama *simple*, es decir, no se corta a sí misma. En la Figura 6.1 puede verse la diferencia entre una curva simple y otra que no lo es.

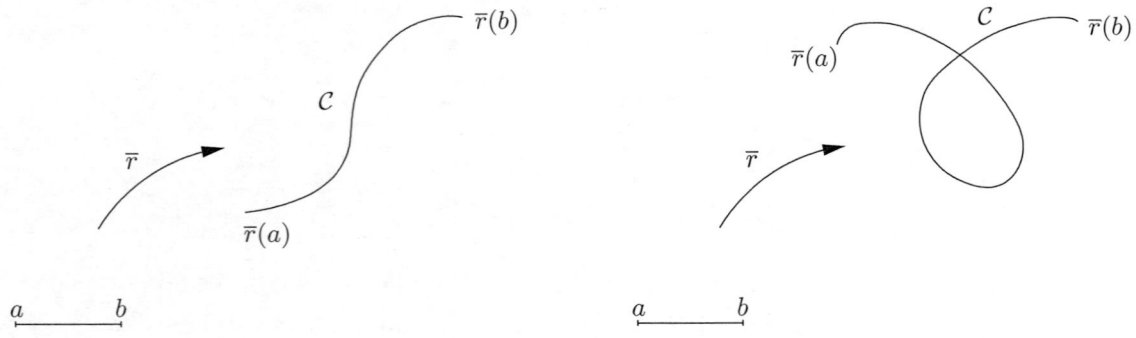

Figura 6.1 Curva simple y curva no simple

Si $\overline{r}(a) = \overline{r}(b)$ la curva se dice *cerrada* y puede verse en la Figura 6.2.

La curva cerrada se considera simple cuando $\overline{r}$ es inyectiva en el intervalo semiabierto $[a; b)$.

La curva se dice *regular a trozos* en $[a; b]$ cuando tiene derivada acotada continua $\overline{r}'(t)$ en todo el intervalo $[a; b]$, salvo quizá en un número finito de puntos.

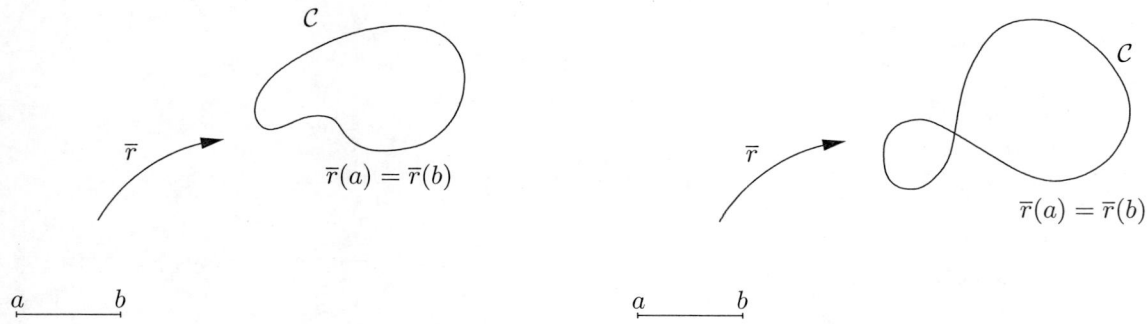

Figura 6.2 Curvas cerradas

6.2 Integrales de trayectoria y de línea

Integral de trayectoria

■ **Definición.** *Sea* $\overline{r} : [a; b] \rightarrow \mathbb{R}^3$ *la aplicación que define una curva regular* $\mathcal{C}$ *y sea* $f : \mathbb{R}^3 \rightarrow \mathbb{R}$ *definida al menos sobre* $\overline{r}(t)$*, tal que* $f(\overline{r}(t)) = f(x(t), y(t), z(t))$ *sea continua en* $[a; b]$*. Se define la* integral de trayectoria *de* f *a lo largo de* $\mathcal{C}$ *como*

$$\int_{\mathcal{C}} f \, ds = \int_a^b f(\overline{r}(t)) \, \|\overline{r}'(t)\| \, dt.$$

Si las ecuaciones paramétricas de la curva son

$$\begin{cases} x = x(t) \\ y = y(t) \\ z = z(t), \end{cases}$$

entonces la expresión anterior adopta la forma

$$\int_{\mathcal{C}} f \, ds = \int_a^b f(x(t), y(t), z(t)) \sqrt{x'^{\,2}(t) + y'^{\,2}(t) + z'^{\,2}(t)} \, dt.$$

Como podemos observar, la integral de trayectoria es la integral de Riemann de la función

$$f(x(t), y(t), z(t)) \|\overline{r}'(t)\|$$

en el intervalo $[a; b]$.

Cuando la curva $\mathcal{C}$ es regular a trozos o cuando $f(\overline{r}(t))$ es continua a trozos, la integral se separa en partes para cada una de las cuales $f(\overline{r}(t)) \, \|\overline{r}'(t)\|$ es continua y se suman las integrales.

■ **Ejemplo 6.3** Sea $\overline{r} : [0; 1] \rightarrow \mathbb{R}^3$ tal que $t \rightarrow (t, 2t, -t)$ y $f(x, y, z) = xy + z$. Calculemos la integral de trayectoria de f a lo largo de la curva definida por $\overline{r}$.

Escribiendo la curva en la forma

$$\begin{cases} x(t) = t \\ y(t) = 2t \\ z(t) = -t \end{cases}$$

y entrando con estos valores en la función se tiene

$$f(x, y, z) = xy + z = t(2t) - t = 2t^2 - t$$

y al ser

$$\|\overline{r}'(t)\| = \sqrt{\left(\frac{dx}{dt}\right)^2 + \left(\frac{dy}{dt}\right)^2 + \left(\frac{dz}{dt}\right)^2} =$$

$$= \sqrt{\left(\frac{dt}{dt}\right)^2 + \left(\frac{d(2t)}{dt}\right)^2 + \left(\frac{d(-t)}{dt}\right)^2} = \sqrt{1 + 2^2 + 1} = \sqrt{6},$$

resulta el valor pedido de la integral de trayectoria

$$\int_C f\, ds = \int_0^1 (2t^2 - t)\sqrt{6}\, dt = \sqrt{6}\left[2\frac{t^3}{3} - \frac{t^2}{2}\right]_0^1 = \sqrt{6}\left(\frac{2}{3} - \frac{1}{2}\right) = \frac{\sqrt{6}}{6}.$$

Observaciones:

1. Si $f \equiv 1$, entonces $\int_C f\, ds$ nos proporciona la longitud de la curva $\mathcal{C}$ comprendida entre los puntos $\overline{r}(a)$ y $\overline{r}(b)$. Su expresión en coordenadas cartesianas es

$$\int_C ds = \int_a^b \|\overline{r}'(t)\|\, dt = \int_a^b \sqrt{x'^2(t) + y'^2(t) + z'^2(t)}\, dt.$$

2. Si f representa la densidad puntual de un alambre, entonces $\int_C f\, ds$ nos da la masa de la porción de alambre correpondiente al arco de curva comprendido entre $\overline{r}(a)$ y $\overline{r}(b)$.

3. Si $\mathcal{C}$ es una curva plana y f es una función real de dos variables reales, entonces $\int_C f\, ds$ tiene una curiosa interpretación geométrica de la vida diaria, ya que mide el área de una pared, cuyo suelo viene dado por la curva $\mathcal{C}$ y la altura en cada punto por el valor de la función. Véase la Figura 6.3.

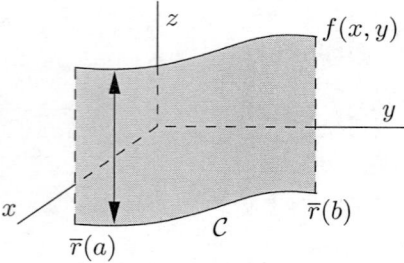

Figura 6.3 Interpretación geométrica de la integral de trayectoria

En la integral de trayectoria la función f que aparece en el integrando es una función escalar, $f : \mathbb{R}^3 \to \mathbb{R}$. Sin embargo, no estamos limitados a funciones escalares a la hora de generalizar la integral de Riemann, como se pone de manifiesto en la definición siguiente.

Integral de línea

■ **Definición.** *Si $\mathcal{C}$ es una curva regular definida por $\overline{r} : [a; b] \to \mathbb{R}^3$ y $\overline{f} = (f_1, f_2, f_3)$ es un campo vectorial continuo dado por*

$$\overline{f} = (f_1(x, y, z), f_2(x, y, z), f_3(x, y, z)),$$

se define la integral de línea *de* $\overline{f}$ *a lo largo de* $\mathcal{C}$ *como*

$$\int_{\mathcal{C}} \overline{f} \cdot d\overline{r} = \int_{\mathcal{C}} f_1 dx + f_2 dy + f_3 dz,$$

donde $\overline{r}(t) = (x(t), y(t), z(t))$.

Nótese que

$$\int_{\mathcal{C}} \overline{f} \cdot d\overline{r} = \int_{\mathcal{C}} \overline{f}\, \frac{d\overline{r}}{dt}\, dt = \int_{\mathcal{C}} (\overline{f} \cdot \overline{r}') dt$$

y por tanto $\int_{\mathcal{C}} \overline{f} \cdot d\overline{r}$ puede interpretarse como la integral de trayectoria de la componente tangencial del campo $\overline{f}$.

Si el campo vectorial $\overline{f}$ es continuo a trozos o la curva $\mathcal{C}$ es regular a trozos, entonces la integral $\int_{\mathcal{C}} \overline{f} \cdot d\overline{r}$ se divide en partes para cada una de las cuales $\overline{f}$ es continua y se suman las integrales.

El trabajo realizado por una fuerza $\overline{f}$ a lo largo de una curva $\mathcal{C}$ se define como la correspondiente integral de línea, es decir $W = \int_{\mathcal{C}} \overline{f} \cdot d\overline{r}$.

■ **Ejemplo 6.4** Calculemos el trabajo realizado por la fuerza $f(x, y, z) = (-y, x, z)$ a lo largo de la hélice $\overline{r}(t) = (\cos t, \operatorname{sen} t, t)$, con $t \in [0; 2\pi]$. Tenemos

$$\overline{r}(t) \equiv \begin{cases} x(t) = \cos t \\ y(t) = \operatorname{sen} t \\ z(t) = t \end{cases} \quad \Rightarrow \quad \begin{matrix} dx = -\operatorname{sen} t\, dt \\ dy = \cos t\, dt \\ dz = dt \end{matrix}$$

$$f_1(x, y, z) = -y = -\operatorname{sen} t$$
$$f_2(x, y, z) = x = \cos t$$
$$f_3(x, y, z) = z = t,$$

por lo que

$$\begin{aligned} \int_{\mathcal{C}} \overline{f} \cdot d\overline{r} &= \int_{\mathcal{C}} f_1 dx + f_2 dy + f_3 dz = \\ &= \int_0^{2\pi} ((-\operatorname{sen} t)(-\operatorname{sen} t\, dt) + (\cos t)(\cos t\, dt) + t\, dt) = \\ &= \int_0^{2\pi} (\operatorname{sen}^2 t + \cos^2 t + t) dt = \int_0^{2\pi} (1 + t) dt = \\ &= \left[t + \frac{t^2}{2} \right]_0^{2\pi} = 2\pi + \frac{(2\pi)^2}{2} = 2\pi + 2\pi^2 = 2\pi(1 + \pi). \end{aligned}$$

Propiedades de la integral de línea

Consecuencia directa de que una integral de línea se transforma en una integral de Riemann, y en base a las propiedades de ésta, se verifican para la integral de línea estas otras:

1. $\int_{\mathcal{C}} (f + g) \cdot d\overline{r} = \int_{\mathcal{C}} f \cdot d\overline{r} + \int_{\mathcal{C}} g \cdot d\overline{r}$

2. $\int_{\mathcal{C}} (\lambda f) \cdot d\overline{r} = \lambda \int_{\mathcal{C}} f \cdot d\overline{r}$, para $\lambda \in \mathbb{R}$

3. $\int_{\mathcal{C}} f \cdot d\overline{r} = \int_{\mathcal{C}_1} f \cdot d\overline{r} + \int_{\mathcal{C}_2} f \cdot d\overline{r}$,

   siendo $\mathcal{C} = \mathcal{C}_1 \cup \mathcal{C}_2$, donde $\mathcal{C}_1$ y $\mathcal{C}_2$ son curvas con la misma orientación que $\mathcal{C}$, verificando además que $\mathcal{C}_1 \cap \mathcal{C}_2 = \emptyset$ o bien el extremo de una coincide con el origen de la otra.

4. $\int_{\mathcal{C}} f \cdot d\bar{r} = -\int_{-\mathcal{C}} f \cdot d\bar{r}$

entendiendo por $-\mathcal{C}$ el grafo de $\mathcal{C}$ pero recorrido en sentido contrario.

En general, parametrizaciones de la curva $\mathcal{C}$ que conservan la orientación no alteran el valor de la integral de línea y parametrizaciones que cambian la orientación tienen valores opuestos para la integral de línea.

6.3 FUNCIÓN POTENCIAL

Sería deseable que la integral de línea

$$\int_{\mathcal{C}} f_1 dx + f_2 dy$$

fuera independiente de la curva que uniera los puntos inicial $\bar{r}(a)$ y final $\bar{r}(b)$, porque en estas condiciones sólo dependería de esos puntos, independientemente de la curva que los conectase.

Observamos que si existiera una función $\Phi(x, y)$ de clase C^1, tal que $f_1 = \frac{\partial \Phi}{\partial x}$ y $f_2 = \frac{\partial \Phi}{\partial y}$ podríamos escribir

$$\int_{\mathcal{C}} f_1 dx + f_2 dy = \int_{\mathcal{C}} \frac{\partial \Phi}{\partial x} dx + \frac{\partial \Phi}{\partial y} dy = \int_{\mathcal{C}} d\Phi = \Phi(\bar{r}(b)) - \Phi(\bar{r}(a)).$$

En función de estas consideraciones podemos establecer los siguientes recursos.

■ **Definición.**   *En $\mathbb{R}^2$ el campo vectorial $\bar{f} = (f_1, f_2)$ se deriva de una función $\Phi(x, y)$, de clase C^1, llamada función potencial, cuando $f_1 = \dfrac{\partial \Phi}{\partial x}$ y $f_2 = \dfrac{\partial \Phi}{\partial y}$, es decir,*

$$f_1 dx + f_2 dy = \frac{\partial \Phi}{\partial x} dx + \frac{\partial \Phi}{\partial y} dy = d\Phi.$$

■ **Teorema (de la existencia de la función potencial en $\mathbb{R}^2$).**   *Sea un conjunto abierto simplemente conexo $D \subset \mathbb{R}^2$, y sean P y Q funciones de clase C^1 en D. En estas condiciones, la forma diferencial $F = Pdx + Qdy$ admite función potencial si y sólo si $\dfrac{\partial P}{\partial y} = \dfrac{\partial Q}{\partial x}$.*

■ **Definición.**   *Un conjunto $D \subset \mathbb{R}^2$ es* simplemente conexo *si el interior de toda curva cerrada simple contenida en D también está contenido en D.*

La idea de conjunto simplemente conexo es que no tiene agujeros, como puede observarse en la Figura 6.4.

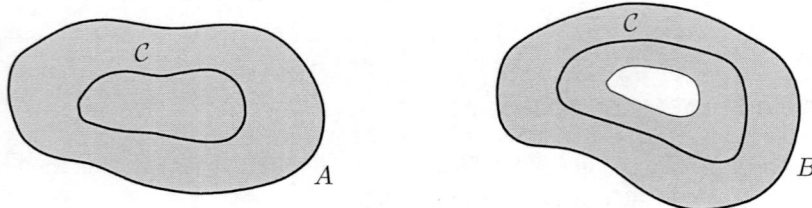

Figura 6.4 Conjunto simplemente conexo y conjunto que no lo es

El conjunto A es simplemente conexo porque el interior encerrado por cualquier curva $\mathcal{C}$ sigue estando incluido en el conjunto A, pero en el conjunto B se muestra una curva $\mathcal{C}$ que encierra la región sombreada que no está contenida en B, luego no es simplemente conexo.

Vamos a mostrar con un ejemplo que la igualdad

$$\frac{\partial P}{\partial y} = \frac{\partial Q}{\partial x}$$

no es suficiente para garantizar la existencia de función potencial, si no que además se precisa disponer de un conjunto simplemente conexo para tener función potencial.

■ **Ejemplo 6.5** Calculemos la integral

$$\int_{\mathcal{C}} \frac{y^3 dx - xy^2 dy}{(x^2 + y^2)^2}$$

siendo la curva $\mathcal{C}$:

a) El menor de los arcos de la circunferencia $x^2 + y^2 = 1$ que une el punto $A(\frac{\sqrt{2}}{2}, \frac{\sqrt{2}}{2})$ con el punto $B(\frac{\sqrt{2}}{2}, \frac{-\sqrt{2}}{2})$.

b) El mayor de los arcos que une el punto A con el punto B sobre la circunferencia unidad.

Si consideramos

$$P(x, y) = \frac{y^3}{(x^2 + y^2)^2} \qquad \text{y} \qquad Q(x, y) = \frac{-xy^2}{(x^2 + y^2)^2},$$

nuestra integral se escribe como $\int_{\mathcal{C}} P dx + Q dy$, siendo

$$\frac{\partial P}{\partial y} = \frac{\partial}{\partial y}\left(\frac{y^3}{(x^2 + y^2)^2}\right) = \frac{3y^2(x^2 + y^2)^2 - y^3 2(x^2 + y^2)2y}{(x^2 + y^2)^4} = \frac{3y^2 x^2 - y^4}{(x^2 + y^2)^3},$$

$$\frac{\partial Q}{\partial x} = \frac{\partial}{\partial x}\left(\frac{-xy^2}{(x^2 + y^2)^2}\right) = \frac{-y^2(x^2 + y^2)^2 + xy^2 2(x^2 + y^2)2x}{(x^2 + y^2)^4} = \frac{3y^2 x^2 - y^4}{(x^2 + y^2)^3},$$

es decir, $\frac{\partial P}{\partial y} = \frac{\partial Q}{\partial x}$, y sin embargo no existe función potencial porque, como veremos, el valor de la integral es distinto en los casos a) y b), ya que no estamos en un conjunto simplemente conexo.

El punto $(0, 0)$ que pertenece al interior de la circunferencia $x^2 + y^2 = 1$ no pertenece al dominio de definición de la función

$$\overline{f}(x, y) = \left(\frac{y^3}{(x^2 + y^2)^2}, \frac{-xy^2}{(x^2 + y^2)^2}\right),$$

por lo tanto la curva $\mathcal{C} \equiv x^2 + y^2 = 1$ se encuentra en un conjunto que no es simplemente conexo y será decisivo para que no exista función potencial. Comprobémoslo.

Considerando coordenadas polares se tiene que

$$P(\rho, \theta) = \frac{\text{sen}^3 \theta}{\rho} \qquad \text{y} \qquad Q(\rho, \theta) = \frac{-\cos\theta \,\text{sen}^2 \theta}{\rho},$$

y la circunferencia $x^2 + y^2 = 1 = \rho^2$ es $\rho^2 = 1$ y por tanto quedan

$$P(\rho, \theta) = \text{sen}^3 \theta, \qquad Q(\rho, \theta) = -\cos\theta \,\text{sen}^2 \theta,$$

por lo que al ser

$$x = \cos\theta, \qquad y = \text{sen}\,\theta,$$

y sus diferenciales respectivas

$$dx = -\text{sen}\,\theta d\theta, \qquad dy = \cos\theta d\theta,$$

la integral se calcula como

$$I = \int_C P\,dx + Q\,dy = \int_{\theta_1}^{\theta_2} \text{sen}^3\,\theta(-\text{sen}\,\theta)d\theta - \cos\theta\,\text{sen}^2\,\theta\cos\theta d\theta =$$

$$= \int_{\theta_1}^{\theta_2} (-\text{sen}^4\,\theta - \text{sen}^2\,\theta\cos^2\theta)d\theta = \int_{\theta_1}^{\theta_2} (-\text{sen}^4\,\theta - \text{sen}^2\,\theta(1-\text{sen}^2\,\theta))d\theta =$$

$$= \int_{\theta_1}^{\theta_2} (-\text{sen}^2\,\theta)d\theta = -\int_{\theta_1}^{\theta_2} \frac{1-\cos 2\theta}{2}d\theta = -\left[\frac{1}{2}\theta - \frac{1}{4}\text{sen}\,2\theta\right]_{\theta_1}^{\theta_2}.$$

En el caso *a*) son $\theta_1 = \frac{\pi}{4}$ y $\theta_2 = \frac{-\pi}{4}$, por lo que

$$I = -\left[\frac{1}{2}\theta - \frac{1}{4}\text{sen}\,2\theta\right]_{\frac{\pi}{4}}^{\frac{-\pi}{4}} = \frac{\pi}{8} + \frac{1}{4}\text{sen}\,\frac{-\pi}{2} + \frac{\pi}{8} - \frac{1}{4}\text{sen}\,\frac{\pi}{2} = \frac{\pi}{4} - \frac{1}{2}.$$

En el caso *b*) son $\theta_1 = \frac{\pi}{4}$ y $\theta_2 = 2\pi - \frac{\pi}{4} = \frac{7\pi}{4}$, véase la Figura 6.5, por lo que resulta

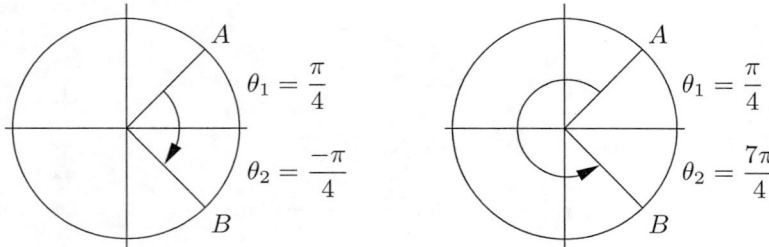

Figura 6.5 Los casos *a*) y *b*) del Ejemplo 6.5

$$I = -\left[\frac{1}{2}\theta - \frac{1}{4}\text{sen}\,2\theta\right]_{\frac{\pi}{4}}^{\frac{7\pi}{4}} = \frac{-7\pi}{8} + \frac{1}{4}\text{sen}\,\frac{7\pi}{2} + \frac{\pi}{8} - \frac{1}{4}\text{sen}\,\frac{\pi}{2} = \frac{-3\pi}{4} - \frac{1}{2}.$$

Como observamos en los casos *a*) y *b*) el valor de la integral depende del camino de integración, y por tanto no existe función potencial.

6.4 Independencia del camino

■ **Teorema.** *Si el campo vectorial* $\overline{f} = (f_1, f_2)$ *se deriva de una función potencial* Φ, *entonces la integral*

$$\int_C f_1\,dx + f_2\,dy$$

es independiente del camino y su valor es $\Phi(\overline{r}(b)) - \Phi(\overline{r}(a))$, *siendo* $\overline{r}(a)$ *y* $\overline{r}(b)$ *los puntos que conecta la curva de integración.*

■ **Corolario.** *Si un campo vectorial deriva de una función potencial, entonces su integral de línea a lo largo de una curva cerrada tiene valor cero.*

Resultados análogos a los obtenidos para campos vectoriales en $\mathbb{R}^2$ se dan en $\mathbb{R}^3$.

Obsérvese que si el campo $\overline{f}$ proviene de un gradiente, es decir, $\overline{f} = \nabla\Phi$, se verifica

$$\int_C \overline{f} \cdot d\overline{r} = \int_C \nabla\Phi \cdot d\overline{r} = \int_{\overline{r}(a)}^{\overline{r}(b)} d\Phi = \Phi(\overline{r}(b)) - \Phi(\overline{r}(a)),$$

o lo que es lo mismo, la integral no depende de la curva sobre la que se integra sino solamente de los extremos de la misma. Este resultado se expresa en el siguiente teorema.

■ **Teorema.** *Si $\overline{f}$ es un campo vectorial que proviene de un gradiente, entonces la integral de línea $\int_C \overline{f} \cdot d\overline{r}$ es independiente del camino. Su valor depende sólo de los puntos extremos.*

■ **Corolario.** *En el caso en que la curva sea cerrada la integral es nula.*

Como es bien conocido, la fuerza eléctrica de Culomb es

$$\overline{F}(\overline{r}) = K\frac{qq'}{r^3}\overline{r}$$

y la gravitatoria es

$$\overline{F}(\overline{r}) = G\frac{Mm}{r^3}\overline{r}.$$

Ambas definen campos provenientes de un gradiente, como se puede comprobar, y en consecuencia el trabajo realizado por ellas entre dos puntos es independiente del camino, es decir, son fuerzas conservativas.

Métodos operativos de parametrización de curvas

A la hora de calcular integrales de línea, la curva sobre la que se integra puede venir dada en forma implícita y será necesario parametrizarla. Cuando aparecen sumas de cuadrados en la forma implícita es útil recurrir a la expresión $\cos^2 t + \operatorname{sen}^2 t = 1$ para obtener una parametrización de la curva. Veámoslo con algunos ejemplos.

■ **Ejemplo 6.6** Si queremos parametrizar la elipse $\dfrac{x^2}{a^2} + \dfrac{y^2}{b^2} = 1$, intentamos buscar una suma de cuadrados igual a uno. Para ello escribamos

$$\frac{x^2}{a^2} + \frac{y^2}{b^2} = 1$$

en la forma

$$\left(\frac{x}{a}\right)^2 + \left(\frac{y}{b}\right)^2 = 1,$$

entonces si llamamos

$$\frac{x}{a} = \cos t \qquad \text{y} \qquad \frac{y}{b} = \operatorname{sen} t$$

resultará que

$$\left(\frac{x}{a}\right)^2 + \left(\frac{y}{b}\right)^2 = \cos^2 t + \operatorname{sen}^2 t = 1,$$

que coincide con la ecuación original. Por lo tanto

$$\begin{cases} \frac{x}{a} = \cos t \\ \frac{y}{b} = \operatorname{sen} t \end{cases} \quad \Rightarrow \quad \begin{cases} x = a\cos t \\ y = b\operatorname{sen} t \end{cases} \qquad t \in [0; 2\pi]$$

es una parametrización de la elipse. Pero también lo serían

$$\begin{cases} x = a\cos 2t \\ y = b\operatorname{sen} 2t \end{cases} \qquad t \in [0; \pi] \qquad \text{o} \qquad \begin{cases} x = a\cos 4t \\ y = b\operatorname{sen} 4t \end{cases} \qquad t \in [0; \tfrac{\pi}{2}].$$

Obsérvese que existen infinitas parametrizaciones para la elipse

$$\begin{cases} x = a\cos nt \\ y = b\,\text{sen}\,nt \end{cases} \qquad t \in [0; \tfrac{2\pi}{n}], \qquad n \in \mathbb{N},$$

aunque no tenemos que limitarnos a los números naturales. También serían posibles las parametrizaciones

$$\begin{cases} x = a\,\text{sen}\,nt \\ y = b\cos nt \end{cases} \qquad \text{en vez de} \qquad \begin{cases} x = a\cos nt \\ y = b\,\text{sen}\,nt. \end{cases}$$

Analícese si al tomar $t \in [0; 2\pi]$ para ambas parametrizaciones las curvas comienzan en el mismo punto.

■ **Ejemplo 6.7** Para parametrizar la hipocicloide $x^{2/3} + y^{2/3} = a^{2/3}$, intentamos buscar una suma de cuadrados igual a uno, por lo que $x^{2/3} + y^{2/3} = a^{2/3}$ lo escribimos como

$$\left[\left(\frac{x}{a} \right)^{\frac{1}{3}} \right]^2 + \left[\left(\frac{y}{a} \right)^{\frac{1}{3}} \right]^2 = 1.$$

Entonces a $\left(\frac{x}{a} \right)^{\frac{1}{3}}$ lo llamamos $\cos t$, es decir,

$$\left(\frac{x}{a} \right)^{\frac{1}{3}} = \cos t$$

y de manera similar escribimos

$$\left(\frac{y}{a} \right)^{\frac{1}{3}} = \text{sen}\,t.$$

De

$$\left(\frac{x}{a} \right)^{\frac{1}{3}} = \cos t \qquad \text{y} \qquad \left(\frac{y}{a} \right)^{\frac{1}{3}} = \text{sen}\,t$$

se despejan

$$\begin{cases} x = a\cos^3 t \\ y = a\,\text{sen}^3 t, \end{cases}$$

que es una parametrización para la hipocicloide.

Reflexiónese sobre el valor que debe tomar el parámetro t para recorrer la curva.

6.5 Función potencial en tres variables

■ **Definición.** *En $\mathbb{R}^3$ el campo vectorial $\overline{f} = (f_1, f_2, f_3)$ se deriva de una función $\Phi(x, y, z)$ de clase C^1, llamada* función potencial, *cuando $f_1 = \frac{\partial \Phi}{\partial x}$, $f_2 = \frac{\partial \Phi}{\partial y}$ y $f_3 = \frac{\partial \Phi}{\partial z}$, es decir,*

$$f_1 dx + f_2 dy + f_3 dz = \frac{\partial \Phi}{\partial x} dx + \frac{\partial \Phi}{\partial y} dy + \frac{\partial \Phi}{\partial z} dz = d\Phi.$$

■ **Teorema (de la existencia de la función potencial en $\mathbb{R}^3$).** *Dadas las funciones $f_1(x, y, z)$, $f_2(x, y, z)$, $f_3(x, y, z)$ de clase C^1 en un dominio simplemente conexo $D \subset \mathbb{R}^3$, la forma diferencial $w = f_1 dx + f_2 dy + f_3 dz$ admite función potencial en D si y sólo si se verifican*

$$\frac{\partial f_1}{\partial y} = \frac{\partial f_2}{\partial x}, \qquad \frac{\partial f_1}{\partial z} = \frac{\partial f_3}{\partial x}, \qquad \frac{\partial f_2}{\partial z} = \frac{\partial f_3}{\partial y}, \qquad en\ D.$$

6.6 OPERADORES VECTORIALES EN $\mathbb{R}^3$

Gradiente

Dado el campo escalar $f(x, y, z)$ de clase C^1, su *gradiente* es el campo vectorial definido por

$$\text{grad}\,(f) = \bar{i}\frac{\partial f}{\partial x} + \bar{j}\frac{\partial f}{\partial y} + \bar{k}\frac{\partial f}{\partial z}.$$

■ **Ejemplo 6.8** El gradiente del campo escalar $f(x, y, z) = xe^z + y^3$ es

$$\text{grad}\,(f) = \bar{i}\frac{\partial}{\partial x}(xe^z + y^3) + \bar{j}\frac{\partial}{\partial y}(xe^z + y^3) + \bar{k}\frac{\partial}{\partial z}(xe^z + y^3) = \bar{i}e^z + \bar{j}3y^2 + \bar{k}xe^z.$$

Divergencia

Dado el campo vectorial

$$\overline{F}(x, y, z) = \bar{i}f_1(x, y, z) + \bar{j}f_2(x, y, z) + \bar{k}f_3(x, y, z)$$

de clase C^1, su *divergencia* es el campo escalar definido por

$$\text{div}\,(\overline{F}) = \frac{\partial f_1}{\partial x} + \frac{\partial f_2}{\partial y} + \frac{\partial f_3}{\partial z}.$$

■ **Ejemplo 6.9** La divergencia del campo vectorial $\overline{F}(x, y, z) = \bar{i}e^{yz} + \bar{j}\cos y + \bar{k}x^3$ es

$$\text{div}\,(\overline{F}) = \frac{\partial}{\partial x}(e^{yz}) + \frac{\partial}{\partial y}(\cos y) + \frac{\partial}{\partial z}(x^3) = -\operatorname{sen} y.$$

Rotacional

Dado el campo vectorial

$$\overline{F}(x, y, z) = \bar{i}f_1(x, y, z) + \bar{j}f_2(x, y, z) + \bar{k}f_3(x, y, z)$$

de clase C^1, su *rotacional* es el campo vectorial definido por

$$\text{rot}\,(\overline{F}) = \bar{i}\left(\frac{\partial f_3}{\partial y} - \frac{\partial f_2}{\partial z}\right) + \bar{j}\left(\frac{\partial f_1}{\partial z} - \frac{\partial f_3}{\partial x}\right) + \bar{k}\left(\frac{\partial f_2}{\partial x} - \frac{\partial f_1}{\partial y}\right).$$

La expresión del rotacional se recuerda cómodamente mediante el determinante simbólico

$$\text{rot}\,(\overline{F}) = \begin{vmatrix} \bar{i} & \bar{j} & \bar{k} \\ \dfrac{\partial}{\partial x} & \dfrac{\partial}{\partial y} & \dfrac{\partial}{\partial z} \\ f_1 & f_2 & f_3 \end{vmatrix}$$

Por medio del rotacional el teorema de existencia de la función potencial en $\mathbb{R}^3$ puede enunciarse de forma más breve del modo siguiente.

■ **Teorema.** *Sea $\overline{f}$ un campo vectorial de clase C^1 en $\mathbb{R}^3$, se tiene que*

$$\exists\Phi \text{ de clase } C^1 \text{ tal que } \overline{f} = \nabla\Phi \qquad \Leftrightarrow \qquad \text{rot}\,\overline{f} = \overline{0}.$$

■ **Ejemplo 6.10** El rotacional del campo vectorial $\overline{F} = \overline{i}x^3 + \overline{j}2y - \overline{k}ye^z$ es

$$\text{rot}(\overline{F}) = \begin{vmatrix} \overline{i} & \overline{j} & \overline{k} \\ \dfrac{\partial}{\partial x} & \dfrac{\partial}{\partial y} & \dfrac{\partial}{\partial z} \\ x^3 & 2y & -ye^z \end{vmatrix} =$$

$$= \overline{i}\left(\frac{\partial}{\partial y}(-ye^z) - \frac{\partial}{\partial z}(2y)\right) - \overline{j}\left(\frac{\partial}{\partial x}(-ye^z) - \frac{\partial}{\partial z}(x^3)\right) + \overline{k}\left(\frac{\partial}{\partial x}(2y) - \frac{\partial}{\partial y}(x^3)\right) = -\overline{i}e^z.$$

■ **Definición.** *Un campo vectorial se dice* incompresible, solenoidal o adivergente *cuando su divergencia es nula. La primera denominación se suele usar cuando se habla del campo de velocidades de un fluido.*

■ **Definición.** *Un campo vectorial se dice* irrotacional ó conservativo *si su rotacional es nulo.*

Obsérvese que la existencia de función potencial equivale a decir que el campo $\overline{F} = (f_1, f_2, f_3)$ es irrotacional, por lo que el teorema de la Sección 6.4 equivale a decir que si el campo es irrotacional, entoces la integral de línea es independiente del camino.

Propiedades de los operadores vectoriales

Sean k_1, k_2 constantes, f y g campos escalares de clase C^1 y $\overline{F}$ y $\overline{G}$ campos vectoriales de clase C^1. Se cumplen las siguientes propiedades:

1. $\text{grad}\,(k_1 f + k_2 g) = k_1\,\text{grad}\,(f) + k_2\,\text{grad}\,(g)$.

2. $\text{grad}\,(f \cdot g) = f\,\text{grad}\,(g) + g\,\text{grad}\,(f)$.

3. $\text{grad}\,\left(\dfrac{f}{g}\right) = \dfrac{1}{g^2}\,(g\,\text{grad}\,(f) - f\,\text{grad}\,(g))$, $\qquad g \neq 0$.

4. $\text{div}\,(k_1\overline{F} + k_2\overline{G}) = k_1\,\text{div}\,(\overline{F}) + k_2\,\text{div}\,(\overline{G})$.

5. $\text{rot}(k_1\overline{F} + k_2\overline{G}) = k_1\,\text{rot}\,(\overline{F}) + k_2\,\text{rot}\,(\overline{G})$.

6. $\text{div}\,(f\,\overline{F}) = f\,\text{div}\,(\overline{F}) + \overline{F} \cdot\,\text{grad}\,(f)$

7. $\text{rot}(f\,\overline{F}) = \text{grad}\,f \times (\overline{F}) + f\,\text{rot}(\overline{F})$.

8. $\text{div}\,(\overline{F} \times \overline{G}) = \overline{G} \cdot\,\text{rot}\,(\overline{F}) - \overline{F} \cdot\,\text{rot}\,(\overline{G})$.

9. $\text{div}\,(\text{rot}(\overline{F})) = 0$, si $\overline{F}$ es de clase C^2. *(El rotacional de un campo vectorial es un campo solenoidal.)*

10. $\text{rot}(\,\text{grad}\,(f)) = \overline{0}$, si f es de clase C^2. *(Los campos de gradiente son irrotacionales.)*

Operador nabla

El *operador nabla* de Hamilton definido por

$$\nabla = \overline{i}\frac{\partial}{\partial x} + \overline{j}\frac{\partial}{\partial y} + \overline{k}\frac{\partial}{\partial z}$$

facilita el manejo de los operadores, que se pueden escribir en la forma

$$\text{grad}\,(f) = \bar{i}\frac{\partial f}{\partial x} + \bar{j}\frac{\partial f}{\partial y} + \bar{k}\frac{\partial f}{\partial z} = \nabla f,$$

$$\text{div}\,(\overline{F}) = \frac{\partial f_1}{\partial x} + \frac{\partial f_2}{\partial y} + \frac{\partial f_3}{\partial z} = \nabla \cdot \overline{F},$$

$$\text{rot}(\overline{F}) = \bar{i}\left(\frac{\partial f_3}{\partial y} - \frac{\partial f_2}{\partial z}\right) + \bar{j}\left(\frac{\partial f_1}{\partial z} - \frac{\partial f_3}{\partial x}\right) + \bar{k}\left(\frac{\partial f_2}{\partial x} + \frac{\partial f_1}{\partial y}\right) =$$

$$= \begin{vmatrix} \bar{i} & \bar{j} & \bar{k} \\ \dfrac{\partial}{\partial x} & \dfrac{\partial}{\partial y} & \dfrac{\partial}{\partial z} \\ f_1 & f_2 & f_3 \end{vmatrix} = \nabla \times \overline{F}.$$

Con la notación del operador nabla las propiedades anteriores pueden escribirse más brevemente, en particular las Propiedades 9 y 10 se escriben como

$$\nabla \cdot (\nabla \times \overline{F}) = 0 \qquad \text{y} \qquad \nabla \times (\nabla f) = \overline{0}.$$

Laplaciano

Dado el campo escalar $f(x, y, z)$ el operador de Laplace o *laplaciano* Δ es aquel que actúa sobre el campo en la forma

$$\Delta f = \frac{\partial^2 f}{\partial x^2} + \frac{\partial^2 f}{\partial y^2} + \frac{\partial^2 f}{\partial z^2}$$

y que puede escribirse como

$$\Delta f = \nabla^2 f = \nabla \cdot (\nabla f) = \text{div}\,(\text{grad}\,f).$$

PROBLEMAS RESUELTOS

▶ **6.1** Calcúlese la integral de línea

$$\int_{\mathcal{C}} \overline{F} \cdot d\overline{r},$$

siendo $\overline{F}(x, y, z) = x^2\bar{i} + 2xy\bar{j} + xz^2\bar{k}$ y $\mathcal{C}$ la curva definida por la aplicación $\overline{r} : [-2; 3] \to \mathbb{R}^3$ dada por $\overline{r}(t) = (t, t + 1, t^2)$, recorrida en sentido positivo.

RESOLUCIÓN.

Para la curva $\mathcal{C}$ se tiene que $x = t$, $y = t + 1$, $z = t^2$, por lo que

$$\frac{dx}{dt} = \frac{dt}{dt} = 1, \qquad \frac{dy}{dt} = \frac{d(t + 1)}{dt} = 1 \qquad \text{y} \qquad \frac{dz}{dt} = \frac{dt^2}{dt} = 2t.$$

Además, el campo vectorial $\overline{F}$ sobre la curva $\mathcal{C}$ toma la forma

$$\overline{F}(\overline{r}(t)) = x^2\bar{i} + 2xy\bar{j} + xz^2\bar{k} = t^2\bar{i} + 2t(t + 1)\bar{j} + t(t^2)^2\bar{k} =$$
$$= t^2\bar{i} + (2t^2 + 2t)\bar{j} + t^5\bar{k} = F_1\bar{i} + F_2\bar{j} + F_3\bar{k}.$$

Por tanto la integral pedida es

$$\int_C \overline{F} \cdot d\overline{r} = \int_{-2}^{3} \left(F_1 \frac{dx}{dt} + F_2 \frac{dy}{dt} + F_3 \frac{dz}{dt} \right) dt =$$

$$= \int_{-2}^{3} \left(t^2 \cdot 1 + (2t^2 + 2t) \cdot 1 + t^5 2t \right) dt =$$

$$= \int_{-2}^{3} 3t^2 dt + 2t dt + 2t^6 dt =$$

$$= \left[3\frac{t^3}{3} + 2\frac{t^2}{2} + 2\frac{t^7}{7} \right]_{-2}^{3} = \left[t^3 + t^2 + \frac{2}{7} t^7 \right]_{-2}^{3} =$$

$$= 3^3 - (-2)^3 + 3^2 - (-2)^2 + \frac{2}{7}(3^7 - (-2)^7) = \frac{4910}{7}.$$

▶ **6.2** Calcúlese la integral de línea

$$\int_C \overline{F} \cdot d\overline{r},$$

siendo $\overline{F}(x, y, z) = x\overline{i} + xy\overline{j} + xyz\overline{k}$ y C la curva cerrada formada por la unión de los siguientes segmentos

a) el segmento de recta que une el punto $(0, 0, 0)$ con el $(1, 1, 1)$,

b) el segmento de recta que une el punto $(1, 1, 1)$ con el $(0, 0, 1)$,

c) el segmento de recta que une el punto $(0, 0, 1)$ con el $(0, 0, 0)$, cerrándose la curva. La curva se recorre pasando por los puntos en el orden en que aparecen en el enunciado.

RESOLUCIÓN.

a) El segmento de recta que une el punto $(0, 0, 0)$ con el $(1, 1, 1)$ está dado por

$$\begin{cases} x = t \\ y = t \\ z = t, \end{cases} \quad \text{con } t \in [0; 1].$$

Sobre este segmento se tiene que

$$\frac{dx}{dt} = \frac{dt}{dt} = 1, \quad \frac{dy}{dt} = \frac{dt}{dt} = 1 \quad \text{y} \quad \frac{dz}{dt} = \frac{dt}{dt} = 1.$$

El campo $\overline{F}$ sobre este segmento tiene la forma

$$\overline{F} = x\overline{i} + xy\overline{j} + xyz\overline{k} = t\overline{i} + t^2\overline{j} + t^3\overline{k}.$$

b) El segmento de recta que une el punto $(1, 1, 1)$ con el $(0, 0, 1)$ está dado por

$$\begin{cases} x = 1 - t \\ y = 1 - t \\ z = 1, \end{cases} \quad \text{con } t \in [0; 1].$$

En este segmento de recta se tiene que

$$\frac{dx}{dt} = \frac{-dt}{dt} = -1, \quad \frac{dy}{dt} = \frac{-dt}{dt} = -1 \quad \text{y} \quad \frac{dz}{dt} = \frac{d1}{dt} = 0,$$

y el campo $\overline{F}$ adopta la expresión

$$\overline{F} = x\overline{i} + xy\overline{j} + xyz\overline{k} =$$
$$= (1-t)\overline{i} + (1-t)(1-t)\overline{j} + (1-t)(1-t) \cdot 1\overline{k} = (1-t)\overline{i} + (1-t)^2\overline{j} + (1-t)^2\overline{k}.$$

c) Por último, el segmento de recta que une el punto $(0, 0, 1)$ con el $(0, 0, 0)$ está dado por

$$
\begin{cases}
x = 0 \\
y = 0 \\
z = 1 - t, \qquad \text{con } t \in [0; 1].
\end{cases}
$$

Las derivadas son

$$
\frac{dx}{dt} = \frac{d0}{dt} = 0, \qquad \frac{dy}{dt} = \frac{d0}{dt} = 0 \qquad \text{y} \qquad \frac{dz}{dt} = \frac{-dt}{dt} = -1,
$$

y el valor que el campo vectorial $\overline{F}$ toma sobre esta curva es

$$
\overline{F} = x\overline{i} + xy\overline{j} + xyz\overline{k} = 0\overline{i} + 0\overline{j} + 0(1 - t)\,\overline{k} = \overline{0}.
$$

Ya estamos en condiciones de calcular la integral pedida, teniendo en cuenta que se descompondrá en suma de integrales sobre cada uno de los segmentos que forman la curva. El resultado es

$$
\int_C \overline{F} \cdot d\overline{r} = \int_0^1 \left(t \cdot 1 + t^2 \cdot 1 + t^3 \cdot 1 \right) dt +
$$

$$
+ \int_0^1 \left((1 - t)(-1) + (1 - t)^2(-1) + (1 - t)^2 \cdot 0 \right) dt +
$$

$$
+ \int_0^1 \left(0 \cdot t + 0 \cdot t + 0 \cdot (-1) \right) dt =
$$

$$
= \left[\frac{t^2}{2} + \frac{t^3}{3} + \frac{t^4}{4} \right]_0^1 + \left[-\frac{t^3}{3} + \frac{3t^2}{2} - 2t \right]_0^1 = \frac{1}{2} + \frac{1}{3} + \frac{1}{4} - \frac{1}{3} + \frac{3}{2} - 2 = \frac{1}{4}.
$$

▶ **6.3** Determínese si el campo vectorial dado por $\overline{F} = (e^x y^2 + 1, 2e^x y)$ se deriva de una función potencial. En caso afirmativo determínese tal función.

RESOLUCIÓN.

Se tiene que

$$
\frac{\partial F_1}{\partial y} = \frac{\partial (e^x y^2 + 1)}{\partial y} = 2e^x y \qquad \text{y} \qquad \frac{\partial F_2}{\partial x} = \frac{\partial (2e^x y)}{\partial x} = 2e^x y.
$$

Como $\dfrac{\partial F_1}{\partial y} = \dfrac{\partial F_2}{\partial x}$, el campo vectorial se deriva de una función potencial $\Phi(x, y)$. Para obtener la función tengamos en cuenta que $F_2 = \dfrac{\partial \Phi}{\partial y} = 2e^x y$, por lo que integrando respecto de la variable y es

$$
\Phi(x, y) = \int 2e^x y\, dy + \varphi(x) = e^x y^2 + \varphi(x).
$$

Por otra parte se tiene que $F_1 = \dfrac{\partial \Phi}{\partial x} = e^x y^2 + 1$, pero como $\Phi(x, y) = e^x y^2 + \varphi(x)$, se ha de cumplir que

$$
\frac{\partial \Phi}{\partial x} = e^x y^2 + 1, \qquad \text{o bien} \qquad \frac{\partial (e^x y^2 + \varphi(x))}{\partial x} = e^x y^2 + \frac{\partial \varphi(x)}{\partial x}.
$$

Igualando resulta

$$
e^x y^2 + 1 = e^x y^2 + \frac{\partial \varphi(x)}{\partial x}, \qquad \text{es decir,} \qquad \frac{\partial \varphi(x)}{\partial x} = 1.
$$

Como $\varphi(x)$ es función sólo de x resulta que $\dfrac{\partial\varphi}{\partial x} = \dfrac{d\varphi}{dx}$, por lo que se tiene $\dfrac{d\varphi}{dx} = 1$ e integrando resulta $\varphi(x) = x + k$.

Por lo tanto la función potencial buscada es

$$\Phi(x, y) = e^x y^2 + \varphi(x) = e^x y^2 + x + k.$$

▶ **6.4** Calcúlese la integral de línea dada por

$$\int_C e^{x+y^2}\, dx + 2y e^{x+y^2}\, dy,$$

siendo C el segmento de la curva $x^{\frac{2}{3}} + y^{\frac{2}{3}} = 1$ que une el punto $(1, 0)$ con el $(-1, 0)$, recorrida en sentido positivo.

RESOLUCIÓN.

La curva se puede parametrizar en la forma

$$\begin{cases} x = \cos^3\theta \\ y = \operatorname{sen}^3\theta, \end{cases}$$

pero el cálculo de la integral puede complicarse.

Teniendo en cuenta que

$$\frac{\partial}{\partial y} e^{x+y^2} = 2y e^{x+y^2} \qquad \text{coincide con} \qquad \frac{\partial}{\partial x}(2y e^{x+y^2}) = 2y e^{x+y^2},$$

el campo vectorial $(e^{x+y^2}, 2y e^{x+y^2})$ se deriva de una función potencial y la integral es independiente del camino, sólo depende del punto inicial y final.

Para buscar la función potencial $\Phi(x, y)$ téngase en cuenta que $F_1 = \dfrac{\partial\Phi}{\partial x} = e^{x+y^2}$, por lo que integrando resulta

$$\Phi(x, y) = \int e^{x+y^2}\, dx + \varphi(y) = e^{x+y^2} + \varphi(y).$$

Como $F_2 = \dfrac{\partial\Phi}{\partial y} = 2y e^{x+y^2}$ y además $\Phi(x, y) = e^{x+y^2} + \varphi(y)$, resulta que

$$\frac{\partial\Phi}{\partial y} = \frac{\partial}{\partial y}(e^{x+y^2} + \varphi(y)) = 2y e^{x+y^2} + \frac{\partial\varphi}{\partial y} = F_1 = 2y e^{x+y^2},$$

o

$$\frac{\partial\varphi}{\partial y} = 0.$$

Como φ sólo depende de la variable y se escribe $\dfrac{d\varphi}{dy} = 0$, de donde $\varphi(x) = k$ y la función potencial buscada es

$$\Phi(x, y) = e^{x+y^2} + \varphi(y) = e^{x+y^2} + k.$$

Por lo tanto

$$\int_C e^{x+y^2}\, dx + 2y e^{x+y^2}\, dy = \Phi(1, 0) - \Phi(-1, 0) = e^{1+0^2} - e^{-1+0^2} = e - \frac{1}{e}.$$

▶ **6.5** Determínese si el campo vectorial $\overline{F} = (x, y^2, z^3)$ es conservativo. En caso afirmativo obténgase la función potencial de la forma diferencial asociada al campo.

RESOLUCIÓN.

Si calculamos el rotacional del campo se tiene

$$\text{rot}(\overline{F}) = \nabla \times \overline{F} = \begin{vmatrix} \overline{i} & \overline{j} & \overline{k} \\ \dfrac{\partial}{\partial x} & \dfrac{\partial}{\partial y} & \dfrac{\partial}{\partial z} \\ x & y^2 & z^3 \end{vmatrix} = \overline{0},$$

por lo tanto el campo es irrotacional y se deriva de una función potencial Φ. La función potencial Φ satisface las ecuaciones

$$F_1 \;\; = \;\; \frac{\partial \Phi}{\partial x} = x, \tag{6.1}$$

$$F_2 \;\; = \;\; \frac{\partial \Phi}{\partial y} = y^2, \tag{6.2}$$

$$F_3 \;\; = \;\; \frac{\partial \Phi}{\partial z} = z^3. \tag{6.3}$$

Integrando la Ecuación (6.1) resulta

$$\Phi(x, y, z) = \int x\,dx + \varphi(y, z) = \frac{x^2}{2} + \varphi(y, z).$$

Al introducir la función Φ en la Ecuación (6.2) se tiene

$$\frac{\partial(\frac{x^2}{2} + \varphi(y, z))}{\partial y} = y^2 \qquad \text{o} \qquad \frac{\partial \varphi(y, z)}{\partial y} = y^2$$

que al integrar da

$$\varphi(y, z) = \int y^2\,dy + f(z) = \frac{y^3}{3} + f(z).$$

Por lo que la función potencial Φ es

$$\Phi(x, y, z) = \frac{x^2}{2} + \varphi(y, z) = \frac{x^2}{2} + \frac{y^3}{3} + f(z).$$

Si introducimos esta última expresión de Φ en la Ecuación (6.3) se tiene

$$\frac{\partial(\frac{x^2}{2} + \frac{y^3}{3} + f(z))}{\partial z} = z^3 \qquad \text{o} \qquad \frac{\partial f(z)}{\partial z} = z^3.$$

Como $f(z)$ es sólo función de z la última ecuación se escribe como $\dfrac{df}{dz} = z^3$ que al integrar da $f(z) = \dfrac{z^4}{4} + C$. Por tanto la función potencial buscada es

$$\Phi(x, y, z) = \frac{x^2}{2} + \varphi(y, z) = \frac{x^2}{2} + \frac{y^3}{3} + f(z) = \frac{x^2}{2} + \frac{y^3}{3} + \frac{z^4}{4} + C.$$

▶ **6.6** Calcúlese la integral de línea dada por

$$\int_C 2x\,dx + e^{y+z}\,dy + e^{y+z}\,dz$$

desde el punto $(0, 0, 0)$ hasta el punto $(2, 2, 12)$ a lo largo de la curva

$$\begin{cases} z = x^2 + 2y^2 \\ y = x, \end{cases}$$

recorrida en sentido positivo.

RESOLUCIÓN.

Veamos si el campo $\overline{F} = (2x, e^{y+z}, e^{y+z})$ es conservativo. Como

$$\nabla \times \overline{F} = \begin{vmatrix} \overline{i} & \overline{j} & \overline{k} \\ \dfrac{\partial}{\partial x} & \dfrac{\partial}{\partial y} & \dfrac{\partial}{\partial z} \\ 2x & e^{y+z} & e^{y+z} \end{vmatrix} = \overline{i}(e^{y+z} - e^{y+z}) + \overline{j}(0 - 0) + \overline{k}(0 - 0) = \overline{0},$$

el campo es conservativo. Calculemos la función potencial Φ de la que se deriva. Como son

$$F_1 = \frac{\partial \Phi}{\partial x} = 2x, \tag{6.4}$$

$$F_2 = \frac{\partial \Phi}{\partial y} = e^{y+z}, \tag{6.5}$$

$$F_3 = \frac{\partial \Phi}{\partial z} = e^{y+z}. \tag{6.6}$$

Integrando la Ecuación (6.4) respecto de x se tiene

$$\Phi(x, y, z) = \int 2x\, dx + \varphi(y, z) = x^2 + \varphi(y, z).$$

Introduciendo el valor de Φ recién obtenido en la Ecuación (6.5) da

$$\frac{\partial(x^2 + \varphi(y, z))}{\partial y} = e^{y+z} \qquad \text{o} \qquad \frac{\partial \varphi(y, z)}{\partial y} = e^{y+z}.$$

Si integramos respecto de y obtenemos

$$\varphi(y, z) = \int e^{y+z}\, dy + f(z) = e^{y+z} + f(z),$$

por lo que $\Phi = x^2 + \varphi(y, z)$ se transforma en

$$\Phi = x^2 + \varphi(y, z) = x^2 + e^{y+z} + f(z).$$

Si introducimos este último valor de Φ en la Ecuación (6.6) resulta

$$\frac{\partial(x^2 + e^{y+z} + f(z))}{\partial z} = e^{y+z} \qquad \text{o} \qquad e^{y+z} + \frac{\partial f(z)}{\partial z} = e^{y+z},$$

de donde $\dfrac{\partial f}{\partial z} = 0$. Puesto que $f(z)$ es sólo función de z la última ecuación se escribe como $\dfrac{df}{dz} = 0$, e integrando resulta $f(z) = k$. Por tanto la función potencial buscada es

$$\Phi(x, y, z) = x^2 + \varphi(y, z) = x^2 + e^{y+z} + f(z) = x^2 + e^{y+z} + k$$

y el valor pedido de la integral no depende de la curva y está dado por

$$\int_C 2x\, dx + e^{y+z}\, dy + e^{y+z}\, dz = \Phi(2, 2, 12) - \Phi(0, 0, 0) = 2^2 + e^{2+12} - e^0 = 3 + e^{14}.$$

▶ **6.7** Calcúlese la longitud del arco de la hélice

$$\overline{r}(t) = (x(t), y(t), z(t)) = (\cos t, \operatorname{sen} t, t), \qquad t \in [0; 2\pi].$$

RESOLUCIÓN.

Se tiene que

$$\frac{dx}{dt} = \frac{d(\cos t)}{dt} = -\operatorname{sen} t,$$
$$\frac{dy}{dt} = \frac{d(\operatorname{sen} t)}{dt} = \cos t,$$
$$\frac{dz}{dt} = \frac{dt}{dt} = 1,$$

por lo que

$$\sqrt{\left(\frac{dx}{dt}\right)^2 + \left(\frac{dy}{dt}\right)^2 + \left(\frac{dz}{dt}\right)^2} = \sqrt{(-\operatorname{sen} t)^2 + (\cos t)^2 + 1} = \sqrt{2}.$$

Por lo tanto la longitud pedida es

$$L = \int_0^{2\pi} \sqrt{\left(\frac{dx}{dt}\right)^2 + \left(\frac{dy}{dt}\right)^2 + \left(\frac{dz}{dt}\right)^2} \, dt = \int_0^{2\pi} \sqrt{2} \, dt = \sqrt{2} \left[t\right]_0^{2\pi} = 2\sqrt{2}\pi.$$

▶ **6.8** Calcúlese la masa del arco de la circunferencia $x^2 + y^2 = a^2$, si su densidad es proporcional a la distancia al origen de coordenadas.

RESOLUCIÓN.

La densidad viene dada por $d(x, y) = k\sqrt{x^2 + y^2}$ y la masa pedida resulta ser

$$M = \int_C d(x, y) ds,$$

donde C es la circunferencia

$$\begin{cases} x = a\cos t \\ y = a\operatorname{sen} t. \end{cases}$$

Introduciendo esta parametrización se tiene que

$$d(x, y) = k\sqrt{a^2 \cos^2 t + a^2 \operatorname{sen}^2 t} = ka$$

y

$$ds = \sqrt{\left(\frac{dx}{dt}\right)^2 + \left(\frac{dy}{dt}\right)^2} \, dt = \sqrt{(-a\operatorname{sen} t)^2 + (a\cos t)^2} dt =$$
$$= \sqrt{a^2(\cos^2 t + \operatorname{sen}^2 t)} dt = a dt,$$

por lo que la masa buscada es

$$M = \int_0^{2\pi} d \, ds(t) = \int_0^{2\pi} kaa dt = ka^2 2\pi.$$

▶ **6.9** Compruébese que $div(F) = 0$ para todo campo vectorial de la forma

$$F(x, y, z) = (f(y), g(z), h(x))$$

siendo f, g, h diferenciables.

RESOLUCIÓN.

Por la definición de divergencia es

$$divF = \frac{\partial f(y)}{\partial x} + \frac{\partial g(z)}{\partial y} + \frac{\partial h(x)}{\partial z} = 0,$$

dado que las derivadas parciales resultan nulas.

PROBLEMAS PROPUESTOS

6.1 Calcúlese la integral de línea

$$\int_C \overline{F} \cdot d\overline{r},$$

siendo $\overline{F}(x, y, z) = e^x \overline{i} + e^{x+y} \overline{j} + \operatorname{sen} \pi z \overline{k}$, y C la curva $\overline{r} : [0; 1] \to \mathbb{R}^3$ dada por $\overline{r}(t) = (t, -t, 2t)$, recorrida en sentido positivo.

6.2 Calcúlese la integral de línea

$$\int_C \overline{F} \cdot d\overline{r},$$

siendo $\overline{F}(x, y, z) = e^y \overline{i} - z\overline{j} + y\overline{k}$ y C la curva cerrada formada por la unión de los segmentos definidos en *a)*, y *b)*

a) el arco de circunferencia que une el punto $(0, 1, 0)$ con el $(0, -1, 0)$ y pasa por el punto $(0, 0, 1)$,

b) el segmento de recta que une el punto $(0, -1, 0)$ con el $(0, 1, 0)$, cerrando la curva.

6.3 Determínese si el campo vectorial dado por

$$\overline{F}(x, y) = \left(\operatorname{sen}(x^2 + y^2) + 2x^2 \cos(x^2 + y^2), 2xy \cos(x^2 + y^2)\right)$$

se deriva de una función potencial. En caso afirmativo determínese dicha función.

6.4 Calcúlese la integral de línea dada por

$$\int_C (2x + y)dx + (x + 2y)dy,$$

siendo C la parte de la curva $\dfrac{x^2}{a^2} + \dfrac{y^2}{b^2} = 1$ que une el punto $(a, 0)$ con el $(-a, 0)$, recorrida en sentido positivo.

6.5 Determínese si el campo vectorial

$$\overline{F}(x, y, z) = (2x(y^2 + z^2), 2y(x^2 + z^2), 2z(x^2 + y^2))$$

se deriva de una función potencial, en cuyo caso determínese esta función.

6.6 Calcúlese la integral de línea dada por

$$\int_C \cos(x + y + z)dx + [\cos(x + y + z) + z^2]dy + [\cos(x + y + z) + 2yz]dz$$

desde el punto $(a, 0, 0)$ hasta el punto $(a, 0, 2\pi)$ a lo largo de la curva

$$\begin{cases} x = a\cos t \\ y = a\,\mathrm{sen}\,t \\ z = t, \end{cases}$$

recorrida en sentido positivo.

6.7 Calcúlese la longitud del arco de la curva

$$\begin{cases} z = 1 - x^2 - y^2 \\ y = x, \end{cases}$$

delimitado por el plano $z = 0$.

6.8 Calcúlese la masa del arco de la circunferencia $x^2 + y^2 = ax$, sabiendo que la densidad en cada punto es proporcional a su distancia al origen de coordenadas.

6.9 Compruébese que $rot(F) = \bar{0}$ para todo campo vectorial de la forma

$$F(x, y, z) = (f(x), g(y), h(z))$$

siendo F de clase C^1.

7

Integración doble

En este Capítulo...

7.1 INTEGRAL DOBLE SOBRE UN RECTÁNGULO

Partición de un rectángulo

Sea el rectángulo $D = [a;b] \times [c;d]$ en $\mathbb{R}^2$ y sean dos particiones $P_1 = \{x_i\}_{i=0}^{m}$ y $P_2 = \{y_j\}_{j=0}^{n}$ respectivas de los intervalos $[a;b]$ y $[c;d]$ verificando que

$$a = x_0 < x_1 < x_2 < ... < x_m = b, \qquad c = y_0 < y_1 < y_2 < ... < y_n = b.$$

Con estas particiones se logra otra partición del rectángulo D formada por los rectángulos elementales $D_{ij} = [x_{i-1};x_i] \times [y_{j-1};y_j]$, siendo $i = 1,2,...,m$ y $j = 1,2,...,n$. Intuitivamente la situación se representa en la Figura 7.1.

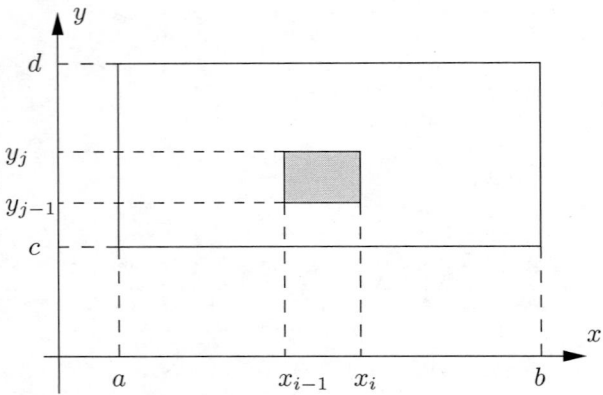

Figura 7.1 Rectángulo elemental de la partición

Sumas integrales de Riemann

Sea $f : D = [a;b] \times [c;d] \rightarrow \mathbb{R}$ una función acotada en D. Para cada partición $P = \{D_{ij}\}$ del rectángulo D se definen las sumas integrales de Riemann por

$$S_{mn} = \sum_{i=1}^{m} \sum_{j=1}^{n} f(c_{ij})(x_i - x_{i-1})(y_j - y_{j-1})$$

donde c_{ij} es un punto arbitrario del rectángulo $D_{ij} = [x_{i-1};x_i] \times [y_{j-1};y_j]$.

Concepto de integral de Riemann sobre un rectángulo

La función $f : D = [a;b] \times [c;d] \rightarrow \mathbb{R}$, acotada en D, se dice integrable en el sentido de Riemann en D si la sucesión $\{S_{mn}\}$ converge a un número real I cuando m y n tienden a infinito independientemente de los puntos c_{ij} elegidos en cada rectángulo elemental D_{ij}.

Al número real I se le llama *integral doble* de f en D y se representa como

$$I = \iint_D f(x,y)dxdy \qquad \text{o bien} \qquad I = \int_a^b \int_c^d f(x,y)dxdy.$$

Según la definición dada resulta muy laborioso saber si una función acotada es integrable o no. Es por ello por lo que parece conveniente conocer algún teorema que nos garantice la integrabilidad de la función.

■ **Proposición 1.** *Si* $f : D = [a;b] \times [c;d] \rightarrow \mathbb{R}$ *es continua en* D, *entonces es integrable en* D.

■ **Proposición 2.** *Si $f : D = [a; b] \times [c; d] \to \mathbb{R}$ es acotada en D y continua en D, salvo en un subconjunto de D, formado por la unión finita de grafos de funciones continuas, entonces f es integrable en D.*

Obsérvese que según la definición de función integrable, para conocer el valor de la integral se exige el cálculo de un límite doble, el cual, como es sabido, no tiene por qué coincidir con el cálculo de los límites reiterados. Sin embargo, sería conveniente saber bajo qué condiciones el valor del límite doble puede obtenerse mediante el cálculo de dos límites reiterados. Cuando se da esta situación, el cálculo de la integral doble queda reducido a dos integraciones sucesivas de funciones de una sola variable, que ya sabemos calcular. Esta favorable situación la garantiza el teorema de Fubini.

■ **Teorema (Teorema de Fubini).** *Sea $f : D = [a; b] \times [c; d] \to \mathbb{R}$ una función acotada en D y continua en D, salvo, a lo sumo, en un subconjunto de D formado por la unión finita de grafos de funciones continuas. En estas condiciones si para cada $x \in [a; b]$ existe $\int_c^d f(x, y)dy$, entonces también existe*

$$\int_a^b \left(\int_c^d f(x, y)dy \right) dx,$$

y se verifica que

$$\iint_D f(x, y)dxdy = \int_a^b \left(\int_c^d f(x, y)dy \right) dx.$$

Del mismo modo si para cada $y \in [c; d]$ existe la integral $\int_a^b f(x, y)dx$, entonces también existe

$$\int_c^d \left(\int_a^b f(x, y)dx \right) dy,$$

y se verifica que

$$\iint_D f(x, y)dxdy = \int_c^d \left(\int_a^b f(x, y)dx \right) dy.$$

Cuando se cumplen todas las condiciones anteriores a la vez, se tiene que

$$\iint_D f(x, y)dxdy = \int_a^b \left(\int_c^d f(x, y)dy \right) dx = \int_c^d \left(\int_a^b f(x, y)dx \right) dy,$$

con lo cual la integral doble puede calcularse mediante dos integrales simples sucesivas, y el valor es el mismo en cualquiera de los dos órdenes posibles de integración.

■ **Ejemplo 7.1** Calculemos

$$I = \iint_D (2x + y)dxdy,$$

siendo $D = [1; 3] \times [2; 4]$ y comprobemos la validez del resultado cambiando el orden de integración.

Aplicando el teorema de Fubini, dado que la función $f(x, y) = 2x + y$ es continua en el rectángulo D y por tanto integrable, al integrar en el orden de escritura se tiene

$$I = \iint_D (2x + y)dxdy = \int_2^4 \left(\int_1^3 (2x + y)dx \right) dy = \int_2^4 \left[x^2 + xy \right]_1^3 dy =$$

$$= \int_2^4 (9 + 3y - 1 - y)dy = \int_2^4 (8 + 2y)dy = \left[8y + y^2 \right]_2^4 = 48 - 20 = 28.$$

Si cambiamos el orden de integración resulta

$$I = \iint_D (2x + y)dxdy = \int_1^3 \left(\int_2^4 (2x + y)dy \right) dx = \int_1^3 \left[2xy + \frac{1}{2}y^2 \right]_2^4 dx =$$

$$= \int_1^3 (8x + 8 - 4x - 2)dx = \int_1^3 (4x + 6)dx = \left[2x^2 + 6x \right]_1^3 = 36 - 8 = 28,$$

y el valor coincide con el anterior como era de esperar.

7.2. INTEGRACIÓN DOBLE SOBRE RECINTOS GENERALES

Hemos tratado ya la integración sobre rectángulos, pero en general los recintos de integración no son de este tipo. Vamos a extender el concepto de integral doble y su cálculo a recintos no rectangulares.

Si D es un dominio plano consideraremos un rectángulo acotado R cualquiera con tal que $D \subset R$, y definimos la función $\chi_D : R \to \mathbb{R}$ en la forma

$$\chi_D(x) = \begin{cases} 1, & \text{si } x \in D, \\ 0, & \text{si } x \in R - D, \end{cases}$$

llamada función característica, que puede verse en la Figura 7.2.

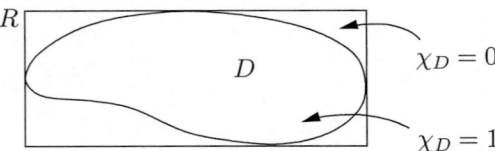

Figura 7.2 La función característica.

Considerada la función real f continua, definida en D, podemos construir la función $g : R \to \mathbb{R}$ en la forma

$$g = \chi_D f = \begin{cases} f, & \text{si } x \in D, \\ 0, & \text{si } x \in R - D, \end{cases}$$

es decir, g toma el mismo valor que f en puntos de D y cero en el resto de los puntos del rectángulo R.

Como f es continua en D, está acotada salvo a lo sumo en puntos de la frontera de D, por lo tanto g está acotada en el rectángulo R salvo quizá en la frontera de D y, como consecuencia de la Proposición 2, la función g es integrable en R, siempre que la frontera de D esté formada por una unión finita de grafos de funciones continuas. Además teniendo en cuenta la construcción de g resulta que

$$\iint_R g(x, y)dxdy = \iint_D f(x, y)dxdy.$$

Estamos, de este modo, en condiciones de integrar funciones definidas sobre recintos no rectangulares. Los recintos no rectangulares básicos son de dos tipos conocidos como recintos elementales de integración.

Tipo 1

El recinto es $D = \{(x, y) \in \mathbb{R}^2 : a \leq x \leq b, \varphi_1(x) \leq y \leq \varphi_2(x)\}$, véase la Figura 7.3, siendo φ_1 y φ_2 funciones continuas en $[a; b]$, y en este caso se tiene que

$$\iint_D f(x, y)dxdy = \int_a^b \left(\int_{\varphi_1(x)}^{\varphi_2(x)} f(x, y)dy \right) dx.$$

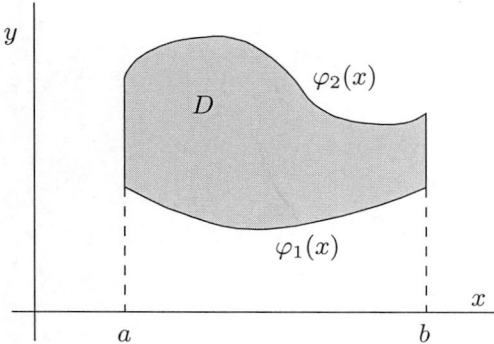

Figura 7.3 Recinto elemental de integración del tipo 1

■ **Ejemplo 7.2** Calculemos la integral doble

$$\iint_D (y - x)dxdy$$

siendo D el recinto definido por $D = \{(x, y) \in \mathbb{R}^2 : 2 \le x \le 3, x^2 \le y \le x^3\}$.

Se tiene que

$$\iint_D (y - x)dxdy = \int_2^3 \left(\int_{x^2}^{x^3} (y - x)dy \right) dx = \int_2^3 \left[\frac{y^2}{2} - xy \right]_{x^2}^{x^3} dx =$$

$$= \int_2^3 \left(\frac{1}{2}(x^6 - x^4) - x(x^3 - x^2) \right) dx =$$

$$= \int_2^3 \left(\frac{1}{2}x^6 - \frac{3}{2}x^4 + x^3 \right) dx = \frac{1}{2} \left[\frac{x^7}{7} \right]_2^3 - \frac{3}{2} \left[\frac{x^5}{5} \right]_2^3 + \left[\frac{x^4}{4} \right]_2^3 =$$

$$= \frac{1}{14}(3^7 - 2^7) - \frac{3}{10}(3^5 - 2^5) + \frac{1}{4}(3^4 - 2^4) =$$

$$= \frac{2059}{14} - \frac{211}{10} + \frac{65}{4} = \frac{19911}{140}.$$

Tipo 2

El recinto es $D = \{(x, y) \in \mathbb{R}^2 : c \le y \le d, \psi_1(y) \le x \le \psi_2(y)\}$ (véase la Figura 7.4), donde ψ_1 y ψ_2 son funciones continuas en $[c; d]$, y en este caso se tiene que

$$\iint_D f(x, y)dxdy = \int_c^d \left(\int_{\psi_1(y)}^{\psi_2(y)} f(x, y)dx \right) dy.$$

■ **Ejemplo 7.3** Calculemos la integral doble

$$\iint_D 3xdxdy$$

donde el recinto de integración es $D = \{(x, y) \in \mathbb{R}^2 : 1 \le y \le 2, y \le x \le 2y\}$.

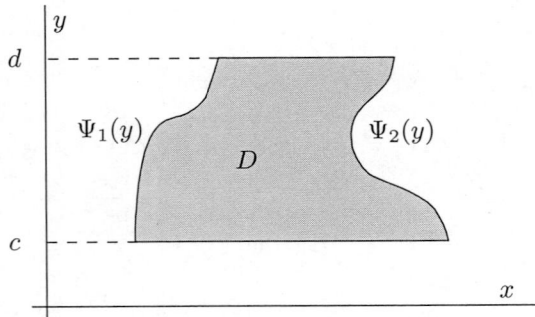

Figura 7.4 Recinto elemental de integración del tipo 2

Considerando la geometría del recinto, el valor de la integral viene dado por

$$\iint_D 3x\,dx\,dy = \int_1^2 \left(\int_y^{2y} 3x\,dx \right) dy = \int_1^2 \left[\frac{3x^2}{2} \right]_y^{2y} dy = \int_1^2 \frac{3}{2} \left((2y)^2 - y^2 \right) dy =$$

$$= \frac{3}{2} \int_1^2 (4y^2 - y^2)\,dy = \frac{3}{2} \int_1^2 3y^2\,dy = \frac{3}{2} \left[y^3 \right]_1^2 = \frac{3}{2}(2^3 - 1^3) = \frac{21}{2}.$$

En general

Todo recinto D limitado por una unión finita de grafos de funciones continuas se puede descomponer en una unión finita de recintos del tipo 1 y del tipo 2.

■ **Ejemplo 7.4** Si se trata de calcular

$$\iint_D 2\,dx\,dy$$

siendo D el recinto plano definido por

$$D = \{(x,y) \in \mathbb{R}^2 : y \le x^2,\ x \ge 0,\ y \ge 0,\ x + y - 2 \le 0,\ x - y - 1 \le 0\},$$

y que aparece representado en la Figura 7.5.

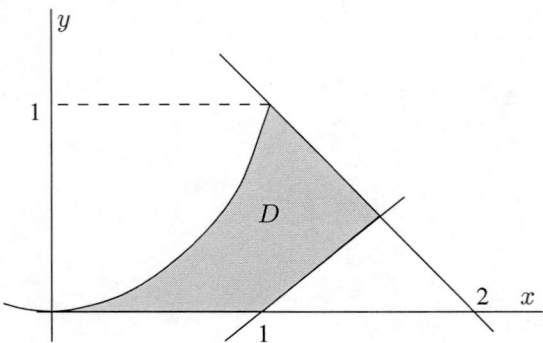

Figura 7.5 Recinto de integración del Ejemplo 7.4

Integrando primero en la variable y hemos de considerar el recinto de integración dividido en dos subrecintos D_1 y D_2, siendo

$$D_1 = \{(x,y): y \leq x^2, y \geq 0, x \leq 1\} \qquad \text{y} \qquad D_2 = \{(x,y): x+y-2 \leq 0, x-y-1 \leq 0, x \geq 1\}.$$

En estas condiciones se tiene que

$$\iint_D 2dxdy = \int_0^1 \left(\int_0^{x^2} 2dy \right) dx + \int_1^{3/2} \left(\int_{x-1}^{-x+2} 2dy \right) dx =$$

$$= 2 \left(\int_0^1 [y]_0^{x^2} dx + \int_1^{3/2} [y]_{x-1}^{-x+2} dx \right) =$$

$$= 2 \left(\int_0^1 x^2 dx + \int_1^{3/2} (-x+2-x+1)dx \right) =$$

$$= 2 \left(\left[\frac{x^3}{3} \right]_0^1 + \left[-x^2 + 3x \right]_1^{3/2} \right) =$$

$$= 2 \left(\frac{1}{3} - \left(\frac{3}{2} \right)^2 + \frac{9}{2} + 1 - 3 \right) = \frac{7}{6}.$$

7.3 PROPIEDADES DE LA INTEGRAL DOBLE

1. Si f y g son funciones integrables en un dominio D, entonces también lo es la función $\lambda f + \mu g$, siendo λ, μ números reales arbitrarios, y se verifica que

$$\iint_D (\lambda f(x,y) + \mu g(x,y))dxdy = \lambda \iint_D f(x,y)dxdy + \mu \iint_D g(x,y)dxdy.$$

Es decir, las funciones integrables en un dominio D constituyen un espacio vectorial y el operador que asigna a cada función su integral doble es lineal.

2. Si f y g son integrables en un dominio D y verifican que $f(x,y) \leq g(x,y)$, $\forall (x,y) \in D$, entonces

$$\iint_D f(x,y)dxdy \leq \iint_D g(x,y)dxdy.$$

3. Si f es integrable en un dominio D, entonces la función $|f|$ también es integrable en D y se verifica que

$$\left| \iint_D f(x,y)dxdy \right| \leq \iint_D |f(x,y)|dxdy,$$

y por tanto se tiene que

$$\iint_D f(x,y)dxdy \leq \left| \iint_D f(x,y)dxdy \right| \leq \iint_D |f(x,y)|dxdy.$$

4. Si f es integrable en los dominios D_1 y D_2, siendo tales que $D_1 \cap D_2 = \emptyset$ o bien $D_1 \cap D_2$ es un conjunto formado por la unión finita de grafos de funciones continuas, se verifica para el conjunto $D = D_1 \cup D_2$ que

$$\iint_D f(x,y)dxdy = \iint_{D_1} f(x,y)dxdy + \iint_{D_2} f(x,y)dxdy.$$

5. (**Teorema del valor medio para la integral doble**)

Sea $f : D \subset \mathbb{R}^2 \to \mathbb{R}$ una función continua, siendo D un conjunto compacto y conexo cuya frontera es la unión finita de grafos de funciones continuas. En estas condiciones existe al menos un punto $(x_0, y_0) \in D$, tal que

$$\iint_D f(x,y)dxdy = f(x_0, y_0) \cdot S(D),$$

siendo $S(D)$ el área del recinto D.

Al valor

$$\frac{\iint_D f(x,y)dxdy}{S(D)}$$

se le llama *promedio integral* de f en D.

7.4 INTERPRETACIÓN GEOMÉTRICA DE LA INTEGRAL DOBLE

Consideremos un recinto plano acotado D y $f : D \to \mathbb{R}$ una función continua y positiva en D. Si

$$G = \{(x,y,z) \in \mathbb{R}^3 : z = f(x,y)\}$$

es el grafo de la superficie que define f, entonces el valor de la integral doble

$$\iint_D f(x,y)dxdy$$

coincide con el volumen del sólido limitado por la gráfica de la superficie y base el recinto D. (Véase la Figura 7.6)

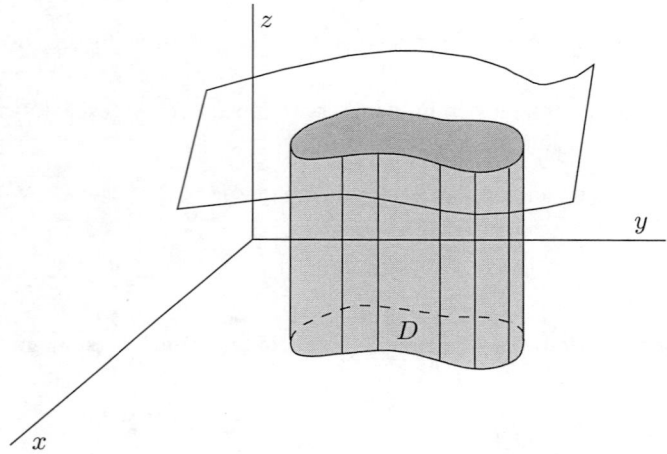

Figura 7.6 Interpretación geométrica de la integral doble

Como caso particular, si se considera la función $f(x,y) = 1$ en D, se tiene que el valor de la integral

$$\iint_D f(x,y)dxdy = \iint_D 1 \cdot dxdy$$

coincide con el área del recinto D.

De este modo disponemos de dos formas para calcular el área de una región plana. Una mediante integración en una variable y otra, como acabamos de ver, mediante la integral doble de la función constante de valor 1 extendida a la región de la que se quiere calcular el área.

■ **Ejemplo 7.5** Calculemos el área de la región plana

$$D = \{(x,y) \in \mathbb{R}^2 : 0 \le x \le 1, 0 \le y \le x\}.$$

El área pedida es

$$\text{Área }(D) = \iint_D f(x,y)dxdy =$$
$$= \int_0^1 \int_0^x 1 dy dx = \int_0^1 [y]_0^x \, dx = \int_0^1 x dx = \frac{1}{2}\left[x^2\right]_0^1 = \frac{1}{2}.$$

También resulta el área pedida como

$$\text{Área }(D) = \int_0^1 \int_y^1 1 dx dy = \int_0^1 [x]_y^1 \, dy = \int_0^1 (1-y)dy = \left[y - \frac{y^2}{2}\right]_0^1 = 1 - \frac{1}{2} = \frac{1}{2}.$$

Obsérvese que el resultado coincide con lo que nos dice la geometría elemental al ser la región un triángulo.

7.5 OTROS RECURSOS PARA EL CÁLCULO DE INTEGRALES DOBLES

Cambio de variables en la integral doble

En muchas ocasiones conviene cambiar de variables para agilizar el cálculo de una integral doble. El cambio está sugerido a veces por la geometría del recinto o por la expresión algebraica de la función o incluso por ambas cosas.

El problema del cambio de variables se rige por el siguiente teorema.

■ **Teorema (Teorema del cambio de variables).** *Sean los recintos planos elementales D y $\widehat{D}$, y la función $x = x(u,v), y = y(u,v)$, de clase C^1 que transforma $\widehat{D}$ en D biyectivamente. En estas condiciones si la función $f : D \to \mathbb{R}$ es integrable en D, se verifica que*

$$\iint_D f(x,y)dxdy = \iint_{\widehat{D}} f[x(u,v),y(u,v)] \, \left|\left(\frac{\partial(x,y)}{\partial(u,v)}\right)\right| \, dudv.$$

■ **Ejemplo 7.6** Calculemos

$$\iint_D \sqrt{x^2 + y^2}dxdy$$

donde D es el círculo unidad de centro el origen.

Pasando a coordenadas cartesianas polares relacionadas con las cartesianas rectangulares por las ecuaciones

$$\begin{cases} x = \rho\cos\theta \\ y = \rho\,\text{sen}\,\theta, \end{cases}$$

el jacobiano del cambio de variables es

$$\left|\left(\frac{\partial(x,y)}{\partial(\rho,\theta)}\right)\right| = \begin{vmatrix} \cos\theta & -\rho\,\text{sen}\,\theta \\ \text{sen}\,\theta & \rho\cos\theta \end{vmatrix} = \rho(\cos^2\theta + \text{sen}^2\theta) = \rho.$$

Como las ecuaciones del cambio de variables transforman biyectivamente el rectángulo

$$D^* = \{(\rho, \theta) \in \mathbb{R}^2 : 0 \le \rho \le 1, 0 \le \theta \le 2\pi\}$$

en el círculo

$$D = \{(x, y) \in \mathbb{R}^2 : x^2 + y^2 \le 1\},$$

según el teorema del cambio de variables, el valor de la integral se obtiene en la forma

$$\iint_D \sqrt{x^2 + y^2}\,dxdy = \iint_{D^*} \sqrt{\rho^2 \cos^2\theta + \rho^2 \sin^2\theta}\,\rho\,d\rho d\theta =$$
$$= \int_0^{2\pi} \int_0^1 \rho^2\,d\rho d\theta = \int_0^{2\pi} \frac{1}{3}\left[\rho^3\right]_0^1\,d\theta = \frac{1}{3}\int_0^{2\pi} d\theta = \frac{2\pi}{3}.$$

Las simetrías en el cálculo de una integral doble

La existencia de simetrías en el recinto de integración respecto de alguno de los ejes coordenados y la paridad de la función a integrar facilita, a veces, el cálculo de la integral. Las situaciones más frecuentes son las siguientes

1. *Función par en x y recinto D simétrico respecto del eje OY.*

   En este caso es $f(-x, y) = f(x, y), \forall (x, y) \in D$ y el valor de la integral es

   $$\iint_D f = 2 \iint_{\widehat{D}} f,$$

   siendo $\widehat{D} = \{(x, y) \in D : x \ge 0\}$.

■ **Ejemplo 7.7** Si se trata de calcular la integral

$$\iint_D x^2 y\,dxdy$$

siendo $D = \{(x, y) \in \mathbb{R}^2 : x + y \le 1, \quad x - y \ge -1, \quad y \ge 0\}$, como la función subintegral $f(x, y) = x^2 y$ es par en x y el recinto D es simétrico respecto de la recta $x = 0$, véase la Figura 7.7,

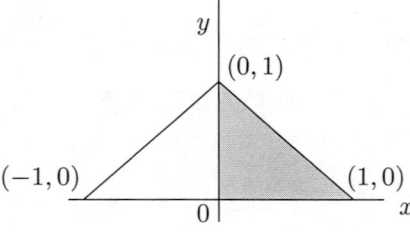

Figura 7.7 Recinto de integración del Ejemplo 7.7

se verifica que la integral pedida es

$$\iint_D x^2 y\,dxdy = 2 \iint_{\widehat{D}} x^2 y\,dxdy,$$

siendo $\widehat{D} = \{(x, y) \in D : x \ge 0\} = \{(x, y) \in \mathbb{R}^2 : x + y \le 1, x \ge 0, y \ge 0\}$.

2. *Función par en y y recinto D simétrico respecto del eje OX.*

Se verifica que $f(x, -y) = f(x, y), \forall (x, y) \in D$ y el valor de la integral se puede obtener como

$$\iint_D f = 2 \iint_{\widehat{D}} f,$$

siendo $\widehat{D} = \{(x, y) \in D : y \geq 0\}$.

■ **Ejemplo 7.8** Para calcular la integral

$$\iint_D xy^2 \, dx dy$$

donde el dominio es $D = \{(x, y) \in \mathbb{R}^2 : x + y \leq 1, x - y \leq 1, x \geq 0\}$, al ser $f(x, y) = xy^2$ par en y y el recinto D simétrico respecto del eje $y = 0$, como puede verse en la Figura 7.8, es es

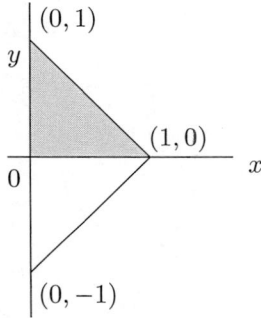

Figura 7.8 Recinto de integración del Ejemplo 7.8

$$\iint_D xy^2 \, dx dy = 2 \iint_{\widehat{D}} xy^2 \, dx dy,$$

siendo $\widehat{D} = \{(x, y) \in \mathbb{R}^2 : x + y \leq 1, x \geq 0, y \geq 0\}$.

3. *Función par en x y par en y y con recinto D simétrico respecto al eje OX y también respecto al OY.*

Como es $f(-x, y) = f(x, y), \forall (x, y) \in D$ y existe simetría respecto del eje OY, por el apartado 1 es

$$\iint_D f = 2 \iint_{\widehat{D}} f,$$

siendo $\widehat{D} = \{(x, y) \in D : x \geq 0\}$.

Por otra parte, $f(x, -y) = f(x, y), \forall (x, y) \in \widehat{D}$ y además f conserva la simetría en $\widehat{D}$ respecto del eje OX y por tanto es

$$\iint_{\widehat{D}} f = 2 \iint_{\widehat{\widehat{D}}} f,$$

siendo $\widehat{\widehat{D}} = \{(x, y) \in D : x \geq 0, y \geq 0\}$, es decir,

$$\iint_D f = 4 \iint_{\widehat{\widehat{D}}} f.$$

■ **Ejemplo 7.9** Si se trata de calcular la integral

$$\iint_D x^2 y^2 \, dx dy$$

siendo el recinto de integración $D = \{(x, y) \in \mathbb{R}^2 : |x| \leq 1, |y| \leq 1\}$, como la función $f(x, y) = x^2 y^2$ es par en x y en y y el recinto D es simétrico respecto de las rectas $x = 0$ e $y = 0$, se tiene que

$$\iint_D x^2 y^2 \, dx dy = 4 \iint_{\widehat{D}} x^2 y^2 \, dx dy,$$

siendo $\widehat{D} = \{(x, y) \in \mathbb{R}^2 : 0 \leq x \leq 1, 0 \leq y \leq 1\}$.

4. *Función impar en x y recinto D simétrico respecto del eje OY.*

La función verifica que $f(-x, y) = -f(x, y), \forall (x, y) \in D$ y en este caso es

$$\iint_D f = 0.$$

■ **Ejemplo 7.10** Para calcular la integral

$$\iint_D xy^2 \, dx dy$$

donde $D = \{(x, y) \in \mathbb{R}^2 : x + y \leq 1, x - y \geq -1, y \geq 0\}$, teniendo en cuenta que la función $f(x, y) = xy^2$ es impar en x y el recinto D es simétrico respecto del eje $x = 0$, resulta que

$$\iint_D xy^2 \, dx dy = 0.$$

5. *Función impar en y y recinto D simétrico respecto del eje OX.*

En este caso es $f(x, -y) = -f(x, y), \forall (x, y) \in D$ y resulta

$$\iint_D f = 0.$$

■ **Ejemplo 7.11** La integral

$$\iint_D x^2 y \, dx dy$$

se anula cuando el recinto de integración es $D = \{(x, y) \in \mathbb{R}^2 : x + y \leq 1, x - y \leq 1, x \geq 0\}$, ya que $f(x, y) = x^2 y$ es impar en y y el recinto D es simétrico respecto del eje $y = 0$.

Métodos operativos para fijar los límites de integración

Para calcular integrales dobles, una de las mayores dificultades se presenta al tratar de establecer los límites de integración para un recinto dado. Mostraremos algunos modelos de determinación de límites por medio de ejemplos.

■ **Ejemplo 7.12** Calculemos los límites de integración del siguiente recinto de integración

$$D = \{(x, y) : 3 \leq x \leq 4, 1 \leq y \leq 2\},$$

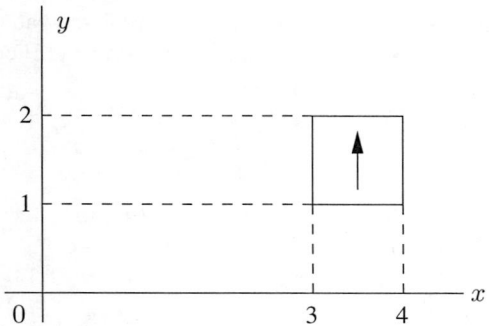

Figura 7.9 Recinto de integración del Ejemplo 7.12

que está representado en la Figura 7.9.

a) Para cada x fijo, entre 3 y 4, podemos desplazarnos verticalmente desde la recta $y = 1$ hasta la recta $y = 2$. Por lo tanto, los límites son

$$\int_3^4 \int_1^2 f(x,y)dydx.$$

b) También podríamos decir que mientras y varía desde 1 hasta 2, podemos desplazarnos horizontalmente desde la recta $x = 3$ hasta la recta $x = 4$. Los límites serían

$$\int_1^2 \int_3^4 f(x,y)dxdy.$$

■ **Ejemplo 7.13** Calculemos los límites de integración del siguiente recinto

$$D = \{(x,y) : 3 \le x \le 4, 1 \le y \le x - 2\},$$

que es el triángulo representado en la Figura 7.10.

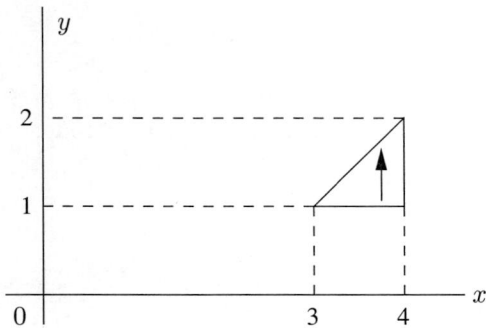

Figura 7.10 Recinto de integración del Ejemplo 7.13

a) Para cada x fijo, entre 3 y 4, podemos desplazarnos verticalmente desde la recta $y = 1$ hasta la recta $y = x - 2$.

Sería un error pensar que cuando x varía desde 3 hasta 4, nos desplazamos desde la recta $y = 1$ hasta la recta $y = 2$, porque de ser así estaríamos en el caso tratado en el Ejemplo 7.12, que es distinto al de ahora. Por lo tanto, los límites son

$$\int_3^4 \int_1^{x-2} f(x,y)dy\,dx.$$

b) También podríamos argumentar que cuando y varía desde 1 hasta 2, x varía desde la recta $y = x - 2$, es decir, $x = y + 2$, hasta la recta $x = 4$. Los límites serían ahora

$$\int_1^2 \int_{y+2}^4 f(x,y)dx\,dy.$$

■ **Ejemplo 7.14** Calculemos los límites de integración del recinto

$$D = \{(x,y) : 5 \le x \le 6, x + 2 \le y \le x^2\},$$

que está representado en la Figura 7.11.

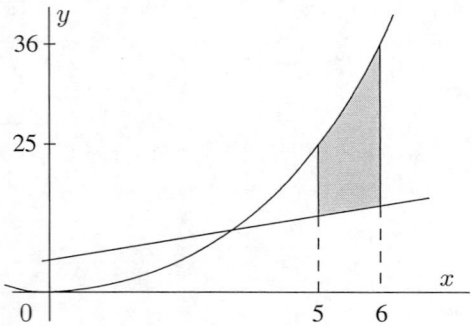

Figura 7.11 Recinto de integración del Ejemplo 7.14

Para x fijo entre 5 hasta 6, nos movemos verticalmente desde $y = x + 2$ hasta $y = x^2$ y los límites de integración son

$$\int_5^6 \int_{x+2}^{x^2} f(x,y)dy\,dx.$$

■ **Ejemplo 7.15** Calculemos los límites de integración del siguiente recinto:

$$D = \{(x,y) : x^2 \le y, x + y \le 2, x \ge 0\},$$

que está representado en la Figura 7.12.

a) Para cada x fijo entre 0 y 1 la y varía desde la curva $y = x^2$ hasta la recta $y = -x + 2$, por lo tanto los límites de integración son

$$\int_0^1 \int_{x^2}^{2-x} f(x,y)dy\,dx.$$

b) Para cada y fijo entre 0 y 2 hemos de distinguir si se encuentra entre 0 y 1 o entre 1 y 2. En el primer caso la x varía desde la recta $x = 0$ hasta la curva $x = \sqrt{y}$, mientras que en el segundo caso la x varía desde la recta $x = 0$ hasta la recta $x = 2 - y$. Con lo cual la integral se expresa como suma

$$\int_0^1 \int_0^{\sqrt{y}} f(x,y)dx\,dy + \int_1^2 \int_0^{2-y} f(x,y)dx\,dy.$$

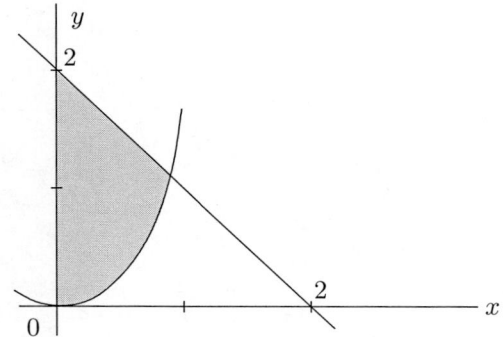

Figura 7.12 Recinto de integración del Ejemplo 7.15

■ **Ejemplo 7.16** Calculemos los límites de integración del recinto D mostrado en la Figura 7.13.

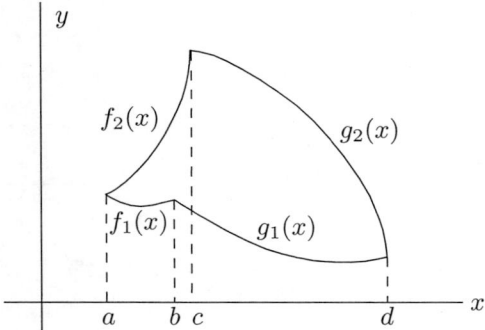

Figura 7.13 Recinto de integración del Ejemplo 7.16

a) Para cada x fijo entre a y b nos movemos verticalmente desde $y = f_1(x)$ hasta $y = f_2(x)$, siendo los límites de integración

$$\int_a^b \int_{f_1(x)}^{f_2(x)} f(x,y) dy dx.$$

b) Para cada x fijo entre b y c el desplazamiento vertical es desde $y = g_1(x)$ hasta $y = f_2(x)$. Los límites de integración son

$$\int_b^c \int_{g_1(x)}^{f_2(x)} f(x,y) dy dx.$$

c) Para cada x fijo entre c y d, y lo hace desde $g_1(x)$ hasta $g_2(x)$, por lo que los límites son

$$\int_c^d \int_{g_1(x)}^{g_2(x)} f(x,y) dy dx.$$

■ **Ejemplo 7.17** Calculemos la integral

$$\iint_{[1;2] \times [2;4]} (2x + y) dx dy.$$

Se tiene que

$$\iint_{[1;2]\times[2;4]}(2x+y)dxdy = \int_2^4\left(\int_1^2(2x+y)dx\right)dy = \int_2^4\left[x^2+xy\right]_1^2 dy =$$

$$= \int_2^4\left[(2^2+2y)-(1^2+1y)\right]dy = \int_2^4(3+y)dy =$$

$$= \left[3y+\frac{1}{2}y^2\right]_2^4 =$$

$$= 3\cdot4+\frac{1}{2}4^2-(3\cdot2+\frac{1}{2}2^2) = 12+8-8 = 12.$$

En el otro orden

$$\iint_{[1;2]\times[2;4]}(2x+y)dxdy = \int_1^2\left(\int_2^4(2x+y)dy\right)dx = \int_1^2\left[2xy+\frac{1}{2}y^2\right]_2^4 dx =$$

$$= \int_1^2(8x+\frac{1}{2}16-4x-\frac{1}{2}4)dx = \int_1^2(4x+6)dx =$$

$$= \left[2x^2+6x\right]_1^2 = 2\cdot2^2+6\cdot2-2-6 = 12,$$

resultado coincidente.

PROBLEMAS RESUELTOS

▶ **7.1** Calcúlese $I = \iint_D(x-y)dxdy$ siendo D el recinto plano definido por

$$D = \{(x,y)\in\mathbb{R}^2 : x\geq0, y\geq x^2, x+y\leq2\}.$$

RESOLUCIÓN.

Considerando la representación gráfica del recinto que puede verse en la Figura 7.14, calculamos la

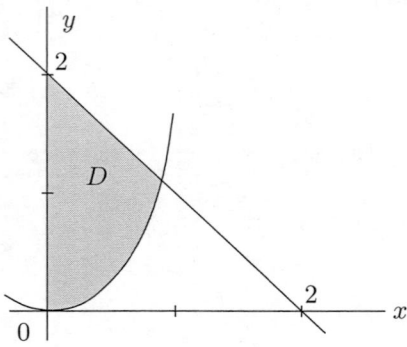

Figura 7.14 Recinto de integración del Problema 7.1

integral doble en el orden más favorable de los dos posibles. En nuestro caso es más conveniente integrar primero en la variable y, ya que de esta forma se recorre totalmente el recinto sin necesidad de hacer una partición del mismo.

De este modo se tiene que el valor de la integral pedida es

$$I = \iint_D (x-y)dxdy = \int_0^1 \left(\int_{x^2}^{2-x} (x-y)dy \right) dx = \int_0^1 \left[xy - \frac{1}{2}y^2 \right]_{x^2}^{2-x} dx =$$

$$= \int_0^1 \left(x(2-x) - \frac{1}{2}(2-x)^2 - (xx^2 - \frac{1}{2}x^4) \right) dx =$$

$$= \int_0^1 (2x - x^2 - 2 + 2x - \frac{1}{2}x^2 - x^3 + \frac{1}{2}x^4) dx =$$

$$= \int_0^1 (\frac{1}{2}x^4 - x^3 - \frac{3}{2}x^2 + 4x - 2) dx =$$

$$= \left[\frac{1}{10}x^5 - \frac{1}{4}x^4 - \frac{1}{2}x^3 + 2x^2 - 2x \right]_0^1 = (\frac{1}{10} - \frac{1}{4} - \frac{1}{2} + 2 - 2) - 0 = \frac{-13}{20}.$$

▶ **7.2** Dada la integral $\iint_D (x-y)dxdy$, donde el dominio de integración es

$$D = \{(x,y) \in \mathbb{R}^2 : x \geq 0, y \geq x^2, x + y \leq 2\},$$

calcúlese el valor de la integral integrando primero en la variable x.

Resolución.

Considerando la geometría del recinto, que puede verse en la Figura 7.15, si se integra primero en x, los apoyos extremos no se conservan al variar y en todo el recinto, por lo cual se precisa partir el recinto en dos, D_1 y D_2, siendo $D = D_1 \cup D_2$ y de forma que $int(D_1) \cap int(D_2) = \emptyset$.

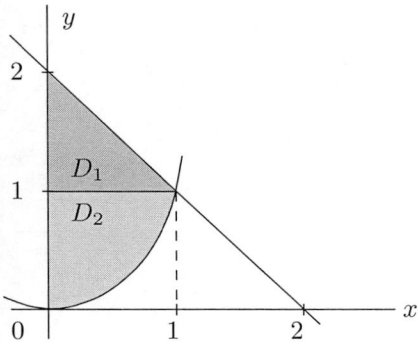

Figura 7.15 Recinto de integración del Problema 7.2

De este modo es

$$I = \iint_D (x-y)dxdy = \iint_{D_1} (x-y)dxdy + \iint_{D_2} (x-y)dxdy = I_1 + I_2.$$

El valor de cada una de estas integrales es

$$I_1 = \iint_{D_1} (x-y)dxdy = \int_0^1 \left(\int_0^{\sqrt{y}} (x-y)dx \right) dy = \int_0^1 \left[\frac{1}{2}x^2 - xy \right]_0^{\sqrt{y}} dy =$$

$$= \int_0^1 \left(\frac{1}{2}\left(\sqrt{y}\right)^2 - y\sqrt{y} \right) dy = \int_0^1 (\frac{1}{2}y - y^{\frac{3}{2}})dy = \left[\frac{1}{4}y^2 - \frac{y^{5/2}}{5/2} \right]_0^1 = \frac{1}{4} - \frac{2}{5} = \frac{-3}{20},$$

$$I_2 = \iint_{D_2} (x-y)dxdy = \int_1^2 \left(\int_0^{2-y} (x-y)dx \right) dy = \int_1^2 \left[\frac{1}{2}x^2 - xy \right]_0^{2-y} dy =$$

$$= \int_1^2 \left(\frac{1}{2}(2-y)^2 - (2-y)y \right) dy = \int_1^2 (\frac{1}{2}(4-4y+y^2) + y^2 - 2y)dy =$$

$$= \int_1^2 (\frac{3}{2}y^2 - 4y + 2)dy = \left[\frac{1}{2}y^3 - 2y^2 + 2y \right]_1^2 = 4 - 8 + 4 - (\frac{1}{2} - 2 + 2) = \frac{-1}{2}.$$

Con los valores hallados se tiene $I = I_1 + I_2 = \frac{-3}{20} - \frac{1}{2} = \frac{-13}{20}$, resultado coincidente con el del problema anterior, pero siendo el proceso más lento, lo cual nos invita a realizar siempre un tanteo para elegir el orden de integración más cómodo de acuerdo con la forma del recinto.

▶ **7.3** Calcúlese la integral

$$I = \iint_D (x+2)dxdy$$

siendo D el dominio acotado que delimitan las rectas $x = 0$, $x + y - 3 = 0$ y la parábola $y = x^2 + 1$. Compruébese el resultado obtenido cambiando el orden de integración.

RESOLUCIÓN.

Primer método: Fijando la variable x, la y varía de la parábola a la recta, luego x varía de 0 a 1 (véase la Figura 7.16), por tanto

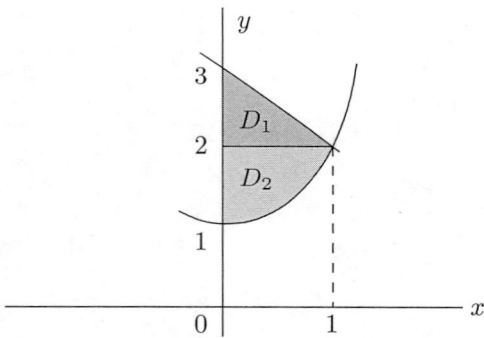

Figura 7.16 Recinto de integración del Problema 7.3

$$I = \iint_D (x+2)dxdy = \int_0^1 \left(\int_{x^2+1}^{3-x} (x+2)dy \right) dx = \int_0^1 [xy + 2y]_{x^2+1}^{3-x} dx =$$

$$= \int_0^1 \left(x(3-x) + 2(3-x) - x(x^2+1) - 2(x^2+1) \right) dx =$$

$$= \int_0^1 (3x - x^2 + 6 - 2x - x^3 - x - 2x^2 - 2)dx =$$

$$= \int_0^1 (4 - 3x^2 - x^3)dx = \left[4x - \frac{3x^3}{3} - \frac{x^4}{4} \right]_0^1 = 4 - 1 - \frac{1}{4} = \frac{11}{4}.$$

Segundo método: Partiendo el dominio en dos, D_1 y D_2, se tiene

$$\iint_{D_1} (x+2)dxdy = \int_2^3 \left(\int_0^{3-y} (x+2)dx \right) dy = \int_2^3 \left[\frac{x^2}{2} + 2x \right]_0^{3-y} dy =$$

$$= \int_2^3 \left(\frac{(3-y)^2}{2} + 2(3-y) \right) dy =$$

$$= \int_2^3 \left(\frac{9-6y+y^2}{2} + 6 - 2y \right) dy =$$

$$= \frac{1}{2} \int_2^3 (9 - 6y + y^2 + 12 - 4y)dy = \frac{1}{2} \int_2^3 (y^2 - 10y + 21)dy =$$

$$= \frac{1}{2} \left[\frac{y^3}{3} - \frac{10y^2}{2} + 21y \right]_2^3 = \frac{1}{2}(9 - 45 + 63 - \frac{8}{3} + 20 - 42) =$$

$$= \frac{1}{2}(92 - 87 - \frac{8}{3}) = \frac{1}{2}(5 - \frac{8}{3}) = \frac{1}{2} \cdot \frac{7}{3} = \frac{7}{6}.$$

$$\iint_{D_2} (x+2)dxdy = \int_1^2 \left(\int_0^{\sqrt{y-1}} (x+2)dx \right) dy = \int_1^2 \left[\frac{x^2}{2} + 2x \right]_0^{\sqrt{y-1}} dy =$$

$$= \int_1^2 \left(\frac{y-1}{2} + 2\sqrt{y-1} \right) dy =$$

$$= \left[\frac{y^2/2 - y}{2} + \frac{2(y-1)^{3/2}}{3/2} \right]_1^2 = \frac{2}{3/2} - \frac{-1/2}{2} = \frac{4}{3} + \frac{1}{4} = \frac{19}{12}.$$

Luego

$$\iint_D (x+2)dxdy = \iint_{D_1} (x+2)dxdy + \iint_{D_2} (x+2)dxdy = \frac{7}{6} + \frac{19}{12} = \frac{33}{12} = \frac{11}{4},$$

resultado coincidente con el anterior.

▶ **7.4** Calcúlese la integral

$$I = \iint_D \frac{y^2 e^{x^2+y^2}}{x^2 + y^2} dxdy$$

donde el recinto de integración es

$$D = \{(x,y) \in \mathbb{R}^2 : 1 \le x^2 + y^2 \le 4, x \le y, x \ge 0\}.$$

Resolución.

Si se realiza el cambio a coordenadas polares, sus ecuaciones

$$\left. \begin{array}{l} x = \rho \cos\theta \\ y = \rho \,\mathrm{sen}\,\theta \end{array} \right\}$$

transforman biyectivamente el recinto $D^* = \{(\rho, \theta) \in \mathbb{R}^2 : 1 \le \rho \le 2, \frac{\pi}{4} \le \theta \le \frac{\pi}{2}\}$ en el recinto de integración D. Véase la Figura 7.17.

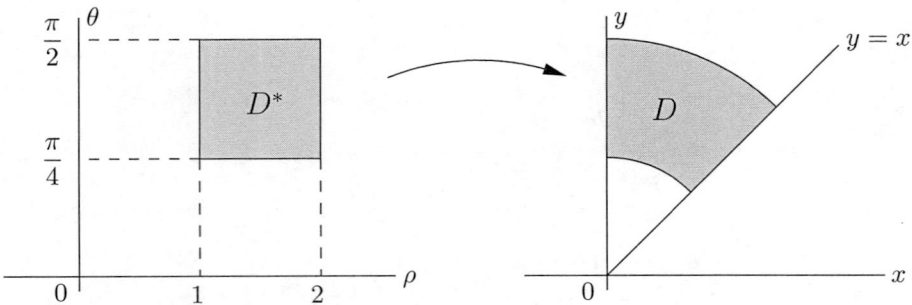

Figura 7.17 Transformación del recinto de integración del Problema 7.4

Aplicando el teorema del cambio de variables se tiene que

$$I = \iint_D \frac{y^2 e^{x^2+y^2}}{x^2+y^2} dxdy = \iint_{D^*} \frac{\rho^2 \operatorname{sen}^2 \theta\, e^{\rho^2 \cos^2 \theta + \rho^2 \operatorname{sen}^2 \theta}}{\rho^2 \cos^2 \theta + \rho^2 \operatorname{sen}^2 \theta} \rho d\rho d\theta =$$

$$= \iint_{D^*} \frac{\rho^2 \operatorname{sen}^2 \theta\, e^{\rho^2 (\cos^2 \theta + \operatorname{sen}^2 \theta)}}{\rho^2 (\cos^2 \theta + \operatorname{sen}^2 \theta)} \rho d\rho d\theta =$$

$$= \int_{\frac{\pi}{4}}^{\frac{\pi}{2}} \int_1^2 \operatorname{sen}^2 \theta\, e^{\rho^2} \rho d\rho d\theta = \left(\int_{\frac{\pi}{4}}^{\frac{\pi}{2}} \operatorname{sen}^2 \theta d\theta \right) \left(\int_1^2 e^{\rho^2} \rho d\rho \right) =$$

$$= \left(\int_{\frac{\pi}{4}}^{\frac{\pi}{2}} \frac{1 - \cos 2\theta}{2} d\theta \right) \left(\frac{1}{2} \int_1^2 e^{\rho^2} 2\rho d\rho \right) = \left[\frac{1}{2}\theta - \frac{1}{2} \frac{\operatorname{sen} 2\theta}{2} \right]_{\frac{\pi}{4}}^{\frac{\pi}{2}} \frac{1}{2} \left[e^{\rho^2} \right]_1^2 =$$

$$= \frac{1}{4} \left(\frac{\pi}{2} - \left(\frac{\pi}{4} - \frac{1}{2} \right) \right) (e^4 - e) =$$

$$= \frac{1}{4} \left(\frac{\pi}{4} + \frac{1}{2} \right) (e^4 - e) = \frac{1}{16} (\pi + 2)(e^4 - e).$$

▶ **7.5** Calcúlese

$$I = \iint_D x e^{\sqrt{x^2+y^2}} dxdy$$

siendo $D = \{(x,y) \in \mathbb{R}^2 : y \geq 0, x \geq y, x^2 + y^2 \leq 25\}$.

RESOLUCIÓN.

Consideremos el cambio a coordenadas polares

$$\left. \begin{array}{l} x = \rho \cos \theta \\ y = \rho \operatorname{sen} \theta \end{array} \right\}$$

El dominio D en el plano XY es imagen, mediante la aplicación biyectiva que define el cambio de coordenadas, del recinto $\widehat{D}$ que en el plano (ρ, θ) es $\widehat{D} = \{(\rho, \theta) \in \mathbb{R}^2 : 0 \leq \rho \leq 5, 0 \leq \theta \leq \frac{\pi}{4}\}$ y cuya representación en el plano (ρ, θ) es el rectángulo que puede verse en la Figura 7.18.

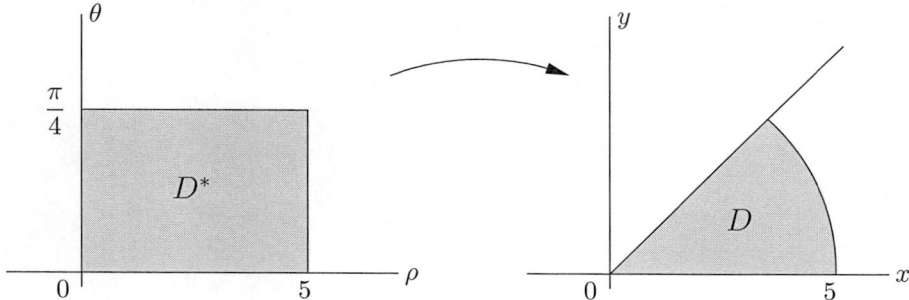

Figura 7.18 Transformación del recinto de integración del Problema 7.5

Aplicando el teorema del cambio de coordenadas en la integral doble se tiene que

$$I = \iint_D x e^{\sqrt{x^2+y^2}} dxdy = \iint_{\widehat{D}} \rho \cos\theta\, e^\rho \left| \left(\frac{\partial(x,y)}{\partial(\rho,\theta)} \right) \right| dpd\theta =$$

$$= \iint_{\widehat{D}} \rho \cos\theta\, e^\rho \rho d\rho d\theta = \int_0^5 \left(\int_0^{\frac{\pi}{4}} \rho^2 e^\rho \cos\theta d\theta \right) d\rho =$$

$$= [\operatorname{sen}\theta]_0^{\frac{\pi}{4}} \int_0^5 \rho^2 e^\rho d\rho = \frac{1}{\sqrt{2}} \int_0^5 \rho^2 e^\rho d\rho.$$

Aplicando dos veces el método de integración por partes a la última integral se tiene

$$\int_0^5 \rho^2 e^\rho d\rho = \left[\rho^2 e^\rho\right]_0^5 - 2\int_0^5 \rho e^\rho d\rho = \left[\rho^2 e^\rho\right]_0^5 - 2\left[\rho e^\rho - \int e^\rho d\rho\right]_0^5 =$$

$$= \left[\rho^2 e^\rho - 2\rho e^\rho + 2e^\rho\right]_0^5 = \left[e^\rho(\rho^2 - 2\rho + 2)\right]_0^5 =$$

$$= e^5(25 - 10 + 2) - 2 = 17e^5 - 2.$$

Sustituyendo este valor en la integral doble anterior resulta como valor pedido

$$I = \iint_D x e^{\sqrt{x^2+y^2}} dxdy = \frac{1}{\sqrt{2}}(17e^5 - 2).$$

▶ **7.6** Calcúlese la integral

$$I = \iint_D e^{\frac{2x^2+xy-y^2}{x+y}} dxdy,$$

siendo D el recinto limitado por las rectas $2x - y = 0, 2x - y = e, x + y = 0, x + y = \pi$, y utilizando el cambio de variables dado por

$$\left. \begin{array}{c} u = 2x - y \\ v = x + y \end{array} \right\}$$

RESOLUCIÓN.

De las ecuaciones del cambio se obtienen

$$x = \frac{1}{3}(u+v) \qquad \text{e} \qquad y = \frac{1}{3}(-u + 2v).$$

El recinto D^* en las coordenadas u y v se determina así:

$$
\begin{aligned}
2x - y &= 0 & \Rightarrow & & u &= 0 \\
2x - y &= e & \Rightarrow & & u &= e \\
x + y &= 0 & \Rightarrow & & v &= 0 \\
x + y &= \pi & \Rightarrow & & v &= \pi
\end{aligned}
$$

y el recinto D^* es el que aparece en la Figura 7.19.

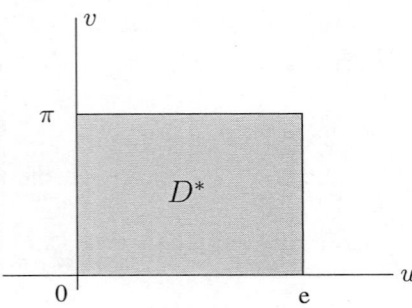

Figura 7.19 Transformación del recinto de integración del Problema 7.6

Puesto que el jacobiano en valor absoluto vale

$$
\left|\,|J|\,\right| = \left|\left(\frac{\partial(x,y)}{\partial(u,v)}\right)\right| = \left|\begin{array}{cc} \dfrac{1}{3} & \dfrac{1}{3} \\[2mm] \dfrac{-1}{3} & \dfrac{2}{3} \end{array}\right| = \left|\frac{2}{9} + \frac{1}{9}\right| = \frac{1}{3}
$$

y como es

$$
\frac{2x^2 + xy - y^2}{x + y} = \frac{(2x - y)(x + y)}{x + y} = \frac{uv}{v} = u,
$$

se tiene

$$
I = \iint_D e^{\frac{2x^2 + xy - y^2}{x + y}}\,dx\,dy = \iint_{D^*} \frac{1}{3} e^u\,du\,dv =
$$

$$
= \frac{1}{3}\left(\int_0^e e^u\,du\right)\left(\int_0^\pi dv\right) = \frac{1}{3}\,[e^u]_0^e\,[v]_0^\pi = \frac{1}{3}(e^e - 1)\pi = \frac{\pi}{3}(e^e - 1).
$$

▶ **7.7** Calcúlese

$$
I = \int_{-\infty}^{+\infty} \int_{-\infty}^{+\infty} e^{-2(x^2 + y^2)}\,dx\,dy.
$$

RESOLUCIÓN.

Pasando a coordenadas polares

$$
\left.\begin{aligned}
x &= \rho\cos\theta \\
y &= \rho\,\mathrm{sen}\,\theta
\end{aligned}\right\}
$$

y como $0 \le \rho \le +\infty, 0 \le \theta \le 2\pi$, se tiene, siguiendo la definición de integral impropia en razón del dominio de integración

$$I = \int_{-\infty}^{+\infty} \int_{-\infty}^{+\infty} e^{-2(x^2+y^2)} dxdy = \int_{0}^{+\infty} \left(\int_{0}^{2\pi} e^{-2\rho^2} \rho d\rho d\theta \right) = \int_{0}^{+\infty} e^{-2\rho^2} \rho d\rho \int_{0}^{2\pi} d\theta =$$

$$= 2\pi \int_{0}^{+\infty} e^{-2\rho^2} \rho d\rho = 2\pi \lim_{M \to +\infty} \left(\frac{-1}{4} \int_{0}^{M} e^{-2\rho^2} (-4\rho) d\rho \right) =$$

$$= 2\pi \left(\frac{-1}{4} \right) \lim_{M \to +\infty} \int_{0}^{M} e^{-2\rho^2} d(-2\rho^2) =$$

$$= \frac{-\pi}{2} \lim_{M \to +\infty} \left[e^{-2\rho^2} \right]_{0}^{M} = \frac{-\pi}{2} \left(\lim_{M \to +\infty} e^{-2M^2} - e^0 \right) = \frac{-\pi}{2}(0 - 1) = \frac{\pi}{2}.$$

▶ **7.8** Calcúlese la integral

$$\int_{0}^{1} \int_{x^{\frac{1}{n-1}}}^{1} e^{-y^n} dydx, \qquad \text{con} \qquad n \in \mathbb{N}, \quad n > 1.$$

RESOLUCIÓN.

La integral no se puede calcular en el orden indicado ya que e^{-y^n} no tiene primitiva elemental, por ello hemos de cambiar el orden de integración. Es necesario pues, conocer la variación de las variables en el recinto de integración.

La variación de y es desde $y = x^{\frac{1}{n-1}}$ hasta $y = 1$, en tanto que x lo hace desde $x = 0$ hasta $x = 1$.

Para $y = x^{\frac{1}{n-1}}$ es $x = y^{n-1}$, de donde se deduce que para $y = 1$ es $x = 1$. Todo ello se muestra en la Figura 7.20.

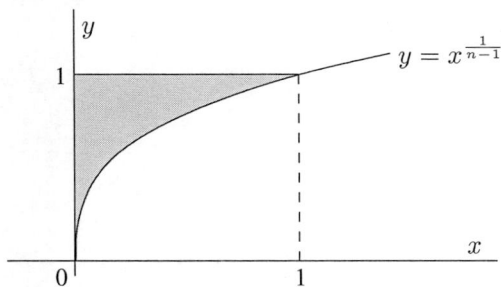

Figura 7.20 Recinto de integración del Problema 7.8

Con ello el valor de la integral pedida resulta

$$\int_{0}^{1} \int_{0}^{y^{n-1}} e^{-y^n} dxdy = \int_{0}^{1} e^{-y^n} [x]_{0}^{y^{n-1}} dy = \int_{0}^{1} e^{-y^n} y^{n-1} dy =$$

$$= \frac{-1}{n} \int_{0}^{1} e^{-y^n} (-n) y^{n-1} dy = \frac{-1}{n} \int_{0}^{1} e^{-y^n} d(-y^n) =$$

$$= \frac{-1}{n} \left[e^{-y^n} \right]_{0}^{1} = \frac{-1}{n} \left(\frac{1}{e} - 1 \right) = \frac{1}{ne}(e - 1).$$

► **7.9** Calcúlese la integral

$$\iint_D e^{\frac{-2y}{x}}\, dxdy,$$

siendo D el recinto dado por $D = \{(x, y) \in \mathbb{R}^2 : x^3 \leq y \leq x^2\}$.

RESOLUCIÓN.

El corte de la función $y = x^2$ con la $y = x^3$ se da para $x^3 = x^2$, es decir para $x = 0$ y $x = 1$.

Cuando x varía desde $x = 0$ hasta $x = 1$, y varía desde $y = x^3$ hasta $y = x^2$, como puede verse en la Figura 7.21,

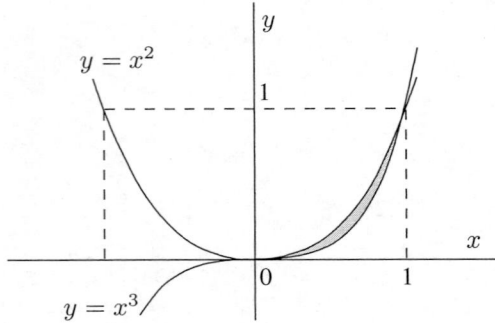

Figura 7.21 Recinto de integración del Problema 7.9

por lo que la integral se escribe como

$$\iint_D e^{\frac{-2y}{x}}\, dxdy = \int_0^1 \int_{x^3}^{x^2} e^{\frac{-2y}{x}}\, dydx = \int_0^1 \left[\frac{-x}{2} e^{\frac{-2y}{x}} \right]_{x^3}^{x^2} dx =$$

$$= \int_0^1 \frac{-x}{2} \left(e^{-2x} - e^{-2x^2} \right) dx = -\frac{1}{2} \int_0^1 e^{-2x} x dx + \frac{1}{2} \int_0^1 e^{-2x^2} x dx.$$

La segunda integral es inmediata ya que

$$\int_0^1 e^{-2x^2} x dx = \frac{-1}{4} \int_0^1 e^{-2x^2} (-4x) dx = \frac{-1}{4} \int_0^1 e^{-2x^2} d(-2x^2) =$$

$$= \frac{-1}{4} \int_0^1 d\left(e^{-2x^2} \right) = \frac{-1}{4} \left[e^{-2x^2} \right]_0^1 = \frac{-1}{4} (e^{-2} - 1) = \frac{1}{4}(1 - e^{-2}).$$

La integral $\int e^{-2x} x dx$ se calcula por partes haciendo

$$\begin{array}{rcl} u = x & \Rightarrow & du = dx \\ dv = e^{-2x} dx & \Rightarrow & v = \frac{-1}{2} e^{-2x}, \end{array}$$

con lo que

$$\int e^{-2x} x dx = \frac{-1}{2} x e^{-2x} - \int \frac{-1}{2} e^{-2x} dx =$$

$$= \frac{-1}{2} x e^{-2x} + \frac{1}{2} \int e^{-2x} dx = \frac{-1}{2} x e^{-2x} - \frac{1}{4} e^{-2x}.$$

y entonces

$$\int_0^1 e^{-2x} x dx = \left[\frac{-1}{2} x e^{-2x} - \frac{1}{4} e^{-2x} \right]_0^1 = \frac{1}{4} - \frac{3}{4} e^{-2}.$$

La integral pedida $\iint_D e^{\frac{-2y}{x}} dxdy$ vale entonces

$$\iint_D e^{\frac{-2y}{x}} dxdy = -\frac{1}{2} \left(\frac{1}{4} - \frac{3}{4} e^{-2} \right) + \frac{1}{2} \left(\frac{1}{4} (1 - e^{-2}) \right) = \frac{1}{4e^2}.$$

▶ **7.10** Calcúlese la integral impropia

$$\iint_D \frac{x e^{x^2+y^2}}{y} dxdy,$$

donde es $D = \{(x, y) \in \mathbb{R}^2 : x \geq 0, y \geq x, x^2 + y^2 \leq 1\}$.

RESOLUCIÓN.

La función $\frac{x e^{x^2+y^2}}{y}$ no está acotada en ningún entorno de $(0, 0)$ por lo que la integral dada es impropia.
Sea

$$D_\varepsilon = \{(x, y) \in \mathbb{R}^2 : \varepsilon^2 < x^2 + y^2 \leq 1\} \qquad \text{con } \varepsilon > 0.$$

El recinto de integración aparece en la Figura 7.22.

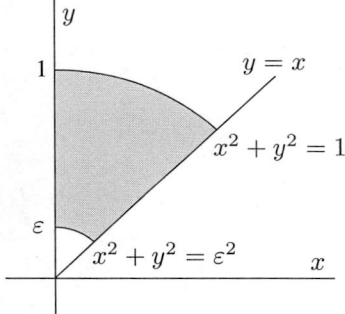

Figura 7.22 Recinto de integración del Problema 7.10

Se tiene, pasando a coordenadas polares, que

$$\iint_D \frac{x e^{x^2+y^2}}{y} dxdy = \lim_{\varepsilon \to 0} \iint_{D_\varepsilon} \frac{x e^{x^2+y^2}}{y} dxdy = \lim_{\varepsilon \to 0} \iint_{D_\varepsilon^*} \frac{\rho \cos\theta e^{\rho^2}}{\rho \,\text{sen}\,\theta} \rho d\rho d\theta =$$

$$= \lim_{\varepsilon \to 0} \iint_{D_\varepsilon^*} \text{cotg}\,\theta e^{\rho^2} \rho d\rho d\theta = \lim_{\varepsilon \to 0} \int_{\frac{\pi}{4}}^{\frac{\pi}{2}} \text{cotg}\,\theta d\theta \int_\varepsilon^1 e^{\rho^2} \rho d\rho =$$

$$= \lim_{\varepsilon \to 0} [\ln \text{sen}\,\theta]_{\frac{\pi}{4}}^{\frac{\pi}{2}} \frac{1}{2} \left[e^{\rho^2} \right]_\varepsilon^1 = \frac{1}{2} \left(\ln \text{sen}\,\frac{\pi}{2} - \ln \text{sen}\,\frac{\pi}{4} \right) \left(e^1 - \lim_{\varepsilon \to 0} e^{\varepsilon^2} \right) =$$

$$= \frac{1}{2} \left(0 - \ln \frac{1}{\sqrt{2}} \right) (e - 1) = \frac{1}{2} \left(-\ln 1 + \ln \sqrt{2} \right) (e - 1) = \frac{1}{2} (e - 1) \ln \sqrt{2},$$

que es un número real y por tanto la integral es convergente.

▶ **7.11** Estúdiese la integral impropia

$$\iint_D xye^{-(x^2+y^2)^2}\,dxdy,$$

donde es $D = \{(x,y) \in \mathbb{R}^2 : x \geq 0, y \geq x\}$.

RESOLUCIÓN.

El recinto de integración D, que puede verse en la Figura 7.23, no está acotado y por tanto la integral es impropia.

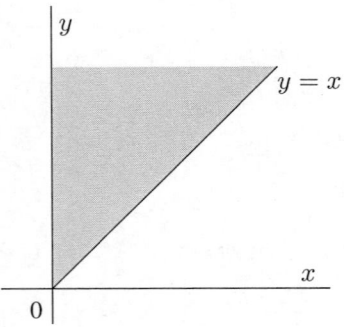

Figura 7.23 Recinto de integración del Problema 7.11

Considerando coordenadas cartesianas polares

$$\begin{cases} x = \rho\cos\theta \\ y = \rho\sin\theta \end{cases}$$

la función que las define transforma biyectivamente el recinto $D^* = \{(\rho,\theta) \in \mathbb{R}^2 : 0 \leq \rho < +\infty, \frac{\pi}{4} \leq \theta \leq \frac{\pi}{2}\}$ en el recinto D dado. Con ello es

$$\iint_D xye^{-(x^2+y^2)^2}\,dxdy = \iint_{D^*} \rho\cos\theta\,\rho\sin\theta e^{-(\rho^2)^2}\rho d\rho d\theta =$$

$$= \iint_{D^*} e^{-\rho^4}\rho^3\sin\theta\cos\theta d\rho d\theta =$$

$$= -\frac{1}{4}\iint_{D^*} e^{-\rho^4}(-4\rho^3)(\frac{1}{2}\sin 2\theta)d\rho d\theta =$$

$$= -\frac{1}{8}\int_{\frac{\pi}{4}}^{\frac{\pi}{2}}\int_0^{+\infty} e^{-\rho^4}d(-\rho^4)\sin 2\theta d\theta =$$

$$= -\frac{1}{8}\left[-\frac{1}{2}\cos 2\theta\right]_{\frac{\pi}{4}}^{\frac{\pi}{2}}\left(\lim_{M\to+\infty}\int_0^M e^{-\rho^4}d(-\rho^4)\right) =$$

$$= \frac{1}{16}\left(\cos\pi - \cos\frac{\pi}{2}\right)\left(\lim_{M\to+\infty}\left[e^{-\rho^4}\right]_0^M\right) =$$

$$= \frac{1}{16}(-1-0)\left(\lim_{M\to+\infty}e^{-M^4} - e^0\right) = \frac{-1}{16}(0-1) = \frac{1}{16},$$

que es un número real y la integral converge.

PROBLEMAS PROPUESTOS

7.1 Calcúlese la integral $\iint_D (x + y)dxdy$, donde D es el dominio plano definido como

$$D = \{(x, y) \in \mathbb{R}^2 : x \geq 0, y \geq x^2, y \leq x + 2\}.$$

7.2 Considerando el recinto plano

$$D = \{(x, y) \in \mathbb{R}^2 : x \geq 0, y \geq x^2, y \leq x + 2\},$$

calcúlese la integral $\iint_D (x + y)dxdy$, integrando en el orden que aparece en la misma.

7.3 Calcúlese la integral

$$\iint_D (yx^2 - x^5)dxdy$$

siendo D el dominio acotado que delimitan las rectas $y = 0$, $y = 2 - x$ y la cúbica $y = x^3$. Compruébese el resultado obtenido cambiando el orden de integración.

7.4 Cacúlese la integral

$$\iint_D \frac{dxdy}{\sqrt{1 + x^2 + y^2}}$$

siendo D el recinto plano definido por

$$D = \{(x, y) \in \mathbb{R}^2 : x \geq 0, y \geq 0, x^2 + y^2 \leq 4\}.$$

7.5 Encuéntrese el número k para que la integral

$$I = \iint_D \frac{24k}{\pi} e^{-3(x^2+y^2)}dxdy$$

tenga valor $I = 1$, siendo $D = \{(x, y) \in \mathbb{R}^2 : 0 \leq x^2 + y^2 \leq 4, x \geq 0, x \leq y\}$.

7.6 Calcúlese el valor de la integral

$$I = \iint_D (x + y)^3(x - y)^2 dxdy,$$

siendo D el recinto limitado por las rectas $x + y = 0, x + y = 2, x - y = -1, x - y = 1$, y realizando el cambio de variables definido por la función

$$\left.\begin{array}{l} x = \dfrac{1}{2}(u + v) \\[2mm] y = \dfrac{1}{2}(u - v) \end{array}\right\}$$

7.7 Calcúlese la integral

$$\iint_D \frac{y}{x^3}dxdy$$

en el recinto no acotado D, definido por

$$D = \{(x, y) \in \mathbb{R}^2 : x \geq 1, x + 1 \leq y \leq x + 2\}.$$

7.8 Calcúlese la integral

$$I = \int_0^1 \int_{x^{\frac{1}{n-1}}}^1 \operatorname{sen} y^n dy dx, \qquad n \in \mathbb{N}, \quad n > 1.$$

7.9 Calcúlese la integral

$$\int_D x^2 y^3 \, dx dy,$$

siendo D el recinto dado por $D = \{(x, y) \in \mathbb{R}^2 : y \geq x^2, y \leq 2x^2, x \geq 2y^2\}$.

7.10 Calcúlese la integral impropia

$$\iint_D \frac{x^2 + y^2}{x^2} \, dx dy,$$

donde es $D = \{(x, y) \in \mathbb{R}^2 : x \geq 0, y \geq 0, y \leq x, x^2 + y^2 \leq 1\}$.

7.11 Estúdiese la integral

$$I = \iint_D e^{-y^2} x^3 y \, dx dy,$$

siendo $D = \{(x, y) \in \mathbb{R}^2 : y \geq x^2, 0 \leq x \leq 1\}$.

Integración triple

8.1 Integrales triples sobre ortoedros

La integral triple se introduce de forma análoga al proceso seguido para la integral doble.

Ahora se va a considerar una función $f : D \subset \mathbb{R}^3 \to \mathbb{R}$, acotada en D, siendo $D = [a_1; b_1] \times [a_2; b_2] \times [a_3; b_3]$ un paralelepípedo rectangular, u ortoedro.

Si se hacen particiones en cada uno de los lados del paralelepípedo D, se consiguen las sumas integrales de Riemann de la forma

$$S_{mnp} = \sum_{i=0}^{m-1} \sum_{j=0}^{n-1} \sum_{k=0}^{p-1} f(c_{ijk}) \Delta V,$$

donde ΔV es el volumen del paralelepípedo elemental D_{ijk} resultante de la partición y c_{ijk} un punto arbitrario del mismo.

■ **Definición.** *Sea $f : D \subset \mathbb{R}^3 \to \mathbb{R}$ una función acotada en D, siendo D un paralelepípedo rectangular. Se dice que f es* integrable *en el sentido de Riemann en D si la sucesión $\{S_{mnp}\}$ converge a un número real I cuando m, n y p tienden a infinito, independientemente de los puntos c_{ijk} elegidos en cada paralelepípedo elemental D_{ijk} originado por la partición.*

Al número real I se le llama integral triple *de f en D en el sentido de Riemann y se representa como $I = \int_D f dV$, o bien*

$$I = \iiint_D f(x, y, z) dx dy dz.$$

■ **Teorema.** *Si la función $f : D = [a_1; b_1] \times [a_2; b_2] \times [a_3; b_3] \to \mathbb{R}$ es continua en D, entonces es integrable en D.*

■ **Proposición 1.** *Si la función $f : D = [a_1; b_1] \times [a_2; b_2] \times [a_3; b_3] \to \mathbb{R}$ está acotada en D, y es continua en D salvo a lo sumo en un subconjunto de D formado por la unión finita de grafos de funciones continuas, entonces f es integrable en D.*

Al igual que en la integración doble, existe el correspondiente teorema de Fubini que nos garantiza, cuando f es continua en el paralelepípedo D, que son iguales las seis posibles integrales simples iteradas.

■ **Ejemplo 8.1** Calculemos la integral $\iiint_D (x+y+z) dx dy dz$ extendida al recinto $D = [1; 2] \times [3; 4] \times [5; 6]$. Se tiene que

$$\iiint_D (x + y + z) dx dy dz = \int_1^2 \int_3^4 \int_5^6 (x + y + z) dz dy dx =$$

$$= \int_1^2 \int_3^4 \left[xz + yz + \frac{z^2}{2} \right]_5^6 dy dx =$$

$$= \int_1^2 \int_3^4 \left(x(6 - 5) + y(6 - 5) + \frac{1}{2}(6^2 - 5^2) \right) dy dx =$$

$$= \int_1^2 \int_3^4 \left(x + y + \frac{11}{2} \right) dy dx = \int_1^2 \left[xy + \frac{y^2}{2} + \frac{11}{2} y \right]_3^4 dx =$$

$$= \int_1^2 \left(x(4 - 3) + \frac{1}{2}(4^2 - 3^2) + \frac{11}{2}(4 - 3) \right) dx =$$

$$= \int_1^2 \left(x + \frac{7}{2} + \frac{11}{2} \right) dx = \int_1^2 (x + 9) dx =$$

$$= \left[\frac{x^2}{2} + 9x \right]_1^2 = \frac{1}{2}(2^2 - 1^2) + 9(2 - 1) = \frac{3}{2} + 9 = \frac{21}{2}.$$

8.2 La integral triple sobre recintos generales

La integración triple en recintos más generales tiene un proceso similar al de la integral doble.

De este modo, si se quiere calcular la integral de f en un recinto general acotado D en $\mathbb{R}^3$ consideraremos un paralelepípedo acotado $\widehat{D}$, que contiene a D, y una función $\widehat{f}$ que coincide con f en D y que sea nula en $\widehat{D} - D$, y de este modo es

$$\iiint_D f dV = \iiint_{\widehat{D}} \widehat{f} dV.$$

Vamos a considerar únicamente recintos del tipo

$$D_1 = \{(x,y,z) \in \mathbb{R}^3 : a_1 \le x \le b_1, \varphi_1(x) \le y \le \varphi_2(x), \psi_1(x,y) \le z \le \psi_2(x,y)\}$$

o bien

$$D_2 = \{(x,y,z) \in \mathbb{R}^3 : a_2 \le y \le b_2, \gamma_1(y) \le x \le \gamma_2(y), \psi_1(x,y) \le z \le \psi_2(x,y)\}.$$

Recintos análogos se tienen intercambiando las variables x e y, o bien y y z, resultando seis en total. A estos recintos les llamaremos *recintos elementales*. Con estas consideraciones resulta que

$$\iiint_{D_1} f dV = \int_{a_1}^{b_1} \left(\int_{\varphi_1(x)}^{\varphi_2(x)} \left(\int_{\psi_1(x,y)}^{\psi_2(x,y)} f dz \right) dy \right) dx,$$

del mismo modo

$$\iiint_{D_2} f dV = \int_{a_2}^{b_2} \left(\int_{\varphi_1(y)}^{\varphi_2(y)} \left(\int_{\psi_1(x,y)}^{\psi_2(x,y)} f dz \right) dx \right) dy,$$

y en forma análoga para cada uno de los tipos de recintos considerados.

8.3 Cambio de variables en la integral triple

De acuerdo con la expresión de la función y la geometría del recinto de integración, o ambas cosas, a veces resulta conveniente introducir un cambio de variables con el fin de hacer más cómodo el proceso de intregración.

La posibilidad de calcular una integral triple cambiando de variables se garantiza con el siguiente teorema.

■ **Teorema.** *Sean D y $\widehat{D}$ recintos acotados en $\mathbb{R}^3$ y la función*

$$x = x(u,v,w)$$
$$y = y(u,v,w)$$
$$z = z(u,v,w)$$

de clase C^1 que transforma $\widehat{D}$ en D biyectivamente. En estas condiciones si la función $f : D \subset \mathbb{R}^3 \to \mathbb{R}$ es integrable, se verifica que

$$\iiint_D f(x,y,z) dxdydz = \iiint_{\widehat{D}} f[x(u,v,w), y(u,v,w), z(u,v,w)] \, \left| \left(\frac{\partial(x,y,z)}{\partial(u,v,w)} \right) \right| \, dudvdw.$$

■ **Ejemplo 8.2** Calculemos la integral

$$\iiint_D \frac{e^{x^2+y^2+z^2}}{\sqrt{x^2+y^2+z^2}} dxdydz$$

en $D = \{(x, y, z) \in \mathbb{R}^3 : x \geq 0, y \geq 0, z \geq 0, 1 \leq x^2 + y^2 + z^2 \leq 4\}$.

La función subintegral y el recinto de integración nos sugieren la consideración del cambio de variables al sistema de coordenadas esféricas dado por las ecuaciones

$$\begin{cases} x = \rho \operatorname{sen} \varphi \cos \theta \\ y = \rho \operatorname{sen} \varphi \operatorname{sen} \theta \\ z = \rho \cos \varphi \end{cases}$$

y en el cual es

$$\left| \left(\frac{\partial(x, y, z)}{\partial(\rho, \theta, \varphi)} \right) \right| = |-\rho^2 \operatorname{sen} \varphi|$$

y el recinto D es el transformado biyectivamente de $\widehat{D}$ por la aplicación

$$\Phi : \quad \begin{array}{ccc} \widehat{D} & \longrightarrow & D \\ (\rho, \theta, \varphi) & \longmapsto & \Phi(\rho, \theta, \varphi) = (x, y, z) \end{array}$$

siendo

$$\widehat{D} = \{(\rho, \theta, \varphi) \in \mathbb{R}^3 : 1 \leq \rho \leq 2, 0 \leq \theta \leq \tfrac{\pi}{2}, 0 \leq \varphi \leq \tfrac{\pi}{2}\},$$

con lo cual es

$$I = \iiint_D \frac{e^{x^2+y^2+z^2}}{\sqrt{x^2+y^2+z^2}} dx dy dz = \iiint_{\widehat{D}} \frac{e^{\rho^2}}{\sqrt{\rho^2}} \rho^2 \operatorname{sen} \varphi d\rho d\theta d\varphi =$$

$$= \int_0^{\frac{\pi}{2}} \left(\int_0^{\frac{\pi}{2}} \left(\int_1^2 e^{\rho^2} \rho \operatorname{sen} \varphi d\rho \right) d\theta \right) d\varphi =$$

$$= \int_0^{\frac{\pi}{2}} d\theta \int_0^{\frac{\pi}{2}} \operatorname{sen} \varphi d\varphi \frac{1}{2} \int_1^2 e^{\rho^2} 2\rho d\rho =$$

$$= \frac{1}{2} [\theta]_0^{\pi/2} [-\cos \varphi]_0^{\pi/2} \left[e^{\rho^2} \right]_1^2 = \frac{1}{2} \frac{\pi}{2} (0 + 1)(e^4 - e) = \frac{\pi e(e^3 - 1)}{4} .$$

8.4. LAS SIMETRÍAS EN EL CÁLCULO DE LA INTEGRAL TRIPLE

Como en el caso de las integrales dobles, si el recinto de integración presenta simetría respecto de alguno de los planos coordenados y la función presenta paridad adecuada, el cálculo de la integral

$$\iiint_D f(x, y, z) dx dy dz$$

se simplifica notablemente.

Los casos más usuales son:

1. Si la función f es par en la variable x y el recinto D es simétrico respecto del plano $x = 0$, entonces

$$\iiint_D f(x, y, z) dx dy dz = 2 \iiint_{\widehat{D}} f(x, y, z) dx dy dz,$$

siendo $\widehat{D} = \{(x, y, z) \in D : x \geq 0\}$. En este caso el cálculo de la integral se traslada a su cálculo en un recinto de volumen mitad.

2. Si la función f es impar en x y el recinto D es simétrico respecto del plano $x = 0$, entonces

$$\iiint_D f(x,y,z)dxdydz = 0.$$

Resultados análogos se obtienen sustituyendo lo dicho respecto de la variable x para las variables y y z.

Téngase en cuenta que si la función presenta paridad respecto de dos variables y además existe simetría del recinto respecto de los planos coordenados correspondientes a esas variables, entonces el cálculo de la integral queda reducido a conocer el valor de la misma en un recinto cuyo volumen es la cuarta parte del dado.

En el caso más favorable de que la función f sea par respecto de sus tres variables y el recinto de integración D sea simétrico respecto de los tres planos coordenados entonces resulta

$$\iiint_D f(x,y,z)dxdydz = 8\iiint_{\widehat{D}} f(x,y,z)dxdydz,$$

siendo $\widehat{D} = \{(x,y,z) \in D : x \geq 0, y \geq 0, z \geq 0\}$.

8.5 Cálculo del elemento diferencial de volumen

Recordar los jacobianos de las transformaciones suele resultar pesado y mucho más calcularlos. Vamos a mostrar unos métodos sencillos para obtenerlos de forma rápida.

Coordenadas polares

El elemento diferencial de superficie es el que se obtiene de las variaciones diferenciales de θ y ρ. La variación $d\theta$ genera una variación de arco $ds = \rho d\theta$, como puede observarse en la Figura 8.1, por lo que el elemento diferencial de superficie es

$$dS = dsd\rho = \rho d\theta d\rho,$$

en consecuencia el jacobiano en valor absoluto es $\left\|J\right\| = \rho$, ya que es la expresión que multiplica a $d\theta d\rho$.

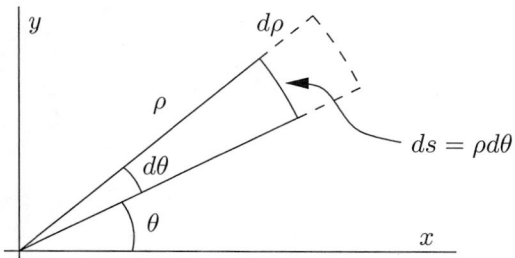

Figura 8.1 Elemento diferencial de superficie en coordenadas polares

Coordenadas cilíndricas

La variación infinitesimal $d\theta$ genera una variación infinitesimal de arco ds, por lo que la cuña cilíndrica diferencial tiene un volumen dado por

$$dV = dsdzd\rho = \rho d\theta dzd\rho,$$

como puede observarse en la Figura 8.2. y el valor absoluto del determinante jacobiano resulta ser $\left\|J\right\| = \rho$.

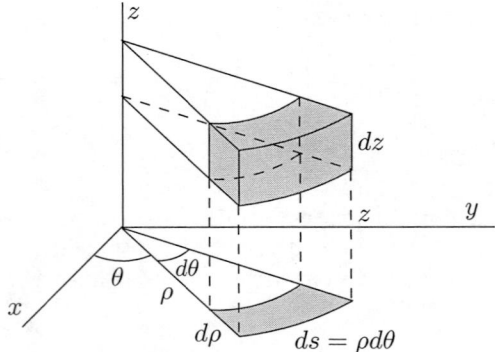

Figura 8.2 Elemento diferencial de volumen en coordenadas cilíndricas

Coordenadas esféricas

La cuña esférica diferencial tendrá un lado de longitud $d\rho$, que proviene de la variación infinitesimal de ρ. Un segundo lado de longitud $\rho d\varphi$, generado por la variación infinitesimal de φ y un tercer lado de longitud $\rho \operatorname{sen} \varphi d\theta$, engendrado por la variación infinitesimal de θ, para un radio $\rho \operatorname{sen} \varphi$; observe que la variación de θ se da en el plano XY sobre el cual el radio tiene una proyección $\rho \operatorname{sen} \varphi$, como puede observarse en la Figura 8.3.

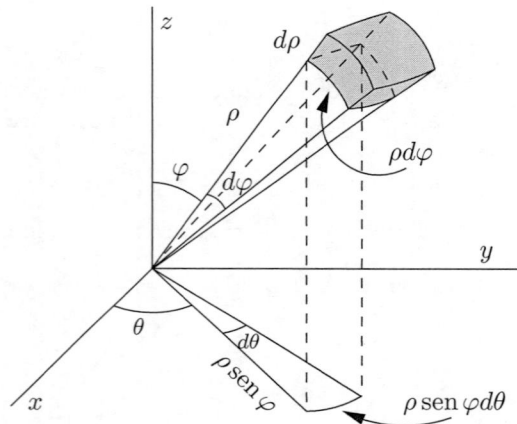

Figura 8.3 Elemento diferencial de volumen en coordenadas esféricas

La multiplicación de los tres lados es

$$dV = \rho^2 \operatorname{sen} \varphi d\rho d\theta d\varphi$$

y el valor absoluto del determinante jacobiano es $\left| |J| \right| = \rho^2 \operatorname{sen} \varphi$, con $\varphi \in [0; \pi)$.

PROBLEMAS RESUELTOS

▶ **8.1** Calcúlese el volumen de la región determinada por

$$U = \{(x, y, z) : x \geq 0, y \geq 0, z \geq 0, 3x + 2y + z \leq 6\}.$$

RESOLUCIÓN.

La región en cuestión es la mostrada en la Figura 8.4.

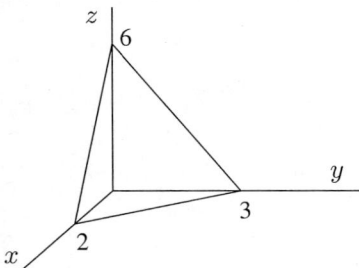

Figura 8.4 Región del Problema 8.1

Elijamos un eje cualquiera, por ejemplo el OX; sobre este eje x varía desde 0 hasta 2. Cuando x varía desde 0 hasta 2, y varía desde $y = 0$ hasta la recta $y = \frac{-3}{2}x + 3$, como se observa en la Figura 8.5.

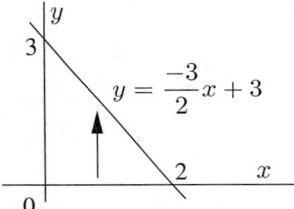

Figura 8.5 Proyección del plano $3x + 2y + z = 6$ sobre el plano $z = 0$

Por último, cuando nos movemos desde el punto $(x, 0)$ al punto $(x, y = \frac{-3}{2}x + 3)$, la variable z variará desde $z = 0$ hasta el plano $3x + 2y + z = 6$ o $z = 6 - 3x - 2y$. Por tanto, el volumen pedido es

$$
\begin{aligned}
V &= \int_0^2 \int_0^{\frac{-3}{2}x+3} \int_0^{6-3x-2y} dz\,dy\,dx = \\
&= \int_0^2 \int_0^{\frac{-3}{2}x+3} [z]_0^{6-3x-2y} dy\,dx = \\
&= \int_0^2 \int_0^{\frac{-3}{2}x+3} (6 - 3x - 2y) dy\,dx = \\
&= \int_0^2 [6y - 3xy - y^2]_0^{\frac{-3}{2}x+3} dx = \\
&= \int_0^2 \left(6(\tfrac{-3}{2}x + 3) - 3x(\tfrac{-3}{2}x + 3) - (\tfrac{-3}{2}x + 3)^2 \right) dx = \\
&= \int_0^2 \left(-9x + 18 + \tfrac{9x^2}{2} - 9x - \tfrac{9}{4}x^2 + 9x - 9 \right) dx = \\
&= \int_0^2 \left(\tfrac{9}{4}x^2 - 9x + 9 \right) dx = \\
&= \left[\frac{9}{4} \frac{x^3}{3} - 9\frac{x^2}{2} + 9x \right]_0^2 = \frac{9}{4} \frac{2^3}{3} - 9\frac{2^2}{2} + 9 \cdot 2 = 6 - 18 + 18 = 6.
\end{aligned}
$$

▶ **8.2** Mediante integración múltiple calcúlese el volumen del sólido comprendido entre las superficies $x^2+y^2 = 1$ y $x^2 + y^2 = z^2$.

Compruébese la validez del resultado obtenido apelando a la geometría elemental.

RESOLUCIÓN.

Se trata de calcular el volumen del recinto situado fuera de la superficie cónica $x^2 + y^2 = z^2$ y dentro de la superficie cilíndrica $x^2 + y^2 = 1$.

Utilizando las simetrías del sólido, el volumen es ocho veces el volumen de la parte situada en el primer octante, como puede verse en la Figura 8.6.

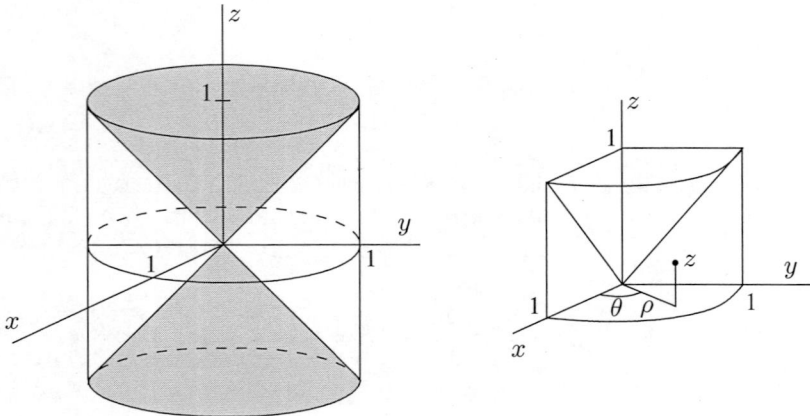

Figura 8.6 Volumen del sólido del Problema 8.2

Primer método: Utilizando integración triple.

Considerando coordenadas cilíndricas se tiene

$$V = 8 \iiint_D dV = 8 \iiint_D dxdydz = 8 \iiint_{D^*} \rho \, d\rho d\theta dz.$$

Como es $z^2 = x^2 + y^2 = \rho^2 \Rightarrow z = \rho$ para la superficie cónica y por tanto el volumen pedido es

$$V = 8 \iiint_{D^*} \rho \, d\rho d\theta dz = 8 \int_0^{\frac{\pi}{2}} \int_0^1 \int_0^{\rho} dz \, \rho \, d\rho d\theta =$$

$$= 8 \int_0^{\frac{\pi}{2}} \int_0^1 [z]_0^{\rho} \rho \, d\rho d\theta = 8 \int_0^{\frac{\pi}{2}} \int_0^1 \rho^2 d\rho d\theta =$$

$$= 8 \int_0^{\frac{\pi}{2}} \frac{1}{3} [\rho^3]_0^1 \, d\theta = \frac{8}{3} \int_0^{\frac{\pi}{2}} (1-0) d\theta = \frac{8}{3} \frac{\pi}{2} = \frac{4\pi}{3}.$$

Segundo método: Mediante integración doble.

El volumen pedido se puede calcular también como la integral doble de la función $z = f(x,y) = \sqrt{x^2 + y^2}$, que define la superficie cónica, extendida al círculo unidad del plano XY.

Teniendo en cuenta las simetrías es

$$V = 8 \iint_R \sqrt{x^2 + y^2} dxdy,$$

donde R es el cuadrante del círculo unidad.

Haciendo el cambio a coordenadas polares es

$$V = 8 \iint_R \sqrt{x^2 + y^2}\, dx\, dy = 8 \iint_{R^*} \sqrt{\rho^2}\, \rho\, d\rho\, d\theta =$$

$$= 8 \int_0^{\frac{\pi}{2}} \int_0^1 \rho^2\, d\rho\, d\theta = 8 \int_0^{\frac{\pi}{2}} \frac{1}{3} \left[\rho^3 \right]_0^1 d\theta =$$

$$= \frac{8}{3} \int_0^{\frac{\pi}{2}} (1 - 0)\, d\theta = \frac{8}{3} \frac{\pi}{2} = \frac{4\pi}{3}$$

y el resultado es coincidente con el obtenido por el otro procedimiento.

Sin necesidad del Cálculo integral el volumen se calcula de forma inmediata como diferencia entre el volumen de un cilindro de base el círculo unidad y altura dos unidades y el volumen de dos conos idénticos de base el círculo de radio unidad y altura uno, es decir,

$$V = \pi \cdot 1^2 \cdot 2 - 2 \cdot \frac{1}{3} \cdot \pi \cdot 1^2 \cdot 1 = 2\pi - \frac{2}{3}\pi = \frac{4\pi}{3},$$

que es el resultado conocido.

▶ **8.3** Calcúlese el volumen de la región delimitada por los planos $y = 0$, $y = 1$ y los conos $x^2 + z^2 = y^2$ y $x^2 + z^2 = 4y^2$.

RESOLUCIÓN.

La simetría del problema indica que debemos usar coordenadas cilíndricas

$$\left. \begin{array}{l} x = \rho \cos \theta \\ z = \rho \operatorname{sen} \theta \\ y = y \end{array} \right\} \Rightarrow x^2 + z^2 = \rho^2,$$

como puede verse en la Figura 8.7.

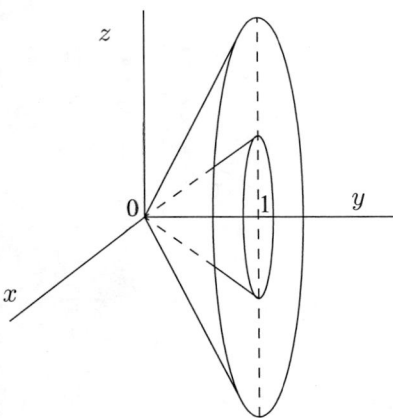

Figura 8.7 La región del Problema 8.3

Las ecuaciones de los conos en coordenadas cilíndricas vienen dadas por las expresiones

$$\rho^2 = y^2 \Rightarrow \rho = y \qquad \text{y} \qquad \rho^2 = 4y^2 \Rightarrow \rho = 2y.$$

Cuando y varía desde $y = 0$ hasta $y = 1$, el radio varía desde $\rho = y$ hasta $\rho = 2y$ (según se muestra en la Figura 8.7). Por lo tanto el volumen pedido es

$$V = \int_0^{2\pi} \int_0^1 \int_y^{2y} \rho d\rho dy d\theta = \int_0^{2\pi} \int_0^1 \left[\frac{\rho^2}{2}\right]_y^{2y} dy d\theta =$$

$$= \int_0^{2\pi} \int_0^1 \left(\frac{4y^2}{2} - \frac{y^2}{2}\right) dy d\theta = \int_0^{2\pi} \int_0^1 \frac{3y^2}{2} dy d\theta =$$

$$= \int_0^{2\pi} \left[\frac{3}{2} \frac{y^3}{3}\right]_0^1 d\theta = \int_0^{2\pi} \frac{1}{2} d\theta = \left[\frac{1}{2}\theta\right]_0^{2\pi} = \pi.$$

Obsérvese que se llegaría al mismo resultado caculando el volumen encerrado por los dos troncos de cono y posteriormente restando, eso es lo que hace la integral $\int_y^{2y} \rho d\rho$.

▶ **8.4** Calcúlese el volumen de la región interior a las superficies cónicas

$$x^2 + y^2 = z^2 \qquad \text{y} \qquad (z - 2)^2 = 9(x^2 + y^2).$$

RESOLUCIÓN.

La simetría del problema sugiere utilizar coordenadas cilíndricas

$$\left.\begin{array}{l} x = \rho \cos \theta \\ y = \rho \operatorname{sen} \theta \\ z = z \end{array}\right\} \Rightarrow x^2 + y^2 = \rho^2,$$

como puede verse en la Figura 8.8.

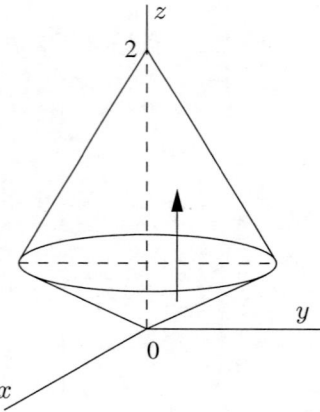

Figura 8.8 La región del Problema 8.4

En coordenadas cilíndricas los conos se expresan como

$$\rho^2 = z^2 \Rightarrow \rho = |z| \qquad \text{y} \qquad 9\rho^2 = (z - 2)^2 \qquad \Rightarrow \qquad \rho = -\frac{1}{3}(z - 2),$$

donde es necesario el signo menos de la raíz cuadrada para que ρ tome valores positivos.

Los conos se cortan para un valor de z dado por

$$-\frac{1}{3}(z - 2) = z \qquad \Rightarrow \qquad z = \frac{1}{2},$$

es decir, para $\rho = z = \frac{1}{2}$. Cuando ρ varíe desde $\rho = 0$ hasta $\rho = \frac{1}{2}$, podemos movernos a lo largo del eje OZ desde el cono $z = \rho$ hasta el cono $\rho = -\frac{1}{3}(z - 2)$ o $z = -3\rho + 2$ (véase flecha de la Figura 8.8), por lo tanto el volumen pedido es

$$V = \int_0^{\frac{1}{2}} \int_\rho^{-3\rho+2} \int_0^{2\pi} \rho\, d\theta\, dz\, d\rho = 2\pi \int_0^{\frac{1}{2}} \int_\rho^{-3\rho+2} \rho\, dz\, d\rho =$$

$$= 2\pi \int_0^{\frac{1}{2}} [z]_\rho^{-3\rho+2} \rho\, d\rho = 2\pi \int_0^{\frac{1}{2}} (-4\rho + 2)\rho\, d\rho =$$

$$= 2\pi \left[-4\frac{\rho^3}{3} + 2\frac{\rho^2}{2} \right]_0^{\frac{1}{2}} = 2\pi \left(-\frac{4}{3} \left(\frac{1}{2}\right)^3 + \left(\frac{1}{2}\right)^2 \right) = 2\pi \frac{1}{12} = \frac{\pi}{6}.$$

▶ **8.5** Calcúlese el volumen del sólido limitado por el paraboloide $z = x^2 + y^2$, el cilindro $x^2 + y^2 = 2y$ y el plano $z = 0$.

RESOLUCIÓN.

El cilindro $x^2 + y^2 = 2y$ se puede escribir en la forma $x^2 + y^2 - 2y = 0$, es decir, $x^2 + (y - 1)^2 = 1$. Se trata del cilindro de eje paralelo al eje OZ y centrado en $(0, 1)$, como puede verse en la Figura 8.9.

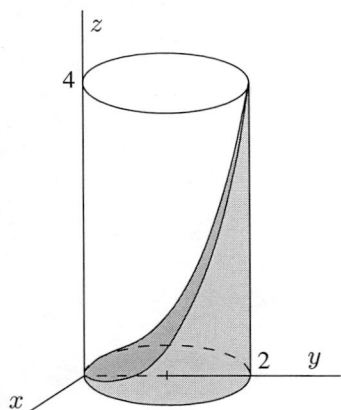

Figura 8.9 El sólido del Problema 8.5

Vamos a resolver el problema usando dos parametrizaciones.

Primer método: Primera parametrización.

Pasando a coordenadas cilíndricas con el cambio

$$x = \rho\cos\theta, \qquad y - 1 = \rho\,\mathrm{sen}\,\theta, \qquad z = z,$$

se tiene el jacobiano

$$J = \begin{vmatrix} \dfrac{\partial x}{\partial \rho} & \dfrac{\partial x}{\partial \theta} & \dfrac{\partial x}{\partial z} \\[2mm] \dfrac{\partial y}{\partial \rho} & \dfrac{\partial y}{\partial \theta} & \dfrac{\partial y}{\partial z} \\[2mm] \dfrac{\partial z}{\partial \rho} & \dfrac{\partial z}{\partial \theta} & \dfrac{\partial z}{\partial z} \end{vmatrix} = \begin{vmatrix} \cos\theta & -\rho\,\mathrm{sen}\,\theta & 0 \\ \mathrm{sen}\,\theta & \rho\cos\theta & 0 \\ 0 & 0 & 1 \end{vmatrix} = \rho.$$

En estas coordenadas el cilindro adopta la expresión $\rho = 1$, y el paraboloide la forma

$$z = x^2 + y^2 = (\rho\cos\theta)^2 + (1 + \rho\,\text{sen}\,\theta)^2 = \rho^2\cos^2\theta + \rho^2\,\text{sen}^2\,\theta + 1 + 2\rho\,\text{sen}\,\theta = 1 + \rho^2 + 2\rho\,\text{sen}\,\theta.$$

En las coordenadas cilíndricas elegidas, el ángulo θ varía de 0 a 2π, el radio ρ de 0 a 1 y la variable z toma valores desde el plano $z = 0$ hasta el paraboloide $z = 1 + \rho^2 + 2\rho\,\text{sen}\,\theta$. Luego el volumen pedido es

$$V = \int_0^{2\pi} \int_0^1 \int_0^{1+\rho^2+2\rho\,\text{sen}\,\theta} \rho\,dz\,d\rho\,d\theta =$$

$$= \int_0^{2\pi} \int_0^1 (1 + \rho^2 + 2\rho\,\text{sen}\,\theta)\rho\,d\rho\,d\theta =$$

$$= \int_0^{2\pi} \left[\frac{\rho^2}{2} + \frac{\rho^4}{4} + 2\frac{\rho^3}{3}\,\text{sen}\,\theta \right]_0^1 d\theta = \int_0^{2\pi} \left(\frac{1}{2} + \frac{1}{4} + \frac{2}{3}\,\text{sen}\,\theta \right) d\theta =$$

$$= \int_0^{2\pi} \left(\frac{3}{4} + \frac{2}{3}\,\text{sen}\,\theta \right) d\theta = \left[\frac{3}{4}\theta - \frac{2}{3}\cos\theta \right]_0^{2\pi} = \frac{3}{4}2\pi = \frac{3\pi}{2}.$$

Segundo método: Segunda parametrización.

Pasando a coordenadas cilíndricas con el cambio

$$x = \rho\cos\theta, \qquad y = \rho\,\text{sen}\,\theta, \qquad z = z,$$

el cilindro $x^2 + (y-1)^2 = 1$ se escribe como $\rho^2\cos^2\theta + (\rho\,\text{sen}\,\theta - 1)^2 = 1$, es decir, $\rho^2\cos^2\theta + \rho^2\,\text{sen}^2\,\theta - 2\rho\,\text{sen}\,\theta + 1 = 1$, de donde resulta

$$\rho^2 - 2\rho\,\text{sen}\,\theta = 0 \qquad \Rightarrow \qquad \rho = 2\,\text{sen}\,\theta, \qquad 0 \le \theta \le \pi.$$

El paraboloide en polares adopta la forma

$$z = x^2 + y^2 = \rho^2.$$

Por lo tanto, z varía desde el plano $z = 0$ hasta tocar el paraboloide $z = \rho^2$, mientras que al variar el ángulo desde $\theta = 0$ hasta $\theta = \pi$, el radio varía desde $\rho = 0$ hasta tocar la circunferencia $\rho = 2\,\text{sen}\,\theta$, como puede verse en la Figura 8.10.

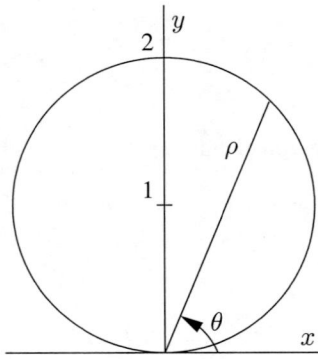

Figura 8.10 Variación de ρ en la segunda parametrización

El volumen pedido es

$$\int_0^\pi \int_0^{2\,\mathrm{sen}\,\theta} \int_0^{\rho^2} \rho\,dz\,d\rho\,d\theta = \int_0^\pi \int_0^{2\,\mathrm{sen}\,\theta} \rho\,[z]_0^{\rho^2}\,d\rho\,d\theta = \int_0^\pi \int_0^{2\,\mathrm{sen}\,\theta} \rho^3\,d\rho\,d\theta =$$

$$= \int_0^\pi \left[\frac{\rho^4}{4}\right]_0^{2\,\mathrm{sen}\,\theta} d\theta = \frac{2^4}{4}\int_0^\pi \mathrm{sen}^4\,\theta\,d\theta =$$

$$= 4\left[\frac{3\theta}{8} - \frac{\mathrm{sen}\,2\theta}{4} + \frac{\mathrm{sen}\,4\theta}{32}\right]_0^\pi = 4\frac{3\pi}{8} = \frac{3\pi}{2}.$$

▶ **8.6** Obténgase el volumen del sólido delimitado por el cilindro $x^2 + y^2 - 2y = 0$ y los planos $z = 0$ y $2x - 3y + 2z - 2 = 0$.

RESOLUCIÓN.

Primer método: Mediante integración triple.

Si se representa con D el sólido cuyo volumen queremos calcular y se realiza el cambio a coordenadas cilíndricas

$$\begin{cases} x = \rho\cos\theta \\ y = \rho\,\mathrm{sen}\,\theta \\ z = z \end{cases}$$

se tiene que el volumen pedido es

$$V = \iiint_D dV = \iiint_D dx\,dy\,dz = \iiint_{D^*} \rho\,d\rho\,d\theta\,dz.$$

Para determinar los límites de integración (véase la Figura 8.11), escribimos en las nuevas coordenadas las superficies que intervienen.

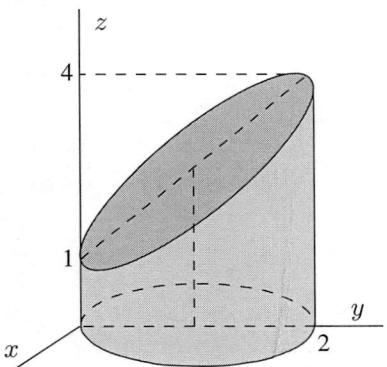

Figura 8.11 El sólido del Problema 8.6

La superficie cilíndrica $x^2 + y^2 - 2y = 0$ es

$$\rho^2 \cos^2\theta + \rho^2\,\mathrm{sen}^2\,\theta - 2\rho\,\mathrm{sen}\,\theta = 0 \quad \Rightarrow$$

$$\Rightarrow \quad \rho^2(\cos^2\theta + \mathrm{sen}^2\,\theta) - 2\rho\,\mathrm{sen}\,\theta = 0 \quad \Rightarrow$$

$$\Rightarrow \quad \rho^2 - 2\rho\,\mathrm{sen}\,\theta = 0 \quad \Rightarrow$$

$$\Rightarrow \quad \rho(\rho - 2\,\mathrm{sen}\,\theta) = 0 \quad \Rightarrow$$

$$\Rightarrow \quad \rho = 2\,\mathrm{sen}\,\theta.$$

El plano $z = 0$ ya está expresado en las nuevas coordenadas y el plano $2x - 3y + 2z - 2 = 0$ es $2\rho\cos\theta - 3\rho\,\text{sen}\,\theta + 2z - 2 = 0$, o bien

$$z = 1 - \rho\cos\theta + \frac{3}{2}\rho\,\text{sen}\,\theta.$$

Con ello el volumen pedido es

$$V = \iiint_{D^*} \rho\, d\rho d\theta dz = \int_0^\pi \int_0^{2\,\text{sen}\,\theta} \int_0^{1-\rho\cos\theta+\frac{3}{2}\rho\,\text{sen}\,\theta} \rho\, dz d\rho d\theta =$$

$$= \int_0^\pi \int_0^{2\,\text{sen}\,\theta} \rho\, d\rho [z]_0^{1-\rho\cos\theta+\frac{3}{2}\rho\,\text{sen}\,\theta} d\theta =$$

$$= \int_0^\pi \int_0^{2\,\text{sen}\,\theta} \rho\left(1 - \rho\cos\theta + \frac{3}{2}\rho\,\text{sen}\,\theta\right) d\rho d\theta =$$

$$= \int_0^\pi \left[\frac{1}{2}\rho^2 - \frac{1}{3}\rho^3\cos\theta + \frac{1}{2}\rho^3\,\text{sen}\,\theta\right]_0^{2\,\text{sen}\,\theta} d\theta =$$

$$= \int_0^\pi \left(2\,\text{sen}^2\,\theta - \frac{8}{3}\,\text{sen}^3\,\theta\cos\theta + 4\,\text{sen}^4\,\theta\right) d\theta.$$

Para calcular la integral anterior tenemos en cuenta que

$$\text{sen}^2\,\theta = \frac{1 - \cos\theta}{2} = \frac{1}{2} - \frac{1}{2}\cos 2\theta$$

y que

$$\text{sen}^4\,\theta = \text{sen}^2\,\theta\,\text{sen}^2\,\theta = \text{sen}^2\,\theta(1 - \cos^2\theta) = \text{sen}^2\,\theta - \text{sen}^2\,\theta\cos^2\theta =$$

$$= \text{sen}^2\,\theta - (\text{sen}\,\theta\cos\theta)^2 = \text{sen}^2\,\theta - \left(\frac{1}{2}\,\text{sen}\,2\theta\right)^2 =$$

$$= \text{sen}^2\,\theta - \frac{1}{4}\,\text{sen}^2\,2\theta = \frac{1 - \cos 2\theta}{2} - \frac{1}{4}\frac{1 - \cos 4\theta}{2} =$$

$$= \frac{1}{2} - \frac{1}{2}\cos 2\theta - \frac{1}{8} + \frac{1}{8}\cos 4\theta = \frac{3}{8} - \frac{1}{2}\cos 2\theta + \frac{1}{8}\cos 4\theta.$$

De este modo es

$$V = \int_0^\pi \left(2\,\text{sen}^2\,\theta - \frac{8}{3}\,\text{sen}^3\,\theta\cos\theta + 4\,\text{sen}^4\,\theta\right) d\theta =$$

$$= \int_0^\pi \left(1 - \cos 2\theta - \frac{8}{3}\,\text{sen}^3\,\theta\cos\theta + \frac{3}{2} - 2\cos 2\theta + \frac{1}{2}\cos 4\theta\right) d\theta =$$

$$= \left[\theta - \frac{1}{2}\,\text{sen}\,2\theta - \frac{2}{3}\,\text{sen}^4\,\theta + \frac{3}{2}\theta - \text{sen}\,2\theta + \frac{1}{8}\,\text{sen}\,4\theta\right]_0^\pi =$$

$$= \left[\frac{5}{2}\theta - \frac{3}{2}\,\text{sen}\,2\theta - \frac{2}{3}\,\text{sen}^4\,\theta + \frac{1}{8}\,\text{sen}\,4\theta\right]_0^\pi = \frac{5\pi}{2}.$$

Segundo método: Mediante integración doble.

De la ecuación del plano $2x - 3y + 2z - 2 = 0$ es $z = f(x, y) = 1 - x + \frac{3}{2}y$ y el volumen pedido es

$$V = \iint_R f(x, y) dx dy$$

donde R es el recinto plano de integración dado por

$$R = \{(x, y) \in \mathbb{R}^2 : x^2 + y^2 - 2y \leq 0\}.$$

Si se consideran coordenadas polares

$$\begin{cases} x = \rho \cos \theta \\ y = \rho \operatorname{sen} \theta \end{cases}$$

es

$$x^2 + y^2 - 2y = \rho^2 \cos^2 \theta + \rho^2 \operatorname{sen}^2 \theta - 2\rho \operatorname{sen} \theta =$$
$$= \rho^2 (\cos^2 \theta + \operatorname{sen}^2 \theta) - 2\rho \operatorname{sen} \theta =$$
$$= \rho^2 - 2\rho \operatorname{sen} \theta = \rho(\rho - 2 \operatorname{sen} \theta)$$

y el recinto

$$R^* = \{(\rho, \theta) \in \mathbb{R}^2 : \rho - 2 \operatorname{sen} \theta \leq 0\}$$

se transforma biyectivamente en R y por tanto se tiene

$$V = \iint_R \left(1 - x + \frac{3}{2}y\right) dxdy = \iint_{R^*} \left(1 - \rho \cos \theta + \frac{3}{2}\rho \operatorname{sen} \theta\right) \rho \, d\rho d\theta =$$

$$= \int_0^\pi \int_0^{2 \operatorname{sen} \theta} \left(1 - \rho \cos \theta + \frac{3}{2}\rho \operatorname{sen} \theta\right) \rho \, d\rho d\theta =$$

$$= \int_0^\pi \int_0^{2 \operatorname{sen} \theta} \left(\rho - \rho^2 \cos \theta + \frac{3}{2}\rho^2 \operatorname{sen} \theta\right) d\rho d\theta =$$

$$= \int_0^\pi \left[\frac{1}{2}\rho^2 - \frac{1}{3}\rho^3 \cos \theta + \frac{1}{2}\rho^3 \operatorname{sen} \theta\right]_0^{2 \operatorname{sen} \theta} d\theta =$$

$$= \int_0^\pi \left(\frac{1}{2}(2 \operatorname{sen} \theta)^2 - \frac{1}{3}8 \operatorname{sen}^3 \theta \cos \theta + 4 \operatorname{sen}^4 \theta\right) d\theta =$$

$$= \int_0^\pi \left(2 \operatorname{sen}^2 \theta - \frac{8}{3} \operatorname{sen}^3 \theta \cos \theta + 4 \operatorname{sen}^4 \theta\right) d\theta = \frac{5\pi}{2}$$

ya que esta última integral se ha calculado en el primer procedimiento.

▶ **8.7** Sea el recinto interior al elipsoide $\dfrac{x^2}{a^2} + \dfrac{y^2}{b^2} + \dfrac{z^2}{c^2} = 1$ y al cono $\dfrac{x^2}{a^2} + \dfrac{y^2}{b^2} = \dfrac{z^2}{c^2}$. Calcúlese su masa si la densidad es constante en cada punto.

RESOLUCIÓN.

Si la densidad es constante, $d(x, y, z) = k$, la masa contenida dentro del volumen V delimitado por el recinto es

$$M = \iiint_V d \, dxdydz = \iiint_V kdxdydz = k \iiint_V dxdydz.$$

Si hacemos el cambio $\frac{x}{a} = X$, $\frac{y}{b} = Y$, $\frac{z}{c} = Z$, el interior del elipsoide se transforma en el interior de una esfera, es decir

$$\frac{x^2}{a^2} + \frac{y^2}{b^2} + \frac{z^2}{c^2} = 1 \quad \Rightarrow \quad X^2 + Y^2 + Z^2 = 1$$

y el cono de sección elíptica se transforma en un cono de sección circular (véase la Figura 8.12) según

$$\frac{x^2}{a^2} + \frac{y^2}{b^2} = \frac{z^2}{c^2} \quad \Rightarrow \quad X^2 + Y^2 = Z^2,$$

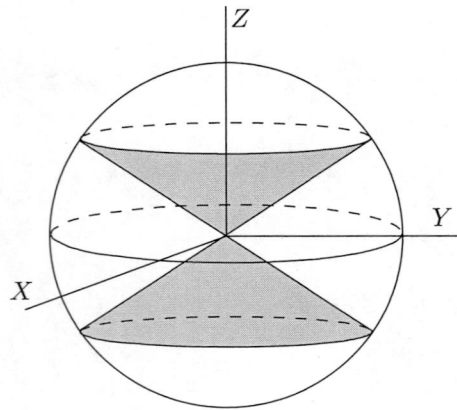

Figura 8.12 Recinto limitado por la esfera y el cono

Por otro lado el jacobiano resulta ser

$$\frac{\partial(x,y,z)}{\partial(X,Y,Z)} = \begin{vmatrix} a & 0 & 0 \\ 0 & b & 0 \\ 0 & 0 & c \end{vmatrix} = abc,$$

por lo que la masa es

$$M = k \iiint_{V'} abc\, dX\, dY\, dZ,$$

donde el V' es el volumen del recinto definido por $X^2 + Y^2 + Z^2 \leq 1$ y $X^2 + Y^2 \leq Z^2$.

La ventaja de este nuevo recinto es que se pueden usar coordenadas esféricas, por lo que es conveniente que se estudie con detalle el cambio de variables mostrado anteriormente.

Cambiando nuevamente de coordenadas, esta vez a esféricas (véase la Figura 8.13), se tiene

$$X = \rho\operatorname{sen}\varphi\cos\theta$$
$$Y = \rho\operatorname{sen}\varphi\operatorname{sen}\theta$$
$$Z = \rho\cos\varphi.$$

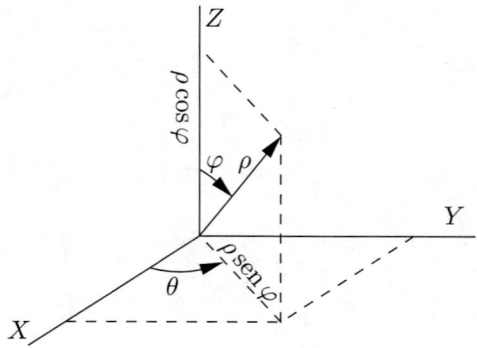

Figura 8.13 Cambio a coordenadas esféricas

Como las generatrices del cono en el plano YZ, son las rectas $Z = \pm Y$, resulta que φ está limitada según $0 \le \varphi \le \frac{\pi}{4}$, y la masa buscada es

$$M = 2k \int_0^{\frac{\pi}{4}} \int_0^{2\pi} \int_0^1 abc\rho^2 \operatorname{sen} \varphi d\rho d\theta d\varphi = 2kabc \int_0^{\frac{\pi}{4}} \int_0^{2\pi} \left[\frac{\rho^3}{3}\right]_0^1 \operatorname{sen} \varphi d\theta d\varphi =$$

$$= 2\pi\frac{2}{3}kabc \left[-\cos\varphi\right]_0^{\frac{\pi}{4}} = 2\pi\frac{2}{3}kabc \left(-\frac{\sqrt{2}}{2} + 1\right) = 2\pi\frac{2 - \sqrt{2}}{3}kabc.$$

A la hora de calcular la masa la integral se ha multiplicado por dos debido a la simetría del problema y hemos considerado sólo la parte superior del recinto.

▶ **8.8** Sea el recinto limitado por el interior del paraboloide

$$\frac{z}{c} = \frac{x^2}{a^2} + \frac{y^2}{b^2}$$

y el interior del elipsoide

$$\frac{x^2}{a^2} + \frac{y^2}{b^2} + \frac{z^2}{c^2} = 1.$$

Calcúlese la masa encerrada en el recinto si la densidad en todo punto es constante $d(x, y, z) = k$.

RESOLUCIÓN.

La masa pedida es

$$M = \iiint_V d \, dx dy dz = k \iiint_V dx dy dz,$$

donde V es el volumen encerrado por el recinto.

El cambio $\frac{x}{a} = X$, $\frac{y}{b} = Y$, $\frac{z}{c} = Z$, transforma el paraboloide y el elipsoide de la siguiente manera

$$\frac{z}{c} = \frac{x^2}{a^2} + \frac{y^2}{b^2} \quad \Rightarrow \quad Z = X^2 + Y^2,$$

$$\frac{x^2}{a^2} + \frac{y^2}{b^2} + \frac{z^2}{c^2} = 1 \quad \Rightarrow \quad X^2 + Y^2 + Z^2 = 1,$$

siendo el jacobiano de la transformación

$$\frac{\partial(x, y, z)}{\partial(X, Y, Z)} = \begin{vmatrix} a & 0 & 0 \\ 0 & b & 0 \\ 0 & 0 & c \end{vmatrix} = abc,$$

por lo que la masa buscada es

$$M = kabc \iiint_{V'} dX dY dZ,$$

con V' el recinto definido por $Z \ge X^2 + Y^2$, $X^2 + Y^2 + Z^2 \le 1$ (véase la Figura 8.14).

A diferencia del Problema resuelto 8.7, no se pueden utilizar coordenadas esféricas. En el Problema 8.7 las generatrices del cono coinciden con el radio de la esfera, de ahí la posibilidad de utilizar coordenadas esféricas. Ahora no tenemos esa ventaja; no obstante, el problema tiene simetría de revolución alrededor del eje OZ, por lo que es conveniente utilizar coordenadas cilíndricas.

El cambio de coordenadas viene dado por

$$\begin{cases} X = \rho \cos \theta \\ Y = \rho \operatorname{sen} \theta \\ Z = z \end{cases} \quad \Rightarrow \quad X^2 + Y^2 = \rho^2.$$

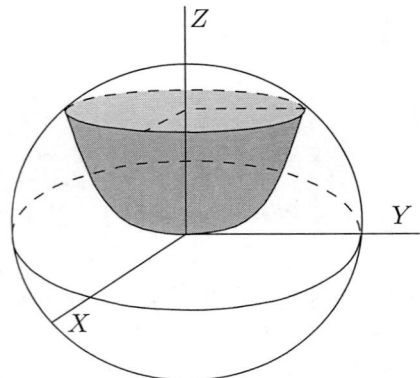

Figura 8.14 Sólido limitado por $Z^2 \geq X^2 + Y^2$, $X^2 + Y^2 + Z^2 \leq 1$

El jacobiano de la transformación es

$$\frac{\partial(X, Y, Z)}{\partial(r, \theta, z)} = \begin{vmatrix} \cos\theta & -\rho\,\text{sen}\,\theta & 0 \\ \text{sen}\,\theta & \rho\cos\theta & 0 \\ 0 & 0 & 1 \end{vmatrix} = \rho.$$

En las nuevas coordenadas la esfera se escribe como $Z^2 + \rho^2 = 1$, es decir, $Z = \pm\sqrt{1 - \rho^2}$, y el paraboloide como $Z = \rho^2$.

El corte del paraboloide se obtiene resolviendo el sistema

$$\left. \begin{array}{rl} Z^2 + \rho^2 & = 1 \\ Z & = \rho^2 \end{array} \right\} \Rightarrow Z^2 + Z = 1 \Rightarrow Z^2 + Z - 1 = 0 \Rightarrow Z = \frac{-1 \pm \sqrt{1 + 4}}{2} = \frac{-1 \pm \sqrt{5}}{2}.$$

Como $Z = \rho^2$ es siempre positivo, la solución $Z = \frac{-1 - \sqrt{5}}{2}$ debe despreciarse.

Es decir, el paraboloide corta a la esfera según una circunferencia de radio

$$Z = \rho^2 = \frac{-1 + \sqrt{5}}{2} \qquad \Rightarrow \qquad \rho = \sqrt{\frac{-1 + \sqrt{5}}{2}}.$$

Por lo tanto el ángulo variará desde $\theta = 0$ a $\theta = 2\pi$, mientras que ρ variará desde $\rho = 0$ a $\rho = \sqrt{\frac{-1+\sqrt{5}}{2}}$ y z variará desde el paraboloide $Z = \rho^2$ a la esfera $Z = \sqrt{1 - \rho^2}$.

Así que la masa buscada es

$$M = abc \int_0^{2\pi} \int_0^{\sqrt{\frac{-1+\sqrt{5}}{2}}} \int_{\rho^2}^{\sqrt{1-\rho^2}} k\rho\, dz d\rho d\theta = kabc \int_0^{2\pi} \int_0^{\sqrt{\frac{-1+\sqrt{5}}{2}}} [z]_{\rho^2}^{\sqrt{1-\rho^2}} \rho\, d\rho d\theta =$$

$$= kabc \int_0^{2\pi} \int_0^{\sqrt{\frac{-1+\sqrt{5}}{2}}} \left(\sqrt{1-\rho^2} - \rho^2 \right) \rho\, d\rho d\theta = -kabc \int_0^{2\pi} \left[\frac{\rho^4}{4} + \frac{1}{2} \frac{(1-\rho^2)^{\frac{3}{2}}}{\frac{3}{2}} \right]_0^{\sqrt{\frac{-1+\sqrt{5}}{2}}} d\theta =$$

$$= -kabc \left[\frac{\left(\frac{-1+\sqrt{5}}{2}\right)^2}{4} + \frac{\left(1 - \frac{-1+\sqrt{5}}{2}\right)^{3/2}}{3} - \frac{1}{3} \right] \int_0^{2\pi} d\theta =$$

$$= -2\pi kabc \left[\frac{\left(\frac{-1+\sqrt{5}}{2}\right)^2}{4} + \frac{\left(1 - \frac{-1+\sqrt{5}}{2}\right)^{3/2}}{3} - \frac{1}{3} \right].$$

Operando el corchete se obtiene finalmente

$$M = -2\pi k a b c \cdot \frac{1}{24}\left[1 - 3\sqrt{5} + 2\sqrt{2}\left(3 - \sqrt{5}\right)^{3/2}\right] = \frac{-\pi k a b c}{12}\left[1 - 3\sqrt{5} + 2\sqrt{2}\left(3 - \sqrt{5}\right)^{3/2}\right].$$

Debe notarse que si se toma $d = k = 1$, entonces lo que se obtiene es el volumen comprendido entre el elipsoide y el paraboloide.

▶ **8.9** Calcúlese la integral

$$\iiint_D (x^2 + yz + y^2)dxdydz,$$

siendo D el recinto limitado por el cono $z^2 = x^2 + y^2$ y el paraboloide $z = x^2 + y^2$.

RESOLUCIÓN.

El recinto de integración posee simetría de revolución en torno al eje OZ, por lo que vamos a usar coordenadas cilíndricas

$$\begin{cases} x = \rho\cos\theta \\ y = \rho\,\mathrm{sen}\,\theta \\ z = z \end{cases}$$

con jacobiano $J = \rho$.

El cono y el paraboloide se escriben como $z^2 = \rho^2$ y $z = \rho^2$, que se cortan para $z^2 = \rho^2 = z$ o $z = 0$ y $z = 1$, es decir, $\rho = 1$.

Cuando θ varía desde $\theta = 0$ a $\theta = 2\pi$ el radio lo hace desde $\rho = 0$ hasta $\rho = 1$, mientras que z varía desde el paraboloide $z = \rho^2$ hasta el cono $z = \rho$. Por lo tanto la integral se escribe como

$$\iiint_D (x^2 + yz + y^2)dxdydz = \int_0^{2\pi}\int_0^1\int_{\rho^2}^{\rho}(\rho^2\cos^2\theta + \rho z\,\mathrm{sen}\,\theta + \rho^2\,\mathrm{sen}^2\,\theta)\rho\,dzd\rho d\theta =$$

$$= \int_0^{2\pi}\int_0^1\int_{\rho^2}^{\rho}(\rho^2 + \rho z\,\mathrm{sen}\,\theta)\rho\,dzd\rho d\theta =$$

$$= \int_0^{2\pi}\int_0^1\int_{\rho^2}^{\rho}(\rho^3 + \rho^2 z\,\mathrm{sen}\,\theta)\,dzd\rho d\theta =$$

$$= \int_0^{2\pi}\int_0^1\left[\rho^3 z + \rho^2\frac{z^2}{2}\,\mathrm{sen}\,\theta\right]_{\rho^2}^{\rho}d\rho d\theta =$$

$$= \int_0^{2\pi}\int_0^1\left(\rho^3(\rho - \rho^2) + \frac{\rho^2}{2}(\rho^2 - \rho^4)\,\mathrm{sen}\,\theta\right)d\rho d\theta =$$

$$= \int_0^{2\pi}\int_0^1\left((\rho^4 - \rho^5) + (\frac{\rho^4}{2} - \frac{\rho^6}{2})\,\mathrm{sen}\,\theta\right)d\rho d\theta =$$

$$= \int_0^{2\pi}\left[(\frac{\rho^5}{5} - \frac{\rho^6}{6}) + (\frac{1}{2}\frac{\rho^5}{5} - \frac{1}{2}\frac{\rho^7}{7})\,\mathrm{sen}\,\theta\right]_0^1 d\theta =$$

$$= \int_0^{2\pi}\left((\frac{1}{5} - \frac{1}{6}) + (\frac{1}{2}\frac{1}{5} - \frac{1}{2}\frac{1}{7})\,\mathrm{sen}\,\theta\right)d\theta =$$

$$= \left(\frac{1}{5} - \frac{1}{6}\right)\int_0^{2\pi}d\theta = \frac{1}{30}2\pi = \frac{\pi}{15},$$

donde se ha tenido en cuenta que $\int_0^{2\pi}\mathrm{sen}\,\theta d\theta = 0$. Véase la Figura 8.15.

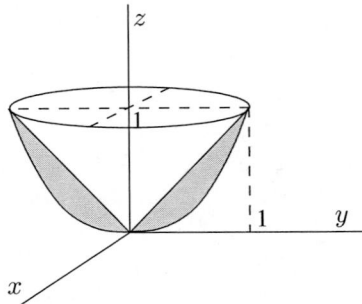

Figura 8.15 Recinto de integración del Problema 8.9

▶ **8.10** Determínese el volumen del sólido encerrado por las superficies

$$z = 9x^2 + 9y^2, \qquad z = 36, \qquad z = 81, \qquad y = 0, \qquad x = 0.$$

RESOLUCIÓN.

En coordenadas cilíndricas

$$\begin{cases} x = \rho \cos \theta \\ y = \rho \operatorname{sen} \theta \\ z = z \end{cases}$$

se tiene

$$z = 9(x^2 + y^2) = 9\rho^2 \qquad \Leftrightarrow \qquad \rho = \sqrt{\frac{z}{9}} = \frac{\sqrt{z}}{3}.$$

Por lo tanto, cuando z varíe desde $z = 36$ hasta $z = 81$, el radio lo hará desde $\rho = 0$ hasta $\rho = \frac{\sqrt{z}}{3}$.

Por otro lado al plano $y = 0 = \rho \operatorname{sen} \theta$ le corresponde $\theta = 0$, mientras que al plano $x = 0 = \rho \cos \theta$ le corresponde $\theta = \frac{\pi}{2}$. Véase la Figura 8.16.

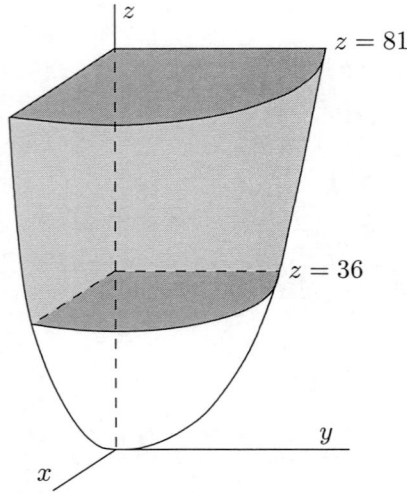

Figura 8.16 Sólido correspondiente al Problema 8.10

El volumen buscado es

$$V = \int_0^{\frac{\pi}{2}} \int_{36}^{81} \int_0^{\frac{\sqrt{z}}{3}} \rho \, d\rho dz d\theta = \int_0^{\frac{\pi}{2}} \int_{36}^{81} \left[\frac{\rho^2}{2} \right]_0^{\frac{\sqrt{z}}{3}} dz d\theta = \int_0^{\frac{\pi}{2}} \int_{36}^{81} \frac{1}{2} \left(\frac{\sqrt{z}}{3} \right)^2 dz d\theta =$$

$$= \frac{1}{18} \int_0^{\frac{\pi}{2}} \int_{36}^{81} z \, dz d\theta = \frac{1}{18} \int_0^{\frac{\pi}{2}} \left[\frac{z^2}{2} \right]_{36}^{81} d\theta = \frac{1}{36} \left(81^2 - 36^2 \right) \frac{\pi}{2} = \frac{585\pi}{8}.$$

▶ **8.11** Calcúlese el volumen del mayor de los recintos finitos delimitados por las superficies de ecuaciones

$$x^2 + y^2 + z^2 = 1, \qquad z = 1 - x^2 - y^2, \qquad y = 0, \qquad y = x.$$

RESOLUCIÓN.

La esfera $z^2 = 1 - x^2 - y^2$ corta al paraboloide $z = 1 - x^2 - y^2$ cuando $1 - x^2 - y^2 = z = z^2$, es decir, $z = 0$ y $z = 1$, que se convierte en

$$\begin{cases} 1 - x^2 - y^2 = 1 & \Rightarrow & x^2 + y^2 = 0 & \Rightarrow & \rho = 0, \\ 1 - x^2 - y^2 = 0 & \Rightarrow & x^2 + y^2 = 1 & \Rightarrow & \rho = 1, \end{cases}$$

si $x = \rho \cos \theta$, $y = \rho \operatorname{sen} \theta$. Véase la Figura 8.17.

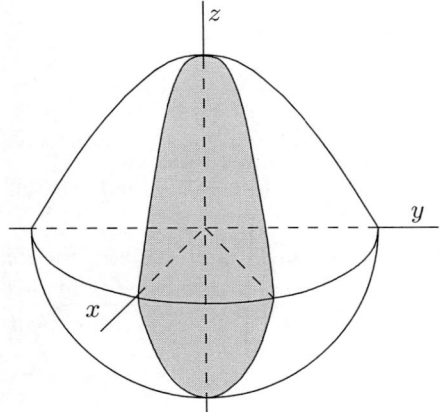

Figura 8.17 El paraboloide y la semiesfera inferior

Por lo tanto el volumen buscado es el delimitado por el paraboloide

$$z = 1 - x^2 - y^2, \qquad z \geq 0$$

y la mitad inferior de la esfera.

De este volumen se extrae una cuña delimitada por los planos

$$\begin{cases} y = 0 = \rho \operatorname{sen} \theta & \Leftrightarrow & \theta = 0, \\ y = x & \Leftrightarrow & \rho \cos \theta = \rho \operatorname{sen} \theta & \Leftrightarrow & \theta = \frac{\pi}{4}. \end{cases}$$

Obsérvese que cuando el radio varía desde $\rho = 0$ hasta $\rho = 1$ (donde se cortan las superficies), z varía desde la cara inferior de la esfera $z = -\sqrt{1 - x^2 - y^2}$ hasta el paraboloide $z = 1 - x^2 - y^2$, o si utilizamos coordenadas cilíndricas desde $z = -\sqrt{1 - \rho^2}$ hasta $z = 1 - \rho^2$.

Por lo que el volumen pedido es

$$V = \int_0^{\frac{\pi}{4}} \int_0^1 \int_{-\sqrt{1-\rho^2}}^{1-\rho^2} \rho dz \, d\rho d\theta =$$

$$= \frac{\pi}{4} \int_0^1 [z]_{-\sqrt{1-\rho^2}}^{1-\rho^2} \rho d\rho = \frac{\pi}{4} \int_0^1 (1 - \rho^2 + \sqrt{1-\rho^2})\rho \, d\rho =$$

$$= \frac{\pi}{4} \left[\frac{\rho^2}{2} - \frac{\rho^4}{4} - \frac{1}{2} \frac{(1-\rho^2)^{3/2}}{3/2} \right]_0^1 =$$

$$= \frac{\pi}{4} \left(\frac{1}{2} - \frac{1}{4} - \frac{1}{3} \left((1-1)^{3/2} - (1-0)^{3/2} \right) \right) = \frac{7\pi}{48}.$$

▶ **8.12** Calcúlese, empleando integración doble, el volumen de combustible que existe en un depósito esférico de radio a, cuando la parte ocupada por el mismo alcanza una altura igual a la mitad del radio.

RESOLUCIÓN.

Primer método: Considerando el depósito con centro en el punto $(0, 0, a)$, la ecuación de la superficie esférica de su contorno es

$$x^2 + y^2 + (z - a)^2 = a^2.$$

Despejando z en la ecuación anterior se tiene

$$(z-a)^2 = a^2 - (x^2 + y^2) \quad \Rightarrow \quad z - a = \pm\sqrt{a^2 - (x^2 + y^2)} \quad \Rightarrow \quad z = a \pm \sqrt{a^2 - (x^2 + y^2)}$$

y por tanto es $z = a - \sqrt{a^2 - (x^2 + y^2)}$ la ecuación del contorno de la semiesfera inferior.

El casquete ocupado por el combustible está limitado inferiormente por esta semiesfera y superiormente por el plano $z = \frac{a}{2}$.

Proyectando sobre el plano XY y siendo D la proyección ortogonal del casquete sobre el primer cuadrante se tiene que el volumen pedido es la diferencia entre el volumen situado debajo del plano $z = \frac{a}{2}$ y el situado debajo de la semiesfera $z = a - \sqrt{a^2 - (x^2 + y^2)^2}$. Su valor es

$$V = 4 \iint_D \left(\frac{a}{2} - \left(a - \sqrt{a^2 - (x^2 + y^2)} \right) \right) dxdy = 4 \iint_D \left(-\frac{a}{2} + \sqrt{a^2 - (x^2 + y^2)} \right) dxdy.$$

El borde del recinto D es la proyección sobre el plano XY de la circunferencia obtenida al cortar la esfera con el plano $z = \frac{a}{2}$. Esta circunferencia es

$$\left. \begin{array}{rcl} z & = & \frac{a}{2} \\ x^2 + y^2 + (z-a)^2 & = & a^2 \end{array} \right\} \Rightarrow \left. \begin{array}{rcl} z & = & \frac{a}{2} \\ x^2 + y^2 + (\frac{a}{2} - a)^2 & = & a^2 \end{array} \right\} \Rightarrow$$

$$\Rightarrow \left. \begin{array}{rcl} z & = & \frac{a}{2} \\ x^2 + y^2 + \frac{1}{4}a^2 & = & a^2 \end{array} \right\} \Rightarrow \left. \begin{array}{rcl} z & = & \frac{a}{2} \\ x^2 + y^2 & = & \frac{3}{4}a^2 \end{array} \right\}$$

y su proyección sobre el plano XY (véase la Figura 8.18) es

$$\left. \begin{array}{rcl} x^2 + y^2 & = & \frac{3}{4}a^2 \\ z & = & 0 \end{array} \right\}$$

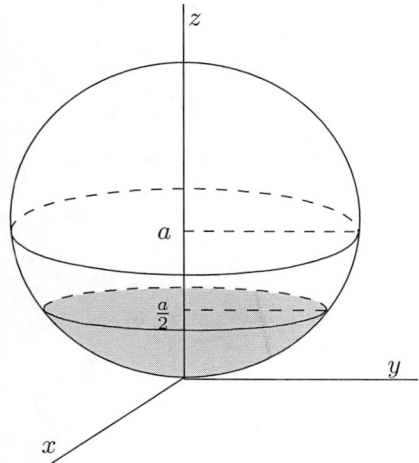

Figura 8.18 Depósito esférico del Problema 8.12

Pasando a coordenadas polares es

$$V = 4 \iint_D \left(-\frac{a}{2} + \sqrt{a^2 - (x^2 + y^2)}\right) dxdy = 4 \iint_{D^*} \left(-\frac{a}{2} + \sqrt{a^2 - \rho^2}\right) \rho d\rho d\theta,$$

siendo

$$D^* = \{(\rho, \theta) \in \mathbb{R}^2 : 0 \le \rho \le \tfrac{\sqrt{3}}{2}a, 0 \le \theta \le \tfrac{\pi}{2}\}$$

y por tanto queda

$$V = 4 \iint_{D^*} \left(-\frac{a}{2} + \sqrt{a^2 - \rho^2}\right) \rho d\rho d\theta = 4 \int_0^{\frac{\pi}{2}} \int_0^{\frac{a\sqrt{3}}{2}} \left(-\frac{a}{2} + \sqrt{a^2 - \rho^2}\right) \rho d\rho d\theta =$$

$$= 4 \int_0^{\frac{\pi}{2}} d\theta \int_0^{\frac{a\sqrt{3}}{2}} \left(-\frac{a}{2} + \sqrt{a^2 - \rho^2}\right) \rho d\rho =$$

$$= 4\frac{\pi}{2} \left(\left(-\frac{a}{2}\right) \frac{1}{2} [\rho^2]_0^{a\frac{\sqrt{3}}{2}} - \frac{1}{2} \int_0^{a\frac{\sqrt{3}}{2}} \sqrt{a^2 - \rho^2}(-2\rho)d\rho\right) =$$

$$= 4\frac{\pi}{2} \left(-\frac{a}{4}\frac{3a^2}{4} - \frac{1}{2}\frac{\left[(a^2 - \rho^2)^{\frac{3}{2}}\right]_0^{a\frac{\sqrt{3}}{2}}}{\frac{3}{2}}\right) = 2\pi \left(-\frac{3a^3}{16} - \frac{1}{3}\left[(a^2 - \frac{3}{4}a^2)^{\frac{3}{2}} - (a^2)^{\frac{3}{2}}\right]\right) =$$

$$= 2\pi \left(-\frac{3a^3}{16} - \frac{1}{3}\left((a^2)^{\frac{3}{2}}(1 - \frac{3}{4})^{\frac{3}{2}} - a^3\right)\right) = 2\pi \left(-\frac{3}{16}a^3 - \frac{1}{3}\left(a^3(\frac{1}{4})^{\frac{3}{2}} - a^3\right)\right) =$$

$$= 2\pi \left(-\frac{3}{16}a^3 - \frac{1}{3}\left(\frac{1}{8}a^3 - a^3\right)\right) = 2\pi \left(\frac{-3}{16}a^3 - \frac{1}{3}\left(\frac{-7}{8}a^3\right)\right) =$$

$$= 2\pi a^3 \left(-\frac{3}{16} + \frac{7}{24}\right) = \pi a^3 \left(-\frac{3}{8} + \frac{7}{12}\right) = \pi a^3 \frac{-9 + 14}{24} = \frac{5\pi a^3}{24}.$$

Segundo método: Consideremos una esfera de radio a centrada en el punto $(0, 0, a)$. Sea h la altura sobre el fondo a la que se encuentra la superficie del fluido.

Vamos a utilizar las coordenadas cilíndricas

$$\left. \begin{array}{l} x = \rho \cos \theta \\ y = \rho \operatorname{sen} \theta \\ z = z \end{array} \right\}$$

entonces es $x^2 + y^2 = \rho^2$ y la ecuación de la esfera se reduce a $\rho^2 + (z - a)^2 = a^2$.

Para una altura $h = z$, ρ varía desde $\rho = 0$ hasta $\rho = \sqrt{a^2 - (z - a)^2}$. Véase la Figura 8.19.

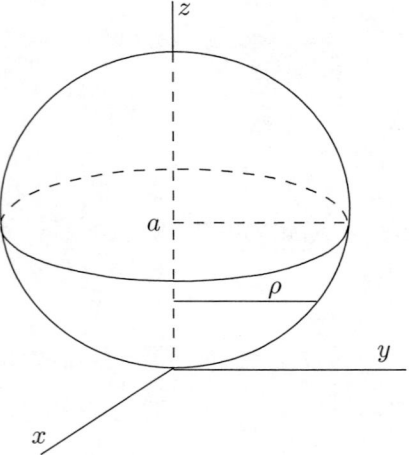

Figura 8.19 Variación de ρ

En coordenadas cilíndricas el volumen vendrá dado por

$$V = \int_0^{2\pi} \int_0^h \int_0^{\sqrt{a^2-(z-a)^2}} \rho \, d\rho \, dz \, d\theta =$$

$$= 2\pi \int_0^h \left[\frac{\rho^2}{2} \right]_0^{\sqrt{a^2-(z-a)^2}} dz =$$

$$= \pi \int_0^h \left(a^2 - (z - a)^2 \right) dz =$$

$$= \pi \left[a^2 z - \frac{(z - a)^3}{3} \right]_0^h =$$

$$= \pi \left(a^2 h - \frac{(h - a)^3}{3} - \frac{a^3}{3} \right).$$

Siempre es conveniente hacer un pequeño ensayo para comprobar si hemos calculado correctamente. Así, para $h = 2a$ debemos tener el volumen de la esfera $\frac{4}{3}\pi a^3$, que coincide con nuestra expresión. Si probamos con $h = a$ hemos de tener la mitad del volumen de la esfera $\frac{2}{3}\pi a^3$, que nuevamente es el resultado que da nuestra expresión. Es muy probable que nuestro resultado sea correcto.

Si hacemos $h = \frac{a}{2}$ se tiene el volumen pedido, de valor

$$V = \pi \left(a^2 \frac{a}{2} - \frac{\left(\frac{a}{2} - a \right)^3}{3} - \frac{a^3}{3} \right) = \pi \left(\frac{a^3}{2} + \frac{a^3}{24} - \frac{a^3}{3} \right) = \pi a^3 \left(\frac{1}{2} + \frac{1}{24} - \frac{1}{3} \right) = \frac{5\pi a^3}{24}.$$

PROBLEMAS PROPUESTOS

8.1 Calcúlese el volumen de la región determinada por

$$U = \{(x, y, z) : x \geq 0, y \geq 0, z \geq 0, 3x + 2y + z \leq 6\}.$$

8.2 Calcúlese el volumen del sólido resultante de quitar de la esfera $x^2 + y^2 + z^2 \leq 1$ la parte de la misma que es interior a la superficie cónica de ecuación $x^2 + y^2 - z^2 = 0$.

8.3 Calcúlese el volumen de la región comprendida entre la superficie cónica $x^2 + y^2 = z^2$ y el paraboloide circular $z = x^2 + y^2$.

8.4 Calcúlese la región limitada por el cono $x^2 + y^2 = z^2$ y el paraboloide $z - 2 = -x^2 - y^2$.

8.5 Calcúlese el volumen del sólido limitado por el paraboloide $z = 2 - x^2 - y^2$ y el cilindro parabólico $z = x^2$.

8.6 Calcúlese el volumen de la porción del cilindro $x^2 + y^2 - 2y = 0$ comprendida entre el plano $z = 0$ y el paraboloide $x^2 + y^2 - z = 0$.

8.7 Sea el recinto limitado por el elipsoide $\dfrac{x^2}{a^2} + \dfrac{y^2}{b^2} + \dfrac{z^2}{c^2} = 1$ y el interior del cono $\dfrac{x^2}{a^2} + \dfrac{y^2}{b^2} = \dfrac{z^2}{c^2}$. Si la densidad en cada punto viene dada por $d(x, y, z) = \dfrac{x^2}{a^2} + \dfrac{y^2}{b^2} + \dfrac{z^2}{c^2}$, determínese la masa encerrada en el recinto.

8.8 Sea el recinto limitado por el paraboloide $\dfrac{z}{c} = \dfrac{x^2}{a^2} + \dfrac{y^2}{b^2}$ y el cono $\dfrac{x^2}{a^2} + \dfrac{y^2}{b^2} = \dfrac{z^2}{c^2}$. Calcúlese la masa encerrada en el recinto si la densidad viene dada por $d(x, y, z) = \dfrac{x^2}{a^2} + \dfrac{y^2}{b^2}$.

8.9 Calcúlese la integral

$$\iiint_D \frac{x^2 + y^2}{e^{(x^2+y^2)^2 + \operatorname{sen} z}} \cos z \, dz \, dx \, dy,$$

siendo $D = \{(x, y, z) \in \mathbb{R}^3 : x^2 + y^2 \leq a^2, \ 0 \leq z \leq \frac{\pi}{2}\}$.

8.10 Determínese el volumen del sólido encerrado por las superficies

$$z = \frac{1}{x^2 + y^2}, \qquad z = 4, \qquad z = 9, \qquad y = 0, \qquad y = x.$$

8.11 Calcúlese el volumen del sólido delimitado por

$$x^2 + y^2 = z^2, \qquad z = x^2 + y^2, \qquad z = 4, \qquad z = 9, \qquad y = 0, \qquad y = -x.$$

8.12 Utilizando la integración triple, calcúlese el volumen del combustible que existe en un depósito esférico de radio a cuando la parte ocupada por el mismo alcanza una altura igual a la mitad del radio.

Integrales de superficie

9.1 INTEGRALES DE SUPERFICIE

El concepto de función es demasiado restrictivo para los fines que los procesos matemáticos necesitan en pro de fundamentar determinados problemas. Piénsese en la ecuación que define la superficie de una esfera, $x^2 + y^2 + z^2 = a^2$, la cual no permite expresar los puntos de la misma mediante una única función.

Dado que la esfera y otras superficies presentan esta imposibilidad de ser descritas mediante una sola función del tipo $z = f(x, y)$, es por lo que se necesita definir una superficie de tal manera que se evite ese problema pero a la vez se tengan todos los recursos propios del análisis.

Del mismo modo que el punto genérico de una curva está localizado por una función

$$\overline{r} : \quad [a;b] \subset \mathbb{R} \quad \longrightarrow \quad \mathbb{R}^3$$
$$t \quad \longmapsto \quad (x(t), y(t), z(t))$$

cada punto de una superficie es la imagen de la aplicación

$$\overline{r} : \quad D \subset \mathbb{R}^2 \quad \longrightarrow \quad \mathbb{R}^3$$
$$(u, v) \quad \longmapsto \quad (x(u, v), y(u, v), z(u, v))$$

Dicho muy intuitivamente, la función $\overline{r}$ que define la curva, deforma el intervalo $[a;b]$ en el espacio $\mathbb{R}^3$, y de manera análoga la función $\overline{r}$ para una superficie realiza el mismo proceso con la región plana D.

Con estas consideraciones una buena definición de superficie es la siguiente.

Una superficie en forma paramétrica es una función de clase C^1, $\overline{r} : D \subset \mathbb{R}^2 \to \mathbb{R}^3$, siendo D un dominio en $\mathbb{R}^2$, de la forma

$$\overline{r}(u, v) = (x(u, v), y(u, v), z(u, v)).$$

De este modo la superficie esférica de ecuación $x^2 + y^2 + z^2 = a^2$ puede describirse mediante la función

$$\overline{r} : \quad D \subset \mathbb{R}^2 \quad \longrightarrow \quad \mathbb{R}^3$$
$$(u, v) \quad \longmapsto \quad (a \operatorname{sen} u \cos v, \ a \operatorname{sen} u \operatorname{sen} v, \ a \cos u)$$

siendo

$$D = \{(u, v) \in \mathbb{R}^2 : u \in [0; \pi], v \in [0; 2\pi]\}.$$

Véase la Figura 9.1.

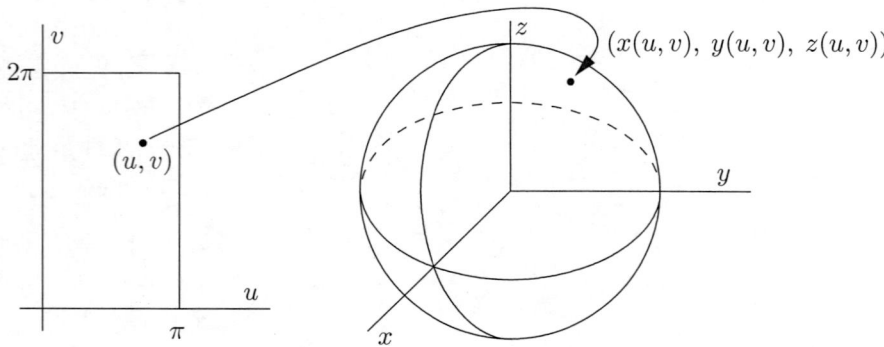

Figura 9.1 Parametrización de la esfera en coordenadas esféricas

Superficie orientada

Se dice que una superficie S es *orientada* cuando tiene dos caras, una de ellas es la cara exterior, también llamada positiva, y la otra es la cara interior o negativa. Si la superficie es regular en cada punto de la misma existen dos vectores normales unitarios y opuestos, $\overline{n}_1$ y $\overline{n}_2$. Estos vectores se pueden asociar respectivamente a cada una de las dos caras de la superficie.

En este sentido el cilindro obtenido con una tira de papel uniendo sus extremos representa una superficie orientada ya que tiene dos caras; dos hormigas, una en cada cara, jamás se encontrarían sin cruzar el borde.

En cambio la superficie obtenida con la misma tira de papel al unir los extremos, girando uno de ellos media vuelta, es una superficie no orientada ya que tiene una sola cara. A esta superficie se le llama *cinta o banda de Möbius* y una hormiga puede recorrerla totalmente, como recuerda el monolito de la Universidad de Harvard. Véase la Figura 9.2.

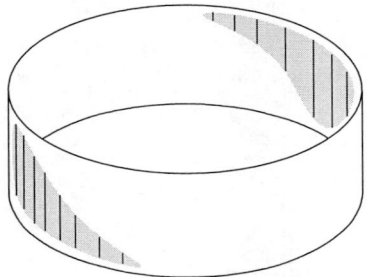 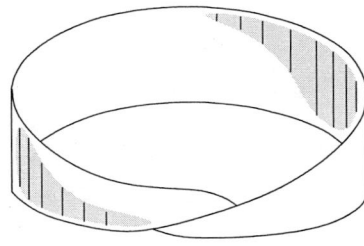

Figura 9.2 El cilindro y la banda de Möbius

Como la función $\overline{r}$ es de clase C^1 existen las derivadas parciales $\overline{r}_u$ y $\overline{r}_v$ que permiten obtener la ecuación del plano tangente en ese punto dado que su vector característico es $\overline{r}_u \times \overline{r}_v$.

En estas condiciones se define el área de la superficie S correspondiente a la función $\overline{r}$ como

$$A(S) = \iint_D \|\overline{r}_u \times \overline{r}_v\| \, dudv,$$

donde $\|\overline{r}_u \times \overline{r}_v\|$ coincide con el área del paralelogramo construido con los vectores $\overline{r}_u$ y $\overline{r}_v$.

9.2 INTEGRALES DE FUNCIONES ESCALARES SOBRE SUPERFICIES

Una aplicación interesante de la integral de línea se tiene al calcular la masa de un alambre representado por la curva $\mathcal{C}$ de ecuaciones paramétricas $x = x(t)$, $y = y(t)$, $z = z(t)$, y cuya densidad es $d(x, y, z)$. El valor de la masa pedida es

$$m = \int_{\mathcal{C}} d(x, y, z) ds = \int_a^b d[x(t), y(t), z(t)] \sqrt{x'(t)^2 + y'(t)^2 + z'(t)^2} dt.$$

En el caso de tener una lámina representada por una superficie S, descrita por una función $\overline{r} = \overline{r}(u, v) = (x(u, v), y(u, v), z(u, v))$ y cuya densidad es $d(x, y, z)$, se tiene que la masa de la misma vendrá dada por

$$M = \iint_S d(x, y, z) dS = \iint_D d[x(u, v), y(u, v), z(u, v)] \|\overline{r}_u \times \overline{r}_v\| \, dudv.$$

Con estas consideraciones, si es $f : \mathbb{R}^3 \to \mathbb{R}$ una función continua que está definida sobre una superficie S dada por

$$\overline{r} : \quad D \subset \mathbb{R}^2 \quad \longrightarrow \quad \mathbb{R}^3$$
$$(u, v) \quad \longmapsto \quad \overline{r}(u, v) \quad = (x(u, v), y(u, v), z(u, v))$$

se define la integral de la función escalar f sobre la superficie S como

$$\iint_D f[x(u, v), y(u, v), z(u, v)] \|\overline{r}_u \times \overline{r}_v\| \, dudv$$

y se representa por

$$\iint_S f dS$$

es decir

$$\iint_S f dS = \iint_D f[x(u,v), y(u,v), z(u,v)] \, \|\overline{r}_u \times \overline{r}_v\| \, dudv. \tag{9.1}$$

■ **Ejemplo 9.1** Vamos a calcular la integral

$$\iint_D f dS$$

siendo $f(x,y,z) = 3x + y + z$ y $S \equiv 3x - 2y + z = 0$, restringida al dominio

$$D = \{(x,y) \in \mathbb{R}^2 : 0 \le x \le 1, 0 \le y \le 2\}.$$

Una posible parametrización de la superficie es

$$\begin{cases} x = u \\ y = v \\ z = -3u + 2v, \qquad 0 \le u \le 1, \qquad 0 \le v \le 2, \end{cases}$$

es decir

$$\overline{r}(u,v) = (u, v, -3u + 2v).$$

Así que

$$\overline{r}_u \times \overline{r}_v = \begin{vmatrix} \overline{i} & \overline{j} & \overline{k} \\ 1 & 0 & -3 \\ 0 & 1 & 2 \end{vmatrix} = (3, -2, 1)$$

y

$$\|\overline{r}_u \times \overline{r}_v\| = \sqrt{3^2 + (-2)^2 + 1^2} = \sqrt{14}.$$

La función $f(x,y,z)$, mediante la parametrización, se escribe como

$$f(x(u,v), y(u,v) z(u,v)) = 3u + v - 3u + 2v = 3v$$

y el valor de la integral es

$$\iint_D f dS = \iint_D f(x(u,v), y(u,v) z(u,v)) \, \|\overline{r}_u \times \overline{r}_v\| dudv = \int_0^2 \int_0^1 3v\sqrt{14} dudv =$$

$$= 3\sqrt{14} \int_0^2 v \, [u]_0^1 \, dv = 3\sqrt{14} \int_0^2 v dv = 3\sqrt{14} \left[\frac{v^2}{2}\right]_0^2 = 3\sqrt{14}\frac{2^2}{2} = 6\sqrt{14}.$$

■ **Ejemplo 9.2** Calculemos la integral de la función $f(x,y,z) = x^2 + y^2 + z^2$ extendida a la superficie S definida por

$$S = \{(x,y,z) \in \mathbb{R}^3 : x^2 + y^2 = 25, y > 0, 0 \le z \le 5\},$$

trabajando en paramétricas.

Una parametrización de la superficie S (véase la Figura 9.3), es

$$\begin{cases} x = 5\cos u \\ y = 5 \operatorname{sen} u \quad 0 \le u \le \pi, \\ z = v \qquad\quad 0 \le v \le 5. \end{cases}$$

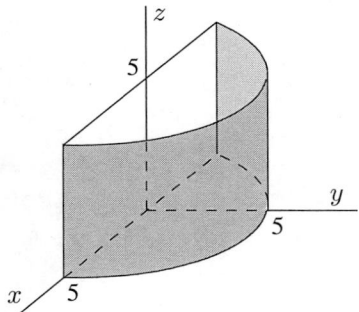

Figura 9.3 La superficie del Ejemplo 9.2

El valor de la integral pedida es

$$I = \iint_S f(x,y,z)dS = \iint_D f[x(u,v),y(u,v),z(u,v)]\,||\overline{r}_u \times \overline{r}_v||dudv.$$

Como la aplicación que define la superficie es

$$\overline{r}(u,v) = (5\cos u, 5\,\mathrm{sen}\,u, v) \qquad \text{con} \qquad (u,v) \in D = [0;\pi] \times [0;5],$$

por derivación se obtienen

$$\overline{r}_u = (-5\,\mathrm{sen}\,u, 5\cos u, 0) \qquad \text{y} \qquad \overline{r}_v = (0,0,1),$$

con lo cual es

$$\overline{r}_u \times \overline{r}_v = (5\cos u, 5\,\mathrm{sen}\,u, 0)$$

y por tanto

$$||\overline{r}_u \times \overline{r}_v||^2 = (5\cos u)^2 + (5\,\mathrm{sen}\,u)^2 = 25(\cos^2 u + \mathrm{sen}^2 u) = 25,$$

de donde resulta

$$||\overline{r}_u \times \overline{r}_v|| = 5.$$

Si expresamos ahora la función f mediante los parámetros que describen la superficie se tiene

$$f[x(u,v),y(u,v),z(u,v)] = (5\cos u)^2 + (5\,\mathrm{sen}\,u)^2 + v^2 =$$
$$= 25\cos^2 u + 25\,\mathrm{sen}^2 u + v^2 =$$
$$= 25(\cos^2 u + \mathrm{sen}^2 u) + v^2 = 25 + v^2.$$

Entrando con todo ello en la integral resulta

$$I = \iint_D f[x(u,v),y(u,v),z(u,v)]\,||\overline{r}_u \times \overline{r}_v||dudv = \iint_D (25+v^2)5dudv =$$
$$= 5\left(\int_0^5 \left(\int_0^\pi du\right)(25+v^2)dv\right) =$$
$$= 5\pi\left[25v + \frac{v^3}{3}\right]_0^5 = 5\pi\left(25\cdot 5 + \frac{5^3}{3}\right) = 5\pi\frac{4}{3}5^3 = \frac{2500\pi}{3}.$$

Cuando la superficie S está definida en forma explícita del tipo $z = g(x,y)$, una parametrización se tiene haciendo

$$u = x, \qquad v = y,$$

y por tanto la superficie se define como

$$\bar{r} = \bar{r}(u, v) = \bar{r}(x, y) = (x, y, g(x, y)),$$

siendo $\bar{r}_x = (1, 0, g_x)$ y $\bar{r}_y = (0, 1, g_y)$.

En estas condiciones es

$$\iint_S f dS = \iint_D f[x, y, g(x, y)] \, \|\bar{r}_x \times \bar{r}_y\| dxdy =$$

$$= \iint_D f[x, y, g(x, y)] \, \|(1, 0, g_x) \times (0, 1, g_y)\| \, dxdy =$$

$$= \iint_D f[x, y, g(x, y)] \, \|(-g_x, -g_y, 1)\| \, dxdy =$$

$$= \iint_D f[x, y, g(x, y)]\sqrt{1 + g_x^2 + g_y^2} dxdy, \qquad (9.2)$$

siendo D la proyección ortogonal de la superficie S sobre el plano XY.

En forma análoga, si la superficie está dada en la forma explícita del tipo $x = g(y, z)$, la integral de la función escalar f sobre la superficie S tiene valor dado por

$$\iint_S f dS = \iint_D f[g(y, z), y, z]\sqrt{1 + g_y^2 + g_z^2} dydz,$$

siendo D la proyección ortogonal de la superficie S sobre el plano YZ, y si la superficie está dada como $y = g(x, z)$ entonces es

$$\iint_S f dS = \iint_D f[x, g(x, z), z]\sqrt{1 + g_x^2 + g_z^2} dxdz,$$

donde D es la proyección de la superficie S sobre el plano XZ.

■ **Ejemplo 9.3** Calculemos la integral de la función del Ejemplo 9.2, $f(x, y, z) = x^2 + y^2 + z^2$, extendida a la misma superficie

$$S = \{(x, y, z) \in \mathbb{R}^3 : x^2 + y^2 = 25, y > 0, 0 \leq z \leq 5\},$$

pero *trabajando en explícitas*.

Proyectando sobre el plano XZ y tabajando en explícitas el valor de la integral es

$$I = \iint_S f dS = \iint_D f[x, g(x, z), z]\sqrt{1 + g_x^2 + g_z^2} dxdz,$$

siendo D la proyección de S sobre el plano XZ, que puede verse en la Figura 9.4.

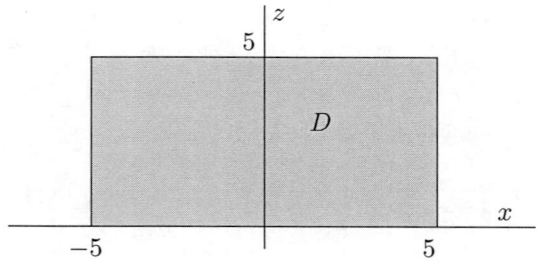

Figura 9.4 Recinto de integración del Ejemplo 9.3

Como la superficie S es $y = g(x, z) = \sqrt{25 - x^2}$, la función f es

$$f[x, g(x, z), z] = x^2 + \left(\sqrt{25 - x^2}\right)^2 + z^2 = 25 + z^2.$$

Además son

$$g_x(x, z) = \frac{-x}{\sqrt{25 - x^2}} \qquad \text{y} \qquad g_z(x, z) = 0$$

y por tanto

$$\sqrt{1 + g_x^2 + g_z^2} = \sqrt{1 + \frac{x^2}{25 - x^2} + 0} = \sqrt{\frac{25}{25 - x^2}} = \frac{5}{\sqrt{25 - x^2}}.$$

De este modo la integral es

$$I = \iint_D (25 + z^2)\frac{5}{\sqrt{25 - x^2}}dxdz = \int_0^5 \int_{-5}^5 (25 + z^2)\frac{5}{\sqrt{25 - x^2}}dxdz =$$

$$= \left(\int_0^5 (25 + z^2)dz\right)\left(\int_{-5}^5 \frac{5}{\sqrt{25 - x^2}}dx\right) = \left[25z + \frac{z^3}{3}\right]_0^5 5\int_{-5}^5 \frac{dx}{\sqrt{25 - x^2}} =$$

$$= \frac{4}{3}5^3 \cdot 5\int_{-5}^5 \frac{dx}{\sqrt{25 - x^2}} = \frac{4 \cdot 5^4}{3}\int_{-5}^5 \frac{dx}{\sqrt{25 - x^2}}.$$

Esta última integral se resuelve con el cambio $x = 5\operatorname{sen}t$ y por tanto $dx = 5\cos t\,dt$, siendo

$$\int_{-5}^5 \frac{dx}{\sqrt{25 - x^2}} = \int_{-\frac{\pi}{2}}^{\frac{\pi}{2}} \frac{5\cos t}{5\cos t}dt = \int_{-\frac{\pi}{2}}^{\frac{\pi}{2}} dt = \pi.$$

De este modo, sustituyendo el valor hallado, resulta

$$I = \frac{4 \cdot 5^4}{3}\int_{-5}^5 \frac{dx}{\sqrt{25 - x^2}} = \frac{4 \cdot 5^4}{3}\pi = \frac{2500\pi}{3}.$$

Obsérvese que el valor de la integral pedida puede obtenerse también trabajando en explícitas pero proyectando sobre el plano YZ, siendo en este caso por la simetría de la superficie S respecto del plano $x = 0$ y la paridad de f en x

$$I = \iint_S f\,dS = 2\iint_D f[g(y, z), y, z]\sqrt{1 + g_y^2 + g_z^2}dydz$$

con $x > 0$ y D la proyección ortogonal de S sobre el plano YZ. De la superficie $x^2 + y^2 = 25$ es

$$x = g(y, z) = \sqrt{25 - y^2}$$

y entonces

$$\sqrt{1 + g_y^2 + g_z^2} = \sqrt{1 + \left(\frac{-y}{\sqrt{25 - x^2}}\right)^2 + 0^2} = \sqrt{1 + \frac{y^2}{25 - y^2}} = \sqrt{\frac{25}{25 - y^2}} = \frac{5}{\sqrt{25 - y^2}}.$$

La proyección de S sobre el plano YZ es

$$D = \{(y, z) : 0 \leq y \leq 5, 0 \leq z \leq 5\}.$$

De este modo el valor de la integral resulta

$$I = \iint_S f dS = 2 \iint_D f[g(y,z),y,z]\sqrt{1+g_y^2+g_z^2}\,dydz =$$

$$= 2 \iint_D \left(\left(\sqrt{25-y^2}\right)^2 + y^2 + z^2\right)\frac{5}{\sqrt{25-y^2}}\,dydz =$$

$$= 2 \iint_D (25+z^2)\frac{5}{\sqrt{25-y^2}}\,dydz = 2\int_0^5\int_0^5 (25+z^2)\frac{5}{\sqrt{25-y^2}}\,dydz =$$

$$= 2\left[25z + \frac{z^3}{3}\right]_0^5 5\int_0^5 \frac{dy}{\sqrt{25-y^2}} = 2\frac{4\cdot 5^3}{3}5\frac{\pi}{2} = \frac{4\cdot 5^4}{3}\pi = \frac{2500\pi}{3}.$$

Si la superficie S está dada en forma implícita a través de la ecuación $F(x,y,z)=0$, se tiene que

$$\iint_S f dS = \iint_D f[x,y,z(x,y)]\frac{\sqrt{F_x^2+F_y^2+F_z^2}}{|F_z|}\,dxdy,$$

donde se supone que la ecuación $F(x,y,z)=0$ define implícitamente a z como función diferenciable de x e y, siendo D la proyección ortogonal de la superficie sobre el plano XY.

En efecto, si la superficie S está dada por la ecuación $F(x,y,z)=0$ que define implícitamente a z como función de x e y en la forma $z=g(x,y)$ se tiene, por la derivación de funciones implícitas, que

$$z_x = g_x = -\frac{F_x}{F_z} \qquad \text{y} \qquad z_y = g_y = -\frac{F_y}{F_z},$$

con lo cual es

$$1 + g_x^2 + g_y^2 = 1 + \left(-\frac{F_x}{F_z}\right)^2 + \left(-\frac{F_y}{F_z}\right)^2 = 1 + \frac{F_x^2}{F_z^2} + \frac{F_y^2}{F_z^2} = \frac{F_x^2+F_y^2+F_z^2}{F_z^2}$$

y de donde

$$\sqrt{1+g_x^2+g_y^2} = \frac{\sqrt{F_x^2+F_y^2+F_z^2}}{|F_z|} \tag{9.3}$$

Llevando este radical a la igualdad (9.2) se tiene la expresión indicada de la integral.

Obsérvese que si la ecuación de la superficie $F(x,y,z)=0$ define implícitamente a x como función de y y de z, la integral anterior adopta la forma

$$\iint_S f dS = \iint_D f[x(y,z),y,z]\frac{\sqrt{F_x^2+F_y^2+F_z^2}}{|F_x|}\,dydz,$$

siendo D la proyección ortogonal de la superficie S sobre el plano YZ, y de manera similar si es $y=y(x,z)$ la función definida implícitamente por la ecuación $F(x,y,z)=0$, la integral está dada por

$$\iint_S f dS = \iint_D f[x,y(x,z),z]\frac{\sqrt{F_x^2+F_y^2+F_z^2}}{|F_y|}\,dxdz,$$

donde D es la proyección ortogonal de la superficie S sobre el plano XZ.

■ **Ejemplo 9.4** Calculemos la integral de la función del Ejemplo 9.2, $f(x,y,z) = x^2 + y^2 + z^2$, extendida a la misma superficie

$$S = \{(x,y,z)\in\mathbb{R}^3 : x^2+y^2 = 25, y > 0, 0 \le z \le 5\},$$

pero *trabajando en implícitas*.

Proyectando sobre el plano XZ y trabajando en implícitas el valor de la integral es

$$I = \iint_S f dS = \iint_D f[x, y(x,z), z] \frac{\sqrt{F_x^2 + F_y^2 + F_z^2}}{|F_y|} dxdz,$$

siendo $F(x, y, z) = x^2 + y^2 - 25 = 0$ y D la proyección ortogonal de S sobre el plano XZ. Como son $y(x, z) = \sqrt{25 - x^2}$ y

$$\frac{\sqrt{F_x^2 + F_y^2 + F_z^2}}{|F_y|} = \frac{\sqrt{(2x)^2 + (2y)^2 + 0^2}}{|2y|} = \frac{2\sqrt{x^2 + y^2}}{2y} = \frac{\sqrt{25}}{\sqrt{25 - x^2}} = \frac{5}{\sqrt{25 - x^2}},$$

la integral pedida es

$$I = \iint_S f dS = \iint_D \left[x^2 + \left(\sqrt{25 - x^2} \right)^2 + z^2 \right] \frac{5}{\sqrt{25 - x^2}} dxdz =$$

$$= \iint_D (25 + z^2) \frac{5}{\sqrt{25 - x^2}} dxdz = \int_0^5 \int_{-5}^5 (25 + z^2) \frac{5}{\sqrt{25 - x^2}} dxdz = \frac{2500\pi}{3},$$

ya que es la misma integral que resultó en el Ejemplo 9.3.

También se puede obtener el valor de la integral trabajando en implícitas pero proyectando sobre el plano YZ, siendo

$$I = \iint_S f dS = 2 \iint_D f[x(y,z), y, z] \frac{\sqrt{F_x^2 + F_y^2 + F_z^2}}{|F_x|} dydz,$$

con $x > 0$ y D la proyección ortogonal de S sobre el plano YZ.

Además veamos que

$$\sqrt{1 + g_x^2 + g_y^2} = \frac{1}{|\cos \gamma|}$$

cuando la superficie está dada como $z = g(x, y)$, siendo γ el ángulo que forma el vector $\overline{n}$ normal a la superficie en el punto genérico (x, y, z) con el vector unitario $\overline{k}$ en la dirección del eje OZ.

En consecuencia, también es

$$\frac{\sqrt{F_x^2 + F_y^2 + F_z^2}}{|F_z|} = \frac{1}{|\cos \gamma|}$$

en virtud de la igualdad (9.3), cuando la superficie está dada por la ecuación $F(x, y, z) = 0$ que define a z como función diferenciable de x e y.

En efecto, si la superficie está dada por $z = g(x, y)$ el vector $(-g_x, -g_y, 1)$ es característico del plano tangente en el punto (x, y, z) según hemos visto anteriormente, el cual es normal a la superficie.

Multiplicando escalarmente el vector

$$\overline{n} = (-g_x, -g_y, 1)$$

por el unitario $\overline{k} = (0, 0, 1)$ (véase la Figura 9.5), se tiene

$$\overline{n} \cdot \overline{k} = ||\overline{n}|| \cdot 1 \cos \gamma = ||\overline{n}|| \cos \gamma$$

y también

$$\overline{n} \cdot \overline{k} = (-g_x, -g_y, 1) \cdot (0, 0, 1) = 1.$$

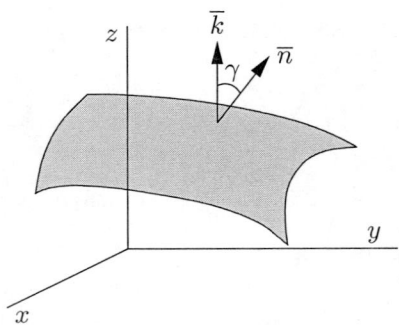

Figura 9.5 Ángulo de los vectores $\overline{n}$ y $\overline{k}$

Igualando ambas expresiones queda

$$\cos\gamma = \frac{1}{||\overline{n}||}$$

de donde resulta

$$|\cos\gamma| = \frac{1}{\sqrt{1 + g_x^2 + g_y^2}}.$$

Si ahora tenemos en cuenta la igualdad (9.3) resulta

$$|\cos\gamma| = \frac{1}{\sqrt{1 + g_x^2 + g_y^2}} = \frac{|F_z|}{\sqrt{F_x^2 + F_y^2 + F_z^2}}.$$

Con este resultado el valor de la integral de f sobre la superficie S dada como $z = g(x, y)$ es

$$\iint_S f\, dS = \iint_D f(x, y, g(x, y)) \cdot \frac{dx\, dy}{|\cos\gamma|}$$

siendo D la proyección ortogonal de la superficie S sobre el plano XY.

En forma análoga, si la superficie está dada en la forma $x = g(y, z)$ y α es el ángulo que forma el vector $\overline{n}$ normal unitario a la superficie en el punto genérico (x, y, z) con el unitario $\overline{i} = (1, 0, 0)$, el mismo valor se obtiene en la forma

$$\iint_S f\, dS = \iint_D f(g(y, z), y, z) \cdot \frac{dy\, dz}{|\cos\alpha|},$$

donde D es la proyección ortogonal de la superficie S sobre el plano YZ.

Y también, finalmente, es

$$\iint_S f\, dS = \iint_D f(x, g(x, z), z) \cdot \frac{dx\, dz}{|\cos\beta|}$$

cuando la superficie está dada en la forma $y = g(x, z)$, siendo β el ángulo que forma el vector $\overline{n}$ normal unitario a la superficie S en el punto genérico (x, y, z) de la misma, con el vector $\overline{j} = (0, 1, 0)$. En este caso D es la proyección ortogonal de S sobre el plano XZ.

■ **Ejemplo 9.5** Calculemos la integral de la función del Ejemplo 9.2, $f(x, y, z) = x^2 + y^2 + z^2$, extendida a la misma superficie

$$S = \{(x, y, z) \in \mathbb{R}^3 : x^2 + y^2 = 25, y > 0, 0 \le z \le 5\},$$

pero *utilizando el coseno del ángulo que el vector normal a la superficie forma con el vector direccional de uno de los ejes.*

Si proyectamos sobre el plano XZ y expresamos la superficie S en la forma $y = \sqrt{25 - x^2} = g(x, z)$, el valor de la integral es

$$I = \iint_S f \, dS = \iint_D f(x, g(x, z), z) \cdot \frac{dx\,dz}{|\cos \beta|}.$$

Como

$$f(x, g(x, z), z) = x^2 + \left(\sqrt{25 - x^2}\right)^2 + z^2 = 25 + z^2$$

y un vector normal a la superficie en cada punto (x, y, z) es $(2x, 2y, 0)$ y también $(x, y, 0)$ y el unitario correspondiente es

$$\overline{n} = \left(\frac{x}{\sqrt{x^2 + y^2}}, \frac{y}{\sqrt{x^2 + y^2}}, 0\right) = \left(\frac{x}{\sqrt{25}}, \frac{y}{\sqrt{25}}, 0\right) = \left(\frac{x}{5}, \frac{y}{5}, 0\right),$$

con lo cual es

$$\cos \beta = \frac{y}{5} = \frac{\sqrt{25 - x^2}}{5} = |\cos \beta|$$

al ser $y > 0$. De este modo es

$$
\begin{aligned}
I &= \iint_S f \, dS = \iint_D (25 + z^2) \frac{dx\,dz}{\frac{\sqrt{25 - x^2}}{5}} = 5 \iint_D (25 + z^2) \frac{1}{\sqrt{25 - x^2}} dx\,dz = \\
&= \int_0^5 \int_{-5}^5 (25 + z^2) \frac{5}{\sqrt{25 - x^2}} dx\,dz = \\
&= \left(\int_0^5 (25 + z^2) dz\right) \left(\int_{-5}^5 \frac{5}{\sqrt{25 - x^2}} dx\right) = \frac{2500\pi}{3},
\end{aligned}
$$

ya que estas integrales se han calculado en el Ejemplo 9.3.

9.3 ÁREA DE UNA SUPERFICIE

Si en la integración de una función escalar f sobre una superficie S se considera la función $f(x, y, z) = 1$, resulta el área de la superficie.

Superficie en paramétricas

En el caso de que la superficie S esté parametrizada en el recinto $D \subset \mathbb{R}^2$ en la forma $\overline{r} = \overline{r}(u, v)$, se tiene que su área se calcula con la fórmula

$$\text{Área}(S) = \iint_D \|\overline{r}_u \times \overline{r}_v\| \, du\,dv.$$

Superficie en explícitas

Si la superficie está dada en la forma explícita del tipo $z = g(x, y)$ el valor del área resulta como

$$\text{Área}(S) = \iint_D \sqrt{1 + g_x^2 + g_y^2} \, dx\,dy,$$

donde D es la proyección de la superficie S sobre el plano XY.

Análogamente, cuando la superficie está dada como $x = g(y, z)$ es

$$\text{Área}(S) = \iint_D \sqrt{1 + g_y^2 + g_z^2} \, dy\,dz,$$

siendo D la proyección de la superficie S sobre el plano YZ.

Y si la superficie se escribe explícitamente como $y = g(x, z)$ el área de la misma está dada por

$$\text{Área } (S) = \iint_D \sqrt{1 + g_x^2 + g_z^2} \, dxdz,$$

y en este caso D es la proyección de la superficie S sobre el plano XZ.

Superficie en implícitas

Si la superficie está dada en forma implícita por la ecuación $F(x, y, z) = 0$, donde se define implícitamente a z como función de x e y, se tiene que

$$\text{Área } (S) = \iint_D \frac{\sqrt{F_x^2 + F_y^2 + F_z^2}}{|F_z|} \, dxdy,$$

siendo D la proyección de S sobre el plano XY.

Cuando la superficie se presenta en forma implícita por la ecuación $F(x, y, z) = 0$ y ésta define a x como función de y y de z, entonces es

$$\text{Área } (S) = \iint_D \frac{\sqrt{F_x^2 + F_y^2 + F_z^2}}{|F_x|} \, dydz,$$

siendo D la proyección de la superficie S sobre el plano YZ.

Finalmente, si la superficie se da en forma implícita como $F(x, y, z) = 0$ siendo y función de x y de z entonces se tiene que

$$\text{Área } (S) = \iint_D \frac{\sqrt{F_x^2 + F_y^2 + F_z^2}}{|F_y|} \, dxdz,$$

y en este caso el recinto de integración D es la proyección de la superficie sobre el plano XZ.

Área mediante el coseno

Si se consideran los ángulos γ, α y β que el vector unitario normal $\overline{n}$ a la superficie en cada punto (x, y, z) forma con los vectores $\overline{k} = (0, 0, 1)$, $\overline{i} = (1, 0, 0)$ y $\overline{j} = (0, 1, 0)$, se obtiene también el área de la superficie como

$$\text{Área } (S) = \iint_D \frac{dxdy}{|\cos \gamma|},$$

siendo D proyección ortogonal de S sobre el plano XY.

Si se proyecta sobre el plano YZ es

$$\text{Área } (S) = \iint_D \frac{dydz}{|\cos \alpha|},$$

donde D es ahora la proyección ortogonal de S sobre el plano YZ.

Finalmente, al proyectar sobre el plano XZ se tiene

$$\text{Área } (S) = \iint_D \frac{dxdz}{|\cos \beta|}$$

y ahora D es la proyección ortogonal de S sobre el plano XZ.

9.4 INTEGRALES DE FUNCIONES VECTORIALES SOBRE SUPERFICIES

En este apartado se pretende ampliar de forma natural la definición de integral de un campo escalar sobre una superficie a la integral de un campo vectorial extendida a una superficie dada.

■ **Definición (Integral de una función vectorial sobre una superficie).** *Dada la superficie S parametrizada en el recinto $D \subset \mathbb{R}^2$ en la forma $\overline{r} = \overline{r}(u, v)$ y considerando un campo vectorial $\overline{F}$ en $\mathbb{R}^3$ definido sobre S, se llama integral de superficie de $\overline{F}$ sobre S a la expresión*

$$\iint_D \overline{F} \cdot (\overline{r}_u \times \overline{r}_v) \, du \, dv$$

que representamos por

$$\iint_S \overline{F} \cdot d\overline{S}$$

es decir

$$\iint_S \overline{F} \cdot d\overline{S} = \iint_D \overline{F} \cdot (\overline{r}_u \times \overline{r}_v) \, du \, dv.$$

La integral de la definición puede escribirse, de acuerdo con las propiedades del producto escalar, como

$$\iint_D \overline{F} \cdot (\overline{r}_u \times \overline{r}_v) \, du \, dv = \iint_D \left(\overline{F} \cdot \frac{\overline{r}_u \times \overline{r}_v}{\|\overline{r}_u \times \overline{r}_v\|} \right) \|\overline{r}_u \times \overline{r}_v\| \, du \, dv = \iint_D \left(\overline{F} \cdot \overline{n} \right) \|\overline{r}_u \times \overline{r}_v\| \, du \, dv,$$

siendo

$$\overline{n} = \frac{\overline{r}_u \times \overline{r}_v}{\|\overline{r}_u \times \overline{r}_v\|}$$

el vector unitario normal a la superficie en el punto correspondiente.

Observando la última integral podemos afirmar que la integral del campo vectorial $\overline{F}$ sobre la superficie S coincide con la integral del campo escalar $\overline{F} \cdot \overline{n}$ extendida a la propia superficie S, siendo $\overline{F} \cdot \overline{n}$ la componente del campo que es normal a la superficie en el punto. Con esta observación podemos escribir la igualdad

$$\iint_S \overline{F} \cdot d\overline{S} = \iint_S \left(\overline{F} \cdot \overline{n} \right) dS.$$

El significado de la definición dada se asimila muy fácilmente mediante el siguiente ejemplo físico sencillo.

Supongamos que $\overline{F}$ es el campo de velocidades de un fluido que atraviesa una superficie S parametrizada por $\overline{r} = \overline{r}(u, v)$. Véase la Figura 9.6.

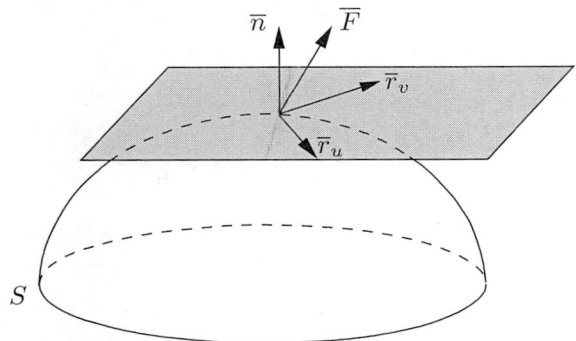

Figura 9.6 Integración de un campo vectorial sobre una superficie

Consideremos en cada punto de S un sistema de referencia cuyos vectores básicos son

$$\left\{ \frac{\overline{r}_u}{\|\overline{r}_u\|}, \frac{\overline{r}_v}{\|\overline{r}_v\|}, \overline{n} \right\}$$

y donde $\overline{r}_u$ y $\overline{r}_v$ son los vectores directores del plano tangente y $\overline{n}$ es el vector unitario normal. Descomponiendo el campo en sus componentes, de la dirección de los vectores básicos elegidos se verifica que las dos componentes tangenciales

$$\overline{F} \cdot \frac{\overline{r}_u}{\|\overline{r}_u\|} \qquad \text{y} \qquad \overline{F} \cdot \frac{\overline{r}_v}{\|\overline{r}_v\|}$$

no contribuyen al flujo del campo a través de la superficie, siendo el flujo total del campo el aportado por la componente normal $\overline{F} \cdot \overline{n}$. En definitiva

$$\iint_S \overline{F} \cdot \overline{n}\, dS$$

es el flujo total del líquido o caudal que atraviesa la superficie S.

Como caso particular, dado un campo $\overline{F}$ y considerada una superficie plana S, si ésta se sitúa paralelamente al campo, entonces el flujo es nulo, mientras que el flujo es máximo cuando la superficie es perpendicular al campo $\overline{F}$. Así, al viajar en automóvil en día de lluvia observamos la escasa penetración de agua por las ventanillas laterales, mientras que la luna delantera recibe un caudal abundante.

Métodos operativos de parametrización de superficies

A veces se presentan dificultades a la hora de parametrizar superficies. Vamos a mostrar algunas estrategias para superar estas dificultades. En ocasiones un proceso adecuado consiste en utilizar las expresiones

$$\cos^2 \theta + \text{sen}^2 \theta = 1 \qquad \text{y} \qquad \text{ch}^2 \theta - \text{sh}^2 \theta = 1,$$

que se han de emplear respectivamente cuando aparezca la suma de dos cuadrados o la diferencia de ambos. Algunos ejemplos lo aclararán.

■ **Ejemplo 9.6** Si se trata de parametrizar el cono de ecuación $z^2 = 4x^2 + 4y^2$, escribiendo la ecuación en la forma $z^2 = 4(x^2 + y^2)$, se observa que aparece la suma de cuadrados: $x^2 + y^2$.

Haciendo el cambio
$$\begin{cases} x = \rho \cos \theta \\ y = \rho \, \text{sen} \, \theta \end{cases}$$

resulta que
$$x^2 + y^2 = \rho^2 \cos^2 \theta + \rho^2 \, \text{sen}^2 \theta = \rho^2(\cos^2 \theta + \text{sen}^2 \theta) = \rho^2$$

y se tendrá que $z^2 = 4(x^2 + y^2) = 4\rho^2$ ó $z = \pm 2\rho$.

Por tanto una parametrización del cono es

$$\begin{cases} x = \rho \cos \theta \\ y = \rho \, \text{sen} \, \theta \\ z = \pm 2\rho, \end{cases} \qquad 0 \leq \theta \leq 2\pi,$$

el signo positivo es para $z \geq 0$ y el negativo para $z < 0$.

■ **Ejemplo 9.7** Parametrizamos ahora el paraboloide circular $z = 9x^2 + 9y^2$.

Si escribimos $z = 9(x^2 + y^2)$ descubrimos la suma de cuadrados $x^2 + y^2$. Con el cambio

$$\begin{cases} x = \rho \cos \theta \\ y = \rho \, \text{sen} \, \theta \end{cases}$$

se tiene

$$x^2 + y^2 = \rho^2 \cos^2\theta + \rho^2 \operatorname{sen}^2\theta = \rho^2(\cos^2\theta + \operatorname{sen}^2\theta) = \rho^2$$

y $z = 9(x^2 + y^2) = 9\rho^2$. Por tanto una parametrización del paraboloide es

$$\begin{cases} x = \rho\cos\theta \\ y = \rho\operatorname{sen}\theta \\ z = 9\rho^2, \end{cases} \qquad 0 \le \theta \le 2\pi.$$

Parametrización de algunas superficies cuádricas

Vamos a considerar las ecuaciones implícitas canónicas o reducidas de las superficies cuádricas usuales y obtener para cada una de ellas una de sus posibles parametrizaciones.

1. *Elipsoide* de ecuación

$$\frac{x^2}{a^2} + \frac{y^2}{b^2} + \frac{z^2}{c^2} = 1 \qquad (a > 0,\ b > 0,\ c > 0).$$

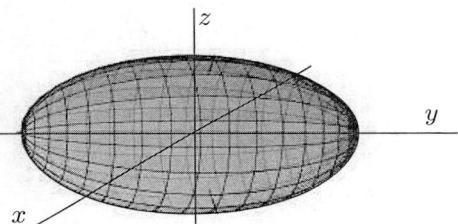

Figura 9.7 Elipsoide

Su representación gráfica es la de la Figura 9.7 y unas ecuaciones paramétricas del mismo son

$$\begin{cases} x = a\cos u\cos v, \\ y = b\cos u\operatorname{sen}v, \\ z = c\operatorname{sen}u, \end{cases} \qquad -\frac{\pi}{2} \le u \le \frac{\pi}{2}, \qquad 0 \le v < 2\pi.$$

Si $a = b = c$, es una superficie esférica.

2. *Paraboloide elíptico* de ecuación

$$\frac{x^2}{a^2} + \frac{y^2}{b^2} = z \qquad (a > 0, b > 0).$$

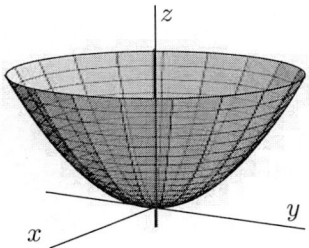

Figura 9.8 Paraboloide elíptico

Su gráfica puede verse en la Figura 9.8.

En el caso de ser $a = b$, el paraboloide es circular. Una expresión paramétrica del paraboloide es

$$\begin{cases} x = au\cos v, \\ y = bu\operatorname{sen} v, \\ z = u^2, \qquad 0 \le u < +\infty, \qquad 0 \le v < 2\pi. \end{cases}$$

3. *Paraboloide hiperbólico* de ecuación

$$\frac{x^2}{a^2} - \frac{y^2}{b^2} = z \qquad (a > 0, b > 0).$$

Es una superficie reglada. Véase la Figura 9.9.

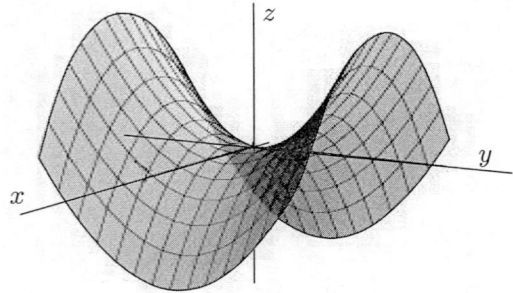

Figura 9.9 Paraboloide hiperbólico

Esta superficie se puede expresar paramétricamente en la forma

$$\begin{cases} x = au, \\ y = bv, \\ z = u^2 - v^2, \qquad -\infty < u < +\infty, \qquad -\infty < v < +\infty. \end{cases}$$

4. *Cono elíptico* de ecuación

$$\frac{x^2}{a^2} + \frac{y^2}{b^2} = z^2 \qquad (a > 0, b > 0).$$

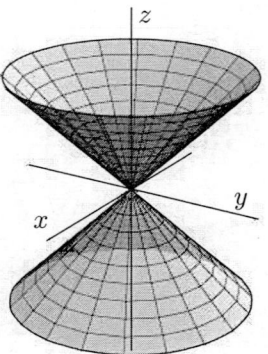

Figura 9.10 Cono elíptico

Se trata de una superficie reglada y cuando es $a = b$ el cono es circular. La superficie está representada en la Figura 9.10

En forma paramétrica unas ecuaciones del cono son

$$\begin{cases} x = au \cos v, \\ y = bu \operatorname{sen} v, \\ z = u, \qquad -\infty < u < +\infty, \qquad 0 \le v < 2\pi. \end{cases}$$

5. *Hiperboloide de una hoja* de ecuación implícita

$$\frac{x^2}{a^2} + \frac{y^2}{b^2} - \frac{z^2}{c^2} = 1 \qquad (a > 0, b > 0, c > 0).$$

Esta superficie se representa en la Figura 9.11 y es una superficie reglada

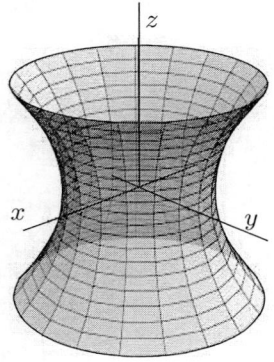

Figura 9.11 Hiperboloide de una hoja

En forma paramétrica la superficie puede expresarse como

$$\begin{cases} x = a \operatorname{ch} u \cos v, \\ y = b \operatorname{ch} u \operatorname{sen} v, \\ z = c \operatorname{sh} u, \qquad -\infty < u < +\infty, \qquad 0 \le v < 2\pi. \end{cases}$$

6. *Hiperboloide de dos hojas* de ecuación implícita

$$\frac{x^2}{a^2} + \frac{y^2}{b^2} - \frac{z^2}{c^2} = -1 \qquad (a > 0, \ b > 0, \ c > 0).$$

Su gráfica está representada en la Figura 9.12.

Unas ecuaciones paramétricas de esta superficie son

$$\text{Hoja superior} \quad \begin{cases} x = a \operatorname{sh} u \cos v, \\ y = b \operatorname{sh} u \operatorname{sen} v, \\ z = c \operatorname{ch} u, \qquad 0 \le u < +\infty, \qquad 0 \le v < 2\pi. \end{cases}$$

$$\text{Hoja inferior} \quad \begin{cases} x = a \operatorname{sh} u \cos v, \\ y = b \operatorname{sh} u \operatorname{sen} v, \\ z = -c \operatorname{ch} u, \qquad 0 \le u < +\infty, \qquad 0 \le v < 2\pi. \end{cases}$$

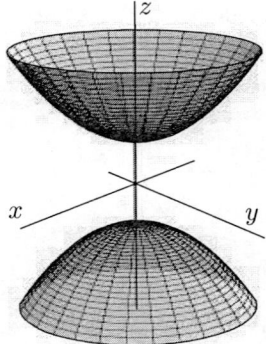

Figura 9.12 Hiperboloide de dos hojas

7. *Cilindro elíptico* con generatrices paralelas al eje OZ.

Es una superficie reglada y se representa en la Figura 9.13.

La ecuación implícita de esta superficie es

$$\frac{x^2}{a^2} + \frac{y^2}{b^2} = 1 \qquad (a > 0, b > 0).$$

Unas ecuaciones paramétricas de esta superficie son

$$\begin{cases} x = a\cos u, \\ y = a\,\mathrm{sen}\,u, \\ z = v, \end{cases} \qquad 0 \le u < 2\pi, -\infty < v < +\infty.$$

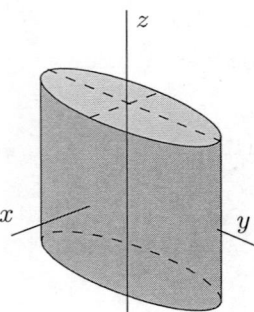

Figura 9.13 Cilindro elíptico

PROBLEMAS RESUELTOS

▶ **9.1** Utilizando una expresión paramétrica de la superficie, calcúlese la integral de la función

$$f(x, y, z) = xy^3 z$$

extendida a la parte de la superficie $x^2 + y^2 + z^2 = 4$ situada en el primer octante.

RESOLUCIÓN.

Una parametrización del primer octante de la superficie $x^2 + y^2 + z^2 = 4$ es

$$\begin{cases} x = 2\cos u \cos v \\ y = 2\,\text{sen}\,u \cos v \\ z = 2\,\text{sen}\,v, \end{cases} \qquad 0 \le u \le \tfrac{\pi}{2}, \qquad 0 \le v \le \tfrac{\pi}{2}.$$

Por definición el valor de la integral pedida es

$$I = \iint_S f\,dS = \iint_D f[x(u,v), y(u,v), z(u,v)]\, \|\overline{r}_u \times \overline{r}_v\|\,dudv =$$

$$= \iint_D 2\cos u \cos v (2\,\text{sen}\,u \cos v)^3\, 2\,\text{sen}\,v\, \|\overline{r}_u \times \overline{r}_v\|\,dudv =$$

$$= 32 \iint_D \text{sen}^3\,u \cos^4 v \cos u\,\text{sen}\,v\, \|\overline{r}_u \times \overline{r}_v\|\,dudv,$$

siendo $D = [0; \tfrac{\pi}{2}] \times [0; \tfrac{\pi}{2}]$.

De $\overline{r}(u,v) = (2\cos u \cos v, 2\,\text{sen}\,u \cos v, 2\,\text{sen}\,v)$ se obtienen

$$\overline{r}_u = (-2\,\text{sen}\,u \cos v, 2\cos u \cos v, 0) \quad \text{y} \quad \overline{r}_v = (-2\cos u\,\text{sen}\,v, -2\,\text{sen}\,u\,\text{sen}\,v, 2\cos v)$$

luego

$$\overline{r}_u \times \overline{r}_v = (4\cos u \cos^2 v, 4\,\text{sen}\,u \cos^2 v, 4\,\text{sen}^2\,u \cos v\,\text{sen}\,v + 4\cos^2 u \cos v\,\text{sen}\,v) =$$

$$= (4\cos u \cos^2 v, 4\,\text{sen}\,u \cos^2 v, 4\cos v\,\text{sen}\,v)$$

y por tanto es

$$\|\overline{r}_u \times \overline{r}_v\|^2 = 16(\cos^2 u \cos^4 v + \text{sen}^2\,u \cos^4 v) + 16\cos^2 v\,\text{sen}^2\,v =$$

$$= 16\cos^4 v(\cos^2 u + \text{sen}^2\,u) + 16\cos^2 v\,\text{sen}^2\,v =$$

$$= 16\cos^2 v(\cos^2 v + \text{sen}^2\,v) = 16\cos^2 v,$$

con lo cual es

$$\|\overline{r}_u \times \overline{r}_v\| = 4\cos v.$$

Sustituyendo en la integral se tiene

$$I = \iint_S f\,dS = 32 \cdot 4 \iint_D \text{sen}^3\,u \cos^5 v \cos u\,\text{sen}\,v\,dudv =$$

$$= 32 \cdot 4 \left(\int_0^{\frac{\pi}{2}} \text{sen}^3\,u \cos u\,du \right) \left(\int_0^{\frac{\pi}{2}} \cos^5 v\,\text{sen}\,v\,dv \right) =$$

$$= 32 \cdot 4 \left[\frac{\text{sen}^4\,u}{4} \right]_0^{\frac{\pi}{2}} \left[\frac{-\cos^6 v}{6} \right]_0^{\frac{\pi}{2}} =$$

$$= 32(1 - 0)\left(\frac{-1}{6} \right)(0 - 1) = \frac{32}{6} = \frac{16}{3}.$$

▶ **9.2** Calcúlese el área de la porción de superficie cilíndrica limitada por el cilindro $x^2 + y^2 = 9$ y los planos

$$z = 2y \quad \text{y} \quad z = 4y, \quad \text{con} \quad z \ge 0.$$

Resolución.

Primer método: En paramétricas.

El cilindro en coordenadas paramétricas es

$$\begin{cases} x = 3\cos u \\ y = 3\,\mathrm{sen}\,u \qquad 0 \le u \le 2\pi \\ z = v \qquad\quad -\infty < v < +\infty \end{cases}$$

y por tanto el área de la superficie pedida (véase Figura 9.14), es

$$\text{Área}\,(S) = \iint_D \|\overline{r}_u \times \overline{r}_v\|\, du dv.$$

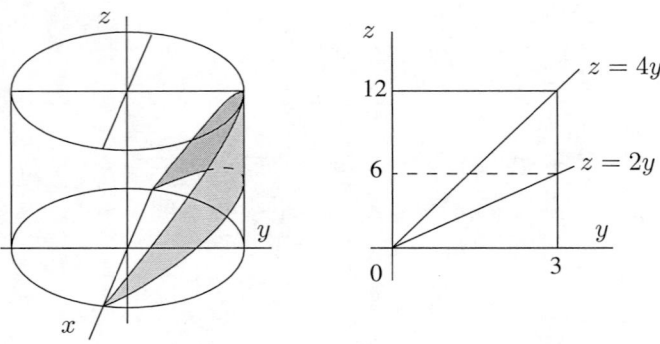

Figura 9.14 Superficie cuya área se pide en el Problema 9.2

Como $r(u,v) = (3\cos u, 3\,\mathrm{sen}\,u, v)$ resultan

$$\overline{r}_u = (-3\,\mathrm{sen}\,u, 3\cos u, 0) \qquad \text{y}$$
$$\overline{r}_v = (0, 0, 1),$$

de donde es

$$\overline{r}_u \times \overline{r}_v = (3\cos u, 3\,\mathrm{sen}\,u, 0)$$

y por tanto

$$\|\overline{r}_u \times \overline{r}_v\| = \sqrt{3^2\cos^2 u + 3^2\,\mathrm{sen}^2 u} = \sqrt{3^2(\cos^2 u + \mathrm{sen}^2 u)} = 3.$$

Como $z = v$, varía entre $z = 2y$ y $z = 4y$, según la parametrización realizada es $z = 2y = 2 \cdot 3\,\mathrm{sen}\,u = 6\,\mathrm{sen}\,u$ y $z = 4y = 4 \cdot 3\,\mathrm{sen}\,u = 12\,\mathrm{sen}\,u$, con lo cual v varía entre $6\,\mathrm{sen}\,u$ y $12\,\mathrm{sen}\,u$.
De este modo la integral que proporciona el área es la integral doble extendida al dominio

$$D = \{(u,v) \in \mathbb{R}^2 : 0 \le u \le \pi, 6\,\mathrm{sen}\,u \le v \le 12\,\mathrm{sen}\,u\},$$

es decir

$$\text{Área}\,(S) = \iint_D 3\,du dv = 3\int_0^\pi \left(\int_{6\,\mathrm{sen}\,u}^{12\,\mathrm{sen}\,u} dv \right) du = 3\int_0^\pi [v]_{6\,\mathrm{sen}\,u}^{12\,\mathrm{sen}\,u} du =$$

$$= 3\int_0^\pi 6\,\mathrm{sen}\,u\,du = 18\int_0^\pi \mathrm{sen}\,u\,du =$$

$$= -18\,[\cos u]_0^\pi = -18\,(\cos\pi - \cos 0) = -18(-2) = 36.$$

Segundo método: En implícitas.

Sea la función $F(x, y, z) = x^2 + y^2 - 9 = 0$ y proyectemos la cuña sobre el plano YZ, véase Figura 9.14 (derecha). En estas condiciones el área pedida es

$$\text{Área } (S) = 2 \iint_D \frac{\sqrt{F_x^2 + F_y^2 + F_z^2}}{|F_x|} \, dy dz.$$

Pero

$$F_x^2 + F_y^2 + F_z^2 = (2x)^2 + (2y)^2 = 4(x^2 + y^2) = 4 \cdot 9 = 36.$$

$$|F_x| = |2x| = 2x, \qquad \text{si} \qquad x \geq 0$$

y escrita en función de las variables de integración es $|F_x| = 2x = 2\sqrt{9 - y^2}$.

En consecuencia es

$$\text{Área } (S) = 2 \iint_D \frac{\sqrt{F_x^2 + F_y^2 + F_z^2}}{|F_x|} dy dz = 2 \iint_D \frac{\sqrt{36}}{2\sqrt{9 - y^2}} dy dz =$$

$$= 6 \iint_D \frac{1}{\sqrt{9 - y^2}} dy dz = 6 \int_0^3 \left(\int_{2y}^{4y} \frac{dz}{\sqrt{9 - y^2}} \right) dy = 6 \int_0^3 \frac{1}{\sqrt{9 - y^2}} [z]_{2y}^{4y} \, dy =$$

$$= 12 \int_0^3 \frac{y dy}{\sqrt{9 - y^2}} = 12 \left[-\sqrt{9 - y^2} \right]_0^3 = 12 \cdot 3 = 36.$$

El 2 que aparece delante de la integral inicial se debe a que la cuña tiene dos partes simétricas respecto del plano YZ con la misma proyección sobre este plano.

Tercer método: Utilizando la fórmula del coseno.

La superficie $F(x, y, z) = x^2 + y^2 - 9 = 0$ tiene en cada punto (x, y, z) como vector unitario normal

$$\overline{n} = \left(\frac{F_x}{\sqrt{F_x^2 + F_y^2 + F_z^2}}, \frac{F_y}{\sqrt{F_x^2 + F_y^2 + F_z^2}}, \frac{F_z}{\sqrt{F_x^2 + F_y^2 + F_z^2}} \right) =$$

$$= \left(\frac{2x}{\sqrt{(2x)^2 + (2y)^2}}, \frac{2y}{\sqrt{(2x)^2 + (2y)^2}}, \frac{0}{\sqrt{(2x)^2 + (2y)^2}} \right) =$$

$$= \frac{(x, y, 0)}{\sqrt{x^2 + y^2}} = \frac{(x, y, 0)}{\sqrt{9}} = \frac{1}{3}(x, y, 0),$$

donde se ha considerado que sobre el cilindro es $x^2 + y^2 = 9$.

Integramos en el plano YZ cuyo vector unitario normal es $i = (1, 0, 0)$, por tanto $\overline{n} \cdot \overline{i} = \frac{x}{3} = \cos \alpha$. Por ello el área buscada está dada por

$$\text{Área } (S) = 2 \iint_D \frac{dy dz}{|\cos \alpha|} = 2 \iint_D \frac{3}{x} dy dz = 2 \iint_D \frac{3}{\sqrt{9 - y^2}} dy dz,$$

donde en el último paso se ha expresado x de acuerdo con la ecuación del cilindro.

Y el recinto D es el limitado por las rectas $z = 2y$ y $z = 4y$, con $0 \leq y \leq 3$, en el plano YZ, con igual área.

En definitiva es

$$\text{Área } (S) = 2 \int_0^3 \frac{dy}{\sqrt{9 - y^2}} \int_{2y}^{4y} dz = 36.$$

Obsérvese que se trata de la misma integral que aparece en el método anterior.

▶ **9.3** Obténganse unas ecuaciones paramétricas del paraboloide $z = x^2 + y^2$ y, utilizándolas, calcúlese el área de la parte del sólido limitado por dicho paraboloide y los planos $z = 1$ y $z = 4$.

Analícese la situación en el caso en que se pida calcular el área definida por las condiciones anteriores y además limitada por los planos $y = 0$, $y = x$ en el primer octante.

RESOLUCIÓN.

Si hacemos $x = u$, $y = v$, entonces será $z = x^2 + y^2 = u^2 + v^2$, y por tanto una parametrización del paraboloide es

$$\begin{cases} x = u \\ y = v \\ z = u^2 + v^2. \end{cases}$$

Como queremos $1 \leq z \leq 4$ y $z = u^2 + v^2$, será $1 \leq u^2 + v^2 \leq 4$.

Nuestra superficie es $\overline{r}(u, v) = (u, v, u^2 + v^2)$, por lo que $\overline{r}_u = (1, 0, 2u)$, $\overline{r}_v = (0, 1, 2v)$, y entonces

$$\overline{r}_u \times \overline{r}_v = \begin{vmatrix} \overline{i} & \overline{j} & \overline{k} \\ 1 & 0 & 2u \\ 0 & 1 & 2v \end{vmatrix} = (-2u, -2v, 1)$$

y

$$||\overline{r}_u \times \overline{r}_v|| = \sqrt{4u^2 + 4v^2 + 1}.$$

El área pedida es

$$A = \iint_D ||\overline{r}_u \times \overline{r}_v|| \, du dv = \iint_D \sqrt{4u^2 + 4v^2 + 1} \, du dv.$$

La proyección ortogonal al plano UV es la que puede verse en la Figura 9.15.

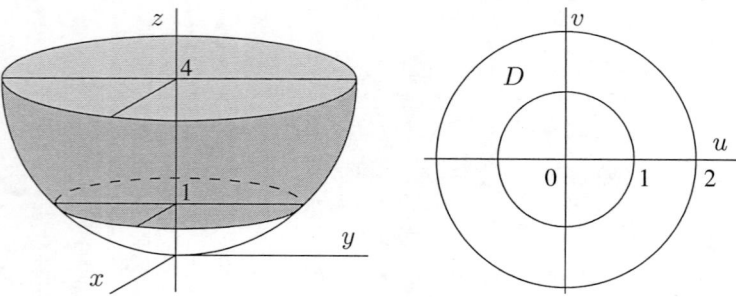

Figura 9.15 El paraboloide y su parametrización

La simetría del recinto y del integrando sugieren utilizar coordenadas polares

$$\begin{cases} u = r \cos \theta \\ v = r \, \text{sen} \, \theta, \end{cases} \quad \text{con} \quad u^2 + v^2 = r^2,$$

como $1 \leq u^2 + v^2 \leq 2^2$, resulta $1 \leq r^2 \leq 2^2$ o $1 \leq r \leq 2$. Por tanto es

$$D = \{(u, v) \in \mathbb{R}^2 : 1 \leq u^2 + v^2 \leq 4\}.$$

Así que

$$A = \iint_D \sqrt{4(u^2 + v^2) + 1}\,du\,dv = \int_0^{2\pi} \int_1^2 \sqrt{4r^2 + 1}\, r\,dr\,d\theta =$$

$$= \frac{1}{8} \int_0^{2\pi} \int_1^2 \sqrt{4r^2 + 1}\, 8r\,dr\,d\theta = \frac{1}{8} \int_0^{2\pi} \int_1^2 (4r^2 + 1)^{1/2} d(4r^2 + 1)\,d\theta =$$

$$= \frac{1}{8} \int_0^{2\pi} \left[\frac{(4r^2 + 1)^{\frac{1}{2}+1}}{\frac{1}{2}+1} \right]_1^2 d\theta = \frac{1}{8} \int_0^{2\pi} \left[\frac{(4r^2 + 1)^{\frac{3}{2}}}{\frac{3}{2}} \right]_1^2 d\theta =$$

$$= \frac{1}{8}\frac{2}{3} \int_0^{2\pi} \left((4 \cdot 2^2 + 1)^{3/2} - (4 \cdot 1^2 + 1)^{3/2} \right) d\theta =$$

$$= \frac{1}{12} \left(17^{3/2} - 5^{3/2} \right) \int_0^{2\pi} d\theta = \frac{1}{12}(17^{3/2} - 5^{3/2})[\theta]_0^{2\pi} =$$

$$= \frac{\pi}{6}(17\sqrt{17} - 5\sqrt{5}).$$

Obsérvese que al enunciado del problema se le podría haber añadido la condición de que la superficie estuviera limitada por los planos $y = 0$, $y = x$, además de todas las condiciones originales. En este caso se calcularía de forma idéntica, pero el ángulo de integración no variaría desde 0 a 2π sino desde 0 a $\frac{\pi}{4}$, como puede verse en la Figura 9.16.

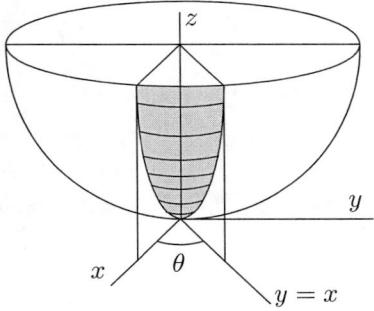

Figura 9.16 El recinto en el segundo caso

▶ **9.4** Calcúlese el área del paraboloide $x = u \cos v$, $y = u \, \mathrm{sen}\, v$, $z = u^2$, limitado por $0 \le u \le 1$, $0 \le v \le 2\pi$.

RESOLUCIÓN.

La superficie es $\overline{r}(u, v) = (u \cos v, u \, \mathrm{sen}\, v, u^2)$, con lo que

$$\frac{\partial \overline{r}}{\partial u} = (\cos v, \mathrm{sen}\, v, 2u) \qquad \frac{\partial \overline{r}}{\partial v} = (-u \, \mathrm{sen}\, v, u \cos v, 0)$$

y

$$\frac{\partial \overline{r}}{\partial u} \times \frac{\partial \overline{r}}{\partial v} = \begin{vmatrix} \overline{i} & \overline{j} & \overline{k} \\ \cos v & \mathrm{sen}\, v & 2u \\ -u \, \mathrm{sen}\, v & u \cos v & 0 \end{vmatrix} =$$

$$= (-2u^2 \cos v, \ -2u^2 \, \mathrm{sen}\, v, \ u \cos^2 v + u \, \mathrm{sen}^2 v) =$$

$$= (-2u^2 \cos v, -2u^2 \, \mathrm{sen}\, v, u).$$

Así que

$$\left\| \frac{\partial \overline{r}}{\partial u} \times \frac{\partial \overline{r}}{\partial v} \right\| = \sqrt{(-2u^2)^2 \cos^2 v + (-2u^2)^2 \operatorname{sen}^2 v + u^2} =$$

$$= \sqrt{(2u^2)^2(\cos^2 v + \operatorname{sen}^2 v) + u^2} =$$

$$= \sqrt{(2u^2)^2 + u^2} = \sqrt{u^2(1 + 4u^2)} = u\sqrt{1 + 4u^2}.$$

El área buscada es entonces

$$A = \int_0^1 \int_0^{2\pi} \left\| \frac{\partial \overline{r}}{\partial u} \times \frac{\partial \overline{r}}{\partial v} \right\| dudv =$$

$$= \int_0^1 \int_0^{2\pi} u\sqrt{1 + 4u^2}\, dudv =$$

$$= 2\pi \int_0^1 (1 + 4u^2)^{1/2} u\, du =$$

$$= \frac{2\pi}{8} \int_0^1 (1 + 4u^2)^{1/2} 8u\, du =$$

$$= \frac{\pi}{4} \int_0^1 (1 + 4u^2)^{1/2} d(1 + 4u^2) =$$

$$= \frac{\pi}{4} \left[\frac{(1 + 4u^2)^{\frac{1}{2}+1}}{\frac{1}{2} + 1} \right]_0^1 = \frac{\pi}{6}(5^{3/2} - 1) = \frac{\pi}{6}(5\sqrt{5} - 1).$$

▶ **9.5** Obténgase el área de la porción de superficie $x^2 + y^2 = 25$, $y \geq 0$, comprendida entre los planos $z = 2y$ y $z = 12$.

RESOLUCIÓN.

Primer método: Proyectando sobre el plano YZ.

Considerando la simetría de la superficie respecto del plano $x = 0$, el área pedida está dada por

$$\text{Área }(S) = \iint_D \frac{dydz}{|\cos\alpha|},$$

siendo D la proyección de la porción de superficie dada sobre el plano YZ.

Un vector normal en cada punto (x, y, z) a la superficie $x^2 + y^2 = 25$ es $(2x, 2y, 0)$ y también $(x, y, 0)$, y el unitario correspondiente es

$$\overline{n} = \left(\frac{x}{\sqrt{x^2 + y^2}}, \frac{y}{\sqrt{x^2 + y^2}}, 0 \right)$$

y al ser $x^2 + y^2 = 25$ resulta

$$\overline{n} = \left(\frac{x}{5}, \frac{y}{5}, 0 \right)$$

y por tanto es $\cos\alpha = \dfrac{x}{5}$ y $|\cos\alpha| = \dfrac{x}{5}$ para $0 \leq x \leq 5$. Véase la Figura 9.17.

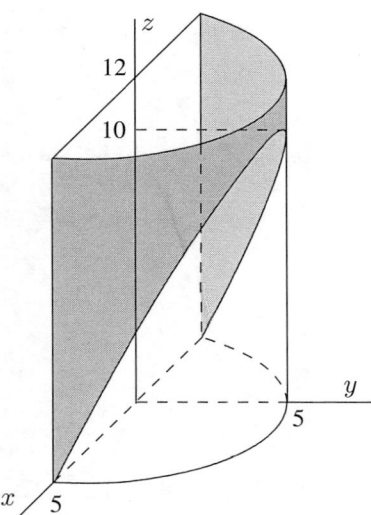

Figura 9.17 Superficie del Problema 9.5

Con estas consideraciones el área se calcula en la forma

$$
\text{Área}(S) = 2 \iint_D \frac{dydz}{\frac{x}{5}} = 10 \iint_D \frac{dydz}{x} = 10 \iint_D \frac{dydz}{\sqrt{25 - y^2}} =
$$

$$
= 10 \int_0^5 \left(\int_{2y}^{12} \frac{dz}{\sqrt{25 - y^2}} \right) dy = 10 \int_0^5 \frac{1}{\sqrt{25 - y^2}} [z]_{2y}^{12} dy =
$$

$$
= 10 \int_0^5 \frac{1}{\sqrt{25 - y^2}} (12 - 2y) dy =
$$

$$
= 10 \left(12 \int_0^5 \frac{1}{\sqrt{25 - y^2}} dy + 2 \int_0^5 \frac{-y}{\sqrt{25 - y^2}} dy \right).
$$

La primera integral con el cambio $y = 5 \operatorname{sen} t$ es $dy = 5 \cos t dt$ y siendo

$$
\sqrt{25 - y^2} = \sqrt{25 - 25 \operatorname{sen}^2 t} = 5\sqrt{\cos^2 t} = 5 \cos t
$$

resulta, al adecuar los límites de integración, que su valor es

$$
\int_0^5 \frac{1}{\sqrt{25 - y^2}} dy = \int_0^{\frac{\pi}{2}} \frac{5 \cos t dt}{5 \cos t} = \int_0^{\frac{\pi}{2}} dt = \frac{\pi}{2}.
$$

La otra integral es inmediata y por tanto el área pedida es

$$
\text{Área}(S) = 10 \left(12 \frac{\pi}{2} + 2 \left[\sqrt{25 - y^2} \right]_0^5 \right) =
$$

$$
= 10 \left(\frac{12\pi}{2} + 2(-5) \right) = 10(6\pi - 10) = 20(3\pi - 5).
$$

Segundo método: Proyectando sobre el plano XZ.

La proyección sobre este plano de la superficie cuya área se pide es la región D limitada por las rectas $z = 12$, $x = -5$, $x = 5$ y la proyección de la curva en que se cortan el cilindro $x^2 + y^2 = 25$ y el plano $z = 2y$.

Esta última curva se obtiene de $z = 2y$ tomando $y = \frac{1}{2}z$ y entrando en $x^2 + y^2 = 25$, con lo que se tiene

$$x^2 + \frac{1}{4}z^2 = 25,$$

es decir, se trata de la elipse $4x^2 + z^2 = 100$ situada en el plano $y = 0$. Despejando z en esta ecuación es, (véase la Figura 9.18)

$$z = \sqrt{100 - 4x^2} = 2\sqrt{25 - x^2}.$$

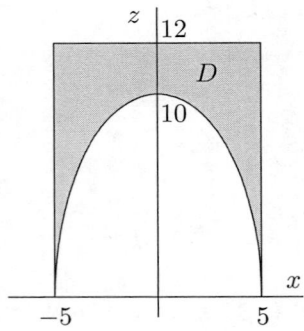

Figura 9.18 Recinto de integración del Problema 9.5

De este modo el área pedida es

$$\text{Área } (S) = \iint_D \frac{dx\,dz}{|\cos\beta|} = \iint_D \frac{dx\,dz}{\frac{y}{5}} = 5\iint_D \frac{dx\,dz}{\sqrt{25 - x^2}} =$$

$$= 5\int_{-5}^{5} \left(\int_{2\sqrt{25-x^2}}^{12} \frac{dz}{\sqrt{25 - x^2}} \right) dx =$$

$$= 5\int_{-5}^{5} \frac{1}{\sqrt{25 - x^2}} [z]_{2\sqrt{25-x^2}}^{12}\,dx =$$

$$= 5\int_{-5}^{5} \frac{1}{\sqrt{25 - x^2}} (12 - 2\sqrt{25 - x^2})\,dx =$$

$$= 5\int_{-5}^{5} \frac{12}{\sqrt{25 - x^2}}\,dx - 10\int_{-5}^{5} \frac{\sqrt{25 - x^2}}{\sqrt{25 - x^2}}\,dx =$$

$$= 60\int_{-5}^{5} \frac{dx}{\sqrt{25 - x^2}} - 10\int_{-5}^{5} dx =$$

$$= 60\int_{-5}^{5} \frac{dx/5}{\sqrt{1 - (x/5)^2}} - 10(5 + 5) =$$

$$= 60\left[\operatorname{arc\,sen} \frac{x}{5}\right]_{-5}^{5} - 10 \cdot 10 =$$

$$= 60(\operatorname{arc\,sen} 1 - \operatorname{arc\,sen}(-1)) - 100 =$$

$$= 60\left(\frac{\pi}{2} - \left(-\frac{\pi}{2}\right)\right) - 100 = 60\pi - 100 = 20(3\pi - 5).$$

El resultado coincide con el obtenido en el primer método.

▶ **9.6** Calcúlese

$$\iint_S x^3 z^2 y \, ds$$

siendo S la superficie del cilindro $x^2 + y^2 = a^2$ limitada por los planos $z = 0$, $z = 1$ y correspondiente al primer octante.

RESOLUCIÓN.

Atendiendo a la Figura 9.19, proyectamos sobre el plano XZ para calcular la integral pedida,

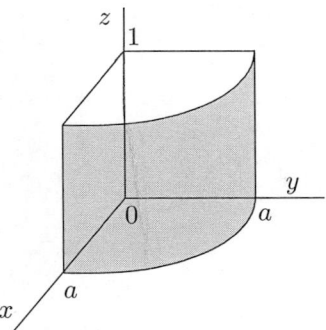

Figura 9.19 La superficie de integración del Problema 9.6

por lo que

$$\iint_S x^3 z^2 y \, ds = \iint_D x^3 z^2 y \frac{dx\,dz}{|\cos \beta|}$$

donde β es el ángulo formado por el vector normal a la superficie y el vector normal del plano al que proyectamos y D es el recinto mostrado en la Figura 9.20.

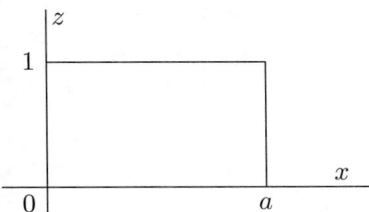

Figura 9.20 Proyección de la superficie sobre el plano XZ

El vector normal a la superficie es

$$\overline{n} = \frac{(2x, 2y, 0)}{\sqrt{(2x)^2 + (2y)^2}} = \frac{(2x, 2y, 0)}{2\sqrt{x^2 + y^2}} = \frac{(x, y, 0)}{a}$$

donde se ha tenido en cuenta que $x^2 + y^2 = a^2$ sobre la superficie del cilindro.

Como el vector normal al plano XZ es el $\overline{j} = (0, 1, 0)$ resulta que

$$\cos \beta = (0, 1, 0) \frac{(x, y, 0)}{a} = \frac{y}{a} = \frac{\sqrt{a^2 - x^2}}{a}$$

donde en la última igualdad hemos de tener en cuenta que se integra en las variables x, z y se debe despejar la variable y en función de ellas a partir de la ecuación de la superficie $x^2 + y^2 = a^2 \Rightarrow y = \sqrt{a^2 - x^2}$.

Introduciendo estos datos en la integral se tiene que

$$\iint_D x^3 z^2 y \frac{dxdz}{|\cos\beta|} = \iint_D x^3 z^2 \sqrt{a^2 - x^2} \frac{dxdz}{\frac{\sqrt{a^2-x^2}}{a}} = a \iint_D x^3 z^2 dxdz =$$

$$= a \int_0^a \int_0^1 x^3 z^2 dzdx = a \int_0^a \left[x^3 \frac{z^3}{3} \right]_0^1 dx =$$

$$= \frac{a}{3} \int_0^a x^3 dx = \frac{a}{3} \left[\frac{x^4}{4} \right]_0^a = \frac{a^5}{12} .$$

▶ **9.7** Calcúlese el área de la superficie $x^2 + y^2 - z^2 = 0$ delimitada por los planos $z = 4, z = 5, y = 0, y = x$, que está en el primer octante.

RESOLUCIÓN.

Una posible parametrización del cono $x^2 + y^2 - z^2 = 0$ es

$$\begin{cases} x = \rho \cos\theta \\ y = \rho \operatorname{sen}\theta \\ z = \rho \end{cases}$$

ó $\overline{r} = \overline{r}(\rho, \theta) = (\rho\cos\theta, \rho\operatorname{sen}\theta, \rho)$, que queda delimitado por $z = \rho = 4$ y $z = \rho = 5$. Véase la Figura 9.21.

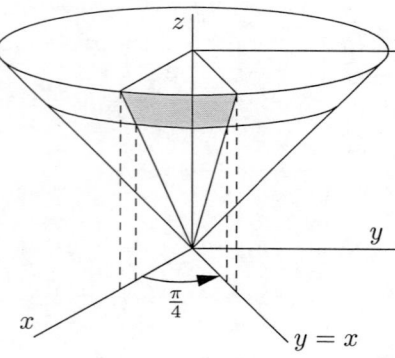

Figura 9.21 Superficie del cono del Problema 9.7.

Para obtener el área calculamos

$$\overline{r}_\rho \times \overline{r}_\theta = \begin{vmatrix} \overline{i} & \overline{j} & \overline{k} \\ \cos\theta & \operatorname{sen}\theta & 1 \\ -\rho\operatorname{sen}\theta & \rho\cos\theta & 0 \end{vmatrix} =$$

$$= (-\rho\cos\theta, \rho\operatorname{sen}\theta, \rho(\cos^2\theta + \operatorname{sen}^2\theta)) = (-\rho\cos\theta, \rho\operatorname{sen}\theta, \rho),$$

de donde

$$||\overline{r}_\rho \times \overline{r}_\theta|| = \sqrt{\rho^2 \cos^2\theta + \rho^2 \operatorname{sen}^2\theta + \rho^2} = \sqrt{2}\rho.$$

El área pedida viene dada por

$$\text{Área}\,(S) = \iint_D ||\bar{r}_\rho \times \bar{r}_\theta||\,d\rho d\theta =$$

$$= \int_4^5 \int_0^{\frac{\pi}{4}} \sqrt{2}\rho\,d\theta d\rho = \frac{\pi}{4}\sqrt{2}\left[\frac{\rho^2}{2}\right]_4^5 = \frac{\pi\sqrt{2}}{8}(5^2 - 4^2) = \frac{\pi\sqrt{29}}{8},$$

donde el ángulo se ha determinado por

$$y = 0 = \rho\,\text{sen}\,\theta \quad \Rightarrow \quad \theta = 0$$

$$y = x \quad \Leftrightarrow \quad \rho\cos\theta = \rho\,\text{sen}\,\theta \quad \Leftrightarrow \quad \theta = \frac{\pi}{4}.$$

PROBLEMAS PROPUESTOS

9.1 Calcúlese la integral de la función

$$f(x, y, z) = xy^3 z$$

extendida a la parte de la superficie $x^2 + y^2 + z^2 = 4$, situada en el primer octante, cuando se trabaja con la ecuación implícita de la superficie.

9.2 Calcúlese el área de la superficie cónica $x^2 + y^2 = z^2$, comprendida entre los planos $z = 0$ y $z = 1$.

9.3 Parametrícese la esfera $x^2 + y^2 + z^2 = a^2$ y calcúlese su superficie.

9.4 Utilizando coordenadas paramétricas, calcúlese el área del cono $z^2 = x^2 + y^2$ limitado por $0 \le z \le 1$.

9.5 Hállese el área de una esfera de radio r.

9.6 Calcúlese

$$\iint_S f(x, y, z)dS$$

siendo S la superficie del paraboloide $z = x^2 + y^2$ limitado por los planos $z = 1$ y $z = 4$, y $f(x, y, z)$ el campo escalar dado por $f(x, y, z) = z^3\sqrt{1 + 4x^2 + 4y^2}$.

9.7 Calcúlese el área de la superficie $z = 9x^2 + 9y^2$ limitada por los planos $z = 36$, $z = 81$, $y = 0$, $y = -x$.

Teoremas integrales del cálculo vectorial

10.1 TEOREMAS INTEGRALES

Las técnicas utilizadas en la integral de superficie nos abren el camino a los teoremas integrales del análisis vectorial. Primeramente estudiaremos el teorema de Green que establece una relación entre una integral de línea y una integral doble, es decir, una integral de superficie sobre una superficie plana. Este teorema se generaliza mediante el teorema de Stokes, que relaciona una integral de línea con una integral de superficie, no siendo ésta necesariamente plana.

10.2 TEOREMA DE GREEN

■ **Teorema (de Green).** *Sea $D \subset \mathbb{R}^2$ un dominio simplemente conexo y $P(x, y)$, $Q(x, y)$ dos funciones de clase C^1 definidas en D. Sea C una curva simple, cerrada y regular a trozos, orientada positivamente y que encierra un recinto Ω tal que tanto C como Ω están en D. En estas condiciones se verifica que*

$$\int_C P(x, y)dx + Q(x, y)dy = \iint_\Omega \left(\frac{\partial Q}{\partial x} - \frac{\partial P}{\partial y} \right) dxdy.$$

■ **Ejemplo 10.1** Calculemos la integral de línea

$$\int_C (-y^3 + \operatorname{sen} x^2)dx + (x^3 + e^{y^2})dy$$

siendo C la circunferencia $x^2 + y^2 = 1$.

Al ser $P(x, y) = -y^3 + \operatorname{sen} x^2$ y $Q(x, y) = x^3 + e^{y^2}$, verifican que

$$\frac{\partial Q}{\partial x} - \frac{\partial P}{\partial y} = \frac{\partial(x^3 + e^{y^2})}{\partial x} - \frac{\partial(-y^3 + \operatorname{sen} x^2)}{\partial y} = 3(x^2 + y^2)$$

y la igualdad del teorema es ahora

$$\int_C (-y^3 + \operatorname{sen} x^2)dx + (x^3 + e^{y^2})dy = \iint_\Omega 3(x^2 + y^2)dxdy,$$

siendo Ω el círculo delimitado por la circunferencia $x^2 + y^2 = 1$.

Introduciendo coordenadas polares

$$\left. \begin{array}{l} x = \rho \cos \theta \\ y = \rho \operatorname{sen} \theta \end{array} \right\}$$

el valor de la integral doble es

$$\iint_\Omega 3(x^2 + y^2)dxdy = 3 \int_0^{2\pi} \int_0^1 \rho^2 \rho d\rho d\theta =$$

$$= 3 \int_0^{2\pi} d\theta \int_0^1 \rho^3 d\rho = 3 \cdot 2\pi \cdot \frac{1}{4} \left[\rho^4 \right]_0^1 = \frac{3}{2}\pi$$

y éste es el valor de la integral de línea pedida.

■ **Ejemplo 10.2** Calculemos

$$\int_C (y + e^{-x^2})dx + (x + e^{-y^2})dy,$$

siendo C la elipse de ecuación

$$\left(\frac{x}{a} \right)^2 + \left(\frac{y}{b} \right)^2 = 1$$

recorrida positivamente.

Como $P = y + e^{-x^2}$ y $Q = x + e^{-y^2}$, se tiene que

$$\frac{\partial Q}{\partial x} - \frac{\partial P}{\partial y} = \frac{\partial(x + e^{-y^2})}{\partial x} - \frac{\partial(y + e^{-x^2})}{\partial y} = 1 - 1 = 0,$$

por lo que al aplicar el teorema de Green resulta

$$\int_C (y + e^{-x^2})dx + (x + e^{-y^2})dy = \iint_\Omega 0\,dxdy = 0.$$

Este resultado era de esperar ya que se trata de una integral de línea de un campo conservativo a lo largo de una curva cerrada y no se precisa el cálculo de la integral doble.

El teorema de Green permite el cálculo de áreas planas, ya que si en el mismo se eligen $P(x, y) = -y$ y $Q(x, y) = x$, resulta que

$$\int_C P(x, y)dx + Q(x, y)dy = \int_C -ydx + xdy = \iint_\Omega \left(\frac{\partial x}{\partial x} - \frac{\partial(-y)}{\partial y}\right)dxdy =$$

$$= \iint_\Omega 2\,dxdy = 2\iint_\Omega dxdy = 2 \cdot \text{Área}\,(\Omega),$$

de donde

$$\text{Área}\,(\Omega) = \frac{1}{2}\int_C -ydx + xdy,$$

siendo C la frontera de Ω.

■ **Ejemplo 10.3** Calculemos el área de un círculo de radio a. El área será

$$\text{Área}\,(\Omega) = \frac{1}{2}\int_C -ydx + xdy.$$

El círculo $x^2 + y^2 = a^2$ podemos parametrizarlo como

$$\begin{cases} x = a\cos t \\ y = a\,\text{sen}\,t, \end{cases} \quad 0 \le t \le 2\pi,$$

por lo que $dx = -a\,\text{sen}\,tdt$ e $y = a\cos tdt$. Entonces

$$\text{Área} = \frac{1}{2}\int_C -ydx + xdy =$$

$$= \frac{1}{2}\int_0^{2\pi}(-a\,\text{sen}\,t)(-a\,\text{sen}\,t)dt + (a\cos t)(a\cos t)dt =$$

$$= \frac{a^2}{2}\int_0^{2\pi}(\text{sen}^2\,t + \cos^2\,t)dt = \frac{a^2}{2}\int_0^{2\pi}dt = \frac{a^2}{2}[t]_0^{2\pi} = \pi a^2.$$

10.3 TEOREMA DE STOKES

■ **Teorema (de Stokes).** *Sea $\overline{F} : \mathbb{R}^3 \to \mathbb{R}^3$ un campo vectorial de clase C^1 definido en un dominio D simplemente conexo y acotado de $\mathbb{R}^3$. Si S es una superficie de clase C^1 y orientada, contenida en D, y además, C es la curva de clase C^1 borde de la superficie S, entonces se verifica*

$$\int_C \overline{F} \cdot d\overline{r} = \iint_S \text{rot}\,\overline{F} \cdot d\overline{S},$$

cuando la orientación de la superficie es compatible con el sentido del recorrido sobre la curva.

Téngase en cuenta que a su vez es

$$\iint_S \operatorname{rot} \overline{F} \cdot d\overline{S} = \iint_S (\operatorname{rot} \overline{F} \cdot \overline{n}) dS,$$

que es la integral sobre la superficie de la componente normal del campo $\overline{F}$.

Expliquemos el significado de la compatibilidad entre la orientación de la superficie y el sentido de recorrido sobre la curva contorno, para una situación del teorema como la que se representa en la Figura 10.1.

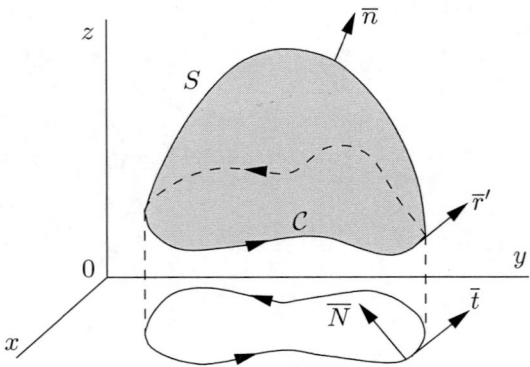

Figura 10.1 Orientación de la superficie y recorrido de la curva

Se dice que la orientación de la superficie es compatible con el sentido de recorrido sobre la curva cuando forman un triedro orientado positivamente los vectores: tangente a la proyección de la curva $\mathcal{C}$ en el sentido del recorrido ($\overline{t}$), normal interior a la curva proyección ($\overline{N}$) y normal $\overline{n}$ a la superficie.

El teorema afirma que la circulación del campo $\overline{F}$ a lo largo del borde de la superficie dada por $\int_{\mathcal{C}} \overline{F} \cdot d\overline{r}$ coincide con el flujo del rotacional del campo a través de la superficie dado por $\iint_S \operatorname{rot} \overline{F} \cdot d\overline{S}$.

10.4 TEOREMA DE LA DIVERGENCIA O DE GAUSS-OSTROGRADSKI

■ **Teorema (de la divergencia o de Gauss-Ostrogradski).** *Sea $\overline{F} : \mathbb{R}^3 \to \mathbb{R}^3$ un campo vectorial de clase C^1 definido en un dominio D simplemente conexo y acotado en $\mathbb{R}^3$. Sea S una superficie orientada, de clase C^1 y contenida en D, que delimita una región conexa V cerrada. En estas condiciones se verifica que*

$$\iint_S \overline{F} \cdot d\overline{S} = \iiint_V \operatorname{div} \overline{F} \, dV.$$

■ **Ejemplo 10.4** Calculemos el flujo del campo vectorial

$$\overline{F} = \overline{i} e^{y+z} + \overline{j} \operatorname{sen} z^2 + \overline{k} x^3$$

a través de la superficie de una esfera de radio unidad centrada en el origen.

Como calcular el flujo directamente se torna muy complicado por la presencia de la función $\operatorname{sen} z^2$, aplicamos el teorema de la divergencia y al ser

$$\operatorname{div} \overline{F} = \frac{\partial}{\partial x}(e^{y+z}) + \frac{\partial}{\partial y}(\operatorname{sen} z^2) + \frac{\partial}{\partial z}(x^3) = 0,$$

se tiene que

$$\iint_S \overline{F} \cdot d\overline{S} = \iiint_V 0 \, dV = 0.$$

Los distintos tipos de integrales y su relación con los teoremas integrales del análisis vectorial quedan simbolizados en el esquema:

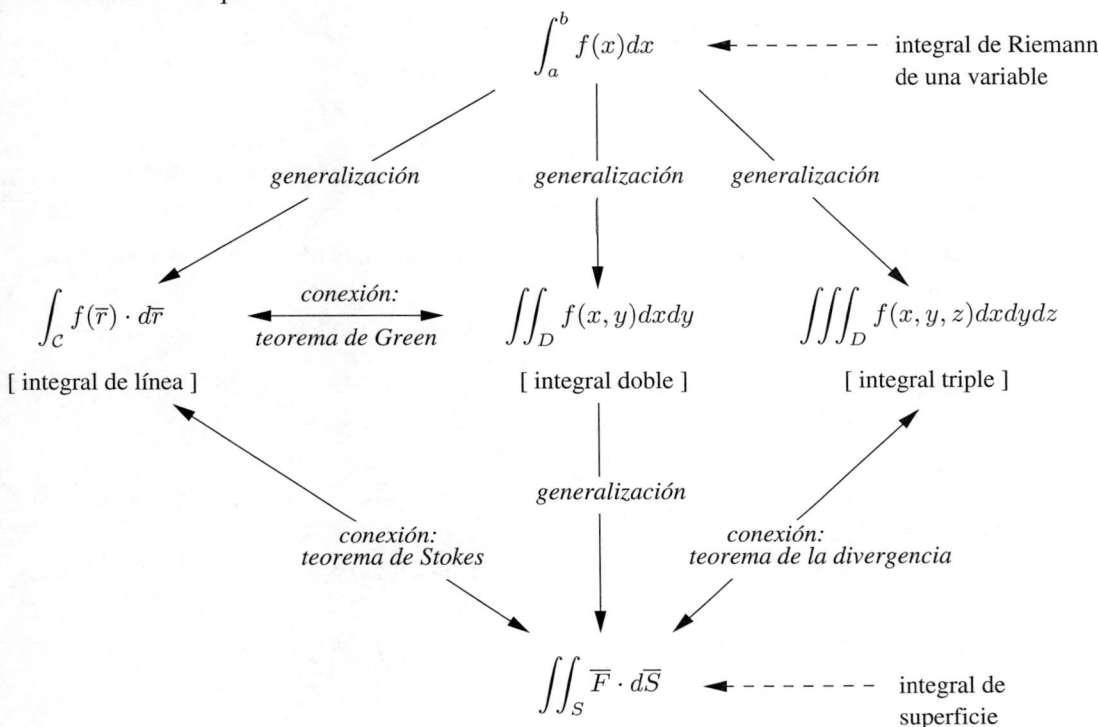

Figura 10.2 Relaciones entre las distintas integrales

PROBLEMAS RESUELTOS

▶ **10.1** Utilizando el teorema de Green, calcúlese la integral

$$\int_{\mathcal{C}} y \, dx + e^{\operatorname{sen} y^2} dy,$$

siendo $\mathcal{C}$ la circunferencia de ecuación $(x-1)^2 + y^2 = 1$, recorrida en sentido positivo.

RESOLUCIÓN.

La circunferencia de ecuación $(x-1)^2 + y^2 = 1$ tiene centro en $(1,0)$ y radio 1, su área es por tanto

$$A = \pi \cdot 1^2 = \pi.$$

De la aplicación del teorema de Green resulta

$$I = \int_{\mathcal{C}} y \, dx + e^{\operatorname{sen} y^2} dy = \iint_S \left(\frac{\partial e^{\operatorname{sen} y^2}}{\partial x} - \frac{\partial y}{\partial y} \right) dx \, dy = \iint_S -1 \, dx \, dy = -\iint_S dx \, dy = -\pi,$$

ya que S es el área del círculo en cuestión. Obsérvese que la presencia del término $e^{\operatorname{sen} y^2}$ imposibilita el cálculo de una primitiva, por lo que no es posible calcular la integral de línea. Sin embargo, el uso del teorema de Green deriva el término $e^{\operatorname{sen} y^2}$ con respecto de la variable x, de la cual no depende ese término, y por tanto se anula. Son precisamente estas condiciones las que debemos buscar para usar el teorema de Green: que las derivadas del integrando se anulen o se simplifiquen.

▶ **10.2** Utilícese el teorema de Green para calcular el área encerrada por la elipse de ecuación

$$\frac{x^2}{a^2} + \frac{y^2}{b^2} = 1.$$

RESOLUCIÓN.

La elipse encierra una región a la que se aplica el teorema de Green, por lo tanto el área encerrada por la elipse viene dada por

$$A = \frac{1}{2} \int_C x\,dy - y\,dx,$$

siendo C la curva cerrada determinada por la elipse.

Una representación paramétrica para la elipse es

$$\begin{cases} x = a\cos t \\ y = b\operatorname{sen} t, \end{cases} \qquad t \in [0; 2\pi],$$

de donde resulta $dx = -a\operatorname{sen} t\,dt$, $dy = b\cos t\,dt$. Por tanto, el área buscada es

$$A = \frac{1}{2} \int_0^{2\pi} a\cos t(b\cos t)dt - b\operatorname{sen} t(-a\operatorname{sen} t)dt = \frac{1}{2}ab \int_0^{2\pi} \cos^2 t\,dt + \operatorname{sen}^2 t\,dt =$$

$$= \frac{1}{2}ab \int_0^{2\pi} (\cos^2 t + \operatorname{sen}^2 t)dt = \frac{1}{2}ab \int_0^{2\pi} 1\,dt = \frac{1}{2}ab[t]_0^{2\pi} =$$

$$= \pi ab.$$

Obsérvese que si fuese $a = b$ la elipse se reduciría a una circunferencia de radio a y el área encerrada por ella sería $A = \pi a^2$.

▶ **10.3** Calcúlese la integral de línea

$$\int_C (-yx^2 + e^{x^2})dx + (xy^2 + \operatorname{sen}(e^y + 1))dy,$$

siendo $C = C_1 \cup C_2 \cup C_3$ la curva recorrida en sentido positivo y donde las curvas componentes son

$$C_1 \equiv \begin{cases} x = t \\ y = 0,\ 0 \le t \le 1, \end{cases} \qquad C_2 \equiv \begin{cases} x = \cos t \\ y = \operatorname{sen} t,\ 0 \le t \le \frac{\pi}{4}, \end{cases} \qquad C_3 \equiv \begin{cases} x = t \\ y = t,\ 0 \le t \le \frac{\sqrt{2}}{2}. \end{cases}$$

RESOLUCIÓN.

La curva puede verse en la Figura 10.3, y encierra $\frac{1}{8}$ de un círculo de radio 1, que representamos por D.

Como

$$\frac{\partial(xy^2 + \operatorname{sen}(e^y + 1))}{\partial x} - \frac{\partial(-yx^2 + e^{x^2})}{\partial y} = y^2 + x^2,$$

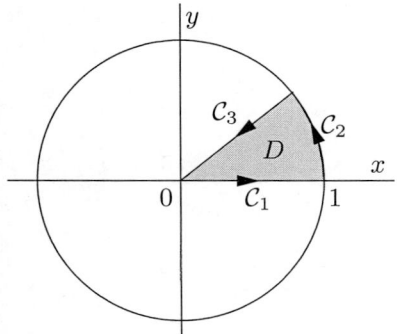

Figura 10.3 La curva $\mathcal{C}$ del Problema 10.3

al aplicar el teorema de Green y calcular la integral doble mediante el cambio a coordenadas polares, resulta que

$$\int_{\mathcal{C}} (-yx^2 + e^{x^2})dx + (xy^2 + \operatorname{sen}(e^y + 1))dy = \iint_D (y^2 + x^2)dxdy =$$
$$= \int_0^1 \int_0^{\frac{\pi}{4}} \rho^2 \rho d\theta d\rho = \frac{\pi}{4} \left[\frac{\rho^4}{4} \right]_0^1 = \frac{\pi}{16}.$$

▶ **10.4** Calcúlese por dos procedimientos el área de la región plana comprendida entre las circunfencias

$$x^2 + y^2 - 4x = 0, \qquad x^2 + y^2 - 8x = 0,$$

el eje OX y la recta $x - y = 0$.

Resolución.

Primer método: Pasando a coordenadas polares

Según la Figura 10.4.

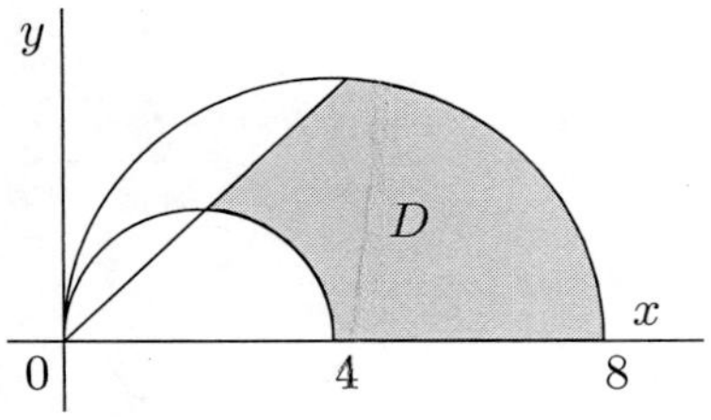

Figura 10.4 La región del Problema 10.4

En las coordenadas polares dadas por $x = \rho \cos \theta$, $y = \rho \operatorname{sen} \theta$, las circunferencias adoptan las ecuaciones

$$(x - 2)^2 + y^2 = 2^2 \quad \Rightarrow \quad x^2 + y^2 - 4x = 0 \quad \Rightarrow \quad \rho^2 - 4\rho \cos \theta = 0 \quad \Rightarrow$$
$$\Rightarrow \quad \rho(\rho - 4 \cos \theta) = 0 \quad \Rightarrow \quad \rho = 4 \cos \theta,$$
$$(x - 4)^2 + y^2 = 4^2 \quad \Rightarrow \quad x^2 + y^2 - 8x + 4^2 = 4^2 \quad \Rightarrow \quad \rho^2 - 8\rho \cos \theta = 0 \quad \Rightarrow$$
$$\Rightarrow \quad \rho(\rho - 8 \cos \theta) = 0 \quad \Rightarrow \quad \rho = 8 \cos \theta,$$

con ello es

$$\text{Área}\,(D) = \iint_D dxdy = \int_0^{\frac{\pi}{4}} \int_{4\cos\theta}^{8\cos\theta} \rho d\rho d\theta = \int_0^{\frac{\pi}{4}} \frac{1}{2}\left[\rho^2\right]_{4\cos\theta}^{8\cos\theta} d\theta =$$

$$= \frac{1}{2}\int_0^{\frac{\pi}{4}} (64\cos^2\theta - 16\cos^2\theta)d\theta = \frac{1}{2}\int_0^{\frac{\pi}{4}} 48\cos^2\theta d\theta = 24\int_0^{\frac{\pi}{4}} \cos^2\theta d\theta =$$

$$= 24\int_0^{\frac{\pi}{4}} \frac{1+\cos 2\theta}{2} d\theta = 12\int_0^{\frac{\pi}{4}} (1+\cos 2\theta)d\theta = 12\left[\theta + \frac{1}{2}\operatorname{sen} 2\theta\right]_0^{\frac{\pi}{4}} =$$

$$= 12\left(\frac{\pi}{4} + \frac{1}{2}\operatorname{sen}\frac{\pi}{2} - 0\right) = 12\left(\frac{\pi}{4} + \frac{1}{2}\right) = 12\frac{\pi+2}{4} = 3(\pi+2).$$

Segundo método: Aplicando el teorema de Green

Considerando que la curva $\mathcal{C}$, borde del recinto, se puede escribir como $\mathcal{C} = \mathcal{C}_1 \cup \mathcal{C}_2 \cup \mathcal{C}_3 \cup \mathcal{C}_4$ (véase la Figura 10.5), y usando las parametrizaciones de las curvas anteriores dadas por

$$\mathcal{C}_1 \equiv \begin{cases} x = 4 + 4t \\ y = 0, \quad 0 \le t \le 1, \end{cases} \qquad \mathcal{C}_2 \equiv \begin{cases} x = 4 + 4\cos t \\ y = 4\operatorname{sen} t, \quad 0 \le t \le \frac{\pi}{2}, \end{cases}$$

$$\mathcal{C}_3 \equiv \begin{cases} x = 4 - 2t \\ y = 4 - 2t, \quad 0 \le t \le 1, \end{cases} \qquad \mathcal{C}_4 \equiv \begin{cases} x = 2 + 2\cos t \\ y = -2\operatorname{sen} t, \quad \frac{3\pi}{2} \le t \le 2\pi, \end{cases}$$

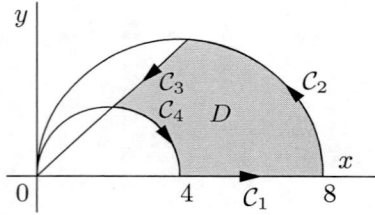

Figura 10.5 Curva que encierra el recinto

vamos a utilizar la fórmula de Green

$$\int_{\mathcal{C}} Pdx + Qdy = \iint_D \left(\frac{\partial Q}{\partial x} - \frac{\partial P}{\partial y}\right) dxdy,$$

haciendo $P = -\frac{1}{2}y$ y $Q = \frac{1}{2}x$. De ello resulta que

$$\int_{\mathcal{C}} -\frac{1}{2}ydx + \frac{1}{2}xdy = \iint_D dxdy = \text{Área}\,(D).$$

Por tanto también es

$$\text{Área}\,(D) = \int_{\mathcal{C}} -\frac{1}{2}ydx + \frac{1}{2}xdy =$$

$$= \int_{\mathcal{C}_1} \frac{-1}{2}ydx + \frac{1}{2}xdy + \int_{\mathcal{C}_2} \frac{-1}{2}ydx + \frac{1}{2}xdy +$$

$$+ \int_{\mathcal{C}_3} \frac{-1}{2}ydx + \frac{1}{2}xdy + \int_{\mathcal{C}_4} \frac{-1}{2}ydx + \frac{1}{2}xdy =$$

$$= I_1 + I_2 + I_3 + I_4.$$

Calculando cada una de estas integrales se tiene

$$I_1 = \int_0^1 \left(\frac{-1}{2} \cdot 0 \cdot 4 + \frac{1}{2}(4 + 4t) \cdot 0 \right) dt = 0,$$

$$I_2 = \int_0^{\frac{\pi}{2}} \left[\frac{-1}{2} \cdot 4\,\mathrm{sen}\,t(-4\,\mathrm{sen}\,t) + \frac{1}{2}(4 + 4\cos t) \cdot 4\cos t \right] dt =$$

$$= \int_0^{\frac{\pi}{2}} \left[8\,\mathrm{sen}^2\,t + 8(1 + \cos t)\cos t \right] dt =$$

$$= 8 \int_0^{\frac{\pi}{2}} \left[\mathrm{sen}^2\,t + \cos t + \cos^2 t \right] dt =$$

$$= 8 \int_0^{\frac{\pi}{2}} (1 + \cos t)dt = 8\left[t + \mathrm{sen}\,t \right]_0^{\frac{\pi}{2}} = 8\left(\frac{\pi}{2} + 1 \right) = 4(\pi + 2),$$

$$I_3 = \int_0^1 \left(\frac{-1}{2}(4 - 2t)(-2) + \frac{1}{2}(4 - 2t)(-2) \right) dt = \int_0^1 0\,dt = 0,$$

$$I_4 = \int_{\frac{3\pi}{2}}^{2\pi} \left[\frac{-1}{2}(-2\,\mathrm{sen}\,t)(-2\,\mathrm{sen}\,t) + \frac{1}{2}(2 + 2\cos t)(-2\cos t) \right] dt =$$

$$= \int_{\frac{3\pi}{2}}^{2\pi} \left[-2\,\mathrm{sen}^2\,t + (1 + \cos t)(-2\cos t) \right] dt =$$

$$= -2 \int_{\frac{3\pi}{2}}^{2\pi} (\mathrm{sen}^2\,t + \cos t + \cos^2 t)dt =$$

$$= -2 \int_{\frac{3\pi}{2}}^{2\pi} (1 + \cos t)dt = -2\left[t + \mathrm{sen}\,t \right]_{\frac{3\pi}{2}}^{2\pi} = -2\left(2\pi + 0 - \frac{3\pi}{2} - \mathrm{sen}\,\frac{3\pi}{2} \right) =$$

$$= -2\left(2\pi - \frac{3\pi}{2} + 1 \right) = -2\left(\frac{\pi}{2} + 1 \right) = -(\pi + 2).$$

Por tanto

$$\text{Área}\,(D) = I_1 + I_2 + I_3 + I_4 = 4(\pi + 2) - (\pi + 2) = 3(\pi + 2),$$

resultado coincidente con el obtenido por el primer método.

▶ **10.5** Calcúlese el flujo del campo vectorial

$$\overline{F}(x, y, z) = (e^{-z^2}, x^2, 2z)$$

a través de la superficie del cilindro parabólico $z = 1 - y^2$ delimitada por los planos $x = 0$, $x = 2$, $z = 0$, $z = 1$.

RESOLUCIÓN.

El segmento de cilindro es la imagen del rectángulo

$$\begin{cases} 0 \le x \le 2 \\ -1 \le y \le 1 \end{cases}$$

porque $z = 0 = 1 - y^2 \Rightarrow y = \pm 1$.

Escribamos $z = 1 - y^2$ en la forma $S(x, y, z) = z + y^2 - 1 = 0$, con vector normal unitario dado por

$$\overline{n} = \frac{(0, 2y, 1)}{\sqrt{1 + (2y)^2}} = \frac{(0, 2y, 1)}{\sqrt{1 + 4y^2}}.$$

Así que

$$\overline{F} \cdot \overline{n} = (e^{-z^2}, x^2, 2z)\frac{(0, 2y, 1)}{\sqrt{1 + 4y^2}} = \frac{2yx^2 + 2z}{\sqrt{1 + 4y^2}}.$$

El flujo pedido es

$$\Phi = \iint_S \overline{F} \cdot \overline{n}\, dS,$$

siendo

$$dS = \frac{dxdy}{|\cos \gamma|} = \frac{dxdy}{\frac{1}{\sqrt{1+4y^2}}} = \sqrt{1 + 4y^2}dxdy,$$

ya que

$$\cos \gamma = \overline{n} \cdot \overline{k} = \frac{(0, 2y, 1)}{\sqrt{1 + 4y^2}}(0, 0, 1) = \frac{1}{\sqrt{1 + 4y^2}},$$

porque $\overline{k} = (0, 0, 1)$ es el vector normal al plano XY sobre el que proyectamos. Por lo tanto

$$\Phi = \iint_S \overline{F} \cdot \overline{n}\, dS = \int_0^2 \int_{-1}^1 \frac{2yx^2 + 2z}{\sqrt{1 + 4y^2}}\sqrt{1 + 4y^2}dydx = \int_0^2 \int_{-1}^1 (2yx^2 + 2z)dydx.$$

Como $z = 1 - y^2$, al sustituir en el integrando se obtiene

$$\Phi = \int_0^2 \int_{-1}^1 (2yx^2 + 2(1 - y^2))dydx =$$

$$= \int_0^2 \left[x^2\frac{2y^2}{2} + 2\left(y - \frac{y^3}{3} \right)\right]_{-1}^1 dx = \int_0^2 2\left(2 - \frac{2}{3} \right)dx = \frac{8}{3}\int_0^2 dx = \frac{8}{3}[x]_0^2 = \frac{16}{3}.$$

▶ **10.6** Calcúlese la integral de línea

$$\int_C e^{y+z}dx + e^{z+x}dy + e^{x+y}dz,$$

siendo

$$\mathcal{C} \equiv \begin{cases} x^2 + y^2 + z^2 = 4^2 \\ x + y + z = 1, \end{cases}$$

la curva cuya proyección sobre el plano XY está orientada positivamente.

RESOLUCIÓN.

Aplicando el teorema de Stokes se tiene que

$$\int_C \overline{F} \cdot d\overline{r} = \iint_S \nabla \times \overline{F} \cdot d\overline{S},$$

siendo $\overline{F} = (e^{y+z}, e^{z+x}, e^{x+y})$ y S una superficie que contiene a la curva $\mathcal{C}$, que en nuestro caso particular puede ser el plano $x + y + z = 1$, que es utilizado para definir la curva.

El rotacional viene dado por

$$\nabla \times \overline{F} = \begin{vmatrix} \overline{i} & \overline{j} & \overline{k} \\ \frac{\partial}{\partial x} & \frac{\partial}{\partial y} & \frac{\partial}{\partial z} \\ e^{y+z} & e^{z+x} & e^{x+y} \end{vmatrix} = \left(e^{x+y} - e^{z+x}, -e^{x+y} + e^{y+z}, e^{z+x} - e^{y+z} \right).$$

Como la superficie $S \equiv x + y + x - a = 0$ contiene a C, y S tiene por vector normal unitario a $\overline{n} = (\frac{1}{\sqrt{3}}, \frac{1}{\sqrt{3}}, \frac{1}{\sqrt{3}})$, resulta que

$$(\nabla \times \overline{F}) \cdot \overline{n} = \left(e^{x+y} - e^{z+x}, -e^{x+y} + e^{y+z}, e^{z+x} - e^{y+z} \right) \left(\frac{1}{\sqrt{3}}, \frac{1}{\sqrt{3}}, \frac{1}{\sqrt{3}} \right) =$$

$$= \frac{1}{\sqrt{3}}e^{x+y} - \frac{1}{\sqrt{3}}e^{z+x} - \frac{1}{\sqrt{3}}e^{x+y} + \frac{1}{\sqrt{3}}e^{y+z} + \frac{1}{\sqrt{3}}e^{z+x} - \frac{1}{\sqrt{3}}e^{y+z} = 0.$$

En consecuencia

$$\int_C \overline{F} \cdot d\overline{r} = \iint_S \nabla \times \overline{F} \cdot d\overline{S} = \iint_S 0 \, dS = 0.$$

▶ **10.7** Hállese el flujo del campo vectorial

$$\overline{F} = \left(\operatorname{sen}^3(y + z), e^{x^2 - z}, y^2 \right)$$

a través de la superficie $S = S_1 \cup S_2$, siendo

$$S_1 \equiv \{(x, y, z) : z = x^2 + y^2, 0 \le z \le 3\} \quad \text{y} \quad S_2 \equiv \{(x, y, z) : x^2 + y^2 \le 3, z = 3\}.$$

RESOLUCIÓN.

Por el teorema de Gauss se tiene que

$$\iint_S \overline{F} \cdot d\overline{S} = \iiint_V \nabla \overline{F} \, dV,$$

como $\nabla \overline{F} = \frac{\partial}{\partial x}(\operatorname{sen}^3(y + z)) + \frac{\partial}{\partial y}(e^{x^2 - z}) + \frac{\partial}{\partial z}y^2 = 0 + 0 + 0 = 0$, resulta que

$$\iint_S \overline{F} \cdot d\overline{S} = \iiint_V 0 \, dV = 0.$$

▶ **10.8** Hállese el flujo saliente del campo vectorial

$$F(x, y, z) = (x, y, 0)$$

sobre la semiesfera superior $x^2 + y^2 + z^2 = a^2$.

RESOLUCIÓN.

Sea S_2 el círculo que tapa la semiesfera en el plano XY, con vector unitario $(0, 0, -1)$ (véase la Figura 10.6).

Dado que al añadir la tapa tenemos un volumen cerrado, podemos aplicar el teorema de la divergencia y escribir

$$\iint_{S_1} \overline{F} \cdot d\overline{S} + \iint_{S_2} \overline{F} \cdot d\overline{S} = \iiint_V \nabla \overline{F} \, dV$$

donde $\iint_{S_1} \overline{F} \cdot d\overline{S}$ es el flujo a través de la semiesfera superior y $\iint_{S_2} \overline{F} \cdot d\overline{S}$ es el flujo a través del círculo que actúa como tapa.

Como

$$\nabla \overline{F} = \frac{\partial x}{\partial x} + \frac{\partial y}{\partial y} + \frac{\partial 0}{\partial z} = 1 + 1 + 0 = 2,$$

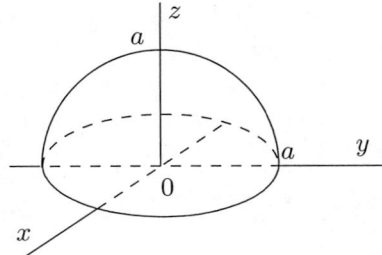

Figura 10.6 Semiesfera superior de radio a

se tiene que

$$\iint_{S_1} \overline{F} \cdot d\overline{S} + \iint_{S_2} \overline{F} \cdot d\overline{S} = \iiint_V 2 \, dV = 2 \iiint_V dV = 2\left(\frac{1}{2}\frac{4}{3}\pi a^3\right) = \frac{4}{3}\pi a^3,$$

donde la última igualdad resulta de considerar que el volumen es la mitad del correspondiente a la esfera, es decir, $\frac{4}{3}\pi a^3$ si su radio es a.

Por otra parte el flujo a través de la tapa inferior es

$$\iint_{S_2} \overline{F} \cdot d\overline{S} = \iint_{S_2} (x, y, 0) \cdot (0, 0, -1) \, ds = \iint_{S_2} 0 \, ds = 0.$$

Por lo que finalmente el flujo pedido es

$$\iint_{S_1} \overline{F} \cdot d\overline{S} = \frac{4}{3}\pi a^3.$$

▶ **10.9** Sea $\overline{F} = (-y, \frac{3}{2}y^2z^2, y^3z)$ y $\mathcal{C}$ la curva definida por

$$\mathcal{C} \equiv \begin{cases} x^2 + y^2 + z^2 = a^2 \\ \qquad\qquad z = 0. \end{cases}$$

Calcúlese $\int_{\mathcal{C}} \overline{F} \cdot d\overline{r}$.

RESOLUCIÓN.

Primer método: Vamos a aplicar el teorema de Stokes, por lo que necesitamos calcular el rotacional del campo $\overline{F}$.

$$\nabla \times \overline{F} = \begin{vmatrix} \overline{i} & \overline{j} & \overline{k} \\ \frac{\partial}{\partial x} & \frac{\partial}{\partial y} & \frac{\partial}{\partial z} \\ -y & \frac{3}{2}y^2z^2 & y^3z \end{vmatrix} = (3y^2z - 2\frac{3}{2}y^2z, 0, 1) = (0, 0, 1).$$

Para tener una orientación positiva elegimos el vector normal a la superficie $x^2 + y^2 + z^2 = a^2$, $z \geq 0$

$$\overline{n} = \frac{(2x, 2y, 2z)}{\sqrt{(2x)^2 + (2y)^2 + (2z)^2}} = \frac{(x, y, z)}{\sqrt{x^2 + y^2 + z^2}} = \frac{(x, y, z)}{a} = \left(\frac{x}{a}, \frac{y}{a}, \frac{z}{a}\right),$$

donde se ha tenido en cuenta que $x^2 + y^2 + z^2 = a^2$.

Al aplicar el teorema de Stokes resulta que

$$\int_{\mathcal{C}} \overline{F} \cdot d\overline{r} = \iint_{S} \nabla \times \overline{F} \cdot d\overline{S}.$$

Como

$$\nabla \times \overline{F} \cdot \overline{n} = (0,0,1) \cdot \left(\frac{x}{a}, \frac{y}{a}, \frac{z}{a}\right) = \frac{z}{a},$$

se tiene que

$$\int_{\mathcal{C}} \overline{F} \cdot d\overline{r} = \iint_{S} \frac{z}{a} dS = \iint_{D} \frac{z}{a} \frac{dxdy}{|\cos \alpha|}$$

donde α es el ángulo formado por el vector normal a la superficie $\overline{n} = \left(\frac{x}{a}, \frac{y}{a}, \frac{z}{a}\right)$ y el vector normal al plano de proyección $\overline{k} = (0,0,1)$, por lo tanto

$$\cos \alpha = \overline{k} \cdot \overline{n} = (0,0,1) \cdot \left(\frac{x}{a}, \frac{y}{a}, \frac{z}{a}\right) = \frac{z}{a}.$$

Además, D es el círculo $x^2 + y^2 \leq a^2$, que es el interior de la circunferencia

$$\begin{cases} x^2 + y^2 + z^2 &=& a^2 \\ z &=& 0, \end{cases}$$

resultante de proyectar ortogonalmente el casquete esférico sobre plano XY.

Con todas estas indicaciones se tiene que

$$\iint_{D} \frac{z}{a} \frac{dxdy}{|\cos \alpha|} = \iint_{D} \frac{z}{a} \frac{dxdy}{\frac{z}{a}} = \iint_{D} dxdy = \pi a^2$$

porque $\iint dxdy$ extendida a D es el área del recinto D, el cual es un círculo de radio a.

Segundo método: Un defecto muy común de los principiantes es elegir como superficie de integración cualquiera que sea borde de la curva mostrada en el problema, sin pensar que otras superficies facilitan los cálculos.

Obsérvese que la curva se encuentra en el plano $z = 0$, ya que la curva está definida por $\mathcal{C}$

$$\mathcal{C} \equiv \begin{cases} x^2 + y^2 + z^2 &=& a^2 \\ z &=& 0. \end{cases}$$

Si elegimos la superficie $z = 0$, con vector normal $(0,0,1)$ resulta que

$$\nabla \times \overline{F} \cdot \overline{n} = (0,0,1) \cdot (0,0,1) = 1,$$

además, $dS = dxdy$ ya que la superficie $z = 0$ coincide con el plano de proyección, por lo tanto

$$\iint_{S} \nabla \times \overline{F} \cdot d\overline{S} = \iint_{D} dxdy,$$

expresión más sencilla que la mostrada en el primer método.

Conviene reflexionar sobre este hecho.

▶ **10.10** Compruébese el teorema de Stokes para el campo vectorial $\overline{F} = (y, 2x, z^2)$, utilizando como curva de integración la definida como

$$\mathcal{C} \equiv \begin{cases} \dfrac{x^2}{4} + \dfrac{y^2}{9} + z^2 &= 1 \\ z &= 0. \end{cases}$$

RESOLUCIÓN.

Calculemos $\iint_S \nabla \times \overline{F} \cdot d\overline{S}$

$$\nabla \times \overline{F} = \begin{vmatrix} \overline{i} & \overline{j} & \overline{k} \\ \dfrac{\partial}{\partial x} & \dfrac{\partial}{\partial y} & \dfrac{\partial}{\partial z} \\ y & 2x & z^2 \end{vmatrix} = (0, 0, 1).$$

Como la curva $\mathcal{C}$ está contenida en el plano $z = 0$ conviene elegir como superficie, a través de la cual fluye el campo, esa misma.

El plano $z = 0$ tiene vector característico $(0, 0, 1)$, para tener orientación positiva, por lo tanto

$$\nabla \times \overline{F} \cdot \overline{n} = (0, 0, 1) \cdot (0, 0, 1) = 1,$$

en consecuencia

$$\iint_S \nabla \times \overline{F} \cdot d\overline{S} = \iint_S dS.$$

Si proyectamos sobre el plano $z = 0$ resulta que $ds = dxdy$, por lo que

$$\iint_S dS = \iint_D dxdy.$$

Al ser D el interior de la elipse definida como

$$\begin{cases} \dfrac{x^2}{4} + \dfrac{y^2}{9} + z^2 &= 1 \\ z &= 0 \end{cases}$$

es decir

$$\dfrac{x^2}{4} + \dfrac{y^2}{9} = 1 \qquad \text{o bien} \qquad \left(\dfrac{x}{a}\right)^2 + \left(\dfrac{y}{b}\right)^2 = 1 \qquad \text{con} \qquad a = 2, b = 3,$$

en el plano $z = 0$, y siendo el área de la elipse πab, resulta que

$$\iint_D dxdy = \pi \cdot 2 \cdot 3 = 6\pi.$$

Procedamos ahora a calcular $\int_{\mathcal{C}} \overline{F} \cdot d\overline{r}$, donde $\mathcal{C}$ es la elipse dada por

$$\begin{cases} \left(\frac{x}{2}\right)^2 + \left(\frac{y}{3}\right)^2 &= 1 \\ z &= 0, \end{cases}$$

que puede parametrizarse como

$$\begin{cases} x = 2\cos t \\ y = 3\,\text{sen}\,t \\ z = 0, \qquad t \in [0, 2\pi]. \end{cases}$$

Con estas condiciones la integral de línea es

$$\int_C \overline{F} \cdot d\overline{r} = \int_C (ydx + 2xdy + z^2 \cdot 0 \, dz) = \int_0^{2\pi} \left(3\,\text{sen}\,t \frac{d(2\cos t)}{dt} + 2 \cdot 2\cos t \frac{d(3\,\text{sen}\,t)}{dt} \right) dt =$$

$$= \int_0^{2\pi} (-6\,\text{sen}^2\,t + 12\cos^2 t)dt = -6\int_0^{2\pi} \frac{1-\cos 2t}{2} dt + 12\int_0^{2\pi} \frac{1+\cos 2t}{2} dt =$$

$$= -3\left[t - \frac{\text{sen}\,2t}{2} \right]_0^{2\pi} + 6\left[t + \frac{\text{sen}\,2t}{2} \right]_0^{2\pi} = 6\pi.$$

▶ **10.11** Calcúlese, utilizando coordenadas paramétricas, la integral del campo vectorial $\overline{F}(x,y,z) = (4x, 4y, 4z)$ a través de la esfera $x^2 + y^2 + z^2 = 16$.

RESOLUCIÓN.

$$\text{Flujo} = \iint_S \overline{F} \cdot d\overline{S} = \iint_D \overline{F}(u,v) \cdot (\overline{r}_u \times \overline{r}_v) du dv$$

cuando la superficie es la aplicación

$$\overline{r}: \quad D \subset \mathbb{R}^2 \quad \longrightarrow \quad \mathbb{R}^3$$
$$(u,v) \quad \longmapsto \quad \overline{r}(u,v).$$

Una parametrización de la superficie esférica es

$$\begin{cases} x = 4\cos v \cos u \\ y = 4\cos v \,\text{sen}\,u \\ z = 4\,\text{sen}\,v, \quad 0 \le u \le 2\pi, \quad -\frac{\pi}{2} \le v \le \frac{\pi}{2}, \end{cases}$$

y

$$D = \{(u,v) \in \mathbb{R}^2 : 0 \le u \le 2\pi, -\frac{\pi}{2} \le v \le \frac{\pi}{2}\}.$$

El valor del campo sobre la superficie esférica es

$$F(x,y,z) = (4x, 4y, 4z) = (4x(u,v), 4y(u,v), 4z(u,v)) =$$
$$= (4 \cdot 4\cos v \cos u, 4 \cdot 4\cos v \,\text{sen}\,u, 4 \cdot 4\,\text{sen}\,v) =$$
$$= 16(\cos v \cos u, \cos v \,\text{sen}\,u, \text{sen}\,v).$$

Como es $\overline{r}(u,v) = (4\cos v \cos u, 4\cos v \,\text{sen}\,u, 4\,\text{sen}\,v)$, al derivar respecto de los parámetros obtenemos

$$\overline{r}_u = (-4\cos v \,\text{sen}\,u, 4\cos v \cos u, 0)$$
$$\overline{r}_v = (-4\,\text{sen}\,v \cos u, -4\,\text{sen}\,v \,\text{sen}\,u, 4\cos v)$$

y su producto vectorial es

$$\overline{r}_u \times \overline{r}_v = (16\cos^2 v \cos u, 16\cos^2 v \,\text{sen}\,u, 16\,\text{sen}^2\,u\,\text{sen}\,v\cos v + 16\cos^2 u\,\text{sen}\,v\cos v) =$$
$$= (16\cos^2 v \cos u, 16\cos^2 v \,\text{sen}\,u, 16\,\text{sen}\,v\cos v(\text{sen}^2\,u + \cos^2 v)) =$$
$$= (16\cos^2 v \cos u, 16\cos^2 v \,\text{sen}\,u, 16\,\text{sen}\,v\cos v),$$

es decir

$$\overline{r}_u \times \overline{r}_v = 16(\cos^2 v \cos u, \cos^2 v \,\text{sen}\,u, \text{sen}\,v\cos v).$$

Con esto el producto $\overline{F}(u,v) \cdot (\overline{r}_u \times \overline{r}_v)$ es

$$\overline{F}(u,v) \cdot (\overline{r}_u \times \overline{r}_v) = 16^2(\cos^3 v \cos^2 u + \cos^3 v \operatorname{sen}^2 u + \operatorname{sen}^2 v \cos v) =$$
$$= 16^2(\cos^3 v(\cos^2 u + \operatorname{sen}^2 u) + \operatorname{sen}^2 v \cos v) =$$
$$= 16^2(\cos^3 v + \operatorname{sen}^2 v \cos v) = 16^2 \cos v(\cos^2 v + \operatorname{sen}^2 v) = 16^2 \cos v.$$

De este modo la integral que valora el flujo es

$$\iint_D \overline{F}(u,v) \cdot (\overline{r}_u \times \overline{r}_v)dudv = \iint_D 16^2 \cos v \, dudv =$$
$$= 16^2 \left(\int_0^{2\pi} du \right) \left(\int_{-\frac{\pi}{2}}^{\frac{\pi}{2}} \cos v \, dv \right) =$$
$$= 2\pi 16^2 [\operatorname{sen} v]_{-\frac{\pi}{2}}^{\frac{\pi}{2}} = 2\pi 16^2 \cdot 2 = 1024\pi.$$

PROBLEMAS PROPUESTOS

10.1 Utilizando el teorema de Green, calcúlese la integral

$$\int_{\mathcal{C}} xy^3 dx + x^2 y^2 dy,$$

siendo $\mathcal{C}$ la frontera del cuadrado de vértices $(0,0)$, $(0,1)$, $(1,1)$ y $(1,0)$, recorrida en sentido positivo.

10.2 Cuando una circunferencia rueda sin deslizar por el interior de otra se obtiene una curva que recibe el nombre de *hipocicloide*. Utilícese el teorema de Green para calcular el área encerrada por la hipocicloide de ecuación $x^{2/3} + y^{2/3} = a^{2/3}$.

10.3 Calcúlese la integral

$$\int_{\mathcal{C}} \left(-yx^4 - \frac{2}{3}x^2 y^3 + x^7 \right) dx + (xy^4 + y^3)dy,$$

siendo $\mathcal{C} = \mathcal{C}_1 \cup \mathcal{C}_2 \cup \mathcal{C}_3$, recorrida en sentido positivo, y

$$\mathcal{C}_1 \equiv \begin{cases} x = t \\ y = t, \ 0 \le t \le \frac{\sqrt{2}}{2}, \end{cases} \qquad \mathcal{C}_2 \equiv \begin{cases} x = \cos(2\pi t) \\ y = \operatorname{sen}(2\pi t), \ \frac{1}{8} \le t \le \frac{3}{8}, \end{cases} \qquad \mathcal{C}_3 \equiv \begin{cases} x = t \\ y = -t, \ \frac{-\sqrt{2}}{2} \le t \le 0. \end{cases}$$

10.4 Obténgase el área del dominio plano D definido por

$$D = \{(x,y) \in \mathbb{R}^2 : x - y \ge 0, x + y \ge 0, 4x \le x^2 + y^2 \le 8x\}.$$

10.5 Calcular el flujo saliente del campo vectorial

$$\overline{F}(x,y,z) = (-xz, -yz, z^2)$$

a través de la superficie del cono $z^2 = x^2 + y^2$ delimitada por $z = 1$ y $z = 4$.

10.6 Calcular la integral de línea

$$\int_{\mathcal{C}} f(x)dx + h(y)dy + g(z)dz,$$

siendo $\mathcal{C}$ una curva cerrada, regular, borde de una superficie S no singular y orientable, incluida en una región simplemente conexa donde el campo $\overline{F}(x,y,z) = (f(x), h(y), g(z))$ es de clase C^1.

10.7 Hallar el flujo saliente del campo vectorial

$$\overline{F}(x, y, z) = \left(\frac{1}{3}x^3 + e^z, yz^2 + \operatorname{sen} x, zy^2 \right)$$

a través de la esfera de ecuación

$$x^2 + y^2 + z^2 = a^2.$$

10.8 Hallar el flujo de

$$\overline{F}(x, y, z) = (yz^2, 3e^x z^2, z)$$

sobre la cara externa del cilindro $x^2 + y^2 = R^2$ comprendido entre $z = 3$ y $z = -3$.

10.9 Aplicando el teorema de Stokes, calcúlese

$$\int_C \overline{F} \cdot d\overline{r},$$

siendo $\overline{F}(x, y, z) = (z^3, x^3, -y^3)$ y C la curva definida por

$$C \equiv \left\{ \begin{array}{l} x^2 + y^2 = z \\ x^2 + y^2 = x, \end{array} \right.$$

cuya proyección sobre el plano XY está orientada positivamente.

10.10 Compruébese el teorema de Stokes para el campo vectorial $\overline{F}(x, y, z) = (y, z, x)$, utilizando como curva de integración

$$C \equiv \left\{ \begin{array}{l} x^2 + y^2 = a^2 \\ z - x = 0. \end{array} \right.$$

10.11 Calcúlese la integral del campo vectorial $\overline{F}(x, y, z) = (4x, 4y, 4z)$ a través de la esfera $x^2 + y^2 + z^2 = 16$, utilizando la ecuación implícita de la superficie y aplicando también el teorema de la divergencia.

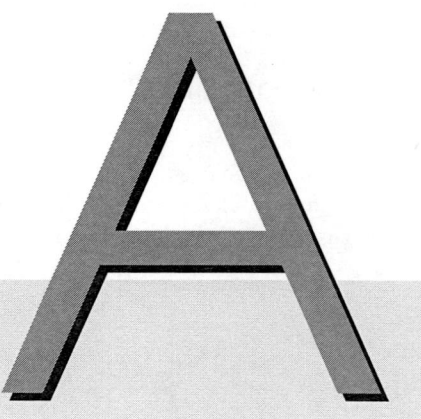

Soluciones a los problemas propuestos

A.1 SOLUCIONES AL CAPÍTULO 1

1.1. La norma euclídea es $\|\overline{x}\| = +\sqrt{x_1^2 + x_2^2 + ... + x_n^2}$ y es una norma en $\mathbb{R}^n$, pues verifica las propiedades de norma. En efecto, las propiedades *a*) y *c*) de la norma son inmediatas. Demostremos *b*) utilizando la desigualdad de Cauchy-Schwarz

$$\|\overline{x} + \overline{y}\|^2 = \sum_{i=1}^{n}(x_i + y_i)^2 = \sum_{i=1}^{n}x_i^2 + 2\sum_{i=1}^{n}x_iy_i + \sum_{i=1}^{n}y_i^2 =$$

$$= \|\overline{x}\|^2 + 2\sum_{i=1}^{n}x_iy_i + \|\overline{y}\|^2 \leq \|\overline{x}\|^2 + 2\left|\sum_{i=1}^{n}x_iy_i\right| + \|\overline{y}\|^2 \leq$$

$$\leq \|\overline{x}\|^2 + 2\|\overline{x}\| \cdot \|\overline{y}\| + \|\overline{y}\|^2 = (\|\overline{x}\| + \|\overline{y}\|)^2,$$

luego es

$$\|\overline{x} + \overline{y}\| \leq \|\overline{x}\| + \|\overline{y}\|.$$

La distancia euclídea dada por $d(\overline{x}, \overline{y}) = \|\overline{y} - \overline{x}\|$ es una distancia, pues la propiedad *a*) de distancia es inmediata. Demostremos *b*):

$$d(\overline{x}, \overline{y}) = \|\overline{y} - \overline{x}\| = \|(-1)(\overline{x} - \overline{y})\| = |-1| \cdot \|\overline{x} - \overline{y}\| = \|\overline{x} - \overline{y}\| = d(\overline{y}, \overline{x}).$$

Demostremos *c*), llamada propiedad triangular, utilizando la propiedad *b*) de la norma

$$d(\overline{x}, \overline{y}) = \|\overline{y} - \overline{x}\| = \|\overline{y} - \overline{z} + \overline{z} - \overline{x}\| \leq$$
$$\leq \|\overline{y} - \overline{z}\| + \|\overline{z} - \overline{x}\| = d(\overline{z}, \overline{y}) + d(\overline{x}, \overline{z}) = d(\overline{x}, \overline{z}) + d(\overline{z}, \overline{y}).$$

1.2. Por aplicación de la propiedad triangular podemos escribir, para cada par de vectores $\overline{x}, \overline{y} \in \mathbb{R}^n$

$$||\overline{x}|| = ||(\overline{x} - \overline{y}) + \overline{y}|| \leq ||\overline{x} - \overline{y}|| + ||\overline{y}||$$

y trasponiendo términos se tiene que

$$||\overline{x}|| - ||\overline{y}|| \leq ||\overline{x} - \overline{y}||. \tag{A.1}$$

Análogamente

$$||\overline{y}|| = ||(\overline{y} - \overline{x}) + \overline{x}|| \leq ||\overline{y} - \overline{x}|| + ||\overline{x}||,$$

pero al ser

$$||\overline{y} - \overline{x}|| = ||(-1)(\overline{x} - \overline{y})|| = |-1| \cdot ||\overline{x} - \overline{y}|| = 1 \cdot ||\overline{x} - \overline{y}|| = ||\overline{x} - \overline{y}||$$

se tiene que es $||\overline{y}|| \leq ||\overline{x} - \overline{y}|| + ||\overline{x}||$, de donde, al trasponer queda la desigualdad

$$||\overline{x}|| - ||\overline{y}|| \geq -||\overline{x} - \overline{y}||. \tag{A.2}$$

Escribiendo en forma sucesiva las desigualdades A.1 y A.2 obtenemos

$$-||\overline{x} - \overline{y}|| \leq ||\overline{x}|| - ||\overline{y}|| \leq ||\overline{x} - \overline{y}||$$

y por definición de valor absoluto resulta la desigualdad pedida:

$$|\,||\overline{x}|| - ||\overline{y}||\,| \leq ||\overline{x} - \overline{y}||.$$

1.3. ■ $\subset$) Si $\overline{a} \in adh(A)$, toda bola $B(\overline{a}, \delta)$ verifica que $A \cap B(\overline{a}, \delta) \neq \emptyset$. Entonces, o bien existe una bola $B(\overline{a}, \delta)$ tal que $A \cap B(\overline{a}, \delta) = \{\overline{a}\}$, en cuyo caso es $\overline{a} \in A$, o bien para toda bola $B(\overline{a}, \delta)$ se tiene que $(A - \{\overline{a}\}) \cap B(\overline{a}, \delta) \neq \emptyset$, en cuyo caso es $\overline{a} \in ac(A)$; en cualquiera de los dos casos es $\overline{a} \in A \cup ac(A)$.

- ⊃) Tanto A como $ac(A)$ están contenidos en $adh(A)$, por lo que $adh(A)$ contiene a su unión.

1.4. Sean $B_1, B_2, \ldots, B_m$, subconjuntos abiertos no vacíos de $\mathbb{R}^n$, sea $B = \bigcap\limits_{i=1,\ldots,m} B_i$ y sea $\overline{b} \in B$.

Por definición de intersección, $\overline{b} \in B_i$, para todo $i = 1, \ldots, m$, y al ser abiertos, existen m bolas abiertas tales que $\overline{b} \in B(\overline{b}, \delta_i) \subset B_i$, con $\delta_i > 0$. Tomando $\delta = \min\{\delta_i, i = 1, 2, \ldots, m\}$ se verifica que

$$B(\overline{b}, \delta) \subset B_i, \forall i \quad \Rightarrow \quad B(\overline{b}, \delta) \subset \cap B_i = B,$$

luego B es un abierto.

1.5. Como $int(A) \cup ext(A)$ es un conjunto abierto, por ser unión de abiertos, $fr(A) = \mathbb{R}^n - (int(A) \cup ext(A))$ es un cerrado.

1.6. Como A es cerrado si y sólo si $A = adh(A)$, teniendo en cuenta el Problema propuesto 1.3, resulta que A es cerrado si y sólo si $A = A \cup ac(A)$, es decir, si A contiene sus puntos de acumulación.

1.7. Los subconjuntos A y B están representados en la Figura A.1, sus interiores son

$$int(A) = \{(x, y) : 0 < y < x^2\} \quad \text{e} \quad int(B) = \{(x, y) : 9y^2 < 36 < 4x^2\}$$

y sus fronteras

$$fr(A) = \{(x, y) : y = 0\} \cup \{(x, y) : y = x^2\}$$
$$fr(B) = \{(x, 2) : x \geq 3\} \cup \{(x, 2) : x \leq -3\} \cup \{(x, -2) : x \geq 3\} \cup$$
$$\cup \{(x, -2) : x \leq -3\} \cup \{(-3, y) : -2 \leq y \leq 2\} \cup \{(3, y) : -2 \leq y \leq 2\}.$$

Tanto A como B son conjuntos cerrados pues contienen a su frontera.

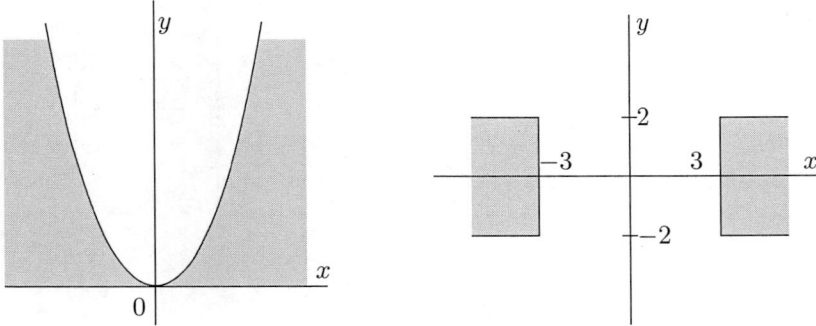

Figura A.1 Los conjuntos A y B del Problema 1.7

1.8. El conjunto A es la esfera de centro $(0, 0, 1)$ y radio 1, mientras que B es un cilindro con radio 1 y altura igual a 2 unidades, cuyo eje de simetría es la recta de ecuaciones $x = 1$, $z = 0$, y para valores de y entre -1 y 1. Ambos pueden verse en la Figura A.2. Sus interiores y sus fronteras son

$$int(A) = \{(x, y, z) : x^2 + y^2 + (z-1)^2 < 1\},$$
$$int(B) = \{(x, y, z) : (x-1)^2 + z^2 < 1, -1 < y < 1\},$$
$$fr(A) = \{(x, y, z) : x^2 + y^2 + (z-1)^2 = 1\}$$
$$fr(B) = \{(x, y, z) : (x-1)^2 + z^2 = 1, -1 \leq y \leq 1\} \cup$$
$$\cup \{(x, 1, z) : (x-1)^2 + z^2 \leq 1\} \cup \{(x, -1, z) : (x-1)^2 + z^2 \leq 1\}.$$

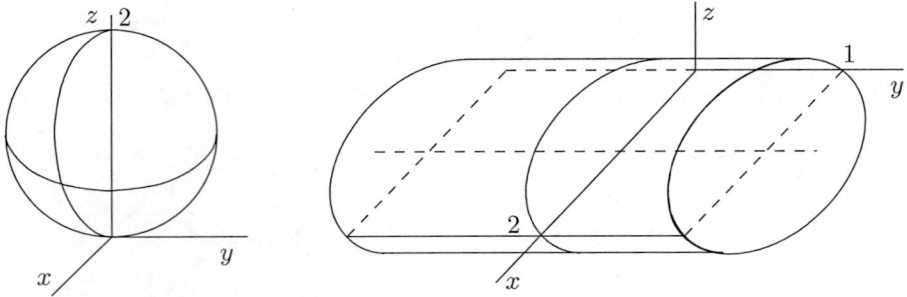

Figura A.2 Los conjuntos A y B del Problema 1.8

Tanto A como B son conjuntos cerrados por contener a su frontera.

1.9.   *a*) A no es ni abierto ni cerrado y además

$$adh(A) = A' = \{(x,y) : 2 \le y \le x^2\}.$$

b)   En este caso A es un conjunto que no es ni abierto ni cerrado y

$$adh(A) = A' = \{(x,y) : |x| \le 3, y^2 \le 3\}.$$

La gráficas de estos conjuntos están en la Figura A.3.

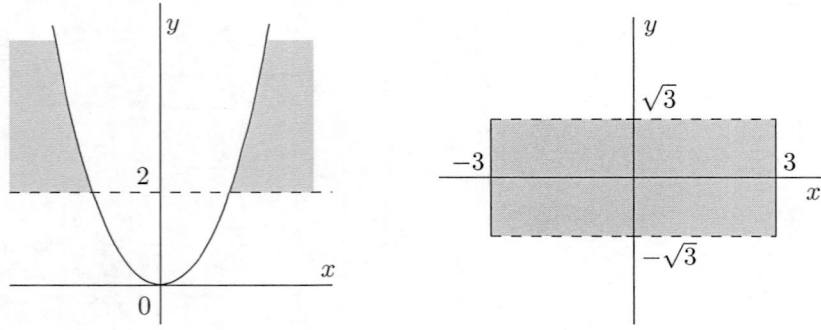

Figura A.3 Gráficas de los conjuntos del Problema 1.9

1.10.   *a*)   El conjunto $B = \{(x,y,z) : 0 < x^2 + y^2 + z^2 < 1\}$ es una esfera centrada en el origen de coordenadas y con radio 1, sin su superficie y sin su centro. El complementario del conjunto B es

$$\{(0,0,0)\} \cup \{(x,y,z) \in \mathbb{R}^3 : x^2 + y^2 + z^2 \ge 1\}$$

que es cerrado por ser unión de dos cerrados, por lo que B es abierto.

Su gráfica está en la Figura A.4. Su adherencia y conjunto derivado son

$$adh(B) = B' = \{(x,y,z) : x^2 + y^2 + z^2 \le 1\}.$$

b)   Puesto que el plano $x + y + z = 2$ divide al espacio $\mathbb{R}^3$ en dos semiespacios y el origen de coordenadas $(0,0,0)$ verifica la condición $x + y + z < 2$, esta condición la cumplen todos los puntos

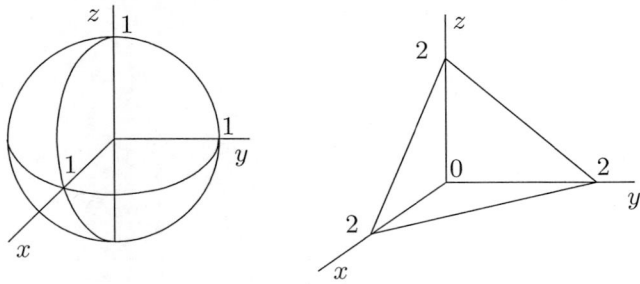

Figura A.4 Los conjuntos A y B del Problema 1.10

del semiespacio que contiene al origen. Al imponer las otras condiciones resulta el tetraedro que este plano limita con los planos coordenados, como puede verse en la Figura A.4. Su adherencia es

$$adh(B) = B' = \{(x, y, z) : x \geq 0, y \geq 0, z \geq 0, x + y + z \leq 2\}$$

y no es cerrado por no contener todos los puntos de su frontera.

1.11. Los primeros intervalos abiertos son

$$A_1 = (-1; 1), \quad A_2 = (-\tfrac{1}{2}; \tfrac{1}{2}), \quad A_3 = (-\tfrac{1}{3}; \tfrac{1}{3}), \quad A_4 = (-\tfrac{1}{4}; \tfrac{1}{4}),$$

y como cada intervalo está contenido en el anterior se tiene que

$$A = \bigcap_{k \in \mathbb{N}} A_k = \{0\} \qquad \text{y} \qquad B = \bigcup_{k \in \mathbb{N}} A_k = A_1 = (-1; 1),$$

siendo A un conjunto cerrado y B un abierto.

1.12. *a*) Es
$$adh(A) = [0; 2) \cup \{2 + \tfrac{1}{2^n}\} \cup \{5, 7\} \cup \{2\} = [0; 2] \cup \{2 + \tfrac{1}{2^n}\} \cup \{5, 7\},$$
$$int(A) = (0; 2), ac(A) = [0; 2] \text{ y } fr(A) = \{0, 2\} \cup \{2 + \tfrac{1}{2^n}\} \cup \{5, 7\}.$$

b) $0 \in A$, $0 \in ac(A)$, $1 \in int(A)$, $2 \in ac(A)$, $2 \in fr(A)$, $3 \in ext(A)$, $\tfrac{5}{2} = 2 + \tfrac{1}{2} \in A$ y es punto aislado, $\tfrac{5}{2} \in fr(A)$, $5 \in A$, 5 es aislado, $5 \in fr(A)$, $8 \in ext(A)$.

c) El menor cerrado que contiene a A es $adh(A) = A \cup \{2\}$. El menor intervalo cerrado que contiene a A es $[0; 7]$.

d) El mayor abierto contenido en A es $int(A) = (0; 2)$ y es también el mayor intervalo abierto contenido en A.

1.13. *a*) Puesto que necesariamente debe ser $1 + xy \geq 0 \Rightarrow xy \geq -1$, el dominio de la función es $\{(x, y) : xy \geq -1\}$, que está representado en la Figura A.5. La imagen de la función es $\text{Im } f = [0; +\infty)$.

b) El dominio es $\mathbb{R}^3$ y la imagen es $\mathbb{R}^+$.

1.14. La función $\cos(x + y)$ está definida para todo $(x, y) \in \mathbb{R}^2$. Los puntos problemáticos pueden venir del término con raíz. Como las raíces cuadradas de números negativos no están definidas, hemos de exigir que sea $1 - x^2 - y^2 \geq 0$, o lo que es lo mismo $x^2 + y^2 \leq 1$. Por tanto, el dominio buscado es

$$\text{Dom } f = \{(x, y) \in \mathbb{R}^2 : x^2 + y^2 \leq 1\}.$$

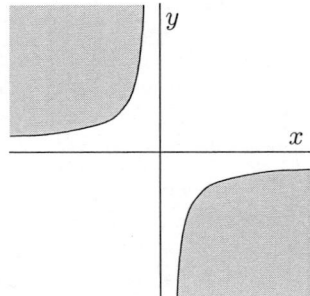

Figura A.5 Dominio de la función del Problema 1.13

1.15. La función componente $f_1(x,y) = e^{x+y}$ está definida para todo $(x,y) \in \mathbb{R}^2$. Pero la función componente f_2 sólo está definida para los (x,y) tales que $x^2 + y^2 - 1 \geq 0$, mientras que la función f_3 lo está para aquellos puntos que satisfacen la condición $4 - x^2 - y^2 \geq 0$, ya que el radicando debe ser positivo o nulo. Por tanto, resulta que

$$
\begin{aligned}
x^2 + y^2 - 1 &\geq 0 &\Rightarrow& \quad x^2 + y^2 \geq 1 \\
4 - x^2 - y^2 &\geq 0 &\Rightarrow& \quad 4 \geq x^2 + y^2
\end{aligned}
$$

y como han de cumplirse las dos condiciones simultáneamente, se obtiene $1 \leq x^2 + y^2 \leq 4$, es decir, la corona circular comprendida entre las circunferencias con centro en el origen y radios 1 y 2, éstas incluidas. Finalmente, el dominio buscado es

$$
\text{Dom } f = \{(x,y) \in \mathbb{R}^2 : 1 \leq x^2 + y^2 \leq 4\}.
$$

1.16. $\Rightarrow$) Si $\lim\limits_{\overline{x} \to \overline{a}} \overline{f}(\overline{x}) = \overline{b}$, entonces $\forall \varepsilon > 0, \exists \delta > 0$ tal que

$$
\overline{x} \in A \text{ y } 0 < \|\overline{x} - \overline{a}\| < \delta \qquad \Rightarrow \qquad \|\overline{f}(\overline{x}) - \overline{b}\| < \varepsilon,
$$

y como es

$$
\|\overline{f}(\overline{x}) - \overline{b}\| \geq \sqrt{\sum |f_i(\overline{x}) - b_i|} \geq |f_i(\overline{x}) - b_i|, \quad \forall i = 1, \ldots, m,
$$

resulta que

$$
\overline{x} \in A \text{ y } 0 < \|\overline{x} - \overline{a}\| < \delta \qquad \Rightarrow \qquad |f_i(\overline{x}) - b_i| < \varepsilon,
$$

de donde

$$
\lim\limits_{\overline{x} \to \overline{a}} f_i(\overline{x}) = b_i, \quad \forall i = 1, \ldots, m.
$$

$\Leftarrow$) Si $\forall i = 1, \ldots, m$, es $\lim\limits_{\overline{x} \to \overline{a}} f_i(\overline{x}) = b_i$, resulta que, eligiendo $\dfrac{\varepsilon}{\sqrt{m}} > 0$, existirán números $\delta_1, \delta_2, \ldots, \delta_m > 0$, tales que $\forall \overline{x} \in A$ verificando $0 < \|\overline{x} - \overline{a}\| < \delta_i$ es $|f_i(\overline{x}) - b_i| < \dfrac{\varepsilon}{\sqrt{m}}$. Eligiendo $\delta_0 = \min\{\delta_i\}$, se tiene entonces que

$$
\|\overline{f}(\overline{x}) - \overline{b}\| = \sqrt{\sum_{i=1}^{m} \left(\overline{f}(x_i) - b_i\right)^2} < \sqrt{m \left(\frac{\varepsilon}{\sqrt{m}}\right)^2} = \varepsilon,
$$

luego $\forall \varepsilon > 0, \exists \delta_0 > 0$, tal que si $\overline{x} \in A$, y es $0 < \|\overline{x} - \overline{a}\| < \delta_0$, entonces se tiene $\|\overline{f}(\overline{x}) - \overline{b}\| < \varepsilon$, por tanto es $\lim\limits_{\overline{x} \to \overline{a}} \overline{f}(\overline{x}) = \overline{b}$.

1.17. Hemos de probar que $\forall \varepsilon > 0$, $\exists \delta(\varepsilon) > 0$, tal que para los valores de (x,y) que verifiquen $||(x,y) - (0,0)|| < \delta$ se cumpla que $|f(x,y) - 0| < \varepsilon$.

Teniendo en cuenta las desigualdades

$$|f(x,y) - 0| = \left| \frac{x^2 + y^3}{2 + \sqrt{x^2 + y^2}} \right| = |x^2 + y^3| \frac{1}{2 + \sqrt{x^2 + y^2}} \le |x^2 + y^3| \cdot 1 \le$$

$$\le |x^2| + |y^3| = |x^2| + |y| \, y^2 = x^2 + \sqrt{y^2} \, y^2 \le$$

$$\le x^2 + y^2 + \sqrt{x^2 + y^2} \, (x^2 + y^2) \le \delta^2 + \delta \, \delta^2 = \delta^2 + \delta^3 < 2\delta,$$

basta tomar $\delta = \frac{\varepsilon}{2}$ para que quede demostrado.

Se ha tenido en cuenta que

$$||(x,y) - (0,0)|| < \delta \Rightarrow \sqrt{x^2 + y^2} < \delta$$

y además, como es $0 < \delta < 1$, se tiene que $\delta^2 < \delta$ y $\delta^3 < \delta$, y por tanto $\delta^2 + \delta^3 < 2\delta$.

1.18. Se trata de un límite indeterminado de la forma $\left[\frac{0}{0} \right]$, que resulta de sustituir las variables x, y, z respectivamente por los valores 2, 1 y 1. Si se descompone en producto de factores numerador y denominador resulta

$$\lim_{(x,y,z) \to (2,1,1)} \frac{x^2 y - x^2 z - xy^2 + xyz}{xy^2 z - xyz^2 - y^3 z + y^2 z^2} = \lim_{(x,y,z) \to (2,1,1)} \frac{x(xy - xz - y^2 + yz)}{yz(xy - xz - y^2 + yz)} =$$

$$= \lim_{(x,y,z) \to (2,1,1)} \frac{x(x-y)(y-z)}{yz(x-y)(y-z)} =$$

$$= \lim_{(x,y,z) \to (2,1,1)} \frac{x}{yz} = \frac{2}{1} = 2.$$

1.19. Para lograr que la variable y tenga el mismo grado que la x debemos hacer el cambio $y = kx^2$, resultando

$$\lim_{(x,y) \to (0,0)} \frac{x^4 y}{x^6 + y^3} = \lim_{\substack{x \to 0 \\ y = kx^2}} \frac{x^4 (kx^2)}{x^6 + (kx^2)^3} = \lim_{x \to 0} \frac{x^6 k}{x^6(1 + k^3)} = \frac{k}{1 + k^3}$$

y el límite no existe.

1.20. La sustitución directa presenta una indeterminación $\left[\frac{0}{0} \right]$. Dado que todas las variables están elevadas a la misma potencia 4, hacemos el cambio $y = kx$ y resulta

$$\lim_{(x,y) \to (0,0)} \frac{x^4 - 8y^4}{2x^4 + 9y^4} = \lim_{\substack{x \to 0 \\ y = kx}} \frac{x^4 - 8(kx)^4}{2x^4 + 9(kx)^4} = \lim_{x \to 0} \frac{x^4(1 - 8k^4)}{x^4(2 + 9k^4)} = \frac{1 - 8k^4}{2 + 9k^4},$$

por lo que el límite no existe, ya que depende del camino.

1.21. Se tiene que

$$\lim_{x \to 2} \left(\lim_{y \to 4} \frac{2x^2 - xy}{16x^4 - y^4} \right) = \lim_{x \to 2} \frac{2x^2 - 4x}{16x^4 - 4^4} = \lim_{x \to 2} \frac{x(2x - 4)}{(4x^2 - 4^2)(4x^2 + 4^2)} =$$

$$= \lim_{x \to 2} \frac{x(2x - 4)}{(2x - 4)(2x + 4)(4x^2 + 4^2)} =$$

$$= \lim_{x \to 4} \frac{x}{(2x + 4)(4x^2 + 4^2)} = \frac{1}{128},$$

$$\lim_{y \to 4} \left(\lim_{x \to 2} \frac{2x^2 - xy}{16x^4 - y^4} \right) = \lim_{y \to 4} \frac{8 - 2y}{16^2 - y^4} = \lim_{y \to 4} \frac{2(4 - y)}{4^4 - y^4} = \lim_{y \to 4} \frac{2(4 - y)}{(4^2 - y^2)(4^2 + y^2)} =$$

$$= \lim_{y \to 4} \frac{2(4 - y)}{(4 - y)(4 + y)(4^2 + y^2)} = \lim_{y \to 4} \frac{2}{(4 + y)(4^2 + y^2)} = \frac{1}{128}.$$

La coincidencia de los límites reiterados no nos da información sobre el límite doble en el punto $(2, 4)$, pero si calculamos este límite, se tiene

$$\lim_{(x,y) \to (2,4)} \frac{2x^2 - xy}{16x^4 - y^4} = \lim_{(x,y) \to (2,4)} \frac{x(2x - y)}{(4x^2)^2 - (y^2)^2} = \lim_{(x,y) \to (2,4)} \frac{x(2x - y)}{(4x^2 - y^2)(4x^2 + y^2)} =$$

$$= \lim_{(x,y) \to (2,4)} \frac{x(2x - y)}{(2x - y)(2x + y)(4x^2 + y^2)} =$$

$$= \lim_{(x,y) \to (2,4)} \frac{x}{(2x + y)(4x^2 + y^2)} = \frac{1}{128}.$$

1.22. Se trata de una indeterminación de la forma $\left[\frac{0}{0} \right]$. Pasando a polares resulta

$$\lim_{(x,y) \to (0,0)} \frac{e^{x^2 + y^2} - 1}{x^2 + y^2} = \lim_{\rho \to 0} \frac{e^{\rho^2} - 1}{\rho^2} = \left[\frac{0}{0} \right] \overset{L'H}{=} \lim_{\rho \to 0} \frac{2\rho e^{\rho^2}}{2\rho} = \lim_{\rho \to 0} e^{\rho^2} = e^0 = 1,$$

donde hemos aplicado la regla de L'Hôpital al ser un límite de una sola variable.

1.23. Se trata de una indeterminación de la forma $\left[\frac{0}{0} \right]$. Pasando a polares resulta

$$\lim_{(x,y) \to (0,0)} \frac{\operatorname{sen}^{3/2}(x^2 + y^2)}{3(x^2 + y^2)^{3/2}} = \lim_{\rho \to 0} \frac{\operatorname{sen}^{3/2} \rho^2}{3(\rho^2)^{3/2}} = \lim_{\rho \to 0} \frac{(\operatorname{sen} \rho^2)^{3/2}}{3\rho^3} = \lim_{\rho \to 0} \frac{(\rho^2)^{3/2}}{3\rho^3} = \lim_{\rho \to 0} \frac{\rho^3}{3\rho^3} = \frac{1}{3},$$

donde hemos sustituido $\operatorname{sen} \rho^2$ por ρ^2, al ser infinitésimos equivalentes en $\rho = 0$.

1.24. Para que la función sea continua en $(0, 0)$ se debe cumplir que

$$\forall \varepsilon > 0, \quad \exists \delta(\varepsilon) > 0 \quad \text{tal que} \quad \|(x, y) - (0, 0)\| < \delta$$

implique $|f(x, y) - f(0, 0)| < \varepsilon$, es decir, si $\sqrt{x^2 + y^2} < \delta$ entonces debe cumplirse que

$$\left| \frac{y^3}{3 + \operatorname{sen}^2(x^2 + y^2) + y^4} - 0 \right| < \varepsilon,$$

y hemos de elegir el valor de δ en función del ε arbitrario elegido.

Por otra parte al ser

$$\left| \frac{y^3}{3 + \operatorname{sen}^2(x^2 + y^2) + y^4} - 0 \right| < |y^3| = |y| \, y^2 = \sqrt{y^2} \, y^2 \leq \sqrt{x^2 + y^2} \, (x^2 + y^2) \leq \delta \, \delta^2 = \delta^3,$$

basta elegir $\delta = \sqrt[3]{\varepsilon}$ para que se cumpla $\lim_{(x,y) \to (0,0)} f(x, y) = 0$.

1.25. En principio la función es continua en $\mathbb{R}^2 - \{(0, 0)\}$ al ser producto de funciones continuas. Para que f sea continua en $(0, 0)$ ha de ser $\lim_{(x,y) \to (0,0)} f(x, y) = f(0, 0) = 0$.

Por definición de límite en $(0, 0)$ ha de verificarse que

$$\forall \varepsilon > 0 \quad \text{debe existir un} \quad \delta > 0 \quad \text{tal que si} \quad \|(x, y) - (0, 0)\| < \delta \quad \text{se cumpla que} \quad |f(x, y) - 0| < \varepsilon.$$

Eligiendo un ε arbitrario ha de ser

$$\left| \sqrt{x^2 + y^2} \, \operatorname{sen}^3 \frac{1}{\sqrt{x^2 + y^2}} - 0 \right| < \varepsilon$$

y como

$$\left| \sqrt{x^2 + y^2}\, \text{sen}^3 \frac{1}{\sqrt{x^2 + y^2}} - 0 \right| < \left| \sqrt{x^2 + y^2} \right| \cdot 1 = \sqrt{x^2 + y^2}$$

y al ser

$$\|(x,y) - (0,0)\| = \sqrt{x^2 + y^2} < \delta$$

bastará tomar $\delta = \varepsilon$ para que se cumpla que $\lím_{(x,y)\to(0,0)} f(x,y) = 0$.

1.26. La función es continua en $\mathbb{R}^2 - \{(0,0)\}$ por ser cociente de funciones continuas. Para ver si la función es continua en $(0,0)$ necesitamos comprobar si

$$\lím_{(x,y)\to(0,0)} f(x,y) = f(0,0) = 0.$$

Calculemos el límite, que pasando a polares se escribe como

$$\lím_{(x,y)\to(0,0)} f(x,y) = \lím_{(x,y)\to(0,0)} \frac{(x^2+y^2) - \text{sen}(x^2+y^2)}{x^2+y^2} = \lím_{\rho\to0} \frac{\rho^2 - \text{sen}\,\rho^2}{\rho^2} =$$

$$= \lím_{\rho\to0} \left(1 - \frac{\text{sen}\,\rho^2}{\rho^2} \right) = 1 - \lím_{\rho\to0} \frac{\text{sen}\,\rho^2}{\rho^2} = 1 - 1 = 0.$$

Por último, como $\lím_{(x,y)\to(0,0)} f(x,y)$ coincide con $f(0,0)$ resulta que la función es continua en todo $\mathbb{R}^2$.

1.27. Si $(x,y) \neq (0,0)$ la función es continua al tratarse de un cociente de polinomios con denominador no nulo. En el punto $(0,0)$ la función carece de límite, ya que considerando el conjunto

$$A_\lambda = \{(x,y) \in \mathbb{R}^2 : x = \lambda y^2, \lambda \in \mathbb{R}, \lambda \neq 0\}$$

se tiene que

$$\lím_{\substack{(x,y)\to(0,0)\\(x,y)\in A_\lambda}} f(x,y) = \lím_{\substack{y\to0\\x=\lambda y^2}} \frac{3(\lambda y^2)^2}{(\lambda y^2)^2 + 2y^4} = \lím_{y\to0} \frac{3\lambda^2 y^4}{\lambda^2 y^4 + 2y^4} = \lím_{y\to0} \frac{3\lambda^2 y^4}{y^4(\lambda^2+2)} = \frac{3\lambda^2}{\lambda^2+2},$$

es decir, el límite no existe por depender del camino considerado.

1.28. La función es continua para todo $(x,y) \neq (x,-x)$. Procedamos a estudiar los puntos de la forma $(x,-x)$

$$\lím_{(x,y)\to(x,-x)} \frac{e^{2x+2y} - 1}{e^{x+y} - 1} = \lím_{(x,y)\to(x,-x)} \frac{e^{2(x+y)} - 1}{e^{x+y} - 1} =$$

$$= \lím_{(x,y)\to(x,-x)} \frac{(e^{x+y} - 1)(e^{x+y} + 1)}{e^{x+y} - 1} = \lím_{(x,y)\to(x,-x)} (e^{x+y} + 1) = 2,$$

con lo cual no es continua en los puntos que verifican $y = -x$, pues el límite en ellos es 2 mientras que la función vale 0.

Bastaría redefinir la función como

$$f(x,y) = \begin{cases} \dfrac{e^{2x+2y} - 1}{e^{x+y} - 1}, & \text{si } y \neq x, \\ 2, & \text{si } y = x, \end{cases}$$

para que la función fuera continua. En realidad, lo que sucede es que la función dada coincide con la función $g(x,y) = e^{x+y} + 1, \forall(x,y) \neq (x,-x)$.

1.29. La función es continua en todo punto $(x,y) \neq (0,0)$ por ser cociente de funciones continuas al ser el punto $(0,0)$ el único que anula del denominador.

Estudiemos la continuidad en el punto $(0,0)$, para lo que hemos de calcular el límite en ese punto. Estudiando el límite direccional a lo largo de las rectas de ecuación $y = kx$ resulta que

$$\lim_{(x,y)\to(0,0)} \frac{x^2 \operatorname{sen}\left(\frac{x^2}{y^2}\right)}{x^2 + y^2 \cos^2\left(\frac{x^2+y^2}{x^2}\right)} = \lim_{\substack{x\to 0 \\ y=kx}} \frac{x^2 \operatorname{sen}\left(\frac{x^2}{k^2 x^2}\right)}{x^2 + k^2 x^2 \cos^2\left(\frac{x^2+k^2 x^2}{x^2}\right)} =$$

$$= \lim_{x\to 0} \frac{x^2 \operatorname{sen}\frac{1}{k^2}}{x^2 \left[1 + k^2 \cos^2\left(\frac{x^2(1+k^2)}{x^2}\right)\right]} =$$

$$= \frac{\operatorname{sen}\frac{1}{k^2}}{1 + k^2 \cos^2\left(1 + k^2\right)}$$

y el límite no existe, por lo que la función no es continua.

1.30.   *a)* En el punto $(0,0)$ los límites reiterados son

$$\lim_{y\to 0}\left(\lim_{x\to 0}\frac{x+y}{x-y}\right) = \lim_{y\to 0}\frac{y}{-y} = -1,$$

$$\lim_{x\to 0}\left(\lim_{y\to 0}\frac{x+y}{x-y}\right) = \lim_{x\to 0}\frac{x}{x} = 1.$$

En el punto $(0,0)$ los límites reiterados son distintos y en consecuencia no existe límite de la función en este punto.

b) En el punto $(1,2)$

$$\lim_{y\to 2}\left(\lim_{x\to 1}\frac{x+y}{x-y}\right) = \lim_{y\to 2}\frac{1+y}{1-y} = -3,$$

$$\lim_{x\to 1}\left(\lim_{y\to 2}\frac{x+y}{x-y}\right) = \lim_{x\to 1}\frac{x+2}{x-2} = -3.$$

Por otra parte es

$$\lim_{(x,y)\to(1,2)} f(x,y) = \lim_{(x,y)\to(1,2)}\frac{x+y}{x-y} = \frac{3}{-1} = -3.$$

En el punto $(1,2)$ los límites laterales existen y toman el mismo valor. La función en este punto tiene límite y coincide con el valor de los límites reiterados.

A.2 Soluciones al capítulo 2

2.1.   *a)* Se obtiene

$$f_x(x,y) = \frac{1}{\operatorname{tg}\frac{x^2+y^2}{x^2-y^2}}\frac{1}{\cos^2\frac{x^2+y^2}{x^2-y^2}}\frac{2x(x^2-y^2) - 2x(x^2+y^2)}{(x^2-y^2)^2} =$$

$$= \frac{\cos\frac{x^2+y^2}{x^2-y^2}}{\operatorname{sen}\frac{x^2+y^2}{x^2-y^2}}\frac{1}{\cos^2\frac{x^2+y^2}{x^2-y^2}}\frac{2x^3 - 2xy^2 - 2x^3 - 2xy^2}{(x^2-y^2)^2} =$$

$$= \frac{1}{\frac{1}{2}\operatorname{sen}\frac{2(x^2+y^2)}{x^2-y^2}}\frac{-4xy^2}{(x^2-y^2)^2} =$$

$$= \frac{-8xy^2}{(x^2-y^2)^2 \operatorname{sen}\frac{2(x^2+y^2)}{x^2-y^2}} = \frac{-8xy^2}{(x^2-y^2)^2}\operatorname{cosec}\frac{2(x^2+y^2)}{x^2-y^2},$$

$$f_y(x,y) = \frac{1}{\operatorname{tg}\frac{x^2+y^2}{x^2-y^2}}\frac{1}{\cos^2\frac{x^2+y^2}{x^2-y^2}}\frac{2y(x^2-y^2)+2y(x^2+y^2)}{(x^2-y^2)^2} =$$

$$= \frac{1}{\frac{1}{2}\operatorname{sen}\frac{2(x^2+y^2)}{x^2-y^2}}\frac{4x^2y^2}{(x^2-y^2)^2} = \frac{8x^2y}{(x^2-y^2)^2}\operatorname{cosec}\frac{2(x^2+y^2)}{x^2-y^2}.$$

b) Resulta

$$g_x(x,y) = \frac{1}{\operatorname{arc\,tg}\frac{x^2+y^2}{x^2-y^2}}\frac{1}{1+\left(\frac{x^2+y^2}{x^2-y^2}\right)^2}\frac{\partial}{\partial x}\left(\frac{x^2+y^2}{x^2-y^2}\right) =$$

$$= \frac{1}{\operatorname{arc\,tg}\frac{x^2+y^2}{x^2-y^2}}\frac{(x^2-y^2)^2}{(x^2-y^2)^2+(x^2+y^2)^2}\frac{-4xy^2}{(x^2-y^2)^2} = -2\frac{xy^2}{x^4+y^4}\frac{1}{\operatorname{arc\,tg}\frac{x^2+y^2}{x^2-y^2}},$$

$$g_y(x,y) = \frac{1}{\operatorname{arc\,tg}\frac{x^2+y^2}{x^2-y^2}}\frac{1}{1+\left(\frac{x^2+y^2}{x^2-y^2}\right)^2}\frac{\partial}{\partial y}\left(\frac{x^2+y^2}{x^2-y^2}\right) =$$

$$= \frac{1}{\operatorname{arc\,tg}\frac{x^2+y^2}{x^2-y^2}}\frac{(x^2-y^2)^2}{(x^2-y^2)^2+(x^2+y^2)^2}\frac{4x^2y}{(x^2-y^2)^2} = 2\frac{x^2y}{x^4+y^4}\frac{1}{\operatorname{arc\,tg}\frac{x^2+y^2}{x^2-y^2}}.$$

c) Como

$$h(x,y) = \ln\sqrt{\frac{x^2+y^2}{x^2-y^2}} = \ln\left(\frac{x^2+y^2}{x^2-y^2}\right)^{\frac{1}{2}} = \frac{1}{2}\ln\frac{x^2+y^2}{x^2-y^2} =$$

$$= \frac{1}{2}\ln(x^2+y^2) - \frac{1}{2}\ln(x^2-y^2),$$

se tiene

$$\frac{\partial h}{\partial x} = \frac{1}{2}\frac{\frac{\partial}{\partial x}(x^2+y^2)}{x^2+y^2} - \frac{1}{2}\frac{\frac{\partial}{\partial x}(x^2-y^2)}{x^2-y^2} = \frac{1}{2}\frac{2x}{x^2+y^2} - \frac{1}{2}\frac{2x}{x^2-y^2} =$$

$$= x\left(\frac{1}{x^2+y^2} - \frac{1}{x^2-y^2}\right) = x\frac{x^2-y^2-x^2-y^2}{(x^2+y^2)(x^2-y^2)} = \frac{-2xy^2}{x^4-y^4},$$

$$\frac{\partial h}{\partial y} = \frac{1}{2}\frac{\frac{\partial}{\partial y}(x^2+y^2)}{x^2+y^2} - \frac{1}{2}\frac{\frac{\partial}{\partial y}(x^2-y^2)}{x^2-y^2} = \frac{1}{2}\frac{2y}{x^2+y^2} - \frac{1}{2}\frac{-2y}{x^2-y^2} =$$

$$= y\left(\frac{1}{x^2+y^2} + \frac{1}{x^2-y^2}\right) = x\frac{x^2-y^2+x^2+y^2}{(x^2+y^2)(x^2-y^2)} = \frac{2x^2y}{x^4-y^4}.$$

2.2. Como

$$\frac{\partial z}{\partial x} = \cos(x+y)\frac{\partial}{\partial x}(x+y) = \cos(x+y),$$

$$\frac{\partial z}{\partial y} = \cos(x+y)\frac{\partial}{\partial y}(x+y) = \cos(x+y),$$

se tiene

$$\frac{\partial^2 z}{\partial x^2} = \frac{\partial}{\partial x}\left(\frac{\partial z}{\partial x}\right) = \frac{\partial}{\partial x}\cos(x+y) = -\operatorname{sen}(x+y)\frac{\partial}{\partial x}(x+y) = -\operatorname{sen}(x+y),$$

$$\frac{\partial^2 z}{\partial x\partial y} = \frac{\partial}{\partial y}\left(\frac{\partial z}{\partial x}\right) = \frac{\partial}{\partial y}\cos(x+y) = -\operatorname{sen}(x+y)\frac{\partial}{\partial y}(x+y) = -\operatorname{sen}(x+y),$$

$$\frac{\partial^2 z}{\partial y^2} = \frac{\partial}{\partial y}\left(\frac{\partial z}{\partial y}\right) = \frac{\partial}{\partial y}\cos(x+y) = -\operatorname{sen}(x+y)\frac{\partial}{\partial y}(x+y) = -\operatorname{sen}(x+y).$$

Obsérvese que $z = \operatorname{sen}(x + y)$ satisface la ecuación

$$\frac{\partial^2 z}{\partial x^2} - \frac{\partial^2 z}{\partial y^2} = 0.$$

2.3. Resulta

$$D_{\overline{u}} f(1,1,2) = \lim_{t \to 0} \frac{f\left[(1,1,2) + t\left(\frac{1}{\sqrt{3}}, \frac{1}{\sqrt{3}}, \frac{1}{\sqrt{3}}\right)\right] - f(1,1,2)}{t} =$$

$$= \lim_{t \to 0} \frac{f\left(1 + \frac{t}{\sqrt{3}}, 1 + \frac{t}{\sqrt{3}}, 2 + \frac{t}{\sqrt{3}}\right) - f(1,1,2)}{t} =$$

$$= \lim_{t \to 0} \frac{1}{t}\left[\left(1 + \frac{t}{\sqrt{3}}\right)^2 + \left(1 + \frac{t}{\sqrt{3}}\right)^2 + \left(2 + \frac{t}{\sqrt{3}}\right)^2 - \right.$$

$$\left. - \left(1 + \frac{t}{\sqrt{3}}\right)\left(1 + \frac{t}{\sqrt{3}}\right)\left(2 + \frac{t}{\sqrt{3}}\right) - (1^2 + 1^2 + 2^2 - 1 \cdot 1 \cdot 2)\right] =$$

$$= \lim_{t \to 0} \frac{1}{t}\left[1^2 + 1^2 + 2^2 + \frac{2t}{\sqrt{3}} + \frac{2t}{\sqrt{3}} + \frac{4t}{\sqrt{3}} + \frac{t^2}{3} + \frac{t^2}{3} + \frac{t^2}{3} - \right.$$

$$\left. -2 - \frac{t}{\sqrt{3}} - \frac{2t^2}{3} - \frac{t^3}{3\sqrt{3}} - \frac{4t}{\sqrt{3}} - \frac{2t^2}{3} - 4\right] =$$

$$= \lim_{t \to 0} \frac{\frac{-t^3}{3\sqrt{3}} + \frac{t^2}{3} + \frac{3t}{\sqrt{3}}}{t} = \frac{3}{\sqrt{3}} = \sqrt{3}.$$

2.4. Al ser el volumen del cono $V = \frac{1}{3}\pi r^2 h$, resulta

$$dV = \frac{\partial V}{\partial r} dr + \frac{\partial V}{\partial h} dh = \frac{\pi}{3}(2rh\,dr + r^2 dh),$$

por lo tanto la variación aproximada es

$$\triangle V \simeq \frac{\pi}{3}(2rh\triangle r + r^2 \triangle h).$$

Sustituyendo los datos del problema, con $r = 2\,m$, $h = 1\,m$, $\triangle r = -0,03\,m$ e $\triangle h = 0,05$, resulta

$$\triangle V \simeq \frac{\pi}{3}(2 \cdot 2 \cdot 1 \cdot (-0,03) + 2^2 \cdot 0,05) = \frac{\pi}{3} \cdot 0,08.$$

Obsérvese que el verdadero valor es

$$\triangle V = \frac{1}{3}\pi(1,97)^2(1,05) - \frac{1}{3}\pi \cdot 2^2 \cdot 1 = \frac{\pi}{3}[(1,97)^2(1,05) - 4] = \frac{\pi}{3} \cdot 0,074945.$$

2.5. Como $\overline{f}$ es diferenciable en $\overline{a}$, existe la aplicación lineal $L_{\overline{a}} : \mathbb{R}^n \to \mathbb{R}^m$ tal que

$$\lim_{\overline{h} \to \overline{0}} \frac{\left\|\overline{f}(\overline{a} + \overline{h}) - \overline{f}(\overline{a}) - L_{\overline{a}}(\overline{h})\right\|}{\|\overline{h}\|} = 0.$$

Como $\|\overline{h}\| > 0$, se tiene que necesariamente es

$$\lim_{h \to 0} \|f(a + h) - f(a) - L_a(h)\| = 0.$$

Pero $L_{\overline{a}}$ es aplicación lineal, por tanto continua, luego

$$\lim_{\overline{h} \to \overline{0}} L_{\overline{a}}(\overline{h}) = L_{\overline{a}}(\overline{0}) = \overline{0}$$

y por la continuidad de la norma

$$\lim_{\overline{h} \to \overline{0}} \left\| L_{\overline{a}}(\overline{h}) \right\| = \left\| \lim_{\overline{h} \to \overline{0}} L_{\overline{a}}(\overline{h}) \right\| = \left\| \overline{0} \right\| = 0.$$

Por otra parte, es

$$\left\| \overline{f}(\overline{a} + \overline{h}) - \overline{f}(\overline{a}) \right\| = \left\| \overline{f}(\overline{a} + \overline{h}) - \overline{f}(\overline{a}) - L_{\overline{a}}(\overline{h}) + L_{\overline{a}}(\overline{h}) \right\| \leq$$
$$\leq \left\| \overline{f}(\overline{a} + \overline{h}) - \overline{f}(\overline{a}) - L_{\overline{a}}(\overline{h}) \right\| + \left\| L_{\overline{a}}(\overline{h}) \right\|,$$

y tomando límites en esta desigualdad, resulta

$$0 \leq \lim_{\overline{h} \to \overline{0}} \left\| \overline{f}(\overline{a} + \overline{h}) - \overline{f}(\overline{a}) \right\| \leq \lim_{\overline{h} \to \overline{0}} \left\| \overline{f}(\overline{a} + \overline{h}) - \overline{f}(\overline{a}) - L_{\overline{a}}(\overline{h}) \right\| + \lim_{\overline{h} \to \overline{0}} \left\| L_{\overline{a}}(\overline{h}) \right\| =$$
$$= 0 + 0,$$

luego

$$\lim_{\overline{h} \to \overline{0}} \left\| \overline{f}(\overline{a} + \overline{h}) - \overline{f}(\overline{a}) \right\| = 0.$$

2.6. Consideremos $\overline{h} \in \mathbb{R}^n$ tales que $\overline{a} + \overline{h} \in A$. Si $L_{\overline{a}}(\overline{h})$ es una aplicación lineal de $\mathbb{R}^n$ en $\mathbb{R}^m$, escribiremos $(L_{\overline{a}})_i (\overline{h})$ para indicar la componente i-ésima. Tenemos que

$$\overline{f} \text{ es diferenciable en } \overline{a} \Leftrightarrow \lim_{\overline{h} \to \overline{0}} \frac{\left\| \overline{f}(\overline{a} + \overline{h}) - \overline{f}(\overline{a}) - L_{\overline{a}}(\overline{h}) \right\|}{\left\| \overline{h} \right\|} = 0 \quad \Leftrightarrow$$

$$\Leftrightarrow \left\| \lim_{\overline{h} \to \overline{0}} \frac{\overline{f}(\overline{a} + \overline{h}) - \overline{f}(\overline{a}) - L_{\overline{a}}(\overline{h})}{\left\| \overline{h} \right\|} \right\| = 0 \quad \Leftrightarrow$$

$$\Leftrightarrow \lim_{\overline{h} \to \overline{0}} \frac{\overline{f}(\overline{a} + \overline{h}) - \overline{f}(\overline{a}) - L_{\overline{a}}(\overline{h})}{\left\| \overline{h} \right\|} = \overline{0} \quad \Leftrightarrow$$

$$\Leftrightarrow \forall i = 1, 2, \ldots, m \quad \text{es} \quad \lim_{\overline{h} \to \overline{0}} \frac{f_i(\overline{a} + \overline{h}) - f_i(\overline{a}) - (L_{\overline{a}})_i(\overline{h})}{\left\| \overline{h} \right\|} = 0 \quad \Leftrightarrow$$

$$\Leftrightarrow \forall i = 1, 2, \ldots, m \quad \text{es} \quad f_i \quad \text{diferenciable en} \quad \overline{a}.$$

2.7. Si definimos $u = e^{x+y+z}$ y $v = 1 + xyz$ resulta

$$f(x, y, z) = \int_{e^{x+y+z}}^{1+xyz} \varphi(t) dt = \int_u^v \varphi(t) dt =$$

$$= \int_u^a \varphi(t) dt + \int_a^v \varphi(t) dt =$$

$$= - \int_a^u \varphi(t) dt + \int_a^v \varphi(t) dt.$$

Como $\int_a^u \varphi(t)dt$ es una función sólo de u e $\int_a^v \varphi(t)dt$ sólo de v, al aplicar el teorema fundamental del cálculo resulta que

$$\frac{\partial}{\partial u} \int_a^u \varphi(t)dt = \frac{d}{du} \int_a^u \varphi(t)dt = \varphi(u) \qquad \text{y} \qquad \frac{\partial}{\partial v} \int_a^v \varphi(t)dt = \frac{d}{dv} \int_a^v \varphi(t)dt = \varphi(v).$$

Teniendo esto en cuenta y aplicando la regla de la cadena resulta

$$\frac{\partial f}{\partial x} = -\frac{\partial}{\partial x} \int_a^u \varphi(t)dt + \frac{\partial}{\partial x} \int_a^v \varphi(t)dt = -\frac{\partial u}{\partial x} \frac{\partial}{\partial u} \int_a^u \varphi(t)dt + \frac{\partial v}{\partial x} \frac{\partial}{\partial v} \int_a^v \varphi(t)dt =$$

$$= -\frac{\partial u}{\partial x} \frac{d}{du} \int_a^u \varphi(t)dt + \frac{\partial v}{\partial x} \frac{d}{dv} \int_a^v \varphi(t)dt = -\frac{\partial u}{\partial x}\varphi(t) + \frac{\partial v}{\partial x}\varphi(t) =$$

$$= -\frac{\partial(e^{x+y+z})}{\partial x}\varphi(e^{x+y+z}) + \frac{\partial(1+xyz)}{\partial x}\varphi(1+xyz) =$$

$$= -e^{x+y+z}\varphi(e^{x+y+z}) + yz\varphi(1+xyz),$$

$$\frac{\partial f}{\partial y} = -\frac{\partial}{\partial y} \int_a^u \varphi(t)dt + \frac{\partial}{\partial y} \int_a^v \varphi(t)dt = -\frac{\partial u}{\partial y} \frac{\partial}{\partial u} \int_a^u \varphi(t)dt + \frac{\partial v}{\partial y} \frac{\partial}{\partial v} \int_a^v \varphi(t)dt =$$

$$= -\frac{\partial u}{\partial y} \frac{d}{du} \int_a^u \varphi(t)dt + \frac{\partial v}{\partial y} \frac{d}{dv} \int_a^v \varphi(t)dt = -\frac{\partial u}{\partial y}\varphi(t) + \frac{\partial v}{\partial y}\varphi(t) =$$

$$= -\frac{\partial(e^{x+y+z})}{\partial y}\varphi(e^{x+y+z}) + \frac{\partial(1+xyz)}{\partial y}\varphi(1+xyz) =$$

$$= -e^{x+y+z}\varphi(e^{x+y+z}) + xz\varphi(1+xyz),$$

$$\frac{\partial f}{\partial z} = -\frac{\partial}{\partial z} \int_a^u \varphi(t)dt + \frac{\partial}{\partial z} \int_a^v \varphi(t)dt = -\frac{\partial u}{\partial z} \frac{\partial}{\partial u} \int_a^u \varphi(t)dt + \frac{\partial v}{\partial z} \frac{\partial}{\partial v} \int_a^v \varphi(t)dt =$$

$$= -\frac{\partial u}{\partial z} \frac{d}{du} \int_a^u \varphi(t)dt + \frac{\partial v}{\partial z} \frac{d}{dv} \int_a^v \varphi(t)dt = -\frac{\partial u}{\partial z}\varphi(t) + \frac{\partial v}{\partial z}\varphi(t) =$$

$$= -\frac{\partial(e^{x+y+z})}{\partial z}\varphi(e^{x+y+z}) + \frac{\partial(1+xyz)}{\partial z}\varphi(1+xyz) =$$

$$= -e^{x+y+z}\varphi(e^{x+y+z}) + xy\varphi(1+xyz).$$

2.8. Los límites direccionales a lo largo de los ejes son

$$\lim_{\substack{(x,y)\to(0,0)\\y=0}} f(x,y) = \lim_{x\to0} f(x,0) = 0 \qquad \text{y} \qquad \lim_{\substack{(x,y)\to(0,0)\\x=0}} f(x,y) = \lim_{x\to0} f(0,y) = 0,$$

respectivamente, según el eje OX y el eje OY.

La coincidencia de estos límites no garantiza la existencia del límite de la función en el punto $(0,0)$, pero si este límite existiese su valor sería cero.

Si calculamos ahora el límite direccional en el punto $(0,0)$ sobre cada recta de la forma $y = mx$ con $m \neq 0$, se tiene que es

$$\lim_{\substack{(x,y)\to(0,0)\\y=mx}} f(x,y) = \lim_{x\to0} \frac{xmxe^{x^2/m^2x^2}}{x^2 + m^2x^2} = \lim_{x\to0} \frac{x^2me^{1/m^2}}{x^2(1+m^2)} = \frac{me^{1/m^2}}{1+m^2}$$

y por tanto el límite direccional en $(0,0)$ depende de la recta elegida. Si se considera $m = 1$ es

$$\lim_{\substack{(x,y)\to(0,0)\\y=x}} f(x,y) = \frac{e}{2}$$

y en cambio para $m = -1$ es

$$\lim_{\substack{(x,y)\to(0,0)\\y=-x}} f(x,y) = \frac{-e}{2}.$$

De este modo, al ser distintos dos límites direccionales en el punto $(0,0)$ no existe $\lim_{(x,y)\to(0,0)} f(x,y)$. La función dada no es continua en el punto $(0,0)$ y por tanto no es diferenciable en este punto.

En cuanto a las derivadas parciales se tiene

$$\frac{\partial f}{\partial x}(0,0) = \lim_{h\to 0} \frac{f(0+h,0) - f(0,0)}{h} = \lim_{h\to 0} \frac{0-0}{h} = \lim_{h\to 0} \frac{0}{h} = 0 \qquad \text{y}$$

$$\frac{\partial f}{\partial y}(0,0) = \lim_{h\to 0} \frac{f(0,0+h) - f(0,0)}{t} = \lim_{h\to 0} \frac{0-0}{h} = \lim_{h\to 0} \frac{0}{h} = 0,$$

es decir, existen las derivadas parciales de primer orden en el punto $(0,0)$ y ambas tienen valor cero.

2.9. *Estudio en el punto* $(0,0)$.

a) Continuidad en $(0,0)$. Se decide estudiando su límite y haciendo el cambio a coordenadas polares se tiene

$$\begin{aligned}
\lim_{(x,y)\to(0,0)} f(x,y) &= \lim_{\rho\to 0} \frac{\rho^3 \cos^3\theta + \rho^2 \cos^2\theta\,\rho\,\text{sen}\,\theta - \rho^3 \,\text{sen}^3\,\theta}{\rho^4 \cos^4\theta + \rho^4 \,\text{sen}^4\,\theta} = \\
&= \lim_{\rho\to 0} \frac{\rho^3 (\cos^3\theta + \cos^2\theta\,\text{sen}\,\theta - \text{sen}^3\,\theta)}{\rho^4(\cos^4\theta + \text{sen}^4\,\theta)} = \\
&= \lim_{\rho\to 0} \frac{1}{\rho} \frac{\cos^3\theta + \cos^2\theta\,\text{sen}\,\theta - \text{sen}^3\,\theta}{\cos^4\theta + \text{sen}^4\,\theta}
\end{aligned}$$

y este límite no existe. Téngase en cuenta que existen valores reales de θ para los cuales el cociente anterior es finito. En consecuencia, f no es continua en $(0,0)$.

b) En cuanto a la existencia de derivadas parciales en el punto $(0,0)$, se tiene que

$$\begin{aligned}
\frac{\partial f}{\partial x}(0,0) &= \lim_{h\to 0} \frac{f(h,0) - f(0,0)}{h} = \\
&= \lim_{h\to 0} \frac{1}{h} \left(\frac{h^3 + h^2 \cdot 0 - 0}{h^4 + 0} - 0 \right) = \lim_{h\to 0} \frac{h^3}{h^5} = \lim_{h\to 0} \frac{1}{h^2} \qquad \text{que no existe, y}
\end{aligned}$$

$$\begin{aligned}
\frac{\partial f}{\partial y}(0,0) &= \lim_{h\to 0} \frac{f(0,h) - f(0,0)}{h} = \\
&= \lim_{h\to 0} \frac{1}{h} \left(\frac{0 + 0 \cdot h - h^3}{0 + h^4} \right) = \lim_{h\to 0} \frac{-h^3}{h^5} = \lim_{h\to 0} \frac{-1}{h^2} \qquad \text{que tampoco existe,}
\end{aligned}$$

y por tanto no existen las derivadas parciales primeras de f en el punto $(0,0)$.

c) Como f no es continua en $(0,0)$ ni existen sus derivadas parciales en el mismo punto, cada uno de estos hechos por separado nos dice que f no es diferenciable en el punto $(0,0)$.

Estudio en cada punto $(x,y) \in \mathbb{R}^2, (x,y) \neq (0,0)$.

a) La función f es continua en todo $(x,y) \neq (0,0)$ ya que es un cociente de funciones continuas cuyo denominador no se anula.

b) Como es $(x, y) \neq (0,0)$, existen ambas derivadas parciales que se obtienen por simple derivación de un cociente, en la forma

$$\frac{\partial f}{\partial x}(x, y) = \frac{(3x^2 + 2xy)(x^4 + y^4) - 4x^3(x^3 + x^2y - y^3)}{(x^4 + y^4)^2} =$$

$$= \frac{-x^6 - 2x^5y + 4x^3y^3 + 3x^2y^2 + 2xy^5}{(x^4 + y^4)^2},$$

$$\frac{\partial f}{\partial y}(x, y) = \frac{(x^2 - 3y^2)(x^4 + y^4) - 4y^3(x^3 + x^2y - y^3)}{(x^4 + y^4)^2} =$$

$$= \frac{x^6 - 3x^4y^2 - 4x^3y^3 - 3x^2y^4 + y^6}{(x^4 + y^4)^2}.$$

Cada una de las derivadas parciales obtenidas son funciones continuas en $\mathbb{R}^2 - \{(0,0)\}$ pues cada una de ellas es un cociente de funciones continuas cuyo denominador no se anula.

c) Los resultados obtenidos en *a*) y en *b*) nos permiten afirmar que f es de clase C^1 en $\mathbb{R}^2 - \{(0,0)\}$ y por tanto f es diferenciable si $(x, y) \neq (0,0)$.

2.10. Observemos que la variable de integración t toma valores en el intervalo $[0; 2x^2+1]$ y, dado que $2x^2+1 > 0$, $\forall t \in \mathbb{R}$, resulta que la variable t nunca toma valores negativos, en consecuencia el numerador del integrando

$$\frac{\cos^2 t}{(2t + 1)(t^2 + 1)}$$

nunca se anula. Se deduce que la función subintegral es una función continua y por ello

$$\int_0^{2x^2+1} \frac{\cos^2 t}{(2t + 1)(t^2 + 1)} dt$$

es una función diferenciable. Como y^3 es una función continua se tiene que

$$y^3 \cdot \int_0^{2x^2+1} \frac{\cos^2 t}{(2t + 1)(t^2 + 1)} dt$$

es una función continua por ser producto de funciones continuas.

Estudiemos a continuación la continuidad de las derivadas parciales

$$\frac{\partial f}{\partial x} = \frac{\partial}{\partial x}\left[y^3 \cdot \int_0^{2x^2+1} \frac{\cos^2 t}{(2t + 1)(t^2 + 1)} dt\right] =$$

$$= y^3 \frac{\partial}{\partial x} \int_0^{2x^2+1} \frac{\cos^2 t}{(2t + 1)(t^2 + 1)} dt =$$

$$= y^3 \frac{\cos^2(2x^2 + 1)}{[2(2x^2 + 1) + 1][(2x^2 + 1)^2 + 1]} \frac{d(2x^2 + 1)}{dx} =$$

$$= \frac{y^3 \cos^2(2x^2 + 1)4x}{[2(2x^2 + 1) + 1][(2x^2 + 1)^2 + 1]},$$

que es continua, por ser cociente de funciones continuas y no anularse nunca el denominador, por tratarse de factores positivos.

Obsérvese que

$$\int_0^{2x^2+1} \frac{\cos^2 t}{(2t+1)(t^2+1)}\, dt = g(x),$$

por lo tanto

$$
\begin{aligned}
\frac{\partial f}{\partial y} &= \frac{\partial}{\partial y}\left[y^3 \cdot \int_0^{2x^2+1} \frac{\cos^2 t}{(2t+1)(t^2+1)}\, dt \right] = \\
&= \left(\frac{\partial}{\partial y} y^3 \right) \int_0^{2x^2+1} \frac{\cos^2 t}{(2t+1)(t^2+1)}\, dt = \\
&= 3y^2 \int_0^{2x^2+1} \frac{\cos^2 t}{(2t+1)(t^2+1)}\, dt,
\end{aligned}
$$

que es continua por ser producto de funciones continuas.

Como la función $f(x,y)$ es continua $\forall (x,y) \in \mathbb{R}^2$ y sus derivadas parciales $\frac{\partial f}{\partial x}$ y $\frac{\partial f}{\partial y}$ son continuas $\forall (x,y) \in \mathbb{R}^2$, concluimos que la función $f(x,y)$ es diferenciable en todo $\mathbb{R}^2$.

2.11. Analicemos la existencia de límite en el punto $(0,0)$. A lo largo de los ejes se tiene

$$
\begin{aligned}
\lim_{\substack{(x,y)\to(0,0)\\ x=0}} f(x,y) &= \lim_{y\to 0} \frac{0}{0+y^4} = 0, \\
\lim_{\substack{(x,y)\to(0,0)\\ y=0}} f(x,y) &= \lim_{x\to 0} f(x,0) = 0,
\end{aligned}
$$

por lo que no sabemos si realmente no hay límite. Acercándonos al punto $(0,0)$ según las rectas $y = \lambda x$ resulta

$$\lim_{\substack{(x,y)\to(0,0)\\ y=\lambda x}} f(x,y) = \lim_{x\to 0} \frac{x^4}{x^2\lambda^2 x^2 + \lambda^4 x^4} = \lim_{x\to 0} \frac{x^4}{(\lambda^2+\lambda^4)x^4} = \frac{1}{\lambda^2+\lambda^4}.$$

En consecuencia, no existe $\lim_{(x,y)\to(0,0)} f(x,y)$.

Por definición las derivadas parciales en $(0,0)$ son

$$
\begin{aligned}
f_x(0,0) &= \lim_{h\to 0} \frac{f(h,0)-f(0,0)}{h} = \lim_{h\to 0} \frac{0}{h} = 0 \\
f_y(0,0) &= \lim_{h\to 0} \frac{f(0,h)-f(0,0)}{h} = \lim_{h\to 0} \frac{1}{h}\frac{0^4}{0^2 h^2 + h^4} = \lim_{h\to 0} \frac{0}{h^5} = 0
\end{aligned}
$$

y las derivadas direccionales en $(0,0)$ resultan ser

$$D_{\overline{u}}f(0,0) = \lim_{t\to 0} \frac{f[(0,0)+t\overline{u}]-f(0,0)}{t} = \lim_{t\to 0} \frac{1}{t} f(t\cos\theta, t\,\mathrm{sen}\,\theta),$$

si $\theta \neq 0$, se tiene que

$$
\begin{aligned}
D_{\overline{u}}f(0,0) &= \lim_{t\to 0} \frac{1}{t} \frac{t^4 \cos^4\theta}{t^2\cos^2\theta\, t^2\,\mathrm{sen}^2\theta + t^4\,\mathrm{sen}^4\theta} = \lim_{t\to 0} \frac{t^4\cos^4\theta}{t^5(\cos^2\theta\,\mathrm{sen}^2\theta + \mathrm{sen}^4\theta)} = \\
&= \lim_{t\to 0} \frac{1}{t} \frac{\cos^4\theta}{\mathrm{sen}^2\theta(\cos^2\theta + \mathrm{sen}^2\theta)} = \lim_{t\to 0} \frac{\cos^4\theta}{t\,\mathrm{sen}^2\theta} = \begin{cases} 0, & \text{si } \theta = (2k-1)\frac{\pi}{2}, \\ \text{no existe}, & \text{si } \theta \neq (2k-1)\frac{\pi}{2}, \end{cases}
\end{aligned}
$$

mientras que si $\theta = 0$, el límite es 0 directamente.

2.12.   *a*) Continuidad. Como

$$\lim_{(x,y)\to(0,0)} \frac{xy}{(x^2+y^2)^\alpha} = \lim_{\rho\to 0} \frac{\rho\cos\theta\cdot\rho\,\text{sen}\,\theta}{(\rho^2)^\alpha} = \lim_{\rho\to 0}\rho^{2-2\alpha}\cos\theta\,\text{sen}\,\theta = \begin{cases} 0, & \text{si } \alpha < 1, \\ \text{no existe}, & \text{si } \alpha \geq 1, \end{cases}$$

la función es continua en $(0,0)$ $\forall \alpha < 1$.

b) Derivadas parciales. Se tiene

$$\frac{\partial f}{\partial x}(0,0) = \lim_{h\to 0}\frac{f(h,0)-f(0,0)}{h} = \lim_{h\to 0}\frac{\frac{h\cdot 0}{(h^2+0)^\alpha}-0}{h} = \lim_{h\to 0}0 = 0,$$

y

$$\frac{\partial f}{\partial x} = \frac{y(x^2+y^2)^\alpha - xy\alpha(x^2+y^2)^{\alpha-1}2x}{(x^2+y^2)^{2\alpha}}$$

y que

$$\lim_{(x,y)\to(0,0)}\frac{y(x^2+y^2)^\alpha - xy\alpha(x^2+y^2)^{\alpha-1}2x}{(x^2+y^2)^{2\alpha}} =$$

$$= \lim_{\rho\to 0}\frac{\rho\,\text{sen}\,\theta\cdot\rho^{2\alpha} - \rho\cos\theta\cdot\rho\,\text{sen}\,\theta\cdot\alpha\rho^2 2\rho\cos\theta}{(\rho^2)^{2\alpha}} =$$

$$= \lim_{\rho\to 0}\frac{\rho^{2\alpha+1}(\text{sen}\,\theta - \cos\theta\cdot\text{sen}\,\theta\cdot 2\alpha\cos\theta)}{\rho^{4\alpha}} =$$

$$= \lim_{\rho\to 0}\rho^{-2\alpha+1}(\text{sen}\,\theta - 2\alpha\cos^2\theta\cdot\text{sen}\,\theta) = \begin{cases} 0, & \text{si } \alpha < \frac{1}{2}, \\ \text{no existe}, & \text{si } \alpha \geq \frac{1}{2}. \end{cases}$$

Como la función es invariante para el cambio $x \leftrightarrow y$, lo dicho para $\dfrac{\partial f}{\partial x}$ vale para $\dfrac{\partial f}{\partial y}$.

c) Diferenciabilidad. Como la función no es continua en $(0,0)$ para $\alpha \geq 1$, la función no es diferenciable en $(0,0)$ para $\alpha \geq 1$.

Como la función es continua en $(0,0)$ para $\alpha < 1$ y las derivadas parciales son continuas en $(0,0)$ para $\alpha < \frac{1}{2}$, resulta que la función es diferenciable en $(0,0)$ para $\alpha < \frac{1}{2}$.

Resta estudiar los valores $\frac{1}{2} \leq \alpha < 1$, ya que la función es continua en $(0,0)$ para $\frac{1}{2} \leq \alpha < 1$ y las derivadas parciales existen en $(0,0)$ pero no son continuas. Para hacer este estudio recurrimos al siguiente límite

$$\lim_{(x,y)\to(0,0)}\frac{f(x,y)-f(0,0)-\frac{\partial f}{\partial x}(0,0)(x-0)-\frac{\partial f}{\partial y}(0,0)(y-0)}{\|(x,y)-(0,0)\|} =$$

$$= \lim_{(x,y)\to(0,0)}\frac{\frac{xy}{(x^2+y^2)^\alpha}-0-0\cdot(x-0)-0\cdot(y-0)}{\sqrt{x^2+y^2}} =$$

$$= \lim_{(x,y)\to(0,0)}\frac{xy}{(x^2+y^2)^{\alpha+\frac{1}{2}}} = \lim_{\rho\to 0}\frac{\rho\cos\theta\cdot\rho\,\text{sen}\,\theta}{(\rho^2)^{\alpha+\frac{1}{2}}} =$$

$$= \lim_{\rho\to 0}\frac{\rho^2\cos\theta\cdot\text{sen}\,\theta}{\rho^{2\alpha+1}} = \lim_{\rho\to 0}\rho^{1-2\alpha}\cos\theta\,\text{sen}\,\theta,$$

que no existe ya que es $\frac{1}{2} \leq \alpha < 1$, luego la función no es diferenciable en $(0,0)$ para el conjunto de valores $\frac{1}{2} \leq \alpha < 1$.

2.13. La función $\overline{f}$ es diferenciable en $\mathbb{R}^3$ al serlo cada una de las funciones componentes que son de clase C^1. En particular $\overline{f}$ es diferenciable en el punto $(1, -1, 1)$. Su matriz jacobiana es

$$J\overline{f}(x, y, z) = \begin{pmatrix} 1 & 2 & 1 \\ e^{x-z} & 0 & -e^{x-z} \end{pmatrix}$$

y por tanto

$$J\overline{f}(1, -1, 1) = \begin{pmatrix} 1 & 2 & 1 \\ 1 & 0 & -1 \end{pmatrix}.$$

En consecuencia, se tiene que

$$d\overline{f}(1, -1, 1) \begin{pmatrix} dx \\ dy \\ dz \end{pmatrix} = \begin{pmatrix} 1 & 2 & 1 \\ 1 & 0 & -1 \end{pmatrix} \begin{pmatrix} dx \\ dy \\ dz \end{pmatrix} = \begin{pmatrix} dx + 2dy + dz \\ dx - dz \end{pmatrix}.$$

Análogamente, la función $\overline{g}$ es diferenciable en todo su dominio $D = \{(u, v) \in \mathbb{R}^2 : u + v > 0\}$ dado que sus funciones componentes son de clase C^1 en D. Como es

$$J\overline{g}(u, v) = \begin{pmatrix} \cos u & 0 \\ 0 & 2v \\ \dfrac{1}{u+v} & \dfrac{1}{u+v} \end{pmatrix}$$

se tiene que

$$J\overline{g}(0, 1) = \begin{pmatrix} 1 & 0 \\ 0 & 2 \\ 1 & 1 \end{pmatrix} = J\overline{g}\left(\overline{f}(1, -1, 1)\right).$$

De este modo resulta que es

$$d\overline{g}(0, 1) \begin{pmatrix} du \\ dv \end{pmatrix} = \begin{pmatrix} 1 & 0 \\ 0 & 2 \\ 1 & 1 \end{pmatrix} \begin{pmatrix} du \\ dv \end{pmatrix} = \begin{pmatrix} du \\ 2dv \\ du + dv \end{pmatrix}.$$

Como $\overline{f}$ es diferenciable en el punto $(1, -1, 1)$ y $\overline{g}$ lo es en el punto $\overline{f}(1, -1, 1)$, por el teorema de composición de funciones diferenciables resulta que la función $\overline{g} \circ \overline{f}$ es diferenciable en el punto $(1, -1, 1)$, siendo $J(\overline{g} \circ \overline{f})(1, -1, 1)$ la matriz de $d(\overline{g} \circ \overline{f})(1, -1, 1)$ en la base canónica de $\mathbb{R}^3$.

Esta matriz resulta como

$$J(\overline{g} \circ \overline{f})(1, -1, 1) = J\overline{g}(\overline{f}(1, -1, 1)) \cdot J\overline{f}(1, -1, 1) = J\overline{g}(0, 1) \cdot J\overline{f}(1, -1, 1) =$$

$$= \begin{pmatrix} 1 & 0 \\ 0 & 2 \\ 1 & 1 \end{pmatrix} \begin{pmatrix} 1 & 2 & 1 \\ 1 & 0 & -1 \end{pmatrix} = \begin{pmatrix} 1 & 2 & 1 \\ 2 & 0 & -2 \\ 2 & 2 & 0 \end{pmatrix}.$$

De este modo es

$$d(\overline{g} \circ \overline{f})(1, -1, 1) \begin{pmatrix} dx \\ dy \\ dz \end{pmatrix} = J(\overline{g} \circ \overline{f})(1, -1, 1) \begin{pmatrix} dx \\ dy \\ dz \end{pmatrix} =$$

$$= \begin{pmatrix} 1 & 2 & 1 \\ 2 & 0 & -2 \\ 2 & 2 & 0 \end{pmatrix} \begin{pmatrix} dx \\ dy \\ dz \end{pmatrix} = \begin{pmatrix} dx + 2dy + dz \\ 2dx - 2dz \\ 2dx + 2dy \end{pmatrix}.$$

2.14. Sobre la superficie de nivel correspondiente a w_0 se tiene que $f(x, y, z) = w_0$.

El gradiente de la función $z = f(x, y)$ en el punto (x_0, y_0) es

$$\nabla f(x_0, y_0, z_0) = (f_x(x_0, y_0, z_0), f_y(x_0, y_0, z_0), f_z(x_0, y_0, z_0)).$$

El plano tangente a la superficie de nivel en el punto (x_0, y_0, z_0) es

$$z - z_0 = z_x(x_0, y_0)(x - x_0) + z_y(x_0, y_0)(y - y_0). \tag{A.3}$$

Los valores de z_x y z_y se obtienen derivando parcialmente en la ecuación de la superficie de nivel $f(x, y, z) - f(x_0, y_0, z_0) = 0$, es decir

$$f_x(x, y, z) + f_z(x, y, z) \cdot z_x = 0,$$
$$f_y(x, y, z) + f_z(x, y, z) \cdot z_y = 0.$$

Particularizando en el punto y despejando queda

$$z_x(x_0, y_0) = -\frac{f_x(x_0, y_0, z_0)}{f_z(x_0, y_0, z_0)}, \qquad z_y(x_0, y_0) = -\frac{f_y(x_0, y_0, z_0)}{f_z(x_0, y_0, z_0)}.$$

La Ecuación (A.3) muestra que el vector $(z_x(x_0, y_0), z_y(x_0, y_0), -1) = \overline{n}$ es el vector característico del plano tangente y por tanto perpendicular a él y que con los valores obtenidos anteriormente es

$$\overline{n} = \left(-\frac{f_x(x_0, y_0, z_0)}{f_z(x_0, y_0, z_0)}, -\frac{f_y(x_0, y_0, z_0)}{f_z(x_0, y_0, z_0)}, -1 \right),$$

el cual es paralelo al vector $(f_x(x_0, y_0, z_0), f_y(x_0, y_0, z_0), f_z(x_0, y_0, z_0)) = \nabla f(x_0, y_0, z_0)$ y por tanto $\nabla f(x_0, y_0, z_0)$ es perpendicular al plano tangente a la superficie de nivel correspondiente al punto (x_0, y_0, z_0). Esta situación puede verse en la Figura A.6.

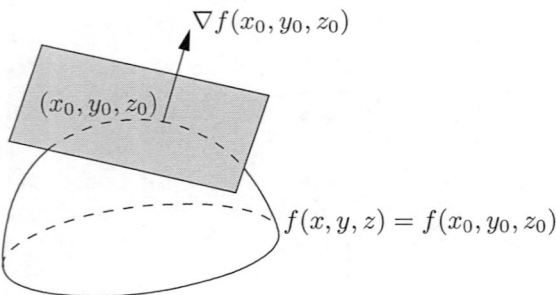

Figura A.6 Perpendicularidad entre el vector gradiente y la superficie de nivel

2.15. El potencial de una carga constante a una distancia r viene dado por

$$V(x, y, z) = \frac{k}{r} = \frac{k}{\sqrt{x^2 + y^2 + z^2}}$$

por lo que las superficies equipotenciales son

$$V(x, y, z) = C, \qquad \text{es decir,} \qquad \frac{k}{\sqrt{x^2 + y^2 + z^2}} = C.$$

Al despejar se obtiene $x^2 + y^2 + z^2 = C$, que son superficies esféricas.

La carga de prueba se moverá minimizando la energía potencial y por tanto buscará el camino que produce la máxima variación de potencial, el cual viene dado por el gradiente del potencial, que a la sazón es el campo eléctrico. Definitivamente

$$\nabla V = -k \left(\frac{2x}{2(x^2 + y^2 + z^2)^{3/2}}, \frac{2y}{2(x^2 + y^2 + z^2)^{3/2}}, \frac{2z}{2(x^2 + y^2 + z^2)^{3/2}} \right) =$$

$$= -k\frac{\overline{r}}{r^3} = -\frac{k}{r^2}\overline{u},$$

siendo $\overline{u}$ el vector unitario radial.

2.16. Como la función es diferenciable en el punto $(3, 4)$, la derivada direccional pedida se alcanza a través del gradiente, siendo

$$[D_{\overline{v}}f(x,y)]_{(3,4)} = \frac{\overline{v}}{||\overline{v}||} \cdot [\nabla_{\overline{v}}f(x,y)]_{(3,4)} =$$

$$= \frac{(1,2)}{\sqrt{1^2 + 2^2}} \left[(2xy + y^2, x^2 + 2xy) \right]_{(3,4)} =$$

$$= \left(\frac{1}{\sqrt{5}}, \frac{2}{\sqrt{5}} \right) \left[(2xy + y^2, x^2 + xy) \right]_{(3,4)} =$$

$$= \left[\frac{1}{\sqrt{5}}(2xy + y^2) + \frac{2}{\sqrt{5}}(x^2 + 2xy) \right]_{(3,4)} =$$

$$= \frac{1}{\sqrt{5}}[2 \cdot 3 \cdot 4 + 4^2] + \frac{2}{\sqrt{5}}(3^2 + 2 \cdot 3 \cdot 4) = \frac{106}{\sqrt{5}}.$$

2.17. Utilizando la expresión simbólica se tiene que

$$d^3 f(1,2) = \left(dx\frac{\partial}{\partial x} + dy\frac{\partial}{\partial y} \right)^{(3} f(1,2) =$$

$$= \frac{\partial^3 f(1,2)}{\partial x^3}dx^3 + 3\frac{\partial^3 f(1,2)}{\partial x^2 \partial y}dx^2 dy + 3\frac{\partial^3 f(1,2)}{\partial x \partial y^2}dxdy^3 + \frac{\partial^3 f(1,2)}{\partial y^3}dy^3$$

y hemos de calcular estas derivadas.

Como es $f(x,y) = y^{-2}e^x + x^{-2}e^y$, se tienen las derivadas parciales primeras

$$\frac{\partial f}{\partial x}(x,y) = y^{-2}e^x - 2x^{-3}e^y, \qquad \frac{\partial f}{\partial y}(x,y) = -2y^{-3}e^x + x^{-2}e^y,$$

y derivando de nuevo son

$$\frac{\partial^2 f}{\partial x^2}(x,y) = y^{-2}e^x + 6x^{-4}e^y,$$

$$\frac{\partial^2 f}{\partial x \partial y}(x,y) = -2y^{-3}e^x - 2x^{-3}e^y = \frac{\partial^2 f}{\partial y \partial x}(x,y),$$

$$\frac{\partial^2 f}{\partial y^2}(x,y) = 6y^{-4}e^x + x^{-2}e^y.$$

Derivando de nuevo tenemos las derivadas terceras

$$\frac{\partial^3 f}{\partial x^3}(x,y) = y^{-2}e^x - 24x^{-5}e^y, \qquad \frac{\partial^3 f}{\partial x^2 \partial y}(x,y) = -2y^{-3}e^x + 6x^{-4}e^y,$$

$$\frac{\partial^3 f}{\partial x \partial y^2}(x,y) = 6y^{-4}e^x - 2x^{-3}e^y, \qquad \frac{\partial^3 f}{\partial y^3}(x,y) = -24y^{-5}e^x + x^{-2}e^y.$$

Calculando el valor de estas últimas derivadas en el punto $(1, 2)$ se obtienen

$$\frac{\partial^3 f}{\partial x^3}(1, 2) = \frac{1}{2^2}e - 24e^2 = \frac{1}{4}e - 24e^2,$$

$$\frac{\partial^3 f}{\partial x^2 \partial y}(1, 2) = \frac{-2}{2^3}e + 6e^2 = 6e^2 - \frac{1}{4}e,$$

$$\frac{\partial^3 f}{\partial x \partial y^2}(1, 2) = \frac{6}{2^4}e - 2e^2 = \frac{3}{8}e - 2e^2,$$

$$\frac{\partial^3 f}{\partial y^3}(1, 2) = \frac{-24}{2^5}e + e^2 = \frac{-3}{4}e + e^2.$$

Sustituyendo en la expresión inicial resulta

$$d^3 f(1, 2) = \left(\frac{1}{4}e - 24e^2\right) dx^3 + 3\left(6e^2 - \frac{1}{4}e\right) dx^2 dy +$$
$$+ 3\left(\frac{3}{8}e - 2e^2\right) dx dy^2 + \left(\frac{-3}{4}e + e^2\right) dy^3.$$

A.3 SOLUCIONES AL CAPÍTULO 3

3.1. Para la función $F(x, y, z) = x^2 + y^2 + z^2 + 1$ se verifica que $F(x, y, z) \neq 0$, con lo cual ninguna de sus variables es expresable como función real de las otras dos, por lo que la ecuación dada jamás define implícitamente a una de las variables en función de las restantes.

3.2. Sea la función $F(x, y, z) = e^{xy} + e^{xz} - 2e^{yz} + xyz - 1$. Aplicando el teorema de existencia de función implícita se tiene:

1. La ecuación $F(x, y, z) = 0$ es tal que $F(1, 1, 1) = e + e - 2e + 1 - 1 = 0$.

2. La función F es diferenciable en $(1, 1, 1)$ al ser de clase C^1.

3. Como $\frac{\partial F}{\partial z}(x, y, z) = xe^{xz} - 2ye^{yz} + xy$, se tiene que

$$\frac{\partial F}{\partial z}(1, 1, 1) = 1 - e \neq 0.$$

Al verificarse las hipótesis del teorema podemos asegurar que la ecuación dada define implícitamente a z como función diferenciable de x e y de la forma $z = z(x, y)$ siendo sus derivadas formales en un entorno del punto $(1, 1, 1)$ las dadas por

$$\frac{\partial z}{\partial x}(x, y, z) = -\frac{F_x}{F_z} = -\frac{ye^{xy} + ze^{xz} + yz}{xe^{xz} - 2ye^{yz} + xy}$$
$$\frac{\partial z}{\partial y}(x, y, z) = -\frac{F_y}{F_z} = -\frac{xe^{xy} - 2ze^{yz} + xz}{xe^{xz} - 2ye^{yz} + xy}$$

y particularizando en el punto $(1, 1, 1)$ se tiene que

$$\frac{\partial z}{\partial x}(1, 1, 1) = -\frac{2e + 1}{1 - e} = \frac{2e + 1}{e - 1}$$
$$\frac{\partial z}{\partial y}(1, 1, 1) = -\frac{1 - e}{1 - e} = -1$$

y en consecuencia resulta

$$dz(1,1,1) = \frac{\partial z}{\partial x}(1,1,1)dx + \frac{\partial z}{\partial y}(1,1,1)dy = \frac{2e+1}{e-1}dx - dy.$$

Como es $\dfrac{\partial F}{\partial y}(x,y,z) = xe^{xy} - 2ze^{yz} + xz$, se tiene que

$$\frac{\partial F}{\partial y}(1,1,1) = 1 - e \neq 0$$

y también se verifican, de acuerdo con el teorema de existencia de función implícita, las tres condiciones para que la ecuación dada defina implícitamente a y como función diferenciable de x y z de la forma $y = y(x,z)$, siendo sus derivadas parciales

$$\frac{\partial y}{\partial x} = -\frac{F_x}{F_y} \qquad y \qquad \frac{\partial y}{\partial z} = -\frac{F_z}{F_y}.$$

3.3. La ecuación dada es de la forma $F(x,y,z) = 0$. Si en ella se diferencia totalmente, en un entorno del punto dado, respecto de sus variables se obtiene la igualdad $F_x dx + F_y dy + F_z dz = 0$.

Despejando en ella se tiene

$$dz = -\frac{F_x}{F_z}dx - \frac{F_y}{F_z}dy.$$

Calculando en la ecuación las derivadas parciales F_x, F_y y F_z, éstas son

$$F_x = 2x + ye^x, \qquad F_y = 2y + e^x + ze^y, \qquad F_z = e^y,$$

y por tanto resulta

$$dz = -\frac{2x + ye^x}{e^y}dx - \frac{2y + e^x + ze^y}{e^y}dy.$$

La expresión hallada de dz nos dice que, en un entorno del punto dado, es

$$\frac{\partial z}{\partial x}(x,y,z) = -\frac{2x + ye^x}{e^y}$$

y derivando en ella, respecto de y, tenemos que

$$\frac{\partial^2 z}{\partial x \partial y}(x,y,z) = \frac{\partial}{\partial y}\left(-\frac{2x + ye^x}{e^y}\right) = -\frac{e^x e^y - e^y(2x + ye^x)}{(e^y)^2} = \frac{e^x(y-1) + 2x}{e^y}.$$

Particularizando en el punto resulta

$$\frac{\partial^2 z}{\partial x \partial y}(1,0,1) = 2 - e.$$

Analicemos si la ecuación dada cumple las hipótesis del teorema de la función implícita, que se concretan así:

1. $F(1,0,1) = 0$.

2. F es de clase C^1 en un entorno del punto $(1,0,1)$.

3. $\frac{\partial F}{\partial x}(1,0,1) = (2x + ye^x)_{(1,0,1)} = 2 \neq 0$.

En consecuencia, la ecuación dada define implícitamente a x como función diferenciable $x = x(y, z)$ de las variables y, z, siendo

$$dx = -\frac{F_y}{F_x}dy - \frac{F_z}{F_x}dz.$$

3.4. Como es $v = v(x, y, z, u)$, si en la ecuación $F(x, y, z, u, v) = 0$ derivamos parcialmente respecto de x, resulta

$$F_x + F_v\frac{\partial v}{\partial x} = 0, \qquad \text{y por tanto} \qquad \frac{\partial v}{\partial x} = -\frac{F_x}{F_v}.$$

Análogamente, al considerar que es $x = x(y, z, u, v)$ y derivando parcialmente respecto de y en la ecuación inicial, resulta

$$F_y + F_x\frac{\partial x}{\partial y} = 0, \qquad \text{con lo cual es} \qquad \frac{\partial x}{\partial y} = -\frac{F_y}{F_x}.$$

Con el mismo razonamiento al considerar que es $y = y(x, z, u, v)$ tendremos que

$$\frac{\partial y}{\partial z} = -\frac{F_z}{F_y}.$$

Al ser $z = z(x, y, u, v)$ se tiene en forma análoga que derivando respecto de u resulta

$$\frac{\partial z}{\partial u} = -\frac{F_u}{F_z}.$$

Y finalmente, como es $u = u(x, y, z, v)$, derivando respecto de v en la ecuación $F(x, y, z, u, v) = 0$, se obtiene que

$$\frac{\partial u}{\partial v} = -\frac{F_v}{F_u}.$$

Con todo ello nos queda que

$$\frac{\partial v}{\partial x} \cdot \frac{\partial x}{\partial y} \cdot \frac{\partial y}{\partial z} \cdot \frac{\partial z}{\partial u} \cdot \frac{\partial u}{\partial v} + 1 = \left(-\frac{F_x}{F_v}\right)\left(-\frac{F_y}{F_x}\right)\left(-\frac{F_z}{F_y}\right)\left(-\frac{F_u}{F_z}\right)\left(-\frac{F_v}{F_u}\right) + 1 = 0.$$

3.5. Considerando la función

$$F(x, y, z) = \frac{x^2}{a^2} + \frac{y^2}{b^2} + \frac{z^2}{c^2} - 1,$$

se verifica que:

1. F es de clase C^1 en un entorno de $P(0, 0, c)$.

2. $F(0, 0, c) = \frac{0}{a^2} + \frac{0}{b^2} + \frac{c^2}{c^2} - 1 = 0.$

3. $\left(\frac{\partial F}{\partial z}\right)_{(0,0,c)} = \left(\frac{2z}{c^2}\right)_{(0,0,c)} = \frac{2c}{c^2} = \frac{2}{c} \neq 0.$

En consecuencia, por el teorema de la función implícita, la ecuación $F(x, y, z) = 0$ define a z como función de x e y en un entorno del punto P.

Diferenciando totalmente en la ecuación se tiene

$$\frac{2x}{a^2}dx + \frac{2y}{b^2}dy + \frac{2z}{c^2}dz = 0,$$

o equivalentemente

$$\frac{x}{a^2}dx + \frac{y}{b^2}dy + \frac{z}{c^2}dz = 0.$$

Si despejamos resulta

$$dz = -\frac{\frac{x}{a^2}}{\frac{z}{c^2}}dx - \frac{\frac{y}{b^2}}{\frac{z}{c^2}}dy = -\frac{x}{z}\frac{c^2}{a^2}dx - \frac{y}{z}\frac{c^2}{b^2}dy,$$

y considerando la expresión de la diferencial son

$$\frac{\partial z}{\partial x} = -\frac{c^2}{a^2}\frac{x}{z} \qquad \text{y} \qquad \frac{\partial z}{\partial y} = -\frac{c^2}{b^2}\frac{y}{z}.$$

Teniendo en cuenta la primera de estas derivadas, obtenemos

$$\frac{\partial^2 z}{\partial x \partial y} = \frac{\partial}{\partial y}\left(\frac{\partial z}{\partial x}\right) = \frac{\partial}{\partial y}\left(-\frac{c^2}{a^2}\frac{x}{z}\right) = -\frac{c^2}{a^2}x\frac{\partial}{\partial y}\left(\frac{1}{z}\right) =$$

$$= \frac{c^2}{a^2}x\frac{1}{z^2}\frac{\partial z}{\partial y} = \frac{c^2}{a^2}\frac{x}{z^2}\left(-\frac{c^2}{b^2}\frac{y}{z}\right) = -\frac{c^4}{a^2 b^2}\frac{xy}{z^3}.$$

Como respuesta a la pregunta formulada, si calculamos $\dfrac{\partial F}{\partial z}$ en el punto $(a, 0, 0)$ resulta

$$\left(\frac{\partial F}{\partial z}\right)_{(a,0,0)} = \left(\frac{2z}{c^2}\right)_{(a,0,0)} = 0,$$

y por tanto se incumple la tercera condición del teorema de la función implícita, por lo que no existe garantía de que la ecuación dada defina implícitamente a z como función de x e y en un entorno del punto $(a, 0, 0)$.

3.6. En el Problema resuelto 3.6 hemos obtenido que en un entorno del punto $P(1, -1, 1, -1)$ las derivadas parciales son

$$\frac{\partial u}{\partial x} = -3\frac{x}{u} \qquad \text{y} \qquad \frac{\partial u}{\partial y} = -\frac{y}{u}$$
$$\frac{\partial v}{\partial x} = -2\frac{x}{v} \qquad \text{y} \qquad \frac{\partial v}{\partial y} = 0.$$

Derivando de nuevo parcialmente en las derivadas primeras de u, teniendo en cuenta las derivadas parciales primeras, obtenemos las derivadas segundas en la forma

$$\frac{\partial^2 u}{\partial x^2} = \frac{\partial}{\partial x}\left(-3\frac{x}{u}\right) = -3\frac{\partial}{\partial x}\left(\frac{x}{u}\right) = -3\frac{1 \cdot u - x\frac{\partial u}{\partial x}}{u^2} =$$

$$= -\frac{3}{u^2}\left(u - x\frac{-3x}{u}\right) = -\frac{3}{u^2}\frac{u^2 + 3x^2}{u} = -\frac{3}{u^3}(3x^2 + u^2),$$

$$\frac{\partial^2 u}{\partial x \partial y} = \frac{\partial}{\partial y}\left(\frac{\partial u}{\partial x}\right) = \frac{\partial}{\partial y}\left(-3\frac{x}{u}\right) =$$

$$= -3x\frac{\partial}{\partial y}\left(\frac{1}{u}\right) = 3x\frac{1}{u^2}\frac{\partial u}{\partial y} = 3\frac{x}{u^2}\left(\frac{-y}{u}\right) = -3\frac{xy}{u^3},$$

$$\frac{\partial^2 u}{\partial y^2} = \frac{\partial}{\partial y}\left(\frac{\partial u}{\partial y}\right) = \frac{\partial}{\partial y}\left(\frac{-y}{u}\right) = -\frac{1 \cdot u - y\frac{\partial u}{\partial y}}{u^2} =$$

$$= \frac{1}{u^2}\left(y\left(\frac{-y}{u}\right) - u\right) = -\frac{1}{u^2}\frac{y^2 + u^2}{u} = -\frac{1}{u^3}(y^2 + u^2).$$

Teniendo en cuenta la expresión de la diferencial segunda en el punto P, dada por

$$d^2u(1, -1, 1, -1) = \frac{\partial^2 u}{\partial x^2}(1, -1, 1, -1)dx^2 + 2\frac{\partial^2 u}{\partial x \partial y}(1, -1, 1, -1)dxdy + \frac{\partial^2 u}{\partial y^2}(1, -1, 1, -1)dy^2,$$

y calculando en dicho punto las derivadas parciales segundas obtenidas anteriormente, resulta

$$d^2u(1, -1, 1, -1) = -12dx^2 + 6dxdy - 2dy^2.$$

Si ahora derivamos parcialmente en las derivadas parciales primeras de v, se obtienen sus derivadas parciales segundas en la forma

$$
\begin{aligned}
\frac{\partial^2 v}{\partial x^2} &= \frac{\partial}{\partial x}\left(\frac{\partial v}{\partial x}\right) = \frac{\partial}{\partial x}\left(-2\frac{x}{v}\right) = -2\frac{\partial}{\partial x}\left(\frac{x}{v}\right) = -2\frac{1 \cdot v - x\frac{\partial v}{\partial x}}{v^2} = \\
&= -\frac{2}{v^2}\left(v - x(-2)\frac{x}{v}\right) = -\frac{2}{v^2}\left(\frac{v^2 + 2x^2}{v}\right) = \frac{-2}{v^3}(2x^2 + v^2)
\end{aligned}
$$

$$
\frac{\partial^2 v}{\partial x \partial y} = \frac{\partial^2 v}{\partial y \partial x} = \frac{\partial}{\partial x}\left(\frac{\partial v}{\partial y}\right) = \frac{\partial}{\partial x}(0) = 0
$$

$$
\frac{\partial^2 v}{\partial y^2} = \frac{\partial}{\partial y}\left(\frac{\partial v}{\partial y}\right) = \frac{\partial}{\partial y}(0) = 0.
$$

Como la diferencial segunda en el punto $P(1, -1, 1, -1)$ está dada por

$$d^2v(1, -1, 1, -1) = \frac{\partial^2 v}{\partial x^2}(1, -1, 1, -1)dx^2 + 2\frac{\partial^2 v}{\partial x \partial y}(1, -1, 1, -1)dxdy + \frac{\partial^2 v}{\partial y^2}(1, -1, 1, -1)dy^2,$$

al sustituir en el punto son

$$\frac{\partial^2 v}{\partial x^2}(1, -1, 1, -1) = +6 \qquad y \qquad \frac{\partial^2 v}{\partial x \partial y} = 0 = \frac{\partial^2 v}{\partial y^2}$$

resultando

$$d^2v(1, -1, 1, -1) = +6dx^2 + 0dxdy + 0dy^2 = +6dx^2.$$

3.7. Sabemos que para $u = u(x, y)$ es $du = \frac{\partial u}{\partial x}dx + \frac{\partial v}{\partial y}dy$. Derivando en el sistema respecto de x se tiene

$$\left.\begin{aligned}2x + 2u\frac{\partial u}{\partial x} - 2v\frac{\partial v}{\partial x} = 0 \\ 2x - 2u\frac{\partial u}{\partial x} + 4v\frac{\partial v}{\partial x} = 0\end{aligned}\right\}$$

y equivalentemente

$$\left.\begin{aligned}2u\frac{\partial u}{\partial x} - 2v\frac{\partial v}{\partial x} = -2x \\ -2u\frac{\partial u}{\partial x} + 4v\frac{\partial v}{\partial x} = -2x\end{aligned}\right\}$$

de donde, multiplicando la primera ecuación por dos y sumando ambas resulta

$$2u\frac{\partial u}{\partial x} = -6x, \qquad y \text{ por tanto} \qquad \frac{\partial u}{\partial x} = -3\frac{x}{u}.$$

Si ahora derivamos respecto de y en el sistema obtenemos

$$\left.\begin{aligned}2y + 2u\frac{\partial u}{\partial y} - 2v\frac{\partial v}{\partial y} = 0 \\ -2y - 2u\frac{\partial u}{\partial y} + 4v\frac{\partial v}{\partial y} = 0\end{aligned}\right\}.$$

Al multiplicar por 2 la primera ecuación y sumar con la segunda obtenemos

$$2u\frac{\partial u}{\partial y} = -2y, \qquad y \text{ por tanto es} \qquad \frac{\partial u}{\partial y} = -\frac{y}{u}.$$

Con las derivadas obtenidas resulta

$$du = \frac{\partial u}{\partial x}dx + \frac{\partial u}{\partial y}dy = -3\frac{x}{u}dx - \frac{y}{u}dy.$$

Para las derivadas parciales segundas tenemos

$$\begin{aligned}
\frac{\partial^2 u}{\partial x^2} &= \frac{\partial}{\partial x}\left(\frac{\partial u}{\partial x}\right) = \frac{\partial}{\partial x}\left(-3\frac{x}{u}\right) = -3\frac{\partial}{\partial x}\left(\frac{x}{u}\right) = \\
&= -3\frac{1 \cdot u - x\frac{\partial u}{\partial x}}{u^2} = -3\frac{u - x\left(-3\frac{x}{u}\right)}{u^2} = -3\frac{u + \frac{3x^2}{u}}{u^2} = -3\frac{u^2 + 3x^2}{u^3},
\end{aligned}$$

$$\begin{aligned}
\frac{\partial^2 u}{\partial x \partial y} &= \frac{\partial}{\partial y}\left(\frac{\partial u}{\partial x}\right) = \frac{\partial}{\partial y}\left(-3\frac{x}{u}\right) = \\
&= -3x\frac{\partial}{\partial y}\left(\frac{1}{u}\right) = -3x\frac{-\frac{\partial u}{\partial y}}{u^2} = \frac{3x}{u^2}\frac{\partial u}{\partial y} = 3\frac{x}{u^2}\left(\frac{-y}{u}\right) = -\frac{3xy}{u^3}.
\end{aligned}$$

3.8. Consideremos la función $f(x) = e^x$ y su inversa $f^{-1}(x) = \ln x$, resulta que

$$y' = \left[f^{-1}(x)\right]' = \frac{1}{f'\left[f^{-1}(x)\right]} = \frac{1}{e^{f^{-1}(x)}} = \frac{1}{e^{\ln x}} = \frac{1}{x}.$$

3.9. La función $\overline{f}$ es de clase C^1 en $\mathbb{R}^3$. El determinante de la matriz jacobiana de $\overline{f}$ es

$$\begin{aligned}
|J| &= \left|\left(\frac{\partial(f_1, f_2, f_3)}{\partial(x, y, z)}(x, y, z)\right)\right| = \\
&= \begin{vmatrix} -\operatorname{sen}(x+y) & -\operatorname{sen}(x+y) - \operatorname{sen}(y+z) & -\operatorname{sen}(y+z) \\ -\operatorname{sen}(x+y) & -\operatorname{sen}(x+y) + \cos(y+z) & \cos(y+z) \\ \cos(x+y) & \cos(x+y) - \operatorname{sen}(y+z) & -\operatorname{sen}(y+z) \end{vmatrix} = 0,
\end{aligned}$$

para todo $(x, y, z) \in \mathbb{R}^3$ ya que la segunda columna del determinante es la suma de las otras dos, con lo cual no se garantiza la existencia de inversa local en el entorno de cada punto de $\mathbb{R}^3$.

3.10. 1. La función $\overline{f}$ es de clase C^1 en $\mathbb{R}^2$ y como es determinante de la matriz jacobiana de $\overline{f}$ en cada punto $(x, y) \in \mathbb{R}^2$ es

$$|J\overline{f}(x,y)| = \begin{vmatrix} \alpha e^{\alpha x} & \beta e^{\beta y} \\ \alpha e^{\alpha x} & -\beta e^{\beta y} \end{vmatrix} = -2\alpha\beta e^{\alpha x + \beta y},$$

se tiene que $|J\overline{f}(x, y)| \neq 0$ si $\alpha\beta \neq 0$.

Como se cumplen las hipótesis del teorema de la función inversa para $\alpha\beta \neq 0$, existe la función $\overline{f}^{-1}$ en un entorno de cada punto $(u, v) = \overline{f}(x, y)$ con $u = e^{\alpha x} + e^{\beta y}$ y $v = e^{\alpha x} - e^{\beta y}$. Además, $\overline{f}^{-1}$ es diferenciable en el punto $(u, v) = \overline{f}(x, y)$ y se verifica que las matrices jacobianas de $\overline{f}$ y $\overline{f}^{-1}$ se relacionan en la forma

$$J\overline{f}^{-1}(u, v) = \left[J\overline{f}(x, y)\right]^{-1}.$$

2. Si $\alpha = 1$ y $\beta = 2$ es $\overline{f}(x, y) = (e^x + e^{2y}, e^x - e^{2y})$, su inversa $\overline{f}^{-1}$ en un entorno de (u, v) con $(u, v) = \overline{f}(x, y)$ se obtiene haciendo

$$u = e^x + e^{2y} \qquad \text{y} \qquad v = e^x - e^{2y}.$$

Sumando ambas igualdades es $2e^x = u + v$ y $e^x = \frac{1}{2}(u+v)$, con lo cual es $x = \ln\frac{x+y}{2}$. Si se restan las igualdades se tiene que $2e^{2y} = u - v$, de donde es $e^{2y} = \frac{1}{2}(u-v)$ y por tanto $2y = \ln\frac{u-v}{2}$, siendo $y = \frac{1}{2}\ln\frac{u-v}{2}$.

De este modo se tiene que la función $\overline{f}^{-1}$ buscada está definida como

$$\overline{f}^{-1}(u,v) = \left(\ln\frac{u+v}{2}, \frac{1}{2}\ln\frac{u-v}{2}\right).$$

De la propia expresión de $\overline{f}^{-1}$ resulta su matriz jacobiana, siendo

$$J\overline{f}^{-1}(u,v) = \begin{pmatrix} \dfrac{1}{u+v} & \dfrac{1}{u+v} \\ \dfrac{1}{2(u-v)} & \dfrac{-1}{2(u-v)} \end{pmatrix}.$$

Compruebe el lector que esta misma matriz, en virtud del teorema de la función inversa, se obtiene calculando $\left[J\overline{f}(x,y)\right]^{-1}$ y expresando en ella las variables x e y en función de u y v, siguiendo la misma pauta que en el correspondiente problema resuelto.

3. Conocida la matriz jacobiana $J\overline{f}^{-1}(u,v)$, la diferencial de $\overline{f}^{-1}$ en el punto (u,v) es la aplicación lineal definida como

$$\begin{aligned} d\overline{f}^{-1}(u,v): \quad &\mathbb{R}^2 \quad \longrightarrow \quad \mathbb{R}^2 \\ &(du,dv) \quad \longmapsto \quad d\overline{f}^{-1}(u,v)\begin{pmatrix} du \\ dv \end{pmatrix} \end{aligned}$$

siendo

$$\begin{aligned} d\overline{f}^{-1}(u,v)(du,dv) &= J\overline{f}^{-1}(u,v)\begin{pmatrix} du \\ dv \end{pmatrix} = \\ &= \begin{pmatrix} \dfrac{1}{u+v} & \dfrac{1}{u+v} \\ \dfrac{1}{2(u-v)} & \dfrac{-1}{2(u-v)} \end{pmatrix}\begin{pmatrix} du \\ dv \end{pmatrix} = \begin{pmatrix} \dfrac{1}{u+v}du + \dfrac{1}{u+v}dv \\ \dfrac{1}{2}\dfrac{1}{u-v}du - \dfrac{1}{2}\dfrac{1}{u-v}dv \end{pmatrix}. \end{aligned}$$

3.11. $F(x,y)$ es de clase C^1. Si además el jacobiano no se anula en algún punto, se cumplirá el teorema de la función inversa. Como es

$$|J| = \begin{vmatrix} \dfrac{\partial f}{\partial x} & 0 \\ 0 & \operatorname{ch} y \end{vmatrix} = \begin{vmatrix} f'(x) & 0 \\ 0 & \operatorname{ch} y \end{vmatrix} \neq 0,$$

resulta que

$$f'(x)\operatorname{ch} y \neq 0$$

por tanto será invertible cuando sea $f'(x) \neq 0$.

3.12. La función es de clase C^1, basta que su jacobiano no se anule para que sea invertible. Como es

$$|J| = \begin{vmatrix} 1 & \alpha \\ \alpha & 1 \end{vmatrix} = 1 - \alpha^2 \neq 0,$$

resulta que será invertible para $\alpha \neq \pm 1$.

3.13. *Primer método:* Teniendo en cuenta que las funciones dadas verifican

$$\begin{aligned} f(x,y,z) + g(x,y,z) + h(x,y,z) &= x^2(y^2 - z^2) + y^2(z^2 - x^2) + z^2(x^2 - y^2) = \\ &= x^2y^2 - x^2z^2 + y^2z^2 - x^2y^2 + x^2z^2 - y^2z^2 = 0, \end{aligned}$$

si consideramos la función $F : \mathbb{R}^3 \to \mathbb{R}$ definida como $F(u, v, w) = u + v + w$, ésta es no nula en un entorno de cada punto de $\mathbb{R}^3$ y verifica

$$F[f(x, y, z), g(x, y, z), h(x, y, z)] \equiv 0, \qquad \forall (x, y, z) \in \mathbb{R}^3,$$

con lo cual las funciones son funcionalmente dependientes en todo $\mathbb{R}^3$.

Segundo método: Al ser el número de funciones coincidente con el de variables, considerando su matriz jacobiana

$$\left(\frac{\partial(f, g, h)}{\partial(x, y, z)}(x, y, z) \right) = \begin{pmatrix} 2x(y^2 - z^2) & 2x^2 y & -2x^2 z \\ -2xy^2 & 2y(z^2 - x^2) & 2y^2 z \\ 2xz^2 & -2yz^2 & 2z(x^2 - y^2) \end{pmatrix},$$

su determinante es nulo en todo punto $(x, y, z) \in \mathbb{R}^3$, ya que si se suman a la primera fila las otras dos toda ella es de ceros. En consecuencia las funciones son funcionalmente dependientes.

3.14. Como es

$$\begin{aligned} (f(x, y, z))^2 - g(x, y, z) &= x^2 + y^2 + z^2 + 2xy + 2xz + 2yz - x^2 - y^2 - z^2 - xy - xz - yz = \\ &= xy + xz + yz = (h(x, y, z))^2, \end{aligned}$$

se tiene

$$(f(x, y, z))^2 - g(x, y, z) - (h(x, y, z))^2 \equiv 0, \qquad \forall (x, y, z) \in A,$$

considerando la función $F : \mathbb{R}^3 \to \mathbb{R}$ definida como $F(u, v, w) = u^2 - v - w^2$, ésta no es nula en un entorno de cada punto de $\mathbb{R}^3$ y verifica que

$$F[f(x, y, z), g(x, y, z), h(x, y, z)] \equiv 0, \qquad \forall (x, y, z) \in A,$$

con lo cual las funciones f, g y h son funcionalmente dependientes en A.

3.15. Teniendo en cuenta las relaciones trigonométricas de ángulo doble se tiene

$$\begin{aligned} \cos 4x &= \cos^2 2x - \operatorname{sen}^2 2x = \cos^2 x - (2 \operatorname{sen} x \cos x)^2 = \\ &= \cos^2 2x - 4 \operatorname{sen}^2 x \cos^2 x = \cos^2 2x - 4(1 - \cos^2 x) \cos^2 x = \\ &= \cos^2 2x - 4 \cos^2 x + 4 \cos^4 x. \end{aligned}$$

La igualdad obtenida puede escribirse en la forma

$$4 \cos^2 x - 4 \cos^4 x - \cos^2 2x + \cos 4x = 0$$

y multiplicando por x resulta

$$4x \cos^2 x - 4x \cos^4 x - x \cos^2 2x + x \cos 4x = 0$$

y en forma equivalente

$$0x + 4x \cos^2 x + (-4)x \cos^4 x + (-1)x \cos^2 2x + 1 \cdot x \cos 4x = 0, \qquad \forall x \in \mathbb{R},$$

siendo ésta una combinación lineal nula con las funciones del sistema y en la cual alguno de los coeficientes no son nulos. En consecuencia, el sistema de funciones dado es linealmente dependiente.

3.16. *Primer método:* Haciendo $\alpha = \operatorname{arc} \operatorname{tg} x^2$ y $\beta = \operatorname{arc} \operatorname{tg} y^2$ se tiene que $\operatorname{tg} \alpha = x^2$ y $\operatorname{tg} \beta = y^2$. De este modo se puede escribir $f(x, y) = \alpha - \beta$, con lo cual es

$$\operatorname{tg} f(x, y) = \operatorname{tg}(\alpha - \beta) = \frac{\operatorname{tg} \alpha - \operatorname{tg} \beta}{1 + \operatorname{tg} \alpha \operatorname{tg} \beta} = \frac{x^2 - y^2}{1 + x^2 y^2} = g(x, y)$$

y por tanto se tiene la relación $\operatorname{tg} f(x,y) - g(x,y) = 0$.

Considerando la función $F(u,v) = \operatorname{tg} u - v$, ésta es no nula en cualquier entorno de cada punto de $\mathbb{R}^2$ y verifica que

$$F[f(x,y), g(x,y)] = \operatorname{tg} f(x,y) - g(x,y) \equiv 0, \qquad \forall (x,y) \in \mathbb{R}^2,$$

con lo cual las funciones son funcionalmente dependientes.

Segundo método: Como las derivadas parciales de f y g son

$$\frac{\partial f}{\partial x}(x,y) = \frac{2x}{1+x^4},$$

$$\frac{\partial f}{\partial y}(x,y) = \frac{-2y}{1+y^4},$$

$$\frac{\partial g}{\partial x}(x,y) = \frac{2x(1+x^2y^2) - 2xy^2(x^2-y^2)}{(1+x^2y^2)^2} =$$

$$= \frac{2x + 2x^3y^2 - 2x^3y^2 + 2xy^4}{(1+x^2y^2)^2} = \frac{2x(1+y^4)}{(1+x^2y^2)^2},$$

$$\frac{\partial g}{\partial y}(x,y) = \frac{-2y(1+x^2y^2) - 2x^2y(x^2-y^2)}{(1+x^2y^2)^2} =$$

$$= \frac{-2y - 2x^2y^3 - 2x^4y + 2x^2y^3}{(1+x^2y^2)^2} = \frac{-2y(1+x^4)}{(1+x^2y^2)^2},$$

el determinate jacobiano es

$$|J| = \begin{vmatrix} \dfrac{2x}{1+x^4} & \dfrac{-2y}{1+y^4} \\[3mm] \dfrac{2x(1+y^4)}{(1+x^2y^2)^2} & \dfrac{-2y(1+x^4)}{(1+x^2y^2)^2} \end{vmatrix} = \frac{-4xy(1+x^4)}{(1+x^4)(1+x^2y^2)^2} + \frac{4xy(1+y^4)}{(1+x^4)(1+x^2y^2)^2} = 0,$$

con lo cual existe dependencia funcional entre las funciones dadas $f(x,y)$ y $g(x,y)$.

3.17. Las funciones $v(x)$ y $w(x)$ se pueden escribir en la forma

$$\begin{aligned} v(x) &= (2\operatorname{sen} x \cos x)^2 = 4\operatorname{sen}^2 x \cos^2 x, \\ w(x) &= \operatorname{sen}^4 x = \operatorname{sen}^2 x \operatorname{sen}^2 x. \end{aligned}$$

Sumando $v(x) + 4w(x)$ se tiene

$$v(x) + 4w(x) = 4\operatorname{sen}^2 x \cos^2 x + 4\operatorname{sen}^2 x \operatorname{sen}^2 x = 4\operatorname{sen}^2 x(\cos^2 x + \operatorname{sen}^2 x) = 4\operatorname{sen}^2 x = 4u(x).$$

De este modo se tiene que

$$4u(x) + (-1)v(x) + (-4)w(x) = 0, \qquad \forall x \in \mathbb{R}$$

y las funciones son linealmente dependientes en $\mathbb{R}$. En consecuencia las funciones son también funcionalmente dependientes.

La dependencia funcional de las funciones dadas resulta inmediata sin analizar la dependencia lineal, ya que al ser $w(x) = [u(x)]^2$, podemos considerar la función $F : \mathbb{R}^3 \to \mathbb{R}$ definida como $F(r,s,t) = r^2 - t$, la cual es no nula en el entorno de cada punto de $\mathbb{R}^3$ y verifica

$$F(u(x), v(x), w(x)) = (u(x))^2 - w(x) = (\operatorname{sen}^2 x)^2 - \operatorname{sen}^4 x = 0, \qquad \forall x \in \mathbb{R}.$$

3.18. Si se considera el determinante wronskiano de las funciones es

$$W\left(u(x), v(x), w(x)\right) = \begin{vmatrix} x^2 & x^2 + x & x^2 + 2x \\ 2x & 2x + 1 & 2x + 2 \\ 2 & 2 & 2 \end{vmatrix} = \begin{vmatrix} x^2 & x & x \\ 2x & 1 & 1 \\ 2 & 0 & 0 \end{vmatrix} = 0, \qquad \forall x \in \mathbb{R}.$$

Por tanto, no nos informa sobre la dependencia de las funciones, pero al ser

$$W\left(u(x), v(x)\right) = \begin{vmatrix} x^2 & x^2 + x \\ 2x & 2x + 1 \end{vmatrix} = \begin{vmatrix} x^2 & x \\ 2x & 1 \end{vmatrix} = -x^2 \neq 0$$

si $x \neq 0$, las funciones $u(x), v(x), w(x)$ son linealmente dependientes en $\mathbb{R} - \{0\}$.

De la observación de las funciones se encuentra la relación

$$1u(x) + (-2)v(x) + 1w(x) = 0$$

que es una combinación lineal nula de las funciones con algún coeficiente no nulo y por tanto son linealmente dependientes.

Al ser las funciones linealmente dependientes también son funcionalmente dependientes ya que la combinación lineal nula anterior nos sugiere la consideración de la función $F : \mathbb{R}^3 \to \mathbb{R}$ definida como $F(r, s, t) = r - 2s + t$, la cual es no nula en un entorno de cada punto de $\mathbb{R}^3$ y verifica que

$$F\left(u(x), v(x), w(x)\right) = u(x) - 2v(x) + w(x) = 0, \qquad \forall x \in \mathbb{R}.$$

3.19. Siendo $D \subset \mathbb{R}^2$ el dominio de la función dada, se tiene que $\forall (x, y) \in D$ y $\forall \lambda \in \mathbb{R}$ es

$$f(\lambda x, \lambda y) = \frac{(\lambda x)^2 + (\lambda y)^2}{\lambda x + \lambda y} e^{\lambda x / \lambda y} = \frac{\lambda^2 (x^2 + y^2)}{\lambda(x + y)} e^{x/y} = \lambda \frac{x^2 + y^2}{x + y} e^{x/y} = \lambda f(x, y),$$

y por tanto la función es homogénea, con grado de homogeneidad $\alpha = 1$, y verifica el teorema de Euler generalizado para las derivadas segundas, siendo

$$x^2 \frac{\partial^2 z}{\partial x^2} + 2xy \frac{\partial^2 z}{\partial x \partial y} + y^2 \frac{\partial^2 z}{\partial y^2} = \alpha(\alpha - 1)z = 1(1 - 1)z = 0z = 0,$$

con lo cual la función dada satisface a la ecuación propuesta.

A.4 SOLUCIONES AL CAPÍTULO 4

4.1. Se tiene que $f(0, 0) = e^0 = 1$, y las derivadas primeras son

$$\frac{\partial f}{\partial x} = 2e^{2x+y}, \qquad \frac{\partial f}{\partial y} = e^{2x+y},$$

por lo que

$$\frac{\partial f}{\partial x}(0, 0) = 2e^0 = 2, \qquad \frac{\partial f}{\partial y}(0, 0) = e^0 = 1.$$

Las derivadas segundas son

$$\frac{\partial^2 f}{\partial x^2} = 4e^{2x+y}, \qquad \frac{\partial^2 f}{\partial y^2} = e^{2x+y}, \qquad \frac{\partial^2 f}{\partial x \partial y} = 2e^{2x+y},$$

de donde

$$\frac{\partial^2 f}{\partial x^2}(0, 0) = 4e^0 = 4, \qquad \frac{\partial^2 f}{\partial y^2}(0, 0) = e^0 = 1, \qquad \frac{\partial^2 f}{\partial x \partial y}(0, 0) = 2e^0 = 2.$$

Las derivadas terceras

$$\frac{\partial^3 f}{\partial x^3} = 8e^{2x+y}, \qquad \frac{\partial^3 f}{\partial x^2 \partial y} = 4e^{2x+y}, \qquad \frac{\partial^3 f}{\partial x \partial y^2} = 2e^{2x+y}, \qquad \frac{\partial^3 f}{\partial y^3} = e^{2x+y},$$

luego

$$\frac{\partial^3 f}{\partial x^3}(\theta x, \theta y) = 8e^{2\theta x + \theta y}, \qquad \frac{\partial^3 f}{\partial x^2 \partial y}(\theta x, \theta y) = 4e^{2\theta x + \theta y},$$

$$\frac{\partial^3 f}{\partial x \partial y^2}(\theta x, \theta y) = 2e^{2\theta x + \theta y}, \qquad \frac{\partial^3 f}{\partial y^3}(\theta x, \theta y) = e^{2\theta x + \theta y}.$$

Resultando

$$f(x,y) = P_2(x,y) + T_2 = \left(1 + (2x+y) + \frac{1}{2!}\left[4x^2 + 2 \cdot 2xy + y^2 \right] \right) +$$

$$+ \frac{1}{3!}\left(8e^{2\theta x + \theta y}x^3 + 3 \cdot 4e^{2\theta x + \theta y}x^2 y + 3 \cdot 2e^{2\theta x + \theta y}xy^2 + e^{2\theta x + \theta y}y^3 \right),$$

con $0 < \theta < 1$.

Obsérvese que se llega al mismo resultado con el cambio $z = 2x + y$, ya que la fórmula de MacLaurin para la función $f(z) = e^z$, con polinomio aproximador de segundo grado es $e^z = P_2(z) + T_2(\theta, z)$, siendo

$$P_2 = 1 + z + \frac{z^2}{2!} = 1 + (2x+y) + \frac{1}{2!}(2x+y)^2 = 1 + (2x+y) + \frac{1}{2!}\left[4x^2 + 2 \cdot 2xy + y^2 \right]$$

y

$$T_2 = \frac{1}{3!}e^{\theta z}z^3 = \frac{1}{3!}e^{\theta(2x+y)}(2x+y)^3 = \frac{e^{\theta(2x+y)}}{3!}\left(8x^2 + 3 \cdot 4x^2 y + 3 \cdot 2xy^2 + y^3 \right),$$

que coincide con la obtenida anteriormente.

4.2. Obsérvese que la función $h(x,y)$ se puede escribir de la forma $h(x,y) = f(y)g(x)$, con $f(y) = 1 + 2y^2$ y $g(x) = \operatorname{sen} x$. Por lo tanto basta calcular el desarrollo de MacLaurin de $f(y)$ y de $g(x)$ y multiplicarlos; no obstante, $f(y)$ es un polinomio que ya está expresado como desarrollo de MacLaurin.

Recordando que el desarrollo de MacLaurin para el seno es

$$\operatorname{sen} x = x - \frac{x^3}{3!} + \frac{x^5}{5!} + \cdots + (-1)^m \frac{x^{2m+1}}{(2m+1)!} + \cdots,$$

resulta que el desarrollo pedido es

$$h(x,y) = (1 + 2y^2)\left(x - \frac{x^3}{3!} + \frac{x^5}{5!} + \cdots + (-1)^n \frac{x^{2n+1}}{(2n+1)!} \right) =$$

$$= x - \frac{x^3}{3!} + \frac{x^5}{5!} + \cdots + (-1)^n \frac{x^{2n+1}}{(2n+1)!} +$$

$$+ 2xy^2 - \frac{2x^3 y^2}{3!} + \frac{2x^5 y^2}{5!} + \cdots + (-1)^{n-1} \frac{2x^{2n-1}y^2}{(2n-1)!}.$$

4.3. Se tiene que es $f(0,0) = \operatorname{sen} 0 = 0$, y las derivadas parciales primeras son

$$\left(\frac{\partial f}{\partial x} \right)_{(0,0)} = (y \cos xy)_{(0,0)} = 0, \qquad \left(\frac{\partial f}{\partial y} \right)_{(0,0)} = (x \cos xy)_{(0,0)} = 0.$$

Las derivadas segundas son

$$\left(\frac{\partial^2 f}{\partial x^2}\right)_{(0,0)} = \left(-y^2 \operatorname{sen} xy\right)_{(0,0)} = 0, \qquad \left(\frac{\partial^2 f}{\partial y^2}\right)_{(0,0)} = \left(-x^2 \operatorname{sen} xy\right)_{(0,0)} = 0,$$

y

$$\left(\frac{\partial^2 f}{\partial x \partial y}\right)_{(0,0)} = \left(\frac{\partial}{\partial y}(y \cos xy)\right)_{(0,0)} = (\cos xy - xy \operatorname{sen} xy)_{(0,0)} = 1,$$

luego el polinomio pedido es

$$P(x,y) = \frac{1}{2!}2xy = xy.$$

Obsérvese que si hubiéramos hecho el cambio $z = xy$ y hubiéramos desarrollado sen z habríamos obtenido

$$\operatorname{sen} z = z - \frac{z^3}{3!} + \cdots$$

y al deshacer el cambio se obtendría

$$\operatorname{sen} xy = xy - \frac{(xy)^3}{3!} + \cdots,$$

por lo que el polinomio pedido sería $P(x,y) = xy$, lográndose de manera más rápida que utilizando la fórmula de Taylor.

4.4. Construyamos la función

$$f(x,y,z) = e^z - 3z - 5x + 2y$$

que cumple

$$f(1,2,0) = e^0 - 0 - 5 + 4 = 0.$$

La función f es de clase C^1 en un entorno del punto $(1,2,0)$ y además, al ser

$$\frac{\partial f}{\partial z} = e^z - 3$$

se cumple

$$\frac{\partial f}{\partial z}(1,2,0) = e^0 - 3 = -2 \neq 0.$$

Por tanto, define implícitamente $z = z(x,y)$ en un entorno del punto $(1,2,0)$.

Las derivadas parciales primeras vienen dadas por

$$\frac{\partial f}{\partial x} = 0 = e^z \frac{\partial z}{\partial x} - 3\frac{\partial z}{\partial x} - 5 = (e^z - 3)\frac{\partial z}{\partial x} - 5 \qquad \Rightarrow \qquad \frac{\partial z}{\partial x} = \frac{5}{e^z - 3},$$

$$\frac{\partial f}{\partial y} = 0 = e^z \frac{\partial z}{\partial y} - 3\frac{\partial z}{\partial y} + 2 = (e^z - 3)\frac{\partial z}{\partial x} + 2 \qquad \Rightarrow \qquad \frac{\partial z}{\partial y} = \frac{-2}{e^z - 3},$$

por lo que en el punto $(1,2,0)$ resulta

$$\frac{\partial z}{\partial x}(1,2) = \frac{5}{e^0 - 3} = \frac{-5}{2} \qquad \text{y} \qquad \frac{\partial z}{\partial x}(1,2) = \frac{-2}{e^0 - 3} = 1.$$

Calculemos las derivadas parciales segundas

$$\frac{\partial^2 z}{\partial x^2} = \frac{\partial}{\partial x}\left(\frac{\partial z}{\partial x}\right) = \frac{\partial}{\partial x}\left(\frac{5}{e^z - 3}\right) = \frac{-5e^z \frac{\partial z}{\partial x}}{(e^z - 3)^2} = \frac{-5e^z \frac{5}{e^z - 3}}{(e^z - 3)^2} = \frac{-25e^z}{(e^z - 3)^3}$$

y entonces es $\dfrac{\partial^2 z}{\partial x^2}(1,2) = \dfrac{-25e^0}{(e^0-3)^3} = \dfrac{25}{8}$.

$$\frac{\partial^2 z}{\partial y^2} = \frac{\partial}{\partial y}\left(\frac{\partial z}{\partial y}\right) = \frac{\partial}{\partial y}\left(\frac{-2}{e^z-3}\right) = \frac{2e^z\frac{\partial z}{\partial y}}{(e^z-3)^2} = \frac{2e^z\left(\frac{-2}{e^z-3}\right)}{(e^z-3)^2} = \frac{-4e^z}{(e^z-3)^3}$$

y entonces es $\dfrac{\partial^2 z}{\partial y^2}(1,2) = \dfrac{4e^0}{(e^0-3)^3} = \dfrac{1}{2}$.

$$\frac{\partial^2 z}{\partial y\partial x} = \frac{\partial}{\partial x}\left(\frac{\partial z}{\partial y}\right) = \frac{\partial}{\partial x}\left(\frac{-2}{e^z-3}\right) = \frac{2e^z\frac{\partial z}{\partial x}}{(e^z-3)^2} = \frac{2e^z\frac{5}{e^z-3}}{(e^z-3)^2} = \frac{10e^z}{(e^z-3)^3}$$

por lo tanto

$$\frac{\partial^2 z}{\partial y\partial x}(1,2) = \frac{10e^0}{(e^0-3)^3} = \frac{-5}{4}.$$

Así, el polinomio de Taylor pedido es

$$\begin{aligned}
P(x,y) &= 0 + \left[\frac{-5}{2}(x-1) + 1(y-2)\right] + \\
&\quad + \frac{1}{2!}\left[\frac{25}{8}(x-1)^2 + 2\left(\frac{-5}{4}\right)(x-1)(y-2) + \frac{1}{2}(y-2)^2\right].
\end{aligned}$$

4.5. Con los datos de que se dispone podemos escribir el polinomio de MacLaurin $P_2(x,y,z)$ y por tanto en cada punto (x,y,z) de un entorno de $(0,0,0)$ es

$$\begin{aligned}
f(x,y,z) &\simeq P_2(x,y,z) = f(0,0,0) + \frac{1}{1!}\,\nabla f(0,0,0)\begin{pmatrix} x-0 \\ y-0 \\ z-0 \end{pmatrix} + \\
&\quad + \frac{1}{2!}(x-0,y-0,z-0)Hf(0,0,0)\begin{pmatrix} x-0 \\ y-0 \\ z-0 \end{pmatrix} = \\
&= 2 + (1,2,-1)\begin{pmatrix} x \\ y \\ z \end{pmatrix} + \frac{1}{2}(x,y,z)\begin{pmatrix} 3 & 1 & 2 \\ 1 & -1 & 4 \\ 2 & 4 & -2 \end{pmatrix}\begin{pmatrix} x \\ y \\ z \end{pmatrix} = \\
&= 2 + x + 2y - z + \frac{1}{2}(3x^2 + 2xy + 4xz - y^2 + 8yz - 2z^2) = \\
&= 2 + x + 2y - z + \frac{3}{2}x^2 + xy + 2xz - \frac{1}{2}y^2 + 4yz - z^2.
\end{aligned}$$

De la expresión obtenida resulta al sustituir

$$\begin{aligned}
f(0,1;0,1;0,1) &\simeq P_2(0,1;0,1;0,1) = \\
&= 2 + 0,1 + 2\cdot 0,1 - 0,1 + \frac{3}{2}(0,1)^2 + (0,1)(0,1) + \\
&\quad + 2(0,1)(0,1) - \frac{1}{2}(0,1)^2 + 4(0,1)(0,1) - (0,1)^2 \\
&= 2 + 2(0,1) + \left(\frac{3}{2} + 1 + 2 - \frac{1}{2} + 4 - 1\right)(0,1)^2 = \\
&= 2 + 0,2 + 7\cdot 0,01 = 2 + 0,2 + 0,07 = 2,27.
\end{aligned}$$

A.5 Soluciones al capítulo 5

5.1. Sea un triángulo rectángulo de ángulos α, β, $\frac{\pi}{2}$. Se quiere que $p = \cos\alpha\cos\beta$ sea máximo. Como $\alpha + \beta = \frac{\pi}{2}$, se tiene que $\beta = \frac{\pi}{2} - \alpha$, luego

$$p = \cos\alpha\cos\beta = \cos\alpha\cos(\tfrac{\pi}{2} - \alpha) = \cos\alpha\operatorname{sen}\alpha = \frac{1}{2}\operatorname{sen}2\alpha.$$

Imponiendo la condición de extremo resulta

$$\frac{dp}{d\alpha} = 0 = \frac{1}{2}2\cos 2\alpha \quad \Rightarrow \quad 2\alpha = \frac{\pi}{2} \quad \Rightarrow \quad \alpha = \frac{\pi}{4},$$

y por tanto $\beta = \frac{\pi}{2} - \alpha = \frac{\pi}{2} - \frac{\pi}{4} = \frac{\pi}{4}$.

Como

$$\frac{d^2 p}{d\alpha^2} = -2\operatorname{sen}2\alpha \quad \text{y} \quad \frac{d^2 p}{d\alpha^2}\left(\frac{\pi}{4}\right) = -2\operatorname{sen}\left(2\frac{\pi}{4}\right) = -2\operatorname{sen}\frac{\pi}{2} = -2 < 0,$$

se trata de un máximo.

5.2. Sea

$$\frac{x^2}{a^2} + \frac{y^2}{b^2} = 1$$

la elipse. Sean $y = \pm x_0$ y $x = \pm y_0$ las rectas que determinan el rectángulo, tal como se muestra en la Figura A.7.

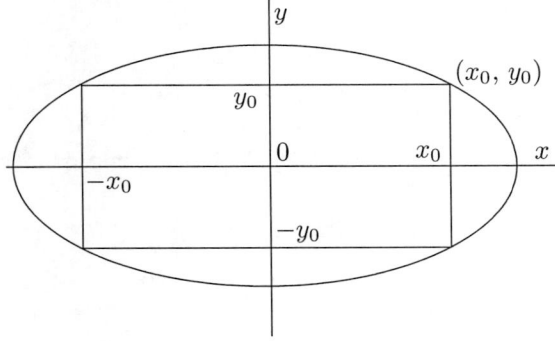

Figura A.7 El rectángulo inscrito en la elipse

El área del rectángulo es

$$S = 2x_0\,2y_0 = 4x_0 y_0$$

y ya que el rectángulo está inscrito en la elipse, el punto (x_0, y_0) pertenece a la elipse, de lo que se deduce que

$$\frac{x_0^2}{a^2} + \frac{y_0^2}{b^2} = 1 \quad \Rightarrow \quad y_0 = \pm b\sqrt{1 - \frac{x_0^2}{a^2}}$$

son las dos rectas paralelas que determinan dos lados del rectángulo. La simetría del problema nos permite tomar el valor positivo

$$y_0 = b\sqrt{1 - \frac{x_0^2}{a^2}}$$

que, introducido en la fórmula de S, resulta

$$S = 4x_0 b \sqrt{1 - \frac{x_0^2}{a^2}}.$$

Derivando con respecto a x_0, e igualando a cero, se tiene

$$\frac{dS}{dx_0} = 0 = 4b \left[\sqrt{1 - \frac{x_0^2}{a^2}} + x_0 \frac{1}{2} \frac{-\dfrac{2x_0}{a^2}}{\sqrt{1 - \dfrac{x_0^2}{a^2}}} \right],$$

luego

$$\left(1 - \frac{x_0^2}{a^2}\right) - \frac{x_0^2}{a^2} = 0 \qquad \Rightarrow \qquad 2\frac{x_0^2}{a^2} = 1 \qquad \Rightarrow \qquad x_0 = \pm \frac{a}{\sqrt{2}},$$

que son las otras dos rectas paralelas que determinan el rectángulo.

Introduciendo $x_0 = \dfrac{a}{\sqrt{2}}$ en $y_0 = b\sqrt{1 - \dfrac{x_0^2}{a^2}}$ obtenemos $y_0 = b\sqrt{1 - \dfrac{1}{2}} = \dfrac{b}{\sqrt{2}}$.

Luego el área del rectángulo es

$$S = 4x_0 y_0 = 4\frac{a}{\sqrt{2}}\frac{b}{\sqrt{2}} = 2ab.$$

Se trata de un máximo, ya que hay rectángulos de área mínima, en particular uno de área nula sería aquél de altura cero y longitud desde un vértice a otro de la elipse.

5.3. A partir del sistema

$$\left.\begin{array}{l} \dfrac{\partial f}{\partial x} = 6 - 6x = 0 \\[2mm] \dfrac{\partial f}{\partial y} = 2y = 0 \end{array}\right\}$$

se obtiene como único punto crítico de la función el punto $(1, 0)$ y como el hessiano es

$$|Hf(x,y)| = \begin{vmatrix} \dfrac{\partial^2 f}{\partial x^2} & \dfrac{\partial^2 f}{\partial x \partial y} \\[3mm] \dfrac{\partial^2 f}{\partial y \partial x} & \dfrac{\partial^2 f}{\partial y^2} \end{vmatrix} = \begin{vmatrix} -6 & 0 \\ 0 & 2 \end{vmatrix} = -12$$

y al particularizar en el punto crítico es $|Hf(1,0)| = -12 < 0$, la función tiene un punto de silla en este punto crítico y por tanto no existen extremos locales.

5.4. El beneficio es

$$\begin{aligned} B(x,y) & = F_1(x) + F_2(y) - C(x,y) = \\ & = p_1 x - q_1 x^2 + p_2 y - q_2 y^2 - p_3 - q_3(x+y) \end{aligned}$$

y determinamos los puntos críticos de la función resolviendo el sistema

$$\left\{\begin{array}{l} \dfrac{\partial B}{\partial x} = p_1 - 2q_1 x - q_3 = 0 \\[2mm] \dfrac{\partial B}{\partial y} = p_2 - 2q_2 y - q_3 = 0 \end{array}\right.$$

cuya solución es

$$x = \frac{p_1 - q_3}{2q_1}, \qquad y = \frac{p_2 - q_3}{2q_2},$$

que es el único punto crítico de la función. Calculando el hessiano se tiene

$$|H(x,y)| = \begin{vmatrix} -2q_1 & 0 \\ 0 & -2q_2 \end{vmatrix} = 4q_1q_2 > 0$$

ya que las constantes son positivas. Por tanto, existe extremo local que se alcanza en el punto crítico, y como es

$$\frac{\partial^2 B}{\partial x^2} = -2q_1 < 0,$$

se trata de un máximo.

5.5. Los puntos críticos son las soluciones del sistema

$$\left. \begin{aligned} \frac{\partial f}{\partial x}(x,y) = 3x^2y^3 + 2xy^4 - 4xy^3 = 0 \\ \frac{\partial f}{\partial y}(x,y) = 3x^3y^2 + 4x^2y^3 - 6x^2y^2 = 0 \end{aligned} \right\}$$

Escribiendo el sistema en la forma

$$\left. \begin{aligned} xy^3(3x + 2y - 4) = 0 \\ x^2y^2(3x + 4y - 6) = 0 \end{aligned} \right\}$$

las soluciones son:

1. Los puntos $A(0, y)$.

2. Los puntos $B(x, 0)$.

3. El punto solución del sistema

$$\left. \begin{aligned} 3x + 2y - 4 = 0 \\ 3x + 4y - 6 = 0 \end{aligned} \right\}$$

que es el punto $C(\frac{2}{3}, 1)$.

Calculando las derivadas segundas se tiene

$$\frac{\partial^2 f}{\partial x^2}(x,y) = 6xy^3 + 2y^4 - 4y^3 = 2y^3(3x + y - 2),$$

$$\frac{\partial^2 f}{\partial x \partial y}(x,y) = 9x^2y^2 + 8xy^3 - 12xy^2 = \frac{\partial^2 f}{\partial y \partial x}(x,y) = xy^2(9x + 8y - 12),$$

$$\frac{\partial^2 f}{\partial y^2}(x,y) = 6x^3y + 12x^2y^2 - 12x^2y = 6x^2y(x + 2y - 2).$$

Para estudiar el comportamiento de la función en cada punto crítico $A(0, y)$ consideramos un valor fijo $y_0 > 0$ de y, y la función es

$$f(x, y_0) = h(x) = x^3y_0^3 + x^2y_0^4 - 2x^2y_0^3 = x^3y_0^3 + x^2(y_0^4 - 2y_0^3),$$

que como función de x corta al eje de abscisas en los puntos

$$x = 0 \qquad \text{y} \qquad x = \frac{2y_0^3 - y_0^4}{y_0^3} = 2 - y_0.$$

La derivada primera de esta función es

$$\frac{dh}{dx} = 3x^2 y_0^3 + 2xy_0^3(y_0 - 2)$$

y se anula en

$$x = 0 \qquad \text{y en} \qquad x = \frac{2(2 - y_0)}{3}.$$

Como la derivada segunda es

$$\frac{d^2 h}{dx^2} = 6xy_0^3 + 2y_0^3(y_0 - 2),$$

en $x = 0$ es

$$\frac{d^2 h}{dx^2}(0) = 2y_0^3(y_0 - 2)$$

y la gráfica de $h(x)$ en un entorno de cero es, dependiendo del valor de $2 - y_0$, la que aparece en la Figura A.8.

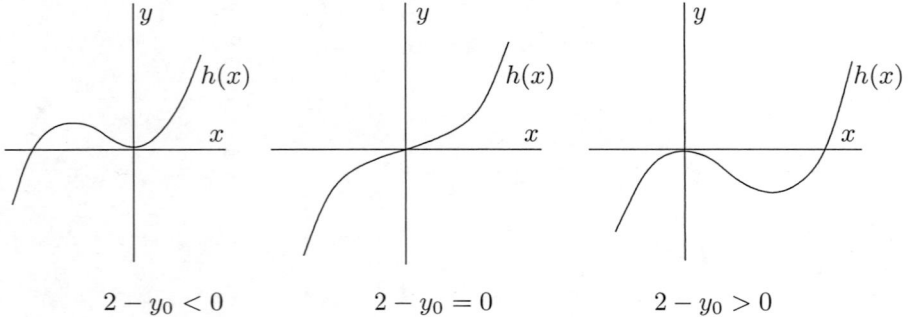

Figura A.8 Gráfica de la función $h(x)$ según los casos

En consecuencia, eligiendo un punto $y_0 = 2 + \varepsilon_1$, con $\varepsilon_1 > 0$, cuando x varía en el intervalo $(-\varepsilon_2, \varepsilon_2)$, con $\varepsilon_2 > 0$, la función tiene un máximo local, y eligiendo $y_0 = 2 - \varepsilon_1$, con $\varepsilon_1 > 0$, y x variando en el intervalo $(-\varepsilon_2, \varepsilon_2)$, la función tiene un mínimo local. Si se elige $\varepsilon_1 = 0$ se tiene un punto de silla.

Procediendo de forma análoga en los puntos críticos $B(x, 0)$ se toma $x = x_0$ y se construye la función

$$f(x_0, y) = x_0^3 y^3 + x_0^2 y^4 - 2x_0^2 y^3$$

y se comprueba que en $y = 0$ tiene un punto de inflexión cuando $x_0 \neq 0$, por lo que la función no tiene extremo en $B(x, 0)$.

Para analizar el comportamiento de la función en el punto $(0, 0)$ nos acercamos a este punto a lo largo de la recta $y = x$, es decir, calculamos $f(h, h)$, con $h > 0$ suficientemente pequeño, y resulta

$$f(h, h) = 2h^6 - 2h^5 \simeq -2h^5 < 0.$$

Si nos aproximamos al punto $(0, 0)$ a lo largo de la recta $y = -x$, calculamos $f(h, -h)$ siendo

$$f(h, -h) = 2h^5 > 0.$$

Como es $f(0, 0) = 0$, en el entorno de $(0, 0)$ existen puntos en los que la función toma valor positivo y otros en los que toma valor negativo, y en consecuencia el punto $(0, 0)$ no es extremo.

Finalmente, en el punto crítico $(2/3, 1)$, al ser la matriz hessiana

$$Hf(\tfrac{2}{3}, 1) = \begin{pmatrix} 2 & \dfrac{4}{3} \\[2mm] \dfrac{4}{3} & \dfrac{16}{9} \end{pmatrix},$$

la forma cuadrática que tiene a $Hf(\tfrac{2}{3}, 1)$ como matriz asociada es definida positiva y en consecuencia el punto $(\tfrac{2}{3}, 1)$ es un mínimo relativo.

5.6. Utilizando el método de los multiplicadores la función lagrangiana es

$$\mathcal{L}(x, y; \lambda) = 2x + y^2 + \lambda \left(\frac{x^2}{4} + \frac{y^2}{2} - 1 \right)$$

y los puntos críticos de esta función son las soluciones del sistema

$$\begin{cases} \dfrac{\partial \mathcal{L}}{\partial x} = 2 + \dfrac{1}{2}\lambda x = 0, & \text{(A.4)} \\[3mm] \dfrac{\partial \mathcal{L}}{\partial x} = 2y + \lambda y = 0, & \text{(A.5)} \\[3mm] \dfrac{\partial \mathcal{L}}{\partial x} = \dfrac{x^2}{4} + \dfrac{y^2}{2} - 1 = 0. & \text{(A.6)} \end{cases}$$

De la Ecuación (A.5) resulta

$$(2 + \lambda)y = 0$$

y tenemos dos soluciones: $y = 0, \lambda = -2$.

Primer caso. $y = 0$

Entrando con el valor $y = 0$ en la Ecuación (A.6) se obtiene $x = \pm 2$ y llevando $x = 2$ a la Ecuación (A.4) obtenemos $\lambda = -2$ y un punto crítico es $A(2, 0, -2)$. Tomando $x = -2$ se tiene el punto crítico $B(-2, 0, -2)$.

Segundo caso. $\lambda = -2$

Entrando con $\lambda = -2$ en la Ecuación (A.4) se obtiene $x = 2$, y si este valor se lleva a la Ecuación (A.6) resulta $y = 0$, resultando el punto crítico ya obtenido $A = (2, 0, -2)$.

De este modo los candidatos a extremos son los puntos $P(2, 0)$ y $Q(-2, 0)$. Para decidir si los puntos críticos son o no extremos utilizamos el método gráfico.

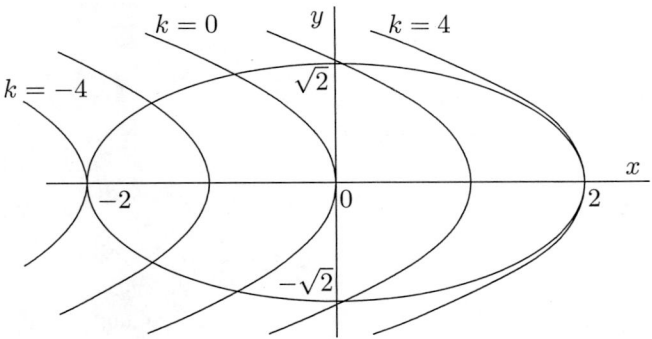

Figura A.9 Resolución del Problema 5.6 por el método gráfico

Considerando las curvas de nivel correspondientes a la función $f(x, y) = 2x + y^2$ que son de la forma $2x + y^2 = k$ y la gráfica de la restricción, $g(x, y) = \frac{x^2}{4} + \frac{y^2}{2} - 1 = 0$ (véase la Figura A.9), observamos que las curvas de nivel son parábolas con vértice en el eje horizontal y el nivel correspondiente va en aumento acorde con el crecimiento en la recta real.

La curva de nivel $k = -4$ es la parábola $y^2 = -2x - 4$, su gráfica corta a la gráfica de la restricción en el punto $(-2, 0)$ y por tanto éste es el valor mínimo de la función f en el conjunto definido por la restricción. En consecuencia, $(-2, 0)$ es un mínimo local de nuestro problema.

En forma análoga la curva de nivel $k = 4$ es la parábola $y^2 = -2x + 4$, que corta a la restricción en el punto $(2, 0)$. Este punto es un máximo local de nuestro problema.

Además, de acuerdo con el teorema de Weierstrass, al ser la función $f(x, y) = 2x + y^2$ continua en el conjunto compacto de $\mathbb{R}^2$ definido por la restricción $\frac{x^2}{4} + \frac{y^2}{2} = 1$, la función alcanza un mínimo y un máximo absoluto en puntos de $\frac{x^2}{4} + \frac{y^2}{2} = 1$. En consecuencia, el punto $(-2, 0)$ es el mínimo absoluto y $(2, 0)$ es el máximo absoluto de nuestro problema.

5.7. Hallamos los puntos críticos de la función resolviendo el sistema

$$\left. \begin{array}{l} f_x(x, y) = 4x^3 - 4y = 4(x^3 - y) = 0 \\ f_y(x, y) = 4y^3 - 4x = 4(y^3 - x) = 0 \end{array} \right\} \qquad \text{es decir} \qquad \left. \begin{array}{l} x^3 - y = 0 \\ y^3 - x = 0 \end{array} \right\}$$

Como es $y = x^3$, queda $x^9 - x = 0$, que tiene por soluciones $x = 0, x = 1, x = -1$. Hallando y para estos valores resultan los puntos críticos

$$A(0, 0), \qquad B(1, 1), \qquad C(-1, -1).$$

La matriz hessiana es

$$Hf(x, y) = \begin{pmatrix} f_{xx} & f_{xy} \\ f_{yx} & f_{yy} \end{pmatrix} = \begin{pmatrix} 12x^2 & -4 \\ -4 & 12y^2 \end{pmatrix}$$

y el hessiano vale

$$|Hf(x, y)| = \begin{vmatrix} f_{xx} & f_{xy} \\ f_{yx} & f_{yy} \end{vmatrix} = \begin{vmatrix} 12x^2 & -4 \\ -4 & 12y^2 \end{vmatrix} = 144x^2y^2 - 16.$$

Particularizando el hessiano en los puntos críticos resulta

$$|Hf(0, 0)| = -16 < 0,$$

por lo que la función tiene un punto de silla en el punto A. Como

$$|Hf(1, 1)| = 128 > 0,$$

la función tiene extremo en el punto B, que al ser

$$f_{xx}(1, 1) = 12 > 0,$$

se trata de un mínimo relativo. Finalmente

$$|Hf(-1, -1)| = 128 > 0$$

por lo que la función también tiene extremos en ese punto, y puesto que también es

$$f_{xx}(-1, -1) = 12 > 0,$$

la función tiene otro mínimo relativo en C. Por tanto, B y C son mínimos pero A es un punto de silla.

Obsérvese que sin recurrir al hessiano, al ser $f(h,0) = h^4 > 0$ y $f(h,h) = 2h^4 - 4h^2 < 0$, se tiene que el punto $(0,0)$ es punto de silla.

5.8. La función lagrangiana es

$$\mathcal{L}(x,y,z;\lambda) = xy + xz + yz + \lambda(x^2 + y^2 + z^2 - 1)$$

y los puntos críticos de la misma son las soluciones del sistema dado por

$$(\text{I}) \begin{cases} \dfrac{\partial \mathcal{L}}{\partial x}(x,y,z;\lambda) = y + z + 2\lambda x = 0, & \text{(A.7)} \\[2mm] \dfrac{\partial \mathcal{L}}{\partial y}(x,y,z;\lambda) = x + z + 2\lambda y = 0, & \text{(A.8)} \\[2mm] \dfrac{\partial \mathcal{L}}{\partial z}(x,y,z;\lambda) = x + y + 2\lambda z = 0, & \text{(A.9)} \\[2mm] \dfrac{\partial \mathcal{L}}{\partial \lambda}(x,y,z;\lambda) = x^2 + y^2 + z^2 - 1 = 0. & \text{(A.10)} \end{cases}$$

El sistema presenta una resolución de aparente dificultad, pero si consideramos las tres primeras ecuaciones este sistema parcial es lineal en x, y, z para cada valor de λ, y por tanto de resolución sencilla. Si este sistema lo escribimos en la forma

$$(\text{II}) \begin{cases} 2\lambda x + y + z = 0 \\ x + 2\lambda y + z = 0 \\ x + y + 2\lambda z = 0 \end{cases}$$

o bien matricialmente como

$$\begin{pmatrix} 2\lambda & 1 & 1 \\ 1 & 2\lambda & 1 \\ 1 & 1 & 2\lambda \end{pmatrix} \begin{pmatrix} x \\ y \\ z \end{pmatrix} = \begin{pmatrix} 0 \\ 0 \\ 0 \end{pmatrix},$$

que es un sistema homogéneo, nos interesan las soluciones del mismo distintas de la solución $x = y = z = 0$, ya que ésta no satisface a la Ecuación (A.10).

Estas soluciones distintas de la trivial corresponden a los valores de λ para los cuales el determinante es nulo. Como es

$$\begin{vmatrix} 2\lambda & 1 & 1 \\ 1 & 2\lambda & 1 \\ 1 & 1 & 2\lambda \end{vmatrix} = 2(\lambda + 1)(2\lambda - 1)^2,$$

únicamente para $\lambda = -1$ y $\lambda = \frac{1}{2}$ cabe esperar valores de x, y, z tales que $(x, y, z; \lambda)$ sean solución del sistema inicial (I).

Para $\lambda = -1$ el sistema (II) es

$$\begin{cases} -2x + y + z = 0 \\ x - 2y + z = 0 \\ x + y - 2z = 0 \end{cases}$$

cuyas soluciones son $x = y = z$, y entrando con ellas en la Ecuación (A.10) resulta

$$x^2 = \frac{1}{3} \qquad \text{y} \qquad x = y = z = \frac{\pm 1}{\sqrt{3}}.$$

En consecuencia, los puntos críticos de la lagrangiana para $\lambda = -1$ son

$$A_1 = \left(\frac{1}{\sqrt{3}}, \frac{1}{\sqrt{3}}, \frac{1}{\sqrt{3}}; -1 \right) \qquad \text{y} \qquad A_2 = \left(\frac{-1}{\sqrt{3}}, \frac{-1}{\sqrt{3}}, \frac{-1}{\sqrt{3}}; -1 \right)$$

y los candidatos a extremos son los puntos

$$P_1 = \left(\frac{1}{\sqrt{3}}, \frac{1}{\sqrt{3}}, \frac{1}{\sqrt{3}} \right) \qquad \text{y} \qquad P_2 = \left(\frac{-1}{\sqrt{3}}, \frac{-1}{\sqrt{3}}, \frac{-1}{\sqrt{3}} \right).$$

Para decidir si son extremos y el tipo de los mismos utilizaremos los menores principales de la matriz hessiana orlada, comprobando previamente que ambos puntos verifican la condición de regularidad.

Considerando la función que aparece en la restricción $g(x) = x^2 + y^2 + z^2 - 1$, se tiene que es $\nabla g(x, y, z) = (2x, 2y, 2z)$ y en el punto P_1 el vector

$$\nabla g \left(\frac{1}{\sqrt{3}}, \frac{1}{\sqrt{3}}, \frac{1}{\sqrt{3}} \right) = \left(\frac{2}{\sqrt{3}}, \frac{2}{\sqrt{3}}, \frac{2}{\sqrt{3}} \right)$$

es libre al ser distinto de $\overline{0}$. Análogamente, en el punto P_2 es libre el vector

$$\nabla g \left(\frac{-1}{\sqrt{3}}, \frac{-1}{\sqrt{3}}, \frac{-1}{\sqrt{3}} \right) = \left(\frac{-2}{\sqrt{3}}, \frac{-2}{\sqrt{3}}, \frac{-2}{\sqrt{3}} \right).$$

La matriz hessiana de la función lagrangiana es

$$H_{(x,y,z)}\mathcal{L}(x, y, z) = H_{(x,y,z)}f(x, y, z) + \lambda H_{(x,y,z)}g(x, y, z) =$$

$$= \begin{pmatrix} 2\lambda & 1 & 1 \\ 1 & 2\lambda & 1 \\ 1 & 1 & 2\lambda \end{pmatrix} + \lambda \begin{pmatrix} 2 & 0 & 0 \\ 0 & 2 & 0 \\ 0 & 0 & 2 \end{pmatrix} =$$

$$= \begin{pmatrix} 4\lambda & 1 & 1 \\ 1 & 4\lambda & 1 \\ 1 & 1 & 4\lambda \end{pmatrix}$$

y la matriz hessiana orlada es

$$H(x, y, z; \lambda) = \left(\begin{array}{c|c} 0 & Jg(x, y, z) \\ \hline {}^tJg(x, y, z) & H_{(x,y,z)}\mathcal{L}(x, y, z; \lambda) \end{array} \right) = \begin{pmatrix} 0 & 2x & 2y & 2z \\ 2x & 4\lambda & 1 & 1 \\ 2y & 1 & 4\lambda & 1 \\ 2z & 1 & 1 & 4\lambda \end{pmatrix}$$

y por tanto

$$H\left(\frac{1}{\sqrt{3}}, \frac{1}{\sqrt{3}}, \frac{1}{\sqrt{3}}; -1 \right) = \begin{pmatrix} 0 & \frac{2}{\sqrt{3}} & \frac{2}{\sqrt{3}} & \frac{2}{\sqrt{3}} \\ \frac{2}{\sqrt{3}} & -4 & 1 & 1 \\ \frac{2}{\sqrt{3}} & 1 & -4 & 1 \\ \frac{2}{\sqrt{3}} & 1 & 1 & -4 \end{pmatrix}.$$

Estudiando el signo de los menores principales M_k de orden $k = 2m + 1, \ldots, m + n$, es decir, $K = 3$ y $k = 4$, se tiene que

$$M_3 = \begin{vmatrix} 0 & \frac{2}{\sqrt{3}} & \frac{2}{\sqrt{3}} \\ \frac{2}{\sqrt{3}} & -4 & 1 \\ \frac{2}{\sqrt{3}} & 1 & -4 \end{vmatrix} = \frac{4}{3} \begin{vmatrix} 0 & 1 & 1 \\ 1 & -4 & 1 \\ 1 & 1 & -4 \end{vmatrix} = \frac{4}{3}(5 + 5) = \frac{40}{3} > 0$$

y que

$$M_4 = \begin{vmatrix} 0 & \frac{2}{\sqrt{3}} & \frac{2}{\sqrt{3}} & \frac{2}{\sqrt{3}} \\ \frac{2}{\sqrt{3}} & -4 & 1 & 1 \\ \frac{2}{\sqrt{3}} & 1 & -4 & 1 \\ \frac{2}{\sqrt{3}} & 1 & 1 & -4 \end{vmatrix} = \frac{4}{3} \begin{vmatrix} 0 & 1 & 1 & 1 \\ 1 & -4 & 1 & 1 \\ 1 & 1 & -4 & 1 \\ 1 & 1 & 1 & -4 \end{vmatrix} = \frac{4}{3} \begin{vmatrix} 0 & 1 & 0 & 0 \\ 1 & -4 & 5 & 5 \\ 1 & 1 & -5 & 0 \\ 1 & 1 & 0 & -5 \end{vmatrix} =$$

$$= \frac{-4}{3} \begin{vmatrix} 1 & 5 & 5 \\ 1 & -5 & 0 \\ 1 & 0 & -5 \end{vmatrix} = \frac{-4}{3}(25 + 50) = -100 < 0,$$

con lo cual los signos de los menores M_3 y M_4 son alternos comenzando con el signo de M_3 que coincide con el de $(-1)^{m+1} = (-1)^2$. En consecuencia, el punto $P_1 = \left(\frac{1}{\sqrt{3}}, \frac{1}{\sqrt{3}}, \frac{1}{\sqrt{3}}\right)$ es un máximo local estricto de nuestro problema.

De manera análoga en el punto $P_2 = \left(\frac{-1}{\sqrt{3}}, \frac{-1}{\sqrt{3}}, \frac{-1}{\sqrt{3}}\right)$ se tiene que la correspondiente matriz hessiana orlada es

$$H\left(\frac{-1}{\sqrt{3}}, \frac{-1}{\sqrt{3}}, \frac{-1}{\sqrt{3}}; -1\right) = \begin{pmatrix} 0 & \frac{-2}{\sqrt{3}} & \frac{-2}{\sqrt{3}} & \frac{-2}{\sqrt{3}} \\ \frac{-2}{\sqrt{3}} & -4 & 1 & 1 \\ \frac{-2}{\sqrt{3}} & 1 & -4 & 1 \\ \frac{-2}{\sqrt{3}} & 1 & 1 & -4 \end{pmatrix}$$

y en ella los menores M_3 y M_4 son

$$M_3 = \begin{vmatrix} 0 & \frac{-2}{\sqrt{3}} & \frac{-2}{\sqrt{3}} \\ \frac{-2}{\sqrt{3}} & -4 & 1 \\ \frac{-2}{\sqrt{3}} & 1 & -4 \end{vmatrix} = \frac{40}{3} > 0 \quad \text{y} \quad M_4 = \begin{vmatrix} 0 & \frac{-2}{\sqrt{3}} & \frac{-2}{\sqrt{3}} & \frac{-2}{\sqrt{3}} \\ \frac{-2}{\sqrt{3}} & -4 & 1 & 1 \\ \frac{-2}{\sqrt{3}} & 1 & -4 & 1 \\ \frac{-2}{\sqrt{3}} & 1 & 1 & -4 \end{vmatrix} = -100 < 0.$$

Tenemos la misma situación que en el caso anterior, por tanto el punto $P_2 = \left(\frac{-1}{\sqrt{3}}, \frac{-1}{\sqrt{3}}, \frac{-1}{\sqrt{3}}\right)$ es también un máximo local estricto de nuestro problema.

Para $\lambda = \frac{1}{2}$, en el sistema (I) las tres primeras ecuaciones se reducen a la ecuación $x + y + z = 0$ y con la restricción $x^2 + y^2 + z^2 = 1$ se tiene el sistema

$$\text{(III)} \quad \begin{cases} x + y + z = 0 & \text{(A.11)} \\ x^2 + y^2 + z^2 = 1. & \text{(A.12)} \end{cases}$$

El sistema (III) representa a una circunferencia con centro en el origen y radio uno, ya que es la intersección de la esfera unidad con un plano que pasa por el origen de coordenadas. Las soluciones de este sistema son los puntos críticos de la función f correspondiente al multiplicador de Lagrange $\lambda = \frac{1}{2}$. Si se eleva al cuadrado la Ecuación (A.11) se obtiene

$$x^2 + y^2 + z^2 + 2(xy + xz + yz) = 0,$$

sustituyendo en ella la Ecuación (A.12) resulta

$$1 + 2(xy + xz + yz) = 0, \qquad \text{es decir} \qquad xy + xz + yz = \frac{-1}{2}.$$

En definitiva, los puntos críticos de la función son todos los puntos de la circunferencia definida por el sistema (III) y todos ellos mediante la función f tienen por imagen el valor $\frac{-1}{2}$; todos estos puntos son mínimos locales de la función como se comprueba de forma trivial sin más que tener en cuenta que la función f puede escribirse en la forma

$$f(x, y, z) = \frac{1}{2} \left[(x + y + z)^2 - (x^2 + y^2 + z^2) \right].$$

Los puntos (x, y, z) de la esfera verifican $x^2 + y^2 + z^2 = 1$ y por tanto en ellos es

$$f(x, y, z) = \frac{1}{2} \left[(x + y + z)^2 - 1 \right] \geq \frac{-1}{2},$$

con lo cual todos los puntos críticos son mínimos locales

5.9. Dos métodos.

Primer método: Sean x e y los lados del rectángulo, por lo tanto su perímetro será $f(x, y) = 2x + 2y$ y su área $xy = a^2$. Lo que se busca es minimizar la función $f(x, y) = 2x + 2y$ sujeta a la restricción $g(x, y) = xy - a^2 = 0$.

Despejando y de la ecuación del área es $y = \frac{a^2}{x}$, que llevado a la función que nos da el perímetro queda una función de una sola variable

$$f(x, y(x)) = 2x + \frac{2a^2}{x}$$

y derivando e igualando a cero su derivada primera queda

$$f'(x) = 2 - \frac{2a^2}{x^2} = 0 \quad \Rightarrow \quad 2 = \frac{2a^2}{x^2} \quad \Rightarrow \quad x^2 = a^2 \quad \Rightarrow \quad x = \pm a.$$

Sólo son válidos los valores positivos como medidas de los lados de un rectángulo, por tanto $x = a$ es el único punto crítico, y como

$$f''(x) = \frac{4a^2}{x^3} \quad \text{y} \quad f''(a) = \frac{4a^2}{a^3} = \frac{4}{a} > 0,$$

se trata de un mínimo relativo. Por tanto, el rectángulo con perímetro mínimo para un área dada es el cuadrado.

Segundo método: La función lagrangiana

$$\mathcal{L}(x, y; \lambda) = f(x, y) + \lambda(xy - a^2) = 2x + 2y + \lambda(xy - a^2),$$

que tiene puntos fijos en los puntos solución del sistema

$$\begin{cases} \dfrac{\partial L}{\partial x} = 0 \quad \Rightarrow \quad 2 + \lambda y = 0, & \text{(A.13)} \\[2mm] \dfrac{\partial L}{\partial y} = 0 \quad \Rightarrow \quad 2 + \lambda x = 0, & \text{(A.14)} \\[2mm] \dfrac{\partial L}{\partial \lambda} = 0 \quad \Rightarrow \quad xy - a^2 = 0. & \text{(A.15)} \end{cases}$$

Restando las Ecuaciones (A.13) y (A.14) se llega a

$$\lambda y - \lambda x = 0 \quad \Rightarrow \quad \lambda(y - x) = 0,$$

con soluciones $\lambda = 0$ e $y = x$.

– *Primer caso.* Si $\lambda = 0$:

Al introducir $\lambda = 0$ en la Ecuación (A.13) resulta $2 = 0$, por tanto el sistema no tiene soluciones.

– *Segundo caso*. Si $y = x$:

Al introducir $y = x$ en la Ecuación (A.15) da

$$x^2 - a^2 = 0 \quad \Rightarrow \quad x = y = a.$$

Por tanto, se trata de un cuadrado.

5.10. La función lagrangiana es $\mathcal{L}(x, y, \lambda) = 3x + 4y - 6 + \lambda(x^2 + y^2 - 1)$ cuyos puntos críticos se obtienen resolviendo el sistema

$$\left. \begin{array}{l} \dfrac{\partial \mathcal{L}}{\partial x} = 3 + 2\lambda x = 0 \\[2mm] \dfrac{\partial \mathcal{L}}{\partial y} = 4 + 2\lambda y = 0 \\[2mm] \dfrac{\partial \mathcal{L}}{\partial \lambda} = x^2 + y^2 - 1 = 0 \end{array} \right\}$$

Despejando x e y de las dos primeras ecuaciones y sustituyendo en la tercera se tiene

$$x = -\frac{3}{2\lambda}, \qquad y = -\frac{4}{2\lambda} = -\frac{2}{\lambda},$$

luego

$$\left(\frac{-3}{2\lambda}\right)^2 + \left(\frac{-2}{\lambda}\right)^2 - 1 = 0 \quad \Rightarrow \quad \frac{1}{\lambda^2}\left(\frac{9}{4} + 4\right) = 1 \quad \Rightarrow \quad \lambda^2 = \frac{25}{4}$$

y los multiplicadores son

$$\lambda_1 = \frac{5}{2} \qquad \text{y} \qquad \lambda_2 = -\frac{5}{2}.$$

Sustituyendo en los valores de x e y se tiene que, para $\lambda_1 = \frac{5}{2}$, son

$$x = \frac{-3}{2 \cdot \frac{5}{2}} = -\frac{3}{5} \qquad \text{e} \qquad y = \frac{-2}{\frac{5}{2}} = -\frac{4}{5}$$

y por tanto $P_1 = (-\frac{3}{5}, -\frac{4}{5}, \frac{5}{2})$ es un punto crítico de la langrangiana y $A_1 = (-\frac{3}{5}, -\frac{4}{5})$ es un candidato a extremo condicionado.

Para la función $g(x, y) = x^2 + y^2 - 1$ asociada a la restricción y al ser $\nabla g(x, y) = (2x, 2y)$, se verifica que al sustituir las coordenadas de A_1 se tiene el vector

$$\left(2 \cdot (-\tfrac{3}{5}), 2 \cdot (-\tfrac{4}{5})\right) = \left(-\frac{6}{5}, -\frac{8}{5}\right)$$

que es libre al ser no nulo.

Considerando el multiplicador $\lambda_2 = -\frac{5}{2}$ son

$$x = \frac{-3}{2 \cdot (\frac{-5}{2})} = \frac{3}{5} \qquad \text{e} \qquad y = \frac{-2}{-\frac{5}{2}} = \frac{4}{5}$$

y el punto $P_2 = (\frac{3}{5}, \frac{4}{5}, -\frac{5}{2})$ es el otro punto crítico de la langrangiana y por tanto el punto $A_2 = (\frac{3}{5}, \frac{4}{5})$ es un candidato a extremo condicionado. En este punto el vector $\nabla g(x, y)$ es

$$\nabla g\left(\tfrac{3}{5}, \tfrac{4}{5}\right) = \left(2 \cdot \tfrac{3}{5}, 2 \cdot \tfrac{4}{5}\right) = \left(\frac{6}{5}, \frac{8}{5}\right)$$

que es libre y por tanto también se verifica la condición de regularidad.

Para comprobar las condiciones suficientes de extremo condicionado en cada uno de los puntos hallados formamos la matriz hessiana de la lagrangiana

$$H_{(x,y)}\mathcal{L}(x,y,\lambda) = \begin{pmatrix} 2\lambda & 0 \\ 0 & 2\lambda \end{pmatrix}.$$

En el punto $A_1 = (-\frac{3}{5}, -\frac{4}{5})$ correspondiente a $\lambda_1 = \frac{5}{2}$ es

$$H_{(x,y)}\mathcal{L}(-\tfrac{3}{5}, -\tfrac{4}{5}, \tfrac{5}{2}) = \begin{pmatrix} 2\cdot\frac{5}{2} & 0 \\ 0 & 2\cdot\frac{5}{2} \end{pmatrix} = \begin{pmatrix} 5 & 0 \\ 0 & 5 \end{pmatrix}$$

y la forma cuadrática asociada es

$$Q(h_1, h_2) = (h_1 \quad h_2) \begin{pmatrix} 5 & 0 \\ 0 & 5 \end{pmatrix} \begin{pmatrix} h_1 \\ h_2 \end{pmatrix} = 5h_1^2 + 5h_2^2$$

y en cuanto a su signo es definida positiva siendo en consecuencia también de este tipo la forma cuadrática $\widehat{Q}$ restringida al subespacio vectorial definido por

$$h_1 \frac{\partial g}{\partial x}(-\tfrac{3}{5}, -\tfrac{4}{5}) + h_2 \frac{\partial g}{\partial y}(-\tfrac{3}{5}, -\tfrac{4}{5}) = 0.$$

En consecuencia, el punto $A_1 = (-\frac{3}{5}, -\frac{4}{5})$ es un mínimo local estricto.

En el punto $A_2 = (\frac{3}{5}, \frac{4}{5})$ es

$$H_{(x,y)}\mathcal{L}(\tfrac{3}{5}, \tfrac{4}{5}, -\tfrac{5}{2}) = \begin{pmatrix} 2\cdot(-\frac{5}{2}) & 0 \\ 0 & 2\cdot(-\frac{5}{2}) \end{pmatrix} = \begin{pmatrix} -5 & 0 \\ 0 & -5 \end{pmatrix}$$

y la forma cuadrática asociada

$$Q(h_1, h_2) = (h_1 \quad h_2) \begin{pmatrix} -5 & 0 \\ 0 & -5 \end{pmatrix} \begin{pmatrix} h_1 \\ h_2 \end{pmatrix} = -5h_1^2 - 5h_2^2$$

es definida negativa y por tanto también lo es cualquier forma restringida. En particular lo es $\widehat{Q}$ restricción de Q al subespacio vectorial definido por

$$h_1 \frac{\partial g}{\partial x}(\tfrac{3}{5}, \tfrac{4}{5}) + h_2 \frac{\partial g}{\partial y}(\tfrac{3}{5}, \tfrac{4}{5}) = 0.$$

Con ello resulta que en $A_2 = (\frac{3}{5}, \frac{4}{5})$ existe un máximo local estricto.

Al no existir otros puntos críticos, el mínimo local y el máximo local hallados son también globales o absolutos.

Vamos a confirmar los resultados anteriores considerando los menores principales en la matriz hessiana orlada de nuestro problema.

La matriz hessiana orlada es

$$H\mathcal{L}(\overline{x}, \overline{\lambda}) = \begin{pmatrix} 0 & 2x & 2y \\ 2x & 2\lambda & 0 \\ 2y & 0 & 2\lambda \end{pmatrix}.$$

Esta matriz particularizada en el punto $A_1 = (-\frac{3}{5}, -\frac{4}{5})$ es

$$\begin{pmatrix} 0 & -\frac{6}{5} & -\frac{8}{5} \\ -\frac{6}{5} & 5 & 0 \\ -\frac{8}{5} & 0 & 5 \end{pmatrix},$$

como en nuestro caso es $m = 1$ (número de restricciones) y $n = 2$ (número de variables), el único menor a considerar es de orden $k = 2m + 1 = 2 \cdot 1 + 1 = 3$, es decir, el determinante de la propia matriz hessiana orlada

$$\begin{vmatrix} 0 & -\frac{6}{5} & -\frac{8}{5} \\ -\frac{6}{5} & 5 & 0 \\ -\frac{8}{5} & 0 & 5 \end{vmatrix} = \frac{1}{25} \begin{vmatrix} 0 & -6 & -8 \\ -6 & 5 & 0 \\ -8 & 0 & 5 \end{vmatrix} = \frac{-1}{25}[5 \cdot 64 + 5 \cdot 36] = -\frac{1}{5}100 = -20 < 0.$$

El signo de este valor coincide con el de $(-1)^1$, por tanto el punto $A_1 = (-\frac{3}{5}, -\frac{4}{5})$ es un mínimo local estricto.

Para el punto $A_2 = (\frac{3}{5}, \frac{4}{5})$ con multiplicador de Lagrange $\lambda_2 = -\frac{5}{2}$ la matriz hessiana orlada es

$$\begin{pmatrix} 0 & \frac{6}{5} & \frac{8}{5} \\ \frac{6}{5} & -5 & 0 \\ \frac{8}{5} & 0 & -5 \end{pmatrix}$$

y como en el punto anterior hemos de analizar únicamente el determinante de esta matriz cuyo valor es

$$\begin{vmatrix} 0 & \frac{6}{5} & \frac{8}{5} \\ \frac{6}{5} & -5 & 0 \\ \frac{8}{5} & 0 & -5 \end{vmatrix} = \frac{1}{25} \begin{vmatrix} 0 & 6 & 8 \\ 6 & -5 & 0 \\ 8 & 0 & -5 \end{vmatrix} = \frac{1}{25}[5 \cdot 64 + 5 \cdot 36] = \frac{1}{5}100 = 20 > 0,$$

y su signo coincide con el de $(-1)^{1+1} = (-1)^2$. En consecuencia, el punto $A_2 = (\frac{3}{5}, \frac{4}{5})$ es un máximo local estricto.

Siguiendo el método gráfico y por analogía con el Problema resuelto 5.10 se tiene que las curvas de nivel de la función $f(x, y) = 3x + 4y - 6$ son rectas del tipo $3x + 4y - 6 = k$ y los puntos que verifican la restricción son los situados sobre la circunferencia $x^2 + y^2 = 1$.

Representando esta circunferencia y analizando la evolución de las curvas de nivel es inmediato obtener el resultado con sólo observar la Figura A.10.

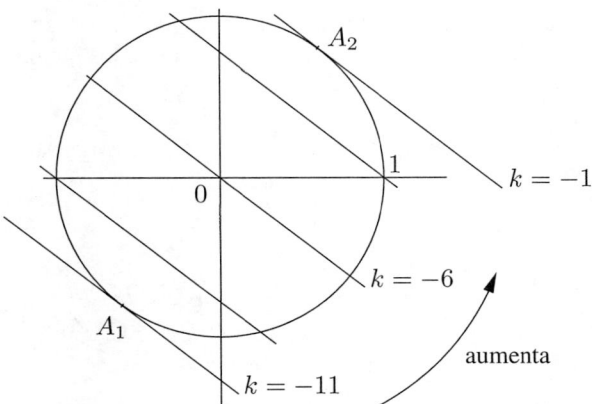

Figura A.10 Resolución gráfica del Problema 5.10

5.11. La función lagrangiana del problema es

$$\begin{aligned}
\mathcal{L}(x,y,z,\lambda,\mu) &= f(x,y,z) + \lambda g_1(x,y,z) + \mu g_2(x,y,z) = \\
&= 3x^2 - 2y^2 + z^2 - 12z + 1 + \lambda(x+2y-3z-1) + \mu(2x-y-z-2).
\end{aligned}$$

Los puntos críticos de la misma se obtienen resolviendo el sistema

$$\begin{cases}
\dfrac{\partial \mathcal{L}}{\partial x} = 6x + \lambda + 2\mu = 0, & \text{(A.16)} \\[2mm]
\dfrac{\partial \mathcal{L}}{\partial y} = -4y + 2\lambda - \mu = 0, & \text{(A.17)} \\[2mm]
\dfrac{\partial \mathcal{L}}{\partial z} = 2z - 12 - 3\lambda - \mu = 0, & \text{(A.18)} \\[2mm]
\dfrac{\partial \mathcal{L}}{\partial \lambda} = x + 2y - 3z - 1 = 0, & \text{(A.19)} \\[2mm]
\dfrac{\partial \mathcal{L}}{\partial \mu} = 2x - y - z - 2 = 0. & \text{(A.20)}
\end{cases}$$

Sumando las Ecuaciones A.16, A.17 y A.18 resulta $6x - 4y + 2z - 12 = 0$; con esta ecuación y las Ecuaciones A.19 y A.20 formamos el sistema

$$\begin{cases}
6x - 4y + 2z - 12 = 0 \\
x + 2y - 3z - 1 = 0 \\
2x - y - z - 2 = 0
\end{cases}$$

cuya solución es $x = \frac{5}{2}, y = \frac{3}{2}, z = \frac{3}{2}$.

Entrando con esta solución en las Ecuaciones A.16 y A.17 se obtienen los valores de los multiplicadores, siendo $\lambda = -\frac{3}{5}$ y $\mu = -\frac{36}{5}$.

En consecuencia, el único punto crítico de la lagrangiana es $P = (\frac{5}{2}, \frac{3}{2}, \frac{3}{2}, -\frac{3}{5}, -\frac{36}{5})$.

Al considerar cada uno de los vectores gradiente de las restricciones en este punto se tiene que

$$\nabla g_1(x,y,z) = (1,2,-3) \qquad \text{y} \qquad \nabla g_2(x,y,z) = (2,-1,-1)$$

son vectores linealmente independientes.

El punto $A = (\frac{5}{2}, \frac{3}{2}, \frac{3}{2})$ es un extremo condicionado de la función y para decidir su carácter consideramos la matriz hessiana de la lagrangiana y estudiamos el signo de los menores principales que exige el problema.

La matriz hessiana orlada es

$$H\mathcal{L}(\tfrac{5}{2}, \tfrac{3}{2}, \tfrac{3}{2}, -\tfrac{3}{5}, -\tfrac{36}{5}) = \begin{pmatrix}
0 & 0 & g_{1x} & g_{1y} & g_{1z} \\
0 & 0 & g_{2x} & g_{2y} & g_{2z} \\
g_{1x} & g_{2x} & \mathcal{L}_{x^2} & \mathcal{L}_{xy} & \mathcal{L}_{xz} \\
g_{1y} & g_{2y} & \mathcal{L}_{yx} & \mathcal{L}_{y^2} & \mathcal{L}_{yz} \\
g_{1z} & g_{2z} & \mathcal{L}_{zx} & \mathcal{L}_{zy} & \mathcal{L}_{z^2}
\end{pmatrix}_{(\frac{5}{2}, \frac{3}{2}, \frac{3}{2}, -\frac{3}{5}, -\frac{36}{5})} =$$

$$= \begin{pmatrix}
0 & 0 & 1 & 2 & -3 \\
0 & 0 & 2 & -1 & -1 \\
1 & 2 & 6 & 0 & 0 \\
2 & -1 & 0 & -4 & 0 \\
-3 & -1 & 0 & 0 & 2
\end{pmatrix}.$$

Como el número de variables es $n = 3$ y el número de restricciones es $m = 2$, hemos de estudiar el signo de los menores principales M_k con $k = 2m+1, 2m+2, \ldots, m+n$, es decir, sólo hemos de analizar el menor M_5 que corresponde a $k = 2 \cdot 2 + 1$ y ya no existirían más posibilidades. Se trata del determinante de la matriz hessiana orlada

$$M_5 = \begin{vmatrix} 0 & 0 & 1 & 2 & -3 \\ 0 & 0 & 2 & -1 & -1 \\ 1 & 2 & 6 & 0 & 0 \\ 2 & -1 & 0 & -4 & 0 \\ -3 & -1 & 0 & 0 & 2 \end{vmatrix} = \begin{vmatrix} 0 & 0 & 5 & 2 & -5 \\ 0 & 0 & 0 & -1 & 0 \\ 1 & 2 & 6 & 0 & 0 \\ 2 & -1 & -8 & -4 & 4 \\ -3 & -1 & 0 & 0 & 2 \end{vmatrix} =$$

$$= (-1) \begin{vmatrix} 0 & 0 & 5 & -5 \\ 1 & 2 & 6 & 0 \\ 2 & -1 & -8 & 4 \\ -3 & -1 & 0 & 2 \end{vmatrix} = (-1) \begin{vmatrix} 0 & 0 & 0 & -5 \\ 1 & 2 & 6 & 0 \\ 2 & -1 & -4 & 4 \\ -3 & -1 & 2 & 2 \end{vmatrix} =$$

$$= (-5) \begin{vmatrix} 1 & 2 & 6 \\ 2 & -1 & -4 \\ -3 & -1 & 2 \end{vmatrix} = (-10) \begin{vmatrix} 1 & 2 & 3 \\ 2 & -1 & -2 \\ -3 & -1 & 1 \end{vmatrix} =$$

$$= (-10) \begin{vmatrix} 0 & 0 & 2 \\ 2 & -1 & -2 \\ -3 & -1 & 1 \end{vmatrix} = (-20)(-5) = 100 > 0.$$

Por tanto, el signo de M_5 coincide con el de $(-1)^2$ y por tanto la función presenta un mínimo condicionado local estricto en el punto $A(\frac{5}{2}, \frac{3}{2}, \frac{3}{2})$.

5.12. Dos métodos de resolución.

Primer método: Un ortoedro tiene 6 caras y 8 vértices y por el teorema de Euler relativo a poliedros es

$$\text{número de caras} + \text{número de vértices} = \text{número de aristas} + 2,$$

y por tanto tiene 12 aristas, véase la Figura A.11.

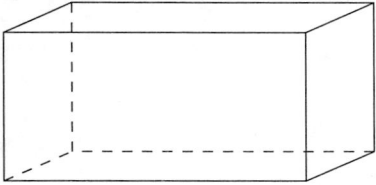

Figura A.11 El ortoedro

Cuatro de ellas tienen longitud x, otras cuatro son de longitud y y otras cuatro de longitud z, por tanto la suma de los cuadrados de las longitudes de todas las aristas es

$$4(x^2 + y^2 + z^2).$$

Esta expresión es máxima cuando lo es

$$S(x, y, z) = x^2 + y^2 + z^2.$$

Como el volumen del ortoedro es $V = xyz = 1000$, se tiene que $z = \dfrac{1000}{xy}$ y sustituyendo en S se tiene que es

$$S(x, y, z(x, y)) = x^2 + y^2 + \frac{1000^2}{x^2 y^2} = x^2 + y^2 + 1000^2 x^{-2} y^{-2}.$$

Derivando parcialmente e igualando a cero las derivadas parciales primeras se tiene el sistema

$$\left. \begin{array}{l} S_x = 2x - 2 \cdot 1000^2 x^{-3} y^{-2} = 0 \\ S_y = 2y - 2 \cdot 1000^2 x^{-2} y^{-3} = 0 \end{array} \right\}$$

o equivalentemente

$$\left. \begin{array}{l} x - 1000^2 x^{-3} y^{-2} = 0 \\ y - 1000^2 x^{-2} y^{-3} = 0 \end{array} \right\} \qquad \text{o bien} \qquad \left. \begin{array}{l} x - \dfrac{1000^2}{x^3 y^2} = 0 \\ y - \dfrac{1000^2}{x^2 y^3} = 0 \end{array} \right\}$$

de donde es

$$\left. \begin{array}{l} x^4 y^2 = 1000^2 \\ x^2 y^4 = 1000^2 \end{array} \right\}$$

y dividiendo queda

$$\frac{x^4 y^2}{x^2 y^4} = 1, \qquad \text{es decir,} \qquad \frac{x^2}{y^2} = 1, \qquad \text{por tanto} \qquad x^2 = y^2,$$

con lo que resulta $x = y$, y entonces es $x^6 = 10^6$, luego $x = 10$ e $y = 10$. De $x = y = 10$ se obtiene

$$z = \frac{1000}{xy} = \frac{1000}{100} = 10$$

y el ortoedro es en realidad un cubo.

Analicemos si para $x = y = 10$ se trata de un mínimo considerando la matriz hessiana. Calculando las derivadas segundas se tiene

$$\frac{\partial^2 S}{\partial x^2}(x, y) = 2 + 6 \cdot 1000^2 x^{-4} y^{-2} = 2 + 6 \cdot \frac{1000^2}{x^4 y^2} \qquad \Rightarrow \frac{\partial^2 S}{\partial x^2}(10, 10) = 2 + 6 = 8,$$

$$\frac{\partial^2 S}{\partial x \partial y}(x, y) = 4 \cdot 1000^2 x^{-3} y^{-3} = 4 \frac{1000^2}{x^3 y^3} \qquad \Rightarrow \frac{\partial^2 S}{\partial y \partial x}(10, 10) = 4,$$

$$\frac{\partial^2 S}{\partial y^2}(x, y) = 2 + 6 \cdot 1000^2 x^{-2} y^{-4} = 2 + 6 \cdot \frac{1000^2}{x^2 y^4} \qquad \Rightarrow \frac{\partial^2 S}{\partial y^2}(10, 10) = 2 + 6 = 8.$$

Con ello la matriz hessiana es

$$HS(10, 10) = \begin{pmatrix} 8 & 4 \\ 4 & 8 \end{pmatrix}$$

y la forma cuadrática que tiene asociada esta matriz en la base canónica es definida positiva al ser

$$\frac{\partial^2 S}{\partial x^2}(10, 10) = 8 > 0 \qquad \text{y} \qquad \det HS(10, 10) = 64 - 16 = 48 > 0,$$

por tanto el punto $(10, 10)$ es un mínimo.

Segundo método: Mediante los multiplicadores de Lagrange.

Considerando la función $f(x, y, z) = x^2 + y^2 + z^2$ y la restricción $g(x, y, z) = xyz - 1000 = 0$, la función lagrangiana es

$$\mathcal{L}(x, y, z; \lambda) = x^2 + y^2 + z^2 + \lambda(xyz - 1000)$$

y los valores que anulan su gradiente o puntos críticos son

$$\begin{cases} \dfrac{\partial \mathcal{L}}{\partial x}(x, y, z; \lambda) = 2x + \lambda yz = 0, & \text{(A.21)} \\[2mm] \dfrac{\partial \mathcal{L}}{\partial y}(x, y, z; \lambda) = 2y + \lambda xz = 0, & \text{(A.22)} \\[2mm] \dfrac{\partial \mathcal{L}}{\partial z}(x, y, z; \lambda) = 2z + \lambda xy = 0, & \text{(A.23)} \\[2mm] \dfrac{\partial \mathcal{L}}{\partial \lambda}(x, y, z; \lambda) = xyz - 1000 = 0. & \text{(A.24)} \end{cases}$$

Multiplicando la Ecuación A.21 por x, la Ecuación A.22 por y y la Ecuación A.23 por z resultan las ecuaciones

$$\begin{cases} 2x^2 + \lambda xyz = 0 \\ 2y^2 + \lambda xyz = 0 \\ 2z^2 + \lambda xyz = 0 \end{cases}$$

y al ser $xyz = 1000$, por la Ecuación A.24, se tienen las igualdades

$$\begin{cases} 2x^2 + 1000\lambda = 0 \\ 2y^2 + 1000\lambda = 0 \\ 2z^2 + 1000\lambda = 0 \end{cases}$$

y despejando λ en cada una de ellas es

$$\lambda = \frac{-2x^2}{1000} = \frac{-2y^2}{1000} = \frac{-2z^2}{1000},$$

de donde es $x^2 = y^2 = z^2$, y al ser $x > 0, y > 0, z > 0$ se tiene que $x = y = z$.

Como $xyz = 1000$, es $x^3 = 1000$, luego $x = 10 = y = z$, y por tanto

$$\lambda = -2\frac{10^2}{1000} = -2\frac{100}{1000} = -\frac{1}{5}$$

y el único punto crítico de la lagrangiana es $A(10, 10, 10; \frac{-1}{5})$.

Considerando el vector $\nabla g(x, y, z) = (yz, xz, xy)$ en el punto $(10, 10, 10)$ es

$$\nabla g(10, 10, 10) = (100, 100, 100) \neq \overline{0}$$

y por tanto el candidato a extremo verifica la condición de regularidad.

Para decidir si el punto es extremo y el tipo del mismo consideremos la matriz hessiana de la lagrangiana

$$H_{(x,y,z)}\mathcal{L}(x, y, z; \lambda) = Hf(x, y, z) + \lambda Hg(x, y, z) = H(x^2 + y^2 + z^2) + \lambda H(xyz - 1000) =$$

$$= \begin{pmatrix} 2 & 0 & 0 \\ 0 & 2 & 0 \\ 0 & 0 & 2 \end{pmatrix} + \lambda \begin{pmatrix} 0 & z & y \\ z & 0 & x \\ y & x & 0 \end{pmatrix}$$

y particularizando en el punto $(10, 10, 10, \frac{-1}{5})$ es

$$H_{(x,y,z)}\mathcal{L}\left(10, 10, 10, \frac{-1}{5}\right) = \begin{pmatrix} 2 & 0 & 0 \\ 0 & 2 & 0 \\ 0 & 0 & 2 \end{pmatrix} - \frac{1}{5}\begin{pmatrix} 0 & 10 & 10 \\ 10 & 0 & 10 \\ 10 & 10 & 0 \end{pmatrix} = \begin{pmatrix} 2 & -2 & -2 \\ -2 & 2 & -2 \\ -2 & -2 & 2 \end{pmatrix}.$$

La correspondiente matriz hessiana orlada en el punto $(10, 10, 10; \frac{-1}{5})$ es

$$H\mathcal{L}\left(10, 10, 10, \frac{-1}{5}\right) = \begin{pmatrix} 0 & 100 & 100 & 100 \\ 100 & 2 & -2 & -2 \\ 100 & -2 & 2 & -2 \\ 100 & -2 & -2 & 2 \end{pmatrix}$$

Hemos de estudiar en ella los menores principales M_k de orden k, con $k = 2m+1, 2m+2, \ldots, m+n$. Como en nuestro caso es $m = 1$ (número de restricciones) y $n = 3$ (número de variables), los valores de k son $k = 2+1$ y $k = 2+2$, es decir, debemos calcular los menores principales de orden 3 y de orden 4, siendo

$$M_3 = \begin{vmatrix} 0 & 100 & 100 \\ 100 & 2 & -2 \\ 100 & -2 & 2 \end{vmatrix} = 100^2 \begin{vmatrix} 0 & 1 & 1 \\ 1 & 2 & -2 \\ 1 & -2 & 2 \end{vmatrix} = 100^2 \begin{vmatrix} 0 & 1 & 1 \\ 1 & 2 & -2 \\ 2 & 0 & 0 \end{vmatrix} =$$

$$= 2 \cdot 100^2 \begin{vmatrix} 1 & 1 \\ 2 & -2 \end{vmatrix} = 2 \cdot 100^2(-4) = -80000,$$

y el signo de M_3 coincide con el signo de $(-1)^1$.

Análogamente,

$$M_4 = \begin{vmatrix} 0 & 100 & 100 & 100 \\ 100 & 2 & -2 & -2 \\ 100 & -2 & 2 & -2 \\ 100 & -2 & -2 & 2 \end{vmatrix} = 100^2 \begin{vmatrix} 0 & 1 & 1 & 1 \\ 1 & 2 & -2 & -2 \\ 1 & -2 & 2 & -2 \\ 1 & -2 & -2 & 2 \end{vmatrix} =$$

$$= 100^2 \begin{vmatrix} 0 & 1 & 0 & 0 \\ 1 & 2 & -4 & -4 \\ 1 & -2 & 4 & 0 \\ 1 & -2 & 0 & 4 \end{vmatrix} = -100^2 \begin{vmatrix} 1 & -4 & -4 \\ 1 & 4 & 0 \\ 1 & 0 & 4 \end{vmatrix} =$$

$$= -100^2 \begin{vmatrix} 2 & -4 & 0 \\ 1 & 4 & 0 \\ 1 & 0 & 4 \end{vmatrix} = -4 \cdot 100^2 \begin{vmatrix} 2 & -4 \\ 1 & 4 \end{vmatrix} =$$

$$= -4 \cdot 100^2 \cdot 12 = -48 \cdot 100^2$$

y también el signo de M_4 coincide con el de $(-1)^1$, en consecuencia el punto es de mínimo local estricto y como no existe otro mínimo es también global.

5.13. La distancia de un punto (x, y, z) al origen viene dada por

$$d\left((x, y, z), (0, 0, 0)\right) = \sqrt{x^2 + y^2 + z^2}.$$

Como la distancia es no negativa, el problema es equivalente a minimizar $d^2 = x^2 + y^2 + z^2$, en vez de $d = \sqrt{x^2 + y^2 + z^2}$, donde las derivadas de la raíz complican los cálculos.

En función de lo dicho y el enunciado del problema, se quiere minimizar la función $f(x, y, z) = x^2 + y^2 + z^2$ sujeta a las restricciones $g(x, y, z) = x^2 + y^2 - z = 0$ y $h(x, y, z) = x + y + z - 1 = 0$.

La función lagrangiana del problema es

$$\begin{aligned}
\mathcal{L}(x, y, z; \lambda, \mu) &= f(x, y, z) + \lambda g(x, y, z) + \mu h(x, y, z) = \\
&= x^2 + y^2 + z^2 + \lambda(x^2 + y^2 - z) + \mu(x + y + z - 1)
\end{aligned}$$

cuyos puntos críticos se obtienen de la resolución del sistema

$$\begin{cases}
\dfrac{\partial \mathcal{L}}{\partial x} = 0 \quad \Rightarrow \quad 2x + 2\lambda x + \mu = 0, & \text{(A.25)} \\[2mm]
\dfrac{\partial \mathcal{L}}{\partial y} = 0 \quad \Rightarrow \quad 2y + 2\lambda y + \mu = 0, & \text{(A.26)} \\[2mm]
\dfrac{\partial \mathcal{L}}{\partial z} = 0 \quad \Rightarrow \quad 2z - \lambda + \mu = 0, & \text{(A.27)} \\[2mm]
\dfrac{\partial \mathcal{L}}{\partial \lambda} = 0 \quad \Rightarrow \quad x^2 + y^2 - z = 0, & \text{(A.28)} \\[2mm]
\dfrac{\partial \mathcal{L}}{\partial \mu} = 0 \quad \Rightarrow \quad x + y + z - 1 = 0. & \text{(A.29)}
\end{cases}$$

Restando las Ecuaciones (A.25) y (A.26) se obtiene

$$2x + 2\lambda x - 2y - 2\lambda y = 0 \qquad \Rightarrow \qquad 2(x - y)(1 + \lambda) = 0,$$

con soluciones $\lambda = -1$, $y = x$.

Primer caso: $\lambda = -1$.

Al introducir $\lambda = -1$ en la Ecuación (A.25) resulta $\mu = 0$. De la sustitución de $\lambda = -1$ y $\mu = 0$ en la Ecuación (A.27) se obtiene

$$2z + 1 = 0 \qquad \Rightarrow \qquad z = -\frac{1}{2}.$$

Al introducir $z = -\frac{1}{2}$ en la Ecuación (A.28) da

$$x^2 + y^2 + \frac{1}{2} = 0,$$

lo cual es imposible. Por tanto, en este caso no hay soluciones.

Segundo caso: $y = x$.

Al hacer $y = x$ en las cinco ecuaciones del sistema observamos que las Ecuaciones (A.25) y (A.26) son iguales, por lo que suprimimos una de ellas y el sistema es

$$\begin{aligned}
2y + 2\lambda y + \mu &= 0, & \text{(A.30)} \\
2z - \lambda + \mu &= 0, & \text{(A.31)} \\
2y^2 - z &= 0, & \text{(A.32)} \\
2y + z - 1 &= 0. & \text{(A.33)}
\end{aligned}$$

Sumando las Ecuaciones (A.32) y (A.33) resulta

$$2y^2 + 2y - 1 = 0 \qquad \Rightarrow \qquad y = \frac{-2 \pm \sqrt{4 + 4 \cdot 2}}{2 \cdot 2} = \frac{-2 \pm 2\sqrt{3}}{4} = \frac{-1 \pm \sqrt{3}}{2}$$

e introduciendo los puntos $y = \dfrac{-1 \pm \sqrt{3}}{2}$ en la Ecuación (A.33) se obtiene

$$z = 1 - 2y = 1 - 2\left(\dfrac{-1 \pm \sqrt{3}}{2}\right) = 2 \mp \sqrt{3}.$$

Considerando $x = y = \dfrac{-1 + \sqrt{3}}{2}$ y $z = 2 - \sqrt{3}$ y entrando en el sistema se obtienen

$$\lambda_1 = -3 + \dfrac{5\sqrt{3}}{3} \qquad \text{y} \qquad \mu_1 = -7 + \dfrac{11\sqrt{3}}{3}$$

y un punto crítico de la función lagrangiana es

$$A_1\left(\dfrac{-1 + \sqrt{3}}{2}, \dfrac{-1 + \sqrt{3}}{2}, 2 - \sqrt{3}, -3 + \dfrac{5\sqrt{3}}{3}, -7 + \dfrac{11\sqrt{3}}{3}\right).$$

Si se toma $x = y = \dfrac{-1 - \sqrt{3}}{2}$ y $z = 2 + \sqrt{3}$ resulta

$$\lambda_2 = -3 - \dfrac{5\sqrt{3}}{3} \qquad \text{y} \qquad \mu_2 = -7 - \dfrac{11\sqrt{3}}{3}$$

y el punto

$$A_2\left(\dfrac{-1 - \sqrt{3}}{2}, \dfrac{-1 - \sqrt{3}}{2}, 2 + \sqrt{3}, -3 - \dfrac{5\sqrt{3}}{3}, -7 - \dfrac{11\sqrt{3}}{3}\right)$$

es también crítico de la función lagrangiana.

Como las restricciones están dadas por $g(x, y, z) = x^2 + y^2 - z = 0$ y $h(x, y, z) = x + y + x - 1 = 0$, son

$$\nabla g(x, y, z) = (2x, 2y, -1) \qquad \text{y} \qquad \nabla h(x, y, z) = (1, 1, 1)$$

y al sustituir los valores de x e y correspondientes al punto A_1, los vectores resultan ser linealmente independientes, y lo mismo ocurre con estos vectores en el punto A_2. En consecuencia, se verifican las condiciones de regularidad.

La matriz hessiana de la lagrangiana es

$$H_{(x,y,z)}\mathcal{L}(x, y, z; \lambda, \mu) = H\mathcal{L}f(x, y, z) + \lambda Hg(x, y, z) + \mu Hh(x, y, z) =$$

$$= \begin{pmatrix} 2 & 0 & 0 \\ 0 & 2 & 0 \\ 0 & 0 & 2 \end{pmatrix} + \lambda \begin{pmatrix} 2 & 0 & 0 \\ 0 & 2 & 0 \\ 0 & 0 & 0 \end{pmatrix} + \mu \begin{pmatrix} 0 & 0 & 0 \\ 0 & 0 & 0 \\ 0 & 0 & 0 \end{pmatrix} =$$

$$= \begin{pmatrix} 2 + 2\lambda & 0 & 0 \\ 0 & 2 + 2\lambda & 0 \\ 0 & 0 & 2 \end{pmatrix}$$

y la hessiana orlada es

$$\begin{pmatrix} 0 & 0 & 2x & 2y & -1 \\ 0 & 0 & 1 & 1 & 1 \\ 2x & 1 & 2 + 2\lambda & 0 & 0 \\ 2y & 1 & 0 & 2 + 2\lambda & 0 \\ -1 & 1 & 0 & 0 & 2 \end{pmatrix}.$$

En el punto A_1 es

$$
H\mathcal{L}(A_1) = \begin{pmatrix}
0 & 0 & -1+\sqrt{3} & -1+\sqrt{3} & -1 \\
0 & 0 & 1 & 1 & 1 \\
-1+\sqrt{3} & 1 & -4+\frac{10\sqrt{3}}{3} & 0 & 0 \\
-1+\sqrt{3} & 1 & 0 & -4+\frac{10\sqrt{3}}{3} & 0 \\
-1 & 1 & 0 & 0 & 2
\end{pmatrix}
$$

y debemos estudiar M_k, con $k = 2m+1, \ldots, m+n$, donde es $m = 2$ y $n = 3$, por lo que sólo hay que estudiar M_5, es decir, $\det(H\mathcal{L}(A_1))$. Calculando este determinante se obtiene como valor $20 - 8\sqrt{3} > 0$ y su signo coincide con el de $(-1)^m = (-1)^2$, y en consecuencia el punto

$$
P_1\left(\frac{-1+\sqrt{3}}{2}, \frac{-1+\sqrt{3}}{2}, 2-\sqrt{3}\right)
$$

es un mínimo local estricto.

Procediendo análogamente con el punto A_2 se concluye que el punto

$$
P_2\left(\frac{-1-\sqrt{3}}{2}, \frac{-1-\sqrt{3}}{2}, 2+\sqrt{3}\right)
$$

es un máximo local estricto de nuestro problema.

5.14. Siguiendo el método de los multiplicadores de Lagrange formamos la función lagrangiana del problema

$$
\mathcal{L}(x, y, z; \lambda, \mu) = f(x, y, z) + \lambda g_1(x, y, z) + \mu g_2(x, y, z) =
$$
$$
= x^2 + y^2 + z^2 + \lambda(x^2 + y^2 - z^2) + \mu(x + y + z - 1).
$$

Calculemos los puntos críticos de la lagrangiana resolviendo el sistema

$$
\begin{cases}
\dfrac{\partial \mathcal{L}}{\partial x}(x, y, z; \lambda, \mu) = 2x + 2\lambda x + \mu = 0, & \text{(A.34)} \\[2mm]
\dfrac{\partial \mathcal{L}}{\partial y}(x, y, z; \lambda, \mu) = 2y + 2\lambda y + \mu = 0, & \text{(A.35)} \\[2mm]
\dfrac{\partial \mathcal{L}}{\partial z}(x, y, z; \lambda, \mu) = 2z - 2\lambda z + \mu = 0, & \text{(A.36)} \\[2mm]
\dfrac{\partial \mathcal{L}}{\partial \lambda}(x, y, z; \lambda, \mu) = x^2 + y^2 - z^2 = 0, & \text{(A.37)} \\[2mm]
\dfrac{\partial \mathcal{L}}{\partial \mu}(x, y, z; \lambda, \mu) = x + y + z - 1 = 0. & \text{(A.38)}
\end{cases}
$$

Restando las Ecuaciones (A.34) y (A.35) obtenemos

$$
2x - 2y + 2\lambda x - 2\lambda y = 0 \quad \Rightarrow \quad x - y + \lambda x - \lambda y = 0 \quad \Rightarrow \quad (1+\lambda)(x-y) = 0
$$

y tenemos dos casos.

Primer caso: $\lambda = -1$.

Entrando con este valor en la Ecuación (A.34) se tiene $2x - 2x + \mu = 0$, luego es $\mu = 0$. Con $\lambda = -1$ y $\mu = 0$ la Ecuación (A.36) es $4z = 0$, es decir, $z = 0$.

Con $z = 0$ las Ecuaciones (A.37) y (A.38) proporcionan el sistema

$$\begin{cases} x^2 + y^2 = 0 \\ x + y = 1 \end{cases}$$

que no tiene solución real. Por tanto, $\lambda = -1$ es imposible.

Segundo caso: $y = x$.

Las Ecuaciones (A.37) y (A.38) son ahora

$$2x^2 - z^2 = 0$$
$$2x + z = 1,$$

por tanto es $z = 1 - 2x$, con lo cual la otra ecuación es $2x^2 - (1 - 2x)^2 = 0$ y operando queda

$$2x^2 - 1 + 4x - 4x^2 = 0 \qquad \Rightarrow \qquad 2x^2 - 4x + 1 = 0.$$

Las raíces de esta ecuación son $\frac{2 \pm \sqrt{2}}{2}$, por tanto:

Si $x = \frac{2+\sqrt{2}}{2}$, son

$$y = x = \frac{2 + \sqrt{2}}{2}$$
$$z = 1 - 2x = 1 - 2\left(\frac{2 + \sqrt{2}}{2}\right) = -1 - \sqrt{2},$$

y si $x = \frac{2-\sqrt{2}}{2}$, son

$$y = x = \frac{2 - \sqrt{2}}{2}$$
$$z = 1 - 2x = 1 - 2\left(\frac{2 - \sqrt{2}}{2}\right) = -1 + \sqrt{2}.$$

Restando las Ecuaciones (A.34) y (A.36) se obtiene

$$2x(1 + \lambda) - 2z(1 - \lambda) = 0, \qquad \text{o bien} \qquad x(1 + \lambda) - z(1 - \lambda) = 0,$$

es decir,

$$\lambda(x + z) - (x - z) = 0$$

y por tanto es

$$\lambda = \frac{z - x}{z + x}. \tag{A.39}$$

Conocido el valor de λ y entrando con él en la Ecuación (A.36) se obtiene

$$\mu = 2z(\lambda - 1). \tag{A.40}$$

Con $x = \frac{2+\sqrt{2}}{2}$ y $z = -1 - \sqrt{2}$ el valor de λ dado por la Ecuación (A.39) es

$$\lambda = \lambda_1 = \frac{z - x}{z + x} = \frac{-1 - \sqrt{2} - \frac{2+\sqrt{2}}{2}}{-1 - \sqrt{2} + \frac{2+\sqrt{2}}{2}} = 3 + 2\sqrt{2},$$

con el valor λ_1 hallado y $z = -1 - \sqrt{2}$, entramos en la Ecuación (A.40) y tenemos

$$\mu = \mu_1 = 2z(\lambda - 1) = 2(-1 - \sqrt{2})(3 + 2\sqrt{2} - 1) = -12 - 8\sqrt{2}.$$

De este modo tenemos el punto $A_1 \left(\dfrac{2 + \sqrt{2}}{2}, \dfrac{2 + \sqrt{2}}{2}, -1 - \sqrt{2}; 3 + 2\sqrt{2}, -12 - 8\sqrt{2} \right)$, que es crítico de la función lagrangiana.

Tomando ahora $x = y = \dfrac{2 - \sqrt{2}}{2}$ y $z = -1 + \sqrt{2}$ es

$$\lambda = \lambda_2 = \frac{z - x}{z + x} = \frac{-1 + \sqrt{2} - \frac{2 - \sqrt{2}}{2}}{-1 + \sqrt{2} + \frac{2 - \sqrt{2}}{2}} = 3 - 2\sqrt{2}.$$

Si estos valores de λ_2 y $z = -1 + \sqrt{2}$ los llevamos a la Ecuación (A.40) resulta

$$\mu = \mu_2 = 2z(\lambda - 1) = 2(-1 + \sqrt{2})(3 - 2\sqrt{2} - 1) = -12 + 8\sqrt{2}.$$

Con los resultados obtenidos se tiene otro punto crítico de la función lagrangiana

$$A_2 \left(\frac{2 - \sqrt{2}}{2}, \frac{2 - \sqrt{2}}{2}, -1 + \sqrt{2}; 3 - 2\sqrt{2}, -12 + 8\sqrt{2} \right)$$

y no tiene más.

De este modo los puntos $P_1 \left(\frac{2 + \sqrt{2}}{2}, \frac{2 + \sqrt{2}}{2}, -1 - \sqrt{2} \right)$ y $P_2 \left(\frac{2 - \sqrt{2}}{2}, \frac{2 - \sqrt{2}}{2}, -1 + \sqrt{2} \right)$ son los candidatos a extremos de nuestro problema.

Para comprobar la condición de regularidad en cada punto crítico, como son

$$\nabla g_1(x, y, z) = (2x, 2y, -2z)$$
$$\nabla g_2(x, y, z) = (1, 1, 1),$$

los vectores

$$\nabla g_1 \left(\tfrac{2 + \sqrt{2}}{2}, \tfrac{2 + \sqrt{2}}{2}, -1 - \sqrt{2} \right) = \left(2 + \sqrt{2}, 2 + \sqrt{2}, 2 + 2\sqrt{2} \right)$$

y

$$\nabla g_2 \left(\tfrac{2 + \sqrt{2}}{2}, \tfrac{2 + \sqrt{2}}{2}, -1 - \sqrt{2} \right) = (1, 1, 1)$$

son linealmente independientes y los vectores

$$\nabla g_1 \left(\tfrac{2 - \sqrt{2}}{2}, \tfrac{2 - \sqrt{2}}{2}, -1 + \sqrt{2} \right) = \left(2 - \sqrt{2}, 2 - \sqrt{2}, 2 - 2\sqrt{2} \right)$$

y

$$\nabla g_2 \left(\tfrac{2 - \sqrt{2}}{2}, \tfrac{2 - \sqrt{2}}{2}, -1 - \sqrt{2} \right) = (1, 1, 1)$$

son también linealmente independientes. Por tanto, se verifican las condiciones de regularidad en cada punto crítico.

Considerando la matriz hessiana orlada de la función lagrangiana

$$HL(x,y,z;\lambda,\mu) = \begin{pmatrix} 0 & 0 & 2x & 2y & -2z \\ 0 & 0 & 1 & 1 & 1 \\ 2x & 1 & 2+2\lambda & 0 & 0 \\ 2y & 1 & 0 & 2+2\lambda & 0 \\ -2z & 1 & 0 & 0 & 2-2\lambda \end{pmatrix}$$

se tiene que en el punto A_1 es

$$HL\left(\frac{2+\sqrt{2}}{2}, \frac{2+\sqrt{2}}{2}, -1-\sqrt{2}; 3+2\sqrt{2}, -12-8\sqrt{2}\right) =$$

$$= \begin{pmatrix} 0 & 0 & 2+\sqrt{2} & 2+\sqrt{2} & 2+2\sqrt{2}) \\ 0 & 0 & 1 & 1 & 1 \\ 2+\sqrt{2} & 1 & 8+4\sqrt{2} & 0 & 0 \\ 2+\sqrt{2} & 1 & 0 & 8+4\sqrt{2} & 0 \\ 2+2\sqrt{2} & 1 & 0 & 0 & -4-4\sqrt{2} \end{pmatrix}$$

y hemos de calcular en ella el menor de orden 5, M_5, que es su determinante, pues $k = 2m+1$, $2m+2, \ldots, m+n$, y al ser $m = 2$ el primer valor de k es $k = 2 \cdot 2 + 1 = 5$ y no existen más.

Este determinante es

$$M_5 = \begin{vmatrix} 0 & 0 & 2+\sqrt{2} & 2+\sqrt{2} & 2+2\sqrt{2}) \\ 0 & 0 & 1 & 1 & 1 \\ 2+\sqrt{2} & 1 & 8+4\sqrt{2} & 0 & 0 \\ 2+\sqrt{2} & 1 & 0 & 8+4\sqrt{2} & 0 \\ 2+2\sqrt{2} & 1 & 0 & 0 & -4-4\sqrt{2} \end{vmatrix} = 16(2+\sqrt{2}) > 0$$

y como sig $M_5 = $ sig $(-1)^2$, se sigue que P_1 es mínimo local estricto.

En el punto A_2 es

$$HL\left(\frac{2-\sqrt{2}}{2}, \frac{2-\sqrt{2}}{2}, -1+\sqrt{2}; 3-2\sqrt{2}, -12+8\sqrt{2}\right) =$$

$$= \begin{pmatrix} 0 & 0 & 2-\sqrt{2} & 2-\sqrt{2} & 2-2\sqrt{2}) \\ 0 & 0 & 1 & 1 & 1 \\ 2-\sqrt{2} & 1 & 8-4\sqrt{2} & 0 & 0 \\ 2-\sqrt{2} & 1 & 0 & 8-4\sqrt{2} & 0 \\ 2-2\sqrt{2} & 1 & 0 & 0 & -4+4\sqrt{2} \end{pmatrix}$$

Su determinante, que es su menor principal de orden cinco, M_5 tiene por valor

$$M_5 = \begin{vmatrix} 0 & 0 & 2-\sqrt{2} & 2-\sqrt{2} & 2-2\sqrt{2}) \\ 0 & 0 & 1 & 1 & 1 \\ 2-\sqrt{2} & 1 & 8-4\sqrt{2} & 0 & 0 \\ 2-\sqrt{2} & 1 & 0 & 8-4\sqrt{2} & 0 \\ 2-2\sqrt{2} & 1 & 0 & 0 & -4+4\sqrt{2} \end{vmatrix} = 16(2-\sqrt{2}) > 0$$

y se verifica que sig $M_5 = \text{sig}\,(-1)^m$, ya que en nuestro caso es $m = 2$, con lo cual

$$P_2\left(\frac{2-\sqrt{2}}{2}, \frac{2-\sqrt{2}}{2}, -1+\sqrt{2}\right)$$

es también un mínimo local estricto de nuestro problema.

Al ser ambos puntos mínimos y $f(P_1) < f(P_2)$, en P_1 está el mínimo global.

A.6 Soluciones al capítulo 6

6.1. Para la curva $\mathcal{C}$ se tiene que $x = t$, $y = -t$, $z = 2t$, por lo que el campo vectorial $\overline{F}$ adopta sobre la curva $\mathcal{C}$ la expresión

$$\overline{F}(\overline{r}(t)) = e^x\overline{i} + e^{x+y}\overline{j} + \text{sen}\,\pi z\overline{k} = e^t\overline{i} + e^{t-t}\overline{j} + \text{sen}\,2\pi t\overline{k} =$$
$$= e^t\overline{i} + 1\overline{j} + \text{sen}\,2\pi t\overline{k} = F_1\overline{i} + F_2\overline{j} + F_3\overline{k}.$$

Como

$$\frac{dx}{dt} = \frac{dt}{dt} = 1, \qquad \frac{dy}{dt} = \frac{d(-t)}{dt} = -1 \qquad \text{y} \qquad \frac{dz}{dt} = \frac{d(2t)}{dt} = 2,$$

resulta que

$$\int_{\mathcal{C}} \overline{F} \cdot d\overline{r} = \int_0^1 \left(F_1\frac{dx}{dt} + F_2\frac{dy}{dt} + F_3\frac{dz}{dt}\right) dt = \int_0^1 \left(e^t \cdot 1 + 1 \cdot (-1) + 2 \cdot \text{sen}\,2\pi t\right) dt =$$
$$= \left[e^t - t - \frac{2}{2\pi}\cos 2\pi t\right]_0^1 = (e^1 - e^0) - (1 - 0) - \frac{1}{\pi}(\cos 2\pi - \cos 0) = e - 2.$$

6.2. Dos casos:

a) El arco de circunferencia que une el punto $(0, 1, 0)$ con el $(0, -1, 0)$ y pasa por el $(0, 0, 1)$ se expresa en forma paramétrica como

$$\begin{cases} x = 0 \\ y = \cos t \\ z = \text{sen}\,t, \quad \text{con } t \in [0; \pi]. \end{cases}$$

Sobre este arco de circunferencia se tiene que

$$\frac{dx}{dt} = \frac{d0}{dt} = 0, \qquad \frac{dy}{dt} = \frac{d(\cos t)}{dt} = -\,\text{sen}\,t \qquad \text{y} \qquad \frac{dz}{dt} = \frac{d(\text{sen}\,t)}{dt} = \cos t$$

y sobre este mismo arco el campo vectorial se escribe como

$$\overline{F}(x(t), y(t), z(t)) = e^{\cos t}\overline{i} - \text{sen}\,t\overline{j} + \cos t\overline{k}.$$

b) El punto $(0, -1, 0)$ se une al punto $(0, 1, 0)$ por medio del segmento de recta

$$\begin{cases} x = 0 \\ y = -1 + 2t \\ z = 0, \quad \text{con } t \in [0; 1], \end{cases}$$

para el cual se tiene que

$$\frac{dx}{dt} = \frac{d0}{dt} = 0, \qquad \frac{dy}{dt} = \frac{d(-1+2t)}{dt} = 2 \qquad \text{y} \qquad \frac{dz}{dt} = \frac{d0}{dt} = 0,$$

y sobre este segmento el campo $\overline{F}$ se expresa como

$$\overline{F}(x(t), y(t), z(t)) = e^y \overline{i} - z\overline{j} + y\overline{k} =$$

$$= e^{(-1+2t)}\overline{i} - 0\overline{j} + (-1+2t)\overline{k} = \frac{1}{e} e^{2t}\overline{i} + (-1+2t)\overline{k}.$$

El valor de la integral pedida es

$$\int_{\mathcal{C}} \overline{F} \cdot d\overline{r} = \int_0^\pi [e^{\cos t} \cdot 0 - \operatorname{sen} t(-\operatorname{sen} t) + \cos t(\cos t)]dt +$$

$$+ \int_0^1 \left(\frac{1}{e} e^{2t} \cdot 0 + 0 \cdot 2 + (-1+2t) \cdot 0 \right) dt =$$

$$= \int_0^\pi (\operatorname{sen}^2 t + \cos^2 t)dt + 0 = \int_0^\pi 1 \, dt = \pi.$$

6.3. Considerando las derivadas parciales

$$\frac{\partial F_1}{\partial y} = \frac{\partial}{\partial y} \left(\operatorname{sen}(x^2 + y^2) + 2x^2 \cos(x^2 + y^2) \right) = 2y \cos(x^2 + y^2) - 4x^2 y \operatorname{sen}(x^2 + y^2)$$

y

$$\frac{\partial F_2}{\partial x} = \frac{\partial}{\partial x} (2xy \cos(x^2 + y^2)) = 2y \cos(x^2 + y^2) - 4x^2 y \operatorname{sen}(x^2 + y^2),$$

se verifica que $\frac{\partial F_1}{\partial y} = \frac{\partial F_2}{\partial x}$ y por tanto el campo vectorial $\overline{F}$ se deriva de una función potencial. Para determinar esta función potencial Φ tengamos en cuenta que al ser $\frac{\partial \Phi}{\partial y} = F_2 = 2xy \cos(x^2 + y^2)$, integrando en esta igualdad respecto de y se obtiene

$$\Phi(x, y) = \int 2xy \cos(x^2 + y^2)dy + \varphi(x) = x \operatorname{sen}(x^2 + y^2) + \varphi(x).$$

Además, se tiene que $F_1 = \frac{\partial \Phi}{\partial x} = \operatorname{sen}(x^2 + y^2) + 2x^2 \cos(x^2 + y^2)$ e introduciendo en esta igualdad $\Phi(x, y) = x \operatorname{sen}(x^2 + y^2) + \varphi(x)$, resulta

$$\operatorname{sen}(x^2 + y^2) + 2x^2 \cos(x^2 + y^2) + \frac{\partial \varphi}{\partial x} = \operatorname{sen}(x^2 + y^2) + 2x^2 \cos(x^2 + y^2),$$

de donde se despeja $\frac{\partial \varphi}{\partial x} = 0$. Como φ es sólo función de x se escribe $\frac{d\varphi}{dx} = 0$ y por tanto es $\varphi(x) = k$.

En consecuencia, la función potencial buscada es

$$\Phi(x, y) = x \operatorname{sen}(x^2 + y^2) + \varphi(x) = x \operatorname{sen}(x^2 + y^2) + k.$$

6.4. Una posible parametrización de la curva es $x = a \cos \theta$, $y = b \operatorname{sen} \theta$, $\theta \in [0; \pi]$, y el resultado será una integral trigonométrica, pero no necesitamos hacer tales cálculos, porque el campo vectorial $(F_1, F_2) = (2x + y, x + 2y)$ se deriva de una función potencial ya que se verifica la igualdad

$$\frac{\partial F_1}{\partial y} = 1 = \frac{\partial F_2}{\partial x}.$$

Para determinar la función potencial $\Phi(x, y)$ téngase en cuenta que $F_1 = \frac{\partial \Phi}{\partial x} = 2x + y$, por lo que integrando respecto de x resulta

$$\Phi(x, y) = \int (2x + y)dx + \varphi(y) = x^2 + yx + \varphi(y).$$

Por otra parte tenemos que $F_2 = \frac{\partial \Phi}{\partial y} = x + 2y$, así que ha de cumplirse

$$\frac{\partial}{\partial y}(x^2 + yx + \varphi(y)) \equiv F_2 \qquad \text{o} \qquad x + \frac{\partial \varphi(y)}{\partial y} = x + 2y,$$

de donde $\frac{\partial \varphi(y)}{\partial y} = 2y$. Como φ es función sólo de y escribimos $\frac{d\varphi}{dy} = 2y$, e integrando resulta $\varphi(y) = y^2 + k$, por lo que la función potencial buscada es

$$\Phi(x, y) = x^2 + yx + \varphi(y) = x^2 + yx + y^2.$$

Finalmente, la integral pedida es

$$\int_C (2x + y)dx + (x + 2y)dy = \Phi(a, 0) - \Phi(-a, 0) = a^2 - (-a)^2 = 0.$$

6.5. El rotacional del campo se anula, como se ve a continuación al ser

$$\nabla \times \overline{F} = \begin{vmatrix} \overline{i} & \overline{j} & \overline{k} \\ \frac{\partial}{\partial x} & \frac{\partial}{\partial y} & \frac{\partial}{\partial z} \\ 2xy^2 + 2xz^2 & 2yx^2 + 2yz^2 & 2zx^2 + 2zy^2 \end{vmatrix} =$$

$$= \overline{i}(4zy - 4zy) + \overline{j}(-4zx + 4zx) + \overline{k}(4yx - 4yx) = \overline{0}.$$

Dado que el campo $\overline{F}$ es irrotacional, se deriva de una función potencial Φ que satisface las ecuaciones

$$F_1 = \frac{\partial \Phi}{\partial x} = 2xy^2 + 2xz^2, \tag{A.41}$$

$$F_2 = \frac{\partial \Phi}{\partial y} = 2yx^2 + 2yz^2, \tag{A.42}$$

$$F_3 = \frac{\partial \Phi}{\partial z} = 2zx^2 + 2zy^2. \tag{A.43}$$

Integrando en la Ecuación (A.41) respecto de x obtenemos

$$\Phi(x, y, z) = \int (2xy^2 + 2xz^2)dx + \varphi(y, z) = x^2y^2 + x^2z^2 + \varphi(y, z).$$

Si introducimos este valor de Φ en la Ecuación (A.42) se tiene

$$\frac{\partial(x^2y^2 + x^2z^2 + \varphi(y, z))}{\partial y} = 2yx^2 + 2yz^2$$

es decir

$$2yx^2 + \frac{\partial \varphi}{\partial y} = 2yx^2 + 2yz^2,$$

que tras simplificar resulta $\frac{\partial \varphi}{\partial y} = 2yz^2$. Integrando en esta ecuación respecto de y se tiene

$$\varphi(y, z) = \int 2yz^2 dy + f(z) = y^2z^2 + f(z).$$

La función potencial Φ es, de momento,

$$\Phi(x, y, z) = x^2y^2 + x^2z^2 + \varphi(y, z) = x^2y^2 + x^2z^2 + y^2z^2 + f(z).$$

Si introducimos esta expresión de Φ en la Ecuación (A.43) se obtiene

$$\frac{\partial(x^2y^2 + x^2z^2 + y^2z^2 + f(z))}{\partial z} = 2zx^2 + 2zy^2$$

y por tanto

$$2zx^2 + 2zy^2 + \frac{\partial f}{\partial z} = 2zx^2 + 2zy^2,$$

con lo cual es $\frac{\partial f}{\partial z} = 0$. Como $f(z)$ es sólo función de z la ecuación es $\frac{df}{dz} = 0$, con solución al integrar $f(z) = C$.

Definitivamente la función potencial buscada es

$$\Phi(x, y, z) = x^2y^2 + x^2z^2 + \varphi(y, z) = x^2y^2 + x^2z^2 + y^2z^2 + f(z) = x^2y^2 + x^2z^2 + y^2z^2 + C.$$

6.6. Comprobemos si el campo

$$\overline{F} = (\cos(x + y + z), \cos(x + y + z) + z^2, \cos(x + y + z) + 2yz)$$

es conservativo.

Dado que

$$\nabla \times \overline{F} = \begin{vmatrix} \overline{i} & \overline{j} & \overline{k} \\ \dfrac{\partial}{\partial x} & \dfrac{\partial}{\partial y} & \dfrac{\partial}{\partial z} \\ \cos(x + y + z) & \cos(x + y + z) + z^2 & \cos(x + y + z) + 2yz \end{vmatrix} =$$

$$= \overline{i}(-\operatorname{sen}(x + y + z) + 2z + \operatorname{sen}(x + y + z) - 2z) +$$
$$+ \overline{j}(\operatorname{sen}(x + y + z) - \operatorname{sen}(x + y + z)) + \overline{k}(-\operatorname{sen}(x + y + z) + \operatorname{sen}(x + y + z)) = \overline{0},$$

el campo es conservativo y se deriva de una función potencial Φ, y debe cumplir

$$F_1 = \frac{\partial \Phi}{\partial x} = \cos(x + y + z), \tag{A.44}$$

$$F_2 = \frac{\partial \Phi}{\partial y} = \cos(x + y + z) + z^2, \tag{A.45}$$

$$F_3 = \frac{\partial \Phi}{\partial z} = \cos(x + y + z) + 2yz. \tag{A.46}$$

Integrando en la Ecuación (A.44) respecto de x se tiene que la función potencial Φ buscada es

$$\Phi(x, y, z) = \int \cos(x + y + z)dx + \varphi(y, z) = \operatorname{sen}(x + y + z) + \varphi(y, z).$$

Introduciendo este valor de Φ en la Ecuación (A.45) resulta

$$\frac{\partial(\operatorname{sen}(x + y + z) + \varphi(y, z))}{\partial y} = \cos(x + y + z) + z^2,$$

es decir

$$\cos(x + y + z) + \frac{\partial \varphi(y, z)}{\partial y} = \cos(x + y + z) + z^2.$$

Simplificando queda $\frac{\partial\varphi(y,z)}{\partial y} = z^2$ e integrando respecto de y se tiene

$$\varphi(y,z) = \int z^2 dy + f(z) = yz^2 + f(z),$$

por lo tanto

$$\Phi(x,y,z) = \text{sen}(x+y+z) + \varphi(y,z) = \text{sen}(x+y+z) + yz^2 + f(z).$$

Si introducimos el nuevo valor de Φ en la Ecuación (A.46) resulta

$$\frac{\partial(\text{sen}(x+y+z) + yz^2 + f(z))}{\partial z} = \cos(x+y+z) + 2yz$$

es decir

$$\cos(x+y+z) + 2yz + \frac{\partial f(z)}{\partial z} = \cos(x+y+z) + 2yz,$$

que se transforma tras simplificar en $\frac{\partial f(z)}{\partial z} = 0$. Como $f(z)$ es sólo función de z, la ecuación $\frac{\partial f(z)}{\partial z} = 0$ se convierte en $\frac{df(z)}{dz} = 0$, de donde $f(z) = C$.

Definitivamente la función Φ buscada es

$$\Phi(x,y,z) = \text{sen}(x+y+z) + \varphi(y,z) =$$
$$= \text{sen}(x+y+z) + yz^2 + f(z) = \text{sen}(x+y+z) + yz^2 + C$$

y el valor de la integral pedida es

$$\int_C \overline{F} \cdot d\overline{r} = \Phi(a,0,0) - \Phi(a,0,2\pi) = \text{sen}\,a - \text{sen}(a+2\pi) = \text{sen}\,a - \text{sen}\,a = 0.$$

6.7. Una parametrización de la curva es

$$x = t$$
$$y = x = t$$
$$z = 1 - x^2 - y^2 = 1 - 2t^2,$$

por lo que

$$\frac{dx}{dt} = \frac{dt}{dt} = 1$$
$$\frac{dy}{dt} = \frac{dt}{dt} = 1$$
$$\frac{dz}{dt} = \frac{d(1-2t^2)}{dt} = -4t$$

y se tiene que

$$\sqrt{\left(\frac{dx}{dt}\right)^2 + \left(\frac{dy}{dt}\right)^2 + \left(\frac{dz}{dt}\right)^2} = \sqrt{1^2 + 1^2 + (-4t)^2} = \sqrt{2 + 16t^2}.$$

Por otra parte se tiene

$$z = 0 = 1 - 2t^2 \Rightarrow t^2 = \frac{1}{2} \Rightarrow t = \pm\sqrt{\frac{1}{2}},$$

así que la longitud pedida es

$$L = \int_{-\sqrt{\frac{1}{2}}}^{\sqrt{\frac{1}{2}}} \sqrt{\left(\frac{dx}{dt}\right)^2 + \left(\frac{dy}{dt}\right)^2 + \left(\frac{dz}{dt}\right)^2}\, dt = \int_{-\sqrt{\frac{1}{2}}}^{\sqrt{\frac{1}{2}}} \sqrt{2 + 16t^2}\, dt =$$

$$= \int_{-\sqrt{\frac{1}{2}}}^{\sqrt{\frac{1}{2}}} \sqrt{2(1 + 8t^2)}\, dt = \sqrt{2} \int_{-\sqrt{\frac{1}{2}}}^{\sqrt{\frac{1}{2}}} \sqrt{1 + 8t^2}\, dt.$$

Si hacemos $8t^2 = \mathrm{sh}^2\, u$ o $t = \frac{\mathrm{sh}\, u}{\sqrt{8}}$, resulta

$$1 + 8t^2 = 1 + \mathrm{sh}^2\, u = \mathrm{ch}^2\, u,$$

por lo que

$$\sqrt{1 + 8t^2} = \sqrt{\mathrm{ch}^2\, u} = \mathrm{ch}\, u.$$

Por otro lado, se tiene de $t = \frac{\mathrm{sh}\, u}{\sqrt{8}}$ que $dt = \frac{1}{\sqrt{8}} \mathrm{ch}\, u\, du$.

Además, los límites de integración $t = \pm\sqrt{\frac{1}{2}}$ se transforman en

$$\frac{\mathrm{sh}\, u}{\sqrt{8}} = \pm\sqrt{\frac{1}{2}} \Rightarrow \mathrm{sh}\, u = \pm\sqrt{8}\sqrt{\frac{1}{2}} = \pm\sqrt{4} = \pm 2 \Rightarrow u = \mathrm{argsh}(\pm 2).$$

Por lo tanto, la integral buscada es ahora

$$L = \sqrt{2} \int_{\mathrm{argsh}(-2)}^{\mathrm{argsh}\, 2} \mathrm{ch}\, u \frac{1}{\sqrt{8}} \mathrm{ch}\, u\, du = \frac{\sqrt{2}}{\sqrt{8}} \int_{\mathrm{argsh}(-2)}^{\mathrm{argsh}\, 2} \mathrm{ch}^2 u\, du = \frac{1}{\sqrt{4}} \int_{\mathrm{argsh}(-2)}^{\mathrm{argsh}\, 2} \mathrm{ch}^2 u\, du =$$

$$= \frac{1}{2} \int_{\mathrm{argsh}(-2)}^{\mathrm{argsh}\, 2} \frac{1 + \mathrm{ch}\, 2u}{2}\, du = \frac{1}{4} \left[u + \frac{1}{2} \mathrm{sh}\, 2u \right]_{\mathrm{argsh}(-2)}^{\mathrm{argsh}\, 2} =$$

$$= \frac{1}{4} \left(\mathrm{argsh}\, 2 - \mathrm{argsh}(-2) + \frac{1}{2} \left(\mathrm{sh}(2\,\mathrm{argsh}\, 2) - \mathrm{sh}(2\,\mathrm{argsh}(-2)) \right) \right).$$

Teniendo en cuenta que las funciones $\mathrm{sh}\, x$ y $\mathrm{argsh}\, x$ son funciones impares, resulta

$$L = \frac{1}{2} \mathrm{argsh}\, 2 + \frac{1}{4} \mathrm{sh}(2\,\mathrm{argsh}\, 2),$$

y utilizando las fórmulas de la trigonometría hiperbólica

$$\mathrm{sh}\, 2\alpha = 2\,\mathrm{sh}\,\alpha\,\mathrm{ch}\,\alpha \qquad \text{y} \qquad \mathrm{ch}^2\alpha - \mathrm{sh}^2\alpha = 1,$$

se tiene finalmente

$$L = \frac{1}{2} \mathrm{argsh}\, 2 + \frac{1}{4} 2\,\mathrm{sh}(\mathrm{argsh}\, 2)\,\mathrm{ch}(\mathrm{argsh}\, 2) =$$

$$= \frac{1}{2} \mathrm{argsh}\, 2 + \frac{1}{2} \mathrm{sh}(\mathrm{argsh}\, 2)\sqrt{1 + \mathrm{sh}^2(\mathrm{argsh}\, 2)} =$$

$$= \frac{1}{2} \mathrm{argsh}\, 2 + \frac{1}{2} 2\sqrt{1 + 2^2} = \sqrt{5} + \frac{1}{2} \mathrm{argsh}\, 2.$$

6.8. Si se consideran coordenadas polares

$$\begin{cases} x = \rho\cos\theta \\ y = \rho\,\mathrm{sen}\,\theta \end{cases}$$

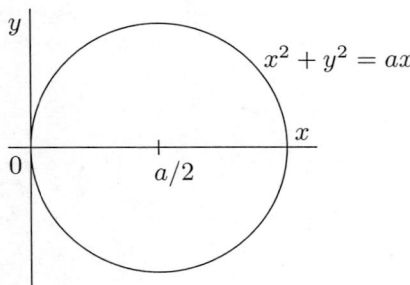

Figura A.12 Circunferencia de ecuación $x^2 + y^2 = ax$

la circunferencia $x^2 + y^2 = ax$ adopta la forma $\rho^2 = a\rho\cos\theta$ o $\rho = a\cos\theta$, con $-\frac{\pi}{2} \leq \theta \leq \frac{\pi}{2}$, como puede verse en la Figura A.12.

La densidad viene dada por

$$d(x,y) = k\sqrt{x^2 + y^2} = k\sqrt{\rho^2} = k\rho = ka\cos\theta$$

y el elemento diferencial de arco por

$$ds = \sqrt{\left(\frac{dx}{d\theta}\right)^2 + \left(\frac{dy}{d\theta}\right)^2}\,d\theta = \sqrt{(-\rho\operatorname{sen}\theta)^2 + (\rho\cos\theta)^2}\,d\theta =$$

$$= \sqrt{\rho^2(\cos^2\theta + \operatorname{sen}^2\theta)}\,d\theta = \rho\,d\theta = a\cos\theta\,d.$$

Si $\mathcal{C}$ es la circunferencia $x^2 + y^2 = ax$, la masa buscada es

$$\int_{\mathcal{C}} d\,ds = \int_{-\frac{\pi}{2}}^{\frac{\pi}{2}} ka\cos\theta\, a\cos\theta\,d\theta = ka^2 \int_{-\frac{\pi}{2}}^{\frac{\pi}{2}} \cos^2\theta\,d\theta =$$

$$= ka^2 \int_{-\frac{\pi}{2}}^{\frac{\pi}{2}} \frac{1 + \cos 2\theta}{2}\,d\theta = \frac{ka^2}{2}\left[\theta + \frac{1}{2}\operatorname{sen} 2\theta\right]_{-\frac{\pi}{2}}^{\frac{\pi}{2}} = \frac{ka^2\pi}{2}.$$

6.9. De acuerdo con la expresión del operador rotacional se tiene que

$$\operatorname{rot} F = \begin{vmatrix} \overline{i} & \overline{j} & \overline{k} \\ \dfrac{\partial}{\partial x} & \dfrac{\partial}{\partial y} & \dfrac{\partial}{\partial z} \\ f(x) & g(y) & h(z) \end{vmatrix} = \left(\frac{\partial}{\partial y}h(z) - \frac{\partial}{\partial z}g(y), \frac{\partial}{\partial z}f(x) - \frac{\partial}{\partial x}h(z), \frac{\partial}{\partial x}g(y) - \frac{\partial}{\partial y}f(x)\right) =$$

$$= (0,0,0) = \overline{0}.$$

A.7 SOLUCIONES AL CAPÍTULO 7

7.1. La representación del recinto (véase Figura A.13), nos indica que al aplicar el teorema de Fubini para calcular la integral por reiteración, resulta más conveniente integrar primero en la variable y.

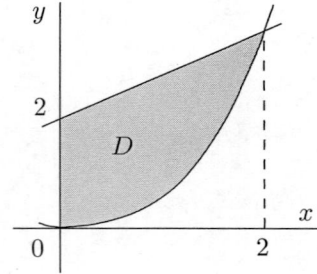

Figura A.13 Recinto de integración del Problema 7.1

Con esta consideración se tiene que

$$I = \iint_D (x+y)dxdy = \int_0^2 \left(\int_{x^2}^{x+2} (x+y)dy \right) dx = \int_0^2 \left[xy + \frac{1}{2}y^2 \right]_{x^2}^{x+2} dx =$$

$$= \int_0^2 \left(x(x+2) + \frac{1}{2}(x+2)^2 - x^3 - \frac{1}{2}x^4 \right) dx =$$

$$= \int_0^2 \left(\frac{-1}{2}x^4 - x^3 + \frac{1}{2}x^2 + 2x + 2 + x^2 + 2x \right) dx =$$

$$= \int_0^2 \left(\frac{-1}{2}x^4 - x^3 + \frac{3}{2}x^2 + 4x + 2 \right) dx = \left[\frac{-1}{10}x^5 - \frac{1}{4}x^4 + \frac{1}{2}x^3 + 2x^2 + 2x \right]_0^2 =$$

$$= \frac{-32}{10} - 4 + 4 + 8 + 4 = \frac{-32}{10} + 12 = \frac{88}{10} = \frac{44}{5}.$$

7.2. A la vista de la representación del recinto D (véase Figura A.14), si se integra primero en x no se recorre todo el recinto con los mismos bordes al tomar y todos los valores posibles, y por tanto hemos de partir el recinto D en dos D_1 y D_2 tales que $D = D_1 \cup D_2$ e $int(D_1) \cap int(D_2) = \emptyset$.

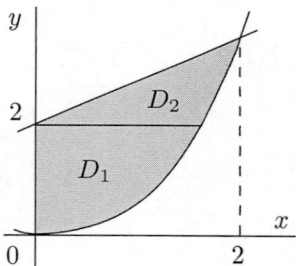

Figura A.14 Recinto de integración del Problema 7.2

Con lo cual es

$$I = \iint_D (x+y)dxdy = \iint_{D_1} (x+y)dxdy = \iint_{D_2} (x+y)dxdy =$$

$$= I_1 + I_2.$$

Si calculamos estas integrales se tiene

$$I_1 = \iint_{D_1} (x+y)dxdy = \int_0^2 \left(\int_0^{\sqrt{y}} (x+y)dx \right) dy = \int_0^2 \left[\frac{1}{2}x^2 + xy \right]_0^{\sqrt{y}} dy =$$

$$= \int_0^2 \left(\frac{1}{2}y + y\sqrt{y} \right) dy = \left[\frac{1}{4}y^2 + \frac{y^{5/2}}{5/2} \right]_0^2 =$$

$$= \left[\frac{1}{4}y^2 + \frac{2}{5}y^2\sqrt{y} \right]_0^2 = \frac{1}{4}4 + \frac{2}{5}4\sqrt{2} = 1 + \frac{8}{5}\sqrt{2}.$$

Análogamente,

$$I_2 = \iint_{D_2} (x+y)dxdy = \int_2^4 \left(\int_{y-2}^{\sqrt{y}} (x+y)dx \right) dy = \int_2^4 \left[\frac{1}{2}x^2 + xy \right]_{y-2}^{\sqrt{y}} dy =$$

$$= \int_2^4 \left(\frac{1}{2}y + y\sqrt{y} - \frac{1}{2}(y-2)^2 - y(y-2) \right) dy =$$

$$= \int_2^4 \left(\frac{1}{2}y + y^{3/2} - \frac{1}{2}y^2 + 2y - 2 - y^2 + 2y \right) dy =$$

$$= \int_2^4 \left(\frac{-3}{2}y^2 + y^{3/2} + \frac{9}{2}y - 2 \right) dy = \left[\frac{-3}{2}\frac{y^3}{3} + \frac{y^{5/2}}{5/2} + \frac{9}{2}\frac{1}{2}y^2 - 2y \right]_2^4 =$$

$$= \left[\frac{-1}{2}y^3 + \frac{2}{5}y^2\sqrt{y} + \frac{9}{4}y^2 - 2y \right]_2^4 =$$

$$= \left(\frac{-1}{2}4^3 + \frac{2}{5}4^2\sqrt{4} + \frac{9}{4}4^2 - 2\cdot 4 \right) - \left(\frac{-1}{2}2^3 + \frac{2}{5}2^2\sqrt{2} + \frac{9}{4}2^2 - 4 \right) = \frac{39}{5} - \frac{8}{5}\sqrt{2}.$$

Sumando ambos resultados se tiene que es

$$I = \iint_D (x+y)dxdy = 1 + \frac{8}{5}\sqrt{2} + \frac{39}{5} - \frac{8}{5}\sqrt{2} = 1 + \frac{39}{5} = \frac{44}{5}.$$

Resultado coincidente con el obtenido en el problema anterior, pero notablemente más lento e incómodo.

7.3. Dos métodos.

Primer método: Cuando y varía desde $y = 0$ hasta $y = 1$, la variable x lo hace desde $x = \sqrt[3]{y}$ hasta $x = 2 - y$, como puede verse en la Figura A.15.

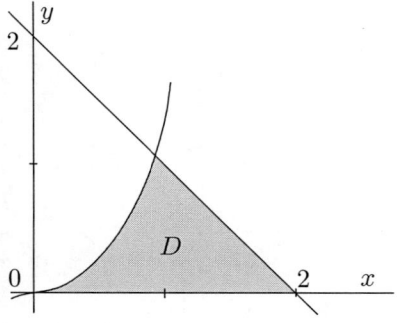

Figura A.15 Recinto de integración del Problema 7.3

Por lo tanto

$$I = \iint_D (yx^2 - x^5)dxdy = \int_0^1 \left(\int_{\sqrt[3]{y}}^{2-y} (yx^2 - x^5)dx \right) dy = \int_0^1 \left[\frac{yx^3}{3} - \frac{x^6}{6} \right]_{\sqrt[3]{y}}^{2-y} dy =$$

$$= \int_0^1 \left(\frac{y}{3} \left((2-y)^3 - (\sqrt[3]{y})^3 \right) - \frac{1}{6} \left((2-y)^6 - (\sqrt[3]{y})^6 \right) \right) dy =$$

$$= \int_0^1 \left(\frac{y}{3} \left(8 - 12y + 6y^2 - y^3 - y \right) - \right.$$

$$\left. - \frac{1}{6} \left(64 - 192y + 240y^2 - 160y^3 + 60y^4 - 12y^5 + y^6 - y^2 \right) \right) dy =$$

$$= \int_0^1 \left(\frac{1}{3} \left(8y - 13y^2 + 6y^3 - y^4 \right) - \right.$$

$$\left. - \frac{1}{6} \left(64 - 192y + 239y^2 - 160y^3 + 60y^4 - 12y^5 + y^6 \right) \right) dy =$$

$$= \frac{1}{6} \int_0^1 (-64 + 208y - 265y^2 + 172y^3 - 62y^4 + 12y^5 - y^6)dy =$$

$$= \frac{1}{6} \left[-64y + 208\frac{y^2}{2} - 265\frac{y^3}{3} + 172\frac{y^4}{4} - 62\frac{y^5}{5} + 12\frac{y^6}{6} - \frac{y^7}{7} \right]_0^1 =$$

$$= \frac{1}{6} \left(-64 + 104 - \frac{265}{3} + 43 - \frac{62}{5} + 2 - \frac{1}{7} \right) = \frac{1}{6} \cdot \frac{-1667}{105} = \frac{-1667}{630}.$$

Segundo método: Partiendo el dominio en $D_1 \cup D_2$, se tiene que

$$I = \int_0^1 \left(\int_0^{x^3} (yx^2 - x^5)dy \right) dx + \int_1^2 \left(\int_0^{2-x} (yx^2 - x^5)dy \right) dx =$$

$$= \int_0^1 \left[\frac{y^2 x^2}{2} - yx^5 \right]_0^{x^3} dx + \int_1^2 \left[\frac{y^2 x^2}{2} - yx^5 \right]_0^{2-x} dx =$$

$$= \int_0^1 \left(\frac{x^8}{2} - 0 - x^8 - 0 \right) dx + \int_1^2 \left(\frac{(2-x)^2 x^2}{2} - 0 - (2-x)x^5 + 0 \right) dx =$$

$$= \int_0^1 \frac{-x^8}{2}dx + \int_1^2 \left(\frac{4x^2 - 4x^3 + x^4}{2} - 2x^5 + x^6 \right) dx =$$

$$= \frac{-1}{2} \left[\frac{x^9}{9} \right]_0^1 + \frac{1}{2} \left[\frac{4x^3}{3} - x^4 + \frac{x^5}{5} - \frac{4x^6}{6} + \frac{2x^7}{7} \right]_1^2 =$$

$$= \frac{-1}{18} + \frac{1}{2} \left(\frac{4}{3}(8-1) - (16-1) + \frac{1}{5}(32-1) - \frac{2}{3}(64-1) + \frac{2}{7}(128-1) \right) =$$

$$= \frac{1}{2} \left(\frac{-1}{9} + \frac{28}{3} - 15 + \frac{31}{5} - 42 + \frac{254}{7} \right) =$$

$$= \frac{1}{2} \left(\frac{-1}{9} - 57 + \frac{28}{3} + \frac{31}{5} + \frac{254}{7} \right) =$$

$$= \frac{1}{2} \frac{-35 - 17955 + 2940 + 1953 + 11430}{315} =$$

$$= \frac{-1667}{630}.$$

7.4. Consideremos el cambio a coordenadas polares dadas por la aplicación

$$x = \rho \cos \theta \left. \right\}$$
$$y = \rho \operatorname{sen} \theta$$

Véase la Figura A.16.

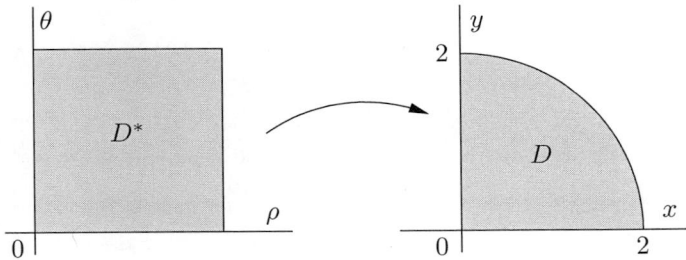

Figura A.16 Cambio a coordenadas polares del Problema 7.4

El recinto D es el transformado biyectivamente de $D^* = \{(\rho, \theta) \in \mathbb{R}^2 : 0 \le \rho \le 2, 0 \le \theta \le \frac{\pi}{2}\}$, que es un rectángulo en plano (ρ, θ), y por tanto, por el teorema del cambio de variables,

$$I = \iint_D \frac{dxdy}{\sqrt{1 + x^2 + y^2}} = \iint_{D^*} \frac{1}{\sqrt{1 + \rho^2 \cos^2 \theta + \rho^2 \operatorname{sen}^2 \theta}} \rho d\rho d\theta =$$

$$= \int_0^{\frac{\pi}{2}} \int_0^2 \frac{1}{\sqrt{1 + \rho^2}} \rho d\rho d\theta = \int_0^{\frac{\pi}{2}} \left(\int_0^2 d\sqrt{1 + \rho^2} \right) d\theta =$$

$$= \left[\theta \right]_0^{\frac{\pi}{2}} \left[\sqrt{1 + \rho^2} \right]_0^2 = \frac{\pi}{2} (\sqrt{5} - 1).$$

7.5. Pasando a coordenadas polares

$$x = \rho \cos \theta \left. \right\}$$
$$y = \rho \operatorname{sen} \theta$$

el valor absoluto del determinante jacobiano es

$$\left| |J| \right| = \left| \left| \left(\frac{\partial(x, y)}{\partial(\rho, \theta)} \right) \right| \right| = \rho \qquad \text{y} \qquad D^* = \{(\rho, \theta) \in \mathbb{R}^2 : 0 \le \rho \le 2, \frac{\pi}{4} \le \theta \le \frac{\pi}{2}\},$$

es el recinto que se transforma biyectivamente en el recinto D mediante la función que define el cambio de variables. Véase la Figura A.17.

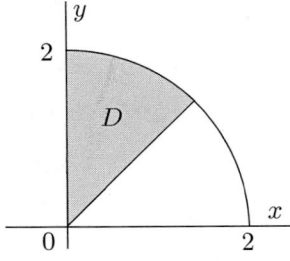

Figura A.17 Recinto de integración del Problema 7.5

Por tanto el valor de la integral es

$$I = \iint_D \frac{24k}{\pi} e^{-3(x^2+y^2)} dxdy = \iint_{D^*} \frac{24k}{\pi} e^{-3(\rho^2 \cos^2\theta + \rho^2 \operatorname{sen}^2\theta)} \rho d\rho d\theta =$$

$$= \frac{24k}{\pi} \int_{\frac{\pi}{4}}^{\frac{\pi}{2}} \int_0^2 e^{-3(\rho^2\cos^2\theta+\rho^2\operatorname{sen}^2\theta)} \rho d\rho d\theta =$$

$$= \frac{24k}{\pi} \int_{\frac{\pi}{4}}^{\frac{\pi}{2}} \left(\int_0^2 e^{-3\rho^2} \rho d\rho \right) d\theta = \frac{24k}{\pi} \int_{\frac{\pi}{4}}^{\frac{\pi}{2}} \frac{-1}{6} \left(\int_0^2 e^{-3\rho^2}(-6\rho) d\rho \right) d\theta =$$

$$= \frac{-24k}{6\pi} \int_{\frac{\pi}{4}}^{\frac{\pi}{2}} \left[e^{-3\rho^2} \right]_0^2 d\theta = \frac{-4k}{\pi}(e^{-12}-e^0) \int_{\frac{\pi}{4}}^{\frac{\pi}{2}} d\theta = \frac{-4k}{\pi}(e^{-12}-1)\left(\frac{\pi}{2} - \frac{\pi}{4} \right) =$$

$$= \frac{-4k}{\pi}(e^{-12}-1)\frac{2\pi-\pi}{4} = \frac{-k}{\pi}(e^{-12}-1)\pi = -k(e^{-12}-1) = k(1-e^{-12}),$$

luego

$$I = 1 \quad \Rightarrow \quad k(1-e^{-12}) = 1 \quad \Rightarrow \quad k = \frac{1}{1-e^{-12}} = \frac{e^{12}}{e^{12}-1}.$$

7.6. El recinto de integración es el que aparece en la Figura A.18.

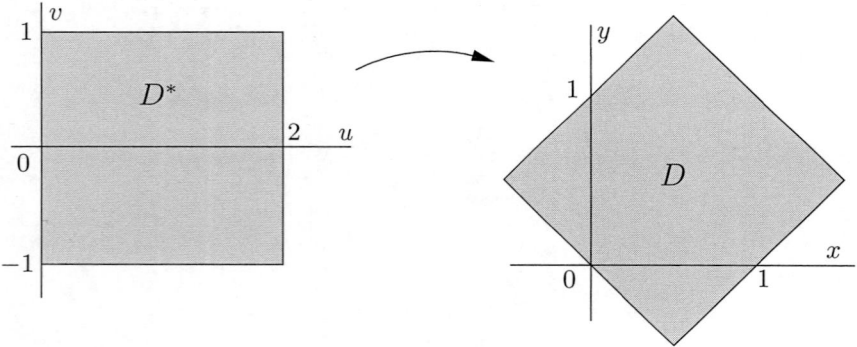

Figura A.18 Recinto de integración del Problema 7.6

El recinto D^* en las coordenadas u y v se determina así

$$\begin{aligned}
x+y &= 0 &&\Rightarrow& u &= 0 \\
x+y &= 2 &&\Rightarrow& u &= 2 \\
x-y &= -1 &&\Rightarrow& v &= -1 \\
x-y &= 1 &&\Rightarrow& v &= 1
\end{aligned}$$

y el recinto D^* es el de la Figura A.18.

Como el jacobiano en valor absoluto es

$$\left| |J| \right| = \left| \left(\frac{\partial(x,y)}{\partial(u,v)} \right) \right| = \left| \begin{matrix} \frac{1}{2} & \frac{1}{2} \\ \frac{1}{2} & \frac{-1}{2} \end{matrix} \right| = \left| \frac{-1}{4} - \frac{1}{4} \right| = \left| \frac{-1}{2} \right| = \frac{1}{2},$$

se tiene que

$$I = \iint_D (x+y)^3(x-y)^2 dxdy = \frac{1}{2}\iint_{D^*} u^3 v^2 dudv =$$

$$= \frac{1}{2}\left(\int_0^2 u^3 du\right)\left(\int_{-1}^1 v^2 dv\right) = \frac{1}{2}\left[\frac{u^4}{4}\right]_0^2\left[\frac{v^3}{3}\right]_{-1}^1 =$$

$$= \frac{1}{2}\frac{1}{4}2^4\frac{1}{3}(1^3-(-1)^3) = \frac{2}{3}(1+1) = \frac{4}{3}.$$

7.7. El recinto de integración es el que aparece en la Figura A.19 y no está acotado. Se trata por tanto de una integral impropia, y siguiendo la definición se tiene

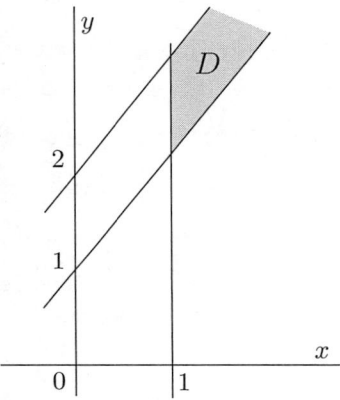

Figura A.19 Recinto de integración del Problema 7.7

$$I = \iint_D \frac{y}{x^3}dxdy = \int_1^{+\infty}\left(\int_{x+1}^{x+2}\frac{y}{x^3}dy\right)dx = \int_1^{+\infty}\frac{1}{2x^3}\left[y^2\right]_{x+1}^{x+2}dx =$$

$$= \int_1^{+\infty}\frac{1}{2x^3}\left((x+2)^2-(x+1)^2\right)dx =$$

$$= \int_1^{+\infty}\frac{1}{2x^3}(x^2+4x+4-x^2-2x-1)dx = \int_1^{+\infty}\frac{1}{2x^3}(2x+3)dx =$$

$$= \int_1^{+\infty}\left(\frac{1}{x^2}+\frac{3}{2x^3}\right)dx = \lim_{M\to+\infty}\int_1^M\left(\frac{1}{x^2}+\frac{3}{2x^3}\right)dx =$$

$$= \lim_{M\to+\infty}\left[\frac{-1}{x}+\frac{3}{2}\left(\frac{-1}{2x^2}\right)\right]_1^M = \lim_{M\to+\infty}\left[\frac{-1}{x}+\frac{-3}{4x^2}\right]_1^M =$$

$$= \left(1+\frac{3}{4}\right)+\lim_{M\to+\infty}\left(\frac{-1}{M}-\frac{3}{4M^2}\right) = \frac{7}{4}-\lim_{M\to+\infty}\left(\frac{1}{M}+\frac{3}{4M^2}\right) =$$

$$= \frac{7}{4}-0 = \frac{7}{4}$$

y la integral es convergente.

7.8. Como no existe primitiva elemental para la función sen y^n, tenemos que cambiar el orden de integración.

Teniendo en cuenta que $y = x^{\frac{1}{n-1}}$ equivale a $x = y^{n-1}$ y por tanto para $y = 1$ es $x = 1$, resulta que el valor de la integral se obtiene en la forma

$$I = \int_0^1 \int_0^{y^{n-1}} \operatorname{sen} y^n \, dx \, dy = \int_0^1 \operatorname{sen} y^n \, [x]_0^{y^{n-1}} \, dy = \int_0^1 \operatorname{sen} y^n y^{n-1} dy =$$

$$= \frac{1}{n} \int_0^1 \operatorname{sen} y^n (n y^{n-1} dy) = \frac{1}{n} \int_0^1 \operatorname{sen} y^n dy^n =$$

$$= -\frac{1}{n} [\cos y^n]_0^1 = -\frac{1}{n}(\cos 1 - \cos 0) = \frac{1}{n}(1 - \cos 1).$$

7.9. Los puntos de corte de las funciones $x = 2y^2$ e $y = 2x^2$ se obtienen como

$$x = 2y^2 = 2(2x^2)^2 = 8x^4 \quad \Rightarrow \quad 8x^4 - x = 0 \quad \Rightarrow \quad x(8x^3 - 1) = 0,$$

con soluciones $x = 0$ y $x = \frac{1}{2}$.

Por otro lado, la gráfica de la función $x = 2y^2$ corta a la gráfica de $y = x^2$ para

$$x = 2y^2 = 2(x^2)^2 = 2x^4 \Rightarrow 2x^4 - x = 0 \Rightarrow x(2x^3 - 1) = 0,$$

con soluciones $x = 0$ y $x = \frac{1}{\sqrt[3]{2}}$, como puede verse en la Figura A.20.

Por tanto, cuando x varía desde $x = 0$ hasta $x = \frac{1}{2}$, y varía desde $y = x^2$ hasta $y = 2x^2$, y cuando x varía desde $x = \frac{1}{2}$ hasta $x = \frac{1}{\sqrt[3]{2}}$, y varía desde $y = x^2$ hasta $x = 2y^2$ o $y = \sqrt{\frac{x}{2}}$.

Por lo tanto se tiene que

$$\iint_D x^2 y^3 dx dy = \int_0^{\frac{1}{2}} \int_{x^2}^{2x^2} x^2 y^3 dy dx + \int_{\frac{1}{2}}^{\frac{1}{\sqrt[3]{2}}} \int_{x^2}^{\sqrt{\frac{x}{2}}} x^2 y^3 dy dx =$$

$$= \int_0^{\frac{1}{2}} \left[x^2 \frac{y^4}{4}\right]_{x^2}^{2x^2} dx + \int_{\frac{1}{2}}^{\frac{1}{\sqrt[3]{2}}} \left[x^2 \frac{y^4}{4}\right]_{x^2}^{\sqrt{\frac{x}{2}}} dx =$$

$$= \int_0^{\frac{1}{2}} \frac{x^2}{4}\left((2x^2)^4 - (x^2)^4\right) dx + \int_{\frac{1}{2}}^{\frac{1}{\sqrt[3]{2}}} \frac{x^2}{4}\left(\left(\sqrt{\frac{x}{2}}\right)^4 - (x^2)^4\right) dx =$$

$$= \frac{1}{4} \int_0^{\frac{1}{2}} (16x^{10} - x^{10})dx + \frac{1}{4} \int_{\frac{1}{2}}^{\frac{1}{\sqrt[3]{2}}} x^2\left(\frac{x^2}{4} - x^8\right) dx =$$

$$= \frac{15}{4} \int_0^{\frac{1}{2}} x^{10} dx + \frac{1}{4} \int_{\frac{1}{2}}^{\frac{1}{\sqrt[3]{2}}} \left(\frac{x^4}{4} - x^{10}\right) dx =$$

$$= \frac{15}{4} \left[\frac{x^{11}}{11}\right]_0^{\frac{1}{2}} + \frac{1}{4}\frac{1}{4}\left[\frac{x^5}{5}\right]_{\frac{1}{2}}^{\frac{1}{\sqrt[3]{2}}} - \frac{1}{4}\left[\frac{x^{11}}{11}\right]_{\frac{1}{2}}^{\frac{1}{\sqrt[3]{2}}} =$$

$$= \frac{15}{11 \cdot 2^{13}} + \frac{1}{2^4 \cdot 5}\left(\frac{1}{2^{5/3}} - \frac{1}{2^5}\right) - \frac{1}{2^4 \cdot 11}\left(\frac{1}{2^{11/3}} - \frac{1}{2^{11}}\right).$$

Operando esta expresión se obtiene finalmente

$$\iint_D x^2 y^3 dx dy = \frac{4992\sqrt[3]{2} - 399}{1\,802\,240}.$$

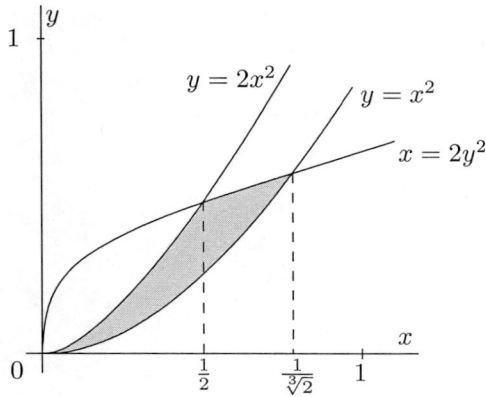

Figura A.20 Recinto de integración del Problema 7.9

7.10. La función no está acotada en ningún entorno del origen y por tanto se trata de una integral impropia. Sea

$$D_\varepsilon = \{(x,y) \in \mathbb{R}^2 : \varepsilon^2 < x^2 + y^2, x \geq 0, y \geq 0, y \leq x\}$$

el recinto de integración de la Figura A.21.

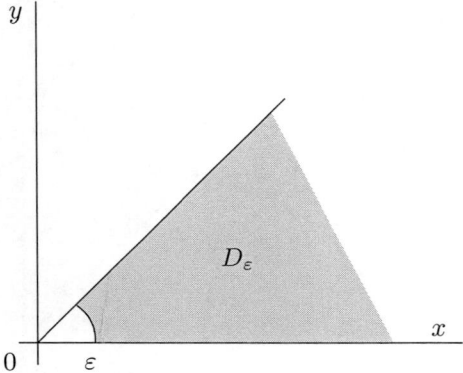

Figura A.21 Recinto de integración del Problema 7.10

Pasando a coordenadas polares se tiene

$$\iint_D \frac{x^2 + y^2}{x^2} dx dy = \iint_{D^*} \frac{\rho^2}{\rho^2 \cos^2 \theta} \, \rho d\rho d\theta =$$

$$= \int_0^1 \rho d\rho \int_0^{\frac{\pi}{4}} \frac{1}{\cos^2 \theta} d\theta =$$

$$= \left[\frac{\rho^2}{2} \right]_0^1 [\operatorname{tg} \theta]_0^{\pi/4} =$$

$$= \left(\frac{1}{2} - 0 \right)(1 - 0) = \frac{1}{2}.$$

7.11. La integral dada es impropia ya que el recinto de integración no está acotado. Véase la Figura A.22.

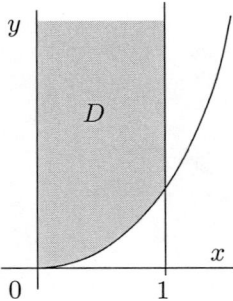

Figura A.22 Recinto de integración del Problema 7.11

Aplicando la definición de integral impropia es

$$\iint_D e^{-y^2} x^3 y\,dx\,dy = \int_0^1 \int_{x^2}^{+\infty} e^{-y^2} x^3 y\,dy\,dx = \int_0^1 \left(\lim_{M \to +\infty} \int_{x^2}^M e^{-y^2} x^3 y\,dy \right) dx =$$

$$= \int_0^1 \left(\lim_{M \to +\infty} \frac{-1}{2} \int_{x^2}^M e^{-y^2} x^3 (-2y)\,dy \right) dx =$$

$$= \int_0^1 \left(\lim_{M \to +\infty} \frac{-1}{2} \left[e^{-y^2} \right]_{x^2}^M x^3 \right) dx =$$

$$= \int_0^1 \left(\lim_{M \to +\infty} \frac{-1}{2} \left(e^{-M^2} - e^{-x^4} \right) x^3 \right) dx =$$

$$= \int_0^1 \left(\frac{1}{2} e^{-x^4} - \frac{1}{2} \lim_{M \to +\infty} \frac{1}{e^{M^2}} \right) x^3\,dx =$$

$$= \frac{1}{2} \int_0^1 e^{-x^4} x^3\,dx = \frac{-1}{2} \frac{1}{4} \int_0^1 e^{-x^4} (-4x^3)\,dx =$$

$$= -\frac{1}{8} \int_0^1 e^{-x^4} d(-x^4) = -\frac{1}{8} \left[e^{-x^4} \right]_0^1 =$$

$$= -\frac{1}{8} (e^{-1} - e^0) = \frac{1}{8} (1 - \frac{1}{e}) =$$

$$= \frac{1}{8e} (e - 1).$$

Este resultado es un valor real y por tanto la integral es convergente.

A.8 SOLUCIONES AL CAPÍTULO 8

8.1. Se trata del Problema resuelto 8.1, pero vamos a elegir otros límites de integración. La región limitada por V se muestra en la Figura A.23.

Cuando y varía desde $y = 0$ hasta $y = 3$, z varía desde $z = 0$ hasta la recta $z = 6 - 2y$, y por último la x variará desde $x = 0$ hasta el plano $3x + 2y + z = 0$ o $x = 2 - \frac{z}{3} - \frac{2y}{3}$.

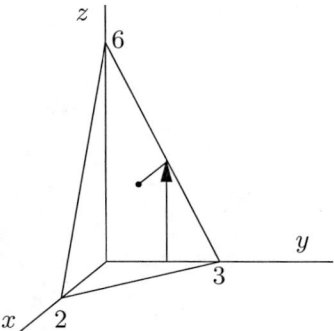

Figura A.23 Recinto de integración del Problema 8.1

Por lo que el volumen buscado es

$$V = \int_0^3 \int_0^{6-2y} \int_0^{2-\frac{z}{3}-\frac{2y}{3}} dxdzdy = \int_0^3 \int_0^{6-2y} [x]_0^{2-\frac{z}{3}-\frac{2y}{3}} dzdy =$$

$$= \int_0^3 \int_0^{6-2y} \left(2 - \frac{z}{3} - \frac{2y}{3}\right) dzdy = \int_0^3 [2z - \frac{1}{3}\frac{z^2}{2} - \frac{2y}{3}z]_0^{6-2y} dy =$$

$$= \int_0^3 \left(2(6-2y) - \frac{1}{6}(6-2y)^2 - \frac{2y}{3}(6-2y)\right) dy =$$

$$= \int_0^3 \left(12 - 4y - \frac{1}{6}(36 + 4y^2 - 24y) - 4y + \frac{4y^2}{3}\right) dy =$$

$$= \int_0^3 \left(6 - 4y + \frac{4}{6}y^2\right) dy = \left[6y - 4\frac{y^2}{2} + \frac{4}{6}\frac{y^3}{3}\right]_0^3 =$$

$$= 6 \cdot 3 - 4\frac{3^2}{2} + \frac{4}{6}\frac{3^3}{3} = 6,$$

que obviamente coincide con el resultado obtenido en el problema resuelto.

8.2. La esfera total tiene $\frac{4}{3}\pi \cdot 1^3 = \frac{4\pi}{3}$ unidades de volumen. A este volumen hemos de restar el volumen del sólido interior a la superficie cónica y limitado por ella y también por la superficie esférica. Véase la Figura A.24.

Por simetría este volumen a restar lo calculamos utilizando coordenadas esféricas, siendo

$$V = 2 \iiint_D 1 \, dxdydz.$$

La superficie esférica $x^2 + y^2 + z^2 = 1$ utilizando coordenadas esféricas

$$\begin{cases} x = \rho \cos\varphi \cos\theta \\ y = \rho \cos\varphi \,\text{sen}\,\theta \\ z = \rho \,\text{sen}\,\varphi \end{cases}$$

con jacobiano $J = \rho^2 \cos\varphi$, se escribe como

$$\rho^2 \cos^2\varphi \cos^2\theta + \rho^2 \cos^2\varphi \,\text{sen}^2\,\theta + \rho^2 \,\text{sen}^2\,\varphi = 1 \quad \Rightarrow$$

$$\Rightarrow \quad \rho^2 \cos^2\varphi(\cos^2\theta + \text{sen}^2\,\theta) + \rho^2 \,\text{sen}^2\,\varphi = 1 \quad \Rightarrow$$

$$\Rightarrow \quad \rho^2(\cos^2\varphi + \text{sen}^2\,\varphi) = 1 \quad \Rightarrow \quad \rho = 1$$

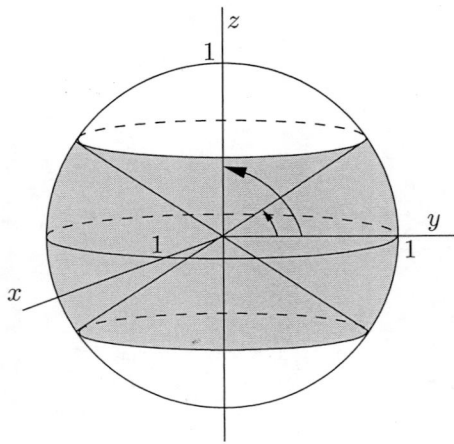

Figura A.24 Sólido comprendido entre la esfera y el cono

y la superficie cónica $x^2 + y^2 = z^2$ con $z \geq 0$ es

$$\rho^2 \cos^2 \varphi \cos^2 \theta + \rho^2 \cos^2 \varphi \operatorname{sen}^2 \theta = \rho^2 \operatorname{sen}^2 \varphi \qquad \Rightarrow$$

$$\Rightarrow \qquad \rho^2 \cos^2 \varphi (\cos^2 \theta + \operatorname{sen}^2 \theta) = \rho^2 \operatorname{sen}^2 \varphi \qquad \Rightarrow$$

$$\Rightarrow \qquad \cos^2 \varphi = \operatorname{sen}^2 \varphi \qquad \Rightarrow \qquad \cos \varphi = \pm \operatorname{sen} \varphi \qquad \Rightarrow$$

$$\Rightarrow \qquad \operatorname{tg} \varphi = \pm 1 \qquad \Rightarrow \qquad \varphi = \pm \frac{\pi}{4}$$

y para $z \geq 0$ es $\varphi = \frac{\pi}{4}$· Con ello se tiene

$$V = 2 \iiint_D dx\,dy\,dz = 2 \iiint_{\widehat{D}} \rho^2 \cos \varphi \, d\rho\, d\theta\, d\varphi =$$

$$= 2 \left(\int_0^1 \rho^2 d\rho \right) \left(\int_{\frac{\pi}{4}}^{\frac{\pi}{2}} \cos \varphi d\varphi \right) \left(\int_0^{2\pi} d\theta \right) =$$

$$= 2 \frac{1}{3} \left[\rho^3 \right]_0^1 \left[\operatorname{sen} \varphi \right]_{\frac{\pi}{4}}^{\frac{\pi}{2}} 2\pi = \frac{2}{3} (1-0) \left(1 - \frac{1}{\sqrt{2}} \right) 2\pi = \frac{4\pi}{3} \left(1 - \frac{1}{\sqrt{2}} \right) =$$

$$= \frac{4\pi}{3} - \frac{4\pi}{3\sqrt{2}}$$

y el volumen pedido del sólido resultante es

$$\frac{4\pi}{3} - \left(\frac{4\pi}{3} - \frac{4\pi}{3\sqrt{2}} \right) = \frac{4\pi}{3\sqrt{2}} = \frac{4\pi\sqrt{2}}{3 \cdot 2} = \frac{2\pi\sqrt{2}}{3}.$$

8.3. Dos métodos.

Primer método: El corte de estas figuras viene determinado por

$$\begin{array}{l} x^2 + y^2 = z^2 \\ x^2 + y^2 = z \end{array} \quad \text{o} \quad z^2 = z \quad \Rightarrow \quad z^2 - z = 0 \quad \Rightarrow \quad z(z-1) = 0 \quad \Rightarrow \quad \left\{ \begin{array}{l} z = 0 \\ z = 1 \end{array} \right.$$

La simetría del problema sugiere que debemos usar coordenadas cilíndricas

$$\left. \begin{array}{l} x = \rho \cos \theta \\ y = \rho \operatorname{sen} \theta \\ z = z \end{array} \right\} \quad \Rightarrow \quad x^2 + y^2 = \rho^2,$$

por lo que el cono se escribe como $\rho^2 = z^2$ o $\rho = z$ y el paraboloide como $z = \rho^2 \Leftrightarrow \rho = \sqrt{z}$.

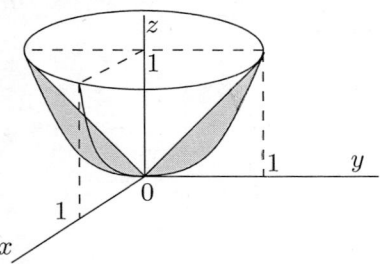

Figura A.25 Recinto de integración del Problema 8.3

Cuando z varía desde $z = 0$ hasta $z = 1$, el radio variará desde el cono interior $\rho = z$ hasta el paraboloide $\rho = \sqrt{z}$, según se muestra en la Figura A.25. Por lo tanto, el volumen pedido viene dado por

$$
V = \int_0^{2\pi} \int_0^1 \int_z^{\sqrt{z}} \rho \, d\rho dz d\theta = \int_0^{2\pi} \int_0^1 \left[\frac{\rho^2}{2} \right]_z^{\sqrt{z}} dz d\theta =
$$

$$
= \frac{1}{2} \int_0^{2\pi} \int_0^1 \left(z - z^2 \right) dz d\theta = \frac{1}{2} \int_0^{2\pi} \left[\frac{z^2}{2} - \frac{z^3}{3} \right]_0^1 d\theta =
$$

$$
= \frac{1}{2} \int_0^{2\pi} \left(\frac{1}{2} - \frac{1}{3} \right) d\theta = \frac{1}{2} \int_0^{2\pi} \frac{1}{6} d\theta = \frac{1}{12} [\theta]_0^{2\pi} =
$$

$$
= \frac{2\pi}{12} = \frac{\pi}{6}.
$$

Segundo método: Hemos visto en el primer método que las figuras se cortan para $z = 1$, lo que corresponde a un radio $\rho = z = 1$.

Cuando el ángulo varía desde 0 hasta 2π, el radio lo hace desde 0 hasta 1 y z lo hace desde el paraboloide $z = \rho^2$ al cono $z = \rho$.

El volumen pedido es

$$
V = \int_0^{2\pi} \int_0^1 \int_{\rho^2}^{\rho} \rho \, dz d\rho d\theta = 2\pi \int_0^1 [z]_{\rho^2}^{\rho} \rho \, d\rho =
$$

$$
= 2\pi \int_0^1 (\rho - \rho^2) \rho \, d\rho = 2\pi \left[\frac{\rho^3}{3} - \frac{\rho^4}{4} \right]_0^1 =
$$

$$
= 2\pi \left(\frac{1}{3} - \frac{1}{4} \right) = \frac{2\pi}{12} = \frac{\pi}{6},
$$

resultado que obviamente coincide con el del primer método.

8.4. Pasando a coordenadas polares se tiene

$$
\left. \begin{array}{c} x = \rho \cos\theta \\ y = \rho \, \mathrm{sen}\, \theta \end{array} \right\} \quad \Rightarrow \quad x^2 + y^2 = \rho^2,
$$

y el cono se expresa como $\rho = z$ y el paraboloide como $-z + 2 = \rho^2$.

Ambas superficies se cortan cuando $z = -z + 2$ o $z = 1$, es decir, para $\rho = z = 1$.

Cuando el radio varía desde $\rho = 0$ hasta $\rho = 1$, la variable z variará desde el cono $z = \rho$ hasta el paraboloide $z = 2 - \rho^2$. Véase la Figura A.26.

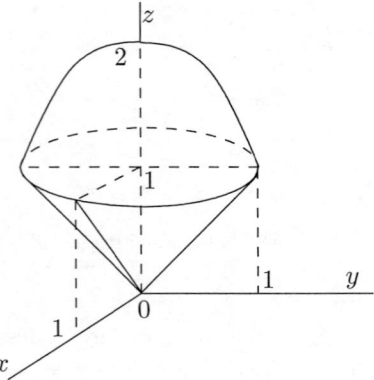

Figura A.26 Recinto de integración del Problema 8.4

El volumen pedido es

$$V = \int_0^1 \int_\rho^{2-\rho^2} \int_0^{2\pi} \rho \, d\theta dz d\rho = 2\pi \int_0^1 \int_\rho^{2-\rho^2} \rho \, dz d\rho = 2\pi \int_0^1 [z]_\rho^{2-\rho^2} \rho \, d\rho =$$

$$= 2\pi \int_0^1 (2 - 2\rho^2 - \rho)\rho \, d\rho = 2\pi \int_0^1 (2\rho - \rho^2 - \rho^3)d\rho = 2\pi \left[\frac{2\rho^2}{2} - \frac{\rho^3}{3} - \frac{\rho^4}{4} \right]_0^1 = \frac{5\pi}{6}.$$

8.5. En la Figura A.27 se observa el volumen limitado por ambas superficies.

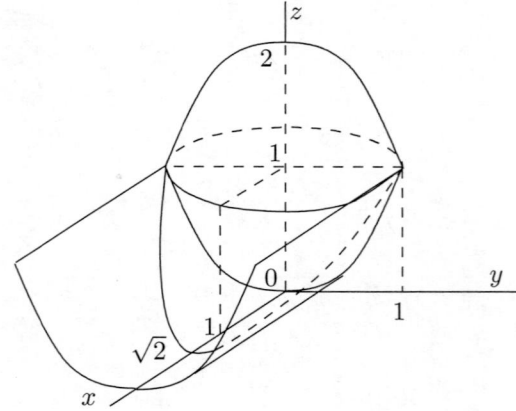

Figura A.27 El volumen correspondiente al Problema 8.5

Proyectemos ortogonalmente al plano XY la superficie del paraboloide intersecado por el cilindro parabólico. Para ello eliminemos la variable z entre las ecuaciones

$$\left. \begin{array}{l} z = 2 - x^2 - y^2 \\ z = x^2 \end{array} \right\} \quad \Rightarrow \quad 2 - x^2 - y^2 = x^2 \quad \Rightarrow \quad 2x^2 + y^2 = 2.$$

Se trata de una elipse, como se ve en la Figura A.28.

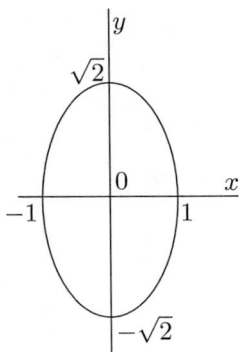

Figura A.28 La elipse intersección

Cuando x varía desde -1 hasta 1, y varía desde $y = -\sqrt{2 - 2x^2}$ hasta $y = \sqrt{2 - 2x^2}$, mientras que z varía desde el cilindro $z = x^2$ hasta el paraboloide $z = 2 - x^2 - y^2$.

Por tanto el volumen buscado es

$$V = \int_{-1}^{1} \int_{-\sqrt{2-2x^2}}^{\sqrt{2-2x^2}} \int_{x^2}^{2-x^2-y^2} dz\,dy\,dx =$$

$$= \int_{-1}^{1} \int_{-\sqrt{2-2x^2}}^{\sqrt{2-2x^2}} [z]_{x^2}^{2-x^2-y^2} dy\,dx =$$

$$= \int_{-1}^{1} \int_{-\sqrt{2-2x^2}}^{\sqrt{2-2x^2}} (2 - 2x^2 - y^2)dy\,dx =$$

$$= \int_{-1}^{1} \left[2y - 2x^2 y - \frac{y^3}{3} \right]_{-\sqrt{2-2x^2}}^{\sqrt{2-2x^2}} dx =$$

$$= \int_{-1}^{1} \left(4\sqrt{2 - 2x^2} - 4x^2 \sqrt{2 - 2x^2} - \frac{2}{3} \left(\sqrt{2 - 2x^2} \right)^3 \right) dx =$$

$$= \int_{-1}^{1} \left(4\sqrt{2}\sqrt{1 - x^2} - 4\sqrt{2}x^2 \sqrt{1 - x^2} - \frac{2}{3}2^{3/2} \left(\sqrt{1 - x^2} \right)^3 \right) dx =$$

$$= 2\int_{0}^{1} \left(4\sqrt{2}\sqrt{1 - x^2} - 4\sqrt{2}x^2 \sqrt{1 - x^2} - \frac{2}{3}2^{3/2} \left(\sqrt{1 - x^2} \right)^3 \right) dx.$$

Haciendo el cambio $x = \operatorname{sen} t$, resulta $\sqrt{1 - x^2} = \sqrt{1 - \operatorname{sen}^2 t} = \sqrt{\cos^2 t} = \cos t$ y $dx = \cos t\,dt$, por lo que podemos escribir

$$V = 2\int_{0}^{\frac{\pi}{2}} \left(4\sqrt{2}\cos t - 4\sqrt{2}\operatorname{sen}^2 t \cos t - \frac{2}{3}2^{3/2}\cos^3 t \right) \cos t\,dt =$$

$$= 2\int_{0}^{\frac{\pi}{2}} \left(4\sqrt{2}\cos^2 t - 4\sqrt{2}\operatorname{sen}^2 t \cos^2 t - \frac{2}{3}2^{3/2}\cos^4 t \right) dt.$$

Utilizando las expresiones

$$\operatorname{sen}^2 t = \frac{1 - \cos 2t}{2}, \qquad \cos^2 t = \frac{1 + \cos t}{2},$$

$$\operatorname{sen} t \cos t = \frac{1}{2}\operatorname{sen} 2t \quad \Rightarrow \quad \operatorname{sen}^2 t \cos^2 t = \frac{1}{4}\operatorname{sen}^2 2t = \frac{1}{4}\frac{1 - \cos 4t}{2},$$

$$\cos^4 t = (\cos^2 t)^2 = \left(\frac{1 + \cos 2t}{2}\right)^2 =$$

$$= \frac{1}{4}\left[1 + 2\cos 2t + \cos^2 2t\right] = \frac{1}{4}\left[1 + 2\cos 2t + \frac{1 + \cos 4t}{2}\right]$$

resulta

$$V = 2\int_0^{\frac{\pi}{2}}\left(4\sqrt{2}\left(\frac{1 + \cos 2t}{2}\right) - 4\sqrt{2}\frac{1}{4}\frac{1 - \cos 4t}{2} - \frac{2}{3}2^{3/2}\frac{1}{4}\left[1 + 2\cos 2t + \frac{1 + \cos 4t}{2}\right]\right)dt =$$

$$= \left[4\sqrt{2}\left(t + \frac{\operatorname{sen} 2t}{2}\right) - \sqrt{2}\left(t - \frac{\operatorname{sen} 4t}{4}\right) - \frac{2^{3/2}}{3}\left(\frac{3}{2}t + \operatorname{sen} 2t + \frac{\operatorname{sen} 4t}{2}\right)\right]_0^{\frac{\pi}{2}} =$$

$$= 4\sqrt{2}\left(\frac{\pi}{2} - 0\right) - \sqrt{2}\left(\frac{\pi}{2} - 0\right) - \frac{2^{3/2}}{3}\frac{3}{2}\left(\frac{\pi}{2} - 0\right) = \pi\sqrt{2}.$$

8.6. Dos métodos.

Primer método: Mediante integración triple.

Siendo D el sólido cuyo volumen se pide es

$$V = \iiint_D dV = \iiint_D dxdydz$$

y utilizando coordenadas cilíndricas esta integral se expresa como

$$\iiint_D dxdydz = \iiint_{D^*} \rho\, d\rho d\theta dz.$$

Los límites de integración se determinan expresando las superficies que intervienen en las nuevas coordenadas. Véase la Figura A.29.

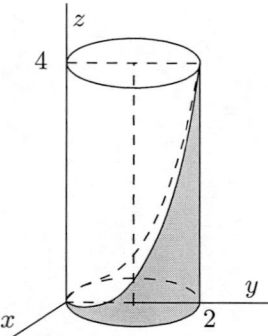

Figura A.29 El sólido del Problema 8.6

De este modo $x^2 + y^2 - 2y = 0$ equivale a $\rho^2 - 2\rho \operatorname{sen} \theta = 0$, es decir

$$\rho - 2 \operatorname{sen} \theta = 0.$$

Análogamente, $x^2 + y^2 - z = 0 \quad \Rightarrow \quad \rho^2 - z = 0$, con lo cual es

$$V = \iiint_{D*} \rho \, d\rho d\theta dz = \int_0^\pi \int_0^{2 \operatorname{sen} \theta} \int_0^{\rho^2} dz \, \rho \, d\rho d\theta =$$

$$= \int_0^\pi \int_0^{2 \operatorname{sen} \theta} [z]_0^{\rho^2} \rho \, d\rho d\theta = \int_0^\pi \int_0^{2 \operatorname{sen} \theta} (\rho^2 - 0) \, \rho \, d\rho d\theta =$$

$$= \int_0^\pi \int_0^{2 \operatorname{sen} \theta} \rho^3 d\rho d\theta = \int_0^\pi \frac{1}{4} [\rho^4]_0^{2 \operatorname{sen} \theta} d\theta =$$

$$= \frac{1}{4} 16 \int_0^\pi \operatorname{sen}^4 \theta \, d\theta = 4 \int_0^\pi \left(\frac{3}{8} - \frac{1}{2} \cos 2\theta + \frac{1}{8} \cos 4\theta \right) d\theta =$$

$$= 4 \left[\frac{3}{8} \theta - \frac{1}{4} \operatorname{sen} 2\theta + \frac{1}{4 \cdot 8} \operatorname{sen} 4\theta \right]_0^\pi = \left[\frac{3}{2} \theta - \operatorname{sen} 2\theta + \frac{1}{8} \operatorname{sen} 4\theta \right]_0^\pi =$$

$$= \frac{3\pi}{2}.$$

Segundo método: Mediante integración doble.

El volumen pedido a la vista de la Figura se obtiene calculando la integral doble de la función $z = f(x, y) = x^2 + y^2$ (paraboloide dado) extendido al recinto

$$R = \{(x, y) \in \mathbb{R}^2 : x^2 + y^2 - 2y \le 0\}.$$

Utilizando coordenadas polares se tiene que el volumen a calcular es, siguiendo el Problema resuelto 8.6

$$V = \iint_R f(x, y) dx dy = \iint_R (x^2 + y^2) dx dy =$$

$$= \iint_{R*} \rho^2 \rho \, d\rho d\theta = \int_0^\pi \int_0^{2 \operatorname{sen} \theta} \rho^3 d\rho d\theta =$$

$$= \int_0^\pi \frac{1}{4} \left[\rho^4 \right]_0^{2 \operatorname{sen} \theta} d\theta = \frac{1}{4} \int_0^\pi 16 \operatorname{sen}^4 \theta d\theta =$$

$$= 4 \int_0^\pi \operatorname{sen}^4 \theta d\theta = \frac{3\pi}{2},$$

ya que esta última integral se ha calculado en el primer procedimiento.

8.7. La masa vendrá dada por

$$M = \int_V d(x, y, z) dx dy dz,$$

siendo V el volumen delimitado por el recinto. Véase la Figura A.30.

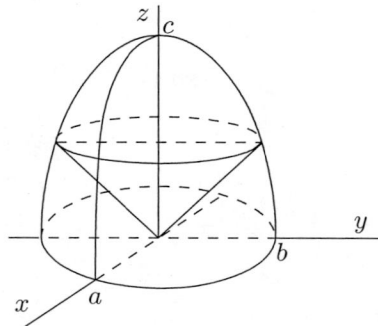

Figura A.30 Mitad superior del recinto de integración del Problema 8.7

El cambio $\frac{x}{a} = X$, $\frac{y}{b} = Y$, $\frac{z}{c} = Z$, transforma el elipsoide, el cono y la función de densidad de la siguiente manera.

$$\frac{x^2}{a^2} + \frac{y^2}{b^2} + \frac{z^2}{c^2} = 1 \qquad \Rightarrow \quad X^2 + Y^2 + Z^2 = 1,$$

$$\frac{x^2}{a^2} + \frac{y^2}{b^2} = \frac{z^2}{c^2} \qquad \Rightarrow \quad X^2 + Y^2 = Z^2,$$

$$d(x,y,z) = \frac{x^2}{a^2} + \frac{y^2}{b^2} + \frac{z^2}{c^2} \qquad \Rightarrow \quad d'(X,Y,Z) = X^2 + Y^2 + Z^2.$$

La transformación de la función de densidad es la diferencia con el Problema resuelto 8.7, ya que al ser allí constante no sufría ninguna modificación.

Como el jacobiano de la transformación es

$$\frac{\partial(x,y,z)}{\partial(X,Y,Z)} = \begin{vmatrix} a & 0 & 0 \\ 0 & b & 0 \\ 0 & 0 & c \end{vmatrix} = abc,$$

resulta que la masa buscada es

$$M = \int_{V'} abc\, d'\, dX\, dY\, dZ = \int_{V'} abc(X^2 + Y^2 + Z^2)\, dX\, dY\, dZ,$$

siendo V' el volumen encerrado por la esfera y el cono, resultantes del cambio de variables.

Al pasar a coordenadas esféricas

$$X = \rho\, \text{sen}\, \varphi \cos\theta$$
$$Y = \rho\, \text{sen}\, \varphi\, \text{sen}\, \theta$$
$$Z = \rho \cos\varphi,$$

resulta, teniendo en cuenta que $d(X,Y,Z) = X^2 + Y^2 + Z^2 = \rho^2$

$$M = 2abc \int_0^{\frac{\pi}{4}} \int_0^{2\pi} \int_0^1 \rho^2 \rho^2\, \text{sen}\, \varphi d\rho d\theta d\varphi = 2abc \int_0^{\frac{\pi}{4}} \int_0^{2\pi} \left[\frac{\rho^5}{5}\right]_0^1 \text{sen}\, \varphi d\theta d\varphi =$$

$$= \frac{2}{5}abc \int_0^{\frac{\pi}{4}} [\theta]_0^{2\pi} \text{sen}\, \varphi d\varphi = \frac{2}{5}abc 2\pi \left[-\cos\varphi\right]_0^{\frac{\pi}{4}} = \frac{4}{5}abc\pi \left(1 - \frac{\sqrt{2}}{2}\right).$$

El factor 2 delante del integrando se debe a los dos troncos de cono encerrados por la esfera.

A diferencia del Problema resuelto 8.7, el cálculo obtenido no nos permite evaluar el volumen encerrado por las superficies.

8.8. La masa pedida viene dada por

$$M = \int_V d(x, y, z)\,dx\,dy\,dz,$$

siendo V el volumen delimitado por las superficies.

El cambio $\frac{x}{a} = X$, $\frac{y}{b} = Y$, $\frac{z}{c} = Z$, transforma el paraboloide y el cono de secciones elípticas en un paraboloide y un cono de sección circular según

$$\frac{z}{c} = \frac{x^2}{a^2} + \frac{y^2}{b^2} \qquad \Rightarrow \quad Z = X^2 + Y^2,$$

$$\frac{x^2}{a^2} + \frac{y^2}{b^2} = \frac{z^2}{c^2} \qquad \Rightarrow \quad X^2 + Y^2 = Z^2.$$

La densidad pasa a ser $d'(X, Y, Z) = X^2 + Y^2$, siendo el jacobiano de la transformación

$$\frac{\partial(x, y, z)}{\partial(X, Y, Z)} = \begin{vmatrix} a & 0 & 0 \\ 0 & b & 0 \\ 0 & 0 & c \end{vmatrix} = abc,$$

por lo que la masa buscada es

$$M = \int_{V'} abc\,d'(X, Y)\,dX\,dY\,dZ,$$

con V' el recinto encerrado por $Z = X^2 + Y^2$, $X^2 + Y^2 = Z^2$.

La simetría del problema nos sugiere que debemos utilizar coordenadas cilíndricas

$$X = \rho\cos\theta$$
$$Y = \rho\,\mathrm{sen}\,\theta$$
$$Z = Z.$$

El jacobiano de la transformación es

$$|J| = \begin{vmatrix} \cos\theta & -\rho\,\mathrm{sen}\,\theta & 0 \\ \mathrm{sen}\,\theta & \rho\cos\theta & 0 \\ 0 & 0 & 1 \end{vmatrix} = \rho.$$

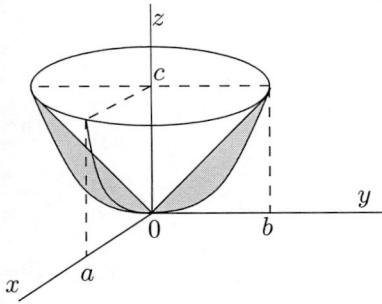

Figura A.31 El recinto de integración del Problema 8.8

En coordenadas cilíndricas el paraboloide y el cono adoptan la forma

$$Z = X^2 + Y^2 = \rho^2 \quad \Rightarrow \quad Z = \rho^2$$
$$Z^2 = X^2 + Y^2 = \rho^2 \quad \Rightarrow \quad Z^2 = \rho^2 \quad \Rightarrow \quad Z = \rho.$$

Véase la Figura A.31.

El cono corta al paraboloide cuando $Z = Z^2$, es decir, para $Z = 0$ y $Z = 1$, que corresponden a $\rho = 0$ y $\rho = 1$. Por lo tanto, cuando el ángulo θ varíe desde $\theta = 0$ a $\theta = 2\pi$, el radio variará desde $\rho = 0$ a $\rho = 1$, mientras que Z variará desde el paraboloide $Z = \rho^2$ hasta el cono $Z = \rho$.

Ya podemos calcular la masa pedida

$$M = abc \int_0^1 \int_{\rho^2}^{\rho} \int_0^{2\pi} \rho^2 \rho\, d\theta dZ d\rho = abc \int_0^1 \int_{\rho^2}^{\rho} \rho^3 \, [\theta]_0^{2\pi} \, dZ d\rho =$$

$$= 2\pi abc \int_0^1 \int_{\rho^2}^{\rho} \rho^3 dZ d\rho = 2\pi abc \int_0^1 [Z]_{\rho^2}^{\rho} \rho^3 d\rho =$$

$$= 2\pi abc \int_0^1 (\rho - \rho^2)\rho^3 d\rho = 2\pi abc \left[\frac{\rho^5}{5} - \frac{\rho^6}{6} \right]_0^1 =$$

$$= 2\pi abc \left(\frac{1}{5} - \frac{1}{6} \right) = \frac{\pi abc}{15}.$$

8.9. La presencia del término $x^2 + y^2$, tanto en el integrando como en el recinto, sugiere la conveniencia de usar coordenadas cilíndricas

$$\begin{cases} x = \rho \cos \theta \\ y = \rho \, \mathrm{sen}\, \theta \\ z = z \end{cases}$$

con jacobiano $J = \rho$.

El recinto D es el transformado por el cambio de variables del recinto

$$D^* = \{(\rho, \theta, z) : 0 \leq \rho \leq a, 0 \leq \theta \leq 2\pi, 0 \leq z \leq 2\pi\}$$

y la integral se convierte en

$$\iiint_D \frac{x^2 + y^2}{e^{(x^2+y^2)^2 + \mathrm{sen}\, z}} dx dy dz = \iiint_{D^*} \frac{\rho^2}{e^{\rho^4 + \mathrm{sen}\, z}} \rho \cos z d\rho dz d\theta =$$

$$= \int_0^{2\pi} \int_0^{\pi/2} \int_0^a \frac{\rho^2}{e^{\rho^4 + \mathrm{sen}\, z}} \rho \cos z d\rho dz d\theta =$$

$$= \int_0^{2\pi} \int_0^{\pi/2} \int_0^a e^{-\rho^4} \rho^3 e^{-\mathrm{sen}\, z} \cos z d\rho dz d\theta =$$

$$= \int_0^{2\pi} \int_0^{\pi/2} \left[-\frac{1}{4} e^{-\rho^4} \right]_0^a e^{-\mathrm{sen}\, z} \cos z dz d\theta =$$

$$= -\frac{1}{4}(e^{-a^4} - 1) \int_0^{2\pi} \left[-e^{-\mathrm{sen}\, z} \right]_0^{\pi/2} d\theta =$$

$$= -\frac{1}{4}(e^{-a^4} - 1)(-e^{-\mathrm{sen}\, \pi/2} + e^0) \int_0^{2\pi} d\theta =$$

$$= \frac{1 - e^{-a^4}}{4}(1 - e^{-1})2\pi = \frac{\pi(e-1)(1 - e^{-a^4})}{2e}.$$

8.10. En coordenadas polares

$$\begin{cases} x = \rho\cos\theta \\ y = \rho\,\mathrm{sen}\,\theta \end{cases}$$

se tiene que $z = \dfrac{1}{x^2 + y^2}$ se expresa como $z = \dfrac{1}{\rho^2}$, mientras que la condición $4 \le z \le 9$ se convierte

en $4 \le \dfrac{1}{\rho^2} \le 9$, o lo que es lo mismo, en $\frac{1}{3} \le \rho \le \frac{1}{2}$. Por otro lado, como al plano $y = 0 = \rho\,\mathrm{sen}\,\theta$ le corresponde $\theta = 0$, mientras que al plano $y = x$ le corresponde el ángulo $\theta = \frac{\pi}{4}$, que se deduce de $\rho\cos\theta = \rho\,\mathrm{sen}\,\theta$.

En definitiva, se nos pide el volumen delimitado por

$$z = \frac{1}{\rho^2}, \qquad \frac{1}{3} \le \rho \le \frac{1}{2}, \qquad 0 \le \theta \le \frac{\pi}{4},$$

(véase la Figura A.32), que viene dado por

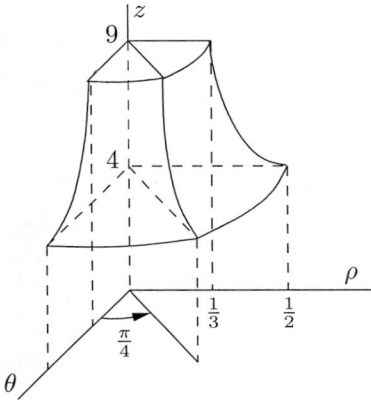

Figura A.32 El volumen del Problema 8.10

$$\int_0^{\frac{\pi}{4}} \int_{\frac{1}{3}}^{\frac{1}{2}} \int_4^{\frac{1}{\rho^2}} \rho\, dz d\rho d\theta = \frac{\pi}{4} \int_{\frac{1}{3}}^{\frac{1}{2}} \rho\, [z]_4^{\frac{1}{\rho^2}}\, d\rho = \frac{\pi}{4} \int_{\frac{1}{3}}^{\frac{1}{2}} \left(\frac{1}{\rho^2} - 4\right) \rho\, d\rho =$$

$$= \frac{\pi}{4} \left[\ln\rho - 4\frac{\rho^2}{2}\right]_{\frac{1}{3}}^{\frac{1}{2}} =$$

$$= \frac{\pi}{4} \left(\ln\frac{1}{2} - \ln\frac{1}{3} - 2\left(\left(\frac{1}{2}\right)^2 - \left(\frac{1}{3}\right)^2\right)\right) =$$

$$= \frac{\pi}{4} \left(\ln\frac{3}{2} - 2\frac{5}{3^2 2^2}\right) = \frac{\pi}{4} \left(\ln\frac{3}{2} - \frac{5}{18}\right).$$

8.11. En coordenadas polares

$$\begin{cases} x = \rho\cos\theta \\ y = \rho\,\mathrm{sen}\,\theta \end{cases}$$

el cono $x^2 + y^2 = z^2$ se transforma en $z^2 = \rho^2$ o $z = \rho$, el paraboloide $z = x^2 + y^2$ se transforma en $z = \rho^2$, el plano $y = 0 = \rho\,\mathrm{sen}\,\theta$ se transforma en $\theta = 0$ y el plano $y = -x$ en $\rho\cos\theta = -\rho\,\mathrm{sen}\,\theta$, es decir, $\theta = \frac{3\pi}{4}$.

El volumen pedido es el generado por la superficie sombreada (véase la Figura A.33), al girar en torno al eje OZ, entre los ángulos $\theta = 0$ y $\theta = \frac{3\pi}{4}$.

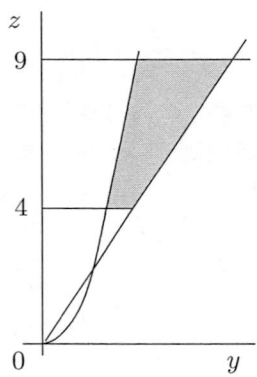

Figura A.33 La zona que por revolución engendra el volumen

El volumen buscado viene dado por

$$\int_0^{\frac{3\pi}{4}} \int_4^9 \int_{\sqrt{z}}^z \rho \, d\rho dz d\theta = \frac{3\pi}{4} \int_4^9 \left[\frac{\rho^2}{2}\right]_{\sqrt{z}}^z dz = \frac{3\pi}{8} \int_4^9 (z^2 - z) dz =$$

$$= \frac{3\pi}{8} \left[\frac{z^3}{3} - \frac{z^2}{2}\right]_4^9 = \frac{3\pi}{8}\left(\left(\frac{9^3}{3} - \frac{9^2}{2}\right) - \left(\frac{4^3}{3} - \frac{4^2}{2}\right)\right) =$$

$$= \frac{3\pi}{8}\left(\frac{1458 - 243}{6} - \frac{128 - 48}{6}\right) = \frac{3\pi}{8 \cdot 6}1135 = \frac{1135\pi}{16}.$$

Obsérvese que cuando z varía desde $z = 4$ hasta $z = 9$, el radio lo hace desde $\rho = \sqrt{z}$ hasta el cono $z = \rho$, de ahí los límites de integración.

8.12. Disponiendo el depósito con centro en el punto $(0, 0, a)$, al igual que en el Problema resuelto 8.12 y llamando V al sólido ocupado por el volumen, se tiene que el volumen pedido es

$$V = \iiint_V dV = \iiint_V dxdydz.$$

Utilizando coordenadas cilíndricas (ρ, θ, z) se tiene que el volumen pedido es

$$V = \iiint_{V^*} \rho \, d\rho d\theta dz$$

y en ella:

1. θ varía entre 0 y 2π.

2. ρ varía entre 0 y el radio de la circunferencia obtenida al cortar la esfera por el plano $z = \frac{a}{2}$, cuyo valor es $\frac{\sqrt{3}}{2}a$.

3. La coordenada z varía entre la z de la superficie esférica

$$z = a - \sqrt{a^2 - (x^2 + y^2)} = a - \sqrt{a^2 - \rho^2}$$

y $z = \frac{a}{2}$ (véase la Figura A.34),

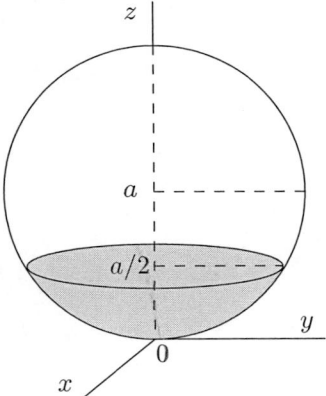

Figura A.34 Volumen del depósito esférico

con lo cual el volumen pedido es

$$V = \int_0^{2\pi} d\theta \int_0^{\frac{\sqrt{3}}{2}a} \int_{a-\sqrt{a^2-\rho^2}}^{\frac{a}{2}} dz \rho d\rho = 2\pi \int_0^{\frac{\sqrt{3}}{2}a} [z]_{a-\sqrt{a^2-\rho^2}}^{\frac{a}{2}} \rho d\rho =$$

$$= 2\pi \int_0^{\frac{\sqrt{3}}{2}a} \left(\frac{a}{2} - a + \sqrt{a^2-\rho^2} \right) \rho d\rho =$$

$$= 2\pi \int_0^{\frac{\sqrt{3}}{2}a} \left(-\frac{a}{2} + \sqrt{a^2-\rho^2} \right) \rho d\rho = \frac{5\pi a^3}{24}.$$

Véase el cálculo de la última integral en el Problema resuelto 8.12.

A.9 SOLUCIONES AL CAPÍTULO 9

9.1. Considerando la superficie en la forma $F(x,y,z) = x^2 + y^2 + z^2 - 4 = 0$, la integral pedida está dada por

$$I = \iint_S f dS = \iint_D f[x,y,z(x,y)] \frac{\sqrt{F_x^2 + F_y^2 + F_z^2}}{|F_z|} dxdy$$

donde $z(x,y)$ es la función diferenciable definida implícitamente por $F(x,y,z) = 0$ y D es la proyección ortogonal de la superficie sobre el plano XY.

Para $z > 0$ es

$$z = z(x,y) = \sqrt{4 - (x^2 + y^2)}$$

la función definida por la ecuación $x^2 + y^2 + z^2 = 4$.

Además, al ser

$$\sqrt{F_x^2 + F_y^2 + F_z^2} = \sqrt{(2x)^2 + (2y)^2 + (2z)^2} = 2\sqrt{x^2 + y^2 + z^2} = 2\sqrt{4} = 4,$$

se tiene que la integral queda como

$$I = \iint_S f dS = \iint_D xy^3 \sqrt{4 - (x^2 + y^2)} \frac{4}{2z(x,y)} dxdy =$$

$$= \iint_D xy^3 \sqrt{4 - (x^2 + y^2)} \frac{2}{\sqrt{4 - (x^2 + y^2)}} dxdy = 2 \iint_D xy^3 dxdy,$$

siendo D el cuadrante de círculo del plano XY definido por

$$D = \{(x, y) \in \mathbb{R}^2 : x^2 + y^2 \leq 4, x \geq 0, y \geq 0\}.$$

Cambiando a coordenadas polares definidas por las ecuaciones

$$\begin{cases} x = \rho \cos \theta \\ y = \rho \operatorname{sen} \theta, \end{cases}$$

cuyo determinante jacobiano es tal que $|J| = \rho$, el valor de la integral resulta ser

$$I = \iint_S f dS = 2 \iint_{D^*} \rho \cos \theta \, \rho^3 \operatorname{sen}^3 \theta \, \rho \, d\rho d\theta =$$

$$= 2 \int_0^{\frac{\pi}{2}} \int_0^2 \rho^5 \operatorname{sen}^3 \theta \cos \theta d\rho d\theta = 2 \left[\frac{\operatorname{sen}^4 \theta}{4} \right]_0^{\frac{\pi}{2}} \frac{1}{6} \left[\rho^6 \right]_0^2 =$$

$$= \frac{1}{2} \cdot \frac{1}{6} \cdot 2^6 = \frac{16}{3}.$$

Obsérvese que al mismo resultado se llega en forma directa considerando que el vector $(2x, 2y, 2z)$ es normal a la superficie en cada punto genérico y también lo es el vector (x, y, z). El correspondiente vector normal unitario es

$$\overline{n} = \left(\frac{x}{\sqrt{x^2 + y^2 + z^2}}, \frac{y}{\sqrt{x^2 + y^2 + z^2}}, \frac{z}{\sqrt{x^2 + y^2 + z^2}} \right) = \left(\frac{x}{\sqrt{4}}, \frac{y}{\sqrt{4}}, \frac{z}{\sqrt{4}} \right) = \left(\frac{x}{2}, \frac{y}{2}, \frac{z}{2} \right),$$

con lo cual es

$$\cos \gamma = \frac{z}{2}$$

siendo γ el ángulo que forma el vector $\overline{n}$ con el vector unitario $\overline{k}$ de la dirección del eje OZ.

Con estas consideraciones el valor de la integral es

$$I = \iint_S f dS = \iint_D f(x, y, z(x, y)) \frac{dxdy}{|\cos \gamma|} = \iint_D xy^3 z(x, y) \frac{dxdy}{\frac{z(x, y)}{2}} =$$

$$= 2 \iint_D xy^3 \sqrt{4 - (x^2 + y^2)} \frac{dxdy}{\sqrt{4 - (x^2 + y^2)}} = 2 \iint_D xy^3 dxdy,$$

siendo D la proyección ortogonal de la superficie sobre el plano XY.

Este valor es el mismo que el obtenido anteriormente.

9.2. Construyamos la función $F(x, y, z) = x^2 + y^2 - z^2 = 0$, con gradiente $\nabla F = (2x, 2y, -2z)$, que genera un vector unitario

$$\overline{n} = \frac{(2x, 2y, -2z)}{\sqrt{(2x)^2 + (2y)^2 + (-2z)^2}} = \frac{(2x, 2y, -2z)}{2\sqrt{x^2 + y^2 + z^2}} = \frac{(x, y, -z)}{\sqrt{x^2 + y^2 + z^2}}.$$

Proyectamos al plano XY, cuyo vector unitario normal es $\overline{k} = (0, 0, 1)$, así que

$$\cos \alpha = \overline{n} \cdot \overline{k} = \frac{(x, y, -z)}{\sqrt{x^2 + y^2 + z^2}} \cdot (0, 0, 1) = \frac{-z}{\sqrt{x^2 + y^2 + z^2}},$$

como $x^2 + y^2 = z^2$, resulta que

$$\cos \alpha = \frac{-z}{\sqrt{x^2 + y^2 + z^2}} = \frac{-z}{\sqrt{z^2 + z^2}} = \frac{-z}{\sqrt{2z^2}} = \frac{-1}{\sqrt{2}}.$$

El área buscada es

$$\text{Área}(S) = \iint_D \frac{dxdy}{|\cos\alpha|} = \iint_D \frac{dxdy}{|\frac{-1}{\sqrt{2}}|} = \sqrt{2}\iint_D dxdy.$$

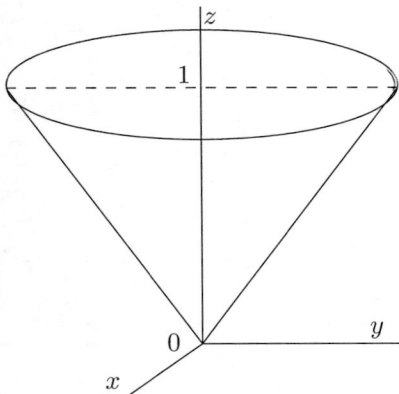

Figura A.35 Superficie correspondiente al Problema 9.2

Observemos que el cono cortado por $z = 1$ es la circunferencia $x^2 + y^2 = 1$, y es precisamente el recinto que se proyecta al plano XY. Como un círculo de radio 1, como el presente, tiene una superficie $\pi r^2 = \pi$, resulta

$$\text{Área}(S) = \sqrt{2}\iint_D dxdy = \pi\sqrt{2}.$$

9.3. Parametrizando encontramos

$$\begin{cases} x = a\,\text{sen}\,\varphi\cos\theta \\ y = a\,\text{sen}\,\varphi\,\text{sen}\,\theta \\ z = a\cos\varphi, \qquad 0 \leq \varphi \leq \pi, \quad 0 \leq \theta \leq 2\pi. \end{cases}$$

La superficie es $\overline{r}(\theta, \varphi) = (a\,\text{sen}\,\varphi\cos\theta, a\,\text{sen}\,\varphi\,\text{sen}\,\theta, a\cos\varphi)$, por lo que

$$\overline{r}_\theta = (-a\,\text{sen}\,\varphi\,\text{sen}\,\theta, a\,\text{sen}\,\varphi\cos\theta, 0),$$
$$\overline{r}_\varphi = (a\cos\varphi\cos\theta, a\cos\varphi\,\text{sen}\,\theta, -a\,\text{sen}\,\varphi),$$

y entonces

$$\overline{r}_u \times \overline{r}_v = \begin{vmatrix} \overline{i} & \overline{j} & \overline{k} \\ -a\,\text{sen}\,\varphi\,\text{sen}\,\theta & a\,\text{sen}\,\varphi\cos\theta & 0 \\ a\cos\varphi\cos\theta & a\cos\varphi\,\text{sen}\,\theta & -a\,\text{sen}\,\varphi \end{vmatrix} =$$

$$= (-a^2\,\text{sen}^2\,\varphi\cos\theta, -a^2\,\text{sen}^2\,\varphi\,\text{sen}\,\theta, -a^2\,\text{sen}\,\varphi\cos\varphi\,\text{sen}^2\,\theta - a^2\,\text{sen}\,\varphi\cos\varphi\cos^2\theta) =$$
$$= (-a^2\,\text{sen}^2\,\varphi\cos\theta, -a^2\,\text{sen}^2\,\varphi\,\text{sen}\,\theta, -a^2\,\text{sen}\,\varphi\cos\varphi(\text{sen}^2\,\theta + \cos^2\theta)) =$$
$$= (-a^2\,\text{sen}^2\,\varphi\cos\theta, -a^2\,\text{sen}^2\,\varphi\,\text{sen}\,\theta, -a^2\,\text{sen}\,\varphi\cos\varphi),$$

así que

$$\|\overline{r}_u \times \overline{r}_v\| = \sqrt{a^4\,\text{sen}^4\,\varphi\cos^2\theta + a^4\,\text{sen}^4\,\varphi\,\text{sen}^2\,\theta + a^4\,\text{sen}^2\,\varphi\cos^2\varphi} =$$
$$= \sqrt{a^4\,\text{sen}^4\,\varphi(\cos^2\theta + \text{sen}^2\,\theta) + a^4\,\text{sen}^2\,\varphi\cos^2\varphi} =$$
$$= \sqrt{a^4\,\text{sen}^4\,\varphi + a^4\,\text{sen}^2\,\varphi\cos^2\varphi} = \sqrt{a^4\,\text{sen}^2\,\varphi(\text{sen}^2\,\varphi + \cos^2\varphi)} =$$
$$= \sqrt{a^4\,\text{sen}^2\,\varphi} = a^2\,\text{sen}\,\varphi.$$

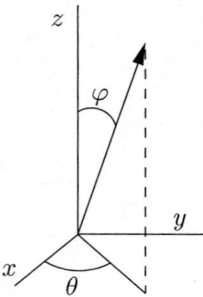

Figura A.36 Parametrización de la esfera de radio a

El área pedida es

$$\text{Área}(S) = \iint_D \|\bar{r}_\theta \times \bar{r}_\varphi\| d\theta d\varphi = \iint_D |a^2 \operatorname{sen} \varphi| d\theta d\varphi;$$

como $0 \leq \varphi \leq \pi$, resulta $|\operatorname{sen} \varphi| = \operatorname{sen} \varphi$, y se tiene

$$\text{Área}(S) = \iint_D |a^2 \operatorname{sen} \varphi| d\theta d\varphi = \int_0^{2\pi} \int_0^\pi a^2 \operatorname{sen} \varphi d\varphi d\theta = a^2 \int_0^\pi [\theta]_0^{2\pi} \operatorname{sen} \varphi d\varphi =$$

$$= 2\pi a^2 \int_0^\pi \operatorname{sen} \varphi d\varphi = 2\pi a^2 [-\cos \varphi]_0^\pi = 2\pi a^2 (\cos 0 - \cos \pi) = 4\pi a^2.$$

9.4. Vamos a parametrizar el cono por medio de $x = u \cos v$, $y = u \operatorname{sen} v$, por lo que

$$z^2 = x^2 + y^2 = u^2 \cos^2 v + u^2 \operatorname{sen}^2 v = u^2(\cos^2 v + \operatorname{sen}^2 v) = u^2.$$

Así que

$$\begin{cases} x = u \cos v \\ y = u \operatorname{sen} v \\ z = u, \end{cases} \quad 0 \leq u \leq 1, \quad 0 \leq v \leq 2\pi.$$

El cono viene dado por $\bar{r}(u, v) = (u \cos v, u \operatorname{sen} v, u)$, así que

$$\frac{\partial \bar{r}}{\partial u} = (\cos v, \operatorname{sen} v, 1) \qquad \frac{\partial \bar{r}}{\partial v} = (-u \operatorname{sen} v, u \cos v, 0)$$

y

$$\frac{\partial \bar{r}}{\partial u} \times \frac{\partial \bar{r}}{\partial v} = \begin{vmatrix} \bar{i} & \bar{j} & \bar{k} \\ \cos v & \operatorname{sen} v & 1 \\ -u \operatorname{sen} v & u \cos v & 0 \end{vmatrix} =$$

$$= (-u \cos v, -u \operatorname{sen} v, u \cos^2 v + u \operatorname{sen}^2 v) = (-u \cos v, -u \operatorname{sen} v, u),$$

por lo tanto

$$\left\| \frac{\partial \bar{r}}{\partial u} \times \frac{\partial \bar{r}}{\partial v} \right\| = \sqrt{u^2 \cos^2 v + u^2 \operatorname{sen}^2 v + u^2} = \sqrt{u^2(\cos^2 v + \operatorname{sen}^2 v) + u^2} = \sqrt{2u^2} = \sqrt{2}u.$$

El área buscada es

$$A = \int_0^1 \int_0^{2\pi} \left\| \frac{\partial \overline{r}}{\partial u} \times \frac{\partial \overline{r}}{\partial v} \right\| dvdu = \int_0^1 \int_0^{2\pi} \sqrt{2}udvdu = \sqrt{2}(2\pi) \int_0^1 udu = \sqrt{2}(2\pi) \left[\frac{u^2}{2} \right]_0^1 = \pi\sqrt{2}.$$

9.5. La ecuación de la esfera es $x^2 + y^2 + z^2 = r^2$ o bien

$$F(x, y, z) = x^2 + y^2 + z^2 - r^2 = 0,$$

cuyo vector normal unitario viene dado por

$$\overline{n} = \frac{(2x, 2y, 2z)}{\sqrt{4x^2 + 4y^2 + 4z^2}}.$$

Calculemos el área de la semiesfera superior que corresponde a $z \geq 0$.

Al proyectar sobre el plano XY con vector nomal $\overline{k} = (0, 0, 1)$, (véase la Figura A.37), se tiene que

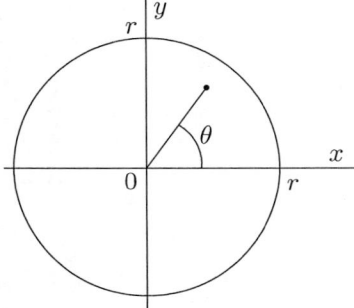

Figura A.37 Proyección de la semiesfera sobre el plano XY

$dS = \dfrac{dxdy}{|\cos\gamma|}$, siendo

$$\cos\gamma = \overline{n} \cdot \overline{k} = \frac{(2x, 2y, 2z)}{\sqrt{4x^2 + 4y^2 + 4z^2}}(0, 0, 1) = \frac{2z}{\sqrt{4x^2 + 4y^2 + 4z^2}} =$$

$$= \frac{z}{\sqrt{x^2 + y^2 + z^2}} = \frac{z}{\sqrt{r^2}} = \frac{z}{r} = \frac{\sqrt{r^2 - x^2 - y^2}}{r},$$

donde se ha tenido en cuenta que $x^2 + y^2 + z^2 = r^2$.

El área pedida es

$$2 \iint_S dS = \iint_D \frac{dxdy}{\cos\gamma} = 2 \iint_D \frac{r}{\sqrt{r^2 - (x^2 + y^2)}} dxdy =$$

$$= 2 \int_0^r \int_0^{2\pi} \frac{r}{\sqrt{r^2 - \rho^2}} \rho d\theta d\rho = 2 \int_0^r \frac{r\rho}{\sqrt{r^2 - \rho^2}} 2\pi d\rho =$$

$$= 2 \cdot 2\pi r \int_0^r (r^2 - \rho^2)^{-\frac{1}{2}} \rho d\rho = 4\pi r \int_0^r \frac{-1}{2}(r^2 - \rho^2)^{-\frac{1}{2}} d(r^2 - \rho^2) =$$

$$= -2\pi r \left[\frac{(r^2 - \rho^2)^{\frac{1}{2}}}{\frac{1}{2}} \right]_0^r = 4\pi r^2,$$

habiéndose utilizado el cambio a coordenadas polares definidas por $x = \rho \cos\theta$, $y = \rho \,\text{sen}\,\theta$.

En el Problema propuesto 9.2 se ha calculado la superficie de una esfera usando coordenadas paramétricas.

9.6. Proyectando ortogonalmente al plano XY la integral pedida es

$$\iint_S f(x,y,z)dS = \iint_D f(x,y,z)\frac{dxdy}{|\cos\alpha|}$$

siendo $D = \{(x,y) \in \mathbb{R}^2 : 1 \leq x^2 + y^2 \leq 4\}$, es decir, la región anular comprendida entre las circunferencias de radio 1 y de radio 2. Esto es así porque al cortar el paraboloide $z = x^2 + y^2$ con el plano $z = 1$ resulta $x^2 + y^2 = 1$, y con el plano $z = 4$ resulta $x^2 + y^2 = 4 = 2^2$.

Por otro lado, tenemos que $\cos\alpha$ es el ángulo formado por el vector normal al plano proyección XY, que es el $\overline{k} = (0,0,1)$, y el vector normal a la superficie $S \equiv x^2 + y^2 - z = 0$, que es

$$\overline{n} = \frac{(2x, 2y, -1)}{\sqrt{1^2 + (2x)^2 + (2y)^2}}.$$

Así que

$$|\cos\alpha| = \left|(0,0,1)\frac{(2x, 2y, -1)}{\sqrt{1^2 + (2x)^2 + (2y)^2}}\right| = \frac{1}{\sqrt{1 + (2x)^2 + (2y)^2}}.$$

Por lo tanto, la integral pedida es

$$\iint_D f(x,y,z)\frac{dxdy}{|\cos\alpha|} = \iint_D (x^2 + y^2)^3 \sqrt{1 + (2x)^2 + (2y)^2}\sqrt{(2x)^2 + (2y)^2 + 1}dxdy =$$

$$= \iint_D (x^2 + y^2)^3 \left[1 + (2x)^2 + (2y)^2\right] dxdy,$$

donde se ha sustituido por $z = x^2 + y^2$ y D es la proyección ortogonal de S sobre el plano XY.

Pasando a coordenadas polares y teniendo en cuenta que D es la región anular comprendida entre las circunferencias de radios 1 y 2, se tiene que

$$\iint_D (x^2 + y^2)^3 \left[1 + (2x)^2 + (2y)^2\right] dxdy = \int_0^{2\pi}\int_1^2 \rho^6(1 + 4\rho^2)\rho d\rho d\theta =$$

$$= 2\pi \int_1^2 (\rho^7 + 4\rho^9)d\rho =$$

$$= 2\pi \left[\frac{\rho^8}{8} + \frac{4\rho^{10}}{10}\right]_1^2 =$$

$$= \frac{17643\pi}{20}.$$

9.7. Tenemos un paraboloide de sección circular $z = 9x^2 + 9y^2$ que al utilizar coordenadas cilíndricas

$$\begin{cases} x = \rho\cos\theta \\ y = \rho\,\text{sen}\,\theta \\ z = z \end{cases}$$

se convierte en $z = 9\rho^2$.

El paraboloide está limitado por los planos

$$z = 36 = 9\rho^2 \quad \Leftrightarrow \quad \rho = 2, \quad \text{y}$$

$$z = 81 = 9\rho^2 \quad \Leftrightarrow \quad \rho = 3,$$

y también por los planos

$$y = 0 = \rho \operatorname{sen} \theta \qquad \Leftrightarrow \qquad \theta = 0, \qquad \text{e}$$

$$y = -x \qquad \Leftrightarrow \qquad \rho \operatorname{sen} \theta = -\rho \cos \theta \qquad \Leftrightarrow \qquad \theta = \frac{3\pi}{4}.$$

Así que en coordenadas polares nos piden el área limitada por $z = 9\rho^2$, $2 \leq \rho \leq 3$ y $0 \leq \theta \leq \frac{3\pi}{4}$.

De las coordenadas polares deducimos una posible parametrización de nuestra superficie como

$$\overline{r}(\rho, \theta) = (\rho \cos \theta, \rho \operatorname{sen} \theta, 9\rho^2)$$

de donde

$$\overline{r}_\rho \times \overline{r}_\theta = \begin{vmatrix} \overline{i} & \overline{j} & \overline{k} \\ \cos \theta & \operatorname{sen} \theta & 18\rho \\ -\rho \operatorname{sen} \theta & \rho \cos \theta & 0 \end{vmatrix} =$$

$$= (-18\rho^2 \cos \theta, -18\rho^2 \operatorname{sen} \theta, \rho(\cos^2 \theta + \operatorname{sen}^2 \theta)) = (-18\rho^2 \cos \theta, -18\rho^2 \operatorname{sen} \theta, \rho).$$

Por lo que

$$||\overline{r}_\rho \times \overline{r}_\theta|| = \sqrt{(18\rho^2)^2(\cos^2 \theta + \operatorname{sen}^2 \theta) + \rho^2} = \sqrt{18^2 \rho^4 + \rho^2} = \rho\sqrt{1 + 18^2 \rho^2}.$$

Así que el área pedida viene dada por

$$\text{Área } (S) = \iint_D ||\overline{r}_\rho \times \overline{r}_\theta|| d\rho d\theta = \int_0^{\frac{3\pi}{4}} \int_2^3 ||\overline{r}_\rho \times \overline{r}_\theta|| d\rho d\theta =$$

$$= \int_0^{\frac{3\pi}{4}} \int_2^3 \rho\sqrt{1 + 18^2 \rho^2} d\rho d\theta = \frac{3\pi}{4} \int_2^3 \rho\sqrt{1 + 18^2 \rho^2} d\rho =$$

$$= \frac{3\pi}{4} \int_2^3 \frac{1}{2 \cdot 18^2} \left(1 + 18^2 \rho^2\right)^{\frac{1}{2}} d(1 + 18^2 \rho^2) =$$

$$= \frac{3\pi}{8 \cdot 18^2} \left[\left(\frac{1 + 18^2 \rho^2}{\frac{1}{2} + 1} \right)^{\frac{1}{2}+1} \right]_2^3 = \left(\frac{2}{3} \right)^{\frac{3}{2}} \frac{3\pi}{8 \cdot 18^2} \left[\left(1 + 18^2 \rho^2\right)^{\frac{3}{2}} \right]_2^3 =$$

$$= \frac{\pi}{4 \cdot 18^2} \left(2917^{\frac{3}{2}} - 1297^{\frac{3}{2}} \right) = \frac{\pi}{1296} \left(2917\sqrt{2917} - 1297\sqrt{1297} \right) \cdot$$

A.10 SOLUCIONES AL CAPÍTULO 10

10.1. Aplicando el teorema se tiene que la integral pedida es

$$\int_C xy^3 dx + x^2 y^2 dy = \iint_{[0;1] \times [0;1]} \left(\frac{\partial(x^2 y^2)}{\partial x} - \frac{\partial(xy^3)}{\partial y} \right) dx dy =$$

$$= \int_0^1 \int_0^1 \left(\frac{\partial(x^2 y^2)}{\partial x} - \frac{\partial(xy^3)}{\partial y} \right) dx dy =$$

$$= \int_0^1 \int_0^1 (2xy^2 - 3xy^2) dx dy = -\int_0^1 \int_0^1 xy^2 dx dy =$$

$$= -\int_0^1 \left[\frac{xy^3}{3} \right]_0^1 dx = -\int_0^1 \frac{x}{3} dx = \frac{-1}{3} \left[\frac{x^2}{2} \right]_0^1 = \frac{-1}{6}.$$

10.2. Una parametrización para la hipocicloide es

$$\begin{cases} x = a\cos^3 t \\ y = a\,\text{sen}^3\, t, \qquad t \in [0; 2\pi], \end{cases}$$

de donde se obtiene $dx = 3a\cos^2 t(-\,\text{sen}\, t)dt$ y $dy = 3a\,\text{sen}^2\, t\cos t dt$.

Dado que la hipocicloide es una curva, que denominamos $\mathcal{C}$, y encierra un área donde se aplica el teorema de Green, resulta que el área encerrada es

$$A = \frac{1}{2}\int_{\mathcal{C}} x dy - y dx = \frac{1}{2}\int_0^{2\pi} a\cos^3 t(3a\,\text{sen}^2\, t\cos t)dt - a\,\text{sen}^3\, t(3a\cos^2 t)(-\,\text{sen}\, t)dt =$$

$$= \frac{3}{2}a^2\int_0^{2\pi}(\cos^4 t\,\text{sen}^2\, t + \text{sen}^4\, t\cos^2 t)dt =$$

$$= \frac{3}{2}a^2\int_0^{2\pi}(\cos^2 t\cos^2 t\,\text{sen}^2\, t + \text{sen}^4\, t\cos^2 t)dt =$$

$$= \frac{3}{2}a^2\int_0^{2\pi}[(1 - \text{sen}^2\, t)\cos^2 t\,\text{sen}^2\, t + \text{sen}^4\, t\cos^2 t]dt =$$

$$= \frac{3}{2}a^2\int_0^{2\pi}(\cos^2 t\,\text{sen}^2\, t - \text{sen}^4\, t\cos^2 t + \text{sen}^4\, t\cos^2 t)dt = \frac{3}{2}a^2\int_0^{2\pi}\cos^2 t\,\text{sen}^2\, t dt =$$

$$= \frac{3}{2}a^2\int_0^{2\pi}(\cos t\,\text{sen}\, t)^2 dt = \frac{3}{2}a^2\int_0^{2\pi}\left(\frac{\text{sen}\, 2t}{2}\right)^2 dt = \frac{3}{8}a^2\int_0^{2\pi}\text{sen}^2\, 2t dt =$$

$$= \frac{3}{8}a^2\int_0^{2\pi}\frac{1 - \cos 4t}{2}dt = \frac{3}{16}a^2\int_0^{2\pi}dt - \frac{3}{16}a^2\int_0^{2\pi}\cos 4t dt =$$

$$= \frac{3}{16}a^2[t]_0^{2\pi} - \frac{3}{16}a^2\left[\frac{\text{sen}\, 4t}{4}\right]_0^{2\pi} = \frac{3}{8}\pi a^2.$$

10.3. La curva $\mathcal{C}$ encierra la porción de un círculo de radio 1, comprendida entre los ángulos $\theta = \frac{\pi}{4}$ y $\theta = \frac{3\pi}{4}$, que puede verse en la Figura A.38, y denotamos por D.

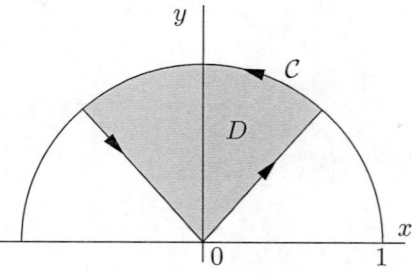

Figura A.38 Curva $\mathcal{C}$ y recinto D

Dado que

$$\frac{\partial}{\partial x}(xy^4 + y^3) - \frac{\partial}{\partial y}\left(-yx^4 - \frac{2}{3}x^2y^3 + x^7\right) = y^4 + x^4 + 2x^2y^2 = (x^2 + y^2)^2,$$

al aplicar el teorema de Green y calcular la integral doble con un cambio a coordenadas polares, se tiene que

$$\int_{\mathcal{C}} \left(-yx^4 - \frac{2}{3}x^2y^3 + x^7 \right) dx + (xy^4 + y^3)dy = \iint_D (y^2 + x^2)^2 dxdy =$$

$$= \int_{\frac{\pi}{4}}^{\frac{3\pi}{4}} \int_0^1 \rho^4 \rho d\rho d\theta =$$

$$= \left(\frac{3\pi}{4} - \frac{\pi}{4} \right) \left[\frac{\rho^6}{6} \right]_0^1 = \frac{\pi}{2}\frac{1}{6} = \frac{\pi}{12}.$$

10.4. El área que se pide es la que puede verse en la Figura A.39.

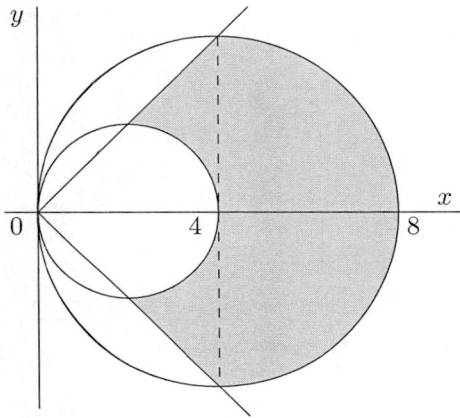

Figura A.39 Área pedida en el Problema 10.4

El valor del área puede obtenerse en forma análoga al Problema resuelto 10.4 por integración doble, o bien mediante el teorema de Green, pero es más cómodo, observando la simetría del recinto, que su valor es el doble de la que se pide en dicho problema y por tanto

$$\text{Área}\,(D) = 2 \cdot 3(\pi + 2) = 6(\pi + 2).$$

10.5. Considerando la ecuación implícita del cono $S(x, y, z) \equiv z^2 - x^2 - y^2 = 0$ (véase la Figura A.40), su

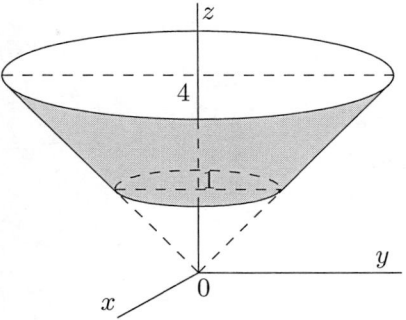

Figura A.40 El cono del Problema 10.5

vector normal unitario es

$$\overline{n} = \frac{(-2x, -2y, 2z)}{\sqrt{(-2x)^2 + (-2y)^2 + (-2z)^2}} = \frac{(-x, -y, z)}{\sqrt{x^2 + y^2 + z^2}}.$$

Por lo tanto,

$$\overline{F} \cdot \overline{n} = (-xz, -yz, z^2) \cdot \frac{(-x, -y, z)}{\sqrt{x^2 + y^2 + z^2}} = \frac{x^2 z + y^2 z + z^3}{\sqrt{x^2 + y^2 + z^2}}.$$

El flujo pedido es

$$\iint_S \overline{F} \cdot \overline{n} \, dS$$

con

$$dS = \frac{dxdy}{|\cos\gamma|} = \frac{dxdy}{\frac{z}{\sqrt{x^2+y^2+z^2}}} = \frac{\sqrt{x^2 + y^2 + z^2}}{z} \, dxdy,$$

donde

$$\cos\gamma = \overline{n} \cdot \overline{k} = \frac{(-x, -y, z)}{\sqrt{x^2 + y^2 + z^2}} (0, 0, 1) = \frac{z}{\sqrt{x^2 + y^2 + z^2}},$$

dado que $\overline{k} = (0, 0, 1)$ es el vector normal al plano XY, sobre el cual proyectamos.

El flujo pedido es

$$\Phi = \iint_S \overline{F} \cdot \overline{n} \, dS = \iint_S \frac{x^2 z + y^2 z + z^3}{\sqrt{x^2 + y^2 + z^2}} \frac{\sqrt{x^2 + y^2 + z^2}}{z} \, dxdy =$$

$$= \iint_S \frac{(x^2 + y^2 + z^2)z}{\sqrt{x^2 + y^2 + z^2}} \frac{\sqrt{x^2 + y^2 + z^2}}{z} \, dxdy = \iint_S (x^2 + y^2 + z^2) \, dxdy.$$

Como es $z^2 = x^2 + y^2$, al sustituir en el integrando resulta

$$\Phi = \iint_S (x^2 + y^2 + z^2) \, dxdy = 2 \iint_S (x^2 + y^2) \, dxdy.$$

Por otro lado, tenemos que el corte del plano $z = 1$ con el cono $z^2 = x^2 + y^2$ es $1 = x^2 + y^2$, es decir, una circunferencia de radio 1. De la misma forma, el corte con el plano $z = 4$ es $4^2 = x^2 + y^2$, circunferencia de radio 4, y la proyección ortogonal sobre el plano XY en el que trabajamos es (véase la Figura A.41)

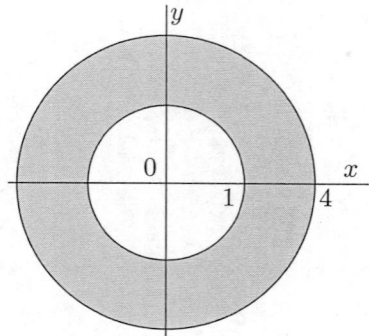

Figura A.41 Proyección del cono sobre el plano XY

Para calcular esta última integral consideramos coordenadas polares dadas por $x = \rho \cos \theta$, $y = \rho \operatorname{sen} \theta$, y $|J| = \rho$, con lo que resulta

$$\Phi = 2 \iint_S (x^2 + y^2)\, dxdy = 2 \int_1^4 \int_0^{2\pi} \rho^2 \rho \, d\theta d\rho =$$

$$= 2 \cdot 2\pi \int_1^4 \rho^3 d\rho = 4\pi \left[\frac{\rho^4}{4} \right]_1^4 = \pi(4^4 - 1^4) = 255\pi.$$

10.6. Considerando el teorema de Stokes

$$\int_C \overline{F} \cdot d\overline{r} = \iint_S \nabla \times \overline{F} \cdot d\overline{S},$$

siendo $\overline{F} = (f(x), h(y), g(z))$, con rotacional

$$\nabla \times \overline{F} = \begin{vmatrix} \overline{i} & \overline{j} & \overline{k} \\ \frac{\partial}{\partial x} & \frac{\partial}{\partial y} & \frac{\partial}{\partial z} \\ f(x) & h(y) & g(z) \end{vmatrix} = \overline{0},$$

se tiene

$$\int_C \overline{F} \cdot d\overline{r} = \iint_S \overline{0} \, d\overline{S} = 0.$$

Observando la expresión general de $\overline{F} = (f(x), h(y), g(z))$ se es consciente de la gran cantidad de cálculo que puede ahorrar el teorema de Stokes.

10.7. Por el teorema de la divergencia tenemos

$$\iint_S \overline{F} \cdot d\overline{S} = \iiint_V \nabla \overline{F} dV.$$

Como

$$\nabla \overline{F} = \frac{\partial}{\partial x} \left(\frac{1}{3} x^3 + e^z \right) + \frac{\partial}{\partial y} (yz^2 + \operatorname{sen} x) + \frac{\partial}{\partial z} (zy^2) = 3\frac{1}{3} x^2 + z^2 + y^2 = x^2 + y^2 + z^2,$$

resulta que

$$\iint_S \overline{F} \cdot d\overline{S} = \iiint_V (x^2 + y^2 + z^2) dV,$$

siendo V el volumen de la esfera $x^2 + y^2 + z^2 = a^2$.

La simetría del problema, así como del integrando, sugiere utilizar coordenadas esféricas. Como $J = \rho^2 \operatorname{sen} \varphi$ y $x^2 + y^2 + z^2 = a^2$ en una esfera de radio a, se tiene que

$$\iint_S \overline{F} \cdot d\overline{S} = \iiint_V (x^2 + y^2 + z^2) dV = \int_0^\pi \int_0^{2\pi} \int_0^a \rho^2 \rho^2 \operatorname{sen} \varphi d\rho d\theta d\varphi =$$

$$= \int_0^\pi \int_0^{2\pi} \left[\frac{\rho^5}{5} \right]_0^a \operatorname{sen} \varphi d\theta d\varphi = \frac{a^5}{5} \int_0^\pi \int_0^{2\pi} \operatorname{sen} \varphi d\theta d\varphi =$$

$$= \frac{a^5}{5} \int_0^\pi [\theta]_0^{2\pi} \operatorname{sen} \varphi d\varphi = \frac{2\pi a^5}{5} \int_0^\pi \operatorname{sen} \varphi d\varphi =$$

$$= \frac{2\pi a^5}{5} [-\cos \varphi]_0^\pi = \frac{-2\pi a^5}{5} (-1 - 1) = \frac{4\pi a^5}{5}.$$

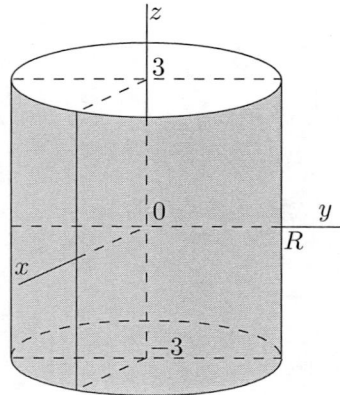

Figura A.42 El tronco de cilindro del Problema 10.8

10.8. Cerremos el tronco de cilindro $S \equiv x^2 + y^2 - R^2 = 0$, $-3 \leq z \leq 3$ (véase la Figura A.42), con los círculos

$$S_1 \equiv \left\{ \begin{array}{c} x^2 + y^2 \leq R^2 \\ z = 3 \end{array} \right. \qquad S_2 \equiv \left\{ \begin{array}{c} x^2 + y^2 \leq R^2 \\ z = -3 \end{array} \right.$$

para los que elegimos vectores normales $\overline{n}_1 = (0, 0, 1)$ y $\overline{n}_2 = (0, 0, -1)$ respectivamente.

Como tenemos una superficie que encierra un volumen, podemos aplicar el teorema de la divergencia y escribir

$$\iint_S \overline{F} \cdot d\overline{S} + \iint_{S_1} \overline{F} \cdot d\overline{S} + \iint_{S_2} \overline{F} \cdot d\overline{S} = \iiint_V \nabla \overline{F} \, dV,$$

donde $\iint_S \overline{F} \cdot d\overline{S}$ es el flujo pedido a través de la superficie del cilindro, $\iint_{S_1} \overline{F} \cdot d\overline{S}$ a través de la tapa superior e $\iint_{S_2} \overline{F} \cdot d\overline{S}$ a través de la tapa inferior. Por otro lado, $\iiint_V \nabla \overline{F} \, dV$ es la integral de volumen de la divergencia para el volumen encerrado por S, S_1 y S_2.

Calculando la divergencia del campo se tiene

$$\nabla \overline{F} = \frac{\partial(yz^2)}{\partial x} + \frac{\partial(3e^x z^2)}{\partial y} + \frac{\partial z}{\partial z} = 0 + 0 + 1 = 1,$$

y por lo tanto

$$\iiint_V \nabla \overline{F} \, dV = \iiint_V dV = 6\pi R^2,$$

ya que se trata del volumen del cilindro.

El flujo a través de la tapa superior es

$$\Phi_1 = \iint_{S_1} \overline{F} \cdot d\overline{S} = \iint_{S_1} (yz^2, 3e^x z^2, z) \cdot (0, 0, 1) dx dy =$$

$$= \iint_{S_1} z \, dx dy = \iint_{S_1} 3 \, dx dy = 3 \iint_{S_1} dx dy = 3\pi R^2,$$

donde se ha sustituido z por 3, ya que es el valor que z toma en esa superficie.

Y además es

$$\iint_{S_1} dx dy = \pi R^2$$

al ser la superficie de un círculo de radio R.

De igual manera

$$\Phi_2 = \iint_{S_2} \overline{F} \cdot d\overline{S} = \iint_{S_2} (yz^2, 3e^x z^2, z) \cdot (0, 0, -1) dxdy = \iint_{S_2} -zdxdy = 3\pi R^2,$$

sustituyendo z por -3.

Finalmente, al ser

$$\iint_S \overline{F} \cdot d\overline{S} + \iint_{S_1} \overline{F} \cdot d\overline{S} + \iint_{S_2} \overline{F} \cdot d\overline{S} = \iiint_V \nabla \overline{F} \cdot dV$$

y sustituir los valores obtenidos

$$\iint_S \overline{F} \cdot d\overline{S} + 3\pi R^2 + 3\pi R^2 = 6\pi R^2$$

resulta al despejar el flujo pedido

$$\iint_S \overline{F} \cdot d\overline{S} = 0.$$

10.9. Obsérvese que la curva $\mathcal{C}$ está definida como intersección del paraboloide $z = x^2 + y^2$ con el cilindro $x^2 + y^2 = x$. A la hora de aplicar el teorema de Stokes, entre otras superficies, podríamos elegir las correspondientes a la del paraboloide y a la del cilindro. Pero si observamos con más detalle veremos que la curva está contenida en el plano $z = x$, ya que $x^2 + y^2 = z$ y $x^2 + y^2 = x$ implica que $z = x$.

Por lo tanto, elegimos el plano $z = x$ o $x - z = 0$ como superficie a la hora de aplicar el teorema de Stokes.

El rotacional del campo es

$$\nabla \times \overline{F} = \begin{vmatrix} \overline{i} & \overline{j} & \overline{k} \\ \dfrac{\partial}{\partial x} & \dfrac{\partial}{\partial y} & \dfrac{\partial}{\partial z} \\ z^3 & x^3 & -y^3 \end{vmatrix} = (-3y^2, 3z^2, 3x^2).$$

El plano $x - z = 0$ tiene dos vectores normales $\dfrac{(1,0,-1)}{\sqrt{2}}$ y $\dfrac{(-1,0,1)}{\sqrt{2}}$. Elegimos este último para tener una orientación positiva, por lo que

$$\left(\nabla \times \overline{F}\right) \cdot \frac{(-1,0,1)}{\sqrt{2}} = (-3y^2, 3z^2, 3x^2) \frac{(-1,0,1)}{\sqrt{2}} = \frac{3y^2 + 3x^2}{\sqrt{2}}.$$

Al aplicar el teorema de Stokes resulta

$$\int_{\mathcal{C}} \overline{F} \cdot d\overline{r} = \iint_S \nabla \times \overline{F} \cdot d\overline{S} = \iint_D \frac{3y^2 + 3x^2}{\sqrt{2}} \frac{dxdy}{|\cos\alpha|},$$

siendo α el ángulo formado por el vector normal a la superficie, el $\dfrac{(-1,0,1)}{\sqrt{2}}$, y el vector normal al plano de proyección $\overline{k} = (0,0,1)$, por lo que

$$\cos\gamma = (0,0,1) \frac{(-1,0,1)}{\sqrt{2}} = \frac{1}{\sqrt{2}}.$$

Por otro lado, D es la proyección ortogonal sobre el plano XY del corte del cilindro $x^2 + y^2 = x$ con el plano $z - x = 0$, es decir, la circunferencia $x^2 + y^2 = x$ o $(x - \frac{1}{2})^2 + y^2 = (\frac{1}{2})^2$.

Con estas condiciones la integral se escribe como

$$\iint_D \frac{3y^2 + 3x^2}{\sqrt{2}} \frac{dxdy}{|\cos\alpha|} = 3 \iint_D \frac{x^2 + y^2}{\sqrt{2}} \frac{dxdy}{\frac{1}{\sqrt{2}}} = 3 \iint_D (x^2 + y^2) dxdy.$$

Pasando a coordenadas polares

$$\begin{cases} x = \rho\cos\theta \\ y = \rho\,\mathrm{sen}\,\theta \end{cases}$$

la circunferencia $x^2 + y^2 = x$ se escribe como $\rho^2 = \rho\cos\theta$ o bien $\rho = \cos\theta$ y el integrando pasa a ser $x^2 + y^2$ en ρ^2 (véase la Figura A.43), por lo que

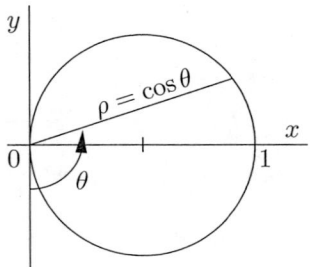

Figura A.43 La circunferencia $x^2 + y^2 = x$

$$3\iint_D (x^2 + y^2)dxdy = 3\int_{-\frac{\pi}{2}}^{\frac{\pi}{2}} \int_0^{\cos\theta} \rho^2\rho\,d\rho d\theta = 3\int_{-\frac{\pi}{2}}^{\frac{\pi}{2}} \left[\frac{\rho^4}{4}\right]_0^{\cos\theta} d\theta =$$

$$= 3\int_{-\frac{\pi}{2}}^{\frac{\pi}{2}} \frac{\cos^4\theta}{4}d\theta = \frac{3}{4}\left[\frac{3\theta}{8} + \frac{\mathrm{sen}\,2\theta}{4} + \frac{\mathrm{sen}\,4\theta}{32}\right]_{-\frac{\pi}{2}}^{\frac{\pi}{2}} =$$

$$= \frac{9\pi}{32}.$$

La última integral se ha calculado teniendo en cuenta que $\cos^2\theta = \frac{1+\cos 2\theta}{2}$ y que

$$(1 + \cos 2\theta)^2 = 1 + 2\cos 2\theta + \cos^2 2\theta = 1 + 2\cos 2\theta + \frac{1 + \cos 4\theta}{2} = \frac{3}{2} + 2\cos 2\theta + \frac{1}{2}\cos 4\theta.$$

10.10. Procedamos a calcular $\iint_S \nabla \times \overline{F} \cdot d\overline{S}$

$$\nabla \times \overline{F} = \begin{vmatrix} \overline{i} & \overline{j} & \overline{k} \\ \frac{\partial}{\partial x} & \frac{\partial}{\partial y} & \frac{\partial}{\partial z} \\ y & z & x \end{vmatrix} = (-1, -1, -1).$$

La curva $\mathcal{C}$ está contenida en el plano $z - x = 0$, la cual tomamos como superficie a través de la que fluye el campo.

Si consideramos la proyección ortogonal sobre el plano XY de la elipse de ecuaciones

$$\begin{cases} x^2 + y^2 = a^2 \\ z - x = 0 \end{cases}$$

el resultado es la circunferencia

$$\begin{cases} x^2 + y^2 = a^2 \\ z = 0 \end{cases}$$

que parametrizamos como

$$\begin{cases} x = a\cos t \\ y = a\,\mathrm{sen}\,t \\ z = 0, \qquad t \in [0; 2\pi], \end{cases}$$

y está recorrida en sentido positivo. Por lo tanto, como vector unitario normal al plano $z - x = 0$ elegimos

$$\overline{n} = \frac{(-1, 0, 1)}{\sqrt{2}},$$

con lo cual se tiene orientación positiva y

$$\nabla \times \overline{F} \cdot \overline{n} = (-1, -1, -1)\frac{(-1, 0, 1)}{\sqrt{2}} = 0.$$

Con estas condiciones es

$$\iint_S \nabla \times \overline{F} \cdot \overline{n} \, dS = 0.$$

Calculemos ahora la integral de línea directamente. Con el cambio

$$\begin{cases} x = a \cos t \\ y = a \operatorname{sen} t, \end{cases} \quad t \in [0, 2\pi],$$

la elipse

$$\begin{cases} x^2 + y^2 = a^2 \\ \quad\quad z = x \end{cases}$$

tendrá por parametrización

$$\begin{cases} x = a \cos t \\ y = a \operatorname{sen} t \\ z = a \cos t, \end{cases} \quad t \in [0; 2\pi],$$

y la integral de línea es

$$\int_C \overline{F} \cdot d\overline{r} = \int_C (y\frac{dx}{dt} + z\frac{dy}{dt} + x\frac{dz}{dt})dt =$$

$$= \int_0^{2\pi} ((a \operatorname{sen} t)(-a \operatorname{sen} t) + (a \cos t)(a \cos t) + (a \cos t)(-a \operatorname{sen} t)) \, dt =$$

$$= a^2 \int_0^{2\pi} (-\operatorname{sen}^2 t + \cos^2 t + \cos t(-\operatorname{sen} t))dt =$$

$$= a^2 \int_0^{2\pi} \left(-\frac{1 - \cos 2t}{2} + \frac{1 + \cos 2t}{2} + \cos t(-\operatorname{sen} t)\right) dt =$$

$$= a^2 \int_0^{2\pi} \cos 2t + \cos t(-\operatorname{sen} t)dt = a^2 \left[\frac{1}{2}\operatorname{sen} 2t + \frac{\cos^2 t}{2}\right]_0^{2\pi} = 0.$$

10.11.

$$\iint_S \overline{F} \cdot d\overline{S} = \iint_S (\overline{F} \cdot \overline{n})dS.$$

Como es $\overline{F}(x, y, z) = 0$ dada por $x^2 + y^2 + z^2 - 16 = 0$ y como el vector normal unitario a la superficie esférica es

$$\overline{n} = \left(\frac{2x}{\sqrt{(2x)^2 + (2y)^2 + (2z)^2}}, \frac{2y}{\sqrt{(2x)^2 + (2y)^2 + (2z)^2}}, \frac{2z}{\sqrt{(2x)^2 + (2y)^2 + (2z)^2}}\right) =$$

$$= \left(\frac{x}{\sqrt{x^2 + y^2 + z^2}}, \frac{y}{\sqrt{x^2 + y^2 + z^2}}, \frac{z}{\sqrt{x^2 + y^2 + z^2}}\right) = \left(\frac{x}{4}, \frac{y}{4}, \frac{z}{4}\right)$$

se tiene que

$$\overline{F} \cdot \overline{n} = (4x, 4y, 4z) \left(\frac{x}{4}, \frac{y}{4}, \frac{z}{4}\right) = x^2 + y^2 + z^2 = 16.$$

Aplicándolo a la semiesfera $z \geq 0$, $\widehat{S}$, queda

$$\text{Flujo} = 2 \iint_{\widehat{S}} \overline{F} \cdot d\overline{S} = 2 \iint_{\widehat{S}} (\overline{F} \cdot \overline{n}) dS = 2 \iint_D (\overline{F} \cdot \overline{n}) \frac{dxdy}{|\cos\gamma|} = 2 \iint_D 16 \frac{dxdy}{\frac{z}{4}} =$$

$$= 8 \cdot 16 \iint_D \frac{dxdy}{\sqrt{16 - (x^2 + y^2)}} = 8 \cdot 16 \int_0^4 \int_0^{2\pi} \frac{\rho \, d\theta d\rho}{\sqrt{16 - \rho^2}} =$$

$$= -8 \cdot 16 \cdot 2\pi \int_0^4 \frac{-\rho \, d\rho}{\sqrt{16 - \rho^2}} = -8 \cdot 16 \cdot 2\pi \left[\sqrt{16 - \rho^2}\right]_0^4 =$$

$$= -8 \cdot 16 \cdot 2\pi(0 - 4) = 2\pi \cdot 4 \cdot 8 \cdot 16 = 2^{10}\pi.$$

Si utilizamos el teorema de la divergencia, el valor del flujo es

$$\Phi = \iint_S \overline{F} \cdot d\overline{S} = \iiint_V \text{div}\, \overline{F} \, dV =$$

$$= \iiint_V \text{div}\, \overline{F} \, dxdydz = \iiint_V (4 + 4 + 4) dxdydz =$$

$$= 12 \iiint_V dxdydz = 12 \,\text{vol}\,(V) =$$

$$= 12 \cdot \frac{4}{3}\pi \cdot 4^3 = 16 \cdot 4^3 \pi = 2^{10}\pi.$$

Resultado coincidente.

Bibliografía

– T. M. APOSTOL. *Calculus*. Ed. Reverté, Barcelona, 1973.

– R. COURANT and F. JOHN. *Introducción al Cálculo y al Análisis Matemático*. Ed. Limusa, México, 1984.

– B. DEMIDOVICH. *Problemas y ejercicios de Análisis Matemático*. Ed. Paraninfo, Madrid, 1979.

– W. KAPLAN. *Advanced calculus*. Ed. Addison-Wesley Publ. Company, Redwood City, 1991.

– E. KREYSZIG. *Matemáticas avanzadas para la ingeniería*. Ed. Limusa-Wiley, México, 2000.

– J. E. MARSDEN and A. J. TROMBA. *Cálculo vectorial*. Ed. Addison-Wesley Iberoamericana, México, 1991.

– D. V. WIDDER. *Advanced calculus*. Ed. Dover Publications, New York, 1989.

Índice analítico